"十三五"国家重点出版物出版规划项目

集成电路设计丛书

功率集成电路设计技术

张　波　罗小蓉　著

科学出版社
龍門書局
北　京

内 容 简 介

本书介绍功率集成电路设计领域的基础理论与方法。从功率集成电路的特点出发，以功率集成电路设计基本原理为主线，从构成功率集成电路的核心器件入手，贯穿工艺制造、芯片级电路设计和系统级电源转换技术。全书共 7 章，内容包括功率集成电路发展、分类及技术特点；可集成功率半导体器件；功率集成电路工艺；电源转换技术；电源管理技术；栅驱动电路和功率集成电路发展展望。

本书可供集成设计与制造方向的研究生和从业人员参考。

图书在版编目（CIP）数据

功率集成电路设计技术 / 张波，罗小蓉著. —北京：龙门书局，2020.3

(集成电路设计丛书)

"十三五"国家重点出版物出版规划项目 国家出版基金项目

ISBN 978-7-5088-5717-6

Ⅰ.①功… Ⅱ.①张… ②罗… Ⅲ.①集成电路－电路设计 Ⅳ.①TN402

中国版本图书馆 CIP 数据核字(2020)第 046956 号

责任编辑：任 静 / 责任校对：王 瑞

责任印制：师艳茹 / 封面设计：迷底书装

科学出版社
龙门书局 出版

北京东黄城根北街 16 号

邮政编码：100717

http://www.sciencep.com

三河市春园印刷有限公司 印刷

科学出版社发行 各地新华书店经销

*

2020 年 3 月第 一 版 开本：720×1000 B5

2020 年 3 月第一次印刷 印张：25 3/4

字数：541 000

定价：198.00 元

（如有印装质量问题，我社负责调换）

《集成电路设计丛书》编委会

序

集成电路无疑是近60年来世界高新技术的最典型代表，它的产生、进步和发展无疑高度凝聚了人类的智慧结晶。集成电路产业是信息技术产业的核心，是支撑经济社会发展和保障国家安全的战略性、基础性和先导性产业，也是我国的战略性必争产业。当前和今后一段时期，我国的集成电路产业面临重要的发展机遇期，也是技术攻坚期。总体上讲，集成电路包括设计、制造、封装测试、材料等四大产业集群，其中集成电路设计是集成电路产业知识密集的体现，也是直接面向市场的核心和制高点。

“关键核心技术是要不来、买不来、讨不来的”，这是习近平总书记在2018年全国两院院士大会上的重要论述，这一论述对我国的集成电路技术和产业尤为重要。正是由于集成电路是电子信息产业的基石和现代工业的粮食，对国家安全和工业安全具有决定性的作用，我们必须、也只能立足于自主创新。

为落实《国家集成电路产业发展推进纲要》，加快推进我国集成电路设计技术和产业发展，多位院士和专家学者共同策划了这套《集成电路设计丛书》。这套丛书针对集成电路设计领域的关键和核心技术，在总结近年来我国集成电路设计领域主要成果的基础上，重点论述该领域的基础理论和关键技术，给出集成电路设计领域进一步的发展趋势。

值得指出的是，这套丛书是我国中青年学者近年来学术成就和技术攻关成果的总结，体现集成电路设计技术和应用研究的结合，感谢他们为大家介绍总结国内外集成电路设计领域的最新进展，每本书内容丰富，信息量很大。丛书内容包含了先进的微处理器、系统芯片与可重构计算、半导体存储器、混合信号集成电路、射频集成电路、集成电路设计自动化、功率集成电路、毫米波及太赫兹集成电路、硅基光电片上网络等方面的研究工作和研究进展。本丛书旨在使读者进一步了解该领域的研究成果和经验，吸引和引导更多的年轻学者和科研工作者积极投入到集成电路设计这项既具有挑战又有吸引力的事业中来，为我国集成电路设计产业发展做出贡献。

感谢撰写丛书的各领域专家学者。愿这套丛书能成为广大读者，尤其是科研工作者、青年学者和研究生十分有用的参考书，使大家能够进一步明确发展方向和目标，为开展集成电路的创新研究和工程应用奠定重要基础。同时，希望这套丛书也能为我国集成电路设计领域的专家学者提供一个展示研究成果的交流平台，进一步促进和推动我国集成电路设计领域的教学、科研和产业的深入发展。

郝跃

2018 年 6 月 8 日

前　　言

功率集成电路是微电子技术和电力电子技术相结合的产物。自20世纪70年代世界上第一个功率集成电路问世以来，功率集成电路得到了迅速的发展，已广泛应用于电力传输、能源交通、工业生产、信息通信、消费类电子、医疗电子以及航空航天和军事领域。

功率半导体器件是进行功率(电能)处理的半导体器件，当一个功率半导体器件集成其他功率半导体器件或者控制电路时，就称其为功率集成电路。功率集成电路常常将功率半导体器件与其驱动电路、控制电路、保护电路、接口电路等集成在一起，用以实现功率变换、电能传输、功率驱动与电源管理等功能。随着系统对功率(电能)处理提出更高要求，进行功率(电能)管理的电源管理集成电路如 PWM、PFC、PMU 等得到迅速发展，目前这类电源管理集成电路也被归于功率集成电路范畴。

早期一般将功率集成电路分为智能功率集成电路(SPIC)和高压集成电路(HVIC)两类。但随着功率集成电路的不断发展，两者在工作电压和器件结构上(垂直或横向)都难以严格区分，已习惯于将它们统称为功率集成电路或电源管理集成电路。

功率集成电路涉及可集成功率器件的结构、特殊的半导体制造工艺、电力电子变换系统拓扑结构、集成电路设计以及高低压隔离与集成兼容等问题。

随着集成电路制造工艺日新月异的发展，新材料器件和新结构器件不断被推出，核心功率器件向更大功率和更高频方向发展。与此同时，随着集成电路硅工艺线宽的不断缩小和各种新的控制理论被应用到功率集成电路中，功率集成电路渐向更高集成化、更多数字化和智能化方向发展。

本书介绍功率集成电路设计所涉及相关领域基础知识，结合编著者团队已有研究基础，以功率集成电路设计基本原理为主线，从功率集成电路中可集成功率器件入手，贯穿功率集成电路所涉及的功率集成电路制造技术、系统级电源转换技术、芯片级 DC-DC 设计技术和电源管理技术以及功率器件的栅驱动技术。

全书共分七章：第1章引言，介绍功率集成电路的发展、分类以及技术特点。第2章可集成功率半导体器件，介绍可集成功率器件的发展与类别、击穿机理、典型的耐压技术(如终端技术、RESURF 技术与超结技术)、两类主流的可集成功率器件 LDMOS 与 LIGBT，以及 SOI 高压集成技术和 GaN 功率集成器件与集成技术。第3章功率集成电路工艺，包括隔离技术、高压互连技术和功率集成电路工艺中的可靠性问题，最后给出工艺仿真及设计实例。第4章电源转换技术，首先介绍隔离式开关电源的设计技术，重点介绍非隔离式 Buck 变换器的设计方法和核心关键子模块的设计，最后给出 LDO 的设计实例。第 5 章电源管理技术，介绍近年备受关注的动态电压调节技术、高集成度 PMU、数字辅助功率集成技术、数字电源控制技术和自适应电压调节技术，并给出数字电源的设计实例。第 6 章栅驱动电路，介绍硅基功率器件、GaN 功率器件和 SiC 功率器件栅驱动的基本要求和相关驱动技术，并以目前研究热点 GaN 功率器件的栅驱动设计为实例进行介绍。第 7 章是展望，给出包括功率集成电路工艺与器件、电路系统拓扑结构与核心芯片的技术发展趋势。

本书由电子科技大学功率集成技术实验室多名教师共同完成：第 1 章由罗萍教授编写，第 2 章由罗小蓉教授编写，第 3 章由乔明教授编写，第 4 章由周泽坤副教授负责编写，其中明鑫副教授编写了该章的 4.3.4 节和 4.4.3 节，第 5 章由甄少伟副教授负责编写，其中罗萍教授编写了该章的 5.3.4 节和 5.5 节，第 6 章由方健教授、明鑫副教授以及周泽坤副教授共同编写，第 7 章由方健教授和周泽坤副教授共同编写。全书由罗小蓉教授组织校稿。

电子科技大学功率集成技术实验室自 20 世纪 80 年代就致力于功率半导体器件和功率集成电路研究。本书的作者们凭借多年的科研和教学经验，针对产业需求，以功率集成电路设计原理为基础，深入浅出地为读者提供了功率集成电路所需的功率半导体器件基础理论、制造工艺技术、系统级功率拓扑结构和集成电路设计技术等诸多方面内容。为了加深读者的读后印象，相关设计技术后面配有设计案例。本书可作为高等院校集成电路、微电子专业高年级本科生和硕士、博士研究生的教材或相关领域从业人员的参考书籍。

电子科技大学功率集成技术实验室李肇基教授对本书提出了许多宝贵的修改意见。

电子科技大学功率集成技术实验室的邓高强、魏杰、王东俊、吴昱操、唐天缘、赵哲言、郑心易以及王睿迪等同学参加了本书部分文字内容整理、插图绘制和排版工作，在此向他们及其他在本书编写过程中给予帮助的人们表示衷心的感谢。同时感谢实验室历届同学们的辛勤工作，正是一届一届同学的接力工作，奠定了本书的基础。

集成电路技术发展迅速，加上编著者的水平有限，书中难免有不足之处，真诚欢迎读者批评指正。

张　波

2019 年 6 月

目　　录

第1章　引　言

随着微电子技术和电力电子技术的发展，二者相互渗透、有机结合，诞生了功率集成技术(Power Integrated Technology，PIT)。利用微电子加工技术把单个或多个功率半导体器件、控制电路、保护电路等制作在同一块芯片上，构成集成电路的技术称为功率集成技术，该技术很好地满足了众多应用领域对集成电路功率化和功率器件集成化的要求。功率集成技术的迅速发展，有力推动了电子技术革命[1]。

基于功率集成技术所形成的能够实现功率变换、电能传输、功率驱动、电源管理(Power Management，PM)等功能的集成电路即为功率集成电路(Power Integrated Circuit，PIC)。功率集成电路是目前最先进的电能变换电路，它能将电能从一种便于传输的形式转换为另一种符合应用需求的形式，具有小型化和高效率两个显著的特点。功率集成电路可广泛应用于能源交通、工业生产、信息通信、航空航天和消费电子等诸多领域，是电子产品的“心脏”或“动力”，它的出现极大地提高了人们的生活水平，推进了人类社会的发展。

随着各种先进半导体材料制备技术、半导体制造工艺技术和集成电路设计技术的发展以及新型功率器件的不断涌现，功率集成电路一方面向更大功率、更高频率、更高效率的智能功率集成电路方向发展；另一方面，向更小线宽、更低功耗、更多功能的数字化电源管理电路方向发展。

1.1　功率集成电路的发展

功率集成电路是随着功率半导体器件的发展而衍生出来的，功率半导体器件是功率集成电路的重要基础，是电力电子技术的核心关键器件。从20世纪50年代初成功地研制出世界上第一个功率半导体整流器以来，功率半导体(含功率集成电路)主要经历了如下重要发展里程碑：

1952年，Hall研制出世界上第一个功率半导体整流器，其正向电流达35A，反向阻断电压达200V[2]。1956年，Moll等发明了可控硅整流器(Silicon Controlled Rectifier，SCR)[3]。1957年，美国通用电气公司推出SCR产品，很快使功率半导体成为电力工业的主力军。20世纪60年代，快速晶闸管问世。但是，由于普通晶闸管不具有自关断特性，属于半控型器件，因而被称作第一代功率半导体器件。

20世纪70年代，研制成功门极可关断晶闸管(Gate Turn Off Thyristor，GTO)、电力巨型晶体管(Giant Transistor，GTR)(又叫功率双极型晶体管)，使得半导体器件的功率控制容量和工作频率得到提高。虽然 GTR 器件的开关频率比 GTO 的开关频率提高了很多，但是由于其基区和集电区中少数载流子存储效应的影响，其工作频率一般在 1MHz 以下。20 世纪 70 年代中后期，出现了功率金属氧化物半导体场效应晶体管(Metal Oxide Semiconductor Field Effect Transistor，MOSFET，简称 MOS)。功率 MOSFET 器件具有输入阻抗高、驱动电流低、无少子存储效应、开关速度快、工作频率高、稳定性好、电流分布均匀等优点，由于其自关断、全控型性和高频性，功率半导体进入了第二代功率器件时代。

1971 年，Tarui 等提出了横向双扩散 MOS 器件(Lateral Double Diffuse MOSFET, LDMOS)结构[4]，为实现高压大电流的功率 MOSFET 迈出了重要的一步。然而 LDMOS 的硅表面利用率不高，器件的功率特性依然受到影响。

1975 年，Siliconix 和美国 IR 公司推出的垂直功率 MOS(Vertical V-groove MOSFET，VVMOS)较好地解决了硅表面利用率的问题，使功率 MOS 器件的功率容量得到进一步提升。但 VVMOS 的 V 槽下方存在尖端电场，严重影响了器件的击穿电压，且器件导通电阻较大。后来，Temple 等提出的垂直 U 槽结构(Vertical U-groove MOSFET，VUMOS)[5]避免了 V 槽的尖端电场。不过 U 槽腐蚀工艺的一致性较难控制。

1979 年，Collins 等提出垂直双扩散 MOS(Vertical Double Diffused MOSFET，VDMOS)器件结构[6]，克服了 V 槽和 U 槽的不足，VDMOS 也成为应用至今的功率 MOS 器件结构。但 VDMOS 是纵向器件，影响了其与控制电路的单片集成应用。

1979 年，Appels 等发明的降低表面电场(Reduced Surface Field，RESURF)技术能够在薄外延层上获得高压器件，大大提高了横向功率 LDMOS 器件的耐压程度[7]。当击穿电压相同时，一般 LDMOS 的比导通电阻较 VDMOS 大 6 倍左右，采用 RESURF 技术和埋层结构可使 LDMOS 的比导通电阻减小到与 VDMOS 相比拟的程度[8]。

随着电子信息的不断发展和工业需求的不断提高，功率半导体器件的复合化、模块化和集成化成为工业应用上的一种迫切需要。而功率器件开关频率和集成度的增加，促使 20 世纪 70 年代出现了功率集成电路。单芯片功率集成电路减少了系统的元件数、互连数和焊点数，提高了系统的可靠性、稳定性，同时减小了系统的功耗、体积、重量和成本，这使得 PIC 一经出现马上受到广泛关注。控制技术在 PIC 中的引入和渗透，使功率器件及其外围检查诊断电路、控制驱动电路以及接口保护电路等都越来越多地集成在同一芯片上。

功率 MOSFET、VDMOS、LDMOS 的问世，以及同时派生出的横向绝缘栅双极晶体管(Lateral Insulated Gate Bipolar Transistors，LIGBT)[9]，在 20 世纪 80 年代推动了功率集成电路进一步走向成熟。

随着应用场景对 PIC 更大功率、更高频率的要求，具有优越材料特性的新型半导体，如碳化硅 SiC 和氮化镓 GaN 器件开始崭露头角，近几年广受国际关注。SiC 材料具有宽禁带、高临界击穿电场、高电子饱和漂移速度、高热导率等特性，其耐压级别可达万伏以上，是公认的“理想的”高频大功率功率器件，目前 SiC 功率器件已经用于光伏、新能源汽车等领域。而 GaN 材料能够形成 AlGaN/GaN 异质结构，且硅基 GaN 材料的出现，使硅基 GaN 电子器件具有更大的成本降低潜力，因此硅基 GaN 已经成为 Power GaN(GaN 功率半导体器件)的主流。自 2011 年原美国 IR 公司推出第一个 GaN 功率产品以来，GaN 功率器件已经走入市场，并在 2018 年开始放量。

功率器件的不断发展变化，必然要求其驱动电路随之满足其控制需求。而小型化、智能化的应用需求又推动着功率集成电路制造工艺的不断发展。早期的功率集成电路更多是独立于功率器件之外的驱动控制芯片或含能与功率器件单片集成的简单驱动电路的 PIC。对于不能完全单芯片集成的功率电路，则以集成封装的形式构成了智能功率模块(Intelligent Power Module，IPM)或专用功率模块(Application Specific Power Module，ASPM)。

为了更大程度地集成化，如何在不牺牲功率器件优良特性的基础上充分发挥先进半导体工艺技术优势、将功率器件与驱动或控制电路集成在一起，一度成为功率集成电路发展的关键。由于双极结型晶体管（Bipolar Junction Transistor，BJT）器件具有低噪声、高精度和线性度好等特点，互补金属氧化物半导体（Complementary Metal Oxide Semiconductor，CMOS)器件具有高集成度、易于逻辑控制和低功耗等优势，双扩散 MOS 器件(Double Diffused MOSFET，DMOS)具有可承受较大功率、开关速度快和良好的热稳定性等特性，针对功率集成电路的特色需求，BCD(Bipolar CMOS DMOS)工艺集成技术应运而生。BCD 工艺可将双极型晶体管、低压 CMOS 器件、高压 DMOS 功率器件及电阻、电容等无源器件在同一工艺平台上集成于一体[10]，有力推动了 PIC 的发展。

20 世纪 80～90 年代，单芯片集成了横向高压功率器件与低压逻辑电路或模拟电路的高压集成电路(High Voltage IC，HVIC)[8]，以及集成了功率器件与逻辑或模拟控制电路以及传感器、保护电路的智能功率集成电路(Smart Power IC，SPIC)[8]得到快速发展。

随着人们对 PIC 更高频率、更低功耗、更多功能、更加智能的不断追求，硅基功率器件的性能已经接近硅材料的极限，相应的功率集成电路已不能满足人们对其更高的要求。绝缘体上的硅(Silicon on Insulator，SOI)技术的提出弥补了硅基功率集成电路的部分不足。目前 SOI 基功率集成电路已被广泛应用于汽车电子等领域。

基于硅基 GaN 功率器件的硅基 GaN 功率集成芯片已经开始走向市场，硅基 GaN 功率器件与硅基集成电路的单芯片集成可能是未来功率集成电路的一个重要发展方向。

1.2　功率集成电路的概念与分类

由上述功率集成电路的发展历程来看，功率集成电路是一种围绕功率半导体器件，可实现功率变换、能量传输、动力驱动等的专用集成电路(Application Specific Integrated Circuit，ASIC)。功率集成电路是电力电子技术与微电子技术相结合的产物，它将功率与信息结合在一起，是所有电子产品供电、驱动的核心。

自20世纪70年代第一个功率集成电路问世以来，功率集成电路技术获得了快速发展，已经有一系列成熟产品在实际生产、生活中被大规模地应用，包括功率智能开关、半桥或全桥逆变器、两相步进电机驱动器、三相无刷电机驱动器、直流电机单相斩波器、脉冲宽度调制(Pulse Width Modulation，PWM)专用集成电路、线性集成稳压器、开关集成稳压器、电源管理电路等。随着集成电路制造工艺日新月异的发展，具有新原理、新结构和新概念的器件不断被推出，核心功率器件在向全控型和高频化方向转变。与此同时，各种新材料、新工艺以及新的控制理论被应用到功率集成电路，PIC逐渐向更高集成度和更强智能化方向发展。

在功率集成电路发展过程中，对于不可单芯片集成的PIC，主要包括智能功率模块(IPM)和用户专用功率模块(ASPM)。

IPM由IGBT等功率器件和优选的门级驱动及保护电路构成。IPM除了集成功率器件和驱动电路以外，还集成了过压、过流、过热等故障监测电路，并可将监测信号传送至CPU，以保证IPM自身在异常情况下不受损坏。当前，IPM中的功率器件主要为IGBT。由于IPM体积小、可靠性高、使用方便，深受用户喜爱。IPM主要用于交流电机控制、家用电器等。

ASPM是制造商开发的用户专用功率模块。为了提高系统的可靠性，有些ASPM把一台整机的几乎所有硬件都以芯片的形式封装到一个模块中，使元器件之间不再有传统的引线连接。这样的模块往往经过严格、合理的热、电、机械方面的设计，从而达到更加优化完美的境地。电源模组、功率微系统封装可谓小型的ASPM。目前，电源模组和功率微系统已成为众多装备中电源的首选方案。而对于可单芯片集成的PIC，传统上将其分为高压集成电路(HVIC)和智能功率集成电路(SPIC)[8]。

HVIC是多个高压器件与低压模拟器件或逻辑电路在单片上的集成。由于HVIC具有横向的功率器件、电流容量较小以及控制电路的电流密度较大等特点，故常用于小型电机驱动、平板显示驱动等具有高电压和小电流的应用场合。

智能功率集成电路的“智能”表现在这种电路具有控制、接口和自动保护三方面的功能[8]，旨在将所有的高压功率器件与低压控制电路集成在同一芯片上，一般是将一个或几个功率器件与控制和保护电路集成在一起。这样不仅会提高芯片整体的性能，而且能够降低成本，进一步实现电能变换的高效化和智能化。因此，智能功率集成电路适合作为电机驱动、汽车功率开关及调压器等用途。

近年来随着功率集成电路的不断发展，SPIC 和高压 HVIC 在工作电压和器件结构上都很难区分，常常统称为 PIC。图 1.2.1 为一种典型的功率集成电路的内部结构框图[11]。

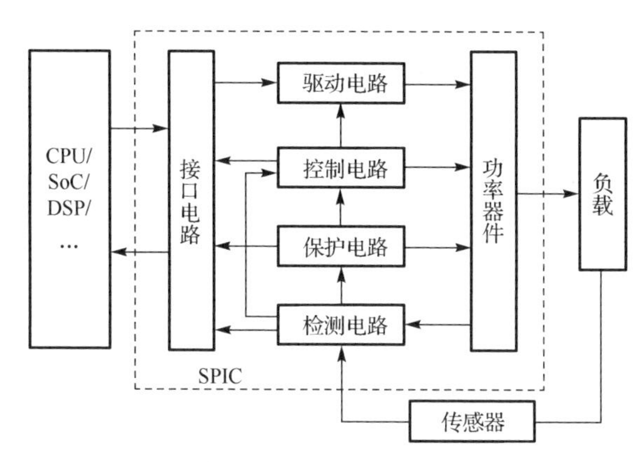

图 1.2.1 典型功率集成电路内部结构框图

由于典型 PIC 中含有高压大电流的功率器件，因此，PIC 在微电子的“后摩尔时代”是沿着“超越摩尔定律”(More than Moore)方向发展的[11]。

另一方面，微电子技术正继续沿着更加符合摩尔定律(More Moore)的方向持续发展[12]，如基于 CMOS 数字技术的更高集成度、更大规模的处理器和存储器已集成了诸多功能，在电子系统中扮演着“大脑”的角色。由于人们对功率集成电路智能化、数字化的要求依然强烈，因此，功率集成电路的发展也出现了分水岭。一方面在往更高电压、更大功率的 More than Moore 方向发展；另一方面，借助数字辅助功率集成技术(Digital Assistant Power Integrated Technologies，DAPI)[13]和数字电源技术[14]，功率集成技术也在向 More Moore 的电源管理方向发展。

数字辅助功率集成技术是借助数字集成电路的手段，辅助提升传统意义上以模拟集成电路为主的功率集成电路的性能，它主要包括数字辅助精度提升技术、数字校准技术、分段功率管驱动技术等。数字辅助功率集成技术既保留了模拟集成电路的优点，又渗入了数字集成电路的优势，是一种优秀的数模混合集成技术。

数字电源技术则是借助模数转换器(Analog to Digital Converter，ADC)，把功率变换电路的模拟输入输出信号转换成数字信号，以纯数字处理的方式产生功率变换电路中功率器件的控制信号，然后利用数模转换器(Digital to Analog Converter，DAC)，将控制信号转变为模拟的驱动信号驱动功率管。数字电源中的数字处理电路主要包括数字比例-积分-微分(Digital Proportional Integral Differential，DPID)电路和数字脉冲宽度调制（Digital Pulse Width Modulation，DPWM）电路。数字电源技术可以满足复杂的高性能系统对电源实时快速反应的要求。数字电源还可以借助其内的数字通信电路与数字信号处理器（Digital Signal Processing，DSP）或微控制器（Microcontroller Unit，MCU）进行通信，完成更复杂的运算。数字电源较模拟电源产品具有迁移性更好的特点，通过实时配置，可以应用于不同的用电负载。

物联网的快速发展，以及智能手机、穿戴设备、医疗电子等移动电子产品的推陈出新，对功率集成电路提出了新的要求，如在电池技术没有得到突破性变革的情况下，如何有效延长产品的待机时间，电源管理技术应运而生。

前述功率集成电路重点考虑应用系统对其小型化、高效化、可靠性的要求。以电池供电的产品不仅要考虑其内部功率集成电路自身的低功耗，同时要考虑整个用电系统的低功耗。电源管理芯片作为一类功率集成电路更强调对负载系统整体的用电管理，特别是对于复杂多阈值负载，如片上系统（System on Chip，SoC）等的能耗管理。电源管理单元（Power Management Unit，PMU）已成为减小系统体积、降低系统能耗的重要核心模块。

因此，功率集成电路的另一种分类方式是：功率变换/控制（Power Converter/Power Controller）集成电路和电源管理集成电路（Power Management IC，PMIC）两大类。

功率变换/控制集成电路，也可称作电源转换电路，更强调功率从一种形式转换成另一种形式的功率处理，更注重功率变换电路本身的功率转换形式（不同的输出电压或电流）、效率和可靠性。典型的功率变换/控制电路包括脉冲宽度调制 PWM 控制芯片、Boost 升压转换芯片、Buck 降压转换芯片、LDO 线性电压调节器等。

电源管理集成电路更强调对负载系统整体的用电管理，希望整个系统能效更高，如具有动态电源管理（Dynamic Power Management, DPM）功能、动态电压调节（Dynamic Voltage Scaling，DVS）功能或自适应电压调节（Adaptive Voltage Scaling，AVS）等功能的功率集成电路为 PMIC。

目前，PIC 的主要研究热点是：开发高成品率、低成本的 BCD、SOI、宽禁带半导体工艺；研究大电流高速 MOS 控制并有自我保护功能的横向功率器件；研究包括多个大功率器件的单片功率集成电路；研究能在高温下工作并具有较好稳定性的功率集成电路；研究具有能量管理功能的电源管理电路。将多个高压大电流功率器件与数模混合低压检测、控制电路集成在同一芯片上，使之具备系统功能的片上功率系统（Power System on Chip，PSoC）是功率集成电路努力的目标[15]。

功率集成电路经过半个多世纪的高速发展，在当今倡导绿色能源的高速信息化、智能化的社会，其应用无处不在。从日常生活中的家用电器、电子计算机、各种消费电子产品，到能源交通、医疗卫生、信息通信、工业控制、军事宇航等各个领域；从传统的电力电子设备与产品，到如今的新兴产业或高新技术领域，如新能源汽车、5G 通信设备、物联网(Internet of Things，IoT)等。随着电能处理领域的不断扩大，以及社会对环保问题的日益重视，功率集成电路成为整个半导体产业中最为活跃的领域之一。

从应用看，小于1000W通常是单芯片PIC的潜在市场，而大于1000W则是电源(功率)模块的目标市场[16]。

图1.2.2给出了功率集成电路的市场预测数据，Yole Development预测，到2023年，功率集成电路将从汽车、通信、计算、消费和工业这几个主要终端市场中获益达到227亿美元。2017～2023年的复合年增长率(CAGR)为4.6%[17]。

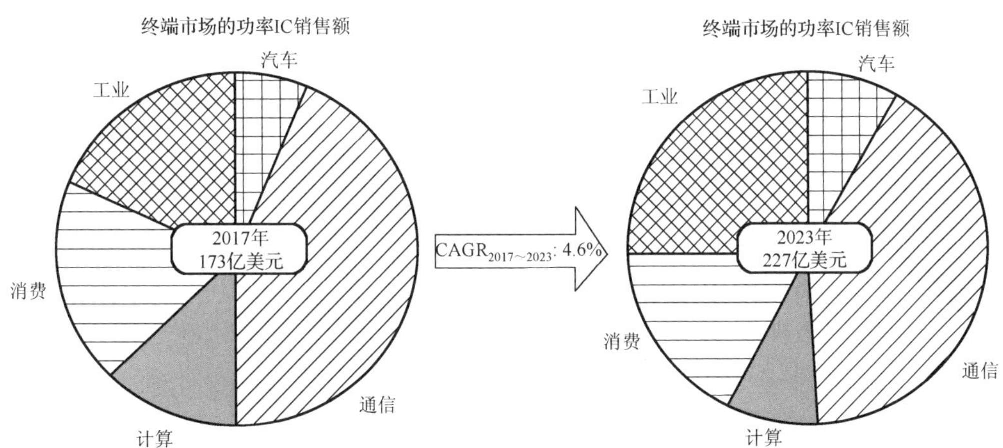

图1.2.2　功率集成电路市场预测[17]

(来源：Introduction to the Power IC market 2018. Yole Development. 2018)

功率集成电路的巨大市场驱使着集成电路产业领域的各企业不断推出自己的新产品以满足市场的需要。功率集成电路制造商主要有三种类型：没有芯片工艺线的设计公司、集成器件制造商(Integrated Device Manufacturer，IDM)和利用自己的PIC生产用户终端系统的生产商。德州仪器和Maxim Integrated是功率集成电路IDM的领头羊。IDM受益于完整的产品组合，包括功率器件、微控制器或传感器，这是对终端产品非常有益的一类制造商。三星、华为则是典型的用户终端系统产品的PIC制造商，他们为自己的智能手机、平板电脑提供PIC或PMU，可实现低成本的解决方案。

目前，功率集成电路知名国际公司主要包括德州仪器公司(TI)、高通公司(Qualcomm)、意法半导体有限公司(ST)、亚德诺(ADI)、美信半导体公司(Maxim)、英飞凌(Infineon)、安森美(ON Semi)、恩智浦(NXP)和瑞萨电子(Renesas)等公司。从2016～2018年的业界市场来看，功率集成电路产业正在整合发展，少数大公司将统治未来几年的市场。

在功率集成电路技术蓬勃发展的过程中，中国在功率集成电路方面也获得了迅猛的发展，取得了可喜的成绩。上海华虹宏力、无锡华润上华、杭州士兰微等企业均推出了自己的高压 BCD 工艺，杭州士兰微、杭州汐力杰、上海晶丰明源、无锡芯朋微电子、深圳芯茂微电子、北京新雷能公司等一批企业开发了系列功率集成电路产品。同时在市场机遇方面，随着电池供电、互联网消费产品，特别是以智能手机为代表的便携式电子产品、电动车、汽车电子的涌现，进一步推高了功率集成电路需求的强劲增长趋势。因此，我们可以预期，在不久的将来，作为市场大国的中国有望成为功率集成电路产业主要的设计和制造大国。

目前，中国的功率集成电路和中国集成电路产业一样，虽然经历了一段时间的发展，但是仍然处于设计和制造的初期阶段，和国际先进水平还有较大差距。因此，提升国内集成电路(含功率集成电路)行业的设计能力和产能已经迫在眉睫，并成为国家战略的优先事项。为了给国内外企业打造极具前景的良好投资环境，国家制定了一系列的计划，在取得功率集成电路产业快速发展的同时也改变了市场格局。因此，我们可以预期，中国的功率集成电路产业在巨大的市场需求和国家计划的助推下，必将迎来更加快速的发展和进步。

1.3 功率集成电路的技术特点

功率集成电路是以半导体功率器件和集成电路为依托的一种特殊的 IC，涉及功率器件结构、特殊制造工艺、电力电子变换系统拓扑结构、集成电路设计以及高低压隔离与集成兼容等问题。特殊的器件结构及其制造工艺是 PIC 有别于其他集成电路的重要区别。

PIC 的集成技术必然涉及可集成功率器件的设计技术。PIC 中的功率器件主要指功率二极管、双扩散 DMOS 器件和 IGBT 等，功率集成器件的研究重点是在保证制造工艺与低压集成电路兼容的同时，对高压器件的性能进行优化和提高，典型技术包括结终端技术、RESURF 技术等。

PIC 的集成技术包括 BCD 工艺集成、SOI 功率集成、硅基 GaN 功率集成等在内的功率集成制造技术。功率集成电路制造工艺的研究重点是在不牺牲功率器件优良特性的基础上充分发挥先进的 CMOS 集成技术优势，不增加或者少增加掩模版的情况下，将功率器件与驱动或控制电路集成在一起。其中，高/低压兼容技术、高压隔离技术和高压互连技术是功率集成制造技术的关键。

功率集成电路将实现功率的变换、电能的传输，其应用的定位必然涉及电力电子变换技术，包括 AC-DC、DC-DC、DC-AC 和 AC-AC 的功率变换拓扑与转换机理，尤以便于单片集成的 DC-DC 功率变换器为主。涉及隔离与非隔离拓扑结构、感性开关电源、容性开关电源或 LDO 类型的选取、开关电源调制模式的优化、功率集成电路稳定性的研究以及核心电路模块的优化设计。

对于电源管理电路，小功率 DC-DC 变换电路除了关注其高效率、高性能的设计之外，动态电源管理 DPM 技术、动态电压调节 DVS 技术、动态电压频率调节(Dynamic Voltage Frequency Scaling, DVFS)技术和自适应电压调节 AVS 技术已成为移动便携类电子产品关注的新型实用电源管理技术。

对于中高功率的功率集成电路，功率驱动能力是 PIC 必须关注的问题。由于 PIC 存在较大电压电流，芯片热量积累较大，需要及时散热，因此，过温保护电路是功率集成电路中的典型子电路模块。功率半导体器件的选择和布局也将极大影响其他电路模块的性能，如基准电路的稳定性，这需要在 PIC 进行版图设计前对电热问题进行统筹安排。同时，大多数 PIC 中的功率器件都工作在开关状态下，功率器件开关过程会产生较大的 di/dt 和 dv/dt 效应，这对低压控制电路会引起明显的噪声干扰和地弹现象。因此，高低压隔离技术和栅极驱动技术也是 PIC 的重要技术。

鉴于此，本书总体结构包含可集成功率半导体器件、功率集成电路工艺、电源转换技术、电源管理技术、栅驱动电路以及功率集成电路与系统的展望，共 7 章。

参 考 文 献

[1] 陈星弼. 第一次电子革命及第二次电子革命. 微型电脑应用, 2000, 16(8): 5-9.

[2] Hall R N. Power rectifiers and transistors//Proceedings of the Institute of Radio Engineers, 1952, 40(11): 1512-1518.

[3] Moll J L, Tanenbaum M, Goldey J M, et al. P-N-P-N transistor switches//Proceedings of the Institute of Radio Engineers, 1956, 44(9): 1174-1182.

[4] Tarui Y, Hayashi Y, Sekigawa T. Diffusion self-aligned enhance depletion MOS-IC// Proceedings of the 2nd Conference on Solid State Devices, Tokyo, 1970: 193-198.

[5] Temple V A K, Love R P, Grary P V. A 600-volt MOSFET designed for low on resistance. IEEE Transactions on Electron Devices, 1980, 27(2): 343-349.

[6] Collins H W, Pelly B. HEXFET: A new power technology, cuts on-resistance, boosts ratings. Electron Devices, 1979, 36: 17-29.

[7] Appels J A, Vaes H M J. High voltage thin layer devices (RESURF devices) // International Electron Devices Meeting, 1979, 10(1): 238-241.

[8] 陈星弼. 功率 MOSFET 与高压集成电路. 南京: 东南大学出版社, 1990.

[9] Darwish M, Board K. Lateral resurfed COMFET. Electronics Letter, 1984, 20(12): 519-520.

[10] 孙伟锋, 张波, 肖胜安, 等. 功率半导体器件与功率集成技术的发展现状及展望. 中国科学: 信息科学, 2012, 42(12): 1616-1630.

[11] 罗萍. 智能功率集成电路的跨周调制 PSM 及其测试技术研究. 成都: 电子科技大学, 2004.

[12] Hoefflinger B. ITRS: The international technology roadmap for semiconductors // Chips 2020.

Berlin: Springer, 2011.

[13] Luo P, Zhen S W, Wang J X, et al. Digital assistant power integrated technologies for PMU in scaling CMOS process. IEEE Transactions on Power Electronics, 2014, 29(7): 3798-3807.

[14] 李建仁. 开关电源数字控制技术进展. 微电子学, 2016, 46(4): 562-566.

[15] 方健, 李肇基, 张波, 等. PSoC——新一代 SoC 技术. 中国集成电路, 2003, 50(7): 46-50.

[16] 黄博. SiC 器件的微波应用——功率器件的开发应用与实例.http:// www.elecfans. com/ article/83/ 116/2012/20120528273828_2.html.

[17] Yole Development. Introduction to the power IC market 2018.https://www.i-micronews. com/products/introduction-to-the-power-ic-market-2018/.

第 2 章　可集成功率半导体器件

2.1　可集成功率器件概述

可集成功率器件的发展与功率集成电路的发展息息相关。功率集成电路出现于 20 世纪 70 年代后期，当时的功率器件主要为双极结型晶体管(Bipolar Junction Transistor，BJT)，功率器件所需的驱动电流大、驱动和保护电路较复杂，功率集成电路的研究并未取得实质性进展。直至 80 年代，由 MOS(Metal-Oxide-Semiconductor)栅控制和具有高输入阻抗、低驱动功耗、容易保护等特点的新型 MOS 类功率器件如横向双扩散 MOS(Lateral Double-Diffuse MOSFET，LDMOS)的出现，使得驱动电路简单且易于集成。紧随其后，以绝缘栅双极晶体管(Insulated Gate Bipolar Transistor，IGBT)为代表的大功率的场控器件得到了迅速发展，到 1984 年，Darwish 和 Board 提出了 LIGBT(Lateral IGBT)结构，国内数所高校也相继开展了 SOI LIGBT(Silicon-on-Insulator LIGBT)的研究。智能功率集成电路(Smart Power IC, SPIC)将功率半导体器件与过压、过流、过温等传感与保护电路及其驱动和控制电路等集成于同一芯片，不仅减小了体积和成本，而且提高了系统可靠性，同时实现智能控制，是功率集成电路的重要发展方向。

尽管 Si 晶圆材料价格低廉，而且 Si 基功率器件及集成电路的设计和工艺制造已经很成熟，但是 Si 基功率芯片的性能已经接近硅材料的理论极限，并且在某些特殊环境应用下(如高温、高压和大功率)，硅基器件及集成芯片已不能胜任。随着以碳化硅(SiC)和氮化镓(GaN)为代表的宽禁带半导体在材料制备、器件物理与制造工艺方面的快速发展，SiC 和 GaN 功率器件与集成芯片近年来迅速发展，成为功率半导体芯片的重要发展领域。SiC 材料具有宽禁带、高临界击穿电场、高电子饱和漂移速度以及高热导率的特点，理论上来说，能用硅基实现的功率半导体器件均能在 SiC 材料上实现，特别是在千伏以上的耐压级别及大功率应用，SiC 芯片独具优势，国内外已经有商业化的产品出现。GaN 材料能够形成 AlGaN/GaN 异质结构，该结构在自发极化和压电极化作用下，可以获得高浓度、高迁移率的二维电子气，因此，GaN HEMT(High Electron Mobility Transistor)器件在微波和高效功率应用领域具有无可比拟的优势。

功率器件可分为功率二极管和功率开关器件。其中功率二极管包括肖特基势垒二极管(Schottky Barrier Diode，SBD)和 P-i-N 二极管。功率开关器件又分为功率晶体管和晶闸管，常见的功率晶体管包括 BJT、MOSFET 以及 IGBT。按照功率器件中载流子流动方向可将其划分为纵向功率器件和横向功率器件。其中，横向功率器件由于其电极均位于芯片表面，易于集成，故又将横向功率器件称为可集成功率器件。

功率二极管是功率半导体器件中的重要组成部分，几乎所有的功率集成电路中都会使用到功率二极管。当前商业化的功率二极管以 P-i-N 功率二极管和肖特基势垒功率二极管为主。对于功率 P-i-N 二极管，电导调制效应使其同时具有高耐压和大电流的特性，但由于关断时存在非平衡载流子抽取过程，P-i-N 二极管的反向恢复时间较长，限制其高频应用。肖特基势垒二极管是单极器件，依靠电子导电，开关频率高，但无电导调制效应使其比导通电阻(specific on-resistance) $R_{on,sp}$ 随击穿电压(Breakdown Voltage, BV)的升高迅速上升，这阻碍了肖特基势垒二极管在高压大电流领域上的应用，硅基肖特基势垒二极管通常只工作在 200 伏以下的电压范围内。碳化硅肖特基势垒功率二极管得益于碳化硅材料的优越特性，被广泛应用于高压大电流领域。针对碳化硅肖特基势垒功率二极管反向漏电流过大的问题，通常使用 JBS(Junction Barrier-Controlled Schottky)结构来解决。JBS 结构也是目前商业化 SiC 肖特基势垒功率二极管采用的主流方案。

双极结型晶体管(BJT)是电流控制型的双极开关器件，是早期功率半导体器件中的代表性产品之一。虽然功率双极型晶体管存在二次击穿，安全工作区受各项参数影响而变化大、热容量小及过流能力低等缺点，但由于其成熟的加工工艺、极高的成品率和低廉的成本，仍然在功率开关器件里占有一席之地。与 Si 基功率双极型晶体管相比，SiC 基功率双极型晶体管具有低 20～50 倍的开关损耗以及更低的导通压降，同时，SiC BJT 的基极和集电极可以很薄，从而提高了 SiC BJT 的电流增益和开关速度，且 SiC BJT 由于二次击穿的临界电流密度大约是 Si 的 100 倍而免于传统的二次击穿困扰。目前，SiC BJT 主要分为外延发射极和离子注入发射极两种，典型的电流增益在 10～50 之间。

LDMOS 是智能功率集成电路中最常用的功率器件，作为压控单极器件，具有输入阻抗高、驱动电路简单和开关速度快等特点。相比于纵向双扩散 MOSFET(Vertical Double-Diffuse MOSFET，VDMOS)，LDMOS 的耐压受限于漂移区的长度，耐高压需要较长漂移区，导致表面积更大，增大了其比导通电阻，同时也增加了制造成本；VDMOS 的比导通电阻 $R_{on,sp}$ 正比例于漂移区长度 L_d($R_{on,sp} \propto L_d$)，LDMOS 的比导通电阻存在如下关系 $R_{on,sp} \propto L_d^2$，对于单极导电的功率 MOSFET 而言，存在硅极限关系 $R_{on,sp} \propto BV^{2.5}$。缓解 LDMOS 硅极限关系的典型技术包括降低表面电场(RESURF)技术、超结技术和槽型技术。RESURF 技术分为 Single RESURF、Double RESURF 和 Triple RESURF 技术，后面将做详述。以 Single RESURF 为例，它是利用衬底对漂移区的耗尽作用，使漂移区电荷由体区和衬底共享，漂移区电场由一维场转变为二维场，从而降低体区主结的表面电场峰值，抬升漂移区中部的电场强度，从而提高器件的击穿电压。超结技术采用更高掺杂浓度的交替的 N 条与 P 条代替低掺杂的单一导电类型(N 型或 P 型)漂移区，以降低器件的导通电阻。槽型技术通过在漂移区引入介质槽承受高电场、提升耐压，并通过折叠漂移区减小器件元胞尺寸以降低比导通电阻。

解决硅极限关系的另外一个突破口是采用双极型器件，IGBT 利用双极载流子导电形成电导调制效应，从而显著降低导通电阻，这项技术在高压应用领域尤其有效。LIGBT 具有高压、大功率、低功耗以及易集成等优点，常应用在单片集成功率芯片中。但电导调制效应是双刃剑，导通时存储在漂移区内的大量载流子会使器件关断时出现电流拖尾现象，导致关断损耗较大，关断速度减慢。为了缓解导通压降与关断损耗的折中关系，常用的方法是采用短路阳极结构，即在原先的 P^+阳极区旁再引入 N^+阳极区，关断时，N^+阳极区为存储在漂移区内的电子提供低阻抽取通道，缓解长拖尾电流现象，降低器件关断损耗，但短路阳极结构会引起电压折回(snapback)现象。

2.2　功率器件的击穿机理

承受高反向击穿电压和大开态电流是功率器件被用作开关器件时需要具备的两大突出特征。器件在反偏电流急剧上升之前所能承受的最高阻断电压也称为击穿电压，它是功率器件的基本特征和重要设计目标。引起功率半导体器件的反向击穿机制主要有雪崩击穿和热击穿。

功率半导体器件工作在阻断状态时 PN 结附近会产生耗尽区并存在较强的电场，载流子在强电场下被加速并与晶格发生碰撞，晶格价键上的电子在碰撞时获得的能量超过禁带宽度时，就可能使价带电子激发至导带，产生二次电子-空穴对，成为二次载流子。这些二次载流子同样在强电场的加速下，进一步与晶格发生碰撞，产生下一代载流子，如此往复，形成载流子的倍增效应，使反向电流急剧上升，最终导致器件发生雪崩击穿。

利用雪崩击穿的判据：$\int_0^{x_d} \alpha \mathrm{d}x = 1$，可以得到理想的平行平面单边突变 PN 结击穿电压的近似公式：$V_B = 5.34 \times 10^{13} N_B^{-3/4}$，其中 N_B 是低掺杂一侧的掺杂浓度。可见，对于突变结，可通过减小低掺杂一侧杂质浓度提升雪崩击穿电压；对于线性缓变结，杂质浓度梯度越小击穿电压越高，因此扩散结可以通过控制扩散时间和扩散温度来控制杂质浓度梯度。

雪崩击穿受温度和结面的曲率半径影响。随温度升高，晶格自振动加强，载流子与晶格碰撞损失能量增加，能量积累速率降低，因此雪崩击穿电压随温度的升高而增大。对于绝大部分功率半导体器件而言，实际形成的PN结面不是完全的平面，而是包含平面、柱面和球面三部分。结面的曲率大小会影响电场的分布，曲率大的地方会形成电场集中效应，此处容易发生提前击穿，实践中通常会采用增大结深以扩大曲率半径、腐蚀掉扩散结弯曲部分的台面结构和场板等结终端技术来改善击穿电压。

雪崩击穿按照发生的位置可分为表面击穿和体内击穿，对应于表面击穿电压和体内击穿电压，器件的耐压由两者中的较小者决定。一般而言，表面处曲率较大，且表面处晶格缺陷及表面态密度高于体内，击穿更易于在表面发生。为了避免因表面曲率大而发生的表面提前击穿，功率器件一般均采用结终端技术。

雪崩击穿为“电击穿”，“电击穿”是可逆的，对器件不会产生永久性损坏。但除此之外的“热击穿”会对器件造成不可逆的永久性损坏。

热击穿是指载流子在高反向电压下获得能量，经过势垒区的电场加速再将获得的能量通过碰撞传递给晶格，使晶格热能增加，结温升高。随结温升高，本征载流子浓度迅速增加，反向饱和电流密度 J_S 随本征载流子浓度 n_i 按照 $J_S \propto n_i^2$ 的关系迅速增加，这样 J_S 与结温形成正反馈，使电流和温度无限增大，最终导致器件烧毁。

防止热击穿最有效的方式就是增大器件的散热能力；再者，反向饱和电流越小，热稳定性也越好，因此半导体禁带宽度越大，热稳定性越好。

2.3　结终端技术

如前所述，半导体功率器件的表面曲率效应引起电场集中，例如，实际的平面结(Planar Junction)表面曲率效应使表面最大电场大于体内最大电场，因此器件耐压一般由表面击穿电压决定。结终端技术(Junction Termination Technology, JTT)是通过缓解或者避免电场集中效应而提高耐压的技术。本小节主要讨论用于横向功率集成器件的结终端技术，大致可分为两类。一类是在主结附近引入电荷，利用电荷产生的附加电场来调制电场，降低主结的电场峰值，并扩展耗尽区宽度，从而获得优化的电场分布，此类技术通常用于平面工艺，常见的包括场板(Field Plate，FP)及结终端扩展(Junction Termination Extension，JTE)等；另一类是去除曲率大、电场集中的结面部分[1,2]，如采用刻蚀去除电场集中的半导体区域，或者刻槽并填充绝缘介质，将高电场转移至临界击穿电场更高的绝缘介质中，从而提高击穿电压，称为沟槽终端技术。单一槽型技术无法解决表面PN结电场集中的问题。简单地通过增加槽深来提高器件耐压，效果非常有限，而结合纵向场板或者纵向JTE技术可以大大增强体内电场。另外在设计中，针对跑道或叉指状结构部分区域存在电场集中的现象，还将讨论衬底终端技术(Substrate Termination Technology，STT)。现代半导体工业设计与制造中常常将两种以上的结终端技术组合使用，形成复合终端技术以提高耐压并缩小终端面积，同时提高器件的可靠性。

2.3.1 场板技术

场板技术工艺相对简单且工艺兼容性好，是目前最重要和最常用的结终端技术之一。场板可以是金属或者多晶硅场板，也可以是多晶硅和金属的复合场板结构。广义的场板主要可分为三类：①金属场板，金属覆盖于半导体表面的绝缘介质上且一端接固定电位，比如接源、栅或漏极电位，分别称为源场板、栅场板或漏场板；②浮空场板，其未与电极相连，无固定电势，处于浮空的状态；③阻性场板也称为电阻场板，通常采用半绝缘多晶硅(Semi-Insulating Polycrystalline Silicon，SIPOS)，其两端分别与器件的两个电极相连，因为场板本身不绝缘且两端存在电势差，在阻性场板两端之间就有电流流过，从而在电流流过的方向形成压降，调整器件表面电场分布。

场板的基本原理是通过引入电荷产生附加电场，以减小原来的电场峰值，同时使耗尽层扩展。本节讨论场板长度远大于下面氧化层及耗尽层厚度的情形。金属场板基本结构如图 2.3.1 所示，该图以 P^+N 结为例。P^+N 结反偏时，若未添加场板，柱面结曲率效应使得器件在表面 P^+N 结面处提前击穿，器件耐压受限于表面击穿电压。场板的作用是通过将一部分原本由 N 耗尽区正电荷指向表面处 P^+耗尽区负电荷的电力线转向场板，从而降低主结处的电场峰值，缓解电场集中的现象，同时耗尽区展宽，如图 2.3.1 虚线所示。这种作用可以等效为在半导体表面之上增加了一层负电荷，N 区正电荷发出电力线部分终止于表面的负电荷，保证电通量不变。这些负电荷会产生垂直于硅层表面的电场以及平行于半导体表面两个方向的电场。在场板下方多数区域内，这些负电荷产生的横向电场相互抵消；在场板靠近主结的位置，该电场削弱原来的主结电场峰值。但在场板末端，其横向电场与来源于主结的电场相互加强，此处产生一个额外的电场峰。

场板的作用通常由场氧厚度和场板的长度决定。过厚的场氧会削弱场板降低主结峰值电场的作用，但如果场氧太薄，击穿可能首先在场板的末端发生，这是因为场板末端存在新的电场尖峰。图 2.3.2 给出了在相同的反偏电压下，具有不同场板长度的 PN 结的表面电场分布，从图中可见场板有效降低主结的峰值电场。但在场板末端引入新的电场峰，且场板越长，该峰值越小。实际器件应用中，基于场板与漏场板及另一电极端距离的考虑，场板需要合理设计长度。

场板的耐压可以用以下的方法等效计算，如果场板长度远大于氧化层和耗尽层厚度，则在场板之下除去边缘部分的大部分区域，电场近似一维分布，类似于 MOS 平板电容，其耐压为单边突变结 P^+N 结和场氧耐压总和。这种一维近似并不适于场板的边缘部分。随着场板长度的增加，横向电场分量 E_x 降低，导致场板末端总电场降低。场板下横向电场分量随距离按如下指数规律下降：$E_x \propto \exp(-0.6x/t_{\text{fox}})$[3]，其中 t_{fox} 是场氧化层的厚度，x 轴的原点在主结结面，其正方向为沿表面远离主结的方向。由公式可知，如果 t_{fox} 随 x 的增加而增加，则场板上的横向电场分布会更趋于均匀，这种场板称为斜坡场板或斜场板，如图 2.3.3 所示。斜坡场板有可能花费更小的终端面积获得缓解表面的尖峰电场。然而斜坡场板的工艺实现相对困难，一种折中方案是采用如图 2.3.4 所示的阶梯场板，通过多阶梯来实现倾斜的效果。

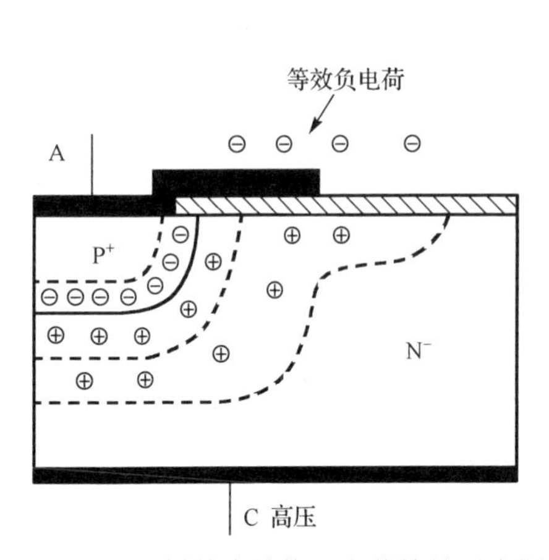

图 2.3.1　场板基本结构及电荷等效示意图

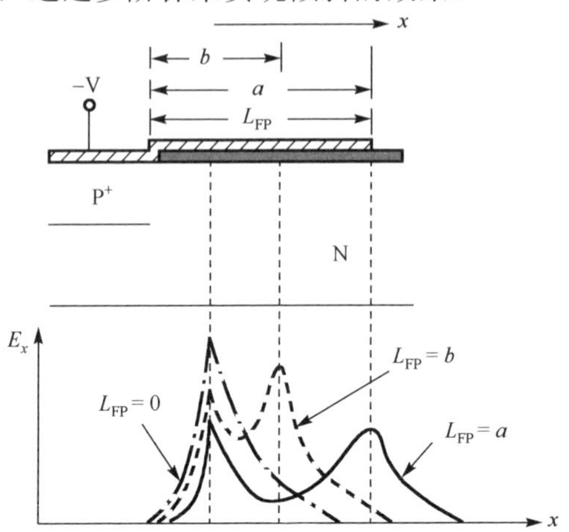

图 2.3.2　不同长度的场板对电场分布的影响[3]

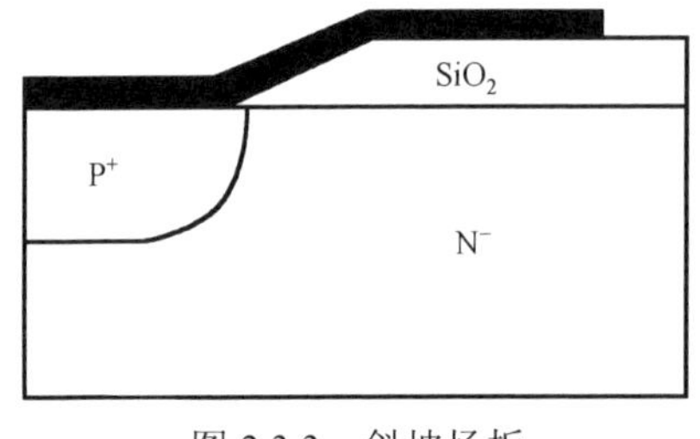

图 2.3.3　斜坡场板

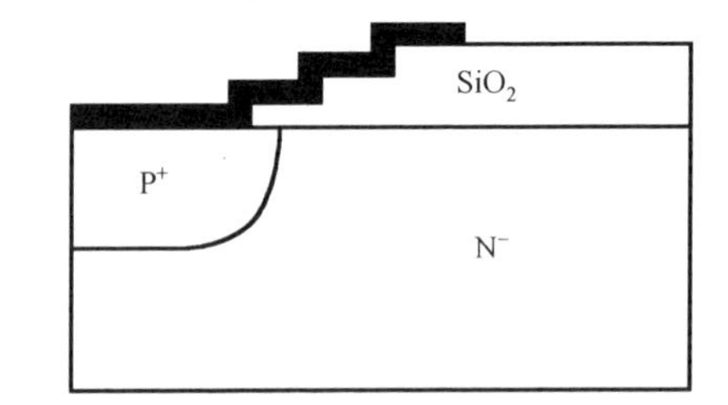

图 2.3.4　阶梯场板

上述场板不论是金属还是多晶硅，均为导体，在场板的末端(边缘)有电场的集中。阻性场板剖面结构如图 2.3.5 所示[4]。如果阻性场板的电阻率均匀且与硅表面之间以薄绝缘层隔离，如图 2.3.5(a)所示，则由电流连续性原理知，电场在阻性场板的水平方向均匀分布。阻性场板与半导体表面只隔开一层很薄的绝缘层，因此半导体表面的电场也是均匀的。这样 PN 结在表面扩展，表面电场峰值降低并且变得平坦；另一种阻性场板直接与半导体表面接触，如图 2.3.5(b)所示，电流可以从半导体经由阻性场板流向 P^+的电极，因此沿场板的电场不是常数，而且耗尽层边界可能不在场板的末端，情况比较复杂，难以控制。自从 Matsushita 等人将其应用于器件表面钝化以来，SIPOS 已被广泛用作阻性场板和表面钝化物[5]。阻性场板的方块电阻应适当选择使它引起的漏电流很小，通常将方块电阻值控制在 10^{10} 欧姆量级。阻性场板的优点不仅使表面电场均匀分布，提高器件耐压；同时，SIPOS 作为阻性场板后，氧化层中的固定电荷带来的若干问题被削弱，如热载流子等可动电荷被泄放，而且它对外电场也起到屏蔽的作用，因此提高了稳定性。

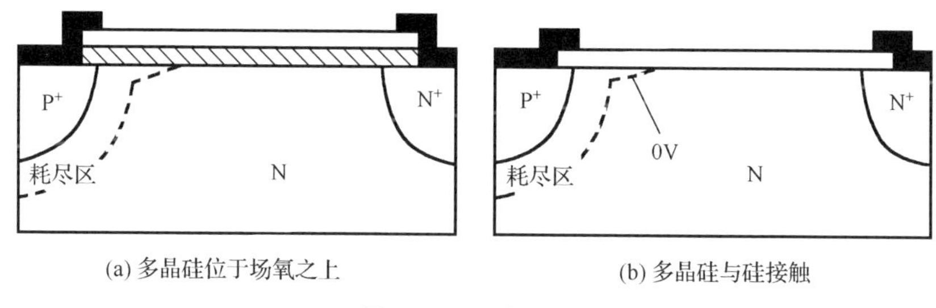

图 2.3.5　阻性场板

在常规平面 LDMOS 中，阻断状态下只有处于低电位的栅场板或者源场板才具有对 N 型漂移区的辅助耗尽作用。漏场板由于连接最高电位，不具有对 N 型漂移区的辅助耗尽作用。因此在平面结构中，场板只能产生局部耗尽作用。若要扩展场板的耗尽区域，只能水平延伸场板长度，然而缩短栅场板与漏场板的距离对器件的耐压有较大影响。采用纵向场板结构，使场板成为从表面延伸至体内的负电荷中心，在漂移区内产生横向附加电场，使得部分电力线横向终止于场板。

图 2.3.6 给出了一种带有双槽的横向功率 MOSFET 器件[6]，其采用了隔离型纵向场板技术，器件结构如图 2.3.6 所示。槽栅从表面延伸至埋氧层，形成纵向的 MIS 结构，在阻断状态下相当于纵向场板，缓解了 P-well 处的电场集中，且形成多维度辅助耗尽，提高漂移区的优化浓度。通过在漂移区内引入介质槽，等效折叠漂移区，相同尺寸下提高击穿电压。此外，纵向栅场板在阻断状态能有效屏蔽来自高压区的电力线，起到隔离的效果。

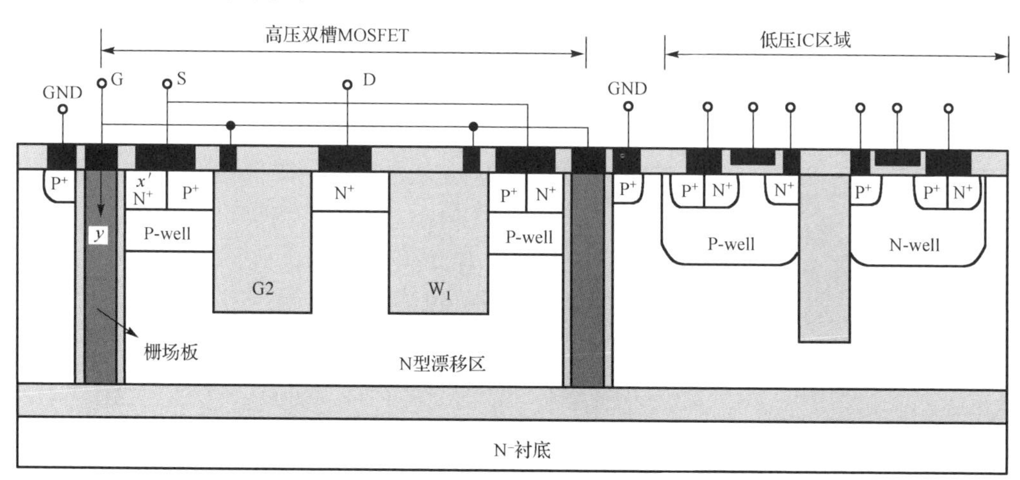

图 2.3.6　双槽(DT) LDMOS 以及低压 CMOS 结构示意图

Xia 等提出在氧化槽内引入双纵向场板[7]，即纵向栅场板和漏场板，该结构在靠近源端氧化槽侧壁形成高浓度 N 条，靠近漏端氧化槽侧壁形成高浓度 P 条，如图 2.3.7

所示。栅场板和漏场板分别耗尽靠近源端的N条和近漏端的P条，有助于增强槽内介质的电场强度，获得优化的体内电场分布。仿真结果表明，该结构达到击穿电压840V的同时，比导通电阻仅为60.2mΩ·cm^2。

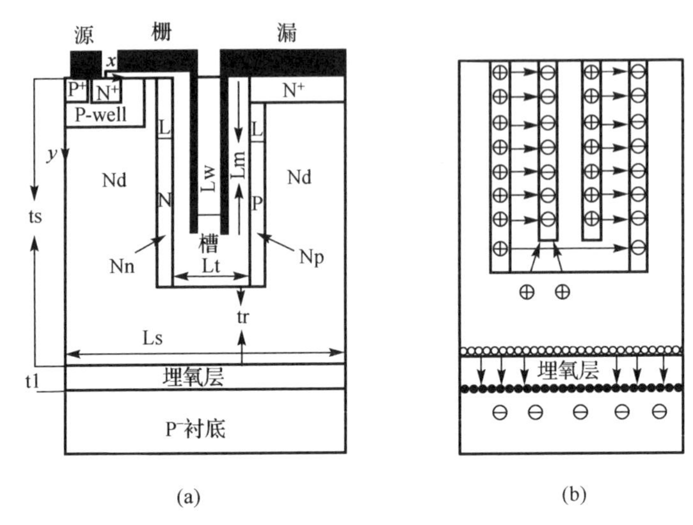

图 2.3.7　带有纵向栅场板的槽型 pLDMOS 结构及其一维近似等效结构

2.3.2　沟槽终端技术

前文提到，可以通过刻槽去除电场集中的半导体区域以提高耐压，即沟槽终端技术(Trench Terminations)。这种技术通常会在槽中填充介电系数更低且临界击穿电场更高的介质材料。将高电场转移到介质材料中，有利于缩小结终端结构占用的表面积。槽中所填介质的介电常数通常小于Si的介电常数，典型的沟槽终端结构如图2.3.8所示。沟槽终端的机理如下：①主结紧靠介质槽终端结构，降低了结面处电场尖峰，缓解电场集中效应，且将高电场转移到绝缘介质中；②根据高斯定理，垂直于硅/介质界面的电场强度与其介电系数成反比，低k介质可使更窄的介质槽承受与较宽Si平面终端结构相同的耐压，所以介质槽终端在提高耐压的基础上能够大大节省芯片面积。沟槽终端的性能主要由槽宽、槽深以及槽中所填介质的k值决定。在相同耐压下，在其电场达到介质击穿电场之前，k值越低，槽越窄且越深。

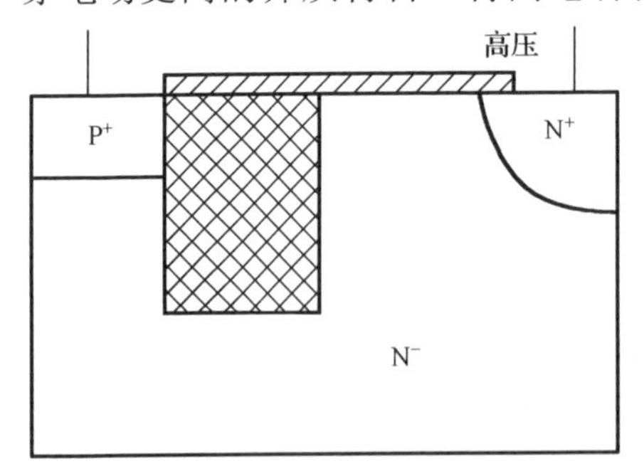

图 2.3.8　沟槽终端结构

2.3.3　结终端扩展技术

结终端扩展技术(Junction Termination Extension，JTE)是在主结边缘的轻掺杂侧再掺杂，即引入附加电荷，如图 2.3.9 所示。下面从电力线角度来理解 JTE 终端的机理：如果没有 JTE 的附加效果，N 区电离施主电荷(正电性)发出的电力线全部终止于 P^+区的电离受主电荷(负电性)，相应地，在 P^+ N 冶金结界面处的曲率效应导致电场在结面处集中，在此处提前发生雪崩击穿，使得器件耐压值降低；引入结终端扩展之后，N 区电离施主电荷(正电性)发出的电力线分别终止于 P^+区和 JTE 区的电离受主电荷(负电性)，从而改善了主结处的电场集中效应，避免了 P^+N 冶金结表面处发生提前击穿；同时，在结终端扩展结构的外侧形成辅结，二者共同提高耐压。

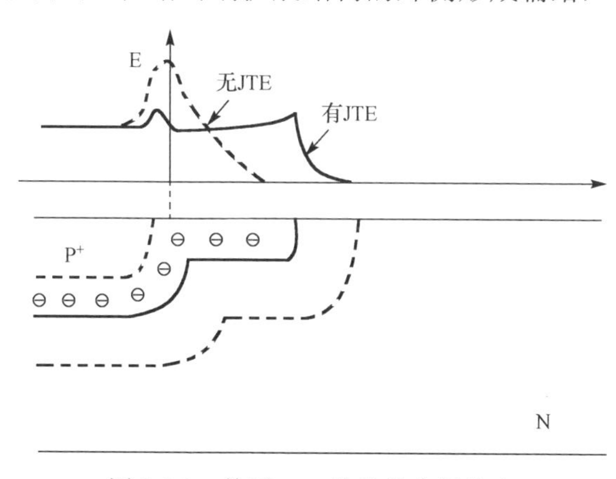

图 2.3.9　单区 JTE 结构的电场分布

如果 JTE 区域的掺杂浓度沿远离主结的方向逐渐变化，就可以形成多区 JTE 结构，如图 2.3.10 所示[8]，其中 Q_1，Q_2 和 Q_3 分别表示 P_1，P_2 和 P_3 区域的掺杂剂量。高浓度的 P_1 掺杂使得 N 区带正电的电离施主发出的电力线更多指向 Q_1 电荷区，有效降低了 P^+N 冶金结(主结)表面处的电场峰值；与此同时，低浓度的 P_3 掺杂避免了结终端扩展结构的外侧出现过高的电场尖峰而发生提前击穿；P_2 的浓度介于 P_1 和 P_3 之间，用以防止 P_1 和 P_3 之间可能的因杂质浓度突变而出现的过高峰值电场。

如上所述，多区结终端扩展技术是在主结的耗尽区内不同区域引入不同数量的附加电荷，因此不同区域之间浓度不连续变化势必引入新的电场尖峰。如果分区数很多，便可以近似实现 JTE 区域的横向变掺杂(Variation of Lateral Doping，VLD)效果，进一步优化耗尽区的电场分布从而提高击穿电压。广义的横向变掺杂技术可以用于优化结终端结构和横向器件的漂移区电场，VLD 结构如图 2.3.11 所示。在结终端中采用横向变掺杂技术时，掺杂类型与漂移区不同并以此改善主结的曲率效应、扩宽耗尽区宽度，达到提升击穿电压的效果，其原理与多区 JTE 类似；在横向器件的漂移区采用 VLD 技术时，引入的掺杂类型与漂移区本征掺杂一致，其机理在于通过优化漂移区的表面电场分布从而提高器件击穿电压。

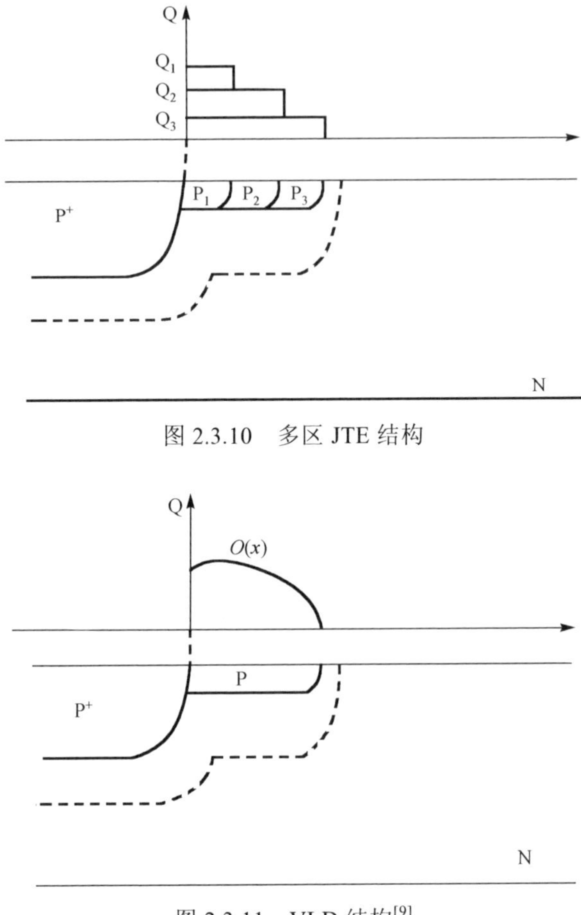

图 2.3.10　多区 JTE 结构

图 2.3.11　VLD 结构[9]

在沟槽技术的基础上，在深槽侧壁以及槽底引入很薄的 P^-区，形成主结 P^+N 结的纵向 JTE 结构，可以提高击穿电压，结构如图 2.3.12 所示。通过控制 P^-层的浓度和深度，避免 N 区/P^-层结面发生击穿，并且在击穿时 P^-层全耗尽，其等势线在槽周围均匀分布。根据仿真结果表明沟槽和 JTE 复合终端可以接近理想平行平面结的击穿电压，其终端效率大大高于其任何单一终端结构。

下面介绍一种新型 ENBULF LDMOS 器件，其结构如图 2.3.13(a)所示[10]，该器件的特点是在漂移区内引入氧化槽，并且在氧化槽的两侧有高浓度的 P 条和 N 条，形成纵向 JTE 结构。在阻断状态下，漂移区的耗尽由表面引入体内，介质槽两侧的正负电荷大大增强体内电场，如图 2.3.13(b)所示。

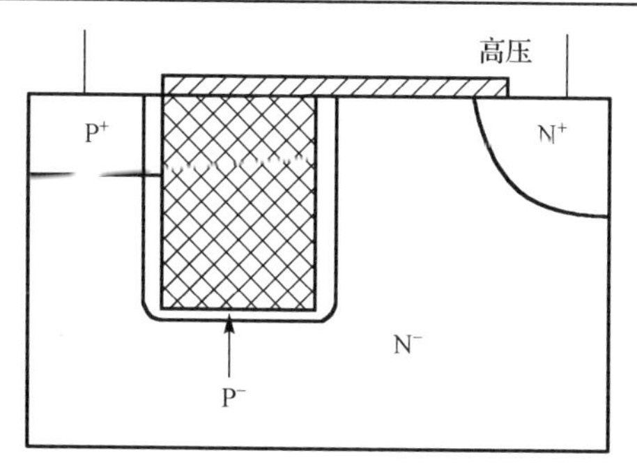

图 2.3.12　沟槽终端和 JTE 复合终端结构

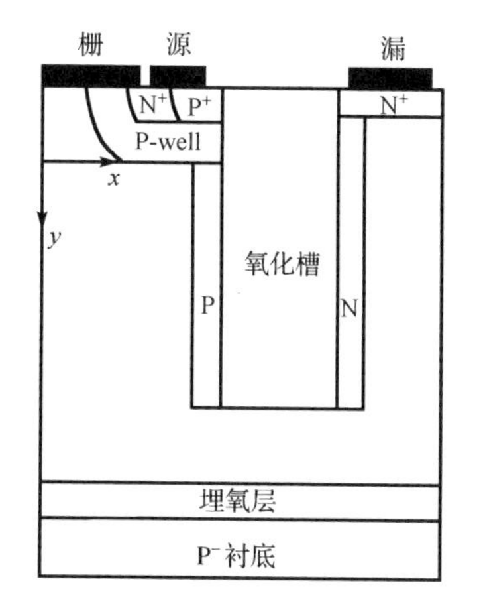

(a) ENBULF LDMOS结构示意图

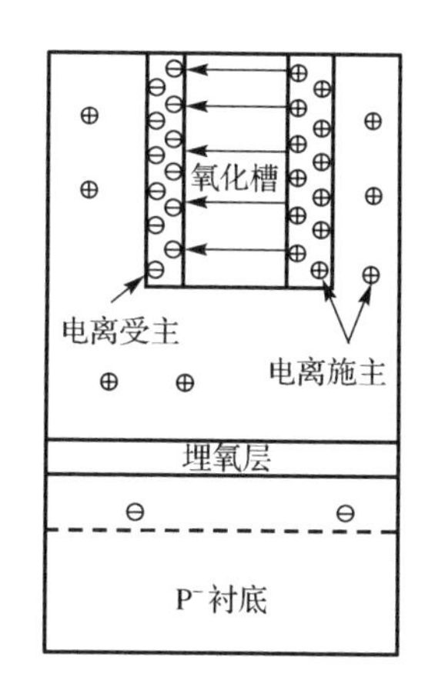

(b) 阻断状态下的电荷分布示意图

图 2.3.13　ENBULF LDMOS 器件

2.3.4　衬底终端技术

由于集成器件的电流流向均为横向，器件的电流能力和面积息息相关。基于横向功率开关器件大电流应用的需要，其版图形状一般为跑道形或叉指状结构；同时为了缩小器件的面积尺寸，器件有源区都被设计成狭长的细条形结构，因此在跑道形结构的弯道部分以及叉指状结构的指尖部分都具有一定曲率半径。这些圆弧形结构带来的曲率效应使得电力线在接近圆弧圆心一端集中，造成极大的峰值电场，使器件的击穿特性恶化[11-14]。前文提到的场板等终端技术的单独使用不能有效解决该问题，在此种情况下，衬底终端技术[15-17] (Substrate Termination Technology, STT) 是一种较好的选择。STT 技术的实现方法是将横向功率器件的终端区靠近曲率圆心处的漂移区层部分移除，代替以更低掺杂的异质层。就横向功率 MOSFET 器件而言，通过 STT 技术将 LDMOS 的终端区靠近跑道形结构的弯道部分以及叉指状结构的指尖部分(圆弧处)的 N-drift 层部分移除，以低掺杂的 P-sub 层代替，形成了一个由 P-sub

层和 N-drift 漂移区组成的耐压结构。这一变化使得高掺杂的 P-body/N-drift 结的曲率半径增加，从而改善器件的击穿电压。从工艺角度来看，这种方法不需要增加额外的掩模版次，也不会占用大面积的芯片区域。但是，引入 P-sub 层在一定程度上牺牲了正向电流能力。

如图 2.3.14(a)所示给出了常规横向功率开关管的叉指状版图结构。图 2.3.14(b)为采用 STT 技术之后的器件表面俯视示意图，图中 P-sub 表示衬底区域，P-body 为 P 型体区，N-drift 为 N 型漂移区。在 LDMOS 的弯道区域，高掺杂的 P-body 和 N-drift 之间引入了一个低掺杂的 P-sub 层。从图 2.3.14(a)中可以看出，叉指状结构版图上会同时存在两处曲率结：Source 区在曲率中心的结、Drain 区在曲率中心的曲率结。曲率效应的影响使得 Source 端以及 Drain 端的电场峰值变大，但二者又有明显不同之处：对 Source 区在曲率中心的器件而言，曲率效应的影响会使得峰值电场先产生于靠近 Source 端的位置，其结果就是使得器件在漂移区未耗尽时就发生击穿，而未耗尽的漂移区无法承受大电压因而不能参与耐压，迫使器件击穿电压显著降低；

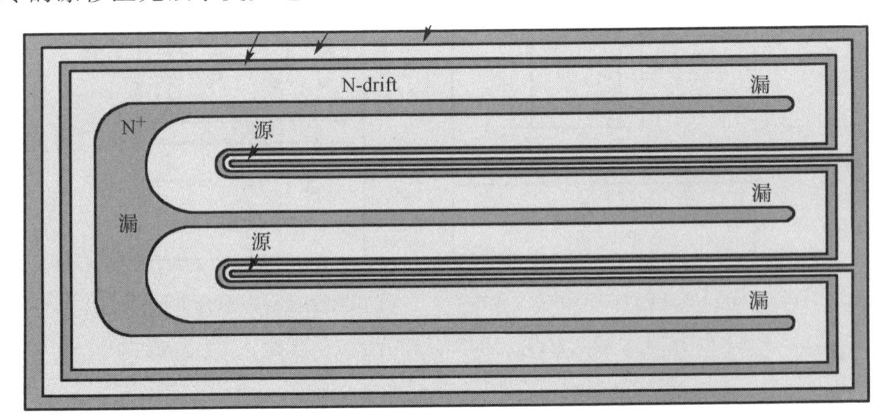

(a) 叉指状版图布局

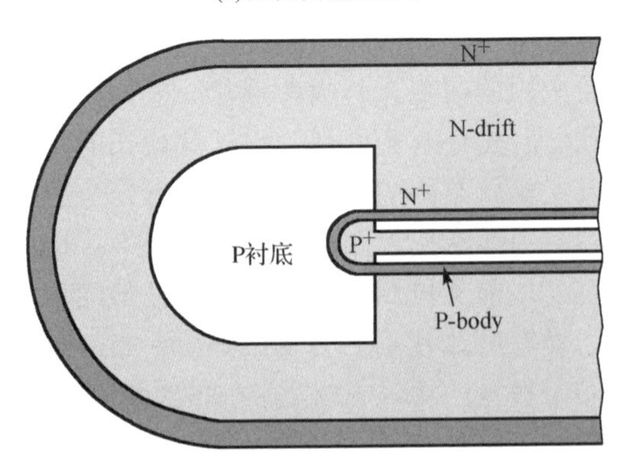

(b) 衬底终端结构俯视图

图 2.3.14　叉指状版图布局以及衬底终端结构

然而当 Drain 区位于曲率结中心时，虽然曲率效应会使 Source 端电场峰值略有降低，同时抬升 Drain 端的电场峰值，但是仍有 Drain 端电场峰值增加，同时器件漂移区全耗尽的情形，此时曲率效应的影响减缓很多，整个耗尽的漂移区都能承受大电压，因此只要设计合理，理论上器件的击穿电压不会发生显著降低。综上所述，Source 区曲率结中心情形下的曲率效应是器件耐压设计的关键环节，不易通过常规的终端技术予以改善或者消除。

图 2.3.15 给出了 STT 二维简化结构的表面电势仿真图。STT 结构引入的 P-sub 层不仅使得高掺杂的 P-body/N-drift 曲率结扩展为具有较大曲率半径的 P-sub/N-drift 结，缓解了曲率效应引起的电场集中效果；同时，P-sub 层由于是轻掺杂层能够被轻易耗尽而后承受大电压，随着 L_P 长度的增大，P-sub 层所承担的耐压值也会增大。

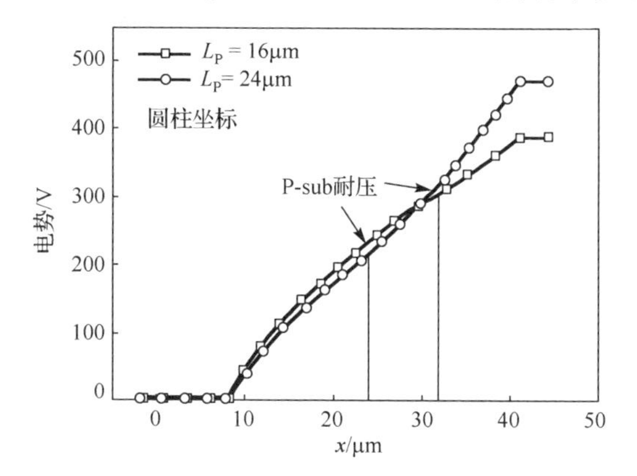

图 2.3.15　LDMOS 二维简化结构 STT 表面电势仿真图

2.4　RESURF 技术

RESURF(REduced SURface Field)意为降低表面电场，利用衬底对漂移区的耗尽，使漂移区电荷由体区和衬底共享[18]，漂移区电场由一维场转变为二维场，从而降低体区主结的表面电场峰值，提高器件的击穿电压[19,20]。RESURF 技术于 1979 年由 Vaes 和 Appels 提出[21]，是改善横向功率器件的耐压 BV 与导通电阻 R_{on} 之间的折中关系最重要和最常用的方法之一。

2.4.1　Single RESURF

Single RESURF(记为 SR)是最为经典、使用最为普遍的一种 RESURF 技术。下面依次针对传统体硅以及 SOI 衬底的 Single RESURF 技术作介绍。

为了简化，图 2.4.1 以横向 P^+N^-结二极管为例说明体硅 Single RESURF 的原理。当二极管处于反向阻断时，N^+接高电位，P^+和 P^-衬底接低电位(接地)，横向 P^+N^-

结和纵向 P^-N^-结同时反偏，它们的相互作用影响器件的表面电场和纵向电场分布，耗尽区在 N^-外延层中沿横向和纵向同时扩展。对于图 2.4.1(a)所示厚外延层的情况，由于外延层较厚，外延层杂质剂量过高，在外延层还未全耗尽时，横向 P^+N^-结的峰值电场 E_C 就已经达到临界击穿电场 $E_{S,C}$，器件在表面处提前击穿，此时纵向 P^-N^-结的峰值电场 E_B 小于 $E_{S,C}$；而且，因为外延层较厚，纵向 P^-N^-结产生的电场对器件表面电场影响较弱。可见，在未采用 RESURF 技术优化表面电场的情况下，器件击穿电压较低。图 2.4.1(b)是采用 RESURF 技术后的电场分布示意图。与图 2.4.1(a)相比，图 2.4.1(b)外延层掺杂浓度相等但外延层更薄。在器件表面击穿之前外延层已完全耗尽，横向 P^+N^-结和纵向 P^-N^-结强烈的相互作用使表面电场峰值降低，横向 P^+N^-结与 N^+N^-结的电场峰值相当，且表面平均电场强度增强，从而提高器件 BV。同时，由于横向的 P^+N^-结和纵向 P^-N^-结共同耗尽 N^-外延层，从而 N^-外延层浓度可以提高，R_{on} 降低。因此，RESURF 技术在提高耐压的同时降低了导通电阻。

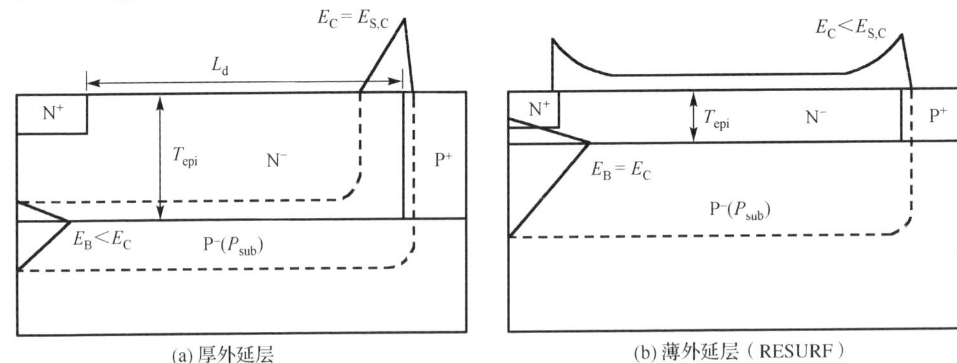

(a) 厚外延层　　(b) 薄外延层（RESURF）

图 2.4.1　RESURF 二极管电场分布示意图

以上分析是以二极管为例，从外延层的纵向厚度方面阐述 Single RESURF 技术。事实上，漂移区长度 L_d 也影响器件的耐压和比导通电阻。下面以集成电路中的重要器件 LDMOS 为例，图 2.4.2 示意出漂移区长度对器件表面电场和纵向 P^-N^-结电场的影响。对于优化设计的 LDMOS，击穿时，源、漏两端表面电场峰值 E_S、E_D 和体内电场峰值 E_B 均为临界击穿电场，即 E_S=E_D=E_B=$E_{S,C}$；同时，表面电场的纵向分量为零，则表面电场分布曲线与器件表面所围的面积表示器件的横向耐压。图 2.4.2(a)显示了漂移区的厚度和长度经优化设计的 LDMOS 的表面电场分布图，此时器件达到最高耐压 BV_{max}，其表面电场曲线与器件表面所围的面积用 S 表示。如果漂移区长度过短，尽管采用 RESURF 技术使表面电场达到最优状况 E_S=E_D=$E_{S,C}$，但体内最高电场 E_B<$E_{S,C}$，表面首先发生击穿，此时表面电场分布如图 2.4.2(b)中实线所示，此电场分布曲线与器件表面所围成的面积小于 S(如图 2.4.2(b)中虚线所示)，器件耐压较低。在图 2.4.2(c)中，漂移区过长，RESURF 技术使得表面电场峰值降低 E_S=E_D<$E_{S,C}$，表面平均电场强度降低，此时 E_B=$E_{S,C}$，击穿点由表面转移到体内，器

件耐压可以达到图 2.4.2(a)相同的耐压；然而，采用长漂移区浪费器件(芯片)面积，增加导通电阻和比导通电阻(比导通电阻为器件导通电阻与其所占用芯片面积的乘积)。综上所述，优化的设计应使 $E_S=E_D=E_B=E_{S,C}$，器件不仅可以提高耐压，而且可以节约器件面积并降低比导通电阻，且器件的优值 $BV^2/R_{on,sp}$ 最大。$BV^2/R_{sp,on}$ 值常用于衡量功率器件性能，该值越大，器件性能越好。其中 BV 和 $R_{on,sp}$ 分别为器件的击穿电压和比导通电阻。

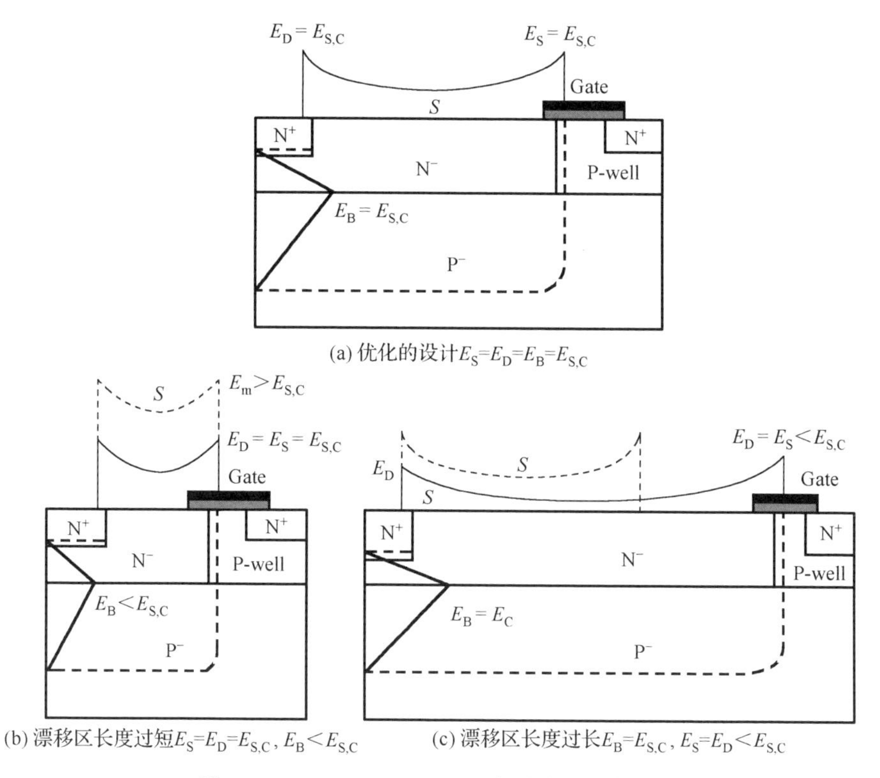

(a) 优化的设计$E_S=E_D=E_B=E_{S,C}$

(b) 漂移区长度过短$E_S=E_D=E_{S,C}$, $E_B<E_{S,C}$　(c) 漂移区长度过长$E_B=E_{S,C}$, $E_S=E_D<E_{S,C}$

图 2.4.2　RESURF LDMOS 中漂移区长度的设计

以上从外延层的几何尺寸分析了 RESURF 技术的条件。对于固定的外延层几何尺寸，外延层的浓度也需优化设计，以获得高耐压并保持低电阻。图 2.4.3 展示了浓度对 LDMOS 电场分布和击穿电压的影响。当优化设计外延层的厚度和掺杂浓度使 $E_S=E_D=E_B=E_{S,C}$ 时，器件的耐压最高，最高耐压用图中实线与表面所围成的面积 S 表示；当外延层浓度过低，外延层容易耗尽，在 N^+N^-结表面产生电场尖峰，此处发生提前击穿，此时表面电场分布曲线(虚线)与器件表面所围成的面积 $S_1<S$，耐压降低，且器件导通电阻较大；当外延层浓度过高，在 P-well/N^-结处发生提前击穿，表面电场分布曲线(点线)与表面所围成的面积 $S_2<S$，导通电阻较小。前述两种情况外延层均全耗尽，但击穿点仍然发生在表面，且击穿电压较低；如果外延层浓度更

高，在器件表面击穿时，外延层甚至不能全部耗尽，耐压更低。

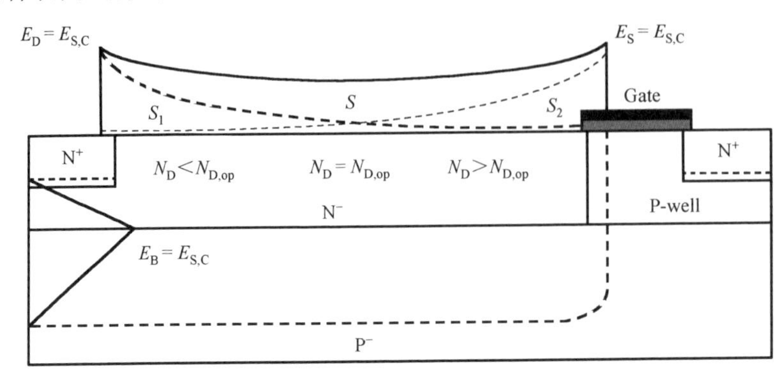

图 2.4.3　RESURF LDMOS 中漂移区浓度的设计

从以上分析可以看出，RESURF 技术的本质是优化二维电场分布。为了获得 R_{on} 和 BV 之间的良好折中，RESURF 技术应满足以下条件：①击穿时漂移区全耗尽；②表面和体内同时击穿，或者击穿发生在外延层与衬底界面(因体内击穿电场强度通常大于表面击穿电场强度；③横向的 P-well/N^-结和纵向 P^-N^-结电场峰值相等。为了达到最高耐压，理想的电场分布是：$E_S=E_D=E_B=E_{S,C}$。

下面以二极管为例，给出采用 RESURF 技术后器件的最优外延层浓度和横向击穿电压的表达式。对于在阻断状态沟道不穿通的 LDMOS，推导的结果仍然适用。

RESURF 二极管器件结构剖面图和参数示意如图 2.4.4 所示。当阴极外加电压 V_{app} 时，如果漂移区足够长而避免横向 P^+N^-结二极管发生穿通击穿，横向单边突变结 P^+N^-结的击穿电压为 BV_{lat}：

$$BV_{lat}=\frac{\varepsilon_s E_{clat}^2}{2qN_D} \tag{2.4.1}$$

其中，N_D 为 N^-外延层浓度，E_{clat} 为横向 P^+N^-结的击穿电场($E_{clat}\approx E_{S,C}$)，ε_s 是外延层的介电常数。在外加电压 V_{app} 下，纵向 P^-N^-结二极管在 N^-外延层一侧的耗尽区宽度 X_{ver} 为：

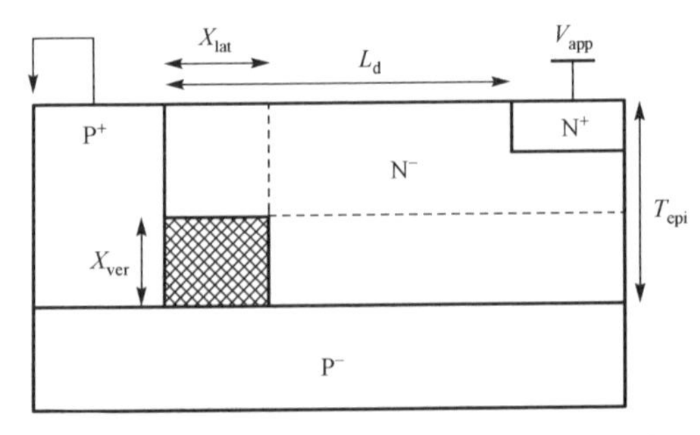

图 2.4.4　RESURF 二极管器件结构剖面图

$$X_{ver}(V_{app})=\sqrt{\frac{2\varepsilon_s V_{app}P_{sub}}{qN_D(P_{sub}+N_D)}} \tag{2.4.2}$$

其中，P_{sub} 为 P 型衬底的浓度。为了满足 RESURF 原理，需在横向 P^+N^-结击穿前 N 外延层纵向全部耗尽，即满足 $X_{ver}(BV_{lat})\geqslant T_{epi}$，$T_{epi}$ 为外延层厚度，$X_{ver}(BV_{lat})$ 是在(横向)击穿电压 BV_{lat} 时外延层的纵向耗尽层宽度。因此，在 RESURF 器件中，优化的外延层电荷密度 $Q_{nsr}=N_D\times T_{epi}$ 为：

$$Q_{nsr}\leqslant\sqrt{\frac{2\varepsilon_s BV_{lag}N_D P_{sub}}{q(P_{sub}+N_D)}} \tag{2.4.3}$$

在 IC 工艺技术中为了获得合理的杂质浓度和结深，在 P 型衬底上离子注入形成 N 型阱区或者生长外延层，通常杂质浓度满足 $N_D>P_{sub}$。当 $N_D=P_{sub}$ 时，Q_{nsr} 达到理论上限值，取 $E_{S,C}$=3×10^{5}V/cm，由式(2.4.1)～式(2.4.3)获得 RESURF 条件的判据：

$$Q_{nsr}\leqslant 1.4\times 10^{12} \tag{2.4.4}$$

图 2.4.5 给出击穿电压与漂移区浓度的关系。如果漂移区浓度 N_D 过低，击穿发生在 N^+N^-结表面，为横向穿通击穿，且随着 N_D 增加，耐压升高，如图 2.4.5 中 I 区所示；如果 N_D 过高，横向 P^+N^-结表面首先击穿，耐压较低，且随着 N_D 增加，耐压降低，如图 2.4.5 中III区所示。器件发生纵向击穿时 N_D 对击穿电压影响较小，器件耐压最高，如图 2.4.5 中 II 区所示。

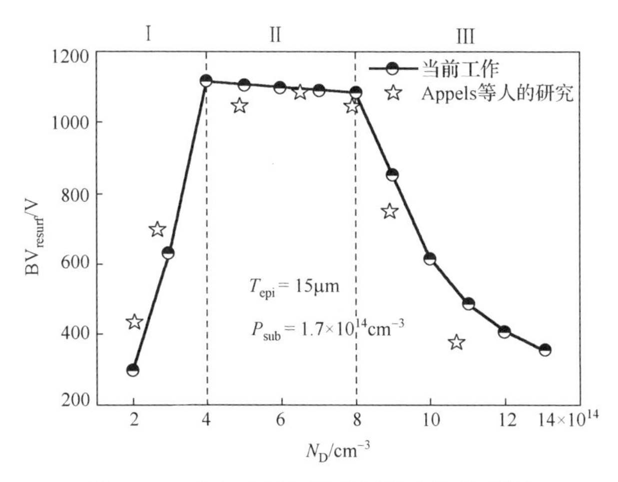

图 2.4.5　击穿电压与漂移区浓度的关系[2-4]

下面介绍 SOI 衬底上的 Single RESURF 技术。Baliga 在 1991 年首次将 RESURF 技术应用在 SOI 上[22]。本节分析 SOI Single RESURF 技术，N 沟道 SOI LDMOS 如图 2.4.6 所示。阻断状态下，栅、源极和衬底接地，漏极加正电压 V_d。一方面，P-well 区与 N 漂移区形成反偏 PN 结，当 V_d 增加时，漂移区的耗尽区向漏端延伸；另一方面，与体硅 LDMOS 不同的是：衬底(M)、埋氧层(I)和漂移区(S)形成一个纵向 MIS 结构，MIS 耗尽作用使漂移区的耗尽区纵向展宽。所以漂移区的电荷由横向 PN 结和纵向 MIS 结构共享，图中阴影部分示意出共享耗尽区及其所包含的共享电荷。

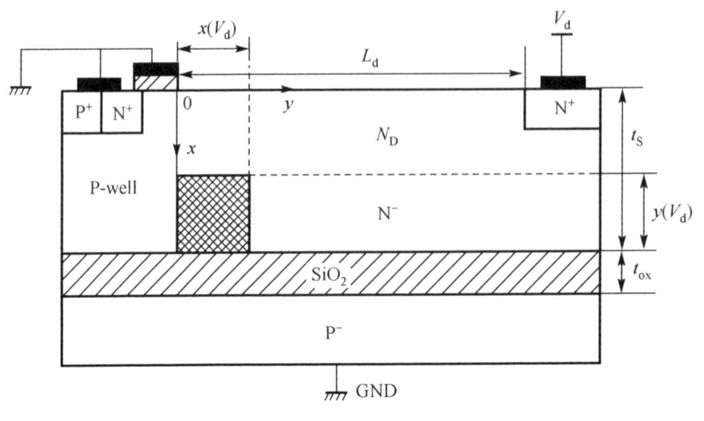

图 2.4.6　SOI SR DMOS

与体硅类似，在 RESURF 原理指导下设计的高压横向 SOI 器件满足以下条件：①漂移区全耗尽；②漂移区表面在 PN^- 与 N^-N^+ 两个结面处的电场峰值相等或接近；③表面和体内同时击穿，或者击穿发生在漏端的漂移区下界面。器件设计主要解决两个问题：①优化电场分布从而增加器件耐压；②改善掺杂浓度分布或者缩短电流路径，以减小导通电阻。由于纵向电场与横向电场的相互作用通过电荷共享的方式实现，因此可以通过优化漂移区中的电荷浓度和电荷分布以实现横向与纵向电场的优化。

当 SOI 层为单一杂质类型且其掺杂浓度分布经优化设计时，此时的器件通常称作 SR SOI 器件，如图 2.4.6 所示。当漂移区表面源端电场峰值等于漏端电场峰值时，器件达到最优。下面直接给出 SOI SR 条件[23]：

$$N_D t \leqslant \frac{E_{S,C}\varepsilon_s}{q} = 1.4\times10^{12}\,\text{cm}^{-2} \tag{2.4.5}$$

其中，t 被定义为 SOI 器件的特征厚度，其表达式为：$t=\sqrt{0.5t_S^2+t_I t_S k_S/k_I}$。$k_S$ 和 k_I 分别是顶层硅和介质埋层(I 层)的相对介电常数，t_S 和 t_I 分别是顶层硅和介质埋层(I 层)的厚度。

2.4.2　Double RESURF

为了进一步优化 BV 和 R_{on} 之间的关系，研究者提出了 Double RESURF(记为 DR)技术[24]。DR 器件结构剖面如图 2.4.7 所示，它是在 N 型漂移区表面形成 P-top 层，其浓度用 P_{top} 表示，纵向形成 P-N-P 结构。对于优化的 DR 器件结构，浓度需

满足 $P_{top}>N_D>P_{sub}$。如果击穿发生在横向 N^+/P-Top 结处，器件的击穿电压最低，为横向二极管 N^+/P-top 的击穿电压，此时击穿电压表达式为：

$$\mathrm{BV}_{\mathrm{lat}}=\frac{\varepsilon_s\times E_{\mathrm{S,C}}^2}{2\cdot q\cdot P_{\mathrm{top}}} \tag{2.4.6}$$

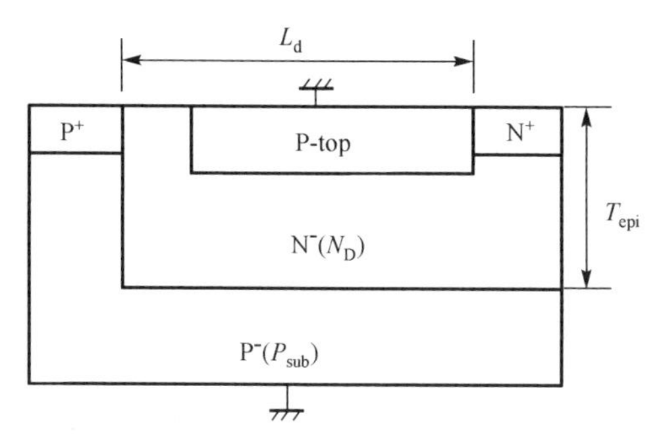

图 2.4.7 DR 结构剖面图

为了获得 DR 器件结构的高击穿电压，在横向 N^+/P-top 结雪崩击穿之前，N 型漂移区和 P-top 层应全部耗尽。

采用 SR 相同的方法，获得优化的 P-top 层的电荷密度 $Q_{pdr}=P_{top}\times t_p$（$t_p$ 是 P-top 层的厚度）和 N 型漂移区的电荷密度 $Q_{ndr}=N_D\times T_{epi}$ 为如下形式[24]：

$$Q_{\mathrm{pdr}}\leqslant 2\times10^{12}\cdot\sqrt{\frac{N_D}{P_{\mathrm{top}}+N_D}} \tag{2.4.7}$$

$$Q_{\mathrm{ndr}}\leqslant 2\times10^{12}\cdot\left[\sqrt{\frac{N_D}{P_{\mathrm{top}}+N_D}}+\sqrt{\frac{P_{\mathrm{sub}}\cdot N_D}{P_{\mathrm{top}}\cdot(P_{\mathrm{sub}}+N_D)}}\right] \tag{2.4.8}$$

在式（2.4.7）和式（2.4.8）中，当 $P_{top}=N_D=P_{sub}$ 时，Q_{pdr} 和 Q_{ndr} 达到理论上限值，由此获得 DR 条件的判据：

$$Q_{\mathrm{pdr}}\leqslant 1.4\times10^{12} \tag{2.4.9}$$

$$Q_{\mathrm{ndr}}\leqslant 2.8\times10^{12} \tag{2.4.10}$$

可见，在 DR 器件结构中，P-top 层的引入使 N 漂移区的电荷密度增加为 SR 结构中漂移区电荷密度的两倍，从而显著降低导通电阻。事实上，在 P^+N^- 结处，P-top/N^- 结与 P^+N^- 结形成的电场方向相反，从而降低了 P^+N^- 结的电场峰值，避免因 N_D 过高而在此处提前击穿，在降低导通电阻的基础上保持高耐压。因而，部分文献也称 P-top 层为降场层。

对于满足 DR 原理的任意 Q_{pdr} 和 Q_{ndr} 值都存在以下关系：

$$Q_{ndr} - Q_{pdr} \leqslant Q_{nsr}^{max} = 1.4 \times 10^{12}\,\mathrm{cm}^{-2} \tag{2.4.11}$$

式(2.4.11)定义了 DR 结构有效电荷密度($Q_{ndr} - Q_{pdr}$)的平衡条件。当 Q_{pdr} 接近零时，Q_{ndr} 将成为 SR 的边界条件；当 Q_{ndr} 一定时，式(2.4.19)定义了满足 RESURF 原理的最小 Q_{pdr} 值。

文献[25]报道了一种基于 Double RESURF 技术的体硅 LDMOS，该器件结构如图 2.4.8 所示。该结构漂移区的掺杂剂量 Q_{ndr} 和 P-top 层的掺杂剂量分别达到了 $4.5\times10^{12}\mathrm{cm}^{-2}$ 和 $3.4\times10^{12}\mathrm{cm}^{-2}$。实验测得该器件的耐压值为 758V，比导通电阻为 $96.2\mathrm{m\Omega\cdot cm}^2$。

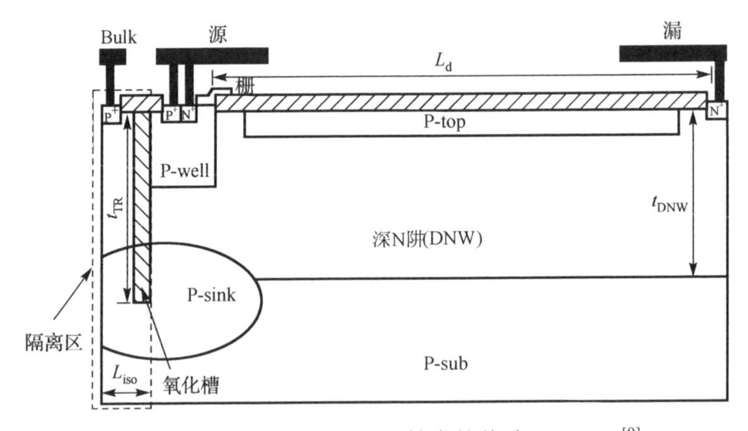

图 2.4.8　基于 DR RESURF 技术的体硅 LDMOS [9]

SOI 器件同样可采用 DR 技术进一步降低导通电阻。DR LDMOS 器件结构、漂移区分区以及坐标系建立如图 2.4.9 所示。

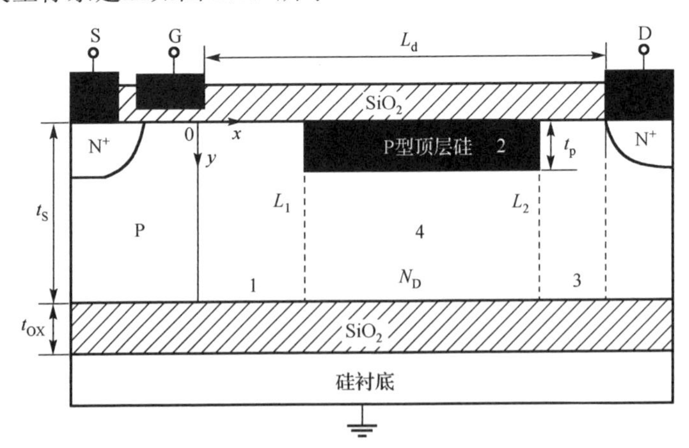

图 2.4.9　SOI DR LDMOS 器件结构、漂移分区及坐标系建立

定义 P-top 层结深因子 $\zeta = [t_p(t_S + t_I\varepsilon_s/\varepsilon_I) - t_p^2/2]/t^2$，通常 $0 \leqslant \zeta < 1$。当漂移区

表面源端和漏端电场峰值同时达到 $E_{S,C}$(≈3×10^5V/cm)时，器件达到最优，得到 SOI DR 条件[26]：

$$(N_D-\zeta P_{top})\times t \leqslant \frac{E_{S,C}\varepsilon_s}{q}=1.4\times10^{12}\,\text{cm}^{-2} \tag{2.4.12}$$

由于 $0\leqslant\zeta<1$，所以 SOI DR 器件优化的漂移区浓度 N_D 比体硅 DR 器件的漂移区浓度更高，比 SOI SR 的掺杂剂量也更高，从而具有更低的导通电阻。当 t_p=0(即 $\zeta=0$)或 P_{top}=0 时，此时式(2.4.12)即为 SR 条件。

图 2.4.10 显示了 P-top 层不同结深和不同浓度 P_{top} 时，击穿电压(BV)与漂移区浓度(N_D)的关系，其中虚线($\zeta=0$)相应于 SR 器件，L_{top} 是图 2.4.9 中 P 型顶层硅层的横向宽度。该图表明，当漂移区浓度较低时，击穿电压随 N_D 的提高而提高，击穿发生在表面靠近 N^+N 结处；当 N_D 较高时，击穿发生在表面 P^+N 结处，击穿电压随 N_D 的提高而降低；当 N_D 取最优值时，器件在体内击穿，耐压最高。由图可见，随着 P-top 层结深因子和浓度的提高，最优 N_D 提高，导通电阻相应降低。

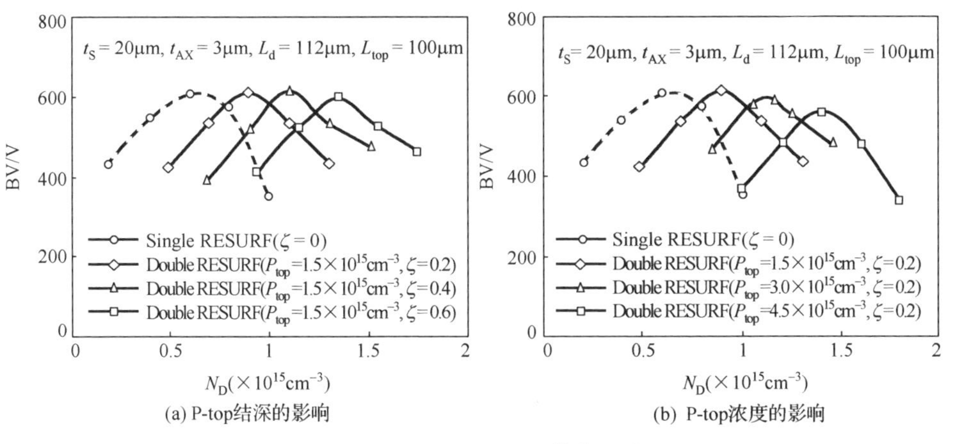

图 2.4.10　P-top 层对器件的影响

2.4.3　Triple RESURF

为了进一步降低导通电阻，Disney 等在 2001 年提出了双导电通道的结构，器件结构如图 2.4.11(a)所示[27]。在阻断状态，因 P 型埋层与作为漂移区的 N-well 形成上下两个反偏 PN 结，且 P 型埋层之下的 N 型漂移区同时被 P_{sub} 耗尽，该结构被称为 Triple RESURF(记为 TR)。在导通状态下，电流沿 P 型埋层上下的漂移区流动，形成双导电通道。在高压阻断状态下，TR、DR 和 SR 的电场分布如图 2.4.11(a)、(b)和(c)所示。在几乎相同的漂移区厚度下(假定 P-top 层或 P-buried 层的厚度远小于 N-well 的厚度)，DR 结构在 N-well 区域内电场的变化量 ΔE 为 $2E_{S,C}$，而 SR 结

构的 ΔE 为 $E_{S,C}$，所以，DR 结构在 N-well 的掺杂浓度可以做到 SR 结构的两倍；同理分析 TR 结构，理想情况下，在 P 型埋层以上的 ΔE 为 $E_{S,C}$，在 P 型埋层以下的 ΔE 为 $2E_{S,C}$，为了使 P 型埋层上下的漂移区浓度保持一致，则 P 型埋层上下的 N 型漂移区厚度为 1:2，假定 TR 的 P 型埋层与 DR 的 P-top 层的厚度相等，则理想情况下 TR 结构优化的 N-well 区掺杂浓度为 DR 浓度的 1.5 倍。

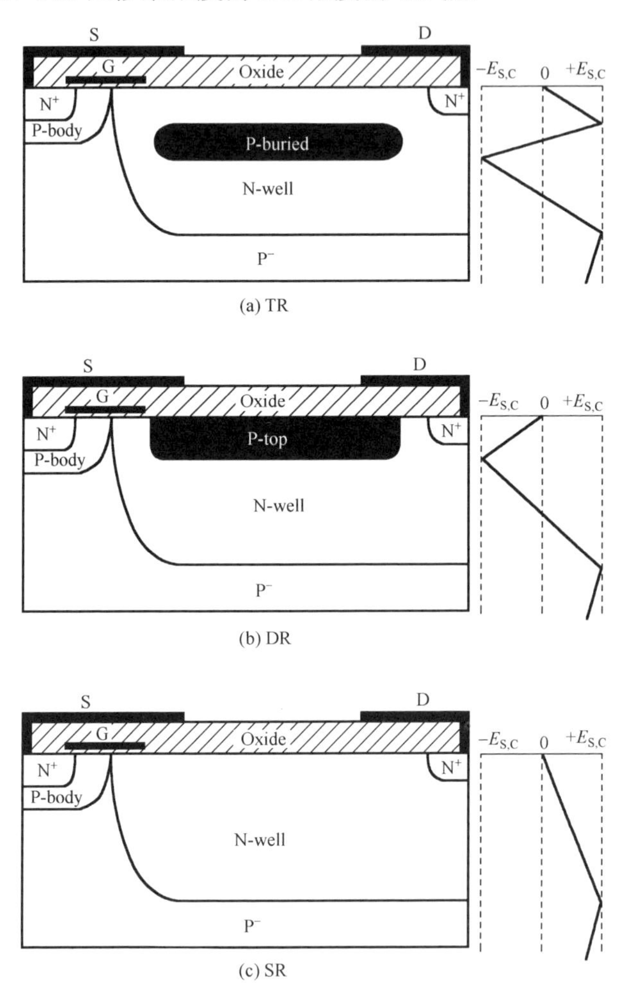

图 2.4.11　TR、DR、SR 器件结构示意图

Iqbal、Udrea 等人在 2009 年给出了 SR、DR、TF 三种结构的比导通电阻 $R_{on,sp}$ 与击穿电压 BV 的关系式[28]：

$$\text{SR：}\quad R_{\text{on, sp}} = 5.93 \times 10^{-9} \times 3.7 \times \text{BV}^{2.5} \tag{2.4.13}$$

$$\text{DR：}\quad R_{\text{on, sp}} = 5.93 \times 10^{-9} \times 5.8 \times \text{BV}^{2.33} \tag{2.4.14}$$

$$\text{TR:}\quad R_{\text{on, sp}} = 5.93\times10^{-9}\times32\times\text{BV}^2 \tag{2.4.15}$$

根据以上关系式可以看出，对于高耐压级别的器件(BV>200V)，TR 结构在相同击穿电压下获得了最低的导通电阻。

文献[29]报道了一种基于 Triple RESURF 技术的体硅 LDMOS，该器件结构如图 2.4.12(a)所示。该结构型 P 型埋层的掺杂剂量达到了 $3.7\times10^{12}\text{cm}^{-2}$。如图 2.4.12(b)实验测得该器件的耐压值为 730V，对应的比导通电阻为 $95.2\text{m}\Omega\cdot\text{cm}^2$。

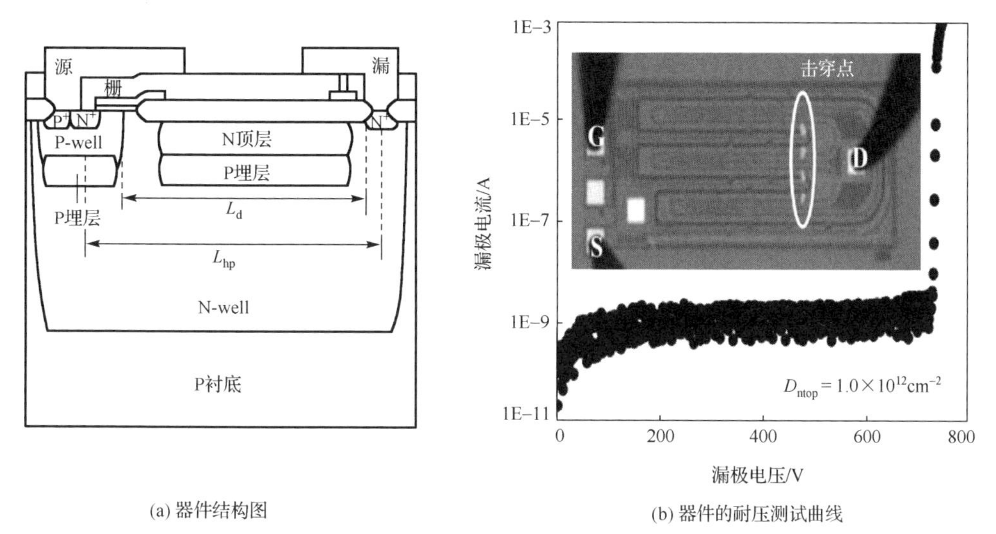

(a) 器件结构图　　(b) 器件的耐压测试曲线

图 2.4.12　一种基于 Triple RESURF 的 LDMOS 器件

与体硅 RESURF 技术类似，为了获得更低的导通电阻且保持高耐压，可制作 SOI Triple RESURF 器件。如图 2.4.13 给出了 Triple RESURF SOI LDMOS 简要结构示意图。我们在文献[30]给出了 Triple RESURF SOI LDMOS 的耐压解析模型和 RESURF 判据。

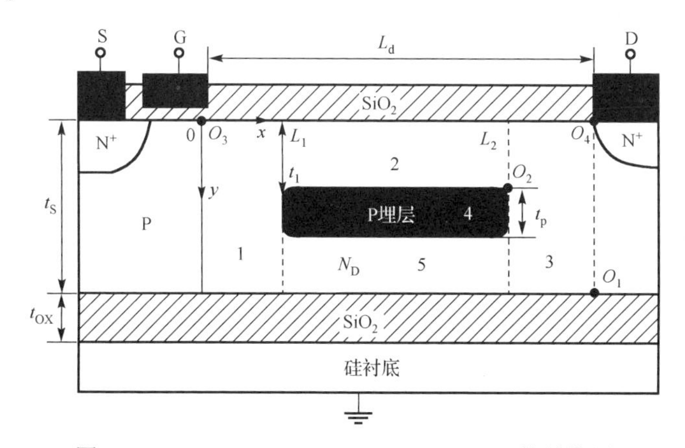

图 2.4.13　Triple RESURF SOI LDMOS 器件结构图

当漂移区源、漏两端表面电场峰值同时达到临界击穿电场 $E_{S,C}$ 时，器件耐压最高；同时，考虑到高压器件长漂移区符合条件 $L_d>>t$，得到了 SOI TR 的条件：

$$(N_B-\lambda P_{BL})t\leqslant\frac{E_{S,C}\varepsilon_S}{q}=1.4\times10^{12}\,\text{cm}^{-2}\tag{2.4.16}$$

其中，$\lambda=\left[t_p\left(t_S-t_1+\dfrac{\varepsilon_S}{\varepsilon_I}t_I\right)-\dfrac{t_p^2}{2}\right]/t^2$ 为 Triple RESURF 的 P 埋层因子。

当 $t_p=0$ 时，$\lambda=0$，式(2.4.16)为 SOI SR 条件。

当 $t_p\neq0$，$t_1=0$ 时，$\lambda=\varsigma$，式(2.4.16)为 SOI DR 条件。

可见，式(2.4.16)是适用于 SOI SR、DR 以及 TR 器件的统一 RESURF 判据。

2.5　超结 LDMOS

根据上一小节对 RESURF 技术的讨论，RESURF 器件实现高耐压的核心条件是维持电荷平衡。超结技术作为“功率 MOS 器件领域的里程碑”，突破了传统功率 MOS 的“硅极限”关系，其核心思想也是维持电荷平衡，保证耐压状态下电场分布均匀。从这个角度而言，横向超结技术也可理解为三维的 RESURF 技术或是多重 RESURF 技术。

超结 LDMOS 具有 N、P 型交替排列的耐压层，常规 LDMOS 为单一导电类型的耐压层，两种器件结构如 2.5.1 所示。耐压状态下，由于超结 N、P 区耐压层内产生的附加电荷场，总电场从二维分布变成三维分布。

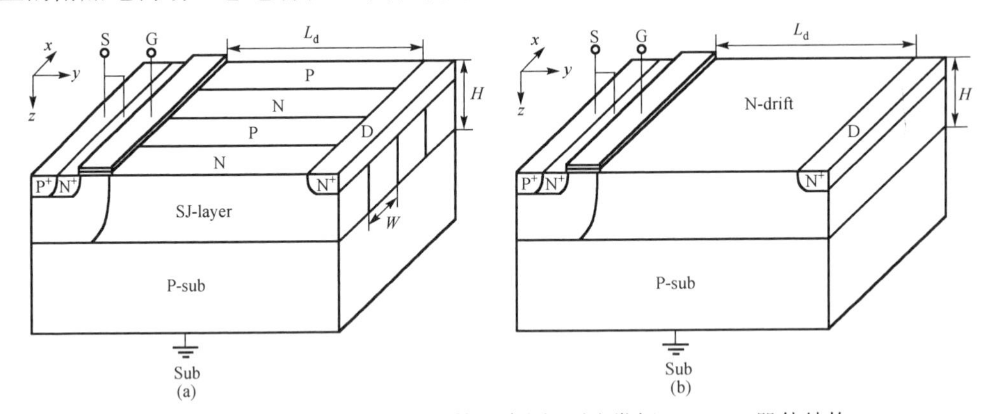

图 2.5.1　(a)超结 LDMOS 结构示意图；(b)常规 LDMOS 器件结构

超结器件耐压层中引入的异型掺杂使得耐压时 N 区电力线垂直于表面耐压方向流走并终止到邻近 P 区，特别是当 N 区与 P 区电荷平衡时，耐压层对外不显电性可粗略视为中性区，避免常规器件因 BV 增加所致掺杂剂量大幅降低，从而允许超结的掺杂浓度和 BV 相对独立的设计。以至于超结 BV 增加时，器件可保持几乎恒定甚至略微增加的掺杂浓度。因此，超结 LDMOS 与常规 LDMOS 相比较，在相同 BV 下 R_{on} 显著降低，突破了常规的“硅极限”。

2.5.1　横向超结器件的衬底辅助耗尽效应

与纵向器件相比，横向功率器件的耐压层制作在衬底上，电流在表面横向流动。横向器件耐压时衬底接地，漏端高电势会沿着表面到源端以及体内到衬底两个方向降低为零。从而横向器件 BV 由横纵两个方向的最小值决定。超结器件通过在耐压层中引入电荷平衡的 N 型与 P 型掺杂，在几乎不影响 BV 的前提下极大降低 $R_{on,\ sp}$。该特性也可引入到横向器件，通过在 x 方向上形成周期性超结 N 区和 P 区，并横向放置于 P-sub。超结 N 区和 P 区长度、宽度和高度分别为 L_d、W 和 H。横向超结器件的设计包括抑制衬底辅助耗尽效应(Substrate-assited Depletion，SAD)的耐压设计与 $R_{on,sp}$ 优化两方面。

在实际器件中，表面超结 N 区不仅要和 P 区互耗尽，还会和 P-sub 形成纵向 PN 结耗尽，N 区一部分电离电荷发出电场线将终止到衬底导致横向超结耐压层中电离负电荷过剩，这进一步增加漏端电场峰值导致器件 BV 降低。此外，由于横向器件源端及衬底接地，表面超结从源端指向漏端方向看，器件表面与衬底电势差逐渐增加，SAD 效应对的超结影响也随之增强。

横向超结器件结构的发展主要集中在如何消除衬底辅助耗尽效应，典型方法有两种。第一种方法如图 2.5.2 所示，通过采用(a)蓝宝石衬底或者(b)刻蚀去除硅衬底[31,32]，其共同点都是消除衬底电位对表面超结区的影响，解决纵向耐压低的问题。该方法可以很好地抑制衬底辅助耗尽效应，但具有工艺不兼容或者材料成本高的特点。

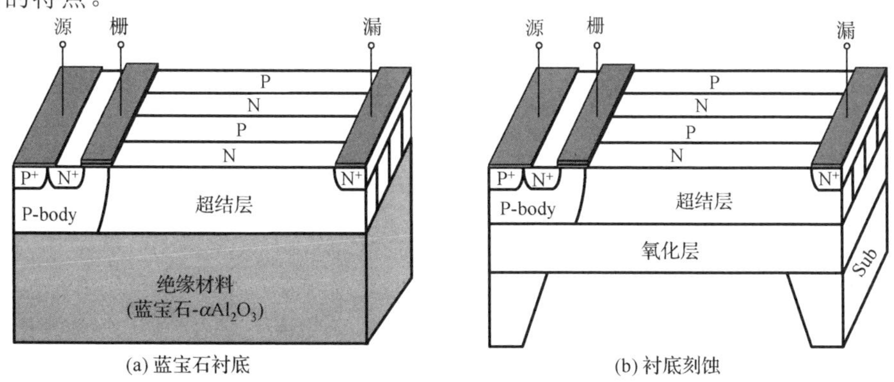

(a) 蓝宝石衬底　　(b) 衬底刻蚀

图 2.5.2　去除衬底影响的横向超结结构

第二种方法如图 2.5.3 所示，其基本思想是电荷补偿，通过在耐压层中引入补偿电荷，与衬底电离电荷保持电荷平衡从而抑制衬底辅助耗尽效应的影响。从空间维度可以分为(a)、(b) x 方向补偿[33,34]，主要是通过在超结区下方添加深 N 阱或者 N 缓冲层的形式实现；(c)、(d) y 方向补偿[35-38]，超结区位于靠近源区，漏区为单一掺杂的 N 型掺杂，特别对 SOI 器件，为解决其耐压较低的问题，可以采用局部薄层结构；(e)、(f) z 方向补偿[39-42]，通过设计使超结 N 区和 P 区为非对称形状实现补偿，与纵向器件类似，P 区亦可采用高 k 介质。

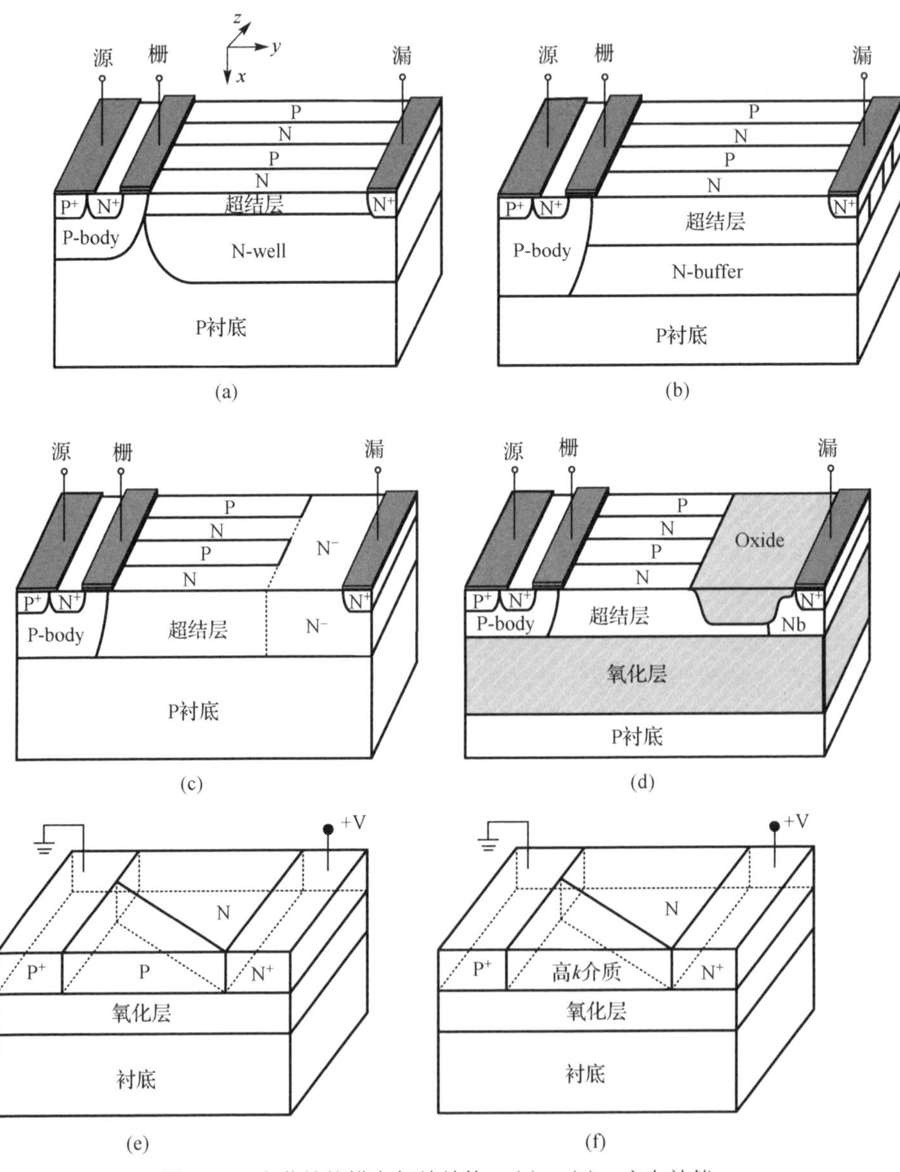

图 2.5.3　电荷补偿横向超结结构：(a)、(b) x 方向补偿；(c)、(d) y 方向补偿；(e)、(f) z 方向补偿

2.5.2　等效衬底 ES 模型与理想衬底条件

本节综合考虑横向超结器件 SAD 效应，研究横向超结器件耐压设计的一般方法。横向超结器件的耐压层既包含超结横向 PN 结又包含超结的 N 区与 P 型衬底之间的纵向 PN 结。因此与纵向超结器件在 x 和 y 方向的二维电场相比，横向超结器件还增加了 z 方向的纵向场，是一个典型的三维场问题。针对横向器件的耐压问题，通过在耐压层中求解三维泊松方程建立其解析模型，分析获得消除 SAD 效应的理想衬底条件。

横向超结器件可视为超结与给定横向器件形成的复合器件，根据电场叠加原理，其耐压层电场可视为超结产生电荷场与该横向器件电场之和。为优化横向超结器件耐压，厚度为 t_c 的电荷补偿层(charge compensation layer, CCL)被引入到横向超结器件中产生电荷场以优化其单调电势场 E_p。考虑不同 CCL 情形下模型的普适性，可将横向超结器件除超结之外的耐压结构，即电荷补偿层 CCL 与衬底视为一个整体，定义为等效衬底(Equivalent substrate，ES)。从而横向超结耐压层电场 $E\ (x, y, z)$ 可表示为超结电场 $E_{SJ}(x, y, z)$ 和等效衬底层电场 $E_{ES}(x, y, z)$ 的矢量叠加：

$$\vec{E}(x,y,z)=\vec{E}_{SJ}(x,y,z)+\vec{E}_{ES}(x,y,z) \tag{2.5.1}$$

如图 2.5.4 所示为等效衬底 ES 模型概念图，图 2.5.4(a)表示含有 CCL 层的横向超结结构，$t(y)$ 表示衬底耗尽区边界离表面超结区距离，其值在 y 方向上从源到漏逐渐增加，为了简化分析，模型中衬底耗尽区厚度采用其平均值 t_{sub} 表示。图 2.5.4(b)表示横向超结等效 ES 分析概念图，器件视为表面超结与等效衬底 ES 的叠加，其中超结产生电场为 E_{SJ}，ES 电场由电势场 E_p 和 CCL 层产生补偿电荷场ΔE 两者之和。如果通过等效衬底 ES 模型的分析与设计，SAD 效应完全被消除，那么横向超结器件将实现与纵向超结器件可比拟的耐压能力。同时等效衬底 ES 概念也适用于如图 2.5.4(c)所示的 SOI 基横向超结器件。下面将从等效 ES 概念出发，建立横向超结等效 ES 模型，解决横向超结器件的耐压问题。

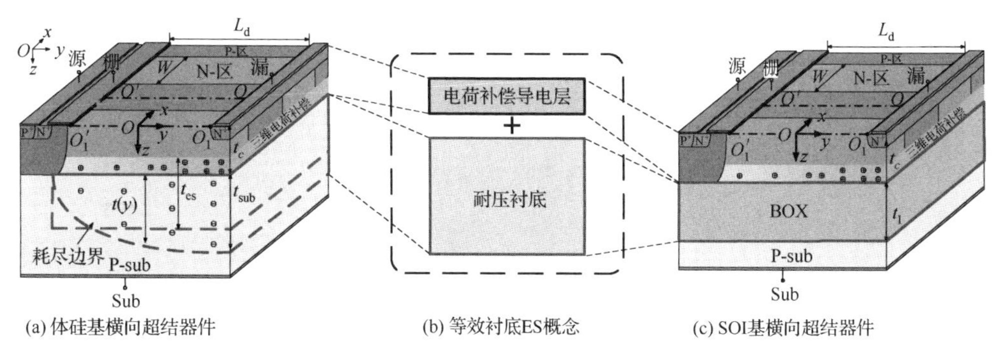

图 2.5.4 等效衬底 ES 模型概念图

ES 模型旨在对等效衬底进行设计，以消除 SAD 效应，实现器件最佳耐压，为分析 SAD 效应的物理本质，采用如图 2.5.4 所示坐标建立常规横向超结器件耐压模型，其耐压层电势满足三维泊松方程：

$$\nabla^2\phi(x,y,z) = -\frac{qN(x,y,z)}{\varepsilon_s}, \qquad -L_d/2 \leqslant y \leqslant L_d/2,\ 0 \leqslant z \leqslant H \tag{2.5.2}$$

其中，ε_s 为硅介电系数，并使用电场叠加原理求解泊松方程，可以得到横向超结器件外加电势产生电场为：

$$E_p(y,0) = -\frac{V_B}{T_c}\frac{\cosh\left[\frac{1}{T_c}\left(y-\frac{L_d}{2}\right)\right]}{\sinh\left(\frac{L_d}{T_c}\right)} \tag{2.5.3}$$

其中，特征厚度为 $T_c = \sqrt{\frac{t_c^{\ 2}}{2}+\frac{t_c t_{sub}}{2}}$，$t_{sub} \approx \frac{\varepsilon_s V_d}{qN_c t_c} - t_c$ 为衬底耗尽层深度。对 SOI 衬底而言，$T_c = \sqrt{\frac{t_c^{\ 2}}{2}+\frac{\varepsilon_s t_c t_{ox}}{\varepsilon_{ox}}}$，由介质厚度 t_{ox} 和介电系数 ε_{ox} 决定。

同时超结电荷平衡 N 区和 P 区之间电荷场 $E_q(x, y, z)$ 的表达式为：

$$E_{q,i}(x,y,0) = E_0 F_{L,i}(x,y,0), \qquad i = x, y \tag{2.5.4}$$

其中，$F_{L,i}(x, y, 0)$ 为与超结区尺寸有关的电场分布函数：

$$\begin{cases} F_{L,x}(x,y,0) = \dfrac{8}{\pi^2}\displaystyle\sum_{K=1}^{\infty}\dfrac{1}{k^2\left(1+\dfrac{W^2}{k^2\pi^2T_c^{\ 2}}\right)}\sin\dfrac{k\pi}{2}\sin\dfrac{k\pi x}{W}\left[1-\dfrac{\cosh\left(\dfrac{k\pi y}{W}\sqrt{1+\dfrac{W^2}{k^2\pi^2T_c^{\ 2}}}\right)}{\cosh\left(\dfrac{k\pi L_d}{2W}\sqrt{1+\dfrac{W^2}{k^2\pi^2T_c^{\ 2}}}\right)}\right] \\ F_{L,y}(x,y,0) = -\dfrac{8}{\pi^2}\displaystyle\sum_{K=1}^{\infty}\dfrac{1}{k^2\left(1+\dfrac{W^2}{k^2\pi^2T_c^{\ 2}}\right)}\sin\dfrac{k\pi}{2}\cos\dfrac{k\pi x}{W}\dfrac{\sinh\left(\dfrac{k\pi y}{W}\sqrt{1+\dfrac{W^2}{k^2\pi^2T_c^{\ 2}}}\right)}{\cosh\left(\dfrac{k\pi L_d}{2W}\sqrt{1+\dfrac{W^2}{k^2\pi^2T_c^{\ 2}}}\right)} \end{cases} \tag{2.5.5}$$

衬底对超结电荷场的影响体现为 z 方向特征厚度 T_c，它使得超结电荷场随距离以略微更快的方式衰减。若式(2.5.5)中 T_c 趋近无穷，则两种表达式一致。事实上，由于横向超结器件一般满足 $W<<k\pi T_c$，因此可近似认为横向与纵向超结电荷场分布一致，两者最大差别在电势场 E_p。

为抑制 SAD 效应，在 ES 层中采用 N 型 CCL 层实现电荷补偿，从而器件电场为三个电场分量之和：

$$\vec{E}(x,y,0)=\vec{E}_p(y)+\vec{E}_q(x,y)+\Delta\vec{E}_q(y) \tag{2.5.6}$$

式中，$\Delta E_q(y)$ 表示 CCL 层产生补偿电荷场，可由格林函数法求出。横向超结器件的耐压设计就是对 $\Delta E(y)$ 的设计。如果 SAD 效应完全被抑制，那么横向超结表面场分布为 $\mathrm{BV}/L_\mathrm{d}+E_q$，从而得到消除 SAD 效应的理想补偿电场分布表达式为：

$$\Delta E_{\mathrm{op}}(y)=\frac{\mathrm{BV}}{T_c}\frac{\cosh\left[\dfrac{1}{T_c}\left(y+\dfrac{L_\mathrm{d}}{2}\right)\right]}{\sinh\left(\dfrac{L_\mathrm{d}}{T_c}\right)}-\frac{\mathrm{BV}}{L_\mathrm{d}} \tag{2.5.7}$$

综上，横向超结的设计，就是通过对 CCL 层补偿电场的优化设计，使得补偿电场满足理想补偿场。

从前面分析可知，为抑制 SAD 效应，一方面可以通过在 ES 层中引入 CCL 层屏蔽衬底的影响，为了实现最佳器件耐压，要求 ES 表面电场均匀；另一方面从式(2.5.3)看出，当特征厚度 $T_c\to\infty$ 时，同样满足 $E_p=-\mathrm{BV}/L_\mathrm{d}$ 的优化条件，意味着 ES 满足自然边界条件，完全不影响表面超结的电场分布，物理上可采用蓝宝石衬底或衬底刻蚀的方式实现，自然衬底也不会引入电离电荷影响表面超结电荷平衡。从而获得消除 SAD 效应所满足的理想衬底条件：

(1) 电中性条件：ES 净电荷 $Q_{\mathrm{ES}}\to 0$，等效衬底为准电中性，超结中 N 区和 P 区之间的电荷平衡得以满足。

(2) 均匀表面场条件：$E(x,y,0)$ = 常数，等效衬底均匀表面场条件避免器件表面提前击穿。

电中性条件为器件耐压优化的基本条件，只有表面超结满足电荷平衡，N 区电离电荷发出电力线才可以全部终止于邻近 P 区，实现表面超结大部分区域电荷场方向垂直于源漏方向。若电中性条件不能满足，超结区非平衡电荷产生电荷场会使 ES 表面场更加偏离矩形分布。均匀表面场条件是横向超结耐压优化的理想电场边界条件，这是由于均匀表面场是 ES 层优化可实现的最佳场分布，如果均匀场条件不满足，如常规 RESURF 器件的表面电场呈哑铃状分布，那么超结区电荷场会与源漏两端峰值电场叠加，从而器件更容易提前击穿。因此理想衬底条件是横向超结抑制 SAD 效应不可或缺的两方面，横向超结器件的耐压设计本质上是 ES 层的耐压设计，只要 ES 层满足理想条件，横向超结器件可实现与纵向超结可比拟的耐压。

2.5.3 横向超结器件典型工艺与实验结果

对横向超结器件目前已经有大量的实验报道，其关键在于 SAD 效应的抑制和超结区实现。横向超结器件 SAD 效应抑制可采用表面降场 RESURF 技术而超结区的实现可采用注入或者外延/注入实现。下面对典型的横向超结器件实验进行介绍。

图 2.5.5 给出采用蓝宝石衬底的横向超结器件[43]，该器件直接去除衬底电位对表面超结区的影响，因此只需保证超结区电荷平衡即可。超结中 N 区的浓度采用外延时控制或者通过器件制备过程中注入实现，局部注入形成 P 区。

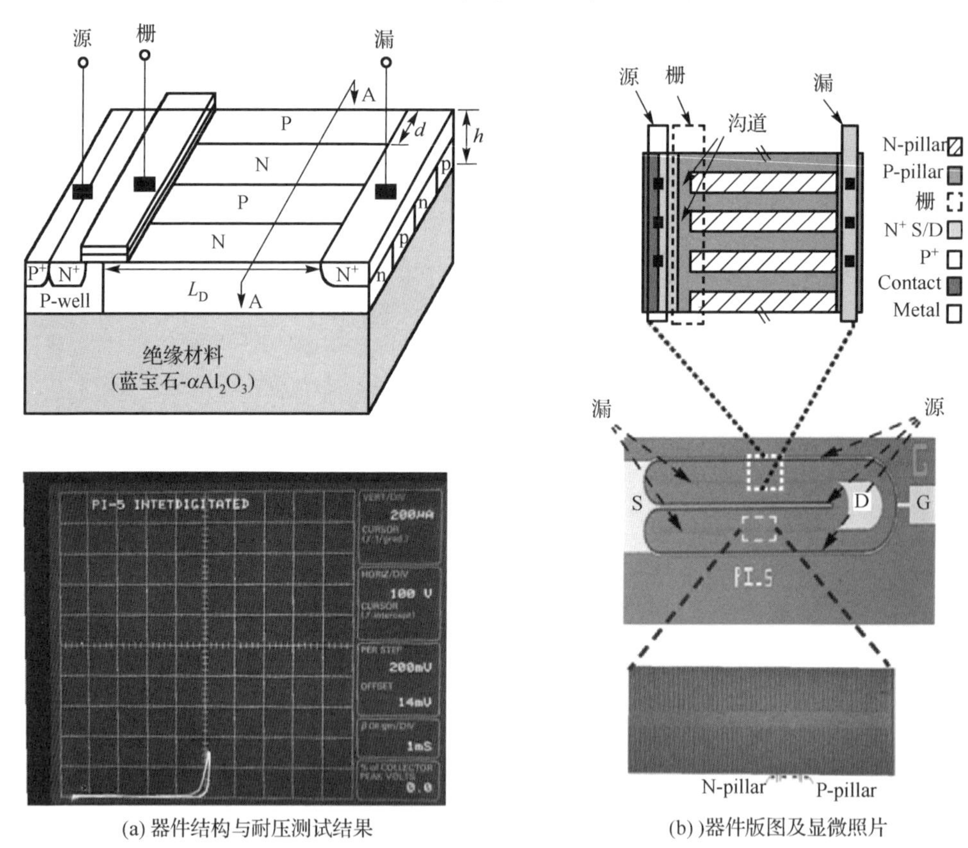

(a) 器件结构与耐压测试结果　　(b))器件版图及显微照片

图 2.5.5　采用蓝宝石衬底的横向超结器件

图 2.5.6 给出具有部分 SOI 结构的横向超结器件[44]，其特点是部分埋氧层在工艺过程中氧化形成，以形成耐压衬底。首先在 P 型衬底上刻蚀形成槽，然后将槽壁用氮化硅覆盖进行槽底氧化形成体内埋氧化层，倾角注入使剩余硅条

成为超结 N 条区，然后外延多晶注入硼形成超结 P 条区并保持电荷平衡。器件 SEM 照片如图 2.5.6(b)所示。

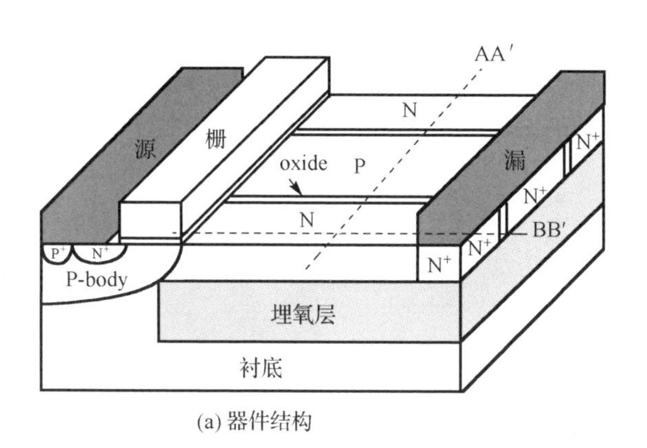

(a) 器件结构

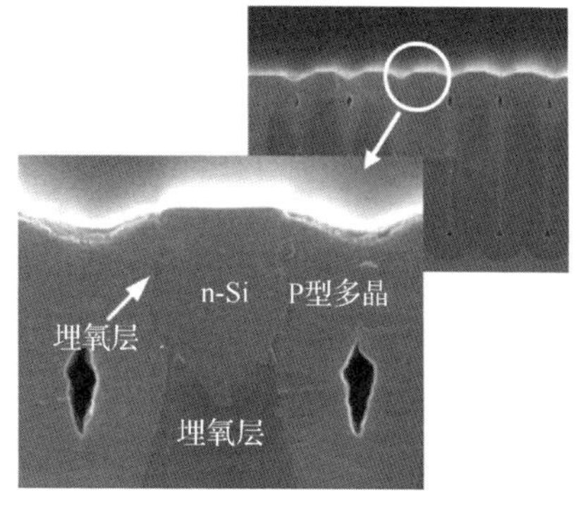

(b) SEM照片

图 2.5.6　一种部分 SOI 横向超结器件

图 2.5.7 给出具有 N 型缓冲层结构的横向超结器件[45]。该器件首先注入 N 型缓冲层并进行推阱，进一步在器件表面分别进行一次 N 型和 P 型注入形成超结区，最后实现漂移区长度为 5μm。

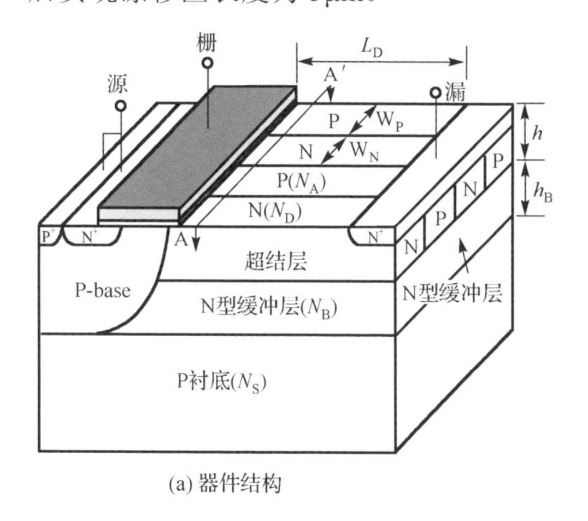

(a) 器件结构

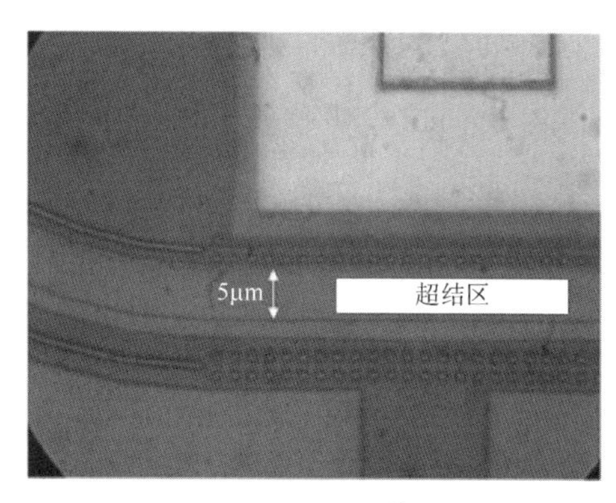

(b) SEM照片

图 2.5.7　具有 N 型缓冲层的横向超结器件

为了提高横向超结结深，图 2.5.8 给出采用多次外延注入工艺形成的横向超结器件[46]，通过在硅片表面多次外延 N 型外延层，然后进行 P 型注入形成超结，同时 P 区只注入在整个漂移区靠近源端部分，利用漏端 N 型掺杂抑制 SAD 效应，提高器件耐压。

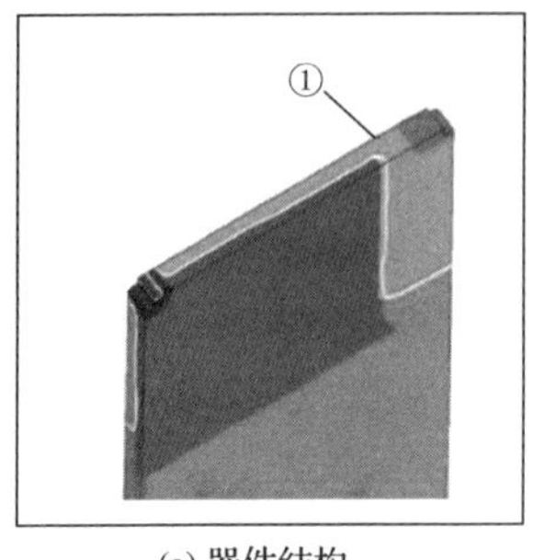

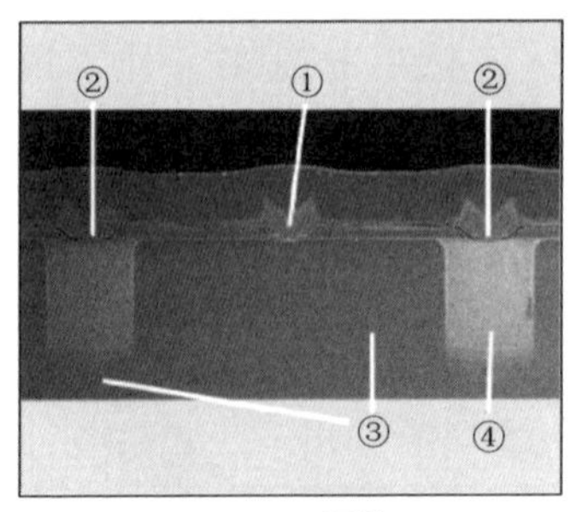

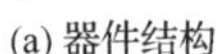
(a) 器件结构　　(b) SEM照片

图 2.5.8　采用多外延注入工艺实现的横向超结器件

我们也提出一种 BCD 兼容的横向超结 SLOP LDMOS 器件[47]，采用衬底<100>晶向电阻率 90Ω·cm 的 P 型衬底材料，首先生长 10μm 厚的 N 型外延，用于形成漂移区，注入硼推结构成 P-body。然后考虑吸硼排磷对电荷平衡的影响，在器件表面分别注入非等剂量的磷和硼，并用较短时间的退火形成浅的超结的 N 区和 P 区，完成缺陷修复。对于表面超结的相关工艺，必须考虑热效应，尽量减少高温工艺。在 950℃淀积场氧，场氧厚度约为 6000Å。其他工艺与标准的 CMOS 工艺相同。图 2.5.9 是跑道形的 500V 耐压 SLOP LDMOS 器件的光学显微镜照片。

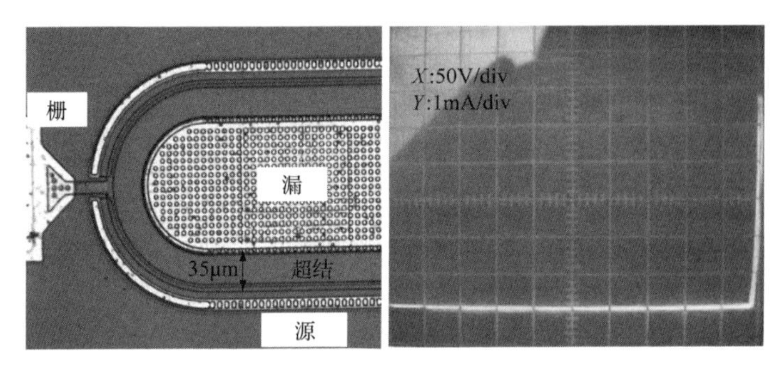

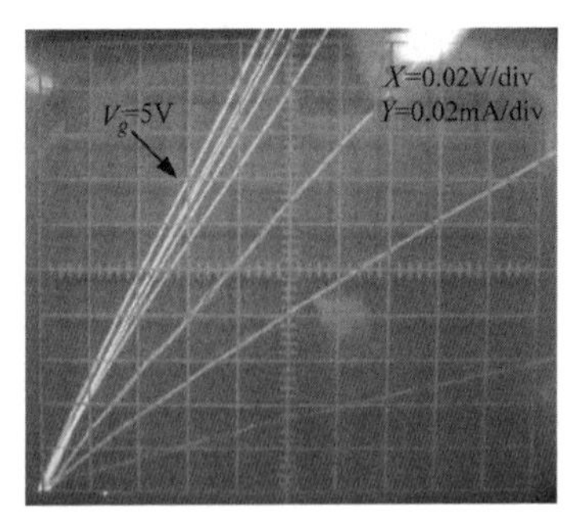

图 2.5.9　SLOP LDMOS 器件的光学显微镜照片和测试结果

考虑到表面注入超结结深较浅，且多次外延工艺成本较高，我们还提出了采用厚光刻胶高能注入形成超结的方式，如图 2.5.10 所示。该横向超结器件首先通过多区开窗口方式工艺在 1 μm 厚的 SOI 顶层硅上形成线性变掺杂，抑制 SAD 效应，然后采用三次不同能量相同剂量的 N 型和 P 型注入形成超结区，可以在保证器件耐压不变的前提下，极大降低 $R_{on,sp}$。

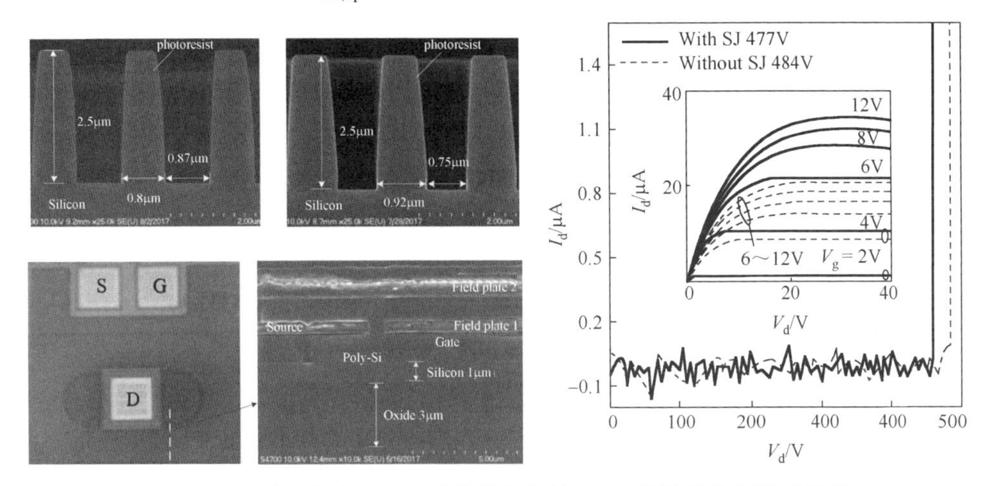

图 2.5.10　采用多次注入形成的横向超结 SEM 显微照片和测试结果

2.6　LIGBT

目前国内外发展最快以及应用广泛的功率半导体器件之一是 IGBT(Insulated Gate Bipolar Transistors)器件，它集合了 MOS 和 BJT 两者的特性，既有 MOSFET 高输入阻抗、栅控能力强以及驱动电路简单的优点，同时又具有 BJT 的高电流密度、低导通压降以及大电流处理能力的优点，在高压大电流应用领域具有其他功率半导体器件无可比拟的优势，这些优势促使 IGBT 成为功率半导体应用领域较为理想的功率开关器件，其中横向 IGBT (Lateral IGBT, LIGBT)易于集成在硅基智能功率集成电路中。Darwish 和 Board 在 1984 年最早提出 LIGBT 结构，典型的 LIGBT 结构(见图 2.6.1)是在 LDMOS 漏极处将 N^+替代为 P^+，从而在集电极端引入 PN 结，在一定条件下 PN 结开启，向漂移区注入空穴，形成双极载流子导电模式[48,49]。另一方面，由于横向功率器件耐压时必须满足 RESURF 条件，其特点是器件耐压时表面集电极和发射极处峰值电场相等，因此器件耐压时漂移区须全耗尽，这导致横向 LIGBT 结构多为 NPT 结构，具体来说其需在集电极 P^+区下方增加 N-buffer 层来承受横向高压。智能功率集成电路中的电隔离是非常重要的，目前常用的隔离技术有 PN 结隔离、自隔离以及介质隔离。与基于体硅的集成电路相比，SOI 集成电路的高、低压单元之间以及衬底和有源层之间采用介质隔离，故具有高速、高集成度、低功耗和抗辐照等优点，因此，SOI 高压器件与集成芯片已成为高速、低功耗和抗辐照等应用领域的主流技术之一，在功率半导体技术中也有着广泛的应用前景。SOI 基 LIGBT 由于埋氧层有效隔离衬底层与有源层，可完全消除体硅 LIGBT 中由衬底注入的空穴-电子对，且采用介质隔离的 SOI 技术易实现器件之间以及高、低压单元之间的完全电气隔离，促使 SOI LIGBT 广泛应用于电力电子、工业自动化、航空航天和武器装备等高新技术产业。

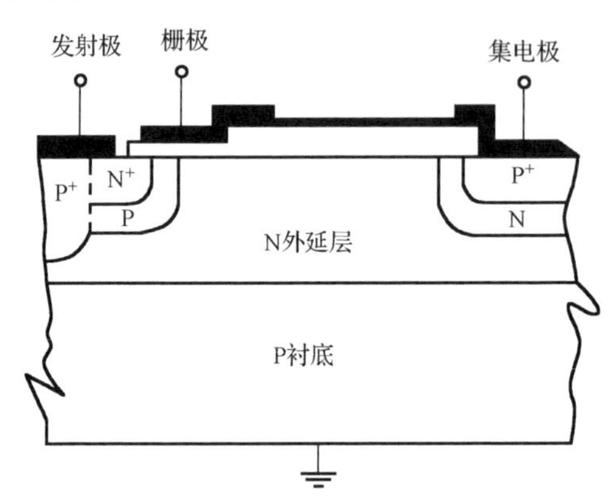

图 2.6.1　典型的 LIGBT 结构示意图

相比于功率 LDMOS，LIGBT 得益于电导调制效应，使其在维持高击穿电压(BV)的同时也能获得很低的导通压降 V_{on}；然而，存储在漂移区的大量载流子会使器件在关断时出现较长的拖尾电流，造成较大的关断能量损耗 E_{off}。因此，寻找减小 IGBT 的拖尾电流、提高关断速度的新理论、新方法和新器件结构，优化 V_{on} 和 E_{off}的折中关系是IGBT研发中的热点问题之一。同时，LIGBT中存在一个四层PNPN类型的寄生晶闸管结构，该晶闸管结构在导通电流增大到一定程度时可能导通，进而发生闩锁现象，使得器件失去栅控能力，且导通电流由于正反馈而不断被放大，直至造成器件烧毁。闩锁现象最直接影响的就是使得器件的安全工作区变小[49]。

获得高速、低损耗、宽安全工作区以及高可靠性的 LIGBT 是业界不懈的追求。为此，国内外诸多学者做出了大量研究，从改善 LIGBT 工作性能的角度可归为三类：降低动态功耗的新结构、降低静态功耗的新结构、提高安全工作区的新结构。下面逐一介绍三类结构。

2.6.1　降低 LIGBT 静态功耗的典型结构

自 LIGBT 诞生以来，“V_{on}-E_{off}”这一矛盾关系一直备受关注。通过增强漂移区电导调制效应，降低导通压降，设计具有低静态功耗的 LIGBT 新结构，是缓解 V_{on}-E_{off} 矛盾关系、提高 LIGBT 性能的一类思路，国内外学者提出了诸如发射极多沟道技术、槽栅技术、三维沟道技术以及空穴势垒阻挡技术等，增强了沟道电子注入，现介绍几种典型的结构。

日本日立集团的 Sakano 等人针对等离子体显示面板(PDP)扫描驱动 IC，利用 0.25μm/8 英寸 SOI 隔离工艺提出了一种多发射极沟道 LIGBT 器件结构[50]，如图 2.6.2 所示，有效地提升了芯片面积使用效率以及功率密度。该结构的击穿电压为 270V，在电流密度为 760A/cm^2 下的正向压降降低为 1.8V，同时有更大的饱和电流密度(达 4000A/cm^2)。

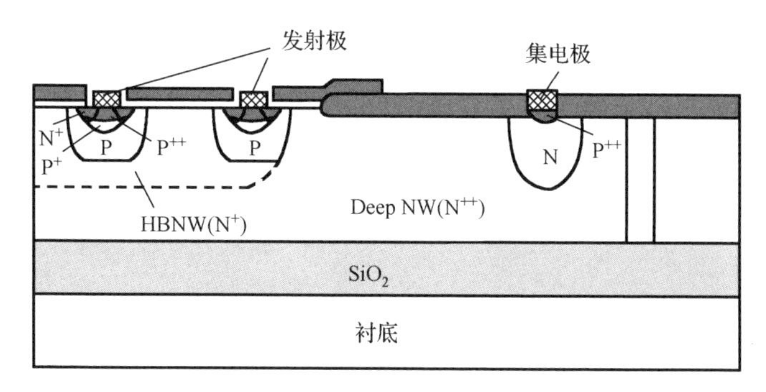

图 2.6.2　多发射极沟道 LIGBT

槽栅结构在 MOSFET 上已被证实在降低器件导通电阻和提升电流密度方面有着突出的优势。1996 年日本东芝公司提出了一种具有多槽栅的 LIGBT 器件结构[51]，如图 2.6.3 所示，槽栅结构可以使得 MOS 沟道密度大幅提升，多个槽栅增强了沟道电子注入效率以及发射极附近的自由载流子浓度，与相同耐压的平面栅器件结构比较，正向导通压降降低。

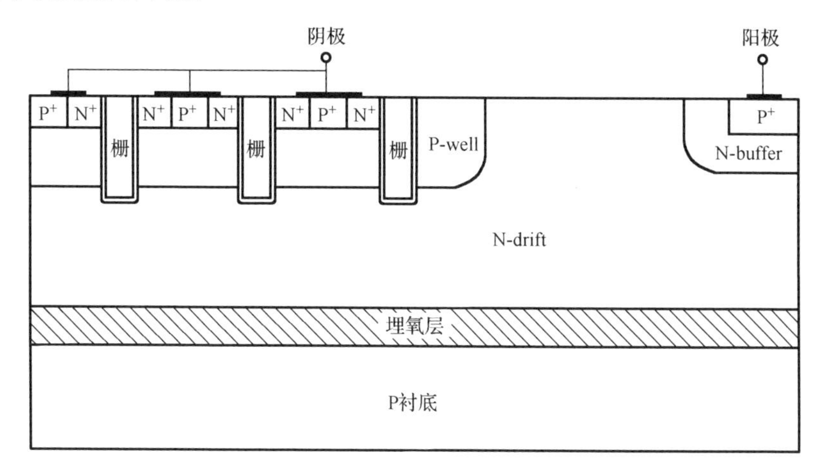

图 2.6.3　具有多槽栅的 LIGBT

东南大学在 2016 年提出具有三维横向沟道的 SOI(1.5μm 顶层硅) LIGBT[52]，该结构如图 2.6.4 所示，其漂移区采用线性变掺杂技术来实现薄膜器件的高耐压。

在器件的阴极，该结构除了具有传统的 P-body 区，还引入了多个分立的 P-body strip 区，平面栅覆盖在 P-body 区和 P-body strip 区上，在器件导通时提供三维沟道，提高了沟道密度，并增强了沟道电子注入，同时在 P-body 区和 P-body strip 区之间采用 N 型高掺杂区(MDN region)，以减小 P-body 区和 P-body strip 区形成的 JFET 电阻区，并且 MDN region 可以作为空穴势垒阻挡层减缓阴极 P^+接触区抽取空穴，增强了电导调制效应，由此该结构的 V_{on} 降低。

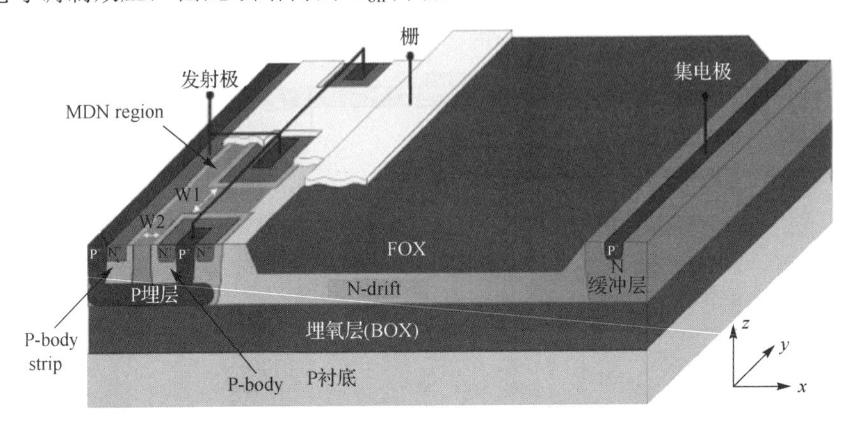

图 2.6.4　具有三维横向沟道的薄膜 LIGBT

文献[53]提出具有 U 形沟道的双槽栅高压 LIGBT，如图 2.6.5 所示，该结构的主要特征在于阴极端具有两个深槽 G1、G2，G1 作为控制槽栅与 U 形沟道相结合提高了芯片的沟道密度，增强了沟道电子注入，同时 G2 作为空穴势垒槽，阳极端注入漂移区的空穴被 G2 阻挡不易被阴极抽取，空穴在阴极端的浓度被提高，从而大大增强了电导调制效应，以上两个因素使得该结构实现了极低的 V_{on}，在电流密度为 100A/cm^{2}下的正向压降降低为 1.22V，同时 E_{off}为 3.1mJ/cm^2，获得了很好的 V_{on}-E_{off}折中。

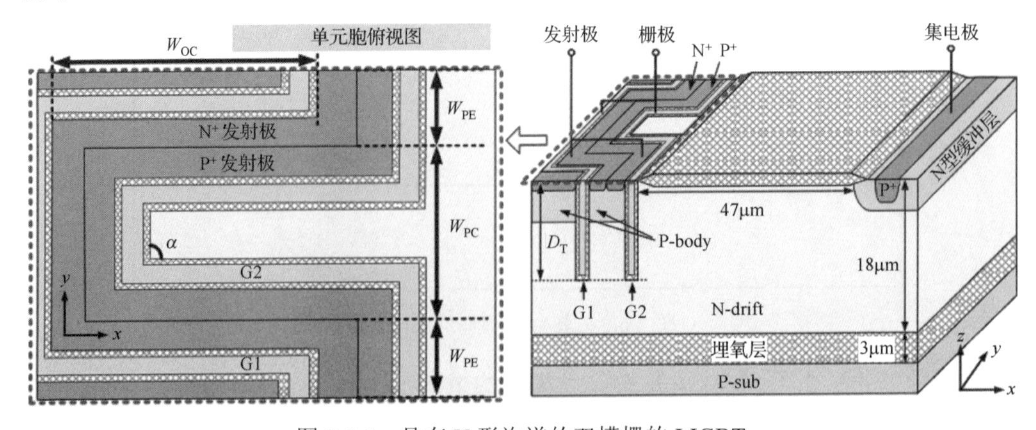

图 2.6.5　具有 U 形沟道的双槽栅的 LIGBT

2.6.2　降低 LIGBT 动态功耗的典型结构

LIGBT 不仅具有 MOS 器件的栅控能力强和输入阻抗高的优点，同时，电导调制效应使其具有大电流处理能力和低导通压降等优点；然而，电导调制效应是双刃剑，导通期间存储在漂移区中大量的非平衡载流子在关断过程形成拖尾电流，导致关断速度减慢、关态功耗增加。因此，导通压降 V_{on} 和关断能量 E_{off} 之间存在折中关系，改善这一关系的典型技术是短路阳极技术(Shorted-Anode，SA)。

SA 结构是在 LIGBT 阳极区域增加一个 N^+区，在器件关断过程中提供非平衡电子的抽取通道，使得存储在漂移区中的非平衡电子不需要依赖复合效应来消失，消除了关断拖尾电流，达到了快速关断的目的。但是 SA-LIGBT 在单极工作模式具有电流小而电压较大的特点，而在双极工作模式下具有电流大而电压小的特点，所以 SA-LIGBT 由单极工作模式转变到双极工作模式时，经历电流增大而电压减小的过程，出现负阻区域(NDR 区域)，称为 Snapback(电压折回)现象，如图 2.6.6 所示。Snapback 现象会使器件正向导通压降 V_{on} 升高，特别是在低温条件下，导致部分元胞不能开启，电流分布不均匀，不利于器件并联工作。为了抑制 Snapback 现象，往往会牺牲器件的面积或者增加其工艺难度。值得指出的是，由于 P^+/N-buffer 结导通之前($I_e \times R_{SA}$=0.7V)，器件工作在单极模式，所以讨论 Snapback 现象所涉及的电阻均为器件处于单极模式下的电阻。

为降低 LIGBT 的动态损耗并消除 Snapback 效应，国内外学者在加快器件关断速度方面做了较多的研究，提出了诸如优化阳极 P^+区/N^+区的比例、分段阳极、阳极引入 NPN 结构、引入双栅、多晶硅电阻调制等技术，现分别介绍如下。

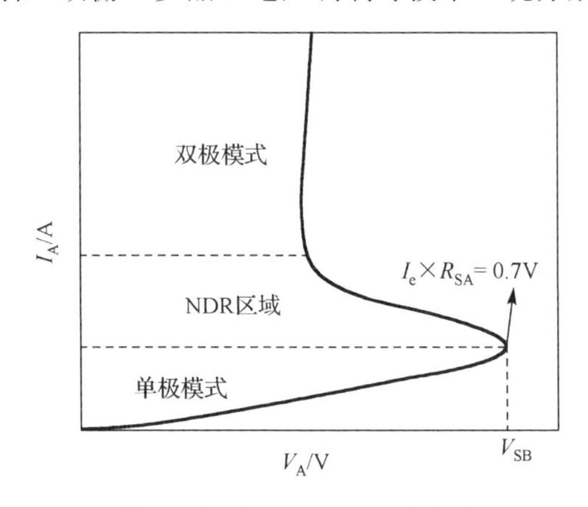

图 2.6.6　SA-LIGBT 输出曲线

短路阳极 LIGBT 首先是由飞利浦实验室 Gough 等在 1985 年提出的[54]，如图 2.6.7 所示。与常规 LIGBT 相比，短路阳极 LIGBT 在原先 P^+阳极区旁再引入 N^+

阳极区，且二者短接到阳极。关断时，N^+阳极区为存储在漂移区内的电子提供一条抽取通道，大大缓解长拖尾电流的现象，降低器件的关断损耗。但是，N^+阳极区的存在使 LIGBT 首先工作在 MOSFET 的单极模式下，直到阳极 P^+/N-buffer 构成的二极管开启，LIGBT 转入双极模式。

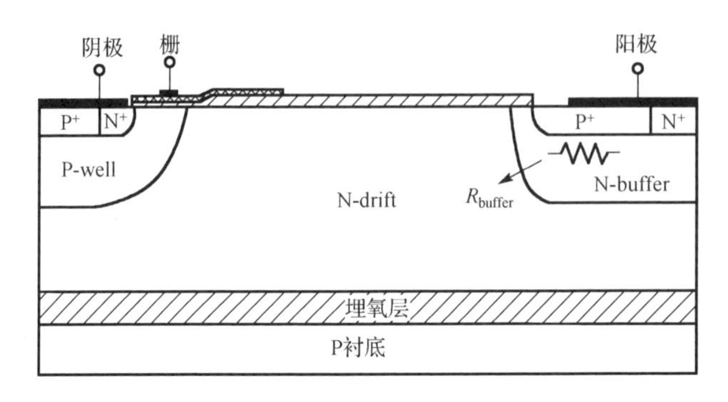

图 2.6.7　早期短路阳极 LIGBT 结构

香港科技大学 Sin 等在 1991 年提出一种分段阳极 SA-LIGBT 新结构，如图 2.6.8(a)所示[55]。该器件在纵向上引入 N^+阳极区，N^+阳极区和 P^+阳极交替排列，通过调节这两个区域在纵向上的长度比例来抑制 Snapback 现象。但是，采用此方法抑制 Snapback 现象，需要较长的 P^+阳极区，不利于面积的有效利用。另外一种分离阳极 SA-LIGBT 是由韩国首尔大学 Chun 等人于 2000 年提出[56]，如图 2.6.8(b)所示。该结构在横向上引入 N^+阳极区，通过调节 N^+阳极区距离 N-buffer 的长度(L_B)来抑制 Snapback 现象。L_B 的长度需达到 20μm 才能有效抑制 Snapback 现象。两种结构虽然可以一定程度地抑制 Snapback 现象，也可保证较快的关断速度，但均需要较大的几何尺寸，芯片面积的利用率不高。

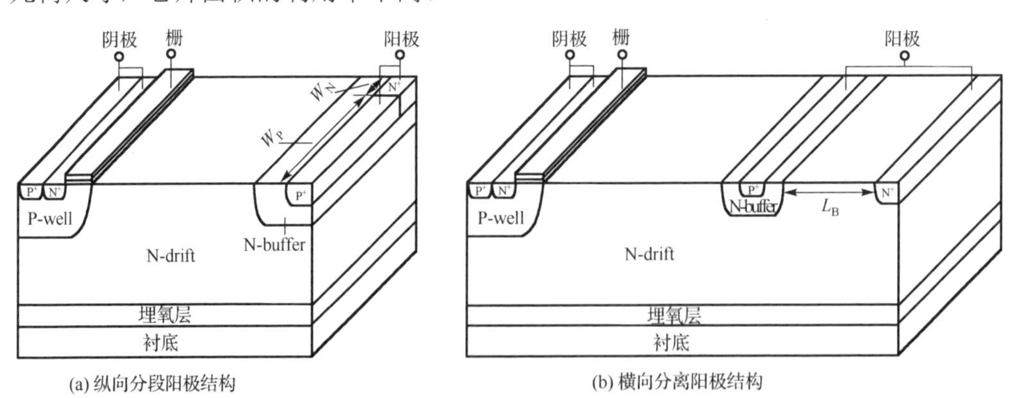

图 2.6.8　两种牺牲面积抑制 Snapback 现象 SA-LIGBT 结构

英国德蒙福特大学 Green 等人在 2005 年提出一种具有分段阳极 NPN LIGBT[57]，

如图 2.6.9(a) 所示。该结构的主要特点是在阳极加入一个被 P-base 包围的 N^+阳极区，使导通时电子电流不能直接被 N^+阳极区收集，从而有效抑制 Snapback 现象。此外，P-base 也可在导通时注入空穴到漂移区，以弥补因 N^+阳极区占据 P^+阳极而造成注入效率下降的不足。在关断时 P-base 区被耗尽，薄基区 NPN 三极管可快速抽取漂移区内的电子，加快器件关断速度，但是此种方法降低器件关断损耗程度有限。2010 年，我们在上述基础上提出了具有双通道分段阳极 NPN LIGBT[58]，如图 2.6.9(b) 所示。该结构结合前者 NPN 三极管关断抽取电子的理念，同时在 P^+阳极区和 N^+阳极区下引入了一段低掺杂的 N 区，有效抑制 Snapback 现象，又提供抽取电子的通路。此结构缓解电流拖尾现象效果更为显著，但低掺杂的 N 区在工艺实现上很难做到精准控制。

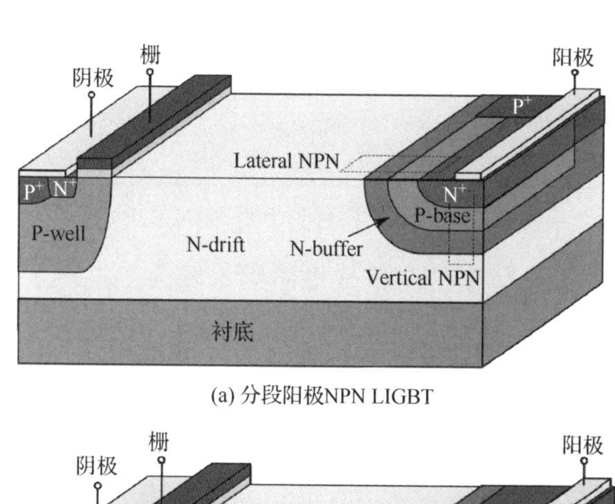

(a) 分段阳极NPN LIGBT

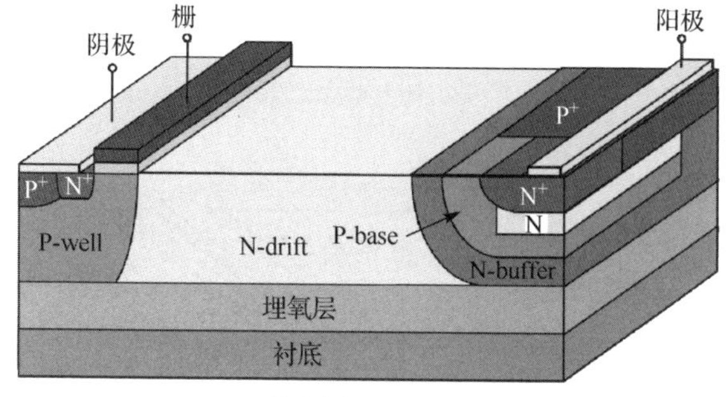

(b) 双通道分段阳极NPN LIGBT

图 2.6.9　两种分段阳极 NPN LIGBT

剑桥大学 Udrea 等人在 2005 年提出并研制了一种具有阳极控制栅 SA-LIGBT[59]，如图 2.6.10 所示。该器件添加一个额外的阳极栅，通过控制阳极栅的电压来抑制 Snapback 现象和实现低关断损耗。当阳极栅的电压小于阳极电压时，处于阳极栅下的 N 型漂移区和 N-buffer 表面反型，反型层可向漂移区注入空穴，从而提高阳极注入效率。此外，反型层相当于延伸了 P^+阳极区长度，有利于抑制 Snapback 现象。在阴极栅关断之前，使阳极栅的电压大于或等于阳极电压，反型层消失，空穴注入消失，且漂移区内空穴开始耗尽；在阴极栅关断时，漂移区的载流子浓度恢复到平衡态，从而使器件具有与功率 MOSFET 器件相比拟的关断速度，获得较低的关断损耗。但是，由于额外的电极引入，需要一个跟随阳极电压变化的电压源，使该器件的驱动变得复杂，增加了其控制成本。

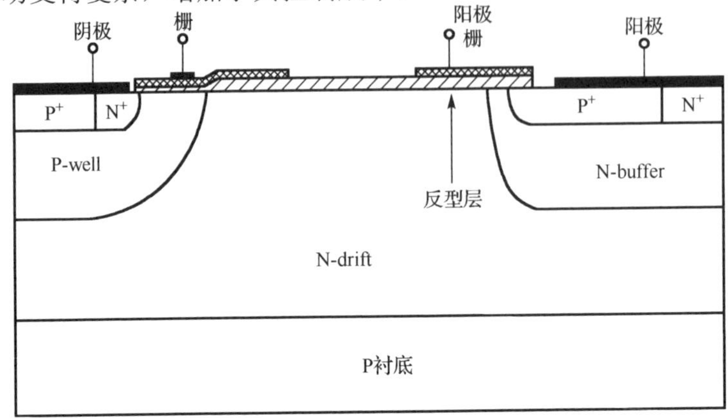

图 2.6.10　具有阳极控制栅 SA-LIGBT

2015 年国际功率半导体器件与集成电路学术峰会上报道了一种具有分段槽的 SA-LIGBT[60]，如图 2.6.11 所示。该结构在阳极区引入间断的隔离槽，P^+阳极区和 N^+阳极区分别位于隔离槽两侧，通过减小相邻隔离槽的间距，以增加 P^+阳极区和 N^+阳极区之间的电阻，从而有效抑制 Snapback 效应；N^+阳极区可快速抽取存储在漂移区的电子，提高器件的关断速度。然而，隔离槽的引入增加了器件的制作成本，隔离槽之间的间距需足够小才能消除 Snapback 效应，且关断损耗降低不明显。

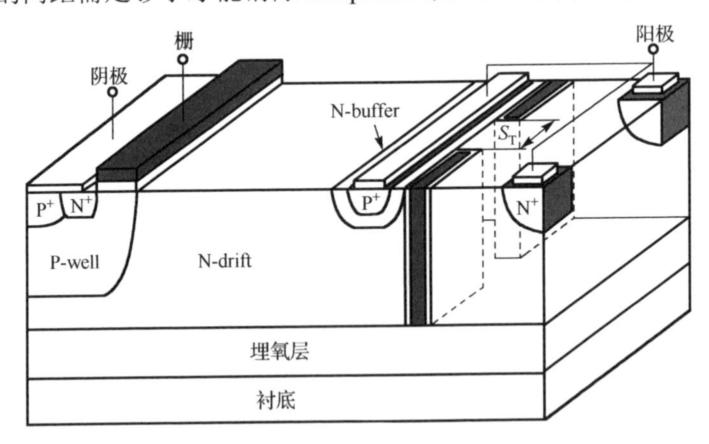

图 2.6.11　三维分段槽 SA-LIGBT

我们在 2017 年提出了一种具有多晶可调电阻(Polysilicon Regulative Resistance, PR)和阴极槽结构的 SOI 基 LIGBT[61]。如图 2.6.12 所示，该结构采用多晶硅电阻调制 LIGBT 阳极端电势分布，单极模式时电子电流通过多晶硅电阻，使阳极 PN 结导通，器件提前进入双极模式，有效抑制 Snapback 效应；同时在器件关态时，多晶硅电阻为存储在漂移区内的电子提供抽取通道，从而降低器件的关断损耗，进而缓解 V_{on}-E_{off} 折中关系；再者，在器件阻断状态，连接 P^+阳极和 N^+阳极的多晶硅电阻箝位阳极 PN 结，使得寄生晶体管 P^+NP 不易开启，使器件实现了类似 MOSFET 的耐压，其优点是器件耐压不依赖于阳极 P^+的掺杂浓度，使得器件耐压和阳极注入效率可以独立设计。该结构与 BCD 工艺兼容，为 SA LIGBT 的发展提供了新思路。

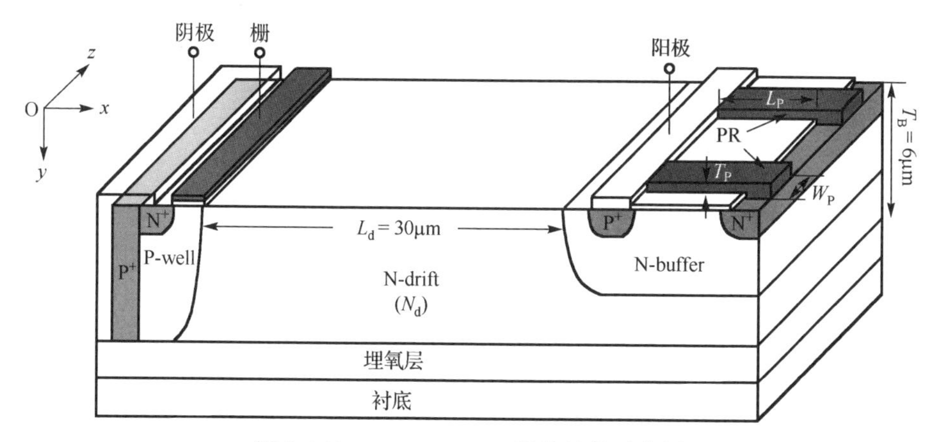

图 2.6.12　PRTC-LIGBT 器件结构示意图

2.6.3　提高 LIGBT 安全工作区的典型结构

短路失效的原因包括闩锁效应、热失效和雪崩击穿。LIGBT 的安全工作区(Safe Operating Area, SOA)主要分为正向安全工作区(Forward-Biased SOA，FBSOA)、反向安全工作区(Reverse-Biased SOA，RBSOA)和短路安全工作区(Shorted-Circuit SOA，SCSOA)。FBSOA 通常是由 IGBT 开启时集电极最大允许电流 I_c、集电极-发射极击穿电压 U_{CES} 和最大耗散功率共同构成。RBSOA 通常是指 IGBT 在关断时或者阻断态所能承受的最大集电极电流 I_c、集电极-发射极击穿电压。SCSOA 是指 IGBT 同时承受高电压和大电流的能力，短路通常是控制系统误操作和噪声引起的误开启造成的。具体情况是集电极-发射极间处于高压(额定反向电压)下，栅极与发射极间突然加上过高的栅压 V_g，过高 V_g 和高跨导的作用出现短路状态，其短路电流 I_{SC} 可高达 10 倍的额定电流 I_c。LIGBT 存在一个四层 PNPN 类型的寄生晶闸管结构，该晶闸管结构在导通电流增大到一定程度时可能导致 PNP 和 NPN 管的正反馈而导通，进而发生闩锁现象，使得器件失去栅控能力。闩锁效应是 LIGBT 发生短路失效的一种主要原因，因此提升 LIGBT 的抗闩锁能力是增强器件抗短路能力的重要方法。

近年来国内外学者在提高 LIGBT 安全工作区方面做了大量研究，提出了诸如阴极槽型接触区和空穴旁路技术等新结构，现介绍几种典型的新结构。

Mok 等人在 1995 年提出了一种具有自对准阴极槽的抗闩锁 LIGBT[62]，如图 2.6.13 所示，该结构的特征是在器件阴极端引入阴极槽，P-base 接触区和 N^+阴极区通过多晶硅自对准工艺实现，P-base 接触区可以更均匀地收集空穴电流，且 P-base 的等效电阻大大降低，阴极的寄生 NPN 晶体管更难开启，有效抑制了闩锁效应，拓宽了器件的正向安全工作区。该结构的制备与 BiCMOS 工艺兼容。

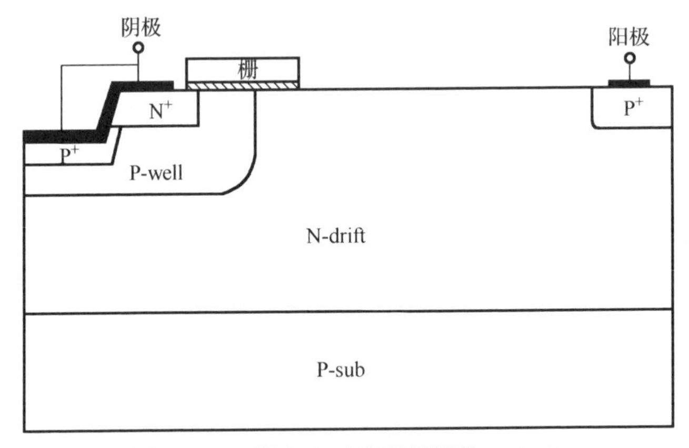

图 2.6.13　具有自对准阴极槽的 LIGBT

香港科技大学在 1999 年提出了一种具有槽栅的 LIGBT 结构[63]，如图 2.6.14 所示，该结构的特征是在器件阴极端引入槽栅，且相比常规 LIGBT 结构中栅极和发射极位置互换，发射极的 P^+区相对集电极位置离得更近，因此由集电极注入到漂移区中的空穴会优先被 P^+发射区抽取走，而不需要再经过沟道区，这种空穴流向可以有效地降低闩锁电流的发生，提升正向安全工作区。

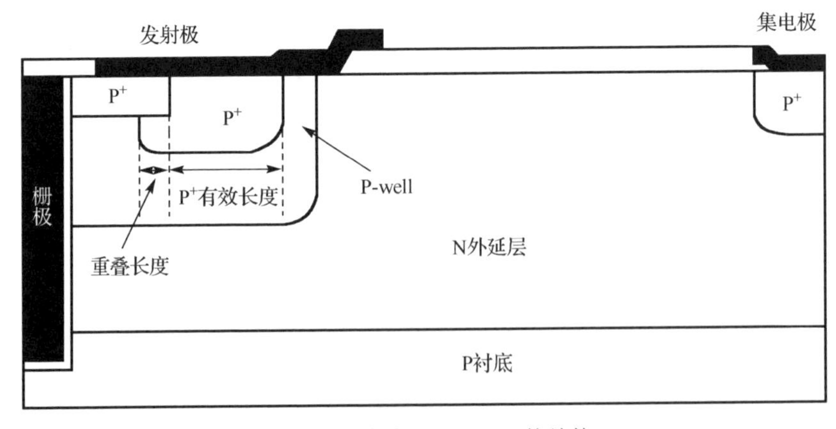

图 2.6.14　槽栅 LIGBT 器件结构

日本富士电机 Lu 等人将 SiO_2 氧化槽插入 LIGBT 功率器件漂移区，如图 2.6.15 所示[64]，氧化槽相对于硅具有更低的介电常数，使得更窄的氧化槽能够承受更长硅漂移区相同的耐压，有效缩短了漂移区的长度和表面积，降低比导通电阻。同时在氧化槽中靠近阴极一侧引入了纵向场板，构成空穴旁路结构，因此，漂移区中的空穴会通过由此形成的空穴旁路被 P^+ 接触区抽走，有效避免了寄生 NPN 晶闸管的导通，防止闩锁的发生。

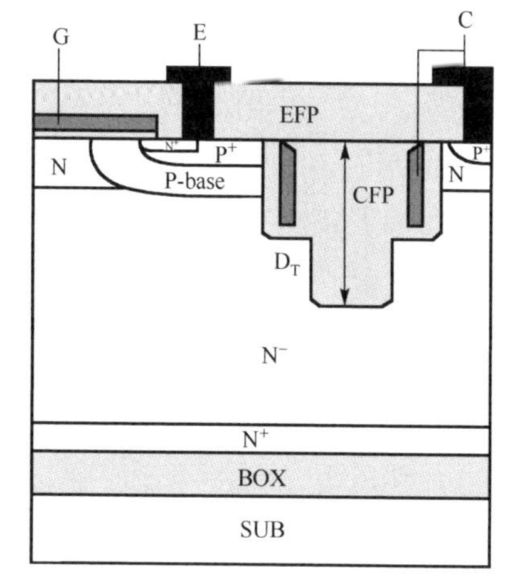

图 2.6.15　具有空穴旁路的槽型 LIGBT 器件结构

2.7　SOI 高压器件与集成技术

SOI 技术是航空航天与军事对半导体器件和电路的高可靠性、抗辐照及高集成度要求的产物，但随着 SOI 材料制备技术和微电子工艺的进步，如今 SOI 技术广泛应用于高速、低功耗、抗辐射及耐高温等领域，被誉为“21 世纪硅集成技术”[65-68]。

图 2.7.1 是典型的 SOI 集成结构剖面示意图，典型的体硅集成结构剖面详见第 3 章。SOI 基器件和电路的有源层与衬底之间、高压器件/低压 MOS 单元之间均采用绝缘介质隔离，而在体硅基器件和低压控制电路中通过反偏 PN 结隔离。因此，SOI 技术具有以下优势：①泄漏电流比体硅集成电路小三个数量级，SOI 集成电路的低泄漏电流降低了芯片的静态功耗。②SOI 技术中不存在寄生的纵向 PNP 及 NPN 管，消除了体硅 CMOS 结构中的闩锁效应，提高了芯片的可靠性。③无隔离阱形成寄生 PN 结电容，故芯片速度快且动态功耗低；同时，介质槽隔离占用面积更小，因而集成度更高。④抗辐照性能好。SOI 技术中的有源层与衬底之间隔以介质，因而 SOI 技术具有很好的抗软失效、瞬时辐照和单粒子翻转能力。因此，较之于体硅技术，SOI 技术具有高速、低功耗、高集成度、便于隔离以及抗辐照等诸多优点[69-72]。

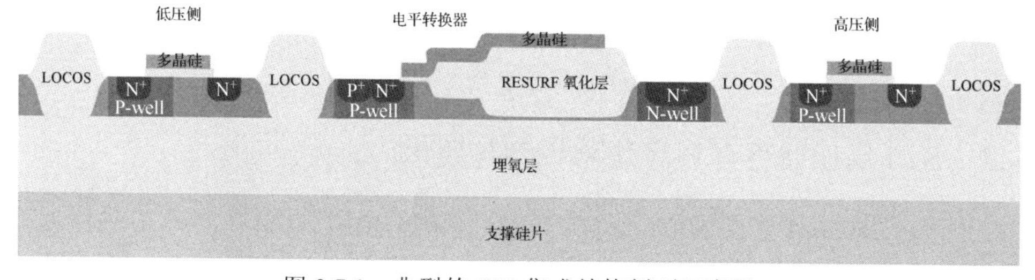

图 2.7.1　典型的 SOI 集成结构剖面示意图

国内外 SOI 材料制备的方法主要包括：硅片直接键合(Silicon Direct Bonding，SDB)、智能剥离(Smart-cut)、注氧隔离(Separated by Implanted Oxygen，SIMOX)等。其中，SDB 技术便于灵活控制顶层硅(S 层)和埋氧层(I 层)的厚度，且厚度范围较广，该技术特别适合研制厚顶层硅、厚埋氧层的 SOI 材料，获得的 SOI 材料多用于高压、大功率领域。SIMOX 技术通常用于制备薄顶层硅、薄埋氧层的 SOI 材料，在 SIMOX 基片上外延可获得较厚的硅层。Smart-cut 技术制得的 S 层厚度均匀性好，单片厚度偏差和片间偏差可控制在纳米量级，I 层可采用热氧化生成或淀积而成，其厚度可根据需要而制定；Smart-cut 技术结合了 SDB 和 SIMOX 技术的特点，特别适用于制备薄顶层硅、厚埋氧层的 SOI 材料，主要用于 CPU、GPU 等高速低功耗 IC 中。

SOI 横向高压器件是 SOI 功率集成电路中的核心器件。图 2.7.2 为常规 SOI LDMOS 结构与纵向电场分布示意图。SOI 器件的击穿电压由其横向击穿电压和纵向击穿电压的较小值决定。为提高 SOI 器件的横向击穿电压，在足够长的漂移区长度时，可以采用前文讲述的 RESURF 技术、漂移区引入介质槽技术、漂移区线性掺杂、超结结构等技术来提高。就 SOI 器件纵向击穿电压而言，其随顶层硅和埋氧层厚度的增加而增大，但基于刻槽隔离工艺和散热(SiO_2 的热导率比 Si 低 2 个数量级)的考虑，通常顶层硅和埋氧层厚度分别小于 20μm 和 4μm；而且，Si 的临界击穿电场 $E_{S,C}$ = (20～40) V/μm，高斯定理决定 SiO_2 埋层电场为(60～120) V/μm，远低于其临界击穿电场 600V/μm。因此，SOI 器件较低的纵向击穿电压导致的传统 SOI 器件 600V 耐压瓶颈，限制了 SOI 技术在高压集成电路领域的应用。

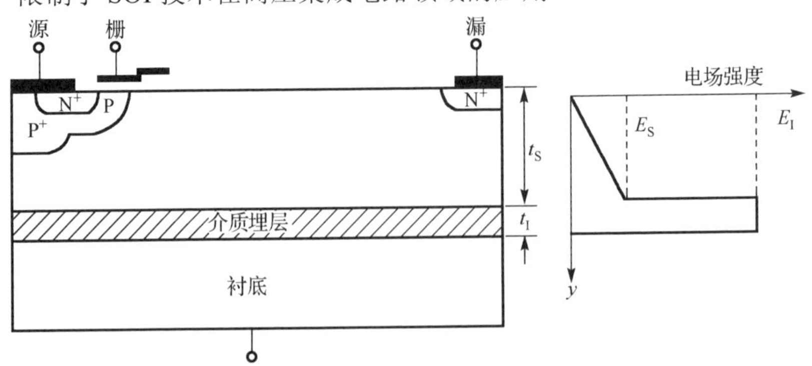

图 2.7.2　SOI LDMOS 基本结构与电场纵向分布示意图

2.7.1　SOI 高压器件介质场增强模型与技术

为解决传统 SOI 器件 600V 纵向耐压瓶颈问题，编著者所在的电子科技大学功率集成技术团队提出了 SOI 介质场增强(Enhanced Dielectric layer Field，ENDIF)

模型与技术，并获得三种增强介质埋层电场的方法，使介质层电场从 120V/μm 以下升至 300～600V/μm，突破 SOI 器件的耐压瓶颈，为新器件的设计提供了理论指导[73]。

该 ENDIF 模型含 Si 的临界击穿电场 $E_{S,C}$、介质埋层电场 E_I 和器件耐压 BV 的精确解析式分别如下式所述[73]：

$$E_{S,C}=\frac{9.783(21.765-\ln t_S)}{3.975+\ln t_S}\quad (\text{V/μm})\ (t_S\text{单位：μm}) \tag{2.7.1}$$

$$E_I=\left\{\left[\frac{9.783\varepsilon_S(21.765-\ln t_S)}{\ln t_S+3.975}\times 10^4\right]+q\sigma_{in}\right\}\Big/\varepsilon_I\quad (\text{V/μm}) \tag{2.7.2}$$

$$\text{BV}=\left\{\left[\frac{9.783(21.765-\ln t_S)}{\ln t_S+3.975}\right](\varepsilon_S t_I+0.5\varepsilon_I t_S)+q\sigma_{in}t_I\times 10^{-4}\right\}\Big/\varepsilon_I\quad (\text{V}) \tag{2.7.3}$$

该模型首次从物理和数学上解释了薄层 SOI 时 $E_{S,C}$ 和 BV 的实验与理论值差异较大的原因，并给出了三种增强 E_I 和 BV 的技术：①采用薄硅层；②在 SOI 层/介质埋层界面引入电荷 σ_{in}(传统 σ_{in}=0)；③采用低 k 介质埋层(传统 SiO_2)。

图 2.7.3(a)定性给出了这三种增强介质埋层电场的方法与原理，图 2.7.3(b)～(d)则定量描述了硅中临界击穿电场 $E_{S,C}$、介质埋层电场 E_I 与 BV 和 t_S、ε_I 与 σ_{in} 的关系。从图 2.7.3(b)可知，与传统 $E_{S,C}=1.24\times10^5 t_S^{-1/7}$ 相比，式(2.7.1)描述的 Si 临界击穿电场 $E_{S,C}$ 从 nm 级到 μm 级厚度范围与实验结果都吻合很好，突破常用 $E_{S,C}$ =20～40V/μm 限制；如 t_S=100nm 时，$E_{S,C}$=146V/μm，从而提高 E_I 和 BV。在下一小节将列举三种技术对应的典型器件结构。

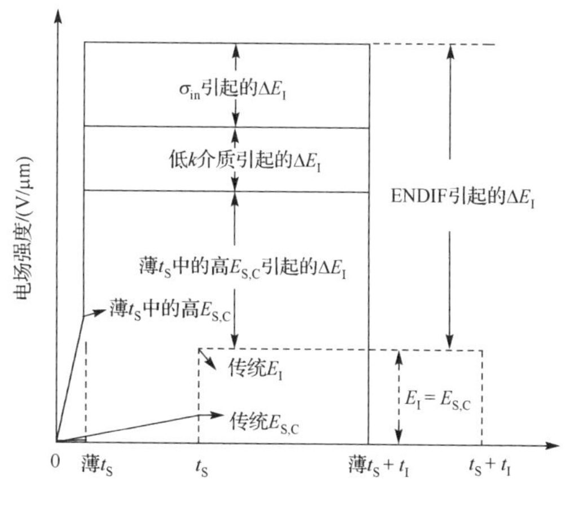

(a) 介质埋层电场增强方法定性分析

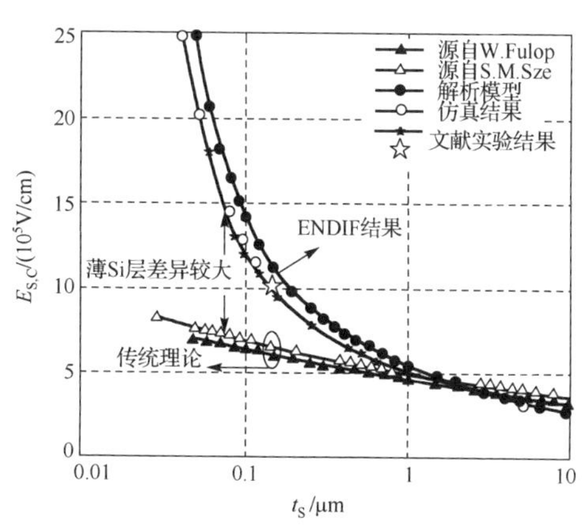

(b) Si的临界击穿电场 $E_{S,C}$ 与 t_S、ε_I 和 σ_{in} 的关系

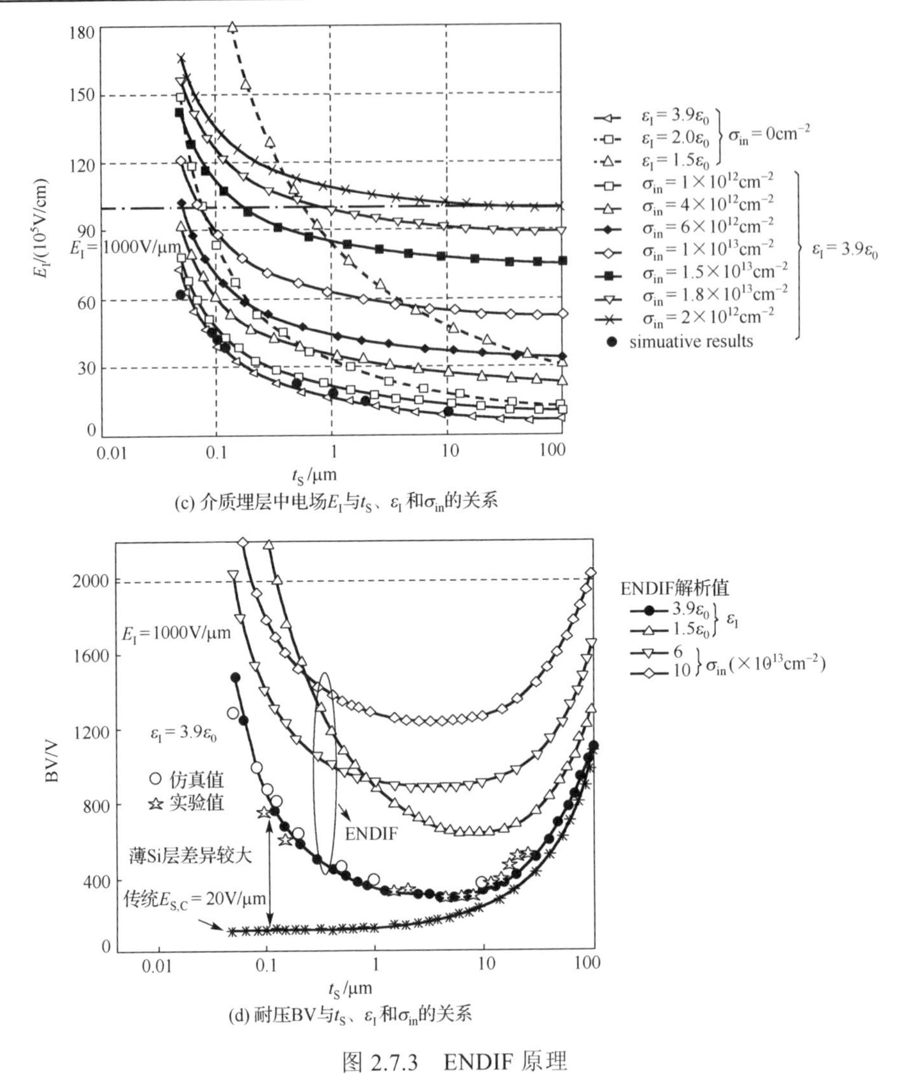

(c) 介质埋层中电场E_I与t_S、ε_I和σ_{in}的关系

(d) 耐压BV与t_S、ε_I和σ_{in}的关系

图 2.7.3　ENDIF 原理

2.7.2　SOI 高压器件介质场增强典型技术和新结构

2.7.2.1　超薄 SOI 高压器件

Merchant 提出了如图 2.7.4 所示的超薄 SOI 高压器件结构[74]。该结构根据击穿判据 $\int_0^{t_S}\alpha dx=1$，利用减薄硅层以缩短纵向电离积分路径，以提高硅的雪崩击穿电场，进而提高埋氧层电场和器件纵向耐压；此外，漂移区还需要采用横向线性掺杂技术以同时提高雪崩击穿电场和器件横向耐压。其中，薄层 SOI 器件的硅临界击穿电场 $E_{S,C}$ 随漂移区厚度 t_S 的变化关系如式(2.7.1)和图 2.7.3(b)所示。

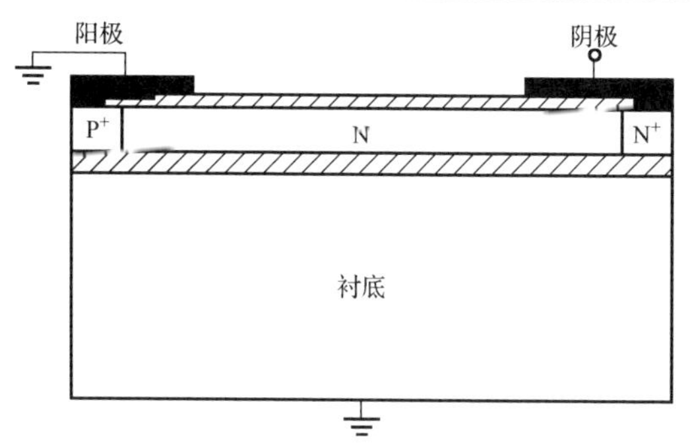

图 2.7.4　超薄 SOI 二极管

图 2.7.5 为 SOI 器件的 t_S 分别为 0.1μm 和 5μm 的等势线分布图；其中，t_I=2μm，且漂移区采用线性掺杂以获得均匀的表面电场。显然，图 2.7.5(a)中的介质埋层内的等势线多于图 2.7.5(b)；因此，图 2.7.5(a)中介质埋层能承受更高的耐压 V_I：t_S=0.1μm 有 V_I=860V；图 2.7.5(b)中 t_S=5μm 有 V_I=212V。因此，相同厚度的介质埋层可承受更高电压，从而提高器件 BV。

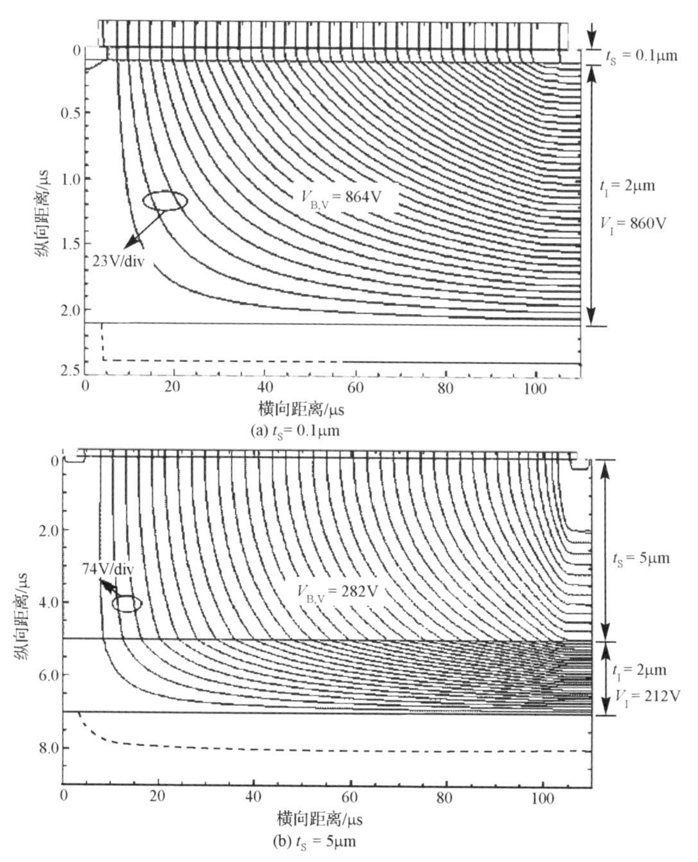

图 2.7.5　SOI 器件击穿时等势线分布

2.7.2.2　电荷型 SOI 高压器件

具有双面电荷槽(Double Trench, DT)结构高压 SOI LDMOS，如图 2.7.6 所示。阻断耐压状态下，束缚于双面电荷槽中的电子与空穴即为式(2.7.2)中 σ_{in}，其不仅可提高介质埋层中电场强度，还对漂移区电场起调制作用，使得器件耐压大幅提高，并打破传统 SOI 器件介质埋层中电场强度的极限[75,76]。

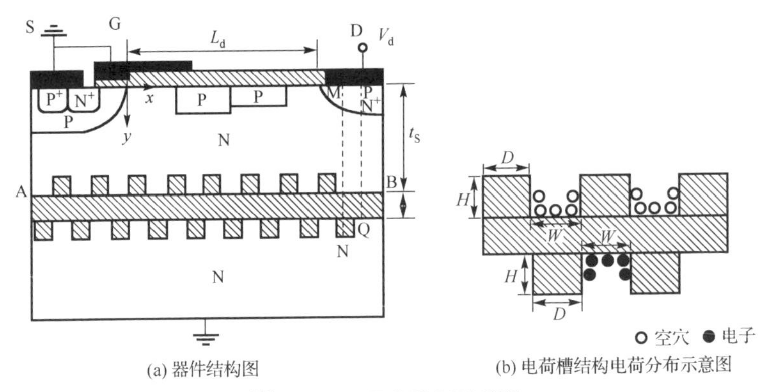

(a) 器件结构图　　(b) 电荷槽结构电荷分布示意图

图 2.7.6　DT SOI LDMOS

图 2.7.7 为 DT SOI LDMOS 和常规 SOI LDMOS 击穿时电荷槽中电荷密度与纵向电场分布仿真结果。仿真时 t_S=20μm，t_I=1μm，L_d=90μm，H=1μm，W=2.5μm，D=4μm，N_d=7×10^{14}cm^{-3}，源区和漏区宽度为 10μm。从图 2.7.7(a)可知，DT SOI LDMOS 介质埋层上表面电荷槽中电荷密度基本随电势从源端到漏端逐渐增加，等效为横向变掺杂而调制漂移区电场分布，使电势趋于线性均匀。从图 2.7.7(b)中电势与电场分布可知，DT SOI LDMOS 的耐压为 796V，其 E_I 从常规 SOI LDMOS 的 147V/μm 提高到 560V/μm，器件的大部分耐压由介质埋层承担。

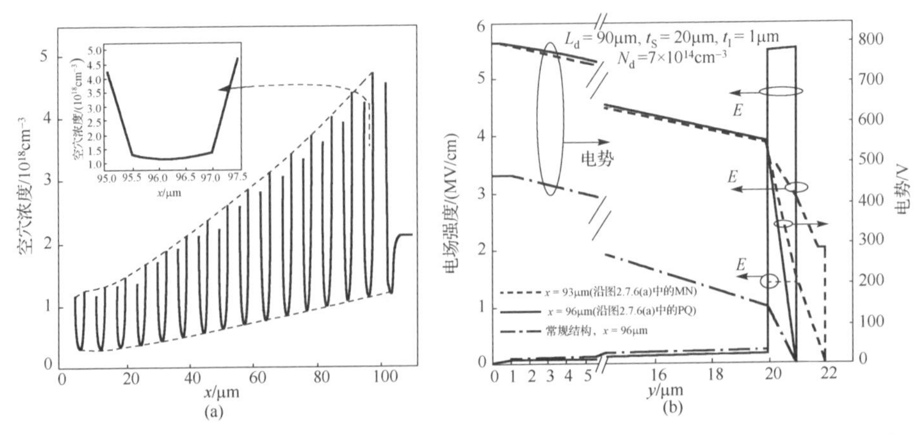

图 2.7.7　(a) DT SOI LDMOS 击穿时埋氧层上表面电荷分布；(b) DT SOI LDMOS 与常规 SOI LDMOS 击穿时漏端纵向电场与电势分布对比

该双面电荷槽 DT SOI LDMOS 扫描电子显微镜(SEM)图与实验测试结果如图 2.7.8 所示，实验样品击穿电压测试 I-V 曲线显示器件耐压可达 730V。

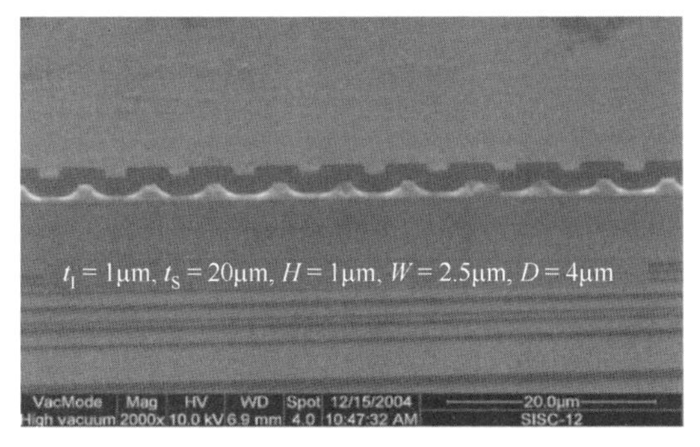

(a) 实验SEM测试图

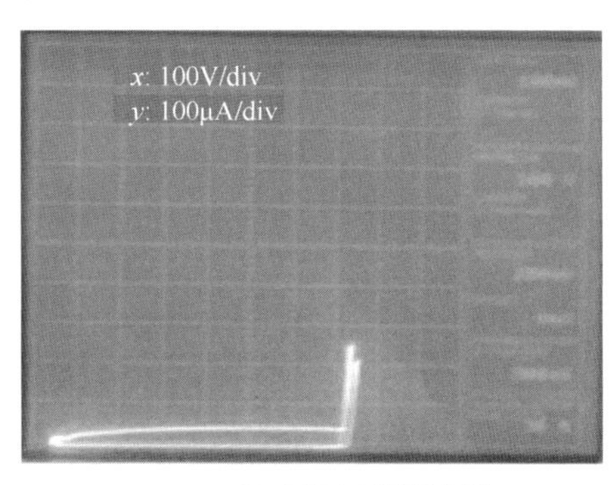

(b) 击穿电压测试曲线

图 2.7.8　DT SOI LDMOS

2.7.2.3　变 k 介质埋层 SOI 高压器件

具有变 k 介质埋层(Variable k dielectric buried layer，VK)的 SOI LDMOS，如图 2.7.9 所示[77]。其中，相对介电常数为 k_{I2} 的低 k 介质埋层位于高电场集中的漏端下方，低场的源端埋层采用传统的 SiO_2，k_{I1}=3.9。低 k 介质埋层和埋氧层厚度均为 t_I，顶层硅的厚度和掺杂浓度分别为 t_S 和 N_D。埋氧层和低 k 介质埋层长度分别为 L_{d1} 和 L_{d2}，即漂移区长度 $L_d=L_{d1}+L_{d2}$。假设在横向上使用结终端和 RESURF 技术，器件发生纵向击穿。根据高斯定理可知，$k_{I2}E_{I2}=k_S E_{S,C}$，故降低 k_{I2} 可增大介质埋层电场 E_{I2}，从而提高器件耐压。其中，$E_{S,C}$ 和 k_S 分别为 Si 的临界击穿电场及相对介电常数。

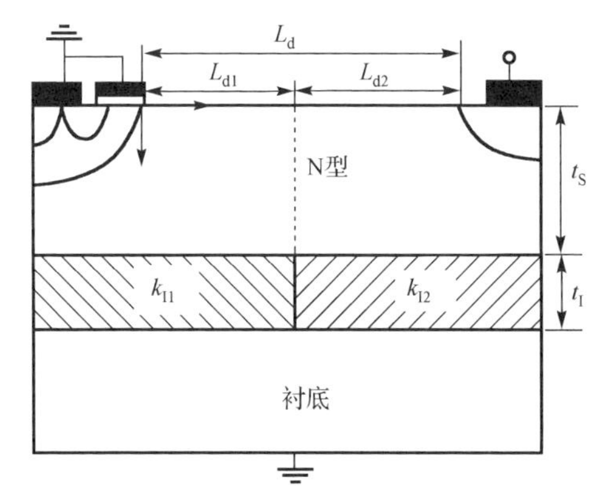

图 2.7.9　VK SOI LDMOS 器件结构示意图

图 2.7.10 给出了器件击穿时漏端电场与电势分布仿真图。如图 2.7.10(a)所示，

相比于传统 SOI LDMOS，由于低 k 和变 k 介质埋层对有源层电场的调节作用，VK SOI LDMOS 硅层电场 E_S 从 39V/μm 降低到 22V/μm，避免了高电场使硅中发生提前击穿；同时，在 k_{I2}=2、t_I=1μm 时，VK SOI LDMOS 的 E_{I2} 由传统 SOI LDMOS 的 120V/μm 增加到 218V/μm，BV 从 161V 提高到 251V，即 E_{I2} 和 BV 分别提高了 81% 和 56%。从图 2.7.10(b)中电势分布可看出，k_{I2}=2 时 VK SOI LDMOS 的埋氧层电压 V_{I2} 达到了器件耐压的 87%，而且 E_{I2} 和 BV 随 k_{I2} 的减小而增加。

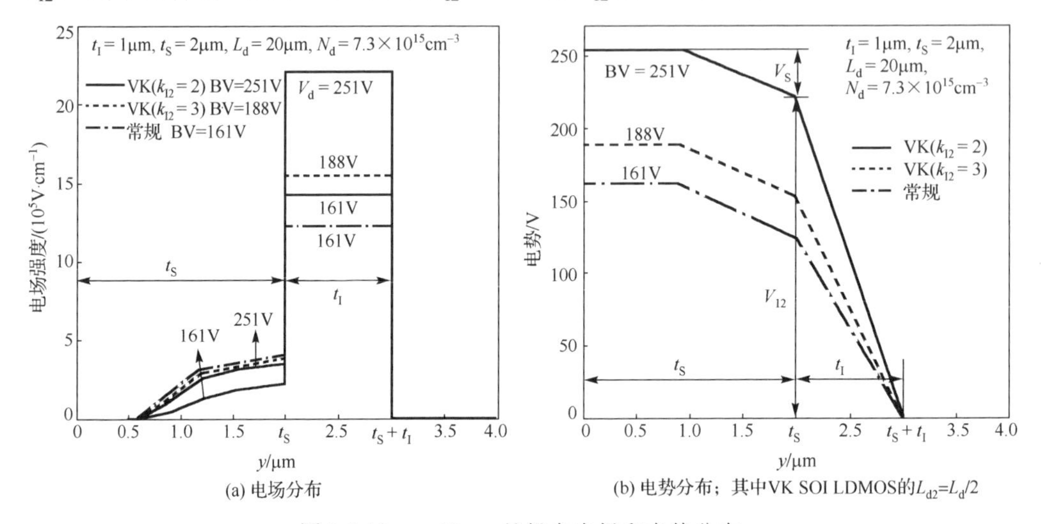

(a) 电场分布　　(b) 电势分布；其中VK SOI LDMOS的L_{d2}=L_d/2

图 2.7.10　x=22μm 处纵向电场和电势分布

2.7.3　背部刻蚀技术

2.7.1 节和 2.7.2 节内容着重介绍了 EDNIF 技术，该技术通过增强介质场来突破常规 SOI 高压器件纵向耐压瓶颈问题。下面将介绍另一种技术——SOI 背部刻蚀技术来提高 SOI 器件耐压。

如前文描述：SOI 器件纵向耐压受限，除了介质埋层中电场强度远低于其临界击穿电场值，还因为衬底与介质埋层界面处形成的电荷积累层会终止电场，阻止等势线向衬底内扩展，从而使得顶层硅下界面提前击穿，器件纵向耐压受限。

Udrea 等研究者提出了 SOI 器件背部刻蚀技术：通过刻蚀 SOI 器件背面半导体衬底而去除背部电荷的载体，使得等势线向衬底释放，从而有效解除 SOI 器件纵向耐压的瓶颈问题，使得器件耐压仅由横向耐压决定[78-80]。图 2.7.11 为典型的具有背部刻蚀的薄膜 SOI SJ LDMOS 和 LIGBT 器件结构示意图。图 2.7.12(a)、(b)对比了有/无背部刻蚀的 SOI LIGBT 器件击穿时等势线分布情况；其中常规 SOI

LIGBT 的等势线纵向主要集中在介质埋层中，其击穿电压仅约为 30V，而背部刻蚀 SOI LIGBT 的等势线纵向穿过介质埋层平行分布，其击穿电压可超过 700V。图 2.7.13(a)给出了具有背部刻蚀的 LIGBT 的 SEM 剖面图，图 2.7.13(b)对比了有/无背部刻蚀的 SOI SJ MOSFET 与 LIGBT 器件耐压特性的测试结果，可以看出具有背部刻蚀的 SOI SJ MOSFET 与 LIGBT 的耐压值明显高于没有背部刻蚀的器件。仿真与实验结果表明，背部刻蚀技术可有效解除 SOI 器件纵向耐压瓶颈问题。

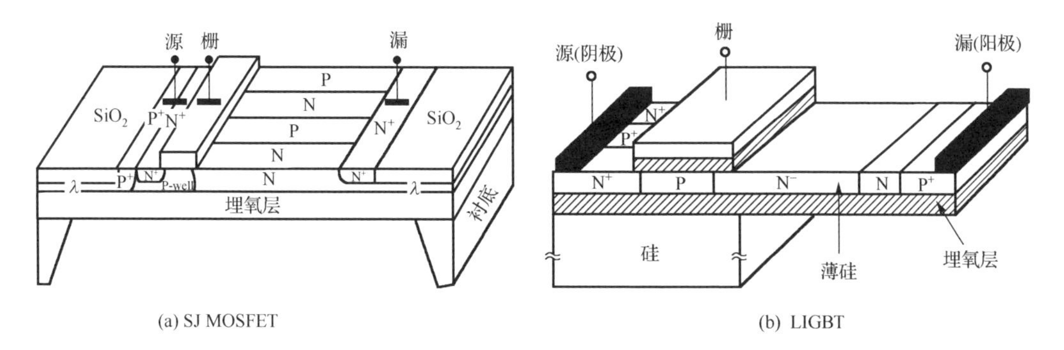

图 2.7.11　具有背部刻蚀的薄膜器件结构示意图

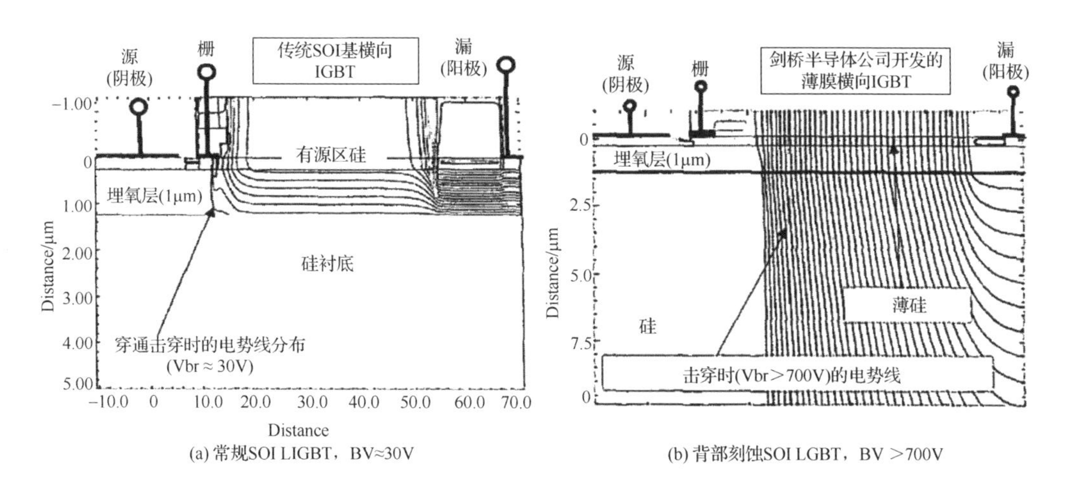

图 2.7.12　器件击穿时等势线分布对比

由于 SOI 层较薄，具有背部刻蚀的薄层 SOI 器件存在电流较低的不足；为了解决该问题，研究者们后续提出了具有背部刻蚀的厚膜 SOI 器件，以提高器件的电流能力[81]。

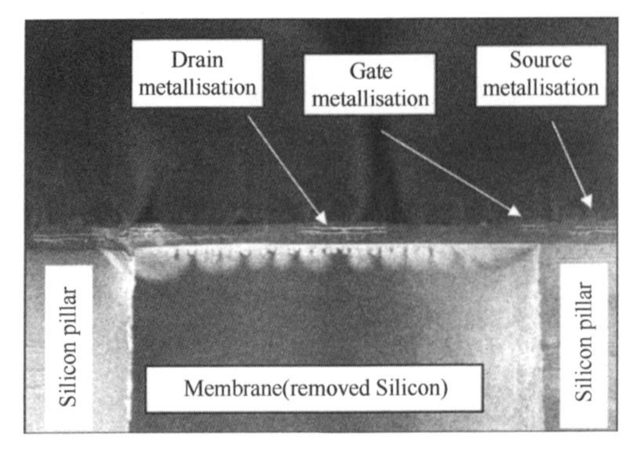

(a) 部刻蚀LIGBT的SEM剖面图

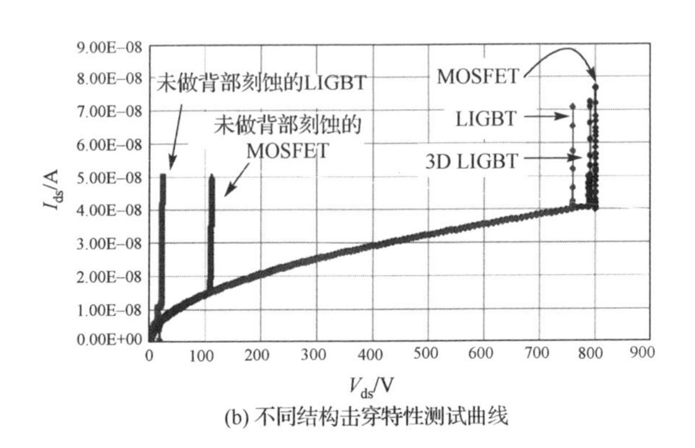

(b) 不同结构击穿特性测试曲线

图 2.7.13　剖面图和测试结果

2.8　GaN 功率集成器件与集成技术

功率集成技术是多功能器件融合技术的典型代表。宽禁带半导体 GaN 功率器件可以显著提高工作频率，提升系统效率和节省能源消耗，被誉为带动“新能源革命”的“绿色能源”器件。硅基氮化镓(GaN-on-Si)主要有以下四方面的优势：①Si 作为衬底比蓝宝石和 SiC 价格更低廉；②在更大尺寸的 Si 衬底上得到更大直径 GaN 外延片，材料成本更低；③大直径 GaN-on-Si 晶圆可以利用现有成熟的 Si 工艺技术和设备实现大批量低成本 GaN 器件制造；④Si 基 GaN 材料有助于 GaN 功率器件与现有 Si 基光电器件和数控电路等集成，利用 GaN 功率器件的优异性能和 Si 基控制、驱动及保护电路的成熟设计技术和低成本，有效结合 GaN 和 Si 两者的优点，实现更多功能融合；同时，与现有成熟的 Si 半导体工艺兼容，极大降低制造成本，推进 GaN-on-Si 异质材料与器件的应用进程。

在功率电子应用中，为保证功率开关器件在栅驱动失效情况下处于关断状态，要求功率开关器件为增强型(阈值电压为正)。目前典型增强型实现方式有：凹栅结构、P 型帽层、氟离子注入、Cascode 级联技术等。AlGaN/GaN HEMTs 器件的电流崩塌效应是最终成功走向实用化的最严峻问题之一。目前，抑制电流崩塌的方法通常有表面钝化、场板、δ-掺杂等。但迄今为止，国内外仍然没有提出能够完全解决电流崩塌的方法。从产生电流崩塌的机理上看，电流崩塌效应在高漏极偏压下尤为严重，急剧地增加了器件的动态电阻，因此电流崩塌效应是 GaN 功率晶体管所面临的严重挑战之一。

文献[82]报道了利用凹栅技术实现的增强型 GaN-on-Si 功率开关器件，器件阈值电压达到 1.5V，如图 2.8.1 所示，但经刻蚀后的势垒层表面缺陷较多，阈值电压片内不均匀且可重复性差，严重影响栅可靠性；文献[83]采用凹栅结构实现了增强型 AlGaN/GaN-on-Si MISFET，其阈值电压为 0.8±0.06V；文献[84]提出高温栅刻蚀技术，实现了+0.87V 的增强型功率开关器件。2006 年，松下公司报道了第一支栅极注入异质结晶体管，P 型势垒层使得器件的阈值电压为 1.0V，如图 2.8.2 所示[85]。P-GaN HEMTs 制备工艺简单，且有效避免因高界面缺陷密度引发的可靠性问题，是工业界增强型结构的一致选择。目前，Panasonic、Infineon、EPC 和 GaNsystem 公司基于 P-GaN 技术均发布了商用增强型 GaN-on-Si 晶体管。文献[86]采用氟离子注入实现了阈值电压为 0.9V 的增强型 HEMT 器件，如图 2.8.3 所示。文献[87]通过在 MIS-HFET 的势垒层中采用氟离子注入，实现了+2.0V 的 GaN-on-Si 功率开关器件，但栅极下注入的氟离子稳定性不够好，对器件的高压和高温可靠性有影响。美国 HRL 实验室利用氟离子注入技术制造了阈值电压 0.4V、耐压 1100V 的 AlGaN/GaN 晶体管，且该晶体管应用于 200kHz 360V/180W boost converter 的效率高达 92%[88]。第一个推向市场的高压增强型 GaN 解决方案于 2015 年由 TransPhorm 公司提出，其通过将一个低压 Si-MOSFET 与一个高压 GaN MIS-HEMT 串联构成 Cascode 级联结构：以耗尽型 GaN MIS-HEMT 的漏极作为整个新器件的漏极，增强型 Si MOSFET 的栅极作为整个新器件的栅极，最终实现增强型 AlGaN/GaN 高压晶体管的功能，如图 2.8.4 所示[89]，然而 Cascode 级联结构会引入附加的寄生参数，限制器件的高频开关特性，且多芯片封装也会影响可靠性。

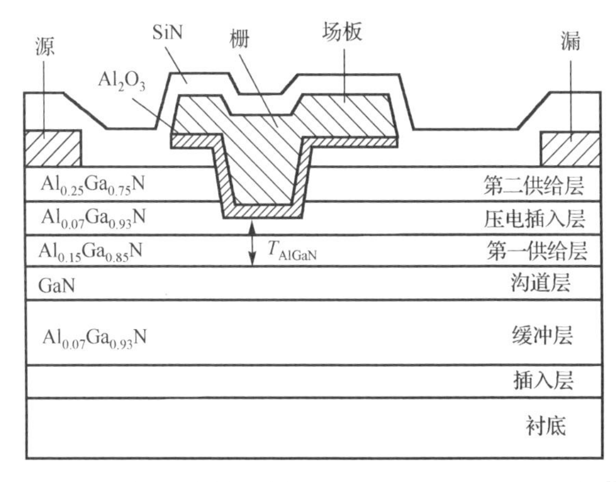

图 2.8.1　具有凹栅结构的 AlGaN/GaN HEMT 示意图[82]

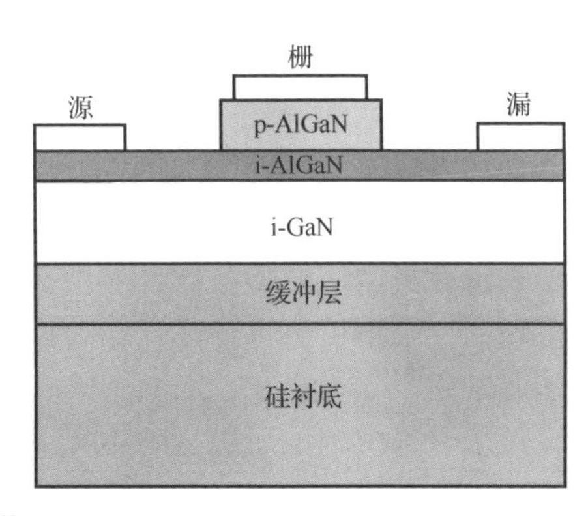

图 2.8.2　新型栅极注入异质结晶体管结构示意图[85]

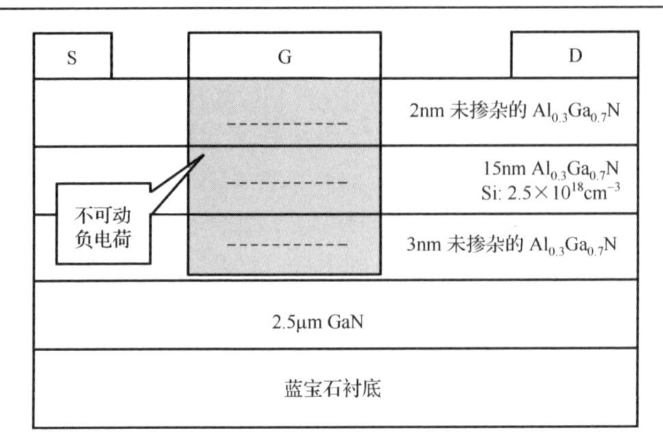

图 2.8.3　氟离子注入增强型 AlGaN/GaN HEMT 结构示意图[86]

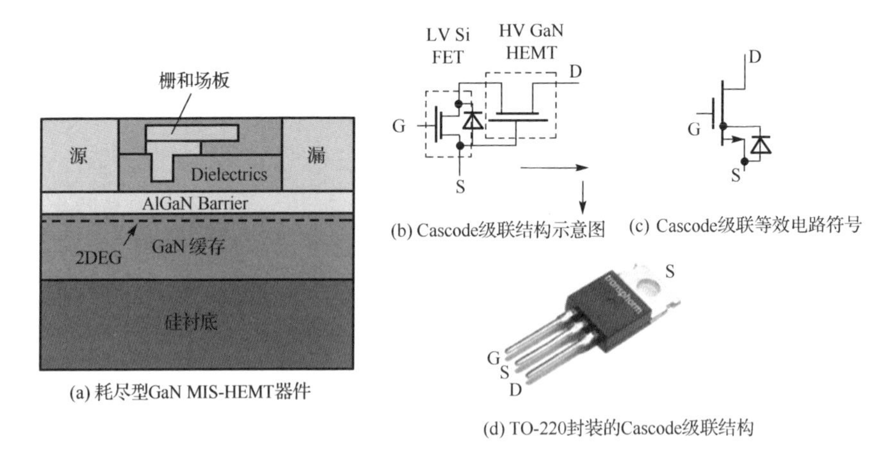

图 2.8.4　一种高压增强型 GaN 解决方案[89]

功率整流器(二极管)是功率管理系统中最基本的单元器件之一。文献[90]提出了一种新型 Si 基 AlGaN/GaN 横向场效应整流器(L-FER)结构，如图 2.8.5 所示。由于该整流器的开启电压由增强型沟道的阈值电压决定，摆脱了传统肖特基势垒的限制，该器件最终测得的开启电压仅为 0.2V。此后，研究人员研制了一系列 AlGaN/GaN 横向场效应整流器[91-99]，器件性能也在不断提升。需要指出的是，以上报道的这些横向场效应整流器的阳极都是肖特基接触与欧姆接触的混合结构。文献[100]提出了一种全肖特基接触的阳极，其结构如图 2.8.6 所示。相比传统的混合阳极结构，由于该器件采用了全肖特基阳极(Ti/Au)结构，反向泄漏电流降低了两个数量级；与此同时，得益于较低的金属功函数，该器件的开启电压并没有明显增大。文献[101]报道了一种全刻蚀阳极 AlGaN/GaN 肖特基二极管，其结构如图 2.8.7 所示。该器件利用肖特基势垒来实现整流特性。由于凹槽的存在，肖特基金属可以与二维电子气直接接触，使得该器件的开启电压低于 0.7V。

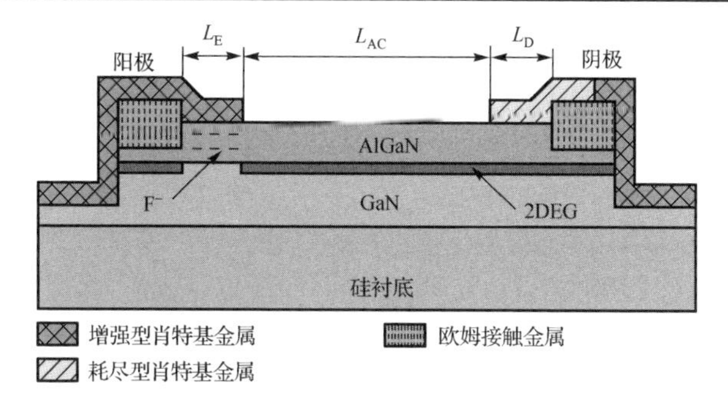

图 2.8.5 AlGaN/GaN HEMT 的横向场控功率整流器(L-FER)结构示意图[90]

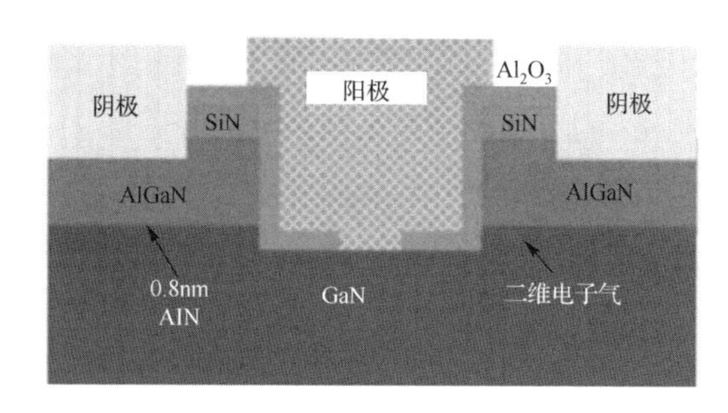

图 2.8.6 全肖特基阳极 L-FER 结构示意图[100]

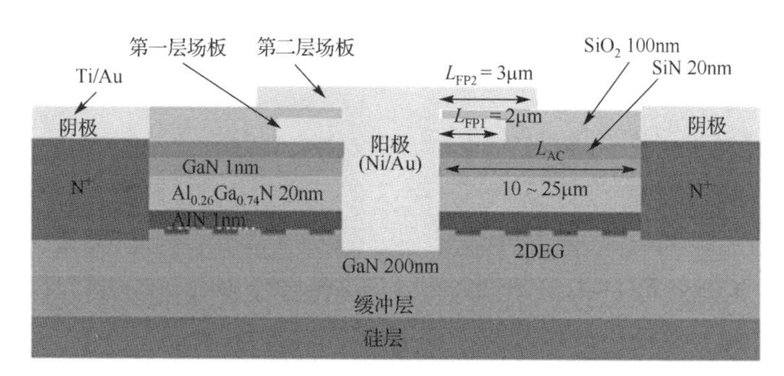

图 2.8.7 全刻蚀阳极 AlGaN/GaN 肖特基二极管结构示意图[101]

高度集成化的 GaN 智能功率集成技术(Smart Power Integration)将实现传统 Si 功率芯片技术所不能达到的高性能、高工作安全性、高工作速度和高温承受能力。因此，在发展 GaN-on-Si 分立器件技术的基础上，开发 GaN-on-Si 功率集成技术逐渐成为最近几年 GaN 研究领域的热点。文献[102]报道了 Si 基 AlGaN/GaN 横向场效应整流器与 AlGaN/GaN HEMT 功率开关器件的单片集成，迈出了 GaN-on-Si 功率器件往功率集成电路方向发展的关键一步，如图 2.8.8 所示。文献[103]报道了 AlGaN/GaN 增强型晶体管与肖特基二极管的单片集成，如图 2.8.9 所示。通过单片集成一个 SBD，该 AlGaN/GaN 增强型三极管在关态下，允许反向电流流过。值得注意的是，该 SBD 的开启电压高达 1.2 V，远高于前文所述的 AlGaN/GaN 横向场效应整流器。2008 年，文献[104]首次实现了 GaN-on-Si 单片集成增强型功率晶体管和功率整流器，并由此成功制作出开关模式 DC-DC Boost 转换器。2009 年，ISPSD 年会报道了一种 GaN 智能功率集成芯片，该芯片在 GaN-on-Si HEMT 平台成功实现了高压功率器件和外围低压器件的单片集成，如图 2.8.10 所示[105]，基于此得到了基准电压发生器和带有温度补偿功能的比较器。2011 年，香港科技大学报道了集成增强型和耗尽型 AlGaN/GaN HEMTs 只需单电源供电的自举比较器，如图 2.8.11 所示[106]，有效降低了电路复杂性、节约晶片面积，从而提升了电路的可靠性并降低了成本。

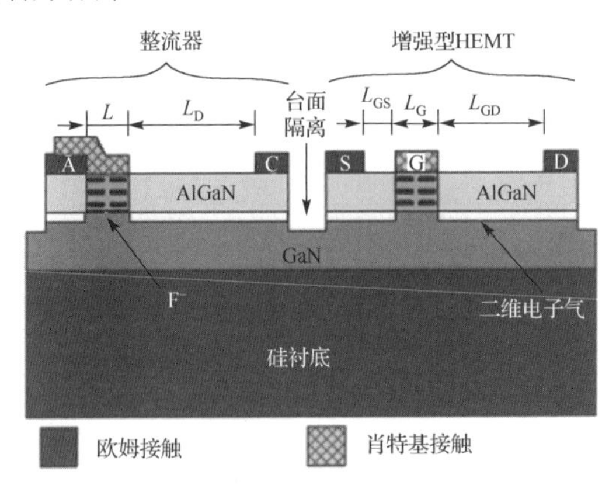

图 2.8.8　AlGaN/GaN 横向场效应整流器与 AlGaN/GaN HEMT 单片集成[102]

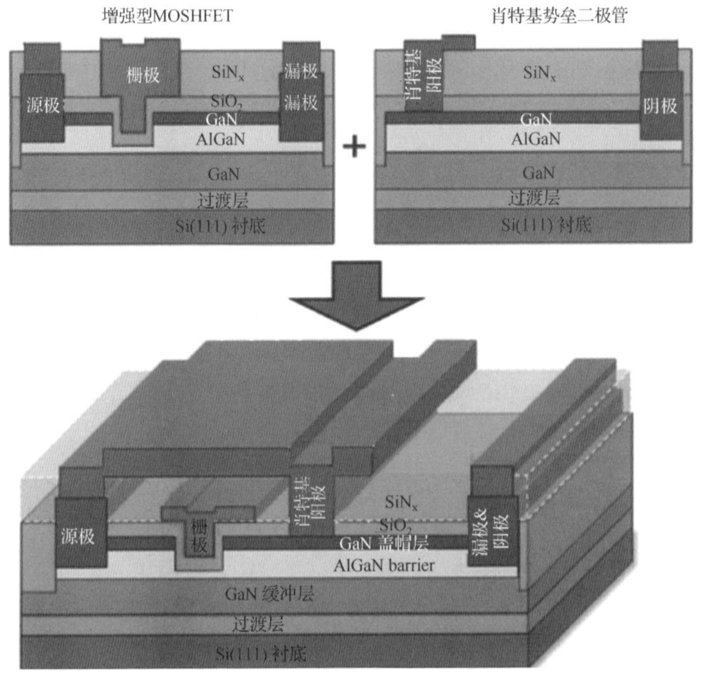

图 2.8.9　AlGaN/GaN Normally-off MOSFET 与 SBD 单片集成[103]

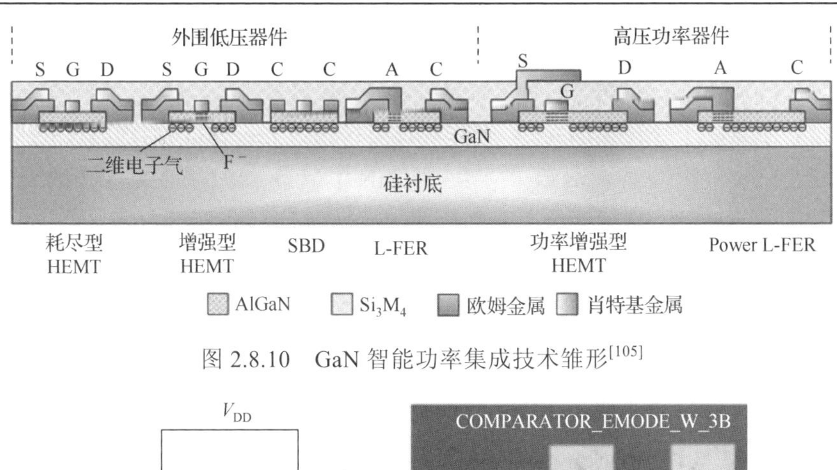

图 2.8.10　GaN 智能功率集成技术雏形[105]

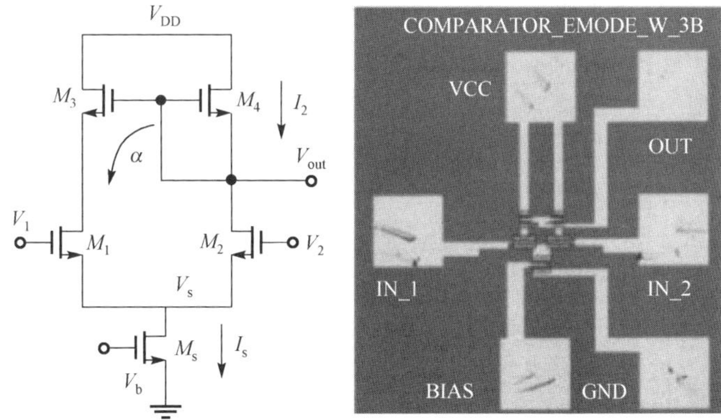

图 2.8.11　AlGaN/GaN-on-Si 自举比较器电路结构图及其 IC 显微镜图[106]

GaN-on-Si 功率集成的另一个发展方向是将 GaN 技术与成熟的 Si 技术相集成，既能充分发挥 GaN 功率器件的高性能优势，又能利用成熟 Si 技术在控制、数字电路方面具有的小尺寸、高集成度等优势。实现 GaN 和 Si 技术的高度集成将给未来一些先进应用带来前所未有的灵活性。文献[107]报道了一种适用于 GaN 功率开关器件的高速半桥栅驱动电路，其电平移位模块(Level shifter)通过硅基 LDMOS 来实现逻辑电平的移位，该模块的传输延迟仅为 1.68ns，如图 2.8.12 所示。文献[108]报道了一种电流镜像电路，该电路将 GaN HEMT 与 Si PMOS FET 单片集成在 SOI 衬底上，实现技术与功能融合，如图 2.8.13 所示。

目前，GaN 外延生长所采用的典型 Si 衬底是<111>晶向，然而主流的 Si 器件制造以及 CMOS 加工工艺是在 Si<100>衬底上进行的。衬底晶向的不一致阻碍了 GaN 与 Si 器件的单片集成。麻省理工学院利用晶圆倒装键合工艺，将 AlGaN/GaN 异质结材料集成在 Si<100>晶圆上，实现了 GaN 与 Si 器件的单片集成，如图 2.8.14 所示[109]。2017 年，美国 IBM 研究中心与 MIT 合作报道了在大尺寸(8 英寸)的晶圆片上实现 GaN 与 Si<100>的材料集成[110]。美国 IR 公司发布了其基于 Si 衬底的

GaN point-of-load 转换器[111]，其性能和目前最好的商用 Si 转换器在 1MHz 工作频率下性能相当。然而，GaN 转换器的尺寸只有 Si 转换器的 1/4。美国 Transphorm 公司发布了分别基于 AlGaN/GaN-on-Si 和 Si Super-Junction MOSFET 的 800 kHz 220～400V boost 转换器测试结果，其中 GaN 的转换器效率达到了 98%，远高于 SJ-MOSFET 转换器的 93%。

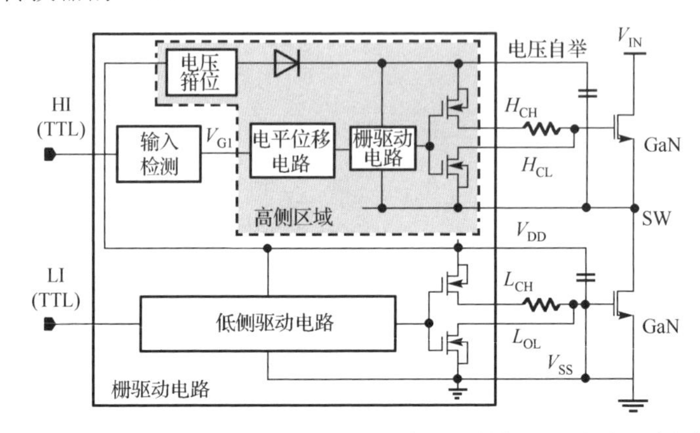

图 2.8.12　适用于 GaN 功率开关器件的高速半桥栅驱动电路示意图[107]

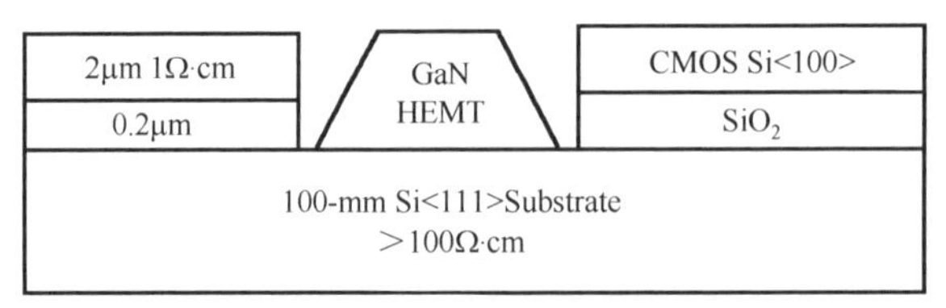

(a) 一个包含CMOS和GaN HEMT的SOI晶圆结构示意图

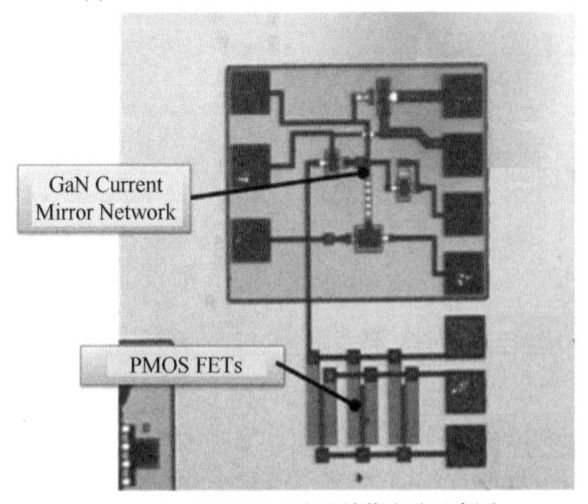

(b) GaN HEMT电流镜像电路示意图

图 2.8.13　GaN HEMT 电流镜像电路示意图[108]

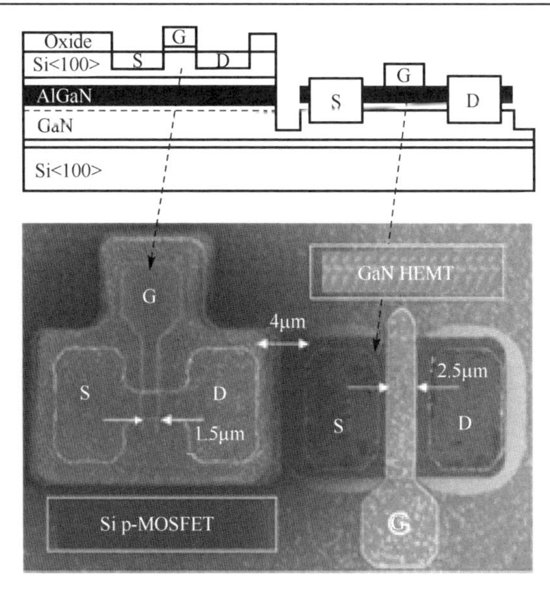

图 2.8.14　基于键合工艺的 GaN HEMT 与 Si P-MOSFET 单片集成 [28]

要实现 GaN 功率器件与 Si CMOS 工艺线的兼容，除了解决衬底材料的兼容问题以外，还要避免 GaN 器件制造过程中对 CMOS 工艺线造成污染。首先，GaN 材料本身的 Ga 元素对于 Si 是 P 型掺杂，因此在 CMOS 工艺线中需要严格控制 Ga 的扩散。其次，金属电极制备中的重金属元素(Au)是另一个重要污染源，因此 Au-free 工艺是必须要攻克的技术问题。麻省理工学院报道了 Ti/Al/W 在 AlGaN/GaN 材料上经过 870℃退火合金实现的无金欧姆接触[112]；欧洲微电子中心 IMEC 在 8 英寸 Si 衬底 AlGaN/GaN 外延片上采用 Ti/Al/Ti/TiN 经过 550℃退火实现的无金欧姆接触[113]；新加坡南洋理工大学通过 Ta/Si/Ti/Al/Ni/Ta 多层金属经过 850℃退火实现无金欧姆接触[114]。电子科技大学开发出一种低温退火(600℃)的 Ti/Al/Ti/W 的无金欧姆接触体系[115]。

虽然目前 GaN-on-Si 技术从材料生长技术、材料质量和器件技术等方面都还处于不断发展的过程中，各项技术并不如传统 Si 技术成熟。然而，即使在此基础上 GaN-on-Si 器件及其功能电路所表现出来的性能也已经超过了传统 Si 技术。由此可以看到 GaN-on-Si 技术在未来功率电子领域具有不可比拟的竞争力。

参 考 文 献

[1] Baliga B J. Power Semiconductor Devices. Boston: PWS Publishing Company, 1996.

[2] Sze S M, Gibbons G. Effect of junction curvature on breakdown voltage in semiconductors. Solid-State Electronics, 1996, 9(9): 831-845.

[3] 陈星弼. P^-N^+结有场板时表面电场分布的简单表达式. 电子学报, 1986, 14(1): 36-43.

[4] Chen X B, Zhang B, Li Z J. Theory of optimum design of reverse-biased p-n junctions using resistive field plates and variation lateral doping. Solid-State Electronics, 1992, 35(9): 1365-1370.

[5] Matsushita T, Aoki T, Ohtsu T, et al. Highly reliable high-voltage transistors by use of the SIPOS process. IEEE Transactions on Electron Devices, 1976, 23(8): 826-830.

[6] Luo X R, Fan J, Wang Y G, et al. Ultralow specific on-resistance high voltage SOI lateral MOSFET. IEEE Electron Device Letters, 2011, 32(2): 185-187.

[7] Xia C, Cheng X H, Wang Z J, et al. Improvement of SOI trench LDMOS performance with double vertical metal field plate. IEEE Transactions on Electron Devices, 2014, 61(10): 3477-3482.

[8] 张波, 陈星弼, 李肇基. JTE 结构的二维数值分析. 半导体学报, 1993, 14: 626.

[9] Jiang H, Zhang B, Chen W, et al. A simple method to design the single-mask multi-zone junction termination extension for high-voltage IGBT // IEEE International Symposium on Power Semiconductor Devices & ICs (ISPSD), Bruges, 2012, 173-176.

[10] Zhang W T, Qiao M, Wu L J, et al. Ultra-low specific on-resistance SOI high voltage trench LDMOS with dielectric field enhancement based on ENBULF concept // IEEE International Symposium on Power Semiconductor Devices & ICs (ISPSD), 2013, 329-332.

[11] Zhang B. Power Semiconductor Devices and Smart Power ICs. Third Edition. 成都：电子科技大学出版社，2007.

[12] Shibib M A. Area-efficient layout for high voltage lateral devices: United States, 5534721, 1993.

[13] Lee S H, Jeon C K, Moon J W, et al. 700V lateral DMOS with new source fingertip design // IEEE International Symposium on Power Semiconductor Devices & ICs (ISPSD), 2008: 141-144.

[14] Yang F J, Gong J, Su R Y, et al. A 700-V device in high-voltage power ICs with low on-state resistance and enhanced SOA. IEEE Transactions on Electron Devices, 2013, 60(9): 2847-2853.

[15] 乔明. 一种横向高压功率器件的结终端结构: CN 201310174274.8. 2013.08.28.

[16] Qiao M, Wu W J, Zhang B, et al. A novel substrate termination technology for lateral double-diffused MOSFET based on curved junction extension. Semiconductor Science and Technology, 2014, 29(4): 045002.

[17] Qiao M, Li Y F, Zhou X, et al. A 700-V junction-isolated triple RESURF LDMOS with N-type top layer. IEEE Electron Device Letters, 2014, 35(7): 774-776.

[18] Imam M, Quddus M, Adams J, et al. Efficacy of charge sharing in reshaping the surface electric field in high-voltage lateral RESURF devices. IEEE Transactions on Electron Devices, 2004, 51(1): 141-148.

[19] 陈星弼. 功率 MOSFET 与高压集成电路. 南京: 东南大学出版社, 1990.

[20] Ludikhuize A. A review of RESURF technology // IEEE International Symposium on Power Semiconductor Devices & ICs (ISPSD), 2000: 11-18.

[21] Vaes H, Appels J. High voltage, high current lateral devices // IEEE International Electron Devices Meeting (IEDM), 1980: 87-90.

[22] Huang Y S, Baliga B J. Extension of RESURF principle to dielectrically isolated power devices // IEEE International Symposium on Power Semiconductor Devices & ICs (ISPSD), 1991: 27-30.

[23] 郭宇锋. SOI 横向高压器件耐压模型和新器件结构研究. 成都: 电子科技大学, 2005.

[24] Imam M, Hossain Z, Quddus M, et al. Design and optimization of double-RESURF high-voltage lateral devices for a manufacturable process. IEEE Transactions on Electron Devices, 2003, 50(7): 1697-1700.

[25] Cheng S K, Fang D, Qiao M, et al. A novel 700V deep trench isolated double RESURF LDMOS with P-sink lyaer // IEEE International Symposium on Power Semiconductor Devices & ICs (ISPSD), Sapporo, 2017: 323-326.

[26] Guo Y F, Li Z J, Zhang B, et al. A new 2-D analytical model of double RESURF in SOI high voltage devices // International Conference on Solid-State and Integrated Circuit Technology, 2004: 328-331.

[27] Disney D R, Paul A K, Darwish M, et al. A new 800V lateral MOSFET with dual conduction paths // IEEE International Symposium on Power Semiconductor Devices & ICs (ISPSD), Osaka, 2001: 399-402.

[28] Iqbal M, Udrea F, Napoli E. On the static performance of the RESURF LDMOSFETs for power ICs // IEEE International Symposium on Power Semiconductor Devices & ICs (ISPSD), 2009: 247-250.

[29] Qiao M, Li Y F, Zhou X, et al. A 700-V junction-isolated triple RESURF LDMOS with N-type top layer. IEEE Electron Device Letters, 2014, 35(7): 774-776.

[30] Hu X R, Zhang B, Luo X R, et al. Analytical models for the electric field distributions and breakdown voltage of Triple RESURF SOI LDMOS. Solid-State Electron, 2012, 69: 89-93.

[31] Nassif-Khalil S G, Salama C A T. Super junction LDMOST in silicon-on-sapphire technology (SJ-LDMOST)//IEEE International Symposium on Power Semiconductor Devices & ICs (ISPSD), Santa Fe, 2002, 81-84.

[32] Honarkhah S, Nassif-Khalil S, Salama C A T. Back-etched super-junction LDMOST on SOI //IEEE European Solid-State Device Research Conference (ESSDERC), Leuven, 2004: 117-120.

[33] Zhang B, Wang W L, Chen W J, et al. High-voltage LDMOS with charge-balanced surface low on-resistance path layer. IEEE Electron Device Letters, 2009, 30(8): 849-851.

[34] Park I Y, Salama C A T. CMOS compatible super junction LDMOST with N-buffer layer // IEEE

International Symposium on Power Semiconductor Devices & ICs (ISPSD), Santa Barbara, 2005: 163-166.

[35] Nassif-Khalil S G, Hou L Z, Salama C A T. SJ/RESURF LDMOST. IEEE Transactions on Electron Devices, 2004, 51(7): 1185-1191.

[36] Rub M, Bar M, Deml G, et al. A 600V 8.7Ω·cm^2 lateral superjunction transistor // IEEE International Symposium on Power Semiconductor Devices & ICs (ISPSD), Naples, 2006: 305-308.

[37] Panigrahi S K, Baghini M S, Gogineni U, et al. 120 V super junction LDMOS transistor // IEEE International Conference of Electron Devices and Solid-State Circuits (EDSSC), Hong Kong, 2013: 1-2.

[38] Zhang W T, Zhan Z Y, Yu Y, et al. Novel superjunction LDMOS (>950 V) with a thin layer SOI. IEEE Electron Device Letters, 2017, 38(11): 1555-1558.

[39] Ng R, Udrea F, Sheng K, et al. Lateral unbalanced super junction (USJ)/3D-RESURF for high breakdown voltage on SOI // IEEE International Symposium on Power Semiconductor Devices & ICs (ISPSD), Osaka, 2001: 395-398.

[40] Pathirana G P V, Udrea F, Ng R, et al. 3D-RESURF SOI LDMOSFET for RF power amplifiers // IEEE International Symposium on Power Semiconductor Devices & ICs (ISPSD), Cambridge, 2003: 278-281.

[41] Lin M J, Lee T H, Chang F L, et al. Lateral superjunction reduced surface field structure for the optimization of breakdown and conduction characteristics in a high-voltage lateral double diffused metal oxide field effect transistor. Japanese Journal of Applied Physics, 2003, 42(12): 7227-7231.

[42] Guo Y, Yao J, Zhang B, et al. Variation of lateral width technique in SOI high-voltage lateral double-diffused metal-oxide-semiconductor transistors using high-k dielectric. IEEE Electron Device Letters, 2015, 36(3): 262-264.

[43] Nassif-Khalil S G, Salama C A T. Super-junction LDMOST on a silicon-on-sapphire substrate. IEEE Transactions on Electron Devices, 2003, 50(5):1385-1391.

[44] Chen Y, Buddharaju K D, Liang Y C, et al. Superjunction power LDMOS on partial SOI platform // IEEE International Symposium on Power Semiconductor Devices & ICs, 2007: 177-180.

[45] Park I Y, Salama C A T. New superjunction LDMOST with N-buffer layer. IEEE Transactions on Electron Devices, 2006, 53(8):1909-1913.

[46] Raba M, Bar M, Deml G, et al. A 600V 8.7Ohmmm^2 lateral superjunction transistor // IEEE International Symposium on Power Semiconductor Devices & ICs (ISPSD), 2006: 1-4.

[47] Zhang W, Pu S, Lai C, et al. Non-full depletion mode and its experimental realization of the lateral superjunction // IEEE International Symposium on Power Semiconductor Devices & ICs

(ISPSD), 2018: 475-478.

[48] 陈文锁. 高速 LIGBT 电势控制理论与新结构. 成都: 电子科技大学, 2012.

[49] 付强. SOI 基高速横向 IGBT 模型与新结构研究. 成都: 电子科技大学, 2014.

[50] Sakano J, Shirakawa S, Hara K, et al. Large current capability 270V lateral IGBT with multi-emitter // IEEE International Symposium on Power Semiconductor Devices & ICs (ISPSD), Hiroshima, Japan, 2010: 83-86.

[51] Yasuhara N, Funaki H, Matsudai T, et al. Experimental verification of large current capability of lateral IEGTs on SOI // IEEE International Symposium on Power Semiconductor Devices & ICs (ISPSD), 1996: 97-100.

[52] Zhu J, Sun W, Dai W, et al. TC-LIGBTs on the thin SOI layer for the high voltage monolithic ICs with high current density and latch-up immunity. IEEE Transactions on Electron Devices, 2014, 61(11): 3814-3820.

[53] Zhang L, Zhu J, Sun W, et al. A U-shaped channel SOI-LIGBT with dual trenches. IEEE Transactions on Electron Devices, 2017, 64(6): 2587-2591.

[54] Gough P A, Simpson M R, Rumennik V. Fast switching lateral insulated gate transistor // IEEE International Electron Devices Meeting, 1986: 218-221.

[55] Sin J K O, Mukherjee S. Lateral insulated-gate bipolar transistor (LIGBT) with a segmented anode structure. IEEE Electron Device Letter, 1991, 12(2): 45-47.

[56] Chun J H, Byean D S, Oh J K, et al. A fast-switching SOI SA-LIGBT without NDR region // IEEE International Symposium on Power Semiconductor Devices and ICs, 2000: 149-152.

[57] Green D W, Sweet M, Konstantin V V, et al. Performance analysis of the segment NPN anode LIGBT. IEEE Transanction on Electron Devices, 2005, 52(11): 2482-2488.

[58] Chen W, Zhang B, Li Z. Area-efficient fast-speed lateral IGBT with a 3-D N-region-controlled anode. IEEE Electron Device Letters, 2010, 31(5): 467-469.

[59] Udrea F, Udugampola U N K, Sheng K, et al. Experimental demonstration of an ultra-fast double gate inversion layer emitter transistor (DG-ILET) // IEEE International Symposium on Power Semiconductor Devices and ICs, 2002: 725-727.

[60] Zhu J, Zhang L, Sun W, et al. Electrical characteristic study of an SOI-LIGBT with segmented trenches in the anode region. IEEE Transactions on Electron Devices, 2016, 63(5): 2003-2008

[61] Huang L, Luo X, Wei J, et al. A snapback-free fast-switching SOI LIGBT with polysilicon regulative resistance and trench cathode. IEEE Transactions on Electron Devices, 2017, 64(9): 3961-3966.

[62] Mok P K T, Nezar A, Salama A T. A self-aligned trenched cathode lateral insulated gate bipolar transistor with high latch-up resistance. IEEE Transactions on Electron Devices, 1995, 42(12): 2236-2239.

[63] Cai J, Sin J K O, Mok P K T, et al. A new lateral trench-gate conductivity modulated power transistor. IEEE Transactions on Electron Devices, 1999, 46(8): 1788-1793.

[64] Lu D H, Jimbo S, Fujishima N. A low on-resistance high voltage SOI LIGBT with oxide trench in drift region and hole bypass gate configuration //IEEE International Electron Devices Meeting, 2005: 381-384.

[65] Nakagawa A, Yasuhara N, Omura I, et al. Prospects of high voltage power ICs on thin SOI // IEEE International Electron Devices Meeting, 1992: 229-232.

[66] Kabayshi K, Yanagigawa H, Mori K, et al. High voltage SOI CMOS IC technology for driving plasma display panels // IEEE International Symposium on Power Semiconductor Devices and ICs, 1998:141-144.

[67] Kim J, Roh T M, Kim S G, et al. High-voltage power integrated circuit technology using SOI for driving plasma display panels. IEEE Transactions on Electron Devices, 2001, 48(6): 1256-1263

[68] David B, Julien D V, Renaud A, et al. Building ultra-low-power high temperature digital circuits in standard high-performance SOI technology. Solid-State Electronics, 2008, 52(12): 1939-1945.

[69] Adan A O, Naka T, Kagisawa A, et al. SOI as a mainstream IC technology // IEEE International SOI Conference, 1998: 9-12.

[70] Udrea F, Garner D, Sheng K, et al. SOI power devices. Electronics & Communication Engineering Journal, 2000, 12(1): 27-40.

[71] Sorin C. Silicon on insulator technologies and devices: From present to future. Solid-State Electronics, 2001, 45(8): 1403-1411.

[72] Velichko A A. Prospects of SOI technology evolution. The 3rd Siberian Russian Workshop on Electron Devices and Materials, 2002: 18-22.

[73] Zhang B, Li Z J, Luo X R, et al. Field enhancement for dielectric layer of high-voltage devices on silicon on insulator. IEEE Transactions on Electron Devices, 2009, 56(10): 2327-2334.

[74] Merchant S, Arnold E, Baumgart H, et al. Realization of high breakdown voltage (>700V) in thin SOI devices // IEEE International Symposium on Power Semiconductor Devices and ICs, 1991: 31-35.

[75] Luo X R, Zhang B, Li Z J, et al. A Novel 700-V SOI LDMOS with double-side trench. IEEE Electron Device Letters, 2007, 28(5): 422-424.

[76] Luo X R, Li Z J, Zhang B, et al. A novel structure and its breakdown mechanism of SOI high voltage device with shielding trench. Chinese Journal of Semiconductors, 2005, 26(11): 2154-2158.

[77] Luo X R, Zhang B, Li Z J. A new structure and its analytical model for the electric field and breakdown voltage of SOI high voltage device with variable-k dielectric buried layer. Solid-State Electronics, 2007, 51: 493-499.

[78] Udrea F, Trajkovicand T, Amaratunga G A J. Membrane high voltage devices: A milestone Concept in Power ICs // IEEE International Electron Devices Meeting, 2004: 451-454.

[79] Udrea F, Trajkovicand T, Lee C, et al. Ultra-fast LIGBTs and superjunction devices in membrane technology // IEEE International Symposium on Power Semiconductor Devices and ICs, 2005: 1-4.

[80] Trajkovicand T, Udrea F, Lee C. Thick silicon membrane technology for reliable and high performance operation of high voltage LIGBTs in Power ICs // IEEE International Symposium on Power Semiconductor Devices and ICs, 2008: 327-330.

[81] Iqbal M M, Udrea F, Napoli E. High frequency 700V power brane LIGBTs in 0.35μm bulk CMOS technology // IEEE International Symposium on Power Semiconductor Devices and ICs, 2009: 247-250.

[82] Ota K, Endo E, Okamoto Y, et al. A normally-off GaN FET with high threshold voltage uniformity using a novel piezo neutralization technique // IEEE International Electron Devices Meeting (IEDM), 2009: 153-156.

[83] Lu B, Matioli E, Palacios T. Tri-Gate normally-off GaN power MISFET. IEEE Electron Device Letters, 2012, 33(3): 360-362.

[84] Shi Y, Huang S, Bao Q, et al. Normally off GaN-on-Si MIS-HEMTs fabricated with LPCVD-SiNx passivation and high-temperature gate recess. IEEE Transactions on Electron Devices, 2016, 63(2): 614-619.

[85] Uemoto Y, Hikita M, Ueno H, et al. Gate injection transistor (GIT)—A normally-off AlGaN/GaN power transistor using conductivity modulation. IEEE Transactions on Electron Devices, 2007, 54(12): 3393-3399.

[86] Cai Y, Zhou Y, Lau K M, et al. Control of threshold voltage of AlGaN/GaN HEMTs by fluoride-based plasma treatment: From depletion mode to enhancement mode. IEEE Transactions on Electron Devices, 2006, 53(9): 2207-2215.

[87] Wang R, Cai Y, Tang C W, et al. Enhancement-Mode Si3N4/AlGaN/GaN MISHFETs. IEEE Electron Device Letters, 2006, 27(10): 793-795.

[88] Boutros K S, Burnham S, Wong D, et al. Normally-off 5A/1100V GaN-on-silicon device for high voltage applications // IEEE International Electron Devices Meeting (IEDM), 2009: 1-3.

[89] Meneghini M, Meneghesso G, Zanoni E. Power GaN Devices. Berlin: Springer , 2017.

[90] Zhou C, Chen W, Piner E L, et al. AlGaN/GaN lateral field-effect rectifier with intrinsic forward current limiting capability. Electronics Letters, 2010, 46(6): 445-447.

[91] Wong K Y, Chen W, Chen K J. Characterization and analysis of the temperature-dependent on-resistance in AlGaN/GaN lateral field-effect rectifiers. IEEE Transaction on Electron Devices, 2010, 57(8): 1924-1929.

[92] Zhou C, Chen W, Piner E L, et al. Schottky-ohmic drain AlGaN/GaN normally-off HEMT with reverse drain blocking capability. IEEE Electron Device Letters, 2010, 31(7): 668-670.

[93] Chen W, Zhou C, Chen K J, et al. High-current-density high-voltage normally-off AlGaN/GaN hybrid-gate HEMT with low on-resistance. Electronics Letters, 2010, 46(24): 1626-1627.

[94] Wang Z, Chen W, Zhang B, et al. A novel controllable hybrid-anode AlGaN/GaN field-effect rectifier with low operation voltage. Chinese Physics Letters, 2012, 49(23): 107202.

[95] Wang Z, Chen W, Zhang J, et al. Monolithic integration of an AlGaN/GaN metal insulator field-effect transistor with an ultra-low voltage-drop diode for self-protection. Chinese Physics B, 2012, 21(8): 087305.

[96] Zhou C, Chen W, Piner E L, et al. AlGaN/GaN dual-channel lateral field-effect rectifier with punchthrough breakdown immunity and low on-resistance. IEEE Electron Device Letters, 2010, 31(1): 5-7.

[97] Zhou Q, Yang J, Shi Y, et al. High reverse blocking and low onset voltage AlGaN/GaN-on-Si lateral power diode with MIS-gated hybrid anode. IEEE Electron Device Letters, 2015, 36(7): 660-662.

[98] Zhou Q, Li L, Zhou X, et al. Lateral AlGaN/GaN diode with MIS-gated hybrid anode for high-sensitivity zero-bias microwave detection. Electronics Letters, 2015, 51(23): 1889-1890.

[99] Zhou Q, Yang Y, Hu K, et al. Device technologies of GaN-on-Si for power electronics: Enhancement-mode hybrid MOS-HFET and lateral diode. IEEE Transactions on Industrial Electronics, 2017, 64(11): 8971-8979.

[100] Gao J, Wang M, Yin R, et al. Schottky-MOS hybrid anode AlGaN/GaN lateral field-effect rectifier with low onset voltage and improved breakdown voltage. IEEE Electron Device Letters, 2017, 38(10): 1425-1428.

[101] Zhu M, Song B, Qi M, et al. 1.9-kV AlGaN/GaN lateral Schottky barrier diodes on silicon. IEEE Electron Device Letters, 2015, 36(4): 375-377.

[102] Chen W, Wong K Y, Huang W, et al. High-performance AlGaN/GaN lateral field-effect rectifiers compatible with high electron mobility transistors. Applied Physics Letters, 2008, 92: 253501.

[103] Park B R, Lee J Y, Lee J G, et al. Schottky barrier diode embedded AlGaN/GaN switching transistor. Semiconductor Science and Technology, 2013, 28(12): 1-6.

[104] Chen W, Wong K Y, Kevin J C. Monolithic integration of lateral field-effect rectifier with normally-off HEMT for GaN-on-Si switch-mode power supply converters // IEEE International Electron Devices Meeting (IEDM), 2008: 1-4.

[105] Wong K Y, Chen W, Kevin J C. Integrated voltage reference and comparator circuits for GaN smart power chip technology // IEEE International Symposium on Power Semiconductor Devices & ICs (ISPSD), 2009: 57-60.

[106]Liu X, Kevin J C. GaN single-polarity power supply bootstrapped comparator for high-temperature electronics. IEEE Electron Device Letters, 2011, 32(1): 27-29.

[107]Ming X, Zhang X, Zhang Z, et al. A high-voltage half-bridge gate drive circuit for GaN devices with high-speed low-power and high-noise-immunity level shifter // IEEE International Symposium on Power Semiconductor Devices & ICs (ISPSD), 2018: 355-358.

[108]Hoke W E, Chelakara R V, Bettencourt J P, et al. Monolithic integration of silicon CMOS and GaN transistors in a current mirror circuit. Journal of Vacuum Science & Technology B, 2012, 30(2): 02B101.

[109]Chung J W, Lee J K, Piner E L, et al. Seamless on-wafer integration of Si <100> MOSFETs and GaN HEMTs. IEEE Electron Device Letters, 2009, 30(10): 1015-1017.

[110]Lee K T, Bayram C, Piedra D, et al. GaN devices on a 200 mm Si platform targeting heterogeneous integration. IEEE Electron Device Letters, 2017, 38(8): 1094-1096.

[111]Briere M A. GaN-based power devices offer game-changing potential in power-conversion electronics. http://eetimes.com/[2019-4-1].

[112]Lee H, Lee D, Palacios T. AlGaN/GaN high-electron-mobility transistors fabricated through an Au-free technology. IEEE Electron Device Letters, 2011, 32(5): 623-625.

[113]Jaeger B De, Hove M Van, Wellekens D, et al. Au-free CMOS-compatible AlGaN/GaN HEMT processing on 200 mm Si substrates // IEEE International Symposium on Power Semiconductor Devices & ICs (ISPSD), 2012: 49-52.

[114]Li Y, Ng G I, Arulkumaran S, et al. Conduction mechanism of non-gold Ta/Si/Ti/Al/Ni/Ta ohmic contacts in AlGaN/GaN high-electron-mobility transistors. Applied Physics Express, 2015, 8(4): 041001.

[115]Zhang J, Huang S, Bao Q, et al. Mechanism of Ti/Al/Ti/W Au-free ohmic contacts to AlGaN/GaN heterostructures via pre-ohmic recess etching and low temperature annealing. Applied Physics Letters, 2015, 107(26):287-526.

第 3 章　功率集成电路工艺

3.1　功率集成电路工艺简介

功率集成电路工艺是实现高压功率器件和低压电路集成的制造技术。在功率电子发展的早期，双极型工艺是功率集成电路的主要实现方式，主要面向音频放大市场和电机控制领域，双极型器件以其高增益和高匹配特性，成为模拟电路应用的最佳选择，并可以通过双极集成注入逻辑(Integrated Injection Logic，I^2L)等结构实现逻辑功能。然而，在逻辑功能需求的持续增长下，由于设计的复杂性、功耗以及光刻尺寸缩小等限制，双极 I^2L 受到了严重挑战。这些问题在 CMOS 集成电路中大有改善，因此，至少在低频情况下，采用 CMOS 取代 I^2L 是提高集成电路逻辑控制性能的唯一选择，由此产生了功率高压双极型器件与 CMOS 集成的 BiCMOS 工艺。随着功率电子的发展，单片功率需求和开关能力的重要性日益突显，双极型集成电路受限于双极器件驱动电流大、开关速度慢及复杂的驱动和保护电路。而 DMOS 功率器件由于输入阻抗高、驱动电流小、开关速度快以及稳定性好等特性，更适合作为功率开关使用，成为克服双极器件缺点的不二选择。为综合不同类型器件的优点，实现性能和成本优势，设计者希望将功率器件与越来越多的模拟和数字电路结合起来，通过双极型、CMOS 和 DMOS 功率器件的结合实现功率变换和处理。Krishna 基于标准金属栅 CMOS 工艺开发了一种集成 BJT、CMOS 和 DMOS 的模拟工艺，命名为 ABCD(Analog Bipolar CMOS DMOS)工艺，成为 BCD 工艺的前身，然而其为金属栅工艺，并非现在大规模采用的硅栅工艺[1]。1986 年，Andreini 将 VDMOS 硅栅工艺与传统结隔离工艺相结合，使得 NPN、PNP、CMOS 和功率 DMOS 等器件集成于同一芯片中，命名为 Multipower BCD 工艺，史上第一个硅栅 BCD 工艺就此诞生[2]。经过数十年的发展，BCD 工艺如今已成为功率集成电路制造的主流工艺技术。

BCD 工艺是指将 Bipolar 模拟电路、CMOS 逻辑电路和 DMOS 高压功率器件集成在同一块芯片上的工艺集成技术[2,3]。由于 BCD 工艺结合了 DMOS 的高功率、Bipolar 晶体管的高模拟精度和 CMOS 的高集成度特性，因此，为充分发挥其优势往往必须从前端到后端进行整体考虑，这就对设计者提出了更高的要求。在电路方面，BCD 芯片的电源电压范围广，逻辑控制、功率部分具有多种电源电压等级；在器件方面，将 DMOS 集成在芯片内部面临着漏极引出带来的高压互连等新问题，同时由于 DMOS 的功耗远大于芯片中其他模拟、数字器件，必须考虑整个版图的布局以及散热设计。

3.1.1　BCD 工艺关键技术

BCD 技术要把双极型器件、CMOS 器件和 DMOS 器件单片集成，实现这些器件分立时具备的良好功能，构成集成电路时有更好的综合性能，其关键技术包括：DMOS 器件设计技术、兼容、隔离和高低压互连集成技术等。

高压功率 DMOS 器件是 BCD 工艺的核心，往往占据整个芯片的大部分面积，它是整个功率集成电路的关键。DMOS 器件通常由很多的单一结构元胞组成，元胞的数目由芯片所需要的驱动能力决定，其性能直接决定了芯片的驱动能力和芯片面积。DMOS 主要有两种类型，垂直双扩散金属氧化物半导体场效应管 VDMOS 和横向双扩散金属氧化物半导体场效应管 LDMOS。在集成电路中，集成 VDMOS 的漏极通过埋层引出，垂直型器件由于受到纵向耐压的限制，通常只用于电压较低的功率集成电路中。LDMOS 由于漏极、源极、栅极都在芯片表面，易于通过内部连接与低压信号电路集成，被广泛用于功率集成电路中。

为使相同工艺下制成的双极型器件、CMOS 器件和 DMOS 器件同时具有优良特性，保证器件的关键参数能够满足电路的需求，BCD 兼容技术与器件和电路设计密不可分。在兼容工艺和保证高性能的基础上，如何灵活简化工艺步骤，设计成本低、面积小和工艺简单的工艺流程始终是工艺兼容技术的研究重点。

良好的电学隔离是实现高、低压电路模块单芯片集成的基础。隔离技术需要确保每个器件独立于其他器件工作，避免彼此之间的信号干扰，高压 DMOS 器件、高侧 CMOS 需要格外关注。同时要考虑到隔离结构带来的寄生效应，此外，应尽量减少工艺的复杂度和额外芯片面积负担，因此在技术和成本上要综合考虑。目前产业界较为常用的隔离方式包括结隔离和介质隔离，结隔离成本低且易于实现，但泄漏电流大，介质隔离具有占用芯片面积小、泄漏电流小等优势。

高压集成电路将高低压器件集成在同一芯片时，BCD 工艺为实现将低压端控制信号传输到高压端功率器件等功能，常需在 LDMOS 和高低压隔离区表面局部区域跨过高压互连(High Voltage Interconnection, HVI)。由于 HVI 相对半导体表面带高压正电，必然有电力线从此出发而终止在器件的低场有源区，导致电力线的局部集中，使该处电场急剧增大，严重影响电路耐压及可靠性。因此，为了减少 HVI 对集成电路的影响，在不引入复杂工艺的前提下，实现高低压器件之间的互连技术是 BCD 工艺研究的重点之一。

3.1.2　BCD 工艺技术分类

BCD 工艺的多种结构类型适应了不同的应用需要，产业发展的现状也证明不存在通用的 BCD 工艺规范。按照产品的应用领域，BCD 工艺可以分为高压 BCD、高功率 BCD 和高密度 BCD[4]。

高压BCD技术是指电压范围在100～1200V的BCD工艺技术，高压BCD主要用于AC-DC转换、高压栅驱动电路和LED照明驱动等。为了避免高压器件对其他部分的影响，隔离技术在高压BCD中需要着重考虑，常见的高压BCD工艺采用PN结隔离技术，但是器件耐压越高，所需的外延层厚度越厚，隔离区面积显著增加，在注重面积效率的情况下，介质隔离在高压BCD备受青睐。同时，高压功率器件设计是高压BCD技术研发中的重要组成部分，在一定关态耐压下降低器件的导通电阻是高压BCD的关键问题，场板、RESURF、VLD和超结等技术的应用使得BCD工艺能够集成高耐压、低比导通电阻的DMOS器件。目前，IR公司(现被Infineon收购)已经开发出了1200V的高压BCD工艺;NXP公司则对薄层SOI衬底上高压器件的实现进行了许多理论和技术研究，并在此基础上开发出了600V以上的高压集成工艺。

高功率BCD技术的特点是需要大电流驱动能力，并配合适当的控制集成电路，主要用于自动控制等要求较大电流、中等电压(30～120V)的领域，大量应用需求来自汽车电子、电机驱动等市场[5]。由于高功率BCD技术大电流的特点，而且功率器件通常占据了芯片的大部分面积，因此芯片面积缩小受到单位面积功耗限制，高功率BCD工艺的发展不同于大规模集成电路中追求减小特征尺寸，而在于优化功率器件结构，提高器件鲁棒性，降低器件本身功耗，同时降低控制电路功耗。

高密度BCD技术的发展代表了BCD工艺技术发展的主流，高密度BCD主要用于需要与CMOS非易失性存储电路工艺兼容的领域，其电压范围在5～50V。高密度BCD将信号处理和功率处理同时集成在一片芯片上，不仅缩小了系统的体积，提高了电路集成度，同时增加了可靠性，减少了不同模块之间的延迟，提高了系统的工作速度。集成的电子器件越来越多样化，包括从存储器到传感器等，因而能够实现越来越复杂的功能，带来持续增长的市场需求和广阔的发展空间。由于功率器件中深结的形成需要较长时间的高温推结过程，会影响到CMOS器件或者存储器中的浅扩散区，而且功率器件厚栅氧与CMOS器件所需的高质量薄栅氧也难以兼容，因此高密度BCD的挑战在于功率器件与CMOS、非易失存储器等器件结合，来实现最佳的BCD器件性能。高密度BCD工艺的典型代表工艺是ST公司的BCD6/6s-BCD10工艺[6]。ST公司的BCD工艺发展如图3.1.1所示。

最新BCD工艺趋向采用更先进的CMOS工艺平台。尽管BCD的工艺线宽相比最先进CMOS工艺要落后几代，经过几十年的发展，BCD工艺技术已经从第一代几微米逐渐发展到了如今的90nm甚至更为先进的65nm以下水平。此外，BCD工艺发展的一个显著趋势是普遍采用模块化的工艺开发策略，采用模块化的开发方法，从而方便地开发出具有不同器件类型需求的IC，实现产品的多样化，快速满足不同领域的市场需求。具有代表性的先进平台有：Towerjazz公司推出65nm 300mm晶圆的BCD工艺平台，其导通电阻与栅电荷性能得到优化，同时具有少的掩模版数目和先进的设计规则尺寸，实现了卓越的功率转换效率和数字集成能力；Global Foundries 推出 55nm BCDLite 平台，针对数字、射频、eFlash、ULP、汽车、电源、模拟和混合信号应用，兼具制造成本和效率的优势。

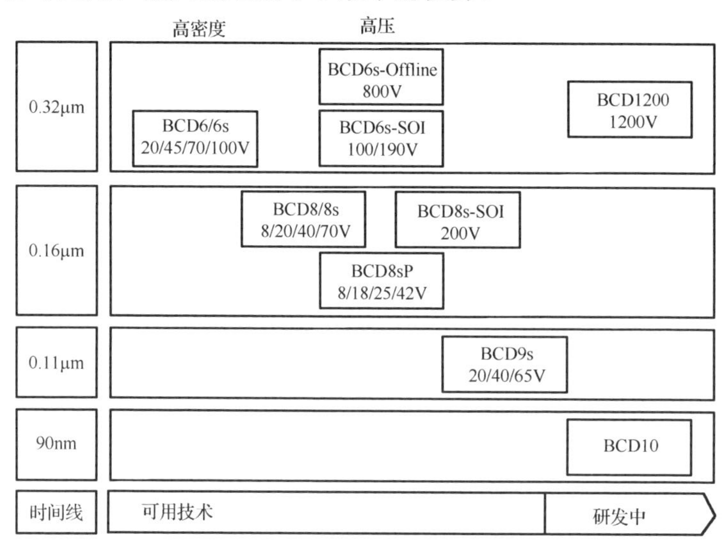

图 3.1.1　ST 公司 BCD 工艺发展

3.1.3　其他功率集成工艺

除了传统硅衬底 BCD 工艺，为追求更优越的性能，满足更广泛的应用需求，基于 SOI、SiC、GaN 等材料的功率集成电路工艺技术也受到了持续关注与广泛研究。

在功率 IC 制造中，SOI 衬底相比体硅具有一些优势：可以形成全介质隔离以减少寄生参数，提高器件可靠性，器件可以偏置到高于电源电位或者低于地电位而不会引发寄生晶体管导通，因而 SOI 技术非常适合用于低噪声、高传输速率、高温、高可靠性、抗辐射等应用场合，此外，SOI 技术还可以大大减小芯片面积。早期由于 SOI 衬底工艺复杂，价格昂贵，SOI 基高压器件难以形成，BCD 工艺中 SOI 衬底的使用受到限制；而近年来，一方面 SOI 衬底制造技术逐渐进步成熟，价格下降，另一方面，随着 SOI 高压器件结构的研究深入，使得 SOI 技术可以广泛应用到功率集成电路中。

SiC 材料具有禁带宽度大、电子饱和漂移速度高等特点，有高抗电磁冲击和辐射的能力，适合用于高功率、高电压以及环境严苛的特殊应用。SiC 材料通常通过外延形成，SiC CVD 生长技术的不断成熟使 SiC 材料器件逐渐走向了市场，且 SiC 能够通过热氧化方法形成 SiO_2 介质材料，这一性质对于器件和电路的制造是极为有利的，可以最大限度地与硅的成熟工艺相兼容。虽然 SiC 在衬底材料制备、晶体质量、器件制造工艺方面还有待改进，但这不能掩盖 SiC 集成电路在大功率、高温环境以及抗辐射领域的光明前景。

Ⅲ-Ⅴ族半导体是近年来功率半导体领域研究的热点，作为代表的 GaN 晶体管以其独特的二维电子气导电模式，相比硅基 MOS 有更低的导通电阻；宽禁带使得氮化镓器件有更高的击穿电压；无结耗尽层使其有更小的寄生电容。氮化镓器件具有更低的功耗和更强的开关转换能力，基于 GaN 的异质结型高压集成电路可以实现比纯硅基材料更高的效率和更优的性能，是一个极具吸引力的发展方向，且目前已有公司推出相关产品。

3.2　功率集成电路工艺发展动态

3.2.1　体硅功率集成电路工艺发展动态

Krishna 开发的 ABCD 工艺主要基于标准金属栅 CMOS 工艺，通过最少的工艺修改使得 BJT、CMOS 和 DMOS 单片集成，图 3.2.1 给出了该工艺所集成的器件剖面结构图[1]。该工艺使用 11～18Ω·cm 的 P 型<100>硅单晶材料，其主要的工艺流程如表 3.2.1 所示。

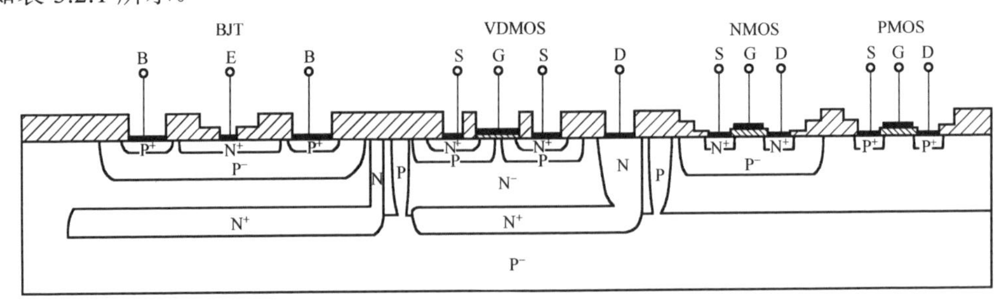

图 3.2.1　ABCD 工艺剖面结构图

表 3.2.1　金属栅 ABCD 工艺主要流程

1. N^+埋层扩散，埋层方块电阻 R_S 为 20Ω/□；
2. N 型外延，外延层厚度 20μm、电阻率 5Ω·cm；
3. P 隔离扩散；
4. 三极管 N^+体引出扩散；
5. 硼注入后扩散形成 NMOS 的阱区和三极管的基区 P^-，硼注入能量 60keV、剂量 $3.2\times10^{13}cm^{-2}$；
6. 砷注入(能量 100keV、剂量 $3\times10^{14}cm^{-2}$)和硼注入(能量 60keV、剂量 $8\times10^{13}cm^{-2}$～$3\times10^{14}cm^{-2}$)后，扩散形成 DMOS 的源区和体区；
7. 硼注入(能量 100keV、剂量 $5\times10^{15}cm^{-2}$)扩散形成 PMOS 的源区和漏区、垂直型 NPN 的基区接触、横向 PNP 的发射区和集电区，方块电阻 R_S 为 45Ω/□；
8. 磷淀积与扩散形成 NMOS 的源区和漏区、LDMOS 的漏区、垂直型 NPN 的发射区，方块电阻 R_S 为 20Ω/□、结深 2μm；
9. 氧化形成 VDMOS、LDMOS、CMOS 的栅氧化层，栅氧化层厚度为 900Å；
10. 沟调注入；
11. 金属化。

Andreini 开发的 Multipower BCD 工艺，其将 VDMOS 硅栅工艺与传统结隔离工艺相结合，使得 NPN、PNP、CMOS 和功率 DMOS 等器件可集成于同一芯片中。图 3.2.2 给出了 Multipower BCD 工艺所集成的器件剖面结构图，其为史上第一个硅栅 BCD 工艺[2]。Multipower BCD 工艺使用 2～4Ω·cm 的 P 型<100>硅单晶材料，其主要工艺流程如表 3.2.2 所示。与金属栅 ABCD 工艺相比，硅栅 Multipower BCD 工艺更利于器件的小尺寸化。多晶硅栅“自对准效应”定义 MOSFET 结构的源漏区带来了标准 CMOS 工艺和 BCD 工艺的飞速发展。

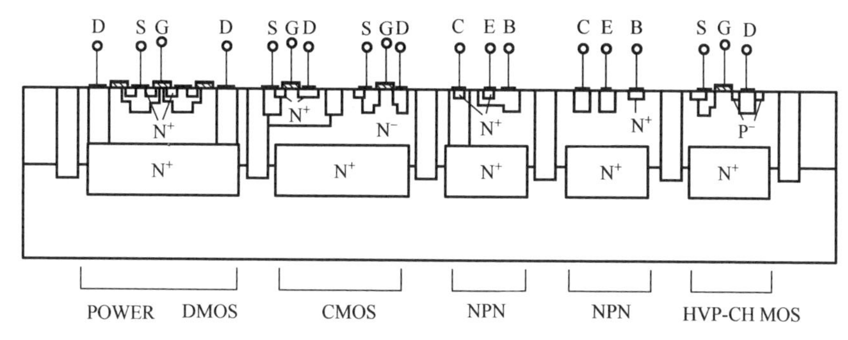

图 3.2.2　Multipower BCD 工艺剖面结构图

表 3.2.2　硅栅 Multipower BCD 工艺主要流程

1. N^+埋层锑注入与扩散，方块电阻 R_S 为 20Ω/□；
2. N 型外延，外延层厚度 10μm、电阻率 13Ω·cm；
3. P^-注入形成低压 NMOS 的阱区、第一种 NPN 晶体管的基区，方块电阻 R_S 为 5kΩ/□；
4. P^+隔离和 N^+体引出高温扩散，热过程后 P^-阱结深为 4.5μm；
5. 重掺杂的 P^+注入形成横向 PNP 的发射区和集电区、低压 NMOS 的沟道阻止环；
6. 形成有源区；
7. 氧化形成 850Å 的栅氧化层，沟调硼注入；
8. 多晶硅淀积与磷掺杂；
9. 形成多晶硅栅极，场板和多晶硅互连；
10. 硼注入与扩散形成 DMOS 器件的体区、PMOS 的源区与漏区、另两种 NPN 的基区，方块电阻 R_S 为 600Ω/□；
11. 高压 PMOS 的漏扩展硼注入；
12. 重掺杂的砷注入形成 NPN 的发射区、DMOS 的源区、NMOS 的源区和漏区，方块电阻 R_S 为 20Ω/□；
13. 金属化。

Contiero 比较了结隔离硅栅混合工艺 Multipower BCD 和 VIPower（Vertical Intelligent Power）工艺，二者主要区别在于 DMOS 功率器件漏极的集成方式。Multipower BCD 工艺中，DMOS 的漏极通过 N^+体引出在芯片表面形成互连，而 VIPower 工艺中 DMOS 的漏极在芯片背面。图 3.2.3 给出了 VIPower 工艺集成的器件剖面结构图[7]。

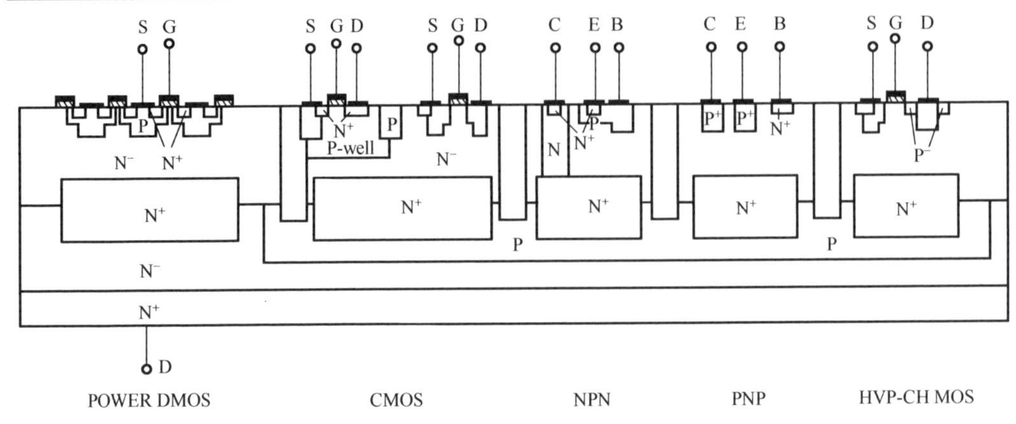

图 3.2.3　VIPower BCD 工艺剖面结构图

Ludikhuize 开发了一种高压器件耐压最高可以达到 1200V 的 700-1000-V BCD 工艺，其剖面结构图如图 3.2.4 所示。该工艺主要集成了低压 BJT、低压 CMOS、高压 VDMOS、700V 高侧 CMOS、高压 EPMOS(Extended-drain PMOS)，低侧 1200V LDMOS 和 700V LIGBT。LDMOS 采用 RESURF 技术，改善了器件的击穿特性。700～1000V BCD 工艺采用 P 型<100>90Ω·cm 的硅单晶衬底材料，首先磷、锑、硼注入形成埋层；外延电阻率为 5.9Ω·cm、23μm 厚的 N 型外延层后，扩散形成深的集电区和结隔离区，如图中阴影部分所示；氧化形成 0.1μm 厚的栅氧化层，淀积多晶硅以形成多晶硅栅电极；注入硼、磷形成器件的源漏区和高压 PMOS 的漏扩展区，淀积 2.4μm 厚的金属前介质，刻蚀欧姆孔后金属化[8]。

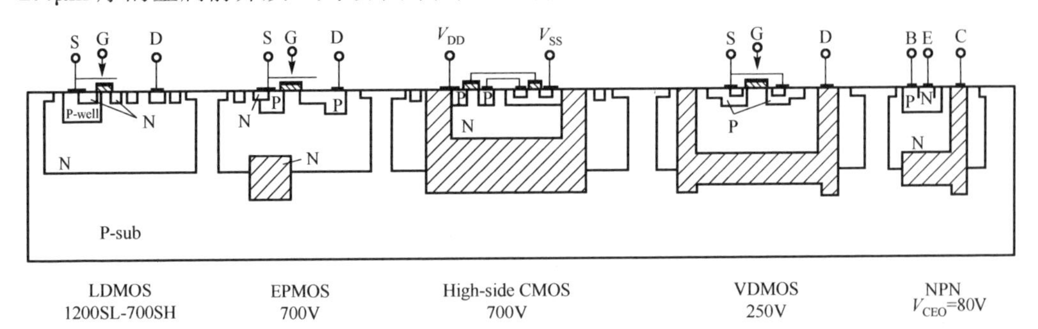

图 3.2.4　700-1000-V BCD 工艺剖面结构图

Murari 报道了 SGS-THOMSON Microelectronics 的第三代 BCD 工艺(BCD3)，该工艺从 20 世纪 80 年代中期的最小特征尺寸 4μm、第二代的 2.5μm，缩小到第三代的 1.2μm。图 3.2.5 给出了 BCD3 工艺集成的器件剖面结构图，主要包括：60V、80V 的 VDMOS(比导通电阻分别为 0.25Ω·mm^2、0.3Ω·mm^2)，16V、20V、40V 的 LDMOS(比导通电阻分别为 0.08Ω·mm^2、0.13Ω·mm^2、0.17Ω·mm^2)，此外还可以

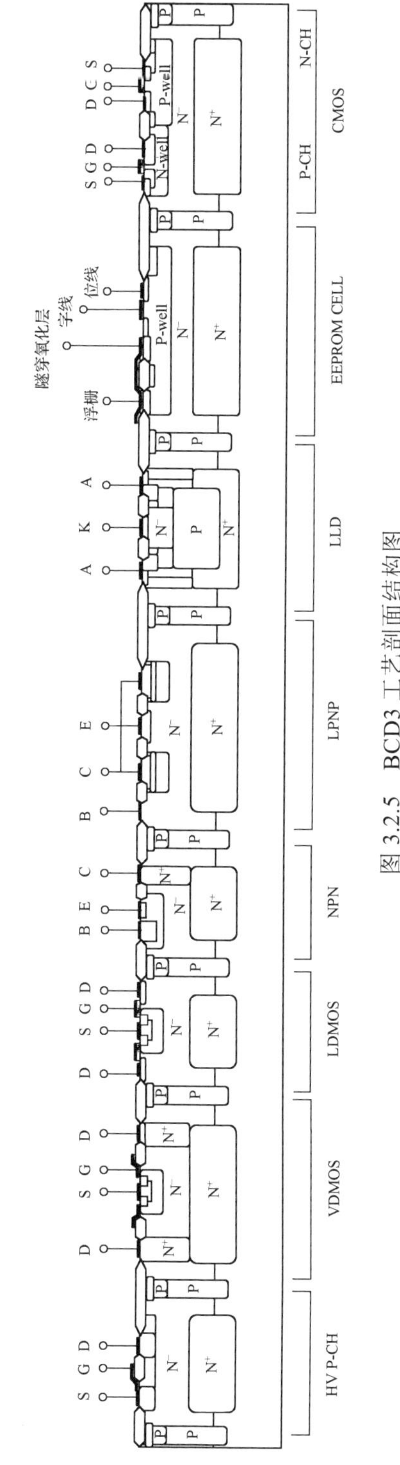

图 3.2.5　BCD3 工艺剖面结构图

集成 V_{CEO} 为 30V（P-well 和 P-body 同时注入形成基区）和 V_{CEO} 为 16V（P-body 为基区）的 NPN 晶体管，1.2μm 的 5V CMOS，低压和高压的横向 PNP，12V CMOS，高压 P 沟 MOS，低漏电二极管 LLD（Low Leakage Diode），EPROM（Erasable Programmable Read Only Memory），EEPROM（Electrically Erasable Programmable Read Only Memory），5V 齐纳管，5V、20V、60V 介质层电容，扩散电阻，高阻多晶电阻[9]。

随着超大规模集成电路（Very Large Scale Integration，VLSI）技术特征尺寸的不断减小和薄栅氧化层低缺陷的要求，特别是对于氧化层厚度小于 80Å 的非易失性存储器件，DMOS 器件体区所需的高温推阱过程与标准工艺并不兼容。为了解决高压功率器件与 VLSI 技术兼容的矛盾，Contiero 介绍了 0.6μm 的第五代 BCD 工艺（BCD5），提出大倾角注入技术，采用短时间的热处理过程，使得各器件具有良好的性能。图 3.2.6 给出了 BCD5 工艺的剖面结构图，不同应用电压的器件采用了不同的埋层结构以改善器件的击穿特性。NPN、LPNP，低压 CMOS，16V、40V、80V 的 LDMOS，高压 PMOS 等器件单片集成[10]。在 BCD5 中，为了减小鸟嘴长度，采用了如图 3.2.7 所示的多晶衬垫 LOCOS 氧化隔离（ploy buffer LOCOS oxide isolation）技术。该技术通过在传统 LOCOS（LOCal Oxidation of Silicon）工艺中的氮化硅和氧化层间增加多晶硅，在氧化过程中吃掉一部分多晶硅，削弱 LOCOS 工艺过程对衬底硅表面的氧化，有效减小了 LOCOS 工艺所形成的鸟嘴长度，并有助于缩短热过程时间。在 BCD5 中，功率 DMOS 的体区通过大倾角注入技术形成，如图 3.2.8 所示。45° 角注入被用于形成DMOS的体区，而没有采用传统注入再推阱的方式。因此，该技术避免了传统DMOS体区形成时的高温推阱过程，与 VLSI 技术相比，没有增加额外的热处理。

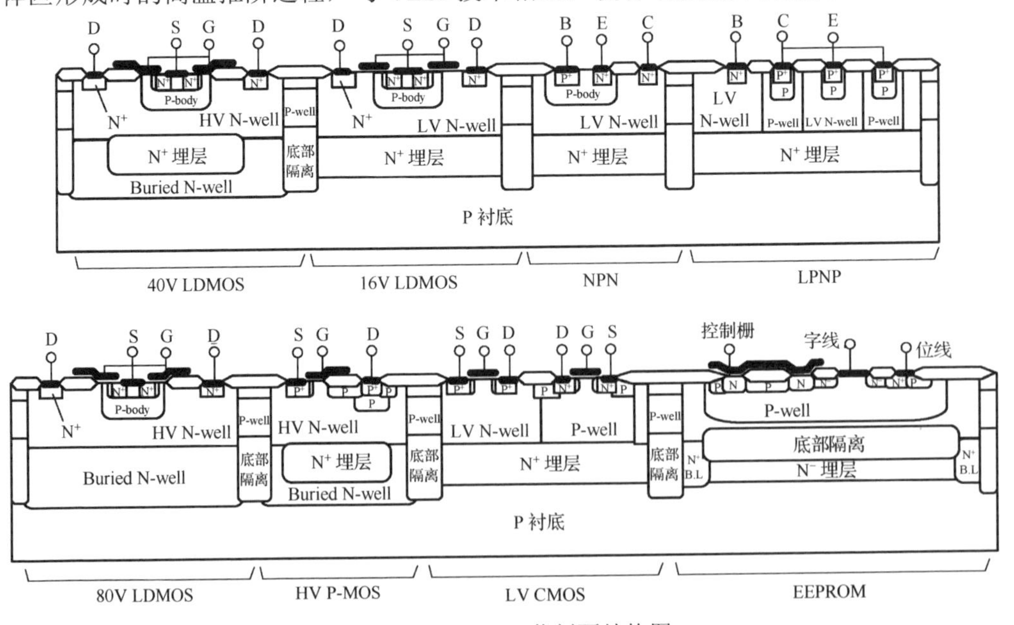

图 3.2.6　BCD5 工艺剖面结构图

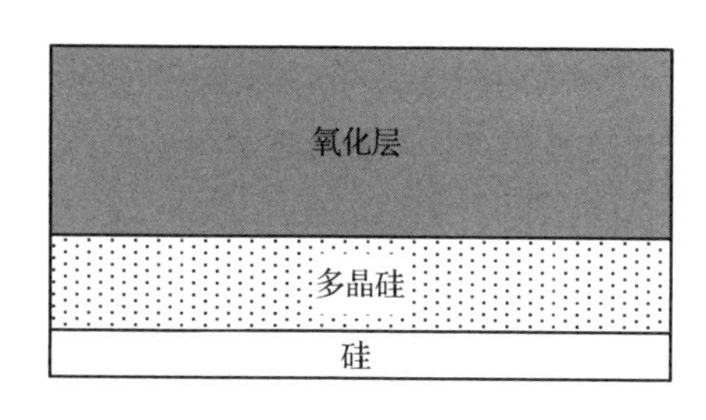

图 3.2.7　Poly 衬垫 LOCOS 氧化隔离技术示意图

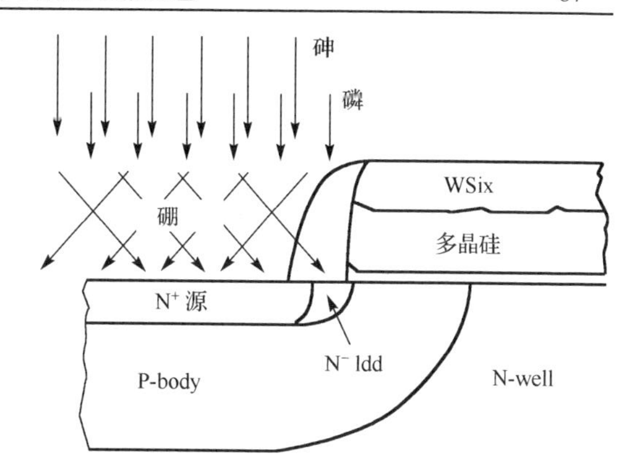

图 3.2.8　大倾角注入技术示意图

BCD6 技术基于 0.35μm CMOS 平台，具有孪阱(twin well)和掩埋 N 阱(合称为三阱)，构建在 P^-/P^+衬底上，无需同前几代智能功率工艺一样添加特定的外延层生长和结隔离步骤。LDMOS 和低压 CMOS 电路均由相同的电压($V_{gs}=3.3V$)驱动，共用相同的栅极氧化物(7nm)，为了保证与 0.35μm CMOS 工艺平台完全兼容，N 沟道和 P 沟道功率 LDMOS 体区都通过大倾角硼注入与栅极自对准实现。为了使薄栅氧耐高电压，所有 LDMOS 都需要场板来降低漂移区漏极侧的高电场，且在三阱中增加了专用的逆向阱(retrograde well)，实现了 20V 的电压能力。由于鸟嘴场氧化物产生的高电场，这种结构不适合更高的电压，必须使用 RESURF 解决方案。在 BCD6 中，由于缺少重掺杂的 N 埋层，在高侧驱动器配置中与 LDMOS 相关联的寄生 PNP 具有更高的增益，但 P^-/P^+衬底的存在以及低 LDMOS 阈值电压可以改善寄生双极型器件效应。P^+衬底拥有极低的电阻率(10mΩ·cm)，从而极大改善了由空穴注入引起的衬底电位抬高；较低的阈值电压为循环电流提供一条可选的通道，也可以改善寄生双极型器件效应。

Terashima 在原有 90V BCD 工艺的基础上，通过少许工艺修改，开发了用于汽车电子和 PDP 领域的 120V BCD 工艺，如图 3.2.9 所示。该工艺基于 0.5μm 的设计规则，不仅集成了传统的 5～90V 的器件，还集成了 120V、0.41Ω·mm^2 的 VDMOS、120V PMOS、120V Field PMOS。Field PMOS 栅氧化层较厚，栅极和源极间可承受高的电压，满足电平位移电路的应用需求[11]。

Magnachip 公司的 Namkyu Park 开发了一种先进的 0.18μm/40V 的 BCD 技术，命名为 aBCD1840 工艺，工艺通过将行业标准 0.18μm 工艺与 5V CMOS、高压高功率开关器件、BJT、高密度 EEPROM 和模拟元件集成，实现高压阱结隔离和深浅沟槽隔离的结合，0.18μm CMOS 标准工艺上采用浅沟槽隔离结构，采用金属和氧化物化学机械抛光技术，提供双功函数多晶硅栅极，有 6 个金属层，提供 1.8V 和 5.0V CMOS 晶体管、高电阻多晶硅电阻器和高电容 MIM，并通过仅添加 4 个光刻步骤，嵌入了高密度 EEPROM 单元[12]，如图 3.2.10 所示。

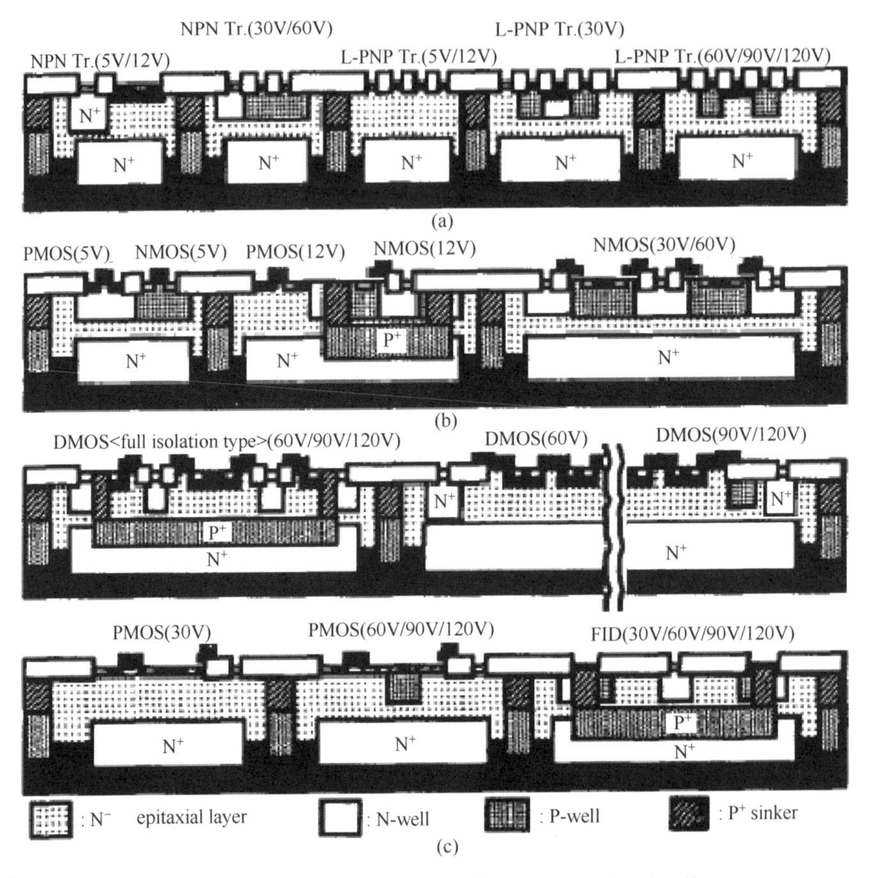

图 3.2.9　120V BCD 工艺剖面结构图：(a) 双极型器件；(b) CMOS 器件和高压 NMOS；(c) 高压 DMOS 器件、高压 PMOS 及 FID

Venturato 等人介绍了他们基于标准 BCD6 工艺，针对功率 MOS/IGBT 驱动器集成而设计的高性价比、高电压的 BCD800 平台，该工艺的一个创新是采用硼掺杂多晶填充深沟槽，作为横向结隔离钳制衬底电位，相对于经典的上下对通方案，可以实现非常紧凑的设计，如图 3.2.11 所示。对于 800V nLDMOS 漏极区域优化金属和多晶硅场板，使器件在剧烈的高温反向偏置试验之后也能保持稳定，调整漏极注入以使 BV_{DSS} 超过 1000V 并使导通电阻最小化。低压器件针对电流能力进行了优化，从而有助于驱动容性负载，所有功率器件在整个温度范围(−40～175℃)内具有好的安全工作区[13]。

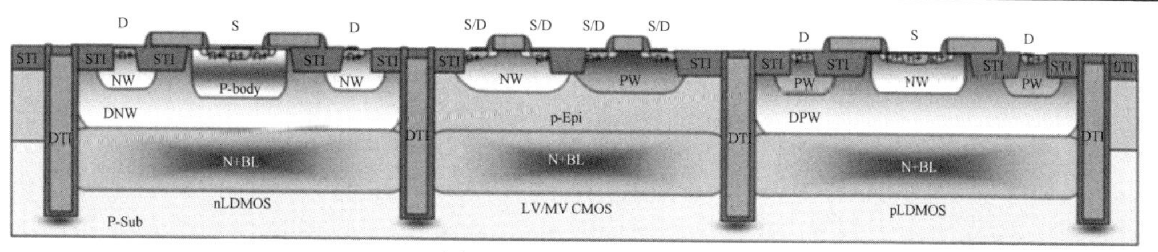

(a) LDMOS 与中低压 CMOS

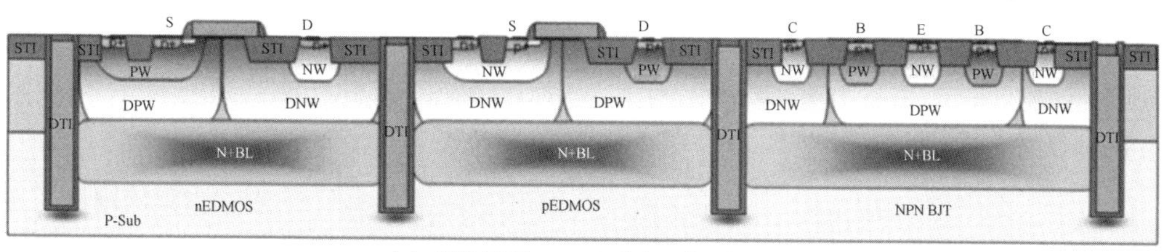

(b) 漏扩展型 MOS 器件与双极型器件

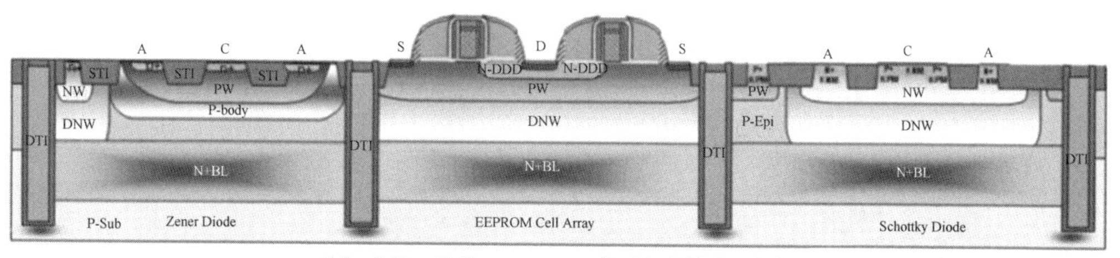

(c) 齐纳二极管、EEPROM 单元与肖特基二极管

图 3.2.10　有源器件的剖面图

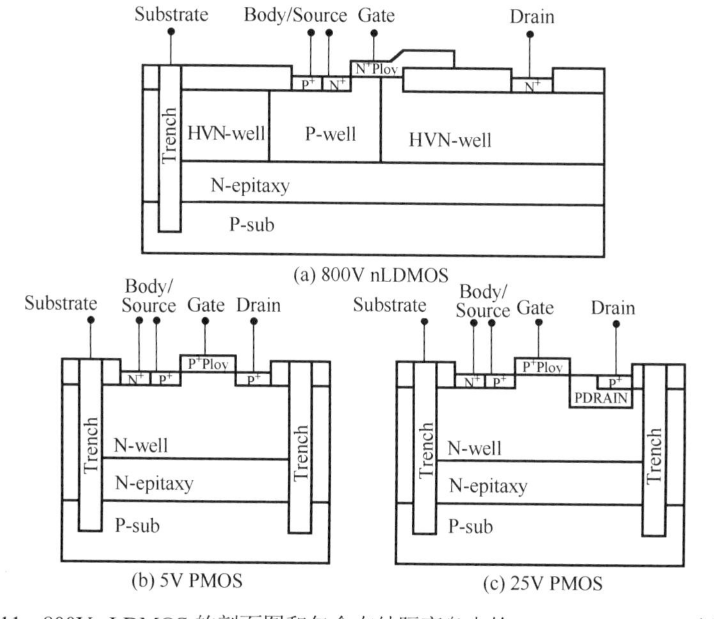

(a) 800V nLDMOS

(b) 5V PMOS

(c) 25V PMOS

图 3.2.11　800V nLDMOS 的剖面图和包含在结隔离岛中的 5V、25V　PMOS 剖面图

Roggero 等人开发了先进的 0.16μm BCD 技术平台 BCD8sP，该平台提供高密度逻辑晶体管(1.8～5V CMOS)和高性能模拟电路功能。通过在功率区域引入特制的厚氧化物，与先进的 CMOS 技术完全兼容，并通过漏极和体区优化，克服了基于 STI 的功率器件的 SOA(Safe Operating Area)限制。该工艺基于 P^-/P^+ 衬底上专用的 P^- 外延生长以及引入的 N 型埋层，同标准的 CMOS 平台共用逻辑和模拟部分等主要技术模块。除了典型的电容、电阻和二极管外，还提供高密度 SRAM、NVM EEPROM、OTP (One Time Programable)和 5V 齐纳二极管。对功率部分的性能和可靠性特性进行了优化，满足驱动部分和功率模块的器件需求[14]。8V 和 42V NMOS 如图 3.2.12 所示。

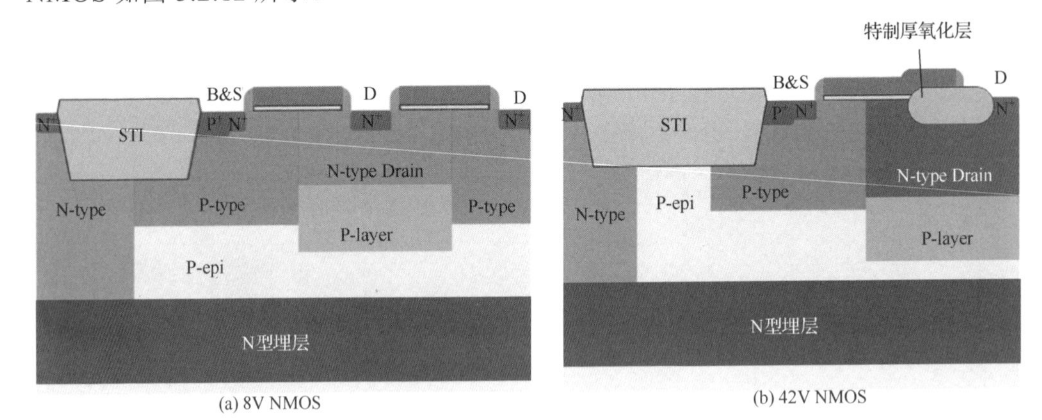

图 3.2.12　8V 和 42V NMOS

Rohm 公司的 Iwamoto 等人展示了具有“高灵活性”的先进 300mm 0.13μm BCD 平台，该平台通过器件/布线选项和器件特性的多样性实现“高灵活性”，在宽的 BV_{DSS} 范围上，也能实现 N/P DMOS 的最佳低比导通电阻。此外，Iwamoto 等人采用 B4-Flash 成功地在 0.13μm BCD 平台上嵌入了高可靠性的闪存单元，采用标准浮栅型结构，与 CMOS 和 BCD 工艺有良好的兼容性[15]。高、低 BV_{DSS} 的 NDMOS 和 PDMOS 剖面图及 B4-Flash 俯视图如图 3.2.13 所示。

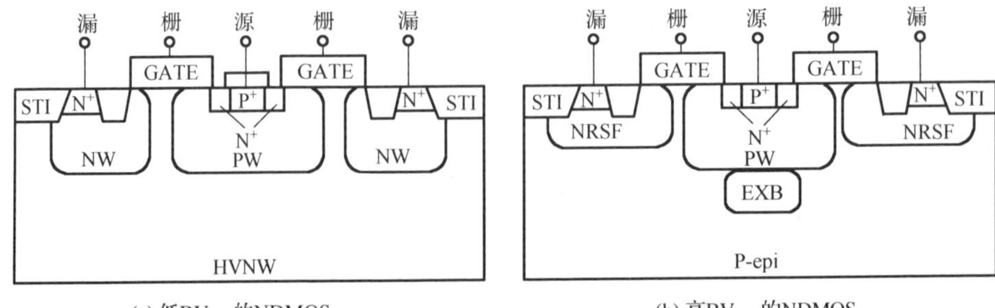

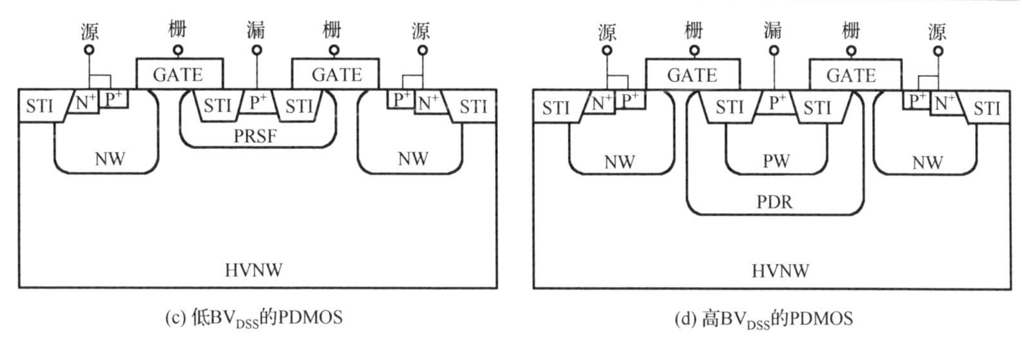

(c) 低BV_{DSS}的PDMOS　　(d) 高BV_{DSS}的PDMOS

源极接触

有源区

FG space

漏极接触

(e) Flash俯视图

图 3.2.13　高、低 BV_{DSS} 的 PDMOS 和 NDMOS 剖面图以及 Flash 俯视图

Magnachip 公司的 Lee 等人开发了一种模块化的 0.13μm BCD 技术，如图 3.2.14 所示。该技术提供额定电压高达 30V 的 LDMOS 晶体管和超低漏电逻辑器件，其性能为同类中最佳。在此工艺的基础上，集成了单元尺寸为 0.645μm^2 的高密度 EEPROM 和 RF 器件，如变容二极管和电感器。此外，还可以添加高可靠性的霍尔传感器[16]。

Schmidt 和 Spitzlsperger 提出了一种 BCD 技术新概念，包括在薄晶圆背面进行工艺处理，提供类 SOI 技术的功率器件全介质隔离。通过在晶圆背面形成 N^+区域代替通常采用的深 N 阱层，并且将 N^+区域与 TSV 连接到顶部的源极电位来克服常规 BCD 技术中遇到的 p-LDMOS 击穿电压限制，如图 3.2.15 所示。新型 BCD 技术的特征在于衬底厚度被极大地减小，并且通过在减薄的晶圆背面进行加工来完成器件。由于晶圆背面工艺提供与 SOI 技术类似的器件全介质隔离，因此新型 BCD 技术具有与 SOI 技术相同的低泄漏、无闩锁、多电压域集成和低衬底噪声等优势。尽管该 BCD 工艺需要额外的支撑晶圆和背面的额外工艺步骤，但与 SOI 工艺相比，总体成本通常更低[17]。

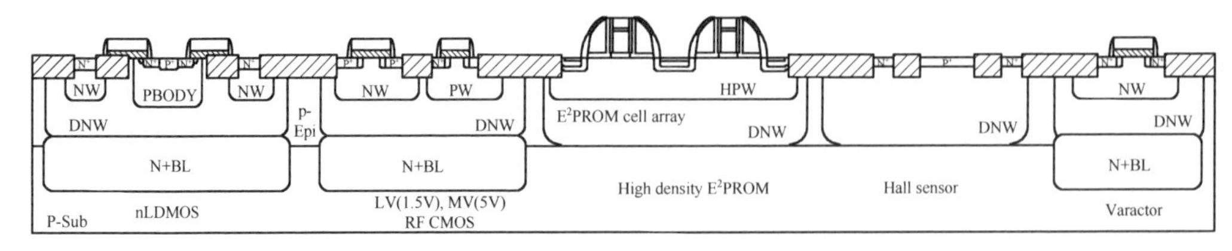

图 3.2.14　0.13μm BCD 技术主要器件的剖面图

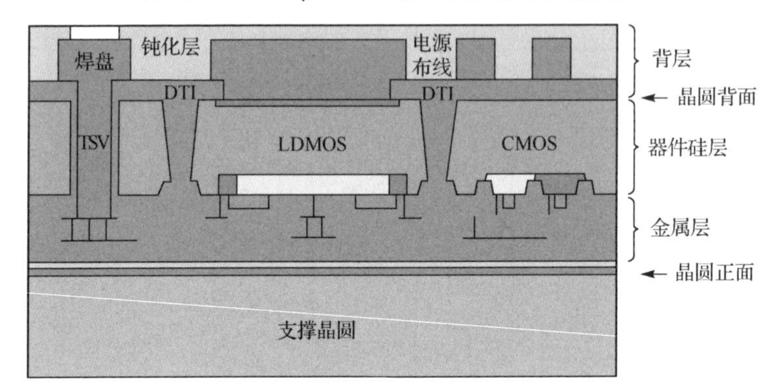

图 3.2.15　使用晶圆背面处理的新型 BCD 技术示意图

3.2.2　SOI 基功率集成电路工艺发展动态

SOI 技术被誉为 21 世纪硅集成技术。以 SOI 横向高压器件为基础的 SOI 高压集成电路，作为智能功率集成电路领域的一个新兴分支，近些年来得到了迅速发展。SOI 集成电路与硅基集成电路的主要差异在于：硅基集成电路的高低压单元之间、有源层和衬底层之间的隔离通过反偏 PN 结实现；而 SOI 集成电路中的有源层、衬底、高低压单元之间都通过绝缘介质完全隔开。这一结构特点为 SOI 芯片带来了寄生效应小、速度快、功耗低、集成度高、抗辐射能力强等诸多优点，使得 SOI 材料被用于 BCD 工艺中，出现“SOI-BCD”一个新的技术方向。

SOI 基高压功率器件主要应用于 SOI 功率集成电路中，结构上通常为横向型。根据使用的 SOI 材料厚度可将 SOI 高压功率器件分为薄膜结构和厚膜结构：前者使用的 SOI 顶层硅厚度一般小于 2μm；而后者 SOI 材料的顶层硅厚度可达几十微米。为了满足 SOI 基高压功率器件耐压的需要，SOI 功率集成电路中的耐压结构除了应用硅基结构中的常规终端技术，如场板技术、横向变掺杂技术、RESURF 等技术外，国内外不同的研究机构也提出了一些新的设计方案，从横向和纵向两个方面来提高 SOI 基高压功率器件的性能[18]。

Yasuhara 利用 SDB(Silicon Direct Bonding)的厚膜 SOI 材料，开发了具有 N^+侧墙扩散的深槽隔离厚膜 SOI BCD 工艺，如图 3.2.16 所示。工艺中集成了低压 NPN、低压 CMOS 和高压 LIGBT。在 3μm 埋氧层、14μm SOI 层的 SDB 材料上，利用氧

化层界面上的 N^+重掺杂层提高埋氧层电场，实现了 650V 的 SOI 高压器件[19]。

Watabe 通过高压氧化使得埋氧层厚度增至 7.4μm，以通过厚的介质层提高 SOI 横向高压器件的纵向击穿电压，基于 0.8μm CMOS 工艺实现了 600V 的高低压兼容工艺，如图 3.2.17 所示[20]。

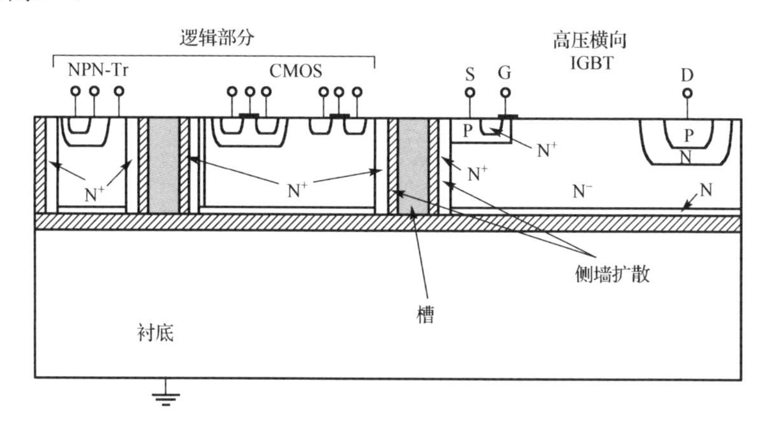

图 3.2.16　具有 N^+侧墙的槽隔离厚膜 SOI BCD 工艺剖面结构图

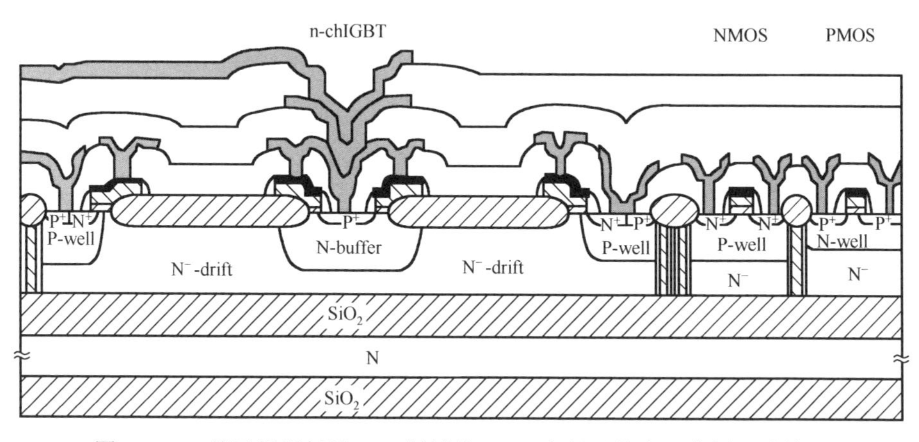

图 3.2.17　基于厚埋氧层 SOI 材料的 600V 高低压兼容工艺剖面结构图

Ito 针对汽车电子领域开发了一种厚膜 SOI BCD 工艺，如图 3.2.18 所示。工艺采用 1.5μm 的埋氧层、N^-和 N^+结构的 15μm 厚 SOI 层，通过 2μm 宽的深槽隔离区使得器件工作在不同的隔离岛内[21]。

表 3.2.3 给出了用于汽车电子的厚膜 SOI BCD 工艺的主要流程。首先形成 2μm 宽的深槽介质隔离区，注入后热处理形成 P-well、N-well、P-base 和 Deep N 区，氧化形成 MOS 电容的栅介质和 MOS 管的栅氧化层，注入 P 型杂质、30 分钟 1170℃退火处理形成 LDMOS 的体区 ChP-well，注入 N 型杂质、60 分钟 1050℃退火过程形成三极管的发射区，源漏 N^+或 P^+注入形成器件源区、漏区，金属化形成电极和互连。

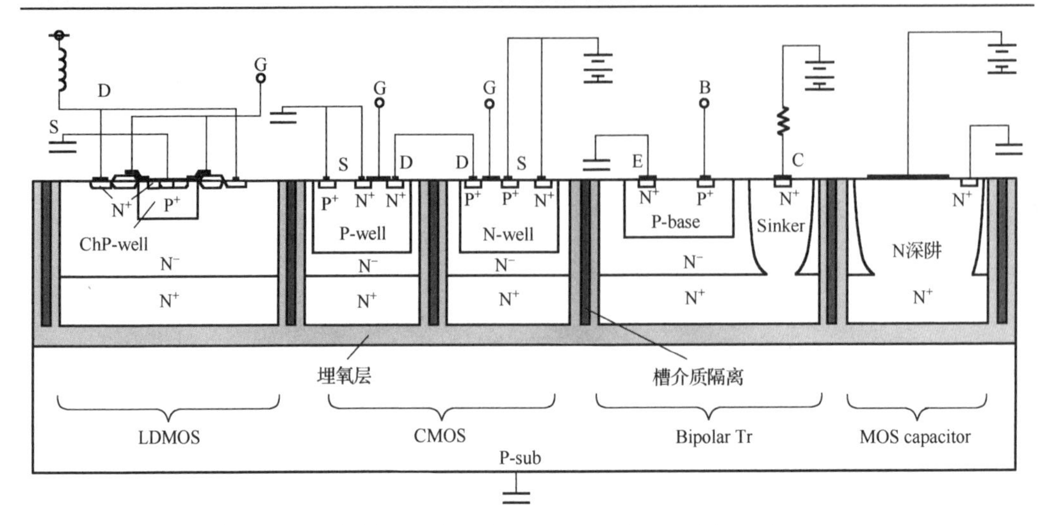

图 3.2.18　用于汽车电子的厚膜 SOI BCD 工艺剖面结构图

表 3.2.3　用于汽车电子的厚膜 SOI BCD 工艺主要流程

1. 形成深槽介质隔离区；
2. 注入后扩散形成 P-well、N-well、P-base、Deep N；
3. LOCOS 形成有源区；
4. 氧化形成 MOS 电容的栅介质、CMOS 和 LDMOS 的栅氧化层；
5. 形成多晶硅栅电极；
6. 注入、推 ChP-well；
7. 三极管热处理；
8. 源漏 N^+、P^+注入；
9. 金属化。

Hattori 开发了一种具有超低导通电阻的槽隔离 SOI BCD 工艺，用于汽车电子领域，其剖面结构如图 3.2.19 所示。该技术与传统用于汽车电子的 CMOS 工艺相比，具有更高的可靠性，器件不仅满足不同应用电压需求，并可安全工作在超过 150℃的高温环境[22]。

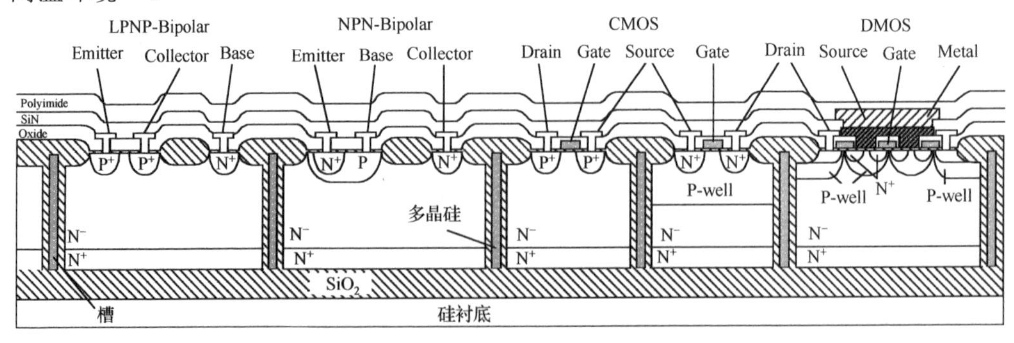

图 3.2.19　具有超低导通电阻的槽隔离 SOI BCD 工艺剖面结构图

Merchant、Letavic 和 Arnold 等人开发了一种薄膜 SOI 高压工艺，他们采用 1.5μm 顶层硅、3μm 埋氧层的 SOI 材料，通过 LOCOS 隔离实现了 BV_{dss} 600V 以上的高压 LDMOS、LIGBT 与低压器件的单片集成[23]。图 3.2.20 给出了薄膜 SOI 高低压兼容工艺剖面结构图，该工艺已用于电子镇流器、开关电源、功率驱动集成电路等高压领域。

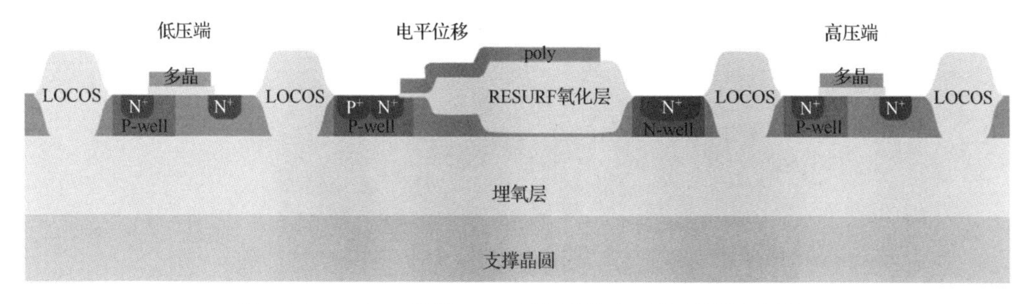

图 3.2.20　600V 薄膜 SOI 高低压兼容工艺剖面结构图

Ludikhuize、Wessels 等人开发了 A-BCD（Advanced Bipolar CMOS DMOS）工艺，采用 1.5μm 顶层硅、1μm 埋氧层的 SOI 材料，通过 LOCOS 或 STI 隔离实现高低压器件的单片集成，并成功用于汽车电子、EL(Electro-Luminescent) 驱动等领域。图 3.2.21 给出了 A-BCD9 工艺中的高压 NLDMOS 剖面相片[24]。

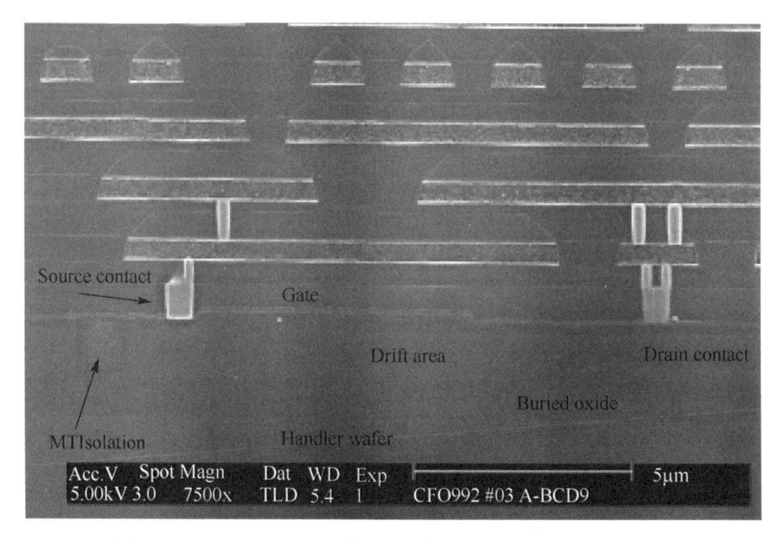

图 3.2.21　A-BCD9 工艺中的高压 NLDMOS 剖面相片

Nitta 提出一种基于 0.25μm CMOS 的 SOI BCD 工艺，使得宽电压范围的各种横向高压功率器件通过介质隔离技术单片集成[25]。该工艺使用 SDB 的 SOI 材料，埋氧层厚度 1.5μm、SOI 厚度 5μm。集成的器件包括：3.3V/5V 的 CMOS，

40V/60V/80V/100V/170V 的 NLDMOS，40V/80V/100V/170V 的高压 PMOS，100V/170V 的 Field-PMOS，5V/40V 的 NPN 和 PNP，170V/200V 的 NLIGBT，100V 的 Field-pLIGBT 和 Flash memory。图 3.2.22 给出了该 BCD 工艺中所集成的高压 NLDMOS 剖面相片，工艺采用了多层金属布线，其中顶层金属厚 4μm，可用来作为低阻的功率布线。

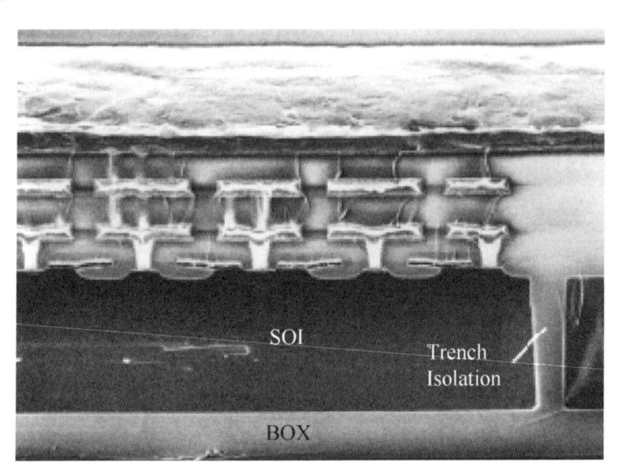

图 3.2.22　0.25μm SOI BCD 工艺中 NLDMOS 剖面相片

谭开洲等提出一种采用半绝缘键合 SOI 的新型 BCD 工艺，通过深槽介质隔离，将高压大电流 VDMOS、CMOS 和 BJT 同时可靠地集成在一起[26]。图 3.2.23 给出了半绝缘 SOI BCD 工艺剖面结构图，VDMOS 漏区为 N^+衬底，与硅基 VIPower BCD 工艺衬底引出方式相同，其衬底电极即为 VDMOS 的漏引出端。SOI 的埋氧化层是不连续的，使得 VDMOS 的有源硅层可以直接与硅片衬底接触，形成良好的导电和导热能力；并且这一部分导电区域与其他有源硅层通过埋氧化层和深槽 SiO_2 得到很好的隔离。

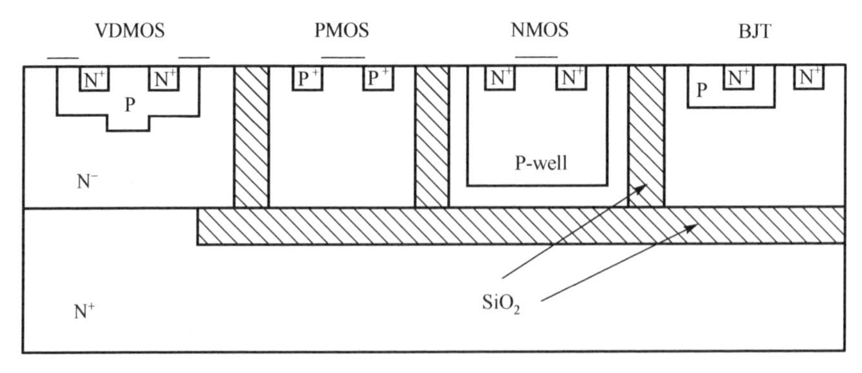

图 3.2.23　半绝缘 SOI BCD 工艺剖面结构图

3.3　BCD 兼容技术

BCD 工艺采用一体化的制造流程形成双极型、CMOS、DMOS 等不同类型器件结构，组合成完整的功率集成电路，其兼容技术的好坏、水平的高低直接影响着功率集成电路的性能、成本和功耗。在确保每一个器件如一件乐器音色和谐的同时，实现整个电路系统合奏优美的乐章，是 BCD 兼容技术的灵魂。

3.3.1　BCD 工艺优化规则

进行 BCD 工艺设计和优化时，具有以下原则：①满足各类型器件的设计指标，如高压功率器件的关态耐压和导通电阻特性要求，低压 MOS 器件的阈值电压和漏极耐压，双极型器件的发射极与集电极之间耐压和电流放大系数；②尽可能少的光刻版数量，在保证器件性能的前提下，光刻掩模版的版次越少，代表工艺具有良好的兼容性，光刻版次过多不但增加制造成本，还会因工艺误差的原因降低芯片的成品率；③最少的高温过程和最低的高温温度，器件工艺制作过程中，高温过程的主要作用是推结，频繁的高温过程不但会影响杂质分布，导致功率器件与低压浅结的不兼容，还会影响晶体的晶格结构和界面的质量。

BCD 工艺制成器件的尺寸、杂质浓度和结深等是决定器件性能的关键。典型高压 DMOS 制造中的关键参数包括：①N^+/P^+结深、掺杂浓度、体区和漂移区的长度、结深度、掺杂浓度；②漂移区场氧化层厚度、位置、长度，栅氧化层厚度；③栅/漏场板的长度。这些参数共同影响着功率器件的关态耐压、导通电阻、阈值电压等性能。这些参数也与同时形成的 CMOS 和双极型器件相关，决定了低压 CMOS 器件的阈值电压、源漏击穿电压以及跨导，双极型器件的 f_T、β、BV_{ceo}、BV_{cbo} 等。DMOS 的关键工艺参数必须与 CMOS、双极型器件的这些参数进行折中并优化，以达到互相匹配。

3.3.2　BCD 工艺兼容设计实例

为诠释 BCD 工艺制程中的兼容技术，结合如下实例进行具体说明。

工艺采用 P 型、<100>晶向、75～130 Ω·cm 的高阻衬底材料，首先在 P 型高阻单晶硅衬底上注入硼和砷以分别形成 P-bury 埋层和 As-bury 埋层，经 9μm 的 N 型外延后，两次注入硼，推阱形成 P-well 和 P-top 层；LOCOS 工艺形成有源区和场氧化层，栅氧化形成 80nm 的栅氧并调沟；淀积多晶硅，多晶掺杂，源漏区注入，金属化，钝化层淀积，开压焊孔。图 3.3.1 给出了硅基薄外延兼容工艺剖面结构示意图。埋层 P-bury 与 P-well 经高温扩散后形成 P 型区，与外延层 N-epi 形成 PN 结隔离，使得 LDMOS、高侧 CMOS、低侧 CMOS、BJT 等器件可工作在不同的隔离岛内，实现高低压兼容。PN 结隔离亦使不同隔离岛内的器件或电路可以工作在不同的电源电压下，以满足低压电路设计的需要。工艺中采用了双 REUSRF 高压 LDMOS 结构，器件的击穿电压受限于衬底掺杂浓度。砷埋层(As-bury)被采用以增大高侧电路的穿通电压，并有利于避免闩锁效应。

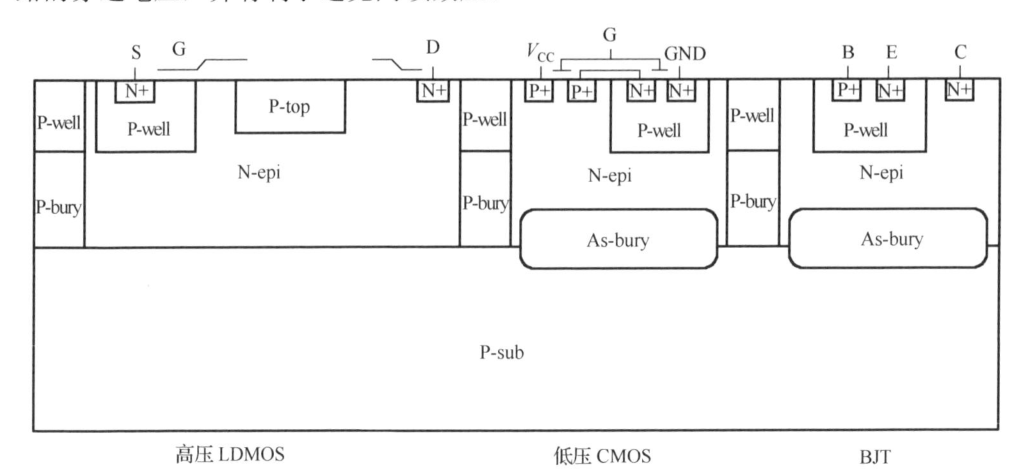

图 3.3.1　硅基薄外延高压 BCD 兼容工艺剖面结构图

P-well 用来形成 LDMOS、NMOS 的体区以及 NPN 管的基区。当 P-well 结深较浅、浓度较低时，NPN 的增益会提高，开基区击穿电压 BV_{ceo} 会降低，NMOS 会随着沟道长度的减小而易发生穿通。当 P-well 结深较深、浓度较高时，NPN 管的增益就会降低。若选择 P-top 作为三极管的基区，虽然可以获得高的增益，但由于其浅结深、低注入剂量的限制，BV_{ceo} 会降低。因此 P-well 参数的选择对于器件的耐压与增益存在折中关系，需要根据电路对器件性能的需求进行选择。在不同的器件中，P-well 的注入剂量虽然没有变化，但所起的作用却全然不同，充分体现了工艺的兼容性。上述分析中的 P-top 层，并不适合作为三极管的基区，通过调整工艺制程也无法实现与其他器件结构的兼容，P-top 主要用来与外延层形成的双 RESRUF 结构，只能单列一版，这体现了所有工艺兼容都必须以满足器件性能为前提。

N-epi 作为 LDMOS 的漂移区、PMOS 的体区、NPN 的集电区。N-epi 和 P-top 的浓度和厚度必须满足 RESURF 条件，在优化范围内才能达到高压双 REUSRF LDMOS 的耐压需求，第 2 章中式(2.4.7)和式(2.4.8)改写为：

$$Q_{\text{nepi}} \leqslant 2\times10^{12}\times\left[\sqrt{\frac{N_{\text{nepi}}}{N_{\text{nepi}}+N_{\text{Ptop}}}}+\sqrt{\frac{N_{\text{nepi}}\cdot N_{\text{sub}}}{N_{\text{Ptop}}(N_{\text{nepi}}+N_{\text{sub}})}}\right] \tag{3.3.1}$$

$$Q_{\text{Ptop}} \leqslant 2\times10^{12}\times\sqrt{\frac{N_{\text{nepi}}}{N_{\text{nepi}}+N_{\text{Ptop}}}} \tag{3.3.2}$$

同时，为了保证P-top层和N-epi层在击穿之前已完全耗尽，这两层单位面积电荷还需满足$Q_{\text{nepi}} - Q_{\text{Ptop}} \leqslant 1.4\times10^{12}$。

3.4　隔离技术

功率集成电路中包括不同电压等级的器件，需要采用必要的隔离技术保证器件及电路性能，本节主要介绍三类典型的隔离技术。自隔离技术最简单、成本低；结隔离技术更通用，常用于功率集成电路工艺中；介质隔离技术具有优良的隔离性能，且隔离面积小。

3.4.1　自隔离技术

自隔离技术利用晶体管和衬底之间自然形成的反偏PN结来实现高压的自隔离。图3.4.1所示N型LDMOS晶体管的源极与P-well及P型衬底连接短接接地；高压漏极与N-drift连接，形成反偏PN结。通常器件结构为圆形、跑道型等，漏在中心，P-well的包围使得高压漏极在器件内部，实现自隔离。采用自隔离技术的器件，可以实现1000V的关态耐压。自隔离技术实现方式简单，不增加额外的设计结构，减小了器件的工艺和面积开销，但自隔离方法存在一些缺陷：由于自隔离技术始终要求隔离PN结反偏，P侧需要与器件中的最低电位相连接，因此必须采用共源连接，即使源区的N^+和体区P^+分开，由于P-well较高的掺杂，器件源极也不能浮动在较高电压下，限制了电路结构设计的灵活性。

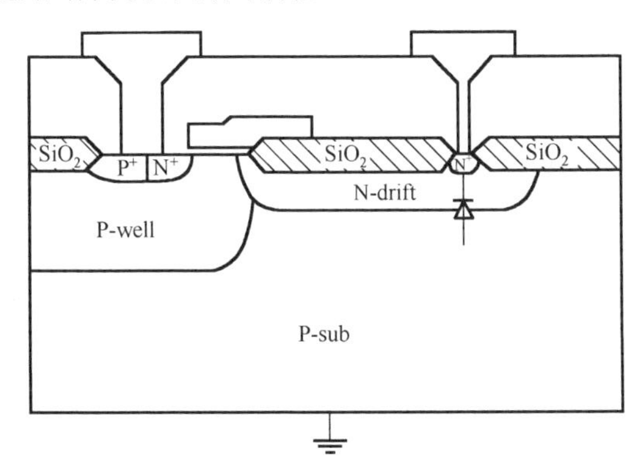

图3.4.1　采用自隔离技术的LDMOS结构

3.4.2　结隔离技术

结隔离是BCD工艺中最常见的隔离方式，如图3.4.2所示，利用外延层和衬底形成PN结提供衬底隔离，再通过深扩散形成隔离岛，器件做在隔离岛内，从而将每个器件分隔开来。结隔离技术成本低，其相较于自隔离技术电路设计更灵活，所以现在很多的功率 IC 均采用结隔离。最典型的实现方法是：在 P 型衬底上注入形成 P 埋层，然后再形成 N 型外延层，通过注入 P 型杂质并推结使得 P 型杂质纵向穿通整个 N 外延并与 P 埋层接触，形成 N 型隔离岛。器件耐压越高，所需的外延层厚度越厚，同时由于横向扩散效应，隔离区面积会增加。采用结隔离技术的器件源端电压可以高于地电位，因此在功率集成电路应用中通用性更好。结隔离存在一些不可避免的缺陷：首先，当器件耐压提高，外延层厚度增加，用来形成隔离区的 P^+注入需要更长的推结时间，杂质的横向扩散更加明显，使得隔离区会占据很大的芯片面积，可以通过对自下向上和自上向下对通结隔离的方式减少推结时间，从而减小杂质的横向扩散尺寸，但是即使这样隔离区的面积还是很大，所以对于高压 BCD 工艺采用结隔离技术很难降低隔离区面积；其次，功率集成电路中 PN 结的反向漏电随温度升高而增大，使得泄漏电流增加；再次，器件 PN 结面积增加导致寄生电容增大。

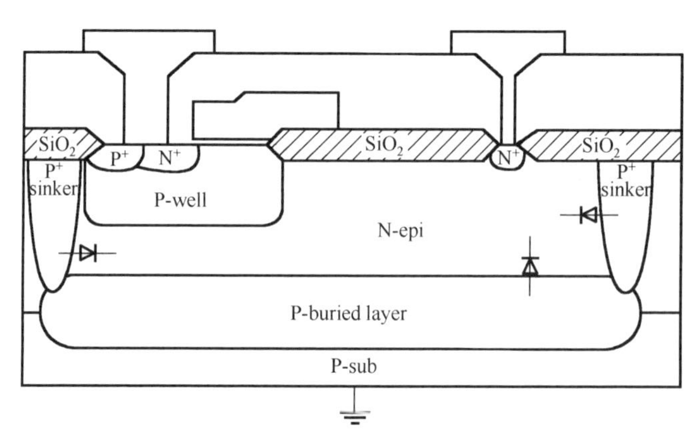

图 3.4.2　采用结隔离技术的 LDMOS 结构

3.4.3　介质隔离技术

介质隔离技术是指电路中各器件通过绝缘介质隔离，是真正意义上的物理隔离。目前出现的介质隔离技术主要包括浅槽隔离（Shallow Trench Isolation, STI），深槽隔离（Deep Trench Isolation, DTI）以及全介质隔离技术。STI 和 DTI 仅仅是在器件的侧壁形成隔离，而全介质隔离则在器件底部和侧壁都用绝缘介质隔离形成封闭的隔离岛，全介质隔离一般采用 SOI 衬底，配合 STI 或 DTI 工艺来完成。

介质隔离相比其他的隔离方式存在许多优势：隔离宽度较小，所以可以大大节省芯片面积，现代较低线宽高集成度的 BCD 工艺一般均采用介质隔离；介质隔离效果很好，器件间的串扰和寄生效应很小，减弱了闩锁效应的发生，同时提高了电路速度。采用介质隔离技术的 LDMOS 结构如图 3.4.3 所示。

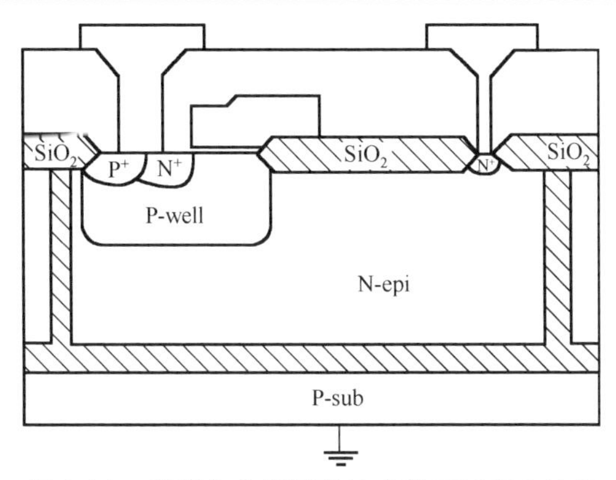

图 3.4.3　采用全介质隔离技术的 LDMOS 结构

3.5　高压互连技术

高压集成电路中，为实现将低压端控制信号传输到高压端等功能，高压互连线 HVI 通常需跨过 LDMOS 和高低压隔离区表面的局部区域。HVI 导致源侧栅极场板末端电场急剧增大，严重影响高压器件的击穿电压。

3.5.1　厚介质层互连技术

增大高压互连线以下互连介质层的厚度有利于降低 HVI 对器件击穿特性的影响[27]。其机理是降低同等互连高压下的硅表面电场峰值，进而改善器件的击穿特性。然而过厚的介质层需要多次淀积形成，并且厚介质层产生的大台阶高度还会带来光刻问题。

Sakurai 采用硅氧化、Si_3N_4 淀积、干法刻蚀 Si_3N_4 和 SiO_2、湿法刻蚀硅、LOCOS 氧化的方法来减小硅表面台阶高度，如图 3.5.1 所示。然而该方法带来了额外的工艺步骤，且不能有效避免高压互连线对器件击穿电压的降低[28]。因此，仅仅采用厚介质层并不是解决高压互连问题的最佳途径。

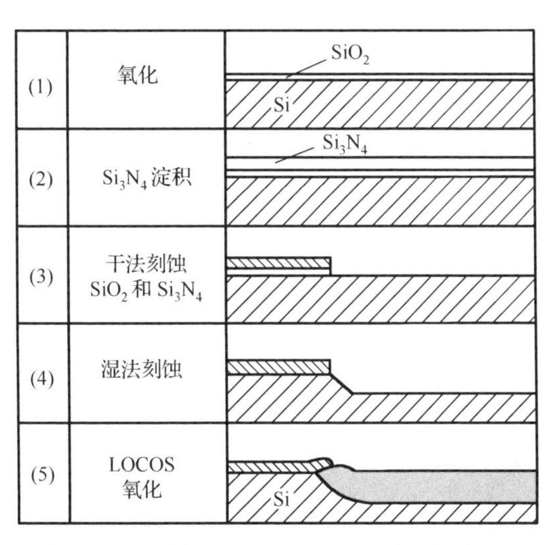

图 3.5.1　降低硅表面台阶高度的工艺步骤

3.5.2　掺杂优化技术

Flack 采用结终端扩展(Junction Termination Extension，JTE)结构，通过优化 P^- 降场层的掺杂浓度来降低高压互连线对 RESURF 二极管的影响，其结构如图 3.5.2 所示[29]。借助二维数值仿真，获得了优化的 P^- 降场层浓度。在 HVI 距离硅表面分别为 5μm 和 3μm 的情况下，具有优化浓度 P^- 结构器件的击穿电压比理想二极管仅降低了 18%和 37%，相较之下，传统结构击穿电压降低了 38%和 54%。

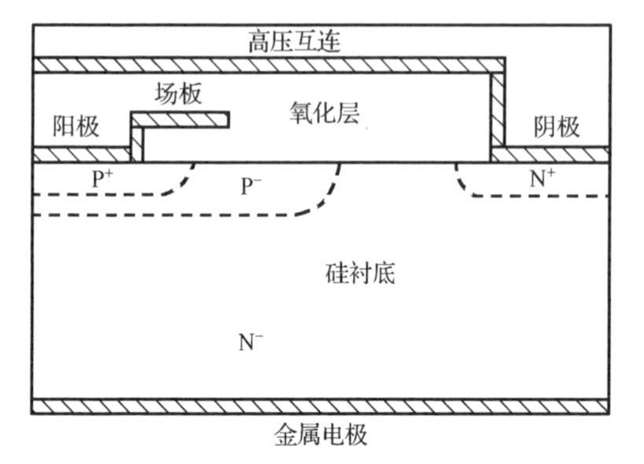

图 3.5.2　具有 JTE 结构的 RESURF 二极管剖面图

De Souza 提出线性变掺杂(Linearly Varying Doped，LVD) P^- 层双 RESURF 横向功率器件结构，通过数值仿真研究了高压互连线对单 RESURF LDMOS、均匀 P^- 层双 RESURF LDMOS、LVD P^- 层双 RESURF LDMOS 击穿特性的影响。虽仿真得到了 640V 具有 HVI 的均匀 P^- 层双 RESURF LDMOS，但未见实验报道[30]。

3.5.3　场板屏蔽技术

众多学者采用一系列的场板技术降低 HVI 对高压器件击穿特性的影响，主要包括：沟阻场板(Channel Stopper Field Plate，CS-FP)[27]、单层多浮空场板[31-33]、多层多浮空场板[34-36]、卷形阻性场板(Scroll shaped Resistive-Field-Plate，SRFP)[37]，偏置多晶场板(biased polysilicon field plate)[38]。

Fujishina 提出如图 3.5.3 所示的 CS-FP 技术实现 400V 以上级的高压 DMOS 器件，利用嵌入在氧化层中的沟阻场板降低互连线的影响，击穿电压较传统 CS 技术提高了 28%[39]。

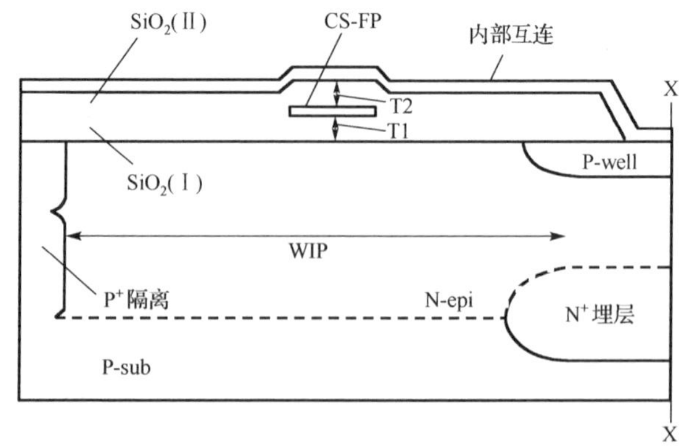

图 3.5.3　具有 CS-FP 的高压器件结构剖面图

Martin介绍了其开发的第二代全集成850V NMOS器件，如图3.5.4(b)所示。与图3.5.4(a)给出的第一代器件相比，其采用了双层多晶浮空场板，并且P^+区包围了N^+源区。对于无第二层多晶硅的器件，击穿电压从第一代的550V增加到660V；在增加第二层多晶浮空场板后，器件击穿电压可提高到850V[31]。

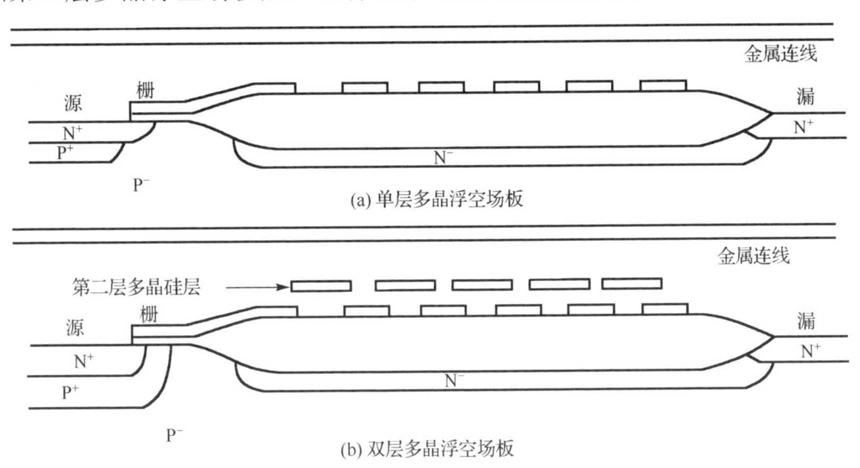

图3.5.4　具有单层和双层多晶浮空场板的LDMOS结构剖面图

Terashima也提出用单层和双层浮空场板来降低高压互连线对器件击穿特性的影响，采用MFFP (Multiple Floating Field Plate)和N^+/N^-埋层结构实现了600V的NLDMOS和PLDMOS，如图3.5.5所示[32-34]。

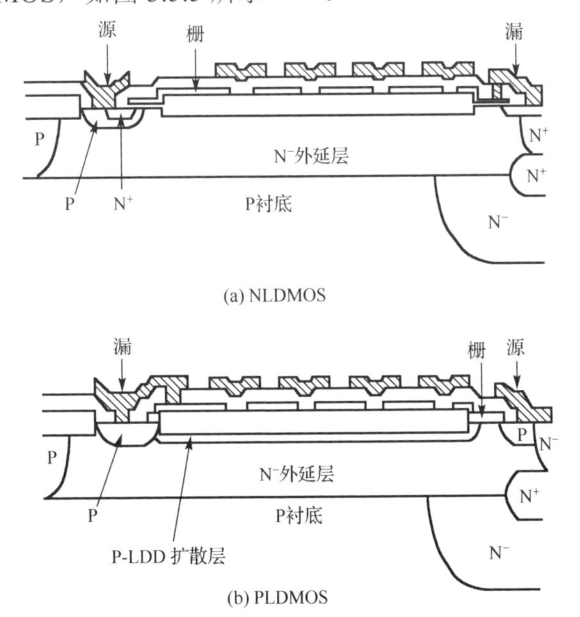

图3.5.5　具有N^+/N^-埋层和MFFP的NLDMOS和PLDMOS结构剖面图

Endo 提出如图 3.5.6 所示的 SRFP 结构，其在场氧层上引入卷形阻性多晶硅场板，实现了 500V、1A 的高压集成电路和 580V 的高压器件[37]。对于无 SRFP 的传统结构，器件易在栅极场板末端发生击穿，且击穿电压会因金属和漂移区的寄生电容充电而从 280V 漂移到 470V。而采用 SRFP 结构后，电压漂移现象被避免。但 SRFP 器件在承受高压时，卷形阻性场板上会存在微小的漏电流。

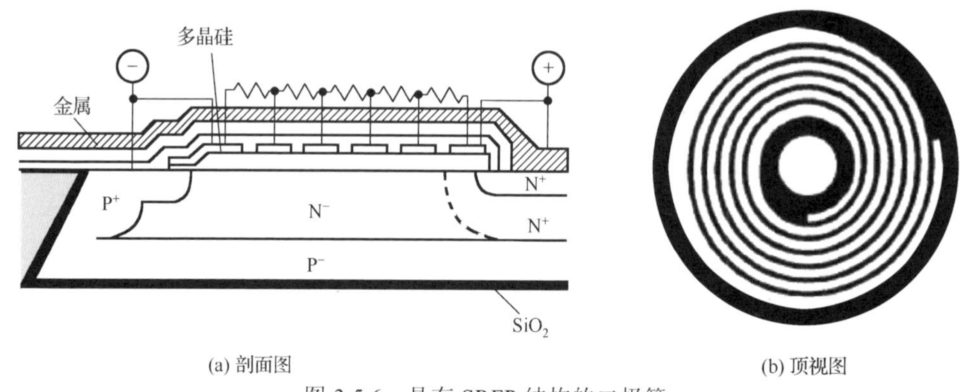

(a) 剖面图　　(b) 顶视图

图 3.5.6　具有 SRFP 结构的二极管

3.5.4　自屏蔽技术

Fujihira 提出一种自屏蔽(Self-shielding)的高压内互连技术[39,40]，从根本上避免了 HVI 对器件击穿电压的影响。该结构不需要额外的互连屏蔽结构，其击穿特性仅取决于器件 PN 结的耐压。基于自屏蔽的 N 型、P 型横向高压器件，实现了 1000V 以上的高压集成电路。图 3.5.7(a)给出了传统的高压集成电路结构，高压互连线跨过电平位移器件的漂移区和高压结终端(High Voltage Junction Termination，HVJT)，导致高压结构的击穿电压降低。而对于如图 3.5.7(b)所示的自屏蔽高压集成电路结构，高压互连线为内互连，没有跨过器件漂移区和高压结终端，从根本上避免了高压互连线带来的不利影响。

Kim S L 提出一种新的隔离自屏蔽结构，消除如图 3.5.8 所示的传统自屏蔽结构中 LDMOS 与高端控制部分的泄漏电流问题，通过在高端区增加高掺杂的 N 型埋层，实现 dv/dt 为 65kV/μs 的 600V 高端 IGBT 驱动电路[41]。图 3.5.9(a)给出了隔离自屏蔽结构的平面图，图 3.5.9(b)给出了图 3.5.9(a)中 AA′剖面结构图。隔离自屏蔽结构在 LDMOS 和高端控制部分间增加了由 P-bottom 和 P-top 形成的 P-Isolation，利用 P-Isolation 和 N-epi 的反向偏置，消除传统自屏蔽结构中的漏电流通路。通过增加 N 型埋层，增强隔离区 P-bottom 的耗尽，并提高高侧器件的穿通击穿电压，增强高侧电路的 dv/dt 能力。随后，Kim 基于 600V 高低压兼容工艺，通过修改 P 型衬底电阻率、P-Isolation 剂量和高压互连线距硅表面的内层介质厚度，在 200Ω·cm 的 P 型衬底材料上实现基于隔离自屏蔽结构的 1200V 互连技术[42]。

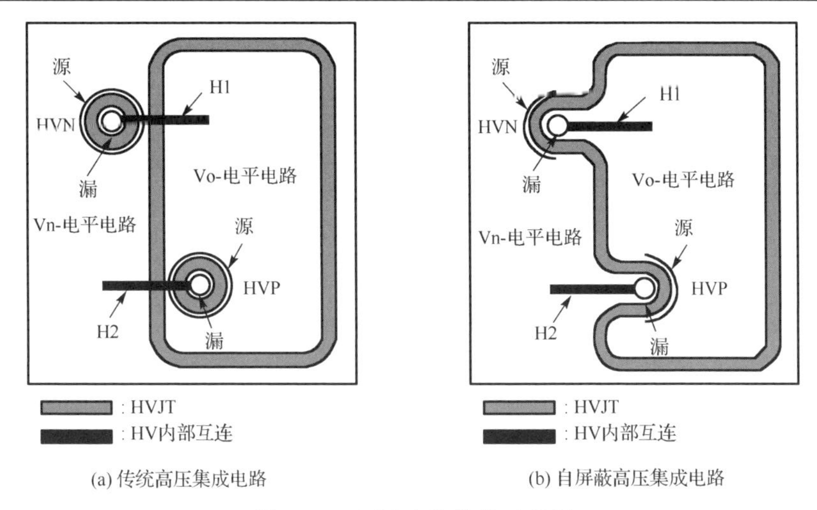

(a) 传统高压集成电路　　(b) 自屏蔽高压集成电路

图 3.5.7　两种电路结构示意图

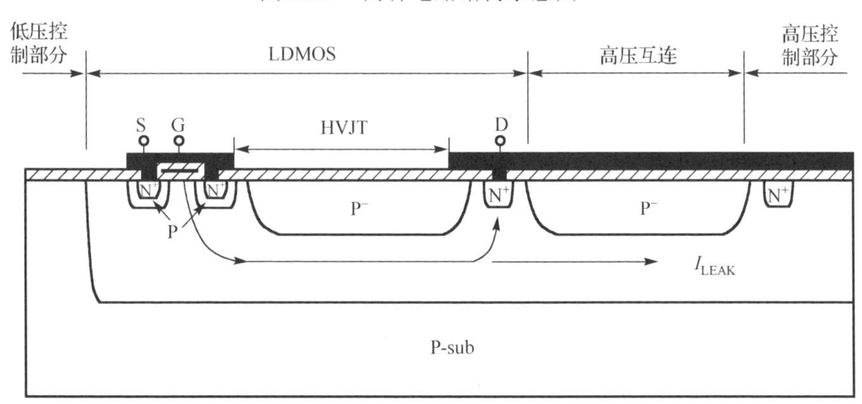

图 3.5.8　传统自屏蔽结构漏电流问题示意图

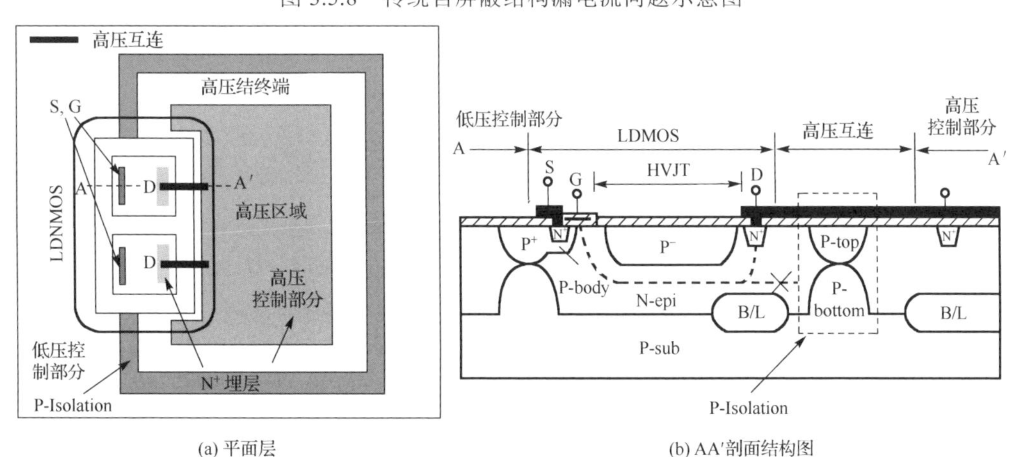

(a) 平面层　　(b) AA′剖面结构图

图 3.5.9　隔离自屏蔽结构

此外，Ranjan 提出基于一对高压 N 型电平位移器件的自屏蔽技术；Terashima 提出分区 RESURF 结构(divided RESURF structure)，分别实现基于 NLDMOS 和 PLDMOS 的 1200V 电平位移电路；Yamazaki 通过优化 N-well 电阻和高压侧 N-well 区的设计规则，研制成功具有较好 d*v*/d*t* 特性的基于自屏蔽技术和自隔离结构的 600V IGBT 驱动集成电路；Kim J J 通过优化自屏蔽结构中的 N 型埋层半径，获得 645V 的电平位移[43-46]。

3.6 功率集成电路工艺中的可靠性问题

随着功率半导体技术的发展，越发多样的功率器件、模拟器件和逻辑电路被集成在同一块芯片上，电路日趋复杂，可靠性问题也日益显得重要。由于功率集成电路工作在高压或大电流的条件下，一个器件的失效可能威胁到整个系统的正常工作，可靠性的问题十分突出，因此功率集成电路工艺技术必须进行可靠性方面的研究，防止功率集成电路失效的发生。本节将介绍场开启、寄生双极型晶体管、闩锁效应、ESD、HTRB、HCI 等常见可靠性问题。

3.6.1 寄生效应

3.6.1.1 场开启

BCD 工艺中不同器件间常采用低浓度的衬底或低掺杂的阱区以形成反偏 PN 结隔离，相邻器件之间为场区。同时，为实现功率集成电路不同器件间的电学连接，大量互连结构需要从器件场区上方经过，连接高压的互连金属或多晶硅可能成为寄生栅结构，当电压足够大时寄生栅结构发出的电场能在低掺杂浓度的硅层表面形成反型层，如图 3.6.1 虚线所示。如果反型层的两侧存在相同掺杂类型的区域，反型层将会连接两区域形成类似 MOS 结构的漏电路径，导致场开启的发生。为了抑制场开启现象，BCD 工艺可以通过优化版图的方式，尽量避免带有高电压的金属和多晶硅互连结构从低掺杂的场区上方经过；还可以通过工艺方法，如图 3.6.1 的 N^+区域，通过场区注入在低掺杂的 N^-区表面形成高掺杂的导电沟道阻断区，提升漏电通道的阈值电压从而阻断反型层；还能采用场区厚氧化来提高寄生 MOS 的阈值电压，以防止寄生场管沟道形成。

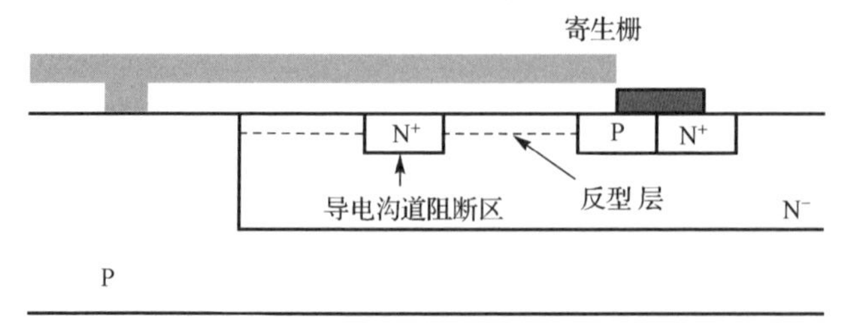

图 3.6.1 NMOS 晶体管寄生场管开启示意图

3.6.1.2　寄生双极型晶体管

BCD 工艺实现不同类型功率器件集成的同时，也在器件内部引入了各种具有不同掺杂类型的半导体区域，当这些掺杂区域组成特定结构如 NPN 或 PNP 时就会成为寄生双极型晶体管，如果设计不佳，这些寄生双极型晶体管会在特定的工作条件下诱发开启，影响电路正常工作甚至导致器件烧毁。

如图 3.6.2(a)，右侧是一个集成 VDMOS 器件，VDMOS 的 P 体区、N-epi 及 P-sub 分别构成寄生 PNP 三极管的发射区、基区和集电区。PN 结隔离的情况下，漏极/衬底构成的集电结总是反偏，只要体区内流过空穴电流产生足够的压降，体区电势抬升导致 P 体区与 N-epi 构成的发射结正偏，就会激发晶体管开启。不同器件之间也会形成寄生双极型晶体管，如图(b)中左侧信号袋(Signal Pocket)的高掺杂 N^+区、衬底和 VDMOS 漏极构成 NPN 晶体管，N^+与衬底形成的集电结总是反偏，衬底与 VDMOS 漏极构成发射结。电路开关导致的电压快速变化、电离辐射等都是诱发寄生开启的重要因素。

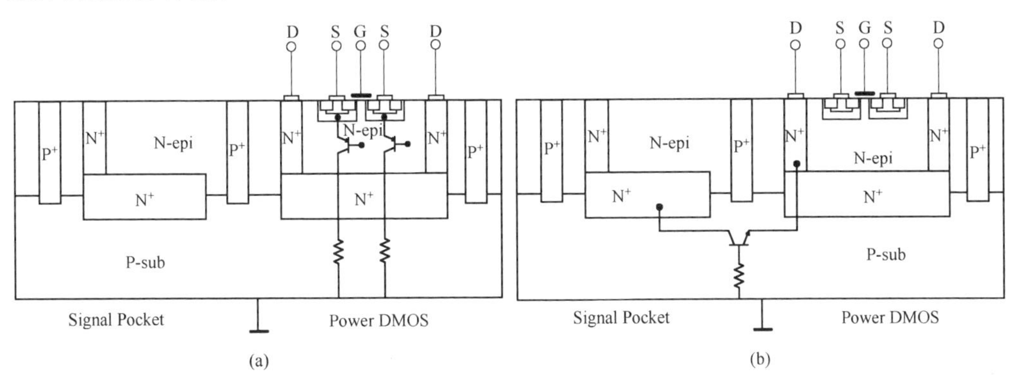

图 3.6.2　寄生双极型晶体管开启示意图

3.6.1.3　闩锁效应

与 CMOS 工艺相同，闩锁效应也是 BCD 工艺高压功率集成电路中普遍存在的可靠性问题之一。由于 BCD 工艺集成了 DMOS、BJT、CMOS 以及它们的隔离结构，不可避免地会存在寄生 P-N-P-N 可控硅结构，为闩锁效应发生提供了可能，当满足触发条件，则会使寄生可控硅结构导通，两个寄生双极型晶体管形成正反馈电流通路，导致大电流通过，使芯片发热烧毁，带来严重危害。

图 3.6.3 中 BCD 工艺集成了高压 PLDMOS 与低压 PMOS 并添加了双阱结构抑制闩锁，尽管如此闩锁效应仍可能发生。两个晶体管共用高压 P 阱、高压 N 阱结构，形成了 P-N-P-N 闩锁通路。更为复杂的情况下，结合低压 CMOS 的 P 阱与 N 阱，还能形成六层 P-N-P-N-P-N 的闩锁通路。

如果由电路开关导致的电压快速升降或者电离辐射等现象导致 P 外延中产生电流噪声(可以通过向 V_{Trigger} 中注入电流来模拟)，则会导致闩锁的发生。为避免闩锁效应，版图设计优化是 BCD 工艺常见的加固方法，与 CMOS 设计类似，优化布局，控制不同器件之间的间距避免闩锁发生。此外，在闭锁路径中添加阱连接 (well pickups)结构或插入双保护环是较常见的解决方案，还可以加入主动保护环电路来抗闩锁[47]。

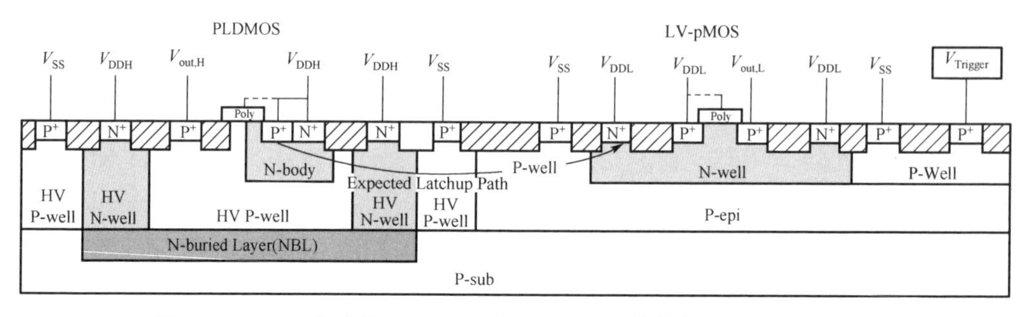

图 3.6.3　BCD 集成的 pLDMOS 与 LV-pMOS 结构剖面图及闩锁路径

3.6.2　ESD

静电泄放(Electro-Static Discharge，ESD)是影响功率半导体芯片可靠性的重要因素之一，在功率集成电路的整个制造过程和芯片使用过程中，都有可能发生静电放电现象。虽然 ESD 脉冲的时间很短，通常只有几十纳秒量级，但是会产生低至几百高至上千伏的瞬时高压，这可能影响功率集成器件的寿命或性能，或者直接导致器件的损毁。

相比 CMOS 工艺，BCD 工艺的栅氧化层更厚，并具有较大的栅源电容，通常被认为具有较好的 ESD 鲁棒性，然而，随着工艺技术的发展，特别是高密度 BCD 领域，器件的栅氧化层越来越薄，ESD 损伤的问题越发严重。因此，对功率集成电路进行 ESD 保护，对于提升功率集成电路可靠性具有重要意义。

BCD 工艺制造的功率集成电路的逻辑控制部分为常规电压，其防护思路与典型 CMOS 工艺下的防护相同，需要针对每一个 I/O 口、V_{DD} 和 V_{SS} 设计防护，可以通过集成二极管、BJT、ggNMOS(grounded-gate NMOS)、PMOS 或 SCR 等作为保护器件，在静电泄放发生时提供低阻静电泄放通道，并将 ESD 电压箝位至较低水平，从而使功率集成电路避免 ESD 引起的失效。但对于高压 DMOS 防护方法则有所不同，为满足耐压要求，功率集成电路中会使用高压器件作为 ESD 防护，以下简称高压 ESD 防护器件。与传统低压防护相比，高压器件 ESD 防护需要更多考虑，如在进行高压防护设计时，一般需在满足击穿电压不变的前提下进行，这大大限制了结构参数调整的内容和范围。高压防护器件往往具有低掺杂的漂移区，大电流下漂移区内的电荷分布改变可能导致器件呈现强回扫特性(Snapback)，这可能导致高压 ESD 防护器件发生闩锁，因此，实际设计中需要针对 Snapback 特性进行优化。高压 ESD 防护器件版图绘制需考虑电流分布均匀性，大曲率处电场的优化设计、金属尖端位置电场优化设计等问题。此外，持续减小的结深有助于提高器件的性能，但是 ESD 电流却趋向在表面流动，局部的电流集中效应会使器件局部发热，从而可能使器件提前失效，这些都对 ESD 器件设计带来了困难。

以 LDMOS 器件为例，当正向 ESD 脉冲作用在漏极上，漂移区与体区的反偏耗尽区碰撞电离率增大，发生雪崩击穿，碰撞产生的空穴电流流经体区产生压降，使得体区/源极之间的 PN 结正偏导通，此后源极注入电子，由于体内寄生 NPN 结构在大电流下的 Kirk 效应，器件会发生强 Snapback，最终由大电流产生的瞬态高温使器件产生热损伤，从而导致漏电急剧增加。一般 DMOS 器件的栅极保护 ESD 设计需要 ESD 触发电压大于栅工作电压，同时低于栅氧化层的击穿电压。此外，在高速应用时还需要降低 ESD 器件的寄生结电容。综上所述，ESD 器件的多重要求将对设计带来极大挑战。

3.6.3　热载流子效应

热载流子注入效应(Hot Carrier Injection，HCI)是 MOS 器件中一种常见的可靠性问题。热载流子效应产生的原因是在高电场作用下，器件中的一些载流子可能获得很高的能量成为“热载流子”。热载流子的有效温度高于晶格的温度，可以克服 Si-SiO_2 界面势垒进入到栅氧化层，造成阈值电压漂移、导通电阻增加、跨导下降，以及产生栅极泄漏电流、衬底泄漏电流等非工作电流，使器件性能发生退化，影响器件及电路的工作寿命。

LDMOS 作为集成电路中的主要高压功率器件，常用于开关转换电路，以 NLDMOS 为例，当器件处于关态的时候，漏源之间的电压为高压，栅源之间的电压为低压；当器件处于开态的时候，栅源之间的电压为高压，而漏源之间的电压为低压。在这两种状态下，LDMOS 不同时处于高源漏电压和大源漏电流的状态，受热载流子效应的影响都很小，但当器件处于开关转换的过程中时，V_{gs} 和 V_{ds} 就有可能同时为高压，在器件内部形成高电场和大电流，以至于发生热载流子效应。LDMOS 中的热载流子效应会造成导通电阻的增加，降低器件的驱动能力。

相比 CMOS 器件，DMOS 的器件结构通常有场板结构、场氧化层和漂移区，可以起到降低沟道区电场的作用，但是会在 DMOS 漂移区内区引入高电场区域。因此，沟道区和漂移区都可能有热载流子注入发生，增加了热载流子注入现象的复杂度。针对 DMOS 的 HCI 问题，国内外进行了众多理论研究，如 Reggiani 基于 0.18μm BCD 研究栅沟道与 STI 结构的 HCI 效应[48]；Cortés 等对不同电压偏置和 HCI 注入位置对 LDMOS 器件性能影响进行了研究[49]。此外还有一些特殊结构被提出以提高 BCD 工艺制造器件的 HCI 鲁棒性。

TI 公司的 Poli 等人提出了具有叉指型场板以及部分 STI 结构的 LDMOS 器件，如图 3.6.4 所示，通过优化场板和 STI 结构分布降低漂移区电场峰值，减小热载流子有效温度，减小 HCI 敏感度[50]。

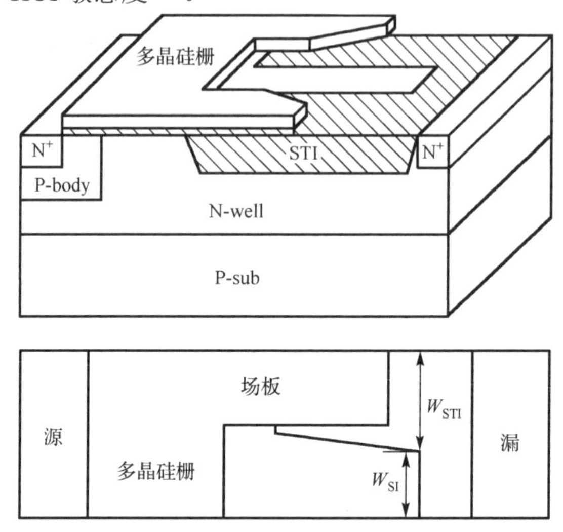

图 3.6.4　叉指型场板以及部分 STI 结构的 LDMOS 结构

Renesas 公司的 Fujii 等人提出了一种局部凹槽场板结构 LDMOS，如图 3.6.5 所示，沟槽型的栅场板结构减小了在 STI 侧面和拐角处的电场强度。通过 BCD 工艺制造后，试验结果表明热载流子效应鲁棒性有明显提升[51]。

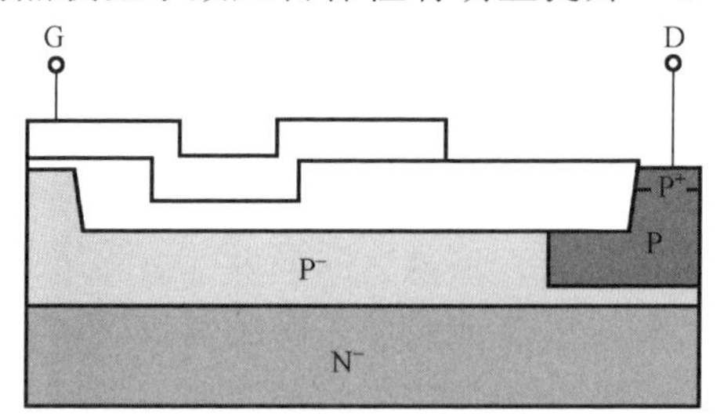

图 3.6.5　局部凹槽场板结构 LDMOS

3.6.4　高温反偏

功率集成电路中的高压功率器件，特别是高功率 BCD 领域的功率器件常在高温反偏(High Temperature Reverse Bias, HTRB)条件下工作，例如，部分电力电子系统要求功率器件在 60℃以上的环境中工作，这种环境下，功率器件的结温会达到 125℃以上，高温导致其反向耐压能力的退化会降低芯片的使用寿命，造成器件所在的功率电路系统不能正常工作甚至瘫痪。所以，提高半导体器件的高温反偏能力对提高它的可靠性具有非常重要的意义。

影响高温反偏能力的原因有很多种，但大部分器件的高温反偏失效都是由工艺生产过程中引入的可动离子沾污造成的。可动离子在芯片中分布的主要位置包括：钝化层的表面与内部、氧化层的表面与内部、金属-氧化层界面、Si-SiO_2 界面。可动离子在芯片中会因温度和电场的作用发生移动，这些移动的可动离子会改变功率器件中硅材料表面的电场分布以及感应出电子或空穴，有可能导致器件的击穿电压退化、泄漏电流增加、阈值电压不稳定等可靠性问题。为了提升高温反偏能力，BCD 工艺需要对上述可能引入沾污的工艺步骤进行严格的控制。

3.7　工艺仿真及设计实例

半导体工艺仿真是以 TCAD 软件为工具，通过编写程序语言设定工艺的顺序及杂质浓度、时间、温度等参数，模拟半导体集成电路或分立器件制造加工中的淀积、刻蚀、离子注入以及氧化等工艺步骤，TCAD 软件通过输入信息进行模拟演算，最终形成目标结构并输出材料边界、杂质分布、应力等信息的过程。工艺仿真通过电脑模拟验证加工方法的可实现性和效果，避免了现实中的工艺试验，大大降低了成本，是可集成功率半导体器件从设计到生产制造中不可或缺的重要环节。

3.7.1　工艺仿真软件介绍

Sentaurus 是 Synopsys Inc 推出的新一代 TCAD 软件，是功率半导体领域的主流仿真软件之一。Sentaurus process 是其中的工艺级仿真工具，用于开发和优化硅半导体工艺，应对当前和未来工艺制造技术的挑战。Sentaurus process 配备了先进的工艺流程模型，具有来自设备供应商校准的默认参数，可提供对从纳米级 CMOS 到大尺寸高压功率器件的广泛技术进行预测性仿真的模拟环境。Sentaurus process 整合了 AVANTI 的 TSUPREM 系列工艺仿真工具、Taurus Process 系列工艺仿真工具以及 ISE 的 Dios 系列工艺仿真工具，将一维、二维和三维仿真集成于同一平台，本书重点对其中的 TSUPREM 工艺仿真工具进行介绍[52]。

TSUPREM-4 是一种先进的一维、二维工艺模拟工具，用于开发半导体工艺技术和优化其性能。通过一整套的先进工艺模型，TSUPREM-4 能够模拟半导体器件的工艺制造步骤，减少进行昂贵试验的需要。此外，TSUPREM-4 具有扩展的应力仿真模型，允许优化应力以提高器件的性能。采用 TSUPREM-4 进行工艺仿真具有以下优点：①减小实验成本投入，能够模拟先进双极型器件、CMOS 和功率 DMOS 器件制造工艺；②通过精确模拟离子注入、扩散、氧化、外延、蚀刻和沉积过程，准确预测一维和二维器件的结构特征，减少试验运行和技术开发时间；③能够分析工艺过程中热氧化、硅化、热失配、刻蚀、沉积和应力释放等所有应力过程对器件的影响；④能够研究杂质扩散，包括氧化增强扩散(OED)、瞬时增强扩散(TED)、间质聚集、掺杂激活和剂量损失。

3.7.2　TSUPREM-4 工艺仿真介绍

本节旨在介绍 BCD 制造工艺的仿真工艺流程与关键步骤，通过举例说明，便于具有一定半导体知识的读者快速了解 TSUPREM-4 工艺仿真软件的使用。关于 TSUPREM-4 的基础语句和格式介绍在此不做具体说明，如有需要可以参考 TSUPREM-4 使用手册和相关教程。

使用 TSUPREM-4 进行功率集成电路工艺仿真需要对器件的掩模版(MASK)和工艺步骤进行编写，分别形成 MASK 文件及工艺流程文件，下面将分别进行介绍。

1. MASK

TSUPREM-4 工艺仿真模拟了实际半导体器件的制造加工流程，通过淀积、注入、刻蚀等工艺步骤对整个晶圆表面进行处理，这些工艺的处理范围和结构的大小、位置需要通过掩模版的方式定义。掩模版文件是独立于工艺流程之外的单独文件，预先编写好并在流程文件中调用，如下所示。

```
TL1 0100
/ Mask definition file
1e2
00000    22000
9
nwell 4
00000    01450
08350    10200
15000    17400
19500    22000
pwell 3
00750    10300
12500    17500
19000    22000
ptop 2
00000    01750
07350    20500
active 4
00000    01350
07850    08350
09950    15000
17400    22000
poly 4
00500    01850
06650    07650
11100    11400
13800    14100
nplus 6
00000    00300
00650    07750
08350    10300
12200    17800
18200    19200
19700    22000
pplus 3
00300    13000
15000    18500
19000    22000
cont 9
00600    07800
08300    10350
11050    11450
12150    13050
13750    14150
14950    17850
18150    18550
18950    19250
19650    20050
metal 9
00000    00650
07750    08350
10300    11100
11400    12200
13000    13800
14100    15000
17800    18200
18500    19000
19200    19700
```

MASK 文件有较为严格的格式要求。从上到下：1e2 表示几何参数权值为 100；00000 22000 是 MASK 的范围，与工艺流程中定义的最大横向尺寸一致，除以权值后实际范围是 0～220μm；9 是使用掩模版的总数。接下来分别定义每一道掩模版的名称、窗口数目、每一个窗口的范围，如名为 pwell 的掩模版有 3 个窗口，窗口范围是 0～7.5μm、103～125μm、175～190μm，即调用 pwell 后，会在窗口范围内进行曝光光刻胶等工艺步骤。

2．工艺流程

本书给出一种典型的BCD工艺仿真流程，其结构示意图与仿真结果图如图3.7.1所示，从左至右分别为 LDMOS、CMOS 和 BJT。器件采用自隔离结构，为方便展示，器件之间的距离没有按照实际所需进行设计。工艺流程框图展示了主要的工艺步骤，具有代表性的工艺步骤以及关键工艺参数将在图 3.7.2 中做详细说明。

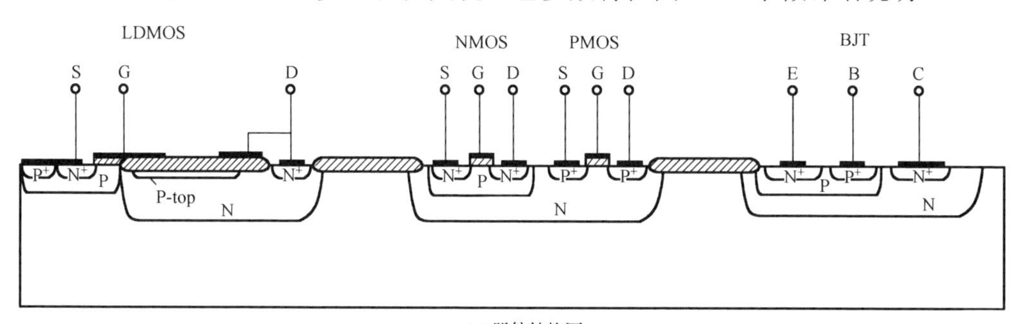

(a) 器件结构图

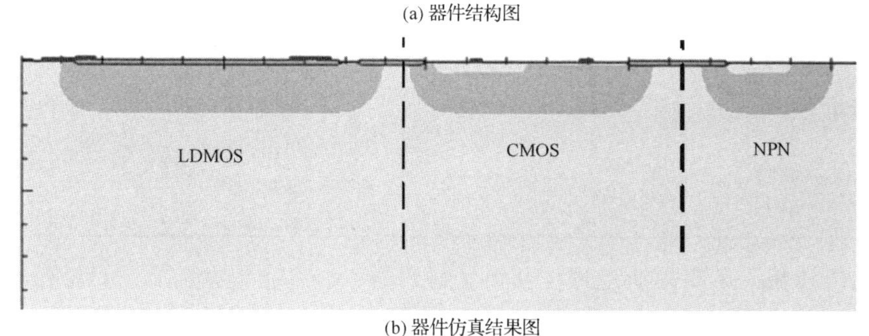

(b) 器件仿真结果图

图 3.7.1　器件结构图和仿真结果图

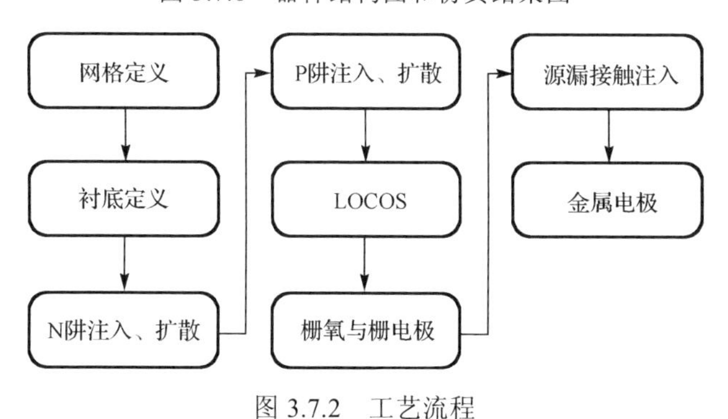

图 3.7.2　工艺流程

TSUPREM-4 仿真软件的计算基于格点信息，因此在仿真开始时需要先对网格进行定义，网格的间距和数目影响着 TCAD 软件迭代算法的收敛性，对仿真的精确度和速度有重要影响。可以通过下例语句定义，line 添加网格线并选择 x 或 y 方向，line 定义格线位置，spac 定义该位置网格的间距(几何参数单位均默认 μm)，“eliminate columns y.min”限制 y 方向最小网格尺寸大小(TSUPREM-4 中“$”后紧跟的语句不会被执行)。

```
$   1   set up the grid
line y l=0 spac=0.25
line y l=10 spac=1
line y l=15 spac=2
line y l=100 spac=10
line x l=0    spac=1
line x l=220 spac=1
eliminate columns y.min=10
```

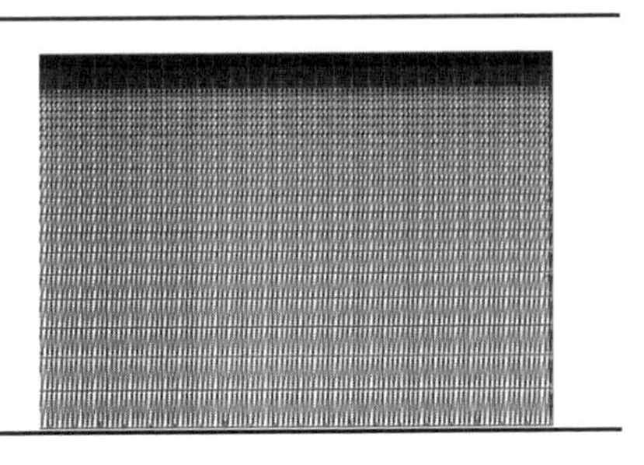

设定网格后，需要定义器件材料的初始参数，例中，晶向<100>，硼(boron)掺杂，其电阻率为 80Ω·cm。并使用 plot.2d 语句作图，color 设定不同材料颜色，savefile out.f 输出名为 out1 的过程文件，过程文件可以通过画图语句 plot 随时调用，方便检查和修改单步工艺。

```
$   2   set up the grid
initialize <100> boron=80 resitiv
select title="initialize grid"
plot.2d grid
color silicon color=7
color oxide color=5
savefile out.f=out1
```

上述语句相当于实际制造过程获得了衬底材料，之后根据需要的目标结构定义后续加工工艺步骤，对氧化、刻蚀、注入、推结等常用工序进行工艺模拟。

淀积工艺如下所示，通过 deposition 语句定义所淀积材料(此处为二氧化硅)的厚度（thickness）为 0.1μm。使用 print layers 在终端中输出指定位置的材料类型、厚度等，此处指 x=0 处的材料信息。

```
$   3   set int oxide
deposition oxide thickness=0.1
select title="n_well implant oxide"
print layers x.v=0
```

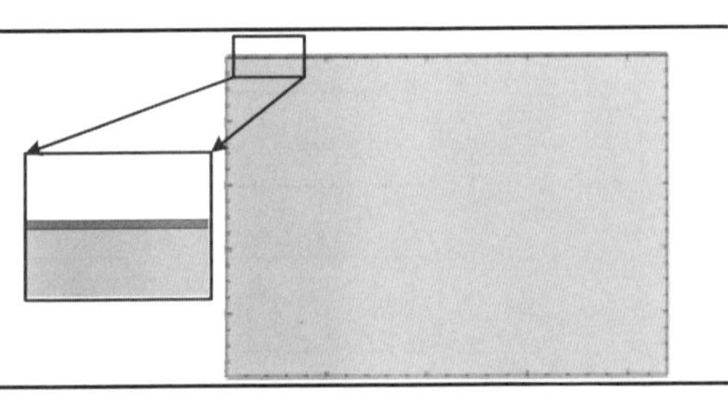

在整个表面生长了二氧化硅后，需要对部分氧化层进行刻蚀，以形成后续的注入窗口。先通过 mask in.file 语句导入预先写好的 MASK 文件，再用 deposition 语句设定光刻胶(photo)的类型(positive 正性光刻胶)和淀积的厚度，然后选择该步骤所需的掩模版 nwell，expose 语句对 nwell 掩膜下的光刻胶进行曝光，配合 develop 显影形成所需图形。

```
$  4   etch nwell
mask in.file=mask.tl1
deposition photo thickness=1.1 positive
expose mask=nwell
develop
```

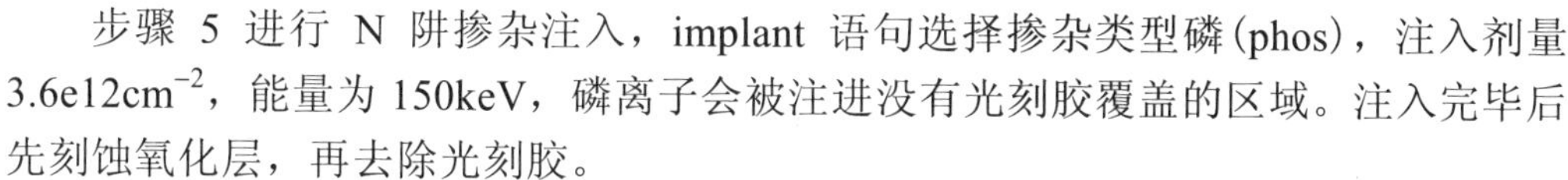

步骤 5 进行 N 阱掺杂注入，implant 语句选择掺杂类型磷(phos)，注入剂量 3.6e12cm^{-2}，能量为 150keV，磷离子会被注进没有光刻胶覆盖的区域。注入完毕后先刻蚀氧化层，再去除光刻胶。

```
$  5   implant nwell
implant phos dose=3.6e12 energy=150
etch oxide
etch photo all
plot.2d grid
color silicon color=7
color oxide color=5
```

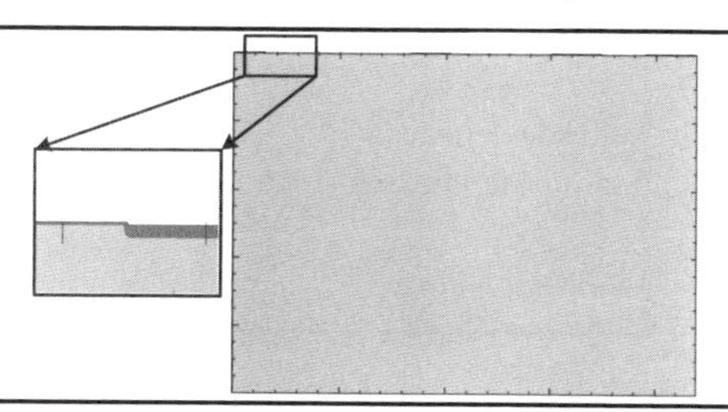

BCD 工艺与 CMOS 集成工艺相比，特点之一在于注入后需要通过热扩散进行推阱以形成需要的漂移区或体区分布，推阱步骤对于器件的耐压、比导通电阻、阈值等关键参数具有重要影响。注入剂量和推阱工艺参数的选择在功率器件工艺仿真中需要重点关注。

推结语句如下所示，通过 diffusion 语句定义推结步骤的时间 time(默认单位分钟)，起始温度 temp(温度单位默认摄氏度)，结束温度 t.final(若无结束温度则为恒温)，生长气氛环境 n2(氮气)、o2(氧气)或 dryo2(干氧)等。为模拟实际过程，氧化层的生长通常需要定义多个升温与降温阶段，例中只给出了主推阱时间，通常温度最高、持续时间最长的主推阱时间是控制阱深的关键(如例中 600 分钟过程)，温度过程和气氛环境对结的深度和浓度分布有重要影响。

```
$  6   nwell diffusion
diffusion time=600 temp=1180 f.o2=2 f.n2=8
```

步骤 7～11 用相同的方法完成对 P 阱的注入和推结。

```
$  7  pwell oxide
diffusion time=50 temp=1000  f.n2=8
select title="pwell oxide"
print layers x.v=0

$  8  etch pwell
deposition photo thicknes=1.1 positive
expose mask=pwell
develop

$  9  pwell implant
implant boron dose=3e12 energy=60
etch photo all

$  10  diffusion pwell
diffusion time=240 temp=1150 f.n2=8

$  11  etch
pwell1 oxide after push
etch oxide all
```

步骤 12 利用 diffusion 语句热生长一层薄薄的氧化物，步骤 13 利用 deposition 语句淀积一层薄的氮化物。

```
$  12  active oxide
diffusion time=50 temp=1000 f.o2=8

$  13  nitride deposition
deposition nitride thicknes=0.15
```

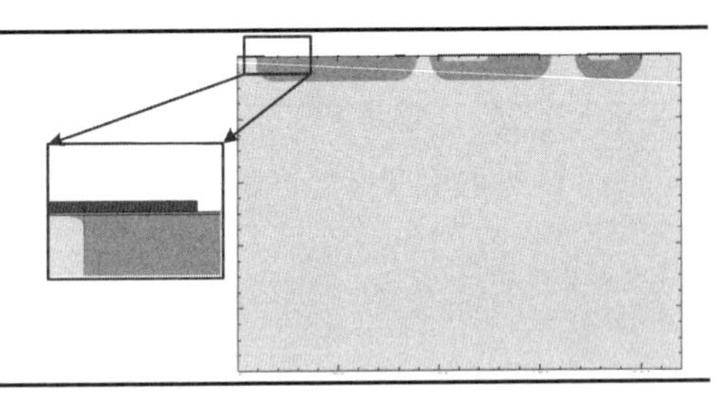

步骤 14～16 通过光刻的方法刻蚀掉有源区的氧化物和氮化物。步骤 17～20 光刻后刻蚀掉另一区域的氧化物和氮化物，注入硼离子形成 ptop。

```
$  14-16  etch active
deposition photo thicknes=1.1 positive
expose mask=active
develop
etch nitride
etch oxide thicknes=0.01
etch photo all

$  17-20  ptop
deposition photo thicknes=1.1 positive
expose mask=ptop
developimplant boron dose=4e13 energy=25
etch photo all
```

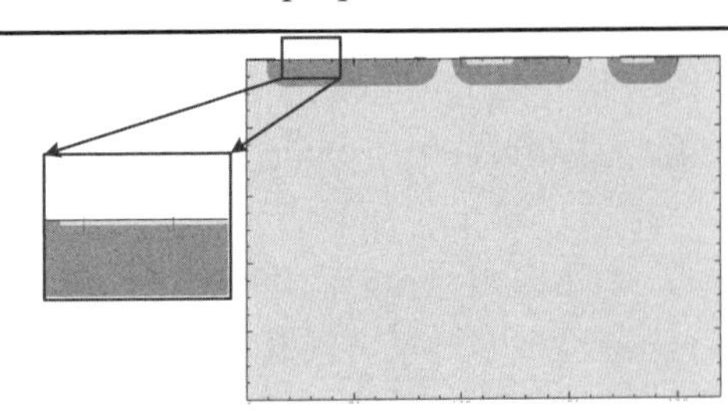

步骤 21 利用 diffusion 语句热生长厚氧形成 LOCOS。最后步骤 22～23 依次刻蚀掉表面的氮化物以及氧化物，步骤 20 后的图如右下所示。

```
$  21   locos
diffusion time=370 temp=950 f.o2=4 f.h2=7.3

$  22-23   etch nitride&oxide
etch nitride all
etch oxide thicknes=0.31
```

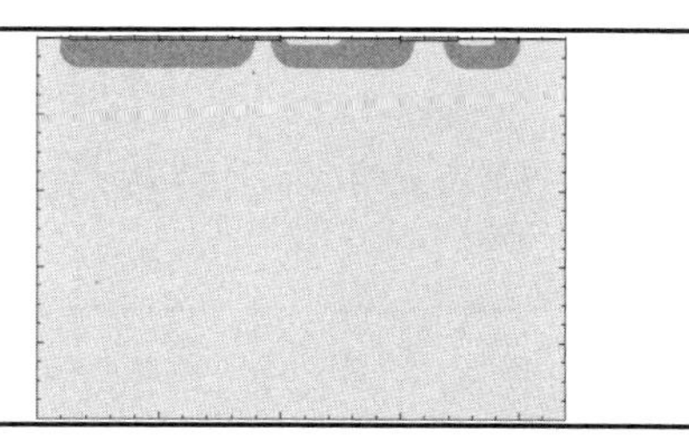

步骤 24～27 通过两次热生长形成栅氧，第一次为牺牲氧，以保证栅氧的质量。步骤 28～33 通过淀积、刻蚀在特定区域生长多晶硅。

```
$  24   gate oxide1
diffusion time=50 temp=900 f.o2=8

$  25   etch
etch oxide thicknes=0.08

$  26-27 gate oxide2
deposition oxide thickness=0.034
diffusion time=33 temp=1000 f.o2=8

$  28-29   polysili
deposition polysili thicknes=0.35 spaces=2
  phos=23 resistiv
diffusion time=80 temp=900 f.n2=10 f.o2=0.45

$  30-33   polysili etch
deposit photo positive   thicknes=1.1
expose mask=poly
develop
etch oxide
etch polysili
etch photo all
etch oxide thicknes=0.045
```

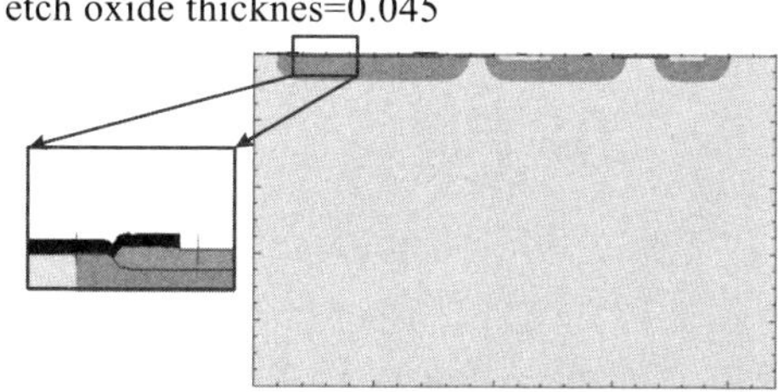

步骤 34～36 通过掩模刻蚀、注入形成 N^+有源区，其中步骤 34 热生长一层二氧化硅作为垫氧，步骤 37～39 用相同的方法形成 P^+有源区。步骤 36 后的图如右下所示。

```
$  34   post oxide
diffusion time=19 temp=900 f.o2=8 f.hcl=0.1

$  35   N+ etch
deposit photo positive   thicknes=1.1
expose mask=nplus
develop

$  36   implant N+
implant ars dose=5e15 energy=80
etch photo all

$  37   post P+ oxide
diffusion time=19 temp=900 f.o2=8 f.hcl=0.1
```

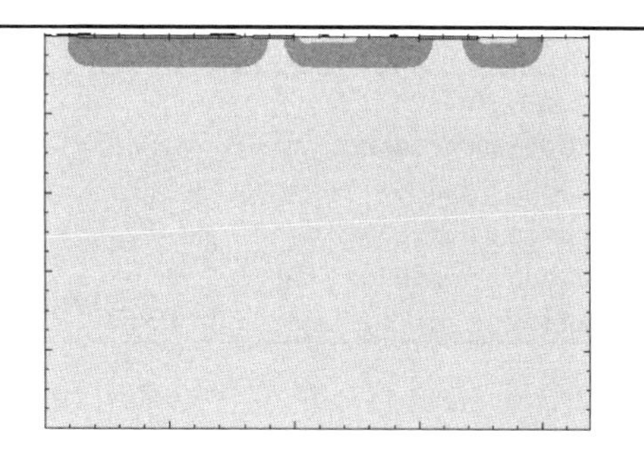

```
$  38  P+ etch
deposit photo positive  thicknes=1.1
expose mask=pplus
develop

$  39  implant P+
implant bf2 dose=4e15 energy=80
etch photo all
```

步骤 40～46 通过淀积二氧化硅、刻蚀欧姆孔、溅射金属 Al 来制作电极，最后输出文件 out46。

```
$  40-41  lpcvd sio2
deposition oxide thickness=1.4
diffusion time=30 temp=900  f.n2=8 f.o2=2

$  42-43  etch cont
deposition photo thickness=1 positive
expose mask=cont
develop
etch oxide
etch photo all

$  44-46  deposite al
deposition aluminum thickness=1.5
deposition photo thickness=1 positive
expose mask=metal
develop
etch aluminum
etch photo all
savefile out.f=out46
```

3.7.3　混合仿真

在工艺仿真生成目标结构的工艺仿真文件后，可以将得到的工艺结构文件转化为器件仿真文件，通过器件仿真的方法，在电极上施加电压、电流等偏置，从而模拟电学特性。这种工艺与器件仿真结合的方法称为混合仿真。

需要先将工艺仿真得到的文件转化为器件结构文件，load in.f 导入工艺仿真结果，分别定义电极和对应的名称，并通过坐标确定电极位置，savefile out.f 加 medici 后缀输出器件结构文件，可以看到，输出文件与 Medici 仿真得到的器件 mesh 文件格式一致。以给 LDMOS 加电极为例。

```
load in.f=out46
electrode name=drain  x=80  y=-0.1
electrode name=source  x=3  y=-0.1
electrode name=gate  x=10  y=-0.2
electrode name=bulk  bottom
savefile out.f=bcd.mesh poly.ele medici
```

生成 mesh 格式的文件后便可以在器件仿真中通过 mesh in.file 和后缀 tsuprem4 调用，其余部分与器件仿真格式相同，定义物理模型和数学方法，定义偏置条件以及输出语句。下面给出 *I-V* 特性与 BV 特性语句实例。

I-V 仿真：

```
mesh in.file=bcd.mesh tsuprem4
```

```
MODEL consrh auger bgn fldmob conmob
SYMBOLIC newton carrier=0
METHODE     itlimit=10 damped iccg
SOLVE       initial

MODEL       consrh auger conmob fldmob bgn srfmob impact.i
SYMBOLIC    newton carrier=2    block.ma
METHODE     itlimit=20    stack=50
LOG         out.f=iv.log

solve electrode=gate    vstep=0.1    nstep=100
solve electrode=drain    vstep=0.1    nstep=500
solve out.f=ivout
end
```

BV 仿真：

```
mesh in.file=bcd.mesh tsuprem4

MODEL consrh auger bgn fldmob conmob
SYMBOLIC newton carrier=0
METHODE     itlimit=10 damped iccg
SOLVE       initial

MODEL       consrh auger conmob fldmob bgn srfmob impact.i
SYMBOLIC    newton carrier=2    block.ma
METHODE     itlimit=20    stack=50
LOG         out.f=bv.log

solve electrode=drain    continue    c.vstep=0.5 c.vmax=1000 c.imax=1e-6
solve previous out.f=bvout
end
```

参考文献

[1] Krishna S, Kuo J, Gaeta I S. An analog technology integrates bipolar, CMOS, and high-voltage DMOS transistors. IEEE Transactions on Electron Devices, 1984, 31(1):89-95.

[2] Andreini A, Contiero C, Galbiati P. A new integrated silicon gate technology combining bipolar linear, CMOS logic, and DMOS power parts. IEEE Transactions on Electron Devices, 1986, 33(12): 2025-2030.

[3] 乔明. 基于高低压兼容工艺的高压驱动集成电路. 成都：电子科技大学, 2008.

[4] Contiero C, Andreini A, Galbiati P. Roadmap differentiation and emerging trends in BCD

technology // Proceedings of the 32nd European Solid-State Device Research Conference, Florence, Italy, 2002: 275-282.

[5] 杨银堂, 朱海刚. BCD 集成电路技术的研究与进展. 微电子学, 2006, 36(3): 315-319.

[6] STMicroelectronics, Innovation&Technology—BCD. https://www.st.com/content/st_com/en/about/innovation-technology/BCD.html[2019-5-1].

[7] Contiero C, Andreini A, Galbiati P, et al. Design of a high side driver in multipower-BCD and VIPower technologies //IEEE International Electron Devices Meeting, 1987: 766-769.

[8] Ludikhuize A W. A versatile 700-1200-V IC process for analog and switching applications. IEEE Transactions on Electron devices, 1991, 38(7): 1582-1589.

[9] Murari B. Smart power technology and the evolution from protective umbrella to complete system // IEEE International Electron Devices Meeting, 1995: 9-15.

[10] Contiero C, Galbiati P, Palmieri M, et al. Characteristics and applications of a 0.6/spl mu/m bipolar-CMOS-DMOS technology combining VLSI non-volatile memories // IEEE International Electron Devices Meeting, 1996: 465-468.

[11] Terashima T, Yamamoto F, Hatasako K, et al. 120 V BiC-DMOS process for the latest automotive and display applications // IEEE International Symposium on Power Semiconductor Devices and ICs, 2002: 93-96.

[12] Park N, Cha J, Lee K, et al. aBCD18-An advanced 0.18 um BCD technology for PMIC application // IEEE International Symposium on Power Semiconductor Devices and ICs, 2009: 231-234.

[13] Venturato M, Cantone G, Ronchi F, et al. A novel 0.35 μm 800V BCD technology platform for Offline Applications // IEEE International Symposium on Power Semiconductor Devices and ICs, 2012: 397-400.

[14] Roggero R, Croce G, Gattari P, et al. BCD8sP: An advanced 0.16 μm technology platform with state of the art power devices // IEEE International Symposium on Power Semiconductor Devices and ICs, 2013: 361-364.

[15] Iwamoto K, Kori M, Terada C, et al. Advanced 300mm 0.13 μm BCD technology from 5V to 80V with highly reliable embedded Flash // IEEE International Symposium on Power Semiconductor Devices and ICs, 2014: 402-405.

[16] Lee J, Lee K, Jung I, et al. 0.13 μm modular BCD technology enable to embedding high density E^2PROM, RF and hall sensor suitable for IoT application // IEEE International Symposium on Power Semiconductor Devices and ICs, 2016: 419-422.

[17] Schmidt C, Spitzlsperger G. Increasing breakdown voltage of p-channel LDMOS in BCD technology with novel backside process // IEEE International Symposium on Power Semiconductor Devices and ICs, 2017: 339-342.

[18] Ludikhuize A W. A review of RESURF technology// IEEE International Symposium on Power Semiconductor Devices and ICs, 2000: 11-18.

[19] Yasuhara N, Nakagawa A, Furukawa K. SOI device structures implementing 650 V high voltage output devices on VLSIs // IEEE International Electron Devices Meeting, 1991: 141-144.

[20] Watabe K, Akiyama H, Terashima T, et al. A 0.8μm high voltage IC using newly designed 600 V lateral IGBT on thick buried-oxide SOI // IEEE International Symposium on Power Semiconductor Devices and ICs, 1996: 151-154.

[21] Ito H, Isobe Y, Mizuno S, et al. Gate insulator characteristics on the bonded thick SOI wafers for automotive IC applications // IEEE Extended Abstracts of International Workshop on Gate Insulator, 2001: 136-139.

[22] Hattori M, Ito F, Kako M. A very low on-resistance SOI BiCDMOS LSI for automotive actuator control // IEEE International SOI Conference, 2004: 171-173.

[23] Pawel S, Rossberg M, Herzer R. 600V SOI gate drive HVIC for medium power applications operating up to 200/spl deg/C // IEEE International Symposium on Power Semiconductor Devices and ICs., 2005: 55-58.

[24] Wessels P, Swanenberg M, Claes J, et al. Advanced 100V, 0.13 gm BCD process for next generation automotive applications // IEEE International Symposium on Power Semiconductor Devices and ICs, 2006: 1-4.

[25] Nitta T, Yanagi S, Miyajima T, et al. Wide voltage power device implementation in 0.25 μm SOI BiC-DMOS // International Symposium on Power Semiconductor Devices and ICs. IEEE, 2006: 1-4.

[26] 谭开洲, 杨谟华, 徐世六,等. 一种半绝缘键合 SOI 新型 BCD 结构. 半导体学报, 2007, 28(5): 763-767.

[27] Fujishima N, Takeda H. A novel field plate structure under high voltage interconnections // IEEE International Symposium on Power Semiconductor Devices and ICs, 1990: 91-96.

[28] Sakurai N, Nemoto M, Arakawa H, et al. A three-phase inverter IC for AC220V with a drastically small chip size and highly intelligent functions // IEEE International Symposium on Power Semiconductor Devices and ICs, 1993: 310-315.

[29] Flack E, Gerlach W, Korec J. Influence of interconnections onto the breakdown voltage of planar high-voltage p-n junctions. IEEE Transactions on Electron Devices, 1993, 40(2):439-447.

[30] De Souza M M, Narayanan E M S. Double RESURF technology for HVICs. Electronics Letters, 1996, 32(12): 1092.

[31] Martin R A, Buhler S A, Lao G. 850V NMOS driver with active outputs // IEEE International Electron Devices Meeting, 1984: 266-269.

[32] Terashima T, Yoshizawa M, Fukunaga M, et al. Structure of 600 V IC and a new voltage sensing

device // IEEE International Symposium on Power Semiconductor Devices and ICs, 1993: 224-229.

[33] McArthur D C, Mullen R A. High voltage MOS transistor having shielded crossover path for a high voltage connection bus: U.S. Patent 5040045. 1991-8-13.

[34] Terashima T. Structure for preventing electric field concentration in semiconductor device: U.S. Patent 5270568. 1993-12-14.

[35] Terashima T, Yamashita J, Yamada T. Over 1000 V n-ch LDMOSFET and p-ch LIGBT with JI RESURF structure and multiple floating field plate // IEEE International Symposium on Power Semiconductor Devices and ICs, 1995: 455-459.

[36] Shimizu K, Rittaku S, Moritani J. A 600V HVIC process with a built-in EPROM which enables new concept gate driving // IEEE International Symposium on Power Semiconductor Devices and ICs, 2004.

[37] Endo K, Baba Y, Udo Y, et al. A 500 V 1A 1-chip inverter IC with a new electric field reduction structure // IEEE International Symposium on Power Semiconductor Devices and ICs, 1994: 379-383.

[38] Murray A F J, Lane W A. Optimization of interconnection-induced breakdown voltage in junction isolated IC's using biased polysilicon field plates. IEEE Transactions on Electron Devices, 1997, 44(1):185-189.

[39] Fujihira T, Yano Y, Obinata S, et al. Self-shielding: New high-voltage inter-connection technique for HVICs // IEEE International Symposium on Power Semiconductor Devices and ICs, 1996: 231-234.

[40] Fujihira T, Yano Y, Obinata S, et al. High voltage integrated circuit, high voltage junction terminating structure, and high voltage MIS transistor: U.S. Patent 6124628. 2000-9-26.

[41] Kim S L, Jeon C K, Kim M H, et al. Realization of robust 600V high side gate drive IC with a new isolated self-shielding structure // IEEE International Symposium on Power Semiconductor Devices and ICs, 2005: 143-146.

[42] Kim S L, Jeon C K, Kim M S, et al. 1200V Interconnection technique with isolated self-shielding structure // IEEE International Symposium on Power Semiconductor Devices and ICs, 2006: 1-4.

[43] Ranjan N. High voltage power integrated circuit with level shift operation and without metal crossover: U.S. Patent 5801418. 1998-9-1.

[44] Terashima T, Shimizu K, Hine S. A new level-shifting technique by divided RESURF structure // IEEE International Symposium on Power Semiconductor Devices and ICs, 1997: 57-60.

[45] Yamazaki T, Kumagai N, Oyabe K, et al. New high voltage integrated circuits using self-shielding technique // IEEE International Symposium on Power Semiconductor Devices and ICs, 1999: 333-336.

[46] Kim J J, Kim M H, Kim S L, et al. The new high voltage level up shifter for HVIC // 33rd Annual IEEE Power Electronics Specialists Conference, 2002, 2: 626-630.

[47] Dai C T, Ker M D. Investigation of unexpected latchup path between HV-LDMOS and LV-CMOS in a 0.25-μm 60-V/5-V BCD Technology. IEEE Transactions on Electron Devices, 2017, 64(8): 3519-3523.

[48] Poli S, Reggiani S, Baccarani G, et al. Investigation on the temperature dependence of the HCI effects in the rugged STI-based LDMOS transistor // IEEE International Symposium on Power Semiconductor Devices and ICs, 2010: 311-314.

[49] Cortés I, Roig J, Moens P, et al. Gate-oxide breakage assisted by HCI in advanced STI DeMOS transistors. IEEE Electron Device Letters, 2012, 33(9): 1285-1287.

[50] Poli S, Reggiani S, Baccarani G, et al. Hot-carrier stress induced degradation in multi-STI-Finger LDMOS: An experimental and numerical insight. Solid-State Electronics, 2011, 65: 57-63.

[51] Fujii H, Ushiroda M, Furuya K, et al. HCI-induced off-state IV curve shifting and subsequent destruction in an STI-based LD-PMOS transistor // IEEE International Symposium on Power Semiconductor Devices and ICs, 2013: 379-382.

[52] Synopsys, Sentaurus process. https://www.synopsys.com/zh-cn/silicon/tcad/process-simulation/sentaurus-process.html[2019-5-1].

第 4 章　电源转换技术

4.1　概　　述

电子设备的电源犹如人体的心脏，是电子产品中核心组成部分，其性能直接关系到电子设备的品质。现代经济建设和社会生活各个方面的发展都会大大促进电源产业的发展，特别是随着 5G 和人工智能(AI)系统的发展，对电源的性能提出了更高的要求。电源功能参数包括功率、电压、频率、噪声及带负载时参数的变化等；在同一功能参数要求下，又有体积、重量、效率、可靠性等指标，因此电源的性能具有多样性，从而增加其设计和制造的复杂度。

电源转换是决定电源特性的核心技术与关键所在，其本质上通过对频率 F、占空比 D 及功率回路等效阻抗 Z 三者进行调控，实现电能间的相互转换。因此，不同的转换与控制技术实质上就体现在 F、D、Z 的具体调制实现方法上，也决定着电源转换的核心指标，即速度、精度与效率。电源转换、电源管理与电源的内在关系如图 4.1.1 所示，电源管理可根据系统工作状态需求，动态产生目标电源指标，并通过电源转换部分，实现对 F、D、Z 三者的具体调控，完成电能源间的相互转换。此外，电源转换的工作状态也可实时反馈给电源管理，进而实现优化的速度、精度与效率指标。

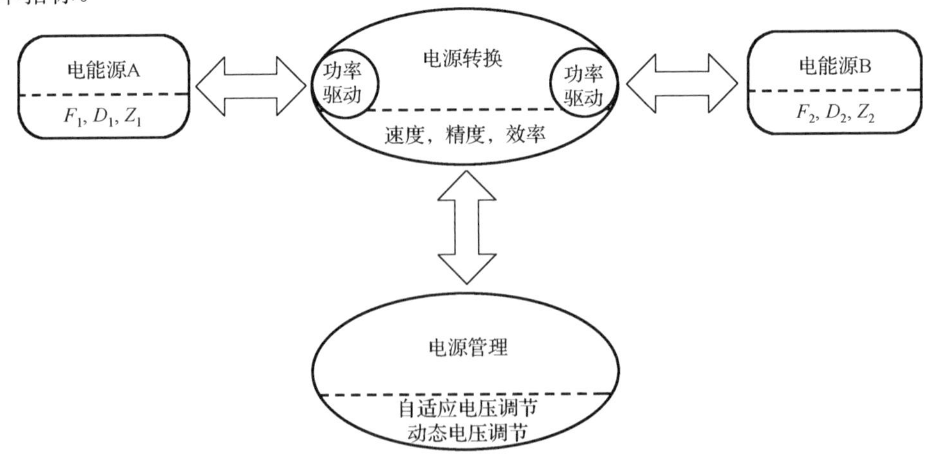

图 4.1.1　电源转换与电源管理模式导图

可预见随着 AI 等技术的不断成熟发展，更加智能化地调控 F、D、Z 三者将成为可能，从而实现更高的响应速度、精度与效率。第 4 章将着重阐述具有普适性的电源转换技术，从速度、精度与效率等方面论述多种 F、D、Z 控制模式与系统架构。第 5 章将重点从效率角度论述优化的控制方法，分析自适应电压调节与动态电压调节等技术的具体原理与实现方法。

根据转换形式，电源转换器可分为 DC-DC、AC-AC、AC-DC、DC-AC 等几大类型，如图 4.1.2 (a)所示。其中 DC-DC 变换器是最常用的电源转换器，本章和第 5 章电源管理技术均以该类电源转换器为例进行讨论，其分类如图 4.1.2 (b)所示。根据有无变压器，DC-DC 变换器可分为隔离式和非隔离式两类。非隔离式 DC-DC 变换器又可分为线性电源和开关电源。线性电源称为低压差线性稳压电源(LDO)，主要用于输入和输出电压相差较小的应用环境，其稳压性能好，输出纹波小，但是效率较低。开关电源又分为两种类型，一种是电容型开关电源，另一种是电感型开关电源。电容型开关电源主要包含电荷泵，电感型开关电源包括 Buck、Boost、Buck-boost、Zeta 和 Cuk 等架构。电感型开关电源的转换效率通常优于线性电源。隔离式 DC-DC 变换器根据开关电源的拓扑结构，可以分为推挽变换器、桥式变换器、正激变换器和反激变换器等。隔离式电源效率要低于非隔离式电源，但隔离式电源对浪涌的抑制能力要优于非隔离式电源。由于隔离式电源需要使用变压器，因此也提高了隔离式电源的成本。

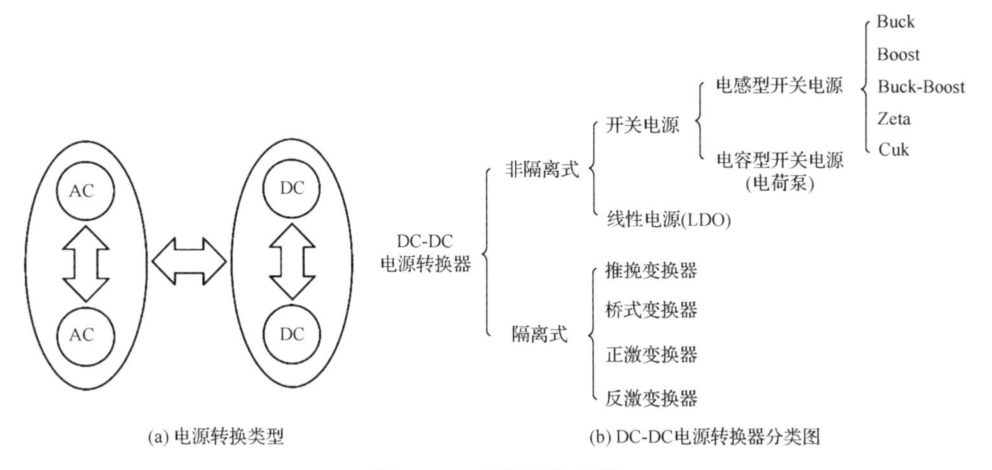

(a) 电源转换类型　　(b) DC-DC电源转换器分类图

图 4.1.2　电源转换分类

除常用的 DC-DC 以外，电源转换器的 AC-AC、AC-DC、DC-AC 等几类的分类图与图 4.1.2 (b)相似。AC-DC 变换器主要应用于整流器或直流电源供应器，一般的家用 220V 电源都是先经过 AC-DC 变换器，然后再经过 DC-DC 变换器才能使用；AC-AC 变换器主要应用于交流电源供应器和变频电源等；DC-AC 变换器主要应用在逆变电源等方面。

从中国电源管理芯片主要应用市场来看，包括计算机(Computer)、通信(Communication)和消费电子产品(Consumer Electronic)的 3C 领域一直是电源管理芯片市场的主要应用领域，占据了中国电源管理芯片市场近 80%的市场份额。这主要是由于 3C 领域的电子产品产量巨大，每年产量都在数千万甚至数亿，因此需要大量的电源管理芯片。此外，一些快速发展的新兴领域，例如 5G 系统，功率越来越大，速度越来越快，对电源管理的要求也越来越高。更为重要的是，消费者希望电池延长待机时间和使用寿命、提升电池转换效率，这对电源管理芯片提出了更大的挑战。在电源管理芯片中，DC-DC 变换器是必不可少的，其性能优劣会直接影响电源系统。因此，目前对于 DC-DC 变换器提出了越来越高的要求，譬如，高效率、高速度、小型化等。

DC-DC 变换器的作用是由一种形式到另一种形式的直流电源转换，以实现输出电压降压、升压、升降压和极性反转等功能。DC-DC 变换器的典型方框图如图 4.1.3 所示。通常情况下 DC-DC 变换器的输入端是“不干净”的电源，毛刺比较多，电压波动范围比较大，而为了保证终端负载能够正常工作，DC-DC 变换器的输出端要求比较“干净”的电源，即电压值固定且波动范围很小。DC-DC 变换器的工作原理是：控制电路根据反馈回路检测到的输出电压信息来改变功率管的导通状态，从而达到准确控制输出电压的目的。在图 4.1.3 中控制电路直接与输入电压相连，这样形成一条前馈回路能够改善整个系统的动态性能(如提高系统的瞬态响应速度等)[1]。图 4.1.3 中的参考电压不仅可以由控制电路自身生成，还可以从系统外部输入，从而实现动态电压调节、自适应电压调节等高效电源管理技术。

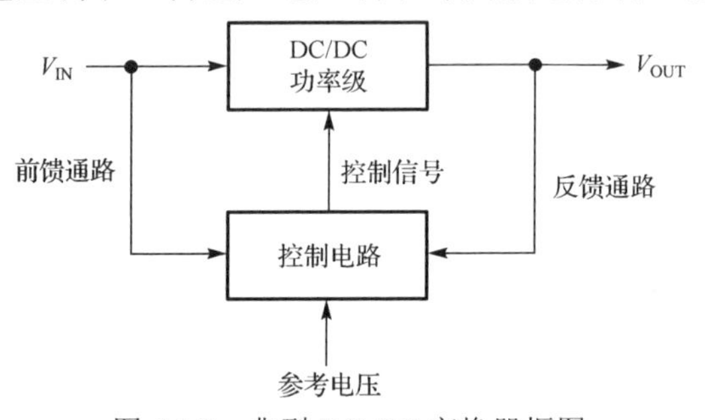

图 4.1.3　典型 DC-DC 变换器框图

根据所采用的不同技术，DC-DC 变换器可以分为三类：低压差稳压器(又称为 LDO)、电容型稳压器、开关电源。

线性稳压器是最早的 DC-DC 变换器，通常适用于低压差的电压转换和低负载电流的应用，相对于其他类型的 DC-DC 变换器，线性稳压器没有输出电压纹波。此外，线性稳压器具有电路架构简单、版图面积小和封装简单等特点。其框图如图 4.1.4 所示[2,3]。线性稳压器结构简单，易于实现，仅需要一个传输功率管(Pass Transistor)

和简单的控制电路即可实现电源转换，所以早期作为线性稳压电源被广泛应用于电子设备中。其主要的缺点：①转换效率低，特别是当驱动大负载时；②仅能实现输出电压幅值比输入电压幅值低的单向转换，限制了应用条件。因此，随着对电源系统的要求越来越高，由于转换效率比较低而且应用条件单一，尤其是在大功率应用条件下，LDO 的劣势非常明显。所以，在大功率条件下几乎不会使用 LDO。

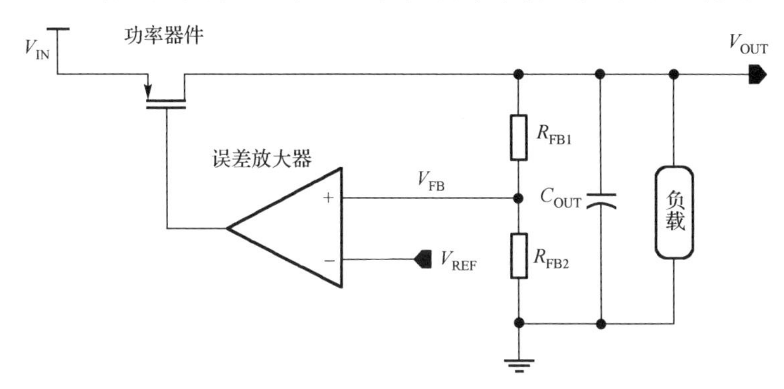

图 4.1.4　低压差线性稳压器(LDO)架构图

电容型稳压器是另外一种 DC-DC 变换器，电容储能型开关转换器也称为电荷泵稳压器，常用于在低负载电流情况下，获得升压、降压或与输入电压反相的直流电压。电荷泵电路使用功率开关和电容作为能量转换级。

在图 4.1.5 中给出了电容型稳压器的典型框图[4]。电容型稳压器的工作原理是由时钟控制信号 CLK 和 $\overline{\text{CLK}}$ 来控制电容 C_1 的充电和放电，在系统的输出电容 C_{out} 上实现了输入电压的倍增。电容型稳压器由于结构简单，仅需几个开关和电容，更易于实现单片集成。但是电容型稳压器也存在一些缺点：①如图 4.1.5 所示电容型稳压器由于不是闭环控制，系统的输出电压很容易受到外界条件的影响(如温度、输入电源、工艺参数等)；②如果需要得到“高质量”的输出电压，系统需要存在闭环控制回路，根据系统的反馈信息改变功率开关管的导通电阻值以便稳定系统的输出电压[5]，但是这种方法增加了控制电路的复杂度和成本；③在需要大驱动电流的电子设备中，图 4.1.5 中的电容 C_1 必须得采用片外电容，导致芯片引脚及芯片成本增加。

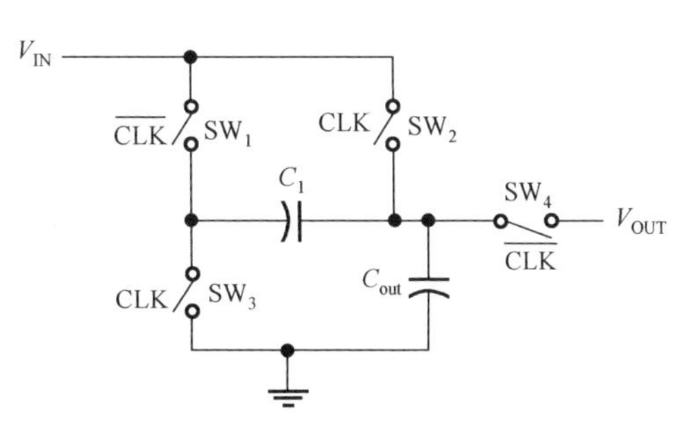

图 4.1.5　典型电容型稳压器框图

而开关电源是应用最广泛的 DC-DC 变换器。其根据输出的大小来调整功率管开启与关断时间，使得输出电压稳定在设计值。开关电源中使用电感器件或变压器作为储能元器件，更容易输出大功率。由于功率开关管在理想情况下不消耗功率，因此，其作为开关电源系统中的调整管，可使开关电源系统获得比较高的效率。

开关电源作为常用的 DC-DC 变换器，相较于线性电源具有显著的优点，如表 4.1.1 所示。其中，线性电源具有较小的噪声，而开关电源在效率方面具有很大优势。在噪声方面，开关电源可以通过特殊技术予以降低。所以，开关电源以其优异性能在各类电子设备中应用占优，特别是在分布式电源系统中，几乎是供电的唯一选择。

表 4.1.1　开关电源与线性电源性能对比表

性能名称	线性电源	开关电源
效率	低	高
噪声	低	可实现低噪声
重量、体积	较重、较大	较轻、较小
成本	低	有低有高
输入电压范围	较宽	较宽

4.2　隔离式开关变换器设计技术

在一些高电压应用、高安全系数要求或一些对应用环境要求苛刻的场合，使用者和电源系统需要隔离以保证实验人员和仪器、元件的安全。隔离式转换器一般使用变压器、光电转换元件、隔离电容等方式将转换器的输入端和输出端的所有电气信号隔离开，从而在输出端可以获得更稳定、安全、易于使用的电力能源。在大多数的隔离式转换器应用中，输入电源轨和输出电源轨之间使用线圈绕组作为变压器进行隔离，线圈绕组分为原边和副边绕组。通过调整变压器原边和副边的匝数比可以很便捷地控制输入和输出电压的转换比。在应用简单、体积空余少、低电压应用场景通常使用非隔离式电源，而大功率、高电压、交流转直流以及对地线干扰防护要求比较高的应用场合常使用隔离式变换器。

4.2.1　隔离式开关变换器的分类及工作原理

隔离式开关电源根据常用的拓扑结构可以分为以下几种：推挽式、半桥式、全桥式、正激式和反激式。

1．推挽式开关电源变换器

如图 4.2.1 所示，推挽式变换器的原边和副边绕组对称链接，后级接 LC 滤波电路。其工作原理简述如下，在 S_1、S_2 加入时序不同的驱动脉冲，当 S_1 导通 S_2 关断时，由于磁通感应作用，副边异名端为高电压，D_2 导通同时 D_1 截止，若假设 S_1 导通对磁芯充电，变压器的输出电流增加；当 S_1 关断 S_2 导通时，副边同名端表现高电压，D_1 导通同时 D_2 截止，按照假设此时对磁芯反向充电，变压器的输出电流快速减少。两者交替导通，通过变压器将能量传递到次级电路，通过 LC 滤波电路向负载提供能量。

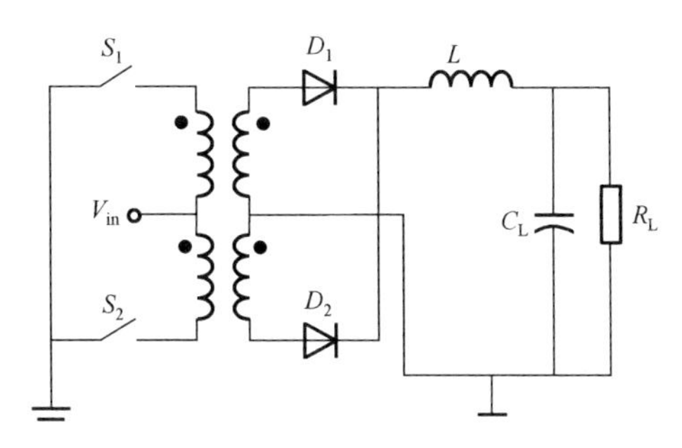

图 4.2.1　推挽式(Push-Pull)变换器输出级拓扑结构图

2．半桥式开关电源变换器

半桥式开关电源变换器如图 4.2.2 所示，输入电压经过大容量高压滤波电容 C_1、C_2 后，可使得电容中间节点获得一半的输入电压。半桥式变换器的工作方式和推挽式变换器也类似，S_1 导通为磁芯充电。当 S_1 导通 S_2 截止，此时变压器原边电压为 $+V_{in}/2$，变压器副边的同名端为高电压，D_1 导通 D_2 截止，变压器的输出电流增加。当 S_1 截止 S_2 导通，变压器原边电压为 $-V_{in}/2$，此时磁芯被反向充电，同时变压器副边的异名端为高，D_2 导通 D_1 截止，变压器的输出电流减少。因此，只需改变开关 S_1、S_2 导通的占空比，就可以改变次边输出电压的平均值，经过 LC 滤波电路获得稳定的输出电压。

3．全桥式开关电源变换器

全桥式开关电源的拓扑图如图 4.2.3 所示，副边的电路与推挽式开关电源变换器、半桥式开关电源变换器相同。全桥式开关电源变换器也是一种大输出功率的拓扑结构，同时也可实现较小的电压纹波和电流纹波。

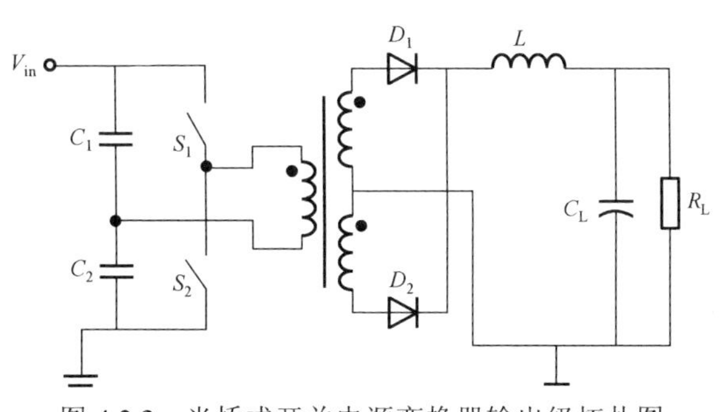

图 4.2.2　半桥式开关电源变换器输出级拓扑图

如拓扑图 4.2.3 所示，S_1、S_2、S_3、S_4 是 4 个控制开关，S_1、S_2 和 S_3、S_4 分别是两组开关，这两组开关如同电桥的两臂跨接在输入电压的两端，在两组开关轮流导通的时候变压器的输入端可以分别获得$+V_{in}$ 和$-V_{in}$ 的电压。相比于半桥式，全桥式变换器的输入电压都用于开关控制，而半桥式变换器在每个周期都只用输入电压的一半控制开关。

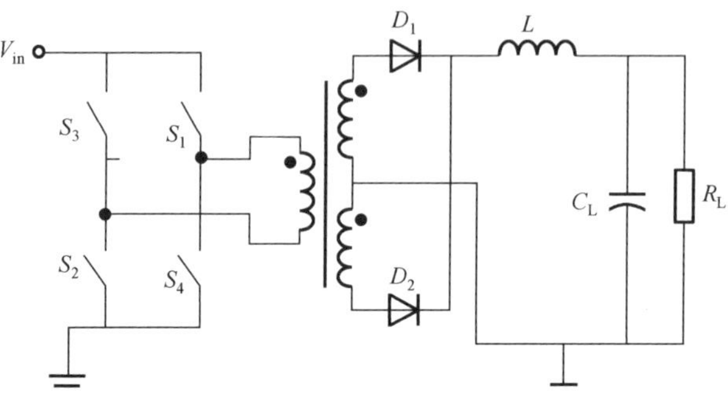

图 4.2.3　全桥式开关电源变换器输出级拓扑图

4．正激式开关电源变换器

正激式开关电源变换器的拓扑结构如图 4.2.4 所示，正激式变换器工作周期开始时先会把开关 S 闭合，此时变压器副边同名端为高，二极管 D_1 导通并对电感 L 充电；第二阶段时开关 S 断开，此时变压器副边同名端为低，二极管 D_2 导通，D_1 截止，电感 L 为负载提供能量。

有些特殊应用为了减少变压器的励磁电流，提高工作效率，变压器的伏秒容量比较大，磁芯绕组会额外增加反电动势吸收绕组作为第三绕组，其中带有第三绕组复位的正激变换器拓扑图如图 4.2.5 所示。当开关 S 关断的时候第三绕组的异名端为高，二极管 D_3 导通，一方面二极管 D_3 能起到限幅的作用，防止开关 S 产生巨大的电压尖峰；另一方面可以使得绕组的剩余磁能量反灌回输入电源，提高能量效率。但是该种架构只适用于支持反灌的供电电源，否则会对供电电源造成损伤。此外，该种架构也会大大增加变压器的体积。

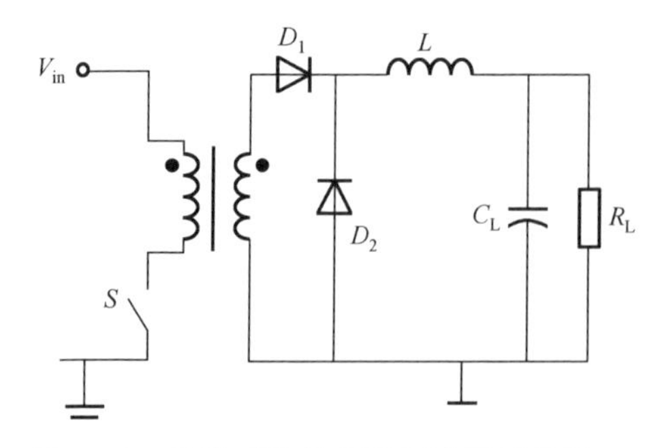

图 4.2.4　正激式开关电源变换器拓扑图

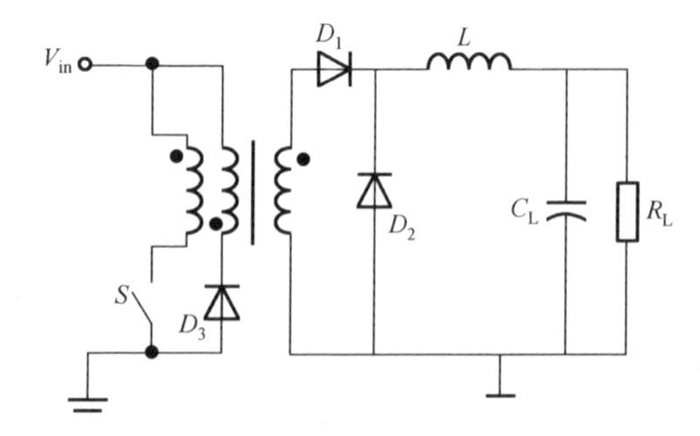

图 4.2.5　带第三绕组复位的正激式变换器拓扑图

5. 反激式开关电源变换器

反激式变换器的拓扑结构如图4.2.6所示，S为反激式开关电源的主开关，用于控制变压器原边的通断，变压器副边接二极管后就可以连接稳压电容和负载。

开关S闭合，输入电压通过变压器原边对磁芯充电，此时副边反相端感应出负电荷，二极管D_1截止，稳定的时候只能由稳压电容对负载进行供电；开关S断开的时候，磁芯上的能量需要对外释放，二极管D_1导通，此时磁芯绕组对稳压电容和负载输出功率。反激式变换器的工作原理类似于Buck-Boost变换器。反激式变换器的磁芯绕组不仅具有变压器的作用，隔离输入和输出；而且还具有电感的作用，储存能量。因此，相比于正激式变换器拓扑，反激式变换器既不需要额外的电感作为滤波稳压器件，也不需要设计额外的磁通复位电路；磁芯可增加绕组的电感值，减少模组的体积消耗，因此，反激式变换器电源系统体积较小。由于反激式变换器拓扑简单，使用元件少，可靠性高，有些特殊结构甚至可以把反激式变换器做成多路输出的开关电源，因此反激式变换器应用广泛。

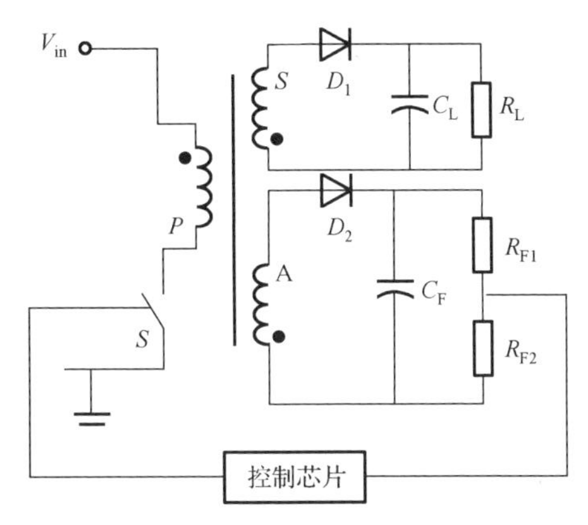

图4.2.6　反激式开关电源变换器拓扑图

4.2.2　隔离式开关变换器关键设计技术

隔离式变换器各种功率拓扑各有优缺点，针对不同应用可采用相应的功率拓扑。隔离式变换器的设计有很多相似之处，以正激变换器为例说明隔离式变换器中关键设计技术。

4.2.2.1　正激变换器的工作原理

图4.2.7为正激变换器的功率拓扑。V_{in}为输入电压，V_o为正激变换器的输出电压；电感L和电容C_1作为LC滤波器将变换器输入电压V_{in}的高频噪声成分除去，保留直流输入电压V_{in}；PWM控制芯片、功率拓扑元器件（变压器T_1、电容C_2、二极管D_4、D_5、输出电容C_{out}、负载电阻R_L）、开关功率管MN以及环路参数部分（输出采样部分、光耦反馈、环路补偿等）组成了正激变换器的主要架构。二极管D_1、D_2、D_3，电阻R_1、R_2，三级管Q_1、Q_2以及变压器T_2组成了PWM控制器芯片的供电电路。电阻RT和电容CT是为了确定PWM控制器芯片的工作频率，电容C_{ref}在PWM控制器芯片内部子模块供电管脚V_{REF}处，这是由于控制器芯片内部子模块电路稳定性需要较大的电容，同时也可以

作为滤波电容消除高频噪声成分。系统输入电压 V_{in} 经 R_{in1} 和 R_{in2} 分压后，作为 UVLO 的输入电压，当系统输入电压低于设定值时，UVLO 电位较低，经过 PWM 控制器芯片内部电路作用，输出欠压信号 UVLO_OUT。RES 外挂电容 C_{RES} 用来确定系统过流时间。下面详细分析正激变换器的具体工作原理以及设计关键技术。

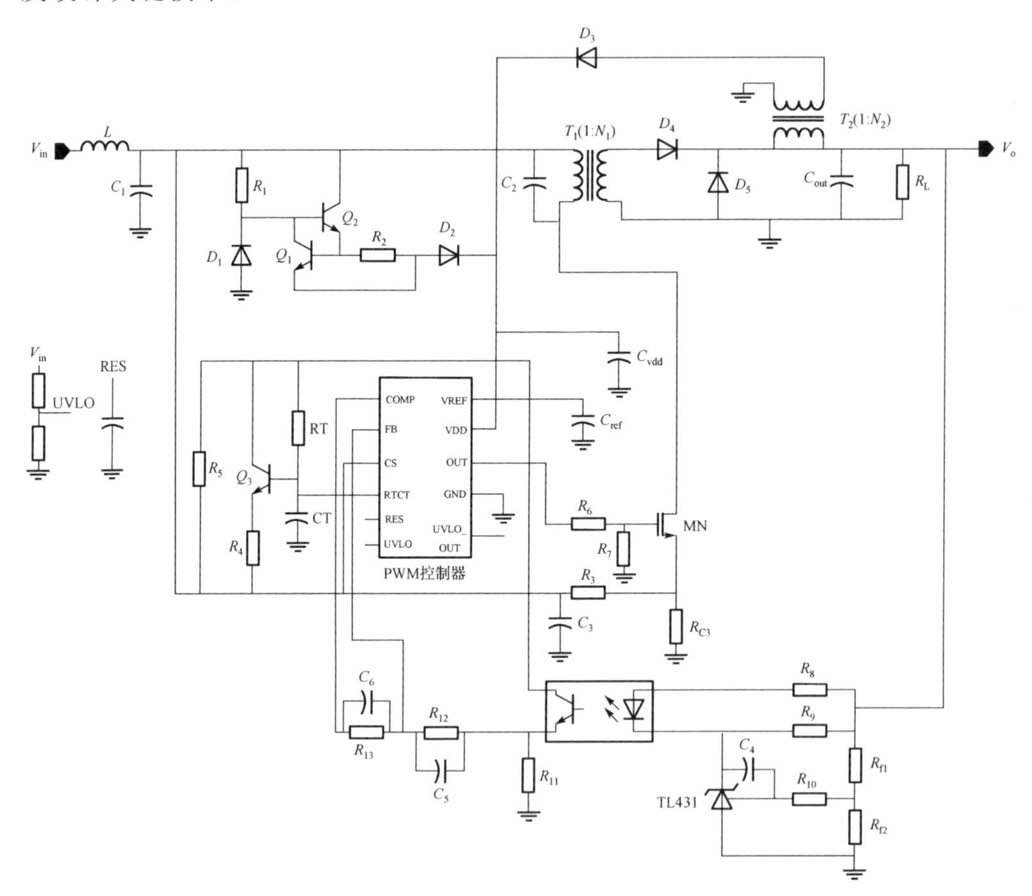

图 4.2.7　正激变换器功率拓扑

为方便分析功率拓扑，将图 4.2.7 正激变换器功率拓扑简化为图 4.2.8。当开关功率管 MN 打开时，变压器 T_1 初级绕组同名端电压大于异名端，其电压差为 $V_{in}-V_{ds\_MN}$，V_{ds_MN} 相对于 V_{in} 几乎忽略不计，因此初级绕组两端电压为 V_{in}。根据变压器原理可知，其次级绕组两端电压为 N_1V_{in}，即二极管 D_4 阳极电压为 N_1V_{in}，D_4 阴极电压为输出电压 V_o。

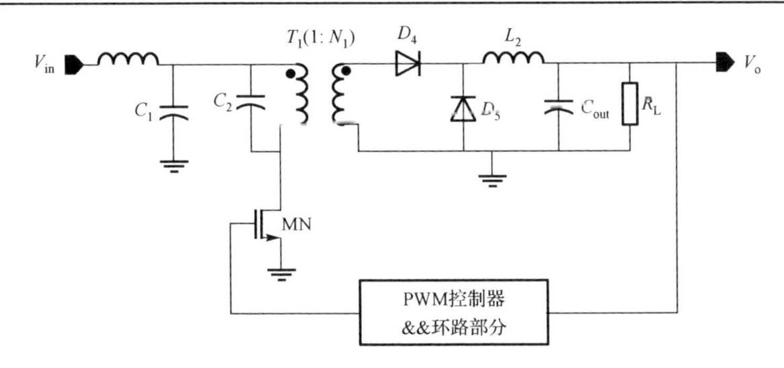

图 4.2.8　正激变换器功率拓扑简化图

二极管 D_4 导通，D_5 关断，电感 L_2 上电流线性增加，于是向负载提供电流，同时向输出电容储存电荷。由此可得电感电流和输入输出电压的关系为：

$$L_2 \frac{\mathrm{d}i_{\mathrm{L2\_rise}}}{\mathrm{d}t} = N_1 V_{\mathrm{in}} - V_{D_4} - V_{\mathrm{o}} \tag{4.2.1}$$

同理，当开关功率管 MN 关断时，变压器异名端电压高于同名端，此时二极管 D_4 关断。由于电感 L_2 上电流不能突变，电感电流逐渐降低，二极管 D_5 的阴极电位低于地电位，二极管 D_5 起到了续流的作用，电感 L_2 向负载所提供的电流越来越少，当电感电流低于负载电流时，由输出电容向负载提供能量。由此可得电感电流和输出电压关系为：

$$-L_2 \frac{\mathrm{d}i_{\mathrm{L2\_fall}}}{\mathrm{d}t} = V_{D_5} + V_{\mathrm{o}} \tag{4.2.2}$$

稳定状态时，电感电流变化量相等，由此可得：

$$\frac{N_1 V_{\mathrm{in}} - V_{D_4} - V_{\mathrm{o}}}{L_2} T_{\mathrm{on}} = \frac{V_{D_5} + V_{\mathrm{o}}}{L_2} T_{\mathrm{off}} \tag{4.2.3}$$

由于二极管正向压降比较低，可以忽略其影响。由此可得输出电压和输入电压、占空比之间的关系为：

$$V_{\mathrm{o}} = D N_1 V_{\mathrm{in}} \tag{4.2.4}$$

在不同的输入电压 V_{in} 下，通过调整占空比 D 来维持输出电压的稳定。

4.2.2.2　正激变换器设计关键技术

1. 主功率变压器 T_1 匝数比的确定

首先需要计算主功率级变压器 T_1 所需的匝数比。由正激变换器工作原理可知，当输入电压 V_{in} 发生变化时，通过采样输出电压与基准电压相比较，进而通过反馈环调制，使得输出电压 V_{o} 维持恒定值。输出电压 V_{o}、输入电压 V_{in}、占空比以及变压器 T_1 匝数比关系为：

$$(N_1 V_{\text{in}} - V_{D_4}) \cdot D = V_{\text{o}} \tag{4.2.5}$$

由此，可以得到变压器 T_1 匝数比表达式为：

$$N_1 = \frac{(V_{\text{o}}/D) + V_{D_4}}{V_{\text{in}}} \tag{4.2.6}$$

由正激变换器工作原理可知，对于最小的直流输入电压 V_{in}，占空比 D 最大。二极管导通电压 V_{D_4} 相对于 V_{o}/D 可以忽略不计，由此可以得到：

$$N_1 = \frac{V_{\text{o}}/D}{V_{\text{in}}} \tag{4.2.7}$$

通过上式，输出电压 V_{o}，最小输入电压 V_{in}，最大占空比 D 可以确定变压器匝数比。从实际应用出发，不能够将占空比 D 设置太大。这是由于占空比 D 较大，有可能会引起变压器磁心饱和，会损坏开关功率管 MN，通常将占空比 D 设置在 0.5 以下。根据正激变换器实例的设计参数，即 V_{o} 为 12V，最小输入电压 V_{in} 为 18V，可以确定匝数比最小为 2，这里设置 N_1 为 2，占空比 D 最大为 0.33。

2．变压器初级和次级电流的确定

确定了变压器 T_1 的匝数比之后，也能够确定变压器的初级电流和次级电流，具体如下所述。

当开关功率管 MN 导通时，二极管 D_4 导通，D_5 关断。如图 4.2.8 所示，在输出电感 L_2 两端具有恒定的电压为：

$$V_{L_2} = (V_{\text{in}} - V_{\text{dsMN}}) \times N_1 - V_{D_4} - V_{\text{o}} \tag{4.2.8}$$

由公式：

$$L_2 \frac{\mathrm{d}i}{\mathrm{d}t} = V_{L_2} \tag{4.2.9}$$

电感 L_2 的输入端电位相对于输出端电位为高，由此可得，电感 L_2 上电流在开关功率管 MN 导通时呈现上升趋势，此时，二极管 D_4 的电流与电感 L_2 相同，由于二极管 D_5 处于关断状态，电流恒定为 0。由于变压器 T_1 次级绕组与电感 L_2 处于同一个回路，因此，变压器 T_1 次级绕组在开关功率管 MN 导通时，具有与电感 L_2 相同的电流。由变压器安匝比守恒可知，变压器 T_1 初级绕组在开关功率管 MN 导通时，其电流为次级绕组电流的 N_1 倍。

当开关功率管 MN 关断时，二极管 D_4 关断，二极管 D_5 的阴极电位比地电位低(二极管压降)，D_5 处于续流状态。如图 4.2.8 所示，在输出电感 L_2 两端也具有恒定的电压：

$$V_{L_2} = -(V_{\text{o}} + V_{D_5}) \tag{4.2.10}$$

同样，由公式：

$$L_2\frac{\mathrm{d}i}{\mathrm{d}t}=V_{L_2} \tag{4.2.11}$$

电感 L_2 的输入端电位相对于输出端电位为低，由此可得，电感 L_2 上电流在开关功率管 MN 关断阶段，呈现下降趋势，此时，二极管 D_4 关断电流恒定为 0，二极管 D_5 与电感 L_2 电流具有相同值。此时，由于关断的二极管 D_4 将变压器 T_1 与输出隔断，变压器初级和次级绕组上电流均为 0。

稳定状态下，电感 L_2 上电流为周期性三角波，其平均值为输出电流 I_o。波形图如图 4.2.9 所示。

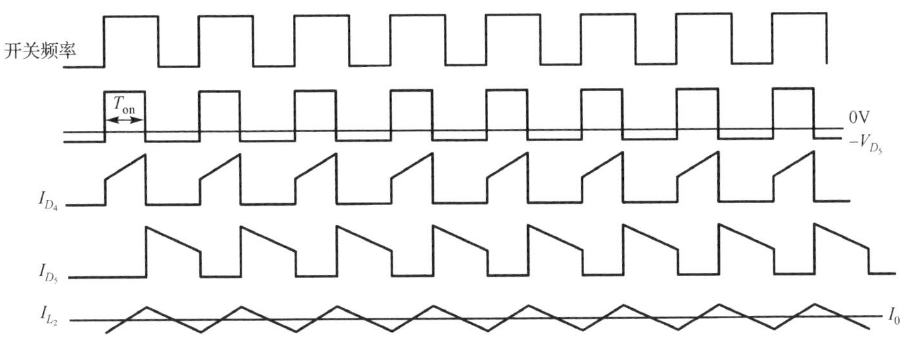

图 4.2.9　正激变换器电流波形图

3．功率管的选择

确定开关功率管 MN，最重要确定所用开关功率管的电压能力和电流能力能否满足系统需求。这两点性能直接关系到电源系统能否正常工作。所选定的功率管电压和电流能力应该留有一定余量。计算开关功率管最大电压和电流能力如下所示，这里为简化计算与分析，忽略所有二极管导通压降以及深线性区的开关功率管 MN 漏源电压。

当开关功率管 MN 打开时，变压器 T_1 初始绕组所承受的电压为 V_{in}；当开关功率管 MN 关断时，初始绕组的反向电压为电容 C_2 上的电压 V_{C_2}。假设 V_{C_2} 足够大，则 T_{off}（开关功率管 MN 关断期间）阶段，电容 C_2 两端电压维持在 V_{C_2}。根据伏秒定律可知：

$$V_{in}T_{on}=V_{C_2}T_{off} \tag{4.2.12}$$

由此可得：

$$V_{C_2}=\frac{D}{1-D}V_{in}=\frac{V_o}{N_1(1-D)} \tag{4.2.13}$$

因此，T_{off} 阶段，开关功率管 MN 的漏端电位为：

$$V_{D_S}=V_{C_2}+V_{in} \tag{4.2.14}$$

相同的输出电压 V_o，对于同样的功率拓扑，随着输入电压 V_{in} 的减小，占空比 D 逐渐增大，则 V_{C_2} 越来越大，开关功率管 MN 的漏端所承受的电压也就越大，因此在实际应用中，选择合适的开关功率管 MN 以满足最大反向电压，系统才能够正常工作。电容 C_2 在这里起到了箝位的作用，其电容值越大，则电压 V_{C_2} 的纹波越小，开关功率管 MN 上承受的电压也就越小；由于大电容充放电，则变换器对于输入电压和输出负载的响应速度也就相应地变慢。假设 ΔV_{C_2} 远小于 V_{C_2}，在 T_{off} 阶段内，变压器内的励磁电流以 V_{C_2}/L_{T_1} 的速率下降，在开关功率管关断时励磁电流下降到 0。

变换器在最大占空比工作时开关功率管漏极承受电压最大，由此确定功率管耐压能力。由变压器安匝比可知，开关功率管 MN 所流过最大电流为：

$$I_{MAX} = I_{L_2} \times N_1 \tag{4.2.15}$$

开关功率管流过最大电流为次级电感最大电流乘以变压器匝比 N_1。通常电感电流变化量为输出电流 I_o 的 30%，据此估计开关功率管需承受的最大电流。

以一正激变换器为例，V_o=12V，最大输入电压 V_{in} 为 36V，最小输入电压 V_{in} 为 18V，最大占空比 D 为 0.33，变压器 T_1 安匝比 N_1 为 2，最大负载电流 I_o 为 1A。由此可确定开关功率管 MN 漏源最大耐压为 45V，最大电流为 3A。

开关功率管 MN 需要有足够的耐压能力和电流能力，才能保证电源系统的正常运行。通常，开关功率管的最大电压能力和电流能力应大于变换器中所承受电压和电流的两倍。根据以上计算，正激变换器实例中选用 N 型 MOSFET，型号为 IRFR120N。该开关功率管的最大反向漏源电压为 100V，功率管可承受最大电流为 9.4A，导通电阻为 0.21Ω，满足正激变换器实例中拓扑的应用要求。

4．变压器的选择

变压器磁芯有效功率与峰值磁密、磁芯面积以及窗口面积、工作频率、工作电流有关。由法拉第定律可知，变压器初级匝数 N_p 由初级绕组上的电压和导通时间确定，其具体表达式为：

$$N_p = \frac{VT_{on} \times 10^8}{A_e \Delta B} \tag{4.2.16}$$

其中，N_p 为初级匝数，V 为初级绕组两端电压，T_{on} 为最大导通时间，单位为 ms，ΔB 为磁通密度，单位为特斯拉(T)；A_e 为磁芯面积，单位为 mm^2。

根据上式选定变压器的磁芯，可以确定变压器初级绕组；之后，根据变压器 T_1 匝数比可以进一步确定次级绕组的匝数。

上述正激变换器拓扑采用电容 C_2 来实现磁通复位功能。在开关功率管 MN 关断后，变压器磁化能量转移到 C_2 中。此种方法结构简单，同时在变压器两端不会出现尖峰电压。

5．输出滤波器的确定

输出滤波器由 L_2、C_{out} 组成。输出电容 C_{out} 的选择一方面考虑系统稳定性问题，另一方面考虑输出电压 V_o 纹波大小；电感 L_2 确定了输出电流纹波大小，以及电源系统工作模式——连续模式或者断续模式。

如图 4.2.10 所示为 LC 滤波器关键波形图。电感电流的平均值为负载电流 I_o。电感电流上升的变化量应等于其下降的变化量，即：

$$\Delta I_{L_{rise}}=\frac{N_1V_{in}-V_o}{L_2}T_{on} \qquad (4.2.17)$$

$$\Delta I_{L_{fall}}=\frac{V_o}{L_2}T_{off} \qquad (4.2.18)$$

$$\Delta I_{L_{rise}}=\Delta I_{L_{fall}} \qquad (4.2.19)$$

由此可得，在稳定状态下，负载电流为电感 L_2 上平均电流。同时也可以得到电感 L_2 电流变化量与占空比 D、电感值 L_2、输出电压 V_o 以及系统工作频率的关系为：

$$\Delta I_{L_2}=\frac{V_o}{L_2}(1-D)T \qquad (4.2.20)$$

一般情况，负载电流纹波小于 30%，对于最大负载电流 1A 的情况下，要求 ΔI_{L_2} 小于 0.3A。由此可以确定 L_2 值，其表达式如下为：

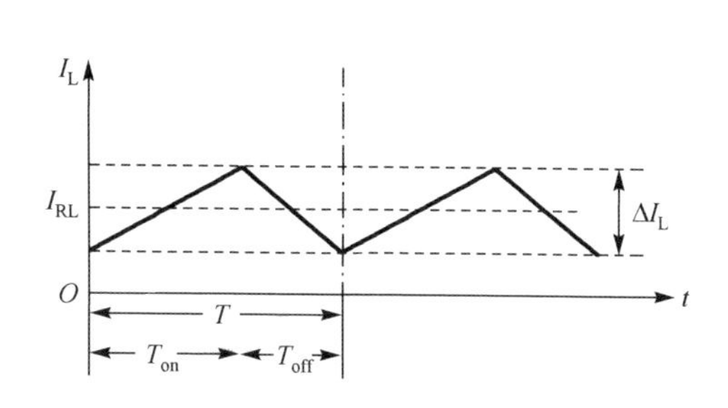

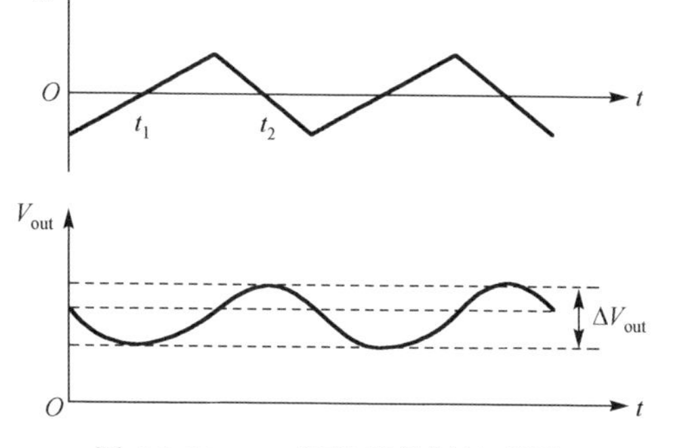

图 4.2.10　LC 滤波器关键波形图

$$L_2=\frac{V_o}{\Delta I_{L_2}}(1-D)T \qquad (4.2.21)$$

由输出电容 C_{out} 充放电原理可得输出电压 V_o 的纹波大小：

$$\Delta V_o=\frac{1}{C_{out}}\int_{t_1}^{t_2}I_{C_{out}}\mathrm{d}t=\frac{1}{C_{out}}\left(\frac{\Delta I}{4}\times\frac{T_{on}}{2}+\frac{\Delta I}{4}\times\frac{T_{off}}{2}\right)=\frac{V_o(1-D)T^2}{8L_2C_{out}} \qquad (4.2.22)$$

6．反馈回路的确定

环路工作简化原理如图 4.2.11 所示，通过 TL431 采样输出电压 V_o，之后由光耦反馈。此时，TL431 相当于一个内部基准为 2.5V（3 管脚输出电压）的电压误差放大器。当输出电压 V_o 升高时，TL431 的 1 管脚升高，其输出端 3 管脚电压降低，反之，TL431 的 3 管脚电压升高。电阻 R_9 的作用是为了给 TL431 提供阴极电流，使其正常工作。TL431 的 3 管脚输出电压基本保持恒定，系统输出电压 V_o 和 TL431 的 3 管脚输出电压之差通过电阻 R_8 产生光耦的原边二极管电流 I_f，经过相应比例后，产生副边电流 I_c。电流 I_c 在 R_{11} 上形成电压降，该电压降经过 R_{12}、R_{13} 为误差放大器提供静态工作点。在功率管的源极串联小电阻 R_{cs}，用来采样功率管 MN 导通的电流，R_3、C_3 作为低通滤波器，将采样的高频电流成分除去，可根据采样电流频率决定 R_3 和 C_3 值。通过将振荡器的三角波信号按比例缩小作为 CS 端的斜坡补偿电压，来避免电流模架构在一定工作条件下的次谐波振荡问题。CS 端通过电阻 R_5 连接到 V_{REF} 以及 V_{in}，是为了尽快将 CS 电压抬高，使得系统快速建立，同时为 CS 端提供恒定电压，用来提高其抗噪能力。由于 OUT 端输出安培级别的电流，此处电阻 R_6 和 R_7 用来减小由 PCB 寄生电感所引起的电压尖峰，防止其损坏功率管 MN。

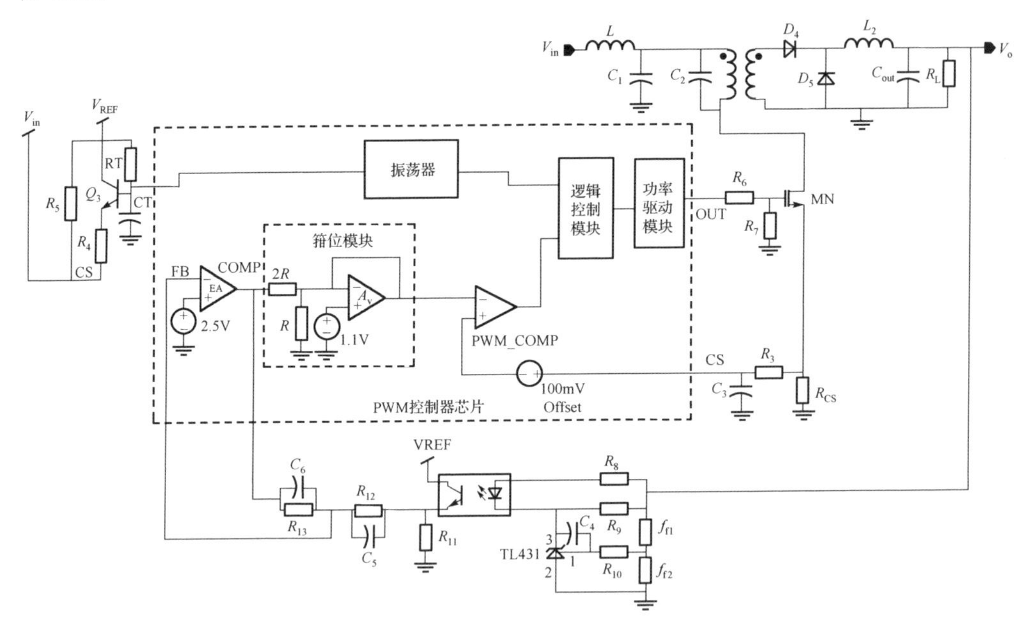

图 4.2.11　正激变换器环路控制原理简化图

该正激变换器拓扑中使用的是峰值电流型 PWM 控制器，控制环路为峰值电流型，因此，输出电感 L_2 不产生零极点。

7．供电电路的确定

图 4.2.12 为应用于正激变换器的控制器芯片供电电路图。V_{DD} 为 PWM 控制器芯片的外部供电管脚，主要为芯片提供供电电压。当正激变换器系统开始上电的时候，此时输出电压 V_o 为 0。D_1 作为稳压管使用，将三极管 Q_2 的基极电压箝位至 V_{D_1}；

V_{D_1}经三极管Q_2的BE结、电阻R_2和二极管D_2得到V_{DD}。其值大小为：

$$V_{DD} = V_{D_1} - V_{BEQ2} - V_{BEQ1} - V_{D_2} \tag{4.2.23}$$

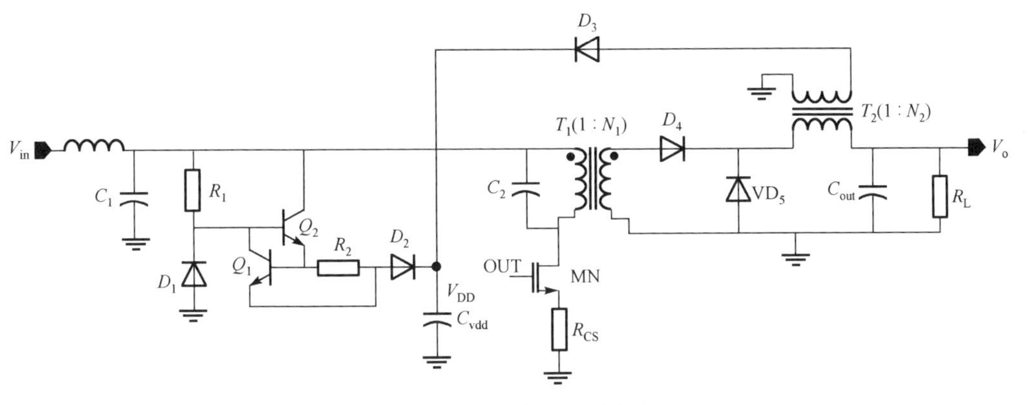

图4.2.12　PWM控制器芯片的供电电路图

当正激变换器处于正常工作状态时，输出电压V_o为相对恒定值。功率管MN导通阶段，二极管D_4也处于导通阶段，变换器T_2同名端电压大于异名端电压，二极管D_3处于关断状态。功率端MN关断期间，二极管D_4关断，二极管D_5作为续流二极管，变压器T_2的异名端电压大于同名端电压，二极管D_3导通，此时由输出电压V_o到V_{DD}电压为：

$$V_{DD} = N_2(V_o + V_{D_5}) - V_{D_3} \tag{4.2.24}$$

该电压经过V_{DD}处较大的滤波电容，可以为PWM控制器芯片提供供电电压。在功率管MN关断期间，V_{DD}由输出电压V_o提供；功率管MN导通期间，V_{DD}由储存在电容C_{vdd}的能量提供。

8．应用于正激变换器的PWM控制器芯片的设计

在前述正激变换器实例中，选用了一款应用广泛的电流型PWM控制器作为正激变换器的控制器芯片。该芯片可以应用于电流模系统，也可以应用于电压模。内部等效电路图如图4.2.13所示。图中，各管脚功能描述如下所述。

V_{DD}：控制器芯片的外部供电电压，工作范围为7.5～30V。

FB：控制器芯片误差放大器的反向输入端。

COMP：控制器芯片误差放大器的输出端口。

RES：控制器芯片的过流保护电路外挂电容端口。

RTCT：控制器芯片时钟信号产生的输入端。

V_{REF}：控制器芯片内部子模块的供电电压。

GND：控制器芯片的参考地电位。

CS：控制器芯片的电感电流采样电压输入端。

OUT：控制器芯片的栅驱动输出信号端口。

UVLO：采样系统母线电压端口。

UVLO_OUT：母线欠压信号输出端口。

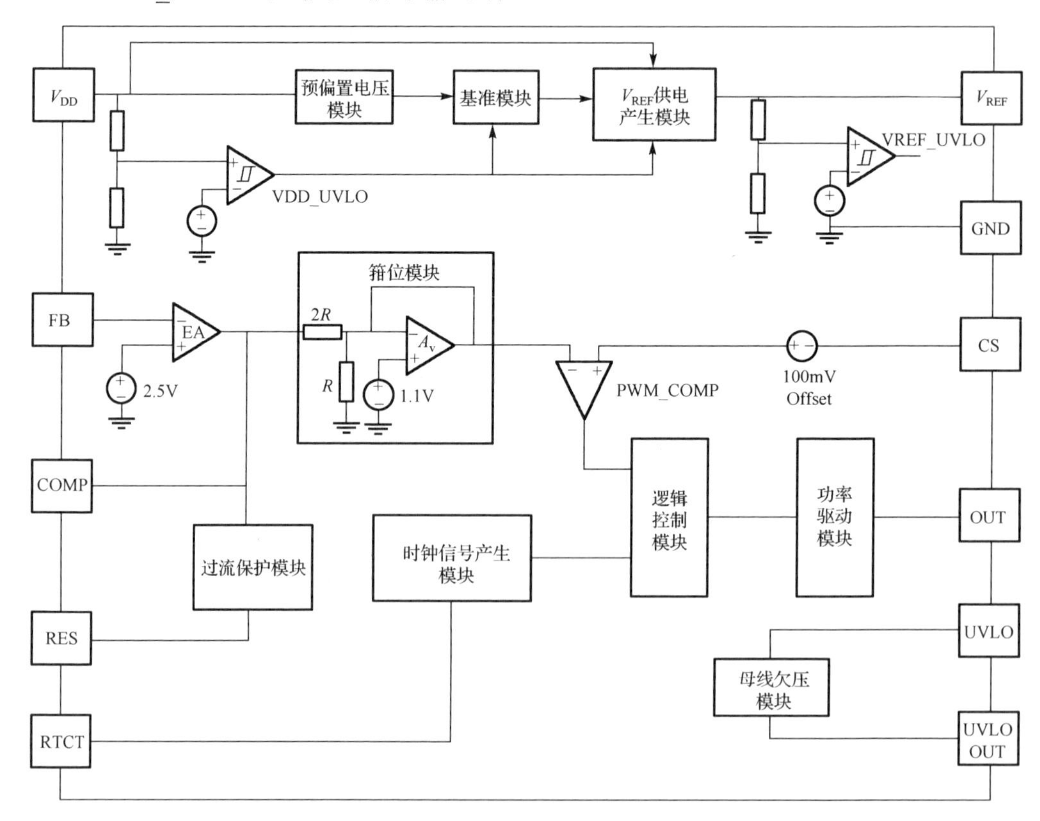

图 4.2.13　PWM 控制器的系统框图

在正激变换器功率拓扑中，PWM 控制器芯片是系统的核心，因此对于 PWM 控制器芯片有着较高的要求。而 PWM 控制器芯片内部关键子电路性能优劣决定了控制器芯片的性能。

1) RTCT 振荡器电路

如图 4.2.14 所示为 RTCT 振荡器的等效架构图。其基本工作原理为：振荡器的管脚 RTCT 外挂电阻 RT 和电容 CT。开始时，供电电压 V_{REF} 通过电阻 RT 给电容 CT 充电，当 RTCT 端电压超过 V_{ref275} 时，上限比较器翻转，V_{Max} 为高，通过数字控制模块后输出信号 Ctrl；Ctrl 将放电模块快速打开，电容 CT 通过 Id 向地放电，RTCT

端上电压开始下降，当 RTCT 端电压低于 V_{ref100} 时，下限比较器翻转，数字控制模块起作用，信号 Ctrl 关断放电模块，完成一个周期的充放电。按此过程周期性的重复，Ctrl 为系统所需的时钟信号，RTCT 端上电压近似为三角波，用于系统的斜坡补偿电路。

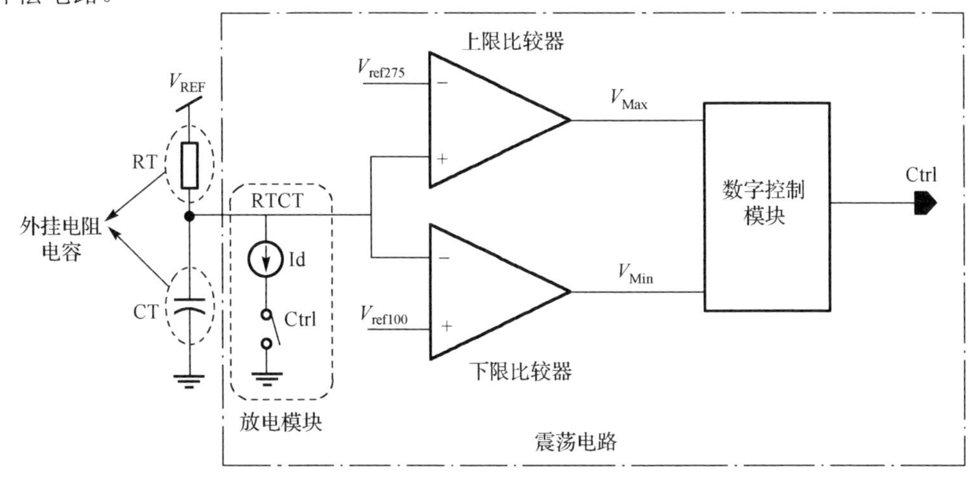

图 4.2.14　RTCT 振荡器等效架构图

2) 栅驱动输出级电路

该 PWM 控制器芯片的栅驱动电路等效架构图如图 4.2.15 所示，由 5 部分组成，恒流源产生电路、上功率管箝位电路、上功率管驱动电路、下功率管驱动电路和功率输出级。如图 4.2.15 所标识，恒流源产生箝位电路所需的电流源，箝位电路保证上功率管栅源电压不超过设计值，功率管驱动电路和功率输出级产生具有驱动能力的栅驱动控制信号。S_1、S_2、S_3 和 S_4 为开关信号，信号为高时开关闭合，否则开关打开。开关管 S_1、S_2 具有相同的相位，与 S_3、S_4 相位相反。

3) 母线欠压保护电路

如图 4.2.16 为欠压保护模块的等效架构图，根据功能需求采取外挂电阻形式实现比较电压点的迟滞量。当母线电压低于系统要求值时，外挂电阻 R_1 和 R_2 上的分压点电压 UVLO 低于 1.25V，比较器翻转，输出逻辑信号 Vin_UVLO 为高，关断芯片。当母线电压从异常状态恢复到正常状态时，外挂电阻 R_1 和 R_2 上的分压点电压 UVLO 高于 1.25V，比较器输出逻辑信号 Vin_UVLO 为低电平，芯片恢复到正常工作状态。当 UVLO 浮空或者接高电平（低于 5V）时，该 PWM 控制器芯片的母线欠压保护功能失效。

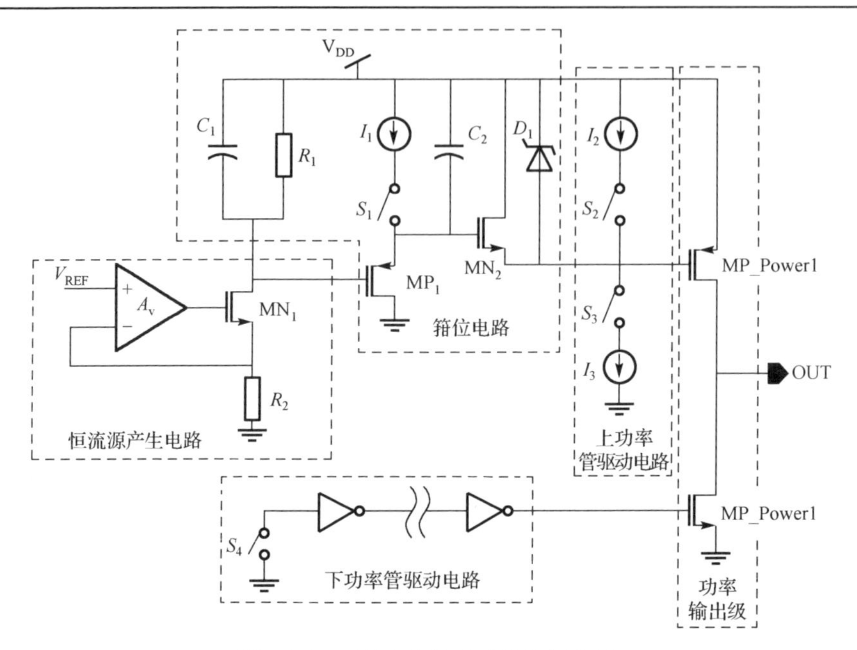

图 4.2.15　栅驱动输出级等效架构图

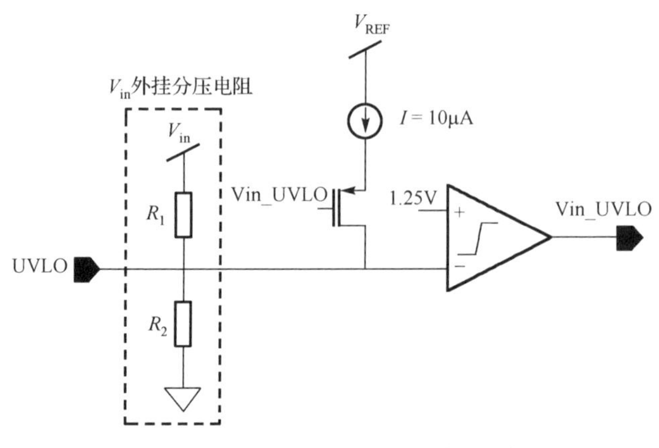

图 4.2.16　母线欠压保护电路等效架构图

4) 过流保护电路

电源系统长时间工作于过流或者短路情况下，会散发很多热量，这些热量不能够及时散发可能会损坏芯片，最终会损坏电源系统。因此，针对应用于 DC-DC 变换器中的控制器芯片，需要增加过流短路保护功能。一方面在 DC-DC 变换器功率拓扑上省去了额外的保护电路；另一方面，节省了面积，减少了成本。当电源系统发生过流时，电感电流会增加，则表征电感电流大小的电感电流采样电压 CS 端电压会增加。因此，基于此思想，通过检测 CS 端电压大小可以判断系统是否处于过流状态。如图 4.2.17 所示为过流检测模块的等效架构图。

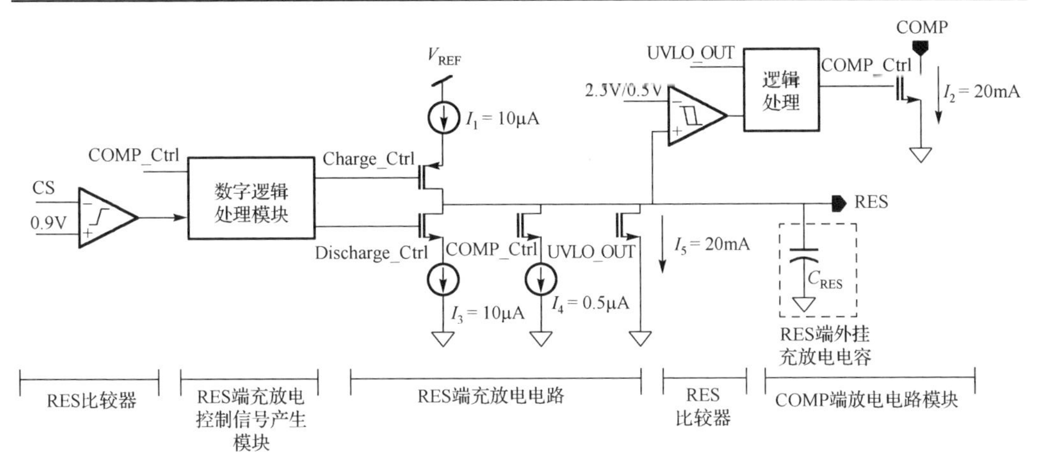

图 4.2.17　过流保护电路等效架构图

当 CS 端电压值超过 0.9V 时认为系统过流，CS 比较器输出高电平信号，该信号与 COMP_Ctrl 信号经数字逻辑处理后产生 Charge_Ctrl 以及 Discharge_Ctrl；此时 Charge_Ctrl 为低，Discharge_Ctrl 为高，则恒流源 I_1 向 RES 外挂电容充电。当 CS 端连续几个周期都处于过流状态时，恒流源 I_1 一直给 RES 外挂电容充电，RES 端电压升高，当 RES 端电压大于 RES 端比较器的反相输入端(2.5V)时，该比较器输出高电平，经逻辑处理模块输出信号 COMP_Ctrl 为高，则电流为 20mA 的电流源打开，COMP 端电位被拉至低电平，通过环路部分将芯片关断，由于电流源 I_2 很大，芯片关断时间可以忽略不计，COMP_Ctrl 为高时，Charge_Ctrl 以及 Discharge_Ctrl 都无效，电流 I_1 和 I_3 不会给 RES 外挂电容充放电，而恒流源 I_4 打开，RES 外挂电容通过很小的电流源向地放电，以实现系统重启工作。当 RES 端电容放电使其电压值低于 0.5V 时，RES 比较器翻转，COMP_Ctrl 为低，系统重新正常工作，当发生过流时继续重复过流动作。RES 浮空或者接地，PWM 控制芯片的过流检测功能失效。

4.3　非隔离式开关变换器设计技术

对于点式负载等应用需求，负载端和供电端通常共用同一供电轨，从而形成非隔离型电源。在众多非隔离型开关电源中，以三种基本拓扑应用最为广泛，分别为降压型(Buck)、升压型(Boost)、降压-升压型(Buck-Boost)。从名字可以看出三种拓扑对应的实现功能分别将输入电压降低、升高或者降低-升高，这与其开关与电感的连接方式相关，如图 4.3.1 所示。

Buck 转换器，即降压型转换器，顾名思义，其输出电压比输入电压低，转换率为 $M(D)=D$。Boost 转换器，即升压型转换器，其特点是输出电压比输入电压高，转换率为 $M(D)=1/(1-D)$。Buck-Boost 转换器，也叫降压-升压型转换器，其输出电压可低于输入电压也可高于输入电压，转换率为 $M(D)=-D/(1-D)$。D 为开关 S_1 导通时间占空比。

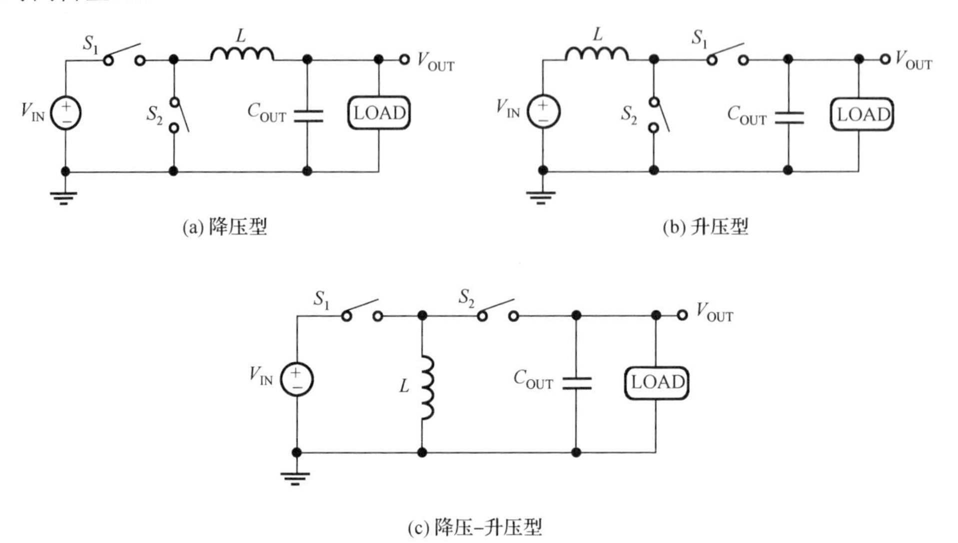

(a) 降压型　(b) 升压型

(c) 降压–升压型

图 4.3.1　非隔离型开关电源的三种基本拓扑连接方式

根据控制模式，同一种开关电源变换器可以被分为电压模、电流模、恒定导通时间控制(COT)等类型。为简化分析，下文主要以 Buck 变换器为例阐述非隔离式变换器工作原理及不同种类的控制模式设计技术。

4.3.1　非隔离式开关变换器的工作原理

开关电源中所谓的“开关”通常为功率二极管、功率三极管(双极型晶体管)、功率 MOS 管（场效应晶体管)及功率 IGBT(绝缘栅双极型晶体管)等。以 Buck 为例说明非隔离式开关变换器工作原理。

将图 4.3.1(a)中的开关 S_1、S_2 替换成实际的功率管就得到了 Buck 变换器的基本拓扑，如图 4.3.2 所示。直观地来看，Buck 变换器实际上就是一个斩波器和一个滤波器的组合。图 4.3.2 中 Buck 变换器包含了一个功率开关管 M 和一个续流二极管 Di。开关管 M 的作用是通过方波信号 V_{SQ} 在一个开关周期内能量从输入电压 V_{IN} 传递至电感或电容的时间。而二极管 Di 用来续流，即当开关管 M 关断时，提供地到电感的通路；二极管 Di 可用同步 MOS 管来替代。输入电压 V_{IN} 在 SW 节点被调制为具有固定周期和占空比的方波 V_{SW}，在不考虑开关管的导通损耗及驱动延迟的情况下，方波 V_{SW} 的周期与占空比与功率开关管 M 的驱动信号 V_{SQ} 相同，其高电平幅值为输入电压 V_{IN} 的幅值。电感 L 和电容 C 作为储能元件，构成了一个二阶低通滤波器，方波 V_{SW} 的高频纹波被抑制掉，输出一个直流电压 V_O，为负载 R 提供能量。

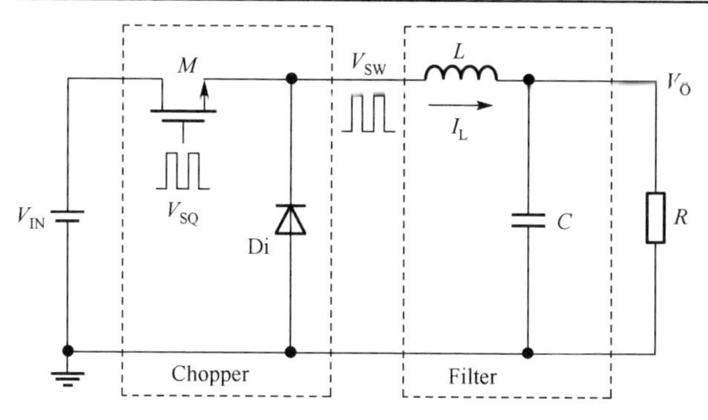

图 4.3.2　Buck 变换器基本拓扑

以 Buck 变换器为例，在稳态下，依据功率开关管 M 的驱动信号可以将 Buck 变换器在一个周期内分为两个阶段：导通(ON)阶段和关断(OFF)阶段，其等效电路分别如图 4.3.3(a)和(b)所示。

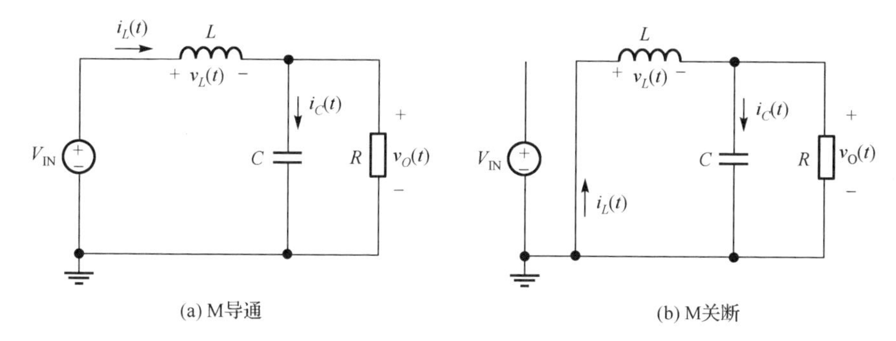

图 4.3.3　Buck 变换器的两个工作状态

在图 4.3.3(a)所示的导通阶段时间内，电感 L 两端分别为输入电压 V_{IN} 与输出电压 v_O。在稳态条件下有：V_{IN} 大于 v_O，电感 L 从输入电压 V_{IN} 获得能量并存储下来，电感电流 i_L 增大。当电感电流 i_L 小于负载电流 i_{LOAD} 时，电容上存储的电荷为负载补充能量，v_O 减小；反之，电容电荷增加，v_O 增大，从而形成电压纹波。在图 4.3.3(b)所示的关断阶段时间内，开关管 M 断开，由于电感电流不能突变，二极管 Di 导通并续流，此时电感 L 左侧即图 4.3.2 中的 SW 节点实际上比地电位要低一个二极管的导通压降。此时电感左侧电压低于右侧电压，电感电流 i_L 减小，电感存储的部分能量传递给负载，同时由于电感电流 i_L 小于负载电流 i_{LOAD}，电容 C 上的电荷向负载补充，输出电压 v_O 减小。

在功率管 M 导通时间内，电感 L 两端压降为：

$$v_L = V_{IN} - v_O \tag{4.3.1}$$

由电感的特性可知，此时电感电流 $i_L(t)$ 线性增加，斜率可以表示为：

$$\frac{\mathrm{d}i_L(t)}{\mathrm{d}t}=\frac{V_{\mathrm{IN}}-v_{\mathrm{O}}}{L} \tag{4.3.2}$$

在功率管 M 关断时间内，电感 L 两端压降为：

$$v_L=-v_{\mathrm{O}} \tag{4.3.3}$$

电感电流 $i_L(t)$ 线性降低，其斜率可以表示为：

$$\frac{\mathrm{d}i_L(t)}{\mathrm{d}t}=\frac{-v_{\mathrm{O}}}{L} \tag{4.3.4}$$

由于稳态假设下，电感电流 i_L 在一个周期始末相等，则在功率管 M 导通和关断两个阶段内，电感电流 i_L 的变化量的绝对值应该相等。于是有：

$$\frac{V_{\mathrm{IN}}-v_{\mathrm{O}}}{L}DT_s=\frac{v_{\mathrm{O}}}{L}(1-D)T_s \tag{4.3.5}$$

解之，输入输出电压的关系为：

$$v_{\mathrm{O}}=DV_{\mathrm{IN}} \tag{4.3.6}$$

由于占空比 D 小于 1，稳态下输出电压总是小于输入电压。由此可以得到 Buck 变换器电感电压波形 $v_L(t)$、电感电流波形 $i_L(t)$ 和输出电压波形 $v_{\mathrm{O}}(t)$，具体如图 4.3.4 所示。

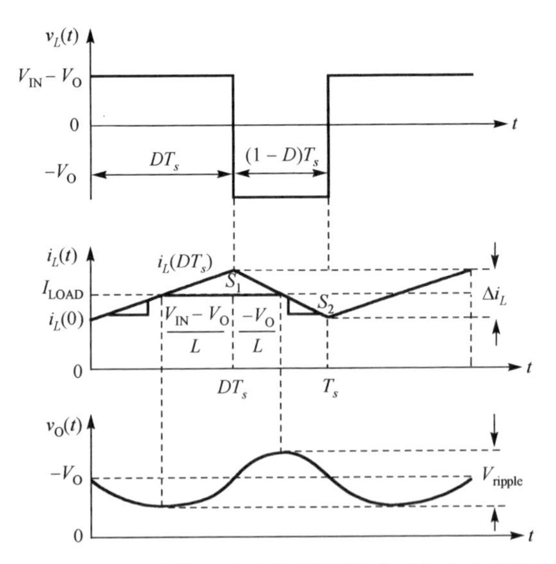

图 4.3.4　Buck 变换器在连续导通模式下稳态分析波形

实际上，上述分析基于在一个周期结束时，电感上仍然有能量储存，即电感电流 $i_L(t)$ 始终大于 0，此时变换器工作在连续导通模式(Continuous Conduction Mode, CCM)。若在功率管 M 关断时间内，电感电流 $i_L(t)$ 一直下降至 0，此时由于续流二极管无法反向导通，电感电流不能进一步下降，在下一周期来临之前都保持为 0，这种工作模式被称之为非连续导通模式(Discontinuous Conduction Mode，DCM)。

Buck 变换器工作在 DCM 下的输出电压值同样可由上面的方法得到。此时，设电感电流上升的时间为 D_1T_s，电感电流下降时间为 D_2T_s，则电感电流维持 0 的时间为 $(1-D_1-D_2)T_s$。此时电感电流波形 $i_L(t)$ 和输出电压波形 $v_O(t)$，如图 4.3.5 所示。

电感电流 i_L 在一个周期始末相等，可以得出：

$$v_O = V_{IN}\frac{2}{1+\sqrt{1+\dfrac{8L}{D_1^2T_sR}}} \tag{4.3.7}$$

由式(4.3.6)和式(4.3.7)可得，在 DCM 模式下的输出直流值与输入电压 V_{IN} 和占空比 D 有关，同时也与其他条件有关。将式(4.3.6)代入式(4.3.5)中，可以得到 CCM 模式下电感电流纹波为：

$$I_{ripple} = \frac{V_{IN}}{L}T_s[D(1-D)] \tag{4.3.8}$$

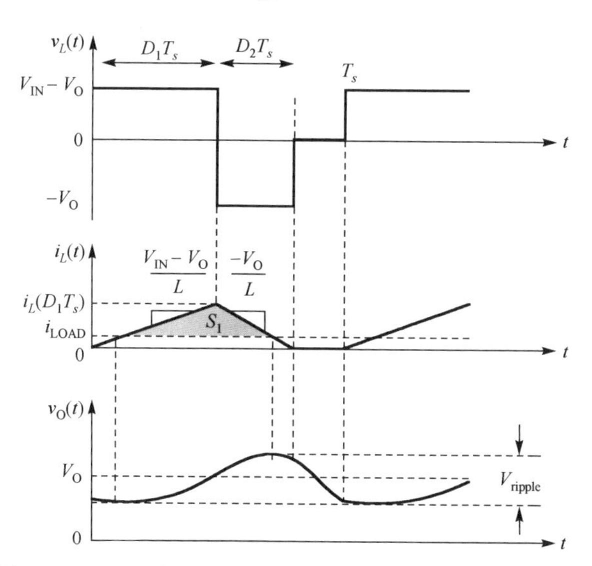

图 4.3.5　Buck 变换器在非连续导通模式下稳态分析波形

由上述分析结果可以明确 Buck 变换器的性能和占空比 D 息息相关，因此如何调制占空比成为 Buck 变换器核心问题之一，即控制模式。后文将介绍常用的电压模、电流模及恒定导通时间模这三种控制模式。

4.3.2　电压模控制方式设计技术

电压模是第一个开关转换器的控制方法，并为业界服务很多年，电压模的主要原理是通过检测输出电压的变化来控制占空比，从而得到稳定的目标电压。

基本的电压模 Buck 转换器架构如图 4.3.6 所示，主要包括误差放大器(EA)、调制器以及输出滤波器。误差放大器放大带隙基准电压和输出电压反馈信号的差值；该差值输入至调制器，来与振荡器产生的锯齿波信号做比较，从而得到脉冲宽度信号，再经过逻辑驱动电路，转化为能驱动功率管的占空比信号；功率管的导通与关断决定是否向输出滤波器提供能量，输出滤波器用来稳定输出电压。在闭环控制的作用下，运放将两个输入端电压箝位，使得输出反馈电压 V_{FB} 等于 V_{REF}，通过调节分压电阻的比例，就可以得到不同的输出电压。

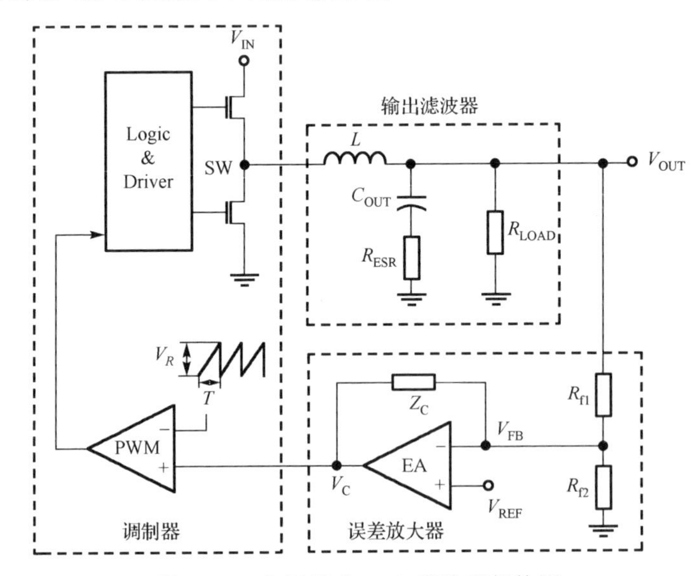

图 4.3.6　电压模式 Buck 变换器架构图

电压模式控制的优点为：①单个反馈环路更容易设计分析；②大摆幅的斜坡波形提供了良好的噪声容限；③低阻抗电源输出为不同的输出电压要求提供更好的交叉调节。

电压模式控制的缺点为：①负载和输入电压的变化须先转换成输出端的变化再由负反馈环调整，会降低响应速度；②输出滤波器为环路引入两个极点，这会增加环路补偿复杂度；③由于环路增益随输入电压而变化，环路补偿会变得更加复杂。

改善电压模式控制瞬态响应的方法有两种：一是增加电压误差放大器的带宽，这会使得系统容易受到高频开关噪声干扰的影响；另一种方法是采用电压前馈控制模式[6,7]，它对输入电压变化的瞬态响应速度明显提高。

电压前馈控制是一种比较新颖的控制技术，它与电压反馈控制模式的主要区别在于锯齿波的幅值、频率可以调整。这种控制技术中锯齿波由输入端的电压经过外接电阻和电容构成的充电电路和输出控制电路构成，其充电时间和斜率可以自动调节。由此可以改善对输入电压变化的动态响应。

电压前馈的实现方式是使斜坡波形的斜率与输入电压成比例。这样即使没有反馈环路的作用，也能提供一个随输入电压变化的占空比来对脉冲宽度进行调制。结果是产生恒定的控制环路增益,同时也解决了对输入电压线性变化瞬态响应的问题。电压前馈模式的工作原理图如图 4.3.7 所示。

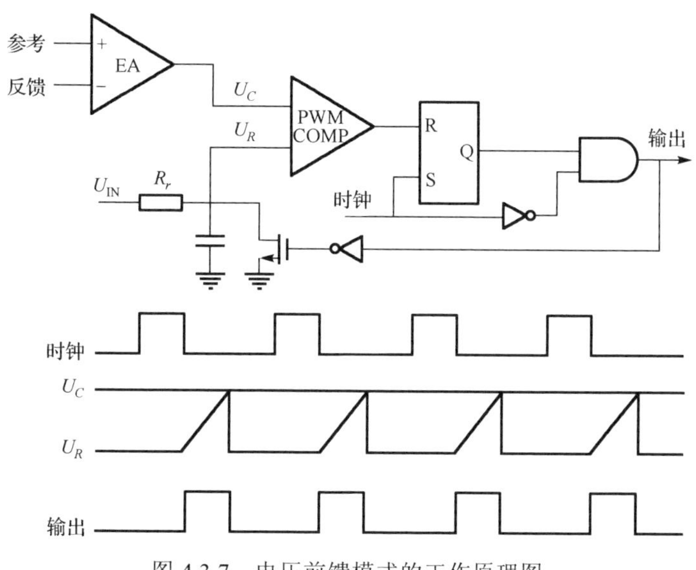

图 4.3.7　电压前馈模式的工作原理图

输入电压变化能立刻反映到脉冲的变化上,因此对输入电压的前馈是开环控制,而对输出电压的反馈是闭环控制，这是一个由开环和闭环构成的双环控制系统。当输入电压固定时，输出电压波动的调节由误差放大器单独完成。当输出电压由于负载电流减小而升高时，如图 4.3.8 中(a)所示，误差放大器的输出 U_C 变小，电容 C_r 上的充电斜率不变，但是充电幅值变小导致充电时间变短，即占空比变小，从而输出电压下降，起到自动调节的作用。当输出电压固定时，如果输入电压上升，如图 4.3.8 中(b)所示，电容 C_r 上充电时间变短，而使占空比变小。这样输入电压的变化直接影响系统的输出占空比，可以改善控制系统的线性瞬态响应。

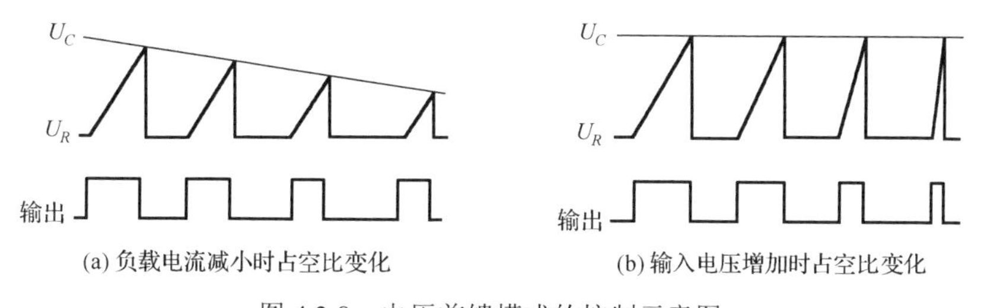

图 4.3.8　电压前馈模式的控制示意图

除了系统控制，环路建模也是电压控制模式很重要的一部分。DC-DC 开关变换器的建模可以追溯到 20 世纪 70 年代早期[8]，状态空间平均法（State Space Averaging，SSA）为开关变换器的建模奠定了基础[9]。最早期的研究还仅仅是在 CCM 下进行，向 DCM 拓展的道路并不顺畅，建模研究之初，由于对变换器动态特性认识不够详尽，未能对 DCM 模式下的 DC-DC 变换器建立完整模型，直至 20 世纪 90 年代末期才得出精确的 DCM 模型[10,11]。基于 SSA 的定频、变频甚至是二者混合的 DC-DC 变换器在 CCM 和 DCM 下的建模在 21 世纪初得到了统一[12]。

经过多年的研究以及 EDA 工具的普及，DC-DC 变换器建模朝着以算法为核心，计算变换器动态特性数值解的数字仿真法，以及以解析理论为核心，推导变换器动态特性解析表达式的解析仿真法两个方向发展[13-15]。数字仿真法适合对已设计变换器的特性分析，因为使用该方法能够从波形图上查看已知系统对大信号激励及小信号扰动的响应；相反，解析法对于电路设计者而言具有更大的意义，解析法可以得出系统传递函数的表达，作为参数优化的指导。但是这里也需指出的是，实际线路的寄生效应等影响，降低了解析法的精确度和完整传递函数的推导可能性[16-21]。

数字仿真法包括 Spice 直接仿真法和离散时域法。Spice 仿真法是计算机辅助分析（Computer Aided Analysis，CAA）的接口，Spice 与 MATLAB 等的结合将会使建模精度及计算效率等方面有着可观的提升。离散时域法将变换器系统近似为分段线性系统，通过分析状态变量对输出的影响列状态方程，最后通过计算机求解。状态转移矩阵以及边界条件是离散时域法的两个关键，这也决定了离散时域法可以仿真多环路控制系统，研究不同控制规律、不同拓扑以及不同参数对系统瞬态响应的影响。

解析仿真法包括等效小参量法、平均连续法、离散法以及连续离散法。平均连续法需要对系统进行假设和等效替换，但是可以保持拓扑不变性。离散法采用差分方程和 z 变换技术辅助分析，不需进行过多的假设，这也导致所得的结果非常复杂。连续离散法作为二者的结合，继承了各自的优势，是现阶段较为热门的研究方向。等效小参量法以符号分析法为基础，是一种较高精度的强非线性高阶系统建模方法，由我国学者丘水生和 Filanavsky 提出。

模型的精确度以及建模过程的繁简是 DC-DC 变换器建模研究者面临的核心问题，也是不同建模方法优劣的衡量标准，同时模型对实际线路的拟合程度以及模型自身物理意义是否清晰也是评判建模方法优劣的关键。

开关变换器系统包括功率传输级以及反馈控制部分，实际系统中功率传输级是相对确定的，而反馈控制部分变化多样。建模过程中反馈控制系统的建模相对较常规，即将各个模块功能化后采用信号传输的理论进行求解即可，而对于功率传输级的建模而言，开关器件、电感和电容的非线性特性，使得建模存在一定的困难，需要对功率传输的动态过程有足够的认识并作适当的假设。

合适的假设是在保证建模精确性的前提下对建模过程的合理简单化，根据开关变换器的工作原理可以提出以下三点合理的假设：①低频假设，分析过程所施加的扰动信号的频率 f_m 与开关频率 f_{SW} 满足 $f_m \ll f_{SW}$；②小纹波假设，这是保证开关频率级别的信号对于变换器系统属于高频扰动，即满足变换器的转折频率 f_ω 远低于开关频率，$f_\omega \ll f_{SW}$；③小信号假设，系统中的各个信号的直流工作电平在幅值上远大于叠加在其上的交流扰动。

对于一个 Buck 变换器而言，当输入电压和输出电压确定后，占空比就是一个固定的值，即 $D=V_{OUT}/V_{IN}$。但是实际上，输入电压、负载以及电路中的器件，都会给系统带来扰动。因此需要引入负反馈环来抑制这些扰动对系统的影响，通过负反馈自动调节占空比，从而产生一个稳定的输出电压。在 s 域，占空比的表达式可以表示为：

$$d(s) = D + d_{ac}(s) \tag{4.3.9}$$

其中，D 表示占空比的直流组成部分，$d_{ac}(s)$ 表示在直流偏置点上叠加的交流小信号。从 Buck 转换器的角度看，D 代表了占空比的稳态，$d_{ac}(s)$ 代表由输入电压、负载以及噪声等因素带来的扰动对占空比带来的小信号变化。

图 4.3.9 所示为 Buck 转换器从占空比到输出的小信号模型。S_1 和 S_2 开关节点电压的平均值等于 $d(s)$ 和输入电压的乘积。从平均的角度看，Buck 转换器的输出电压可以表示成：

$$v_{OUT}(s) = d(s) v_{IN} \frac{\frac{1}{sC_{OUT}} \parallel R_L}{sL + \frac{1}{sC_{OUT}} \parallel R_L} \tag{4.3.10}$$

其中，$v_{OUT}(s)=V_{OUT}+v_{OUTac}(s)$，$d(s)=D+d_{ac}(s)$。

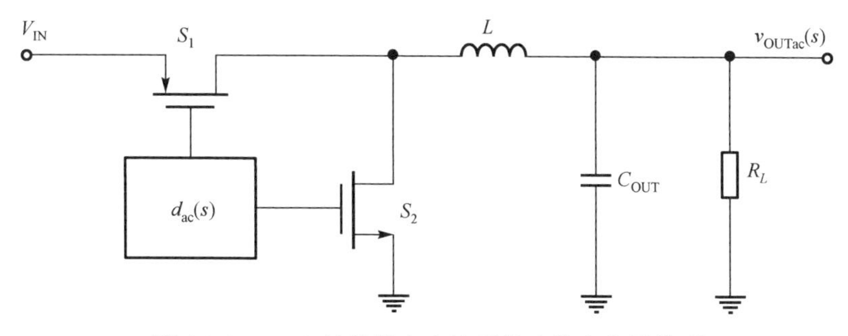

图 4.3.9　Buck 转换器占空比到输出的小信号模型

将所有的大信号直流量去掉，可以得到小信号模型和占空比到输出电压的传输函数 $H_{vd}(s)$：

$$H_{\mathrm{vd}}(s)=\frac{v_{\mathrm{OUTac}}(s)}{d_{\mathrm{ac}}(s)}=V_{\mathrm{IN}}\frac{1}{1+s\dfrac{L}{RL}+s^2LC_{\mathrm{OUT}}}\tag{4.3.11}$$

从式(4.3.11)看出，Buck 转换器从占空比到输出的传输函数的分母是一个二次多项式,因此 Buck 转换器的滤波部分产生了两个极点。考虑到这个特性，把式(4.3.11)的分母用二次多项式的形式重写成：

$$H_{\mathrm{vd}}(s)=\frac{1}{1+\dfrac{2\zeta s}{\omega_0}+\left(\dfrac{s}{\omega_0}\right)^2}\tag{4.3.12}$$

其中，ζ 是阻尼斜率，ω_0 是自然频率。阻尼斜率描述了扰动过后，系统中的振荡是如何衰减的。自然频率是指在没有阻尼力的情况下，系统趋于振荡时所在的频率。在 DC-DC 转换器系统和滤波器中，标准的二次多项式形式是：

$$H_{\mathrm{vd}}(s)=\frac{1}{1+\dfrac{s}{Q\omega_0}+\left(\dfrac{s}{\omega_0}\right)^2}\tag{4.3.13}$$

其中，Q 是品质因子，代表一个系统中的能量损耗情况，也就是每个周期中系统储存的能力除以系统耗散的能量，品质因子越大，代表耗散的能量越少。同时品质因子 Q 也可以暗示系统中两个极点的形式。如果 $Q<0.5$，则存在的两个极点是分立的；如果 $Q>0.5$，则存在的两个极点是复杂的共轭极点对的形式。ζ 和 Q 的关系是：

$$Q=\frac{1}{2\zeta}\tag{4.3.14}$$

比较式(4.3.11)和式(4.3.13)，得到 Q 和 ω_0 的表达式：

$$Q=\frac{R_L}{\sqrt{\dfrac{L}{C_{\mathrm{OUT}}}}}\text{ 和 }\omega_0=\frac{1}{\sqrt{LC_{\mathrm{OUT}}}}\tag{4.3.15}$$

品质因子 Q 和 R_{L}、L、C_{OUT} 有关，自然频率 ω_0 和 L、C_{OUT} 有关。Q 值不同，对系统相频特性也有影响。Q 值小的时候，两个极点是分离的，所以相位变化的时候趋势较为平缓；Q 值大的时候，两个极点是共轭极点，相位变化的时候趋势陡峭。不同的 Q 也影响着频率补偿的情况。

考虑功率级信号中的所有小信号源，除了占空比以外，输入电压和负载电流变化也会影响输出电压。占空比、输入电压和负载变化可以看成是系统的三个小信号源。输入电压到输出电压和负载电流到输出电压(输出阻抗)的传输函数分别表示成：

$$H_{vg}(s)=\frac{v_{OUTac}(s)}{v_{INac}(s)}=D\frac{1}{1+s\dfrac{L}{R_L}+s^2LC_{OUT}}\tag{4.3.16}$$

$$Z_{OUT}(s)=\frac{v_{OUTac}(s)}{i_{LOADac}(s)}=\frac{sL}{1+s\dfrac{L}{R_L}+s^2LC_{OUT}}\tag{4.3.17}$$

完整的系统开环模型如图 4.3.10 所示。对系统来说有三个独立的扰动源：输入线性电源、负载和占空比。输出电压可以由这三个扰动源表示：

$$v_{OUTac}(s)=H_{vd}(s)d_{ac}(s)+H_{vg}v_{INac}(s)-Z_{OUT}(s)i_{LOADac}(s)\tag{4.3.18}$$

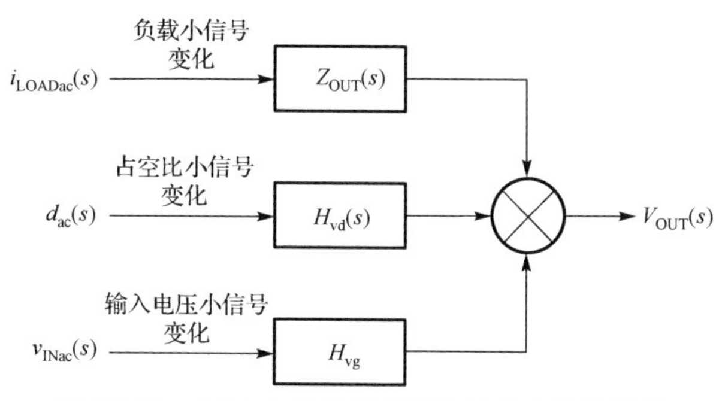

图 4.3.10　DC-DC 转换器开环完整的小信号模型

其中控制到输出，输入线性电源到输出，输出阻抗到输出的传输函数如下所示：

$$H_{vd}(s)=\left.\frac{v_{OUTac}(s)}{d_{ac}(s)}\right|_{\substack{v_{INac}=0\\ i_{LOADac}=0}}\tag{4.3.19}$$

$$H_{vg}(s)=\left.\frac{v_{OUTac}(s)}{v_{INac}(s)}\right|_{\substack{d_{ac}=0\\ i_{LOADac}=0}}\tag{4.3.20}$$

$$Z_{OUT}(s)=\left.\frac{v_{OUTac}(s)}{i_{LOADac}(s)}\right|_{\substack{v_{INac}=0\\ d_{ac}=0}}\tag{4.3.21}$$

实际情况中，电感和电容有寄生电阻：直流电阻 R_{DCR} 和等效串联电阻 R_{ESR}。R_{DCR} 对系统的效率评估和电流平衡起重要作用。R_{ESR} 在系统中引入了一个零点并影响系统的频率响应。R_{DCR} 和 R_{ESR} 会影响品质因子 Q 从而影响系统相位曲线的形状，因此，在系统设计的时候要考虑 R_{DCR} 和 R_{ESR}。考虑 R_{ESR}，$H_{vd}(s)$ 可以写成：

$$H_{vd}(s)\approx V_{IN}\frac{1+\dfrac{s}{C_{OUT}R_{ESR}}}{1+s\dfrac{L}{R_L}+s^2LC_{OUT}}\tag{4.3.22}$$

分析式(4.3.16)及式(4.3.22)，当 $Q<0.5$ 时，CCM 模式下的 Buck 变换器系统中存在双极点，由该双极点导致的谐振峰值由 Q 刻画，可以得出在轻载下 Q 值较大，谐振峰值较大。因此在最大输入电压工作的最小负载下系统的控制-输出传递函数和最低输入电压的最小负载下系统的输入输出传递函数最有可能不稳定。

一个基本的电压模 DC-DC Buck 转换器的完整电路架构如图 4.3.11(a)所示，对应的系统模型如图 4.3.11(b)所示。反馈电阻 R_{f1} 和 R_{f2} 组成分压网络，从输出电压到反馈电压的传输函数为：

$$G(s)=\frac{R_{f2}}{R_{f1}+R_{f2}} \tag{4.3.23}$$

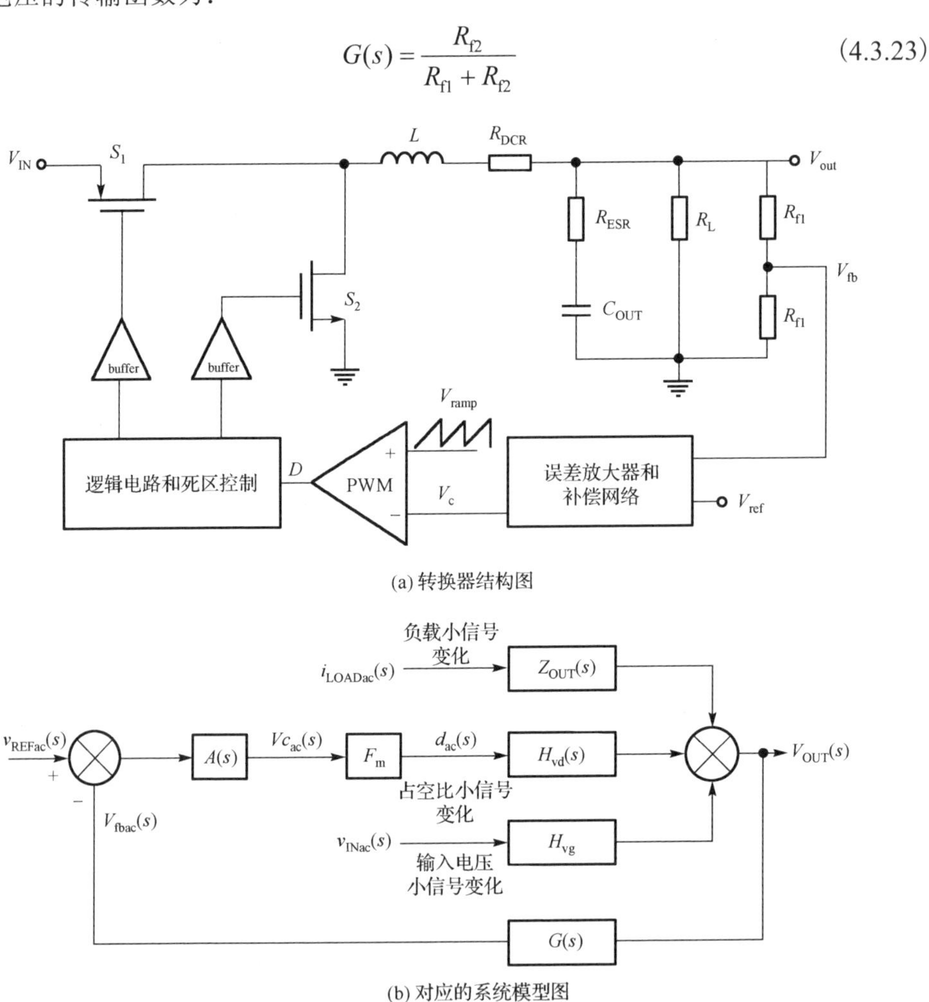

(a) 转换器结构图

(b) 对应的系统模型图

图 4.3.11　电压模控制的 DC-DC Buck 转换器

反馈电压 V_{fb} 和基准电压 V_{ref} 之间的差值被误差放大器放大，从反馈电压 V_{fb} 到误差放大器的输出 V_c 之间的传输函数是 $A(s)$。PWM 比较器比较误差放大器的输出

电压 V_c 和斜坡信号 V_{ramp} 产生占空比 D，PMW 比较器的增益是 F_m：

$$F_m = \frac{d_{ac}(s)}{V_c(s)} = \frac{1}{V_M} \tag{4.3.24}$$

其中，V_M 是斜坡信号 V_{ramp} 的幅度。

考虑占空比，输入电压和负载对系统的扰动，完整的输出电压和传输函数表达式为：

$$v_{OUTac}(s) = v_{REFac}(s)\frac{1}{G(s)} \cdot \frac{T(s)}{1+T(s)} + v_{INac}(s)\frac{H_{vg}(s)}{1+T(s)} - i_{LOADac}(s)\frac{Z_{OUT}(s)}{1+T(s)} \tag{4.3.25}$$

$$T(s) = H_{vd} \cdot A(s) \cdot F_m \cdot G(s) \tag{4.3.26}$$

其中，$T(s)$ 是环路增益，为电压反馈环中前馈和反馈的增益之积。三个传输函数 $H_{vd}(s)$、$H_{vg}(s)$、$Z_{OUT}(s)$ 代表了占空比、输入电压、输出阻抗和系统扰动之间的关系。$H_{vd}(s)$ 是系统开环占空比到输出的传输函数，$H_{vg}(s)$ 是系统开环输入电压到输出的传输函数，$Z_{OUT}(s)$ 为等效输出阻抗。负反馈控制通过分压网络 $G(s)$，补偿网络 $A(s)$ 和占空比产生模块增益 F_m 来抑制扰动。负反馈环路能够抑制系统中的扰动，稳定系统，自动调整系统得到稳定的输出电压。

在环路增益中，低频增益决定了系统的调整精度，相位裕度决定负载变化时的振铃量。系统需要低频增益尽量高，相位裕度大于 60°，增益裕度大于 10dB。但是在所有输入输出条件下，都保证 60°的相位裕度是很难做到的事，所以 45°的相位裕度已经足够了。根据 H_{vd} 的表达式，功率级有两个极点，产生 180°的相移，所以必须要进行补偿。从环路增益表达式中可以看出，通过 $A(s)$ 可以调节系统的低频增益，同时产生零点和极点来补偿系统的相位裕度。

除了低频增益和相位裕度以外，快速的瞬态响应也是系统的要求之一，因此系统要设计大的带宽。穿越频率要设计在系统开关频率的 1/10 到 1/5 之间，这样保证开关噪声不会增加。

在通过建模得到了系统频率响应的解析式之后，还要通过解析式对开关变换器整体的稳定性，瞬态特性进行分析。其中，稳定性设计往往是最重要的。在稳定性设计中通常需要对电路进行频率补偿，以达到更优化的相位裕度。

在电压模 Buck 变换器的频率补偿设计中，最重要的是设计从输出到控制的传输函数。从输出到控制的路径包含分压增益 $G(s)$，补偿网络的 EA 增益 $A(s)$ 和调制增益 F_m。对于一个电压模 Buck 转换器，假设 $G(s)$=1，则环路传输函数 $T(s)$ 可以写成：

$$T(s) = H_{vd}(s) \cdot F_m \cdot A(s) \tag{4.3.27}$$

其中：

$$H_{\mathrm{vd}}(s) \approx V_{\mathrm{IN}} \frac{1+\dfrac{s}{\omega_{Z(\mathrm{ESR})}}}{1+\dfrac{s}{Q\omega_0}+\left(\dfrac{s}{\omega_0}\right)^2},\ \omega_0=\frac{1}{\sqrt{LC_{\mathrm{OUT}}}}, \omega_{Z(\mathrm{ESR})}=\frac{1}{R_{\mathrm{ESR}}C_{\mathrm{OUT}}}, Q=\frac{R_L}{\sqrt{\dfrac{L}{C_{\mathrm{OUT}}}}} \tag{4.3.28}$$

在功率级，有一个零点和两个极点，ω_0是双极点的频率，由 L 和 C_{OUT}组成。零点 $\omega_{\mathrm{Z(ESR)}}$是由输出电容和其等效串联电阻产生的。

假设补偿网络的直流增益很低，为 K_L，即：

$$A(s)=-K_L \tag{4.3.29}$$

则 $T(s)$的表达式为：

$$T(s)=F_{\mathrm{m}}\cdot V_{\mathrm{IN}}\frac{1+\dfrac{s}{\omega_{Z(\mathrm{ESR})}}}{1+\dfrac{s}{Q\omega_0}+\left(\dfrac{s}{\omega_0}\right)^2}\cdot(-K_L) \tag{4.3.30}$$

为了实现较高的环路调整精度和负载响应速度，在电压模 Buck 转换器中常常采用 Type III 补偿。

如图 4.3.12 所示为 Type III 补偿的原理图，输入阻抗 Z_{I}和反馈阻抗 Z_{F}可以分别表示为：

$$Z_{\mathrm{F}}=\frac{1}{sC_3}\left\|\left(R_2+\frac{1}{sC_1}\right)\right. \tag{4.3.31}$$

$$Z_{\mathrm{I}}=R_1\left\|\left(R_3+\frac{1}{sC_2}\right)\right. \tag{4.3.32}$$

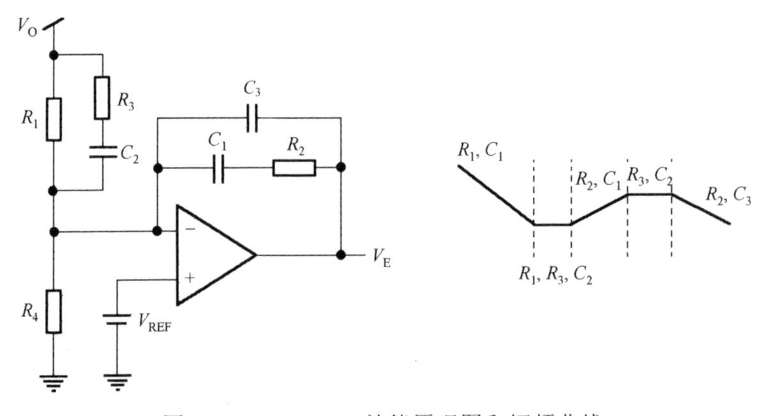

图 4.3.12　Type III 补偿原理图和幅频曲线

如果将运放当作理想运放，传递函数可以由反馈阻抗 Z_F 和输入阻抗 Z_I 的比值表示：

$$A(s)=-\frac{Z_F}{Z_I}=-\frac{[sC_2(R_1+R_3)+1](sC_1R_2+1)}{[sR_1(C_1+C_3)](sC_2R_3+1)\left(s\frac{C_1C_3R_2}{C_1+C_3}+1\right)} \tag{4.3.33}$$

从式(4.3.33)可以看出，在确定极点和零点的时候，许多参数起到双重作用，所以计算可能变得麻烦，甚至出现迭代计算的情况。为了简化计算，可以假设 $C_1>>C_3$，式(4.3.33)可以简化为：

$$A(s)=-\frac{Z_F}{Z_I}=-\frac{[sC_2(R_1+R_3)+1](sC_1R_2+1)}{sR_1C_1(sC_2R_3+1)(sC_3R_2+1)} \tag{4.3.34}$$

由式(4.3.34)可以得到 Type III 补偿中零点和极点的位置：

$$\omega_{Z1}=\frac{1}{R_2C_1},\omega_{Z2}=\frac{1}{(R_1+R_3)C_2} \tag{4.3.35}$$

$$\omega_{P_0}=0,\omega_{P_1}=\frac{1}{R_3C_2},\omega_{P_2}=\frac{1}{R_2C_3} \tag{4.3.36}$$

从式(4.3.35)和式(4.3.36)可以看出，Type III 补偿在原点处存在一个极点。此外，除了原极点，Type III 补偿还引入了两个低频零点和两个高频极点。原极点的作用是消除稳态误差，提高系统的抗干扰能力。两个低频零点是用于补偿功率级的双极点，高频极点是用于抑制高频噪声。因此，Type III 补偿可用于实现 PID（比例-积分-微分）补偿。

在使用了 Type III 补偿后，环路增益可以表示为：

$$T(s)=F_m\cdot V_{IN}\frac{1+\frac{s}{\omega_{Z(ESR)}}}{1+\frac{s}{Q\omega_0}+\left(\frac{s}{\omega_0}\right)^2}\cdot\left[-\frac{K_H}{s}\frac{\left(1+\frac{s}{\omega_{Z_1}}\right)\left(1+\frac{s}{\omega_{Z_2}}\right)}{\left(1+\frac{s}{\omega_{P_1}}\right)\left(1+\frac{s}{\omega_{P_2}}\right)}\right] \tag{4.3.37}$$

使用 Type III 补偿电压模环路的波特图如图 4.3.13 所示，在使用 Type III 补偿设计器时，应该遵循以下的规则：

(1) 穿越频率位于开关频率 1/10～1/5 处，且幅频特性曲线经过交越频率时为 10dB/dec（频率变化 10 倍，增益变化 10dB）。

(2) 补偿零点位于功率级双极点的附近，实现较高的环路增益和输出电压精度调整。因此，R_1、R_2、C_1 和 C_2 不可避免地会取较大的值。

(3) 补偿的第二个极点与功率级的 ESR 零点频率一致，从而消除 ESR 零点的影响，有效拓展交越频率，提高响应速度。

(4) 补偿的第三极点放置在开关频率的一半处，在实现对开关噪声抑制作用的同时，不影响环路的稳定性。因此在片外元件选取的时候，需要 $R_3 << R_1$ 以及 $C_3 << C_1$。

(5) 可以通过进一步分离极点和零点的位置来提高相位，但是必须在环路增益允许的情况下。

在 Type III 补偿中，并不需要 ESR 零点的补偿作用，因此电容的 ESR 可以选取较小的值，相应的电压纹波也会比较小。Type III 补偿的缺点主要在于补偿所需要的大电阻和大电容很难在芯片上集成，需要额外的片外元件，所以耗费的 PCB 板面积也会比较大。

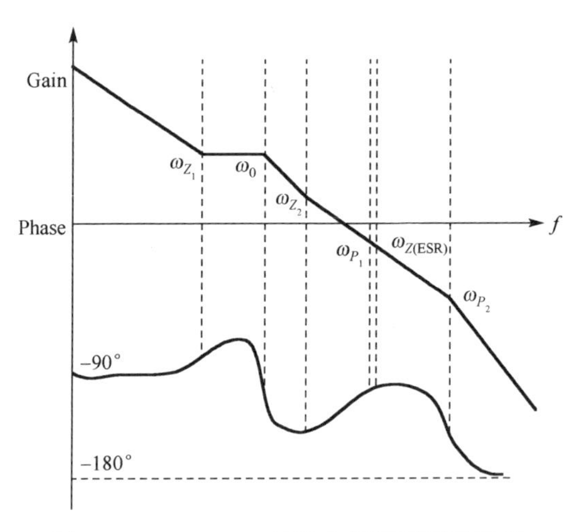

图 4.3.13　Type III 补偿电压模环路波特图

在 Type III 补偿中，两个零点用于补偿功率级的双极点，一个极点在原点处，一个极点用于补偿 ESR 零点，一个极点用于抑制高频噪声。如果我们将 ESR 零点加以利用，实际上只需要再补偿两个极点和一个零点就可以了，因此，使用 Type II 补偿加上 ESR 补偿可以实现 Type III 补偿同样的效果。

4.3.3　电流模控制方式设计技术

电流模与电压模相较而言，通过对电感电流进行采样，就形成了一个电流内环，优势在于 EA 能够同时对输出电压和负载变化做出快速响应，从而减少了电感的影响；同时，电流环可以等效为一个压控电压源，此时功率级表现为一个单极点系统，环路补偿可以大大减缓。控制环路的补偿受输出电容的 ESR(Equivalent Series Resistance) 影响较小，因而可以使用具有小 ESR 的陶瓷电容，以此来减小输出电压的纹波，以及瞬态响应情况下的过冲、下冲电压。

峰值电流模 Buck 变换器的双环路示意图如图 4.3.14 所示。这里给出各模块的参数及表示符号，在后面的模型阐述中，不同模型中的含义相同的物理量参数和符号将统一表示。如图 4.3.14 所示，峰值电流模 Buck 变换器中包含两个环路，其中电流环控制电感电流，电压环控制输出电压。电路以同步整流形式工作在 CCM 模式。在一个时钟周期 T_s 内，上管 S_1 先开启时间 t_1，此时下管 S_2 关闭，电感 L 两端连接电源 V_g 和输出电压 v_O，电感电流 i_L 充电上升斜率为 M_1。然后上管 S_1 关闭，下管 S_2 开启时间为 t_2，电感 L 两端连接地和输出电压 v_O，电感电流下降斜率为 M_2。电流采样模块对电感电流采样，其采样电阻为 R_i，采样电流增益为 A_i，因此总的采样增益为 $R_S=A_iR_i$。为了避免次谐波振荡，斜坡补偿电压叠加到采样电压上，其斜率为 M_C。叠加后的电压大小将与 EA 补偿模块的输出电压 v_C 比较，生成的占空比信号 d 经过 SR 触发器再生成 PWM 信号，最后驱动开关管 S_1 和 S_2 的导通，这也决定了导通时间 t_1 和 t_2。变换器的输出电容为 C，负载等效为电阻 R_L。

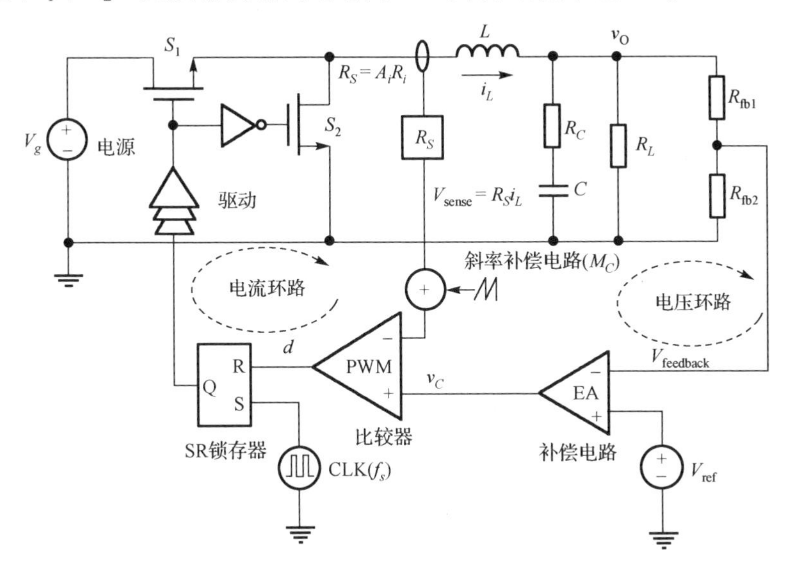

图 4.3.14　峰值电流模 Buck 变换器双环路架构图

4.3.3.1　电压外环模型建立与分析

环路建模是电流模控制结构中非常重要且很关键的设计要点。很多电源方面关键技术的研究基于电流摸控制架构。图 4.3.14 中，v_C 由电压外环决定。输出电压 v_O 经过分压电阻 R_{fb1} 和 R_{fb2} 分压后，得到的反馈电压 V_{fb} 与基准电压 V_{ref} 作比较。由于从输出电压 v_O 到控制电压 v_C 的电路传输函数比较容易设计，因此在建模的过程中仅仅对控制电压 v_C 到输出电压 v_O 进行环路建模，然后根据环路的零极点特性进行补偿设计。

要优化设计 Buck 变换器稳定性和瞬态响应，首先要对系统进行小信号建模。本节在已有模型(Saifullah 模型、Ridley 模型、Bryant 模型等)的基础上，考虑各小信号模型的优点和局限，选取合适的建模方案，分别完成峰值电流模 Buck 变换器的电压外环和电流内环的模型建立与讨论，进而提出环路补偿策略。

对于已有的 Saifullah 模型的建模思想和方法，该模型把变换器看成一个整体，可以很直观地求出电压环路的传输函数表达式。但是该模型在文章中只用于 Boost 变换器，当对 Buck 变换器建模时，控制端到输出电流的传输函数会出现一定偏差。这是因为在分析 PWM 端电感电流的采样信号与 EA 输出的控制信号的关系时，描述的是谷值电流而非平均电流，这会造成低频传函的偏差；仅仅描述平均电流也是不够的，这样会忽略次谐波振荡的现象。本书在 Saifullah 模型的基础上进行了改进，如图 4.3.15 所示。

在图 4.3.15 中，定义了虚拟电流，设置它在采样时刻的值等于平均电流。那么在第一个采样时刻，这个虚拟电流与第一段时间内的平均电感电流相等，而在下一个采样时刻，这个虚拟电流则与同一个周期内第二段时间内的平均电感电流相等。在输出稳定情况下，采样的平均电流由采样时刻的值来决定；而在次谐波振荡情况下，虚拟电流有相同的频率，但是振荡幅度只有实际值的一半；因此我们可以采用一个修正因子 0.5 表示这种幅度关系，那么用 Saifullah 模型的建模方法就可以推导出更准确的模型。

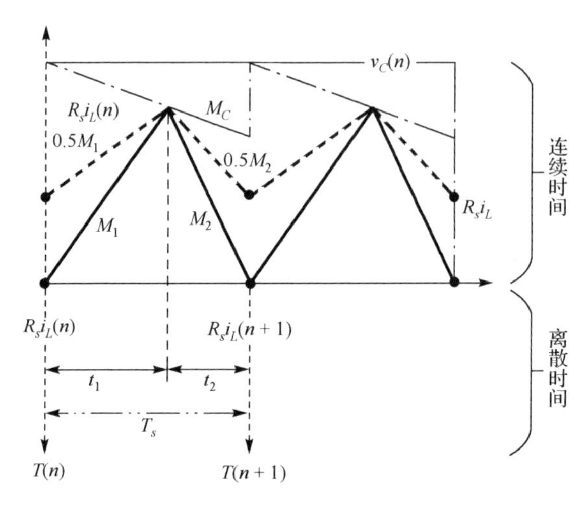

图 4.3.15　离散时间模型示意图

通过定义虚拟电流，容易由几何关系得到离散时域平均电感电流 i_L 为：

$$R_s \cdot i_L(n+1) = R_s \cdot i_{Lp}(n) - 0.5M_2 \cdot t_2 \tag{4.3.38}$$

其中，$i_{Lp}(n)$ 表示电感电流峰值。

$$R_s \cdot i_{Lp}(n) = R_s \cdot i_L(n) + 0.5M_1 \cdot t_1 \tag{4.3.39}$$

其中，$T_s=t_1+t_2$。通过代入 Buck 变换器的电感电流斜率表达式和输出电容电荷的转移关系，可以得到输出电压和电感电流在采样时刻的差分方程组：

$$\begin{cases} i_L(n+1)=i_L(n)+\dfrac{V_g v_C(n)-R_s V_g i_L(n)-T_s M_c v_O(n)}{R_s V_g-R_s v_O(n)+2M_c L}+\dfrac{1}{2L}\dfrac{R_s T_s v_O(n)^2-R_s T_s V_g v_O(n)}{R_s V_g-R_s v_O(n)+2M_c L} \\ v_O(n+1)=v_O(n)+\dfrac{i_L(n)}{C}t_1+\dfrac{i_L(n+1)}{C}t_2-\dfrac{v_O(n)}{R_L C}T_s \end{cases} \tag{4.3.40}$$

通过在稳态点扰动输入和状态变量 v_C、v_O 和 i_L，并进行小信号分离，可以得到简化的小信号差分方程组：

$$\begin{cases} i_L(n+1)=i_L(n)k_0+v_O(n)k_1+v_C(n)k_2 \\ v_O(n+1)=i_L(n)k_3+v_O(n)k_4+v_C(n)k_5 \end{cases} \tag{4.3.41}$$

其中，各系数 k 的表达式为：

$$k_0=-\frac{M_2-2M_c}{M_1+2M_c}，\quad k_1=\frac{1}{2}\frac{T_s}{L}\left(\frac{M_2}{M_1+2M_c}-1\right)，\quad k_2=\frac{V_g}{L(M_1+2M_c)}，\quad k_3=\frac{2T_s M_c}{C(M_1+2M_c)}，$$

$$k_4=1+\frac{DT_s^2}{LC}-\frac{1}{2}\frac{T_s^2}{LC}-\frac{T_s}{R_L C}-\frac{DM_C T_s^2}{LC(M_1+2M_c)}，\quad k_5=\frac{(1-D)T_s V_g}{LC(M_1+2M_c)}$$

上式通过矩阵描述，采用状态空间模型，可以得到控制电压到电感电流的离散时域传递函数：

$$T_{ci}(z)=\frac{i_L(z)}{v_C(z)}=\frac{k_1k_5-k_2k_4+k_2z}{z^2+(-k_0-k_4)z+k_0k_4-k_1k_3} \tag{4.3.42}$$

式(4.3.42)给出了可以精确描述变换器系统的离散时域传函。下面需要将 z 域传输函数转换到连续时间的 s 域传输函数。在使用 $z=\mathrm{e}^{sT_s}$ 进行替换时，需要进行合理的近似。使用多项式对 e^{sT_s} 作近似处理时，一般选取的是一阶帕德近似，即双线性变换：

$$\mathrm{e}^{sT_s}\approx\frac{1+sT_s/2}{1-sT_s/2} \tag{4.3.43}$$

或者在 Saifullah 模型中选取的二阶帕德近似：

$$\mathrm{e}^{sT_s}\approx\frac{1+sT_s/2+(sT_s)^2/12}{1-sT_s/2+(sT_s)^2/12} \tag{4.3.44}$$

考虑到三阶帕德近似的二次项系数为 1/10，本节所做的近似处理为：

$$\mathrm{e}^{sT_s}\approx\frac{1+sT_s/2+(sT_s)^2/\pi^2}{1-sT_s/2+(sT_s)^2/\pi^2} \tag{4.3.45}$$

将本节的近似、一阶和二阶帕德近似，以及 e^{sT_s} 准确表达式的辐角画成曲线，如图 4.3.16 所示。电流采样行为遵从奈奎斯特采样定理，只考虑$0.5f_s$以内，本节所做的近似处理要更为接近e^{sT_s}的准确值。特别地，当$f=0.5f_s$时，$e^{sT_s}=e^{j\pi}=-1$，与本节近似在$0.5f_s$处的值相等，因此这种近似具有合理性。

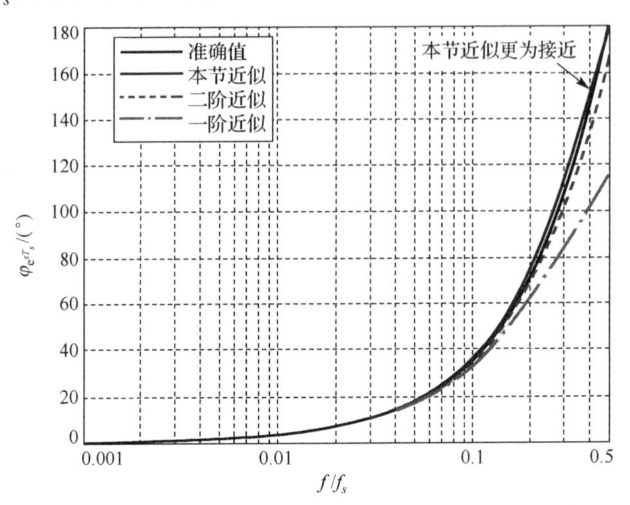

图 4.3.16　三种电流e^{sT_s}近似曲线对比

将 z 域传递函数转换到连续时间的 s 域传递函数，可以得到：

$$T_{ci}(s)=\frac{a_4s^4+a_3s^3+a_2s^2+a_1s+a_0}{b_4s^4+b_3s^3+b_2s^2+b_1s+b_0} \tag{4.3.46}$$

再利用假设$f_s>>1/(2\pi R_L C)$，化简并分离得到最终的控制电压到电感电流的 s 域传递函数为：

$$T_{ci}(s)=G_{DC,ci}\frac{1+\dfrac{s}{\omega_z}}{\left(1+\dfrac{s}{\omega_p}\right)\left(1+\dfrac{s}{\omega_n Q_P}+\dfrac{s^2}{\omega_n^2}\right)} \tag{4.3.47}$$

其中，直流增益$G_{DC,ci}(s)=\dfrac{1}{R_s}\dfrac{1}{1+\dfrac{R_L T_s}{L}\left[m_c(1-D)-0.5\right]}$，输出电容与负载产生的零点$\omega_z=\dfrac{1}{R_L C}$，功率级产生的主极点$\omega_p=\dfrac{1}{R_L C}+\dfrac{T_s}{LC}\left[m_c(1-D)-0.5\right]$，电流采样行为产生的极点对$\omega_n=\dfrac{\pi}{T_s}$，其品质因子$Q_p=\dfrac{1}{\pi[m_c(1-D)-0.5]}$。上面的式子中，$m_c=1+\dfrac{M_C}{0.5M_1}$，由于我们在最初的假设中，使用了虚拟电流和修正因子 0.5，也即用$0.5M_1$代替了

M_1，所以对于最后的表达式，我们要把 M_1 替换回来，即 $m_c = 1 + \dfrac{M_C}{M_1}$。其中 M_C 为斜坡补偿电压斜率，M_1 为电感电流上升斜率。

如果将控制电压到电感电流的传输函数乘上 Buck 变换器的负载阻抗，可以得到控制电压到输出电压的传输函数为：

$$T_{CO}(s) = T_{ci}(s)T_{io}(s) = T_{ci}(s) \cdot \frac{R_L}{1 + sR_L C} \tag{4.3.48}$$

至此，完成对峰值电流模电压外环的建模。

4.3.3.2　电流内环模型建立与分析

对于电流内环模型的建立，本节将在 Ridley 模型基础上展开。首先采用零阶采样保持理论，根据 Ridley 的近似可以得到采样网络的传递函数 $H_e(s)$ 为：

$$H_e(s) = \frac{sT_s}{\mathrm{e}^{sT_s} - 1} \approx 1 + \frac{s}{\omega_n Q_z} + \frac{s^2}{\omega_n^2} \tag{4.3.49}$$

其中，$Q_z = -\dfrac{2}{\pi}$，$\omega_n = \dfrac{\pi}{T_s}$。

但是考虑到 Ridley 模型得到的电流环路增益表达式不易直接推导求得相位裕度，本节将直接从 Ridley 模型推导的中间过程入手，即通过在 z 域利用控制电压和电感电流的波形关系转换成 s 域，从而得到电流内环的闭环增益为：

$$H_{icl}(s) = \frac{i_l(s)}{v_c(s)} = \frac{1+\alpha}{sR_sT_s}\frac{\mathrm{e}^{sT_s} - 1}{\mathrm{e}^{sT_s} + \alpha} \tag{4.3.50}$$

其中，定义扰动系数 $\alpha = (M_2 - M_C)/(M_1 + M_C)$。$M_C$ 为斜坡补偿电压斜率，M_1 为电感电流上升斜率，M_2 为电感电流下降斜率。代入式(4.3.50)所表示的 e^{sT_s} 近似表达式，可以得到电流内环的闭环增益的零极点形式：

$$H_{icl}(s) = \frac{1}{R_s}\frac{\pi^2 f_s^2}{s^2 + \dfrac{\pi^2}{2}\dfrac{1-\alpha}{1+\alpha} f_s s + \pi^2 f_s^2} \tag{4.3.51}$$

将上式写成二阶零极点角频率形式：

$$H_{icl}(s) = \frac{1}{R_s}\frac{\omega_h^2}{s^2 + 2\xi_h\omega_h s + \omega_h^2} \tag{4.3.52}$$

其中，角频率 $\omega_h = 2\pi\dfrac{f_s}{2}$，阻尼系数 $\xi_h = \dfrac{\pi}{4}\dfrac{1-\alpha}{1+\alpha}$。

通过代入 α 的定义，不难发现，式(4.3.52)所定义的阻尼系数 ξ_h 和 Ridley 模型中描述的电压外环传输函数共轭极点对品质因素 Q_P 能够完全地相对应：

$$\xi_h = \frac{1}{2Q_P} \tag{4.3.53}$$

因此，这里的 ξ_h 可以和电压环路的稳定性分析对应起来：电流内环的闭环传输函数作为电压环路的一段，如果阻尼系数 ξ_h 越小，那么 Q_P 值越大，增益曲线出现的尖峰越高，电压环路就会越难补偿。

考虑 1/2 开关频率内，使用如图 4.3.17 所示的电流内环的交流分量闭环框图。其中，$v_c(s)$ 是小信号控制电压，$v_e(s)$ 是误差电压，$i_l(s)$ 是小信号电感电流，$H_{icl}(s)=i_l(s)/v_c(s)$ 是电流环闭环增益，$T_f(s)=i_l(s)/v_e(s)$ 是正向通路的增益，$T_i(s)=R_sH_e(s)i_l(s)/v_e(s)$ 就是我们所要求解的电流环路增益。

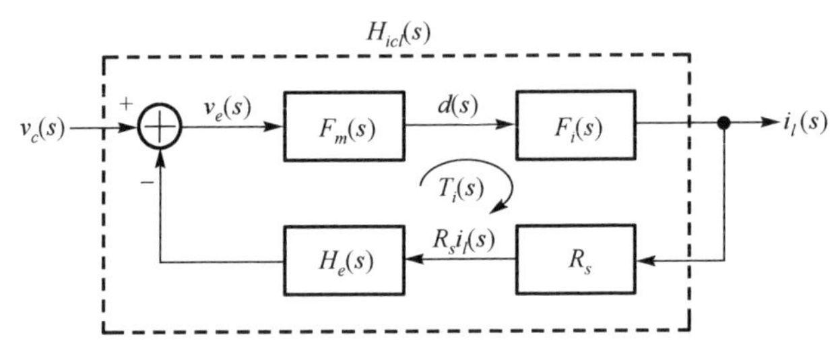

图 4.3.17 电流内环闭环框图

由框图可以解出电流环路增益的表达式为：

$$\begin{aligned} T_i(s) &= F_m(s)F_i(s)R_sH_e(s) = \frac{H_{icl}(s)R_sH_e(s)}{1-H_{icl}(s)R_sH_e(s)} = \frac{1+\alpha}{\mathrm{e}^{sT_s}-1} \\ &\approx \frac{1+\alpha}{sT_s}\left[1-\frac{T_s}{2}s+\left(\frac{T_s}{\pi}\right)^2 s^2\right] \end{aligned} \tag{4.3.54}$$

可以看到，峰值电流模 Buck 变换器电流内环的环路增益由开关频率 f_s 和扰动系数 α 决定。要求电流环路的相位裕度，首先求解其穿越频率。将 $s=\mathrm{j}\omega$ 代入式(4.3.54)，得：

$$T_i(\mathrm{j}\omega) = \frac{1+\alpha}{\mathrm{e}^{\mathrm{j}\omega T_s}-1} = \frac{1+\alpha}{\cos(\omega T_s)-1}\cdot\frac{1}{1+\mathrm{j}\dfrac{\sin(\omega T_s)}{\cos(\omega T_s)-1}} \tag{4.3.55}$$

其中，环路增益的幅值和相位分别为：

$$|T_i(\omega)| = \frac{1+\alpha}{2\sin\left(\pi\dfrac{f}{f_s}\right)} \tag{4.3.56}$$

$$\varphi T_i(f) = \arctan\left(\cot\frac{\pi f}{f_s}\right) \tag{4.3.57}$$

令 $|T_i(f_{ci})|=1$，求得穿越频率为：

$$\frac{f_{ci}}{f_s} = \frac{1}{\pi}\cdot\arcsin\frac{1+\alpha}{2} \tag{4.3.58}$$

扰动系数 α 的定义决定了：要使电流误差衰减，α 的取值必须小于 1。穿越频率由 α 决定。当 $\alpha=0$ 时，$f_{ci}/f_s=1/6$；要使电流内环稳定，α 最大即 $\alpha=1$ 时，$f_{ci}/f_s=1/2$。这也说明了，穿越频率不可能大于 $0.5f_s$，且一般大于 $1/6f_s$。

将式(4.3.58)代入式(4.3.57)，可以得到相位裕度的表达式为：

$$\text{PM} = \arctan\left(\cot\left(\arcsin\frac{1+\alpha}{2}\right)\right) = \arctan\left(\frac{\sqrt{3-\alpha^2-2\alpha}}{1+\alpha}\right) \tag{4.3.59}$$

解得扰动系数 α 和相位裕度 PM 的关系为：

$$\alpha = \frac{2}{\sqrt{\tan^2\text{PM}+1}} - 1 = 2\cos\text{PM} - 1 \tag{4.3.60}$$

根据式(4.3.60)画出的相位裕度 PM 随扰动系数 α 的变化曲线如图 4.3.18 所示。可以看到，要增大电流内环的稳定度，相位裕度越大，需要的 α 就越大，对应的斜坡补偿就越大。特别地，当 $(M_2-M_C)/(M_1+M_C)=1$ 时，相位裕度为 0，此时稳定性非常临界，对应的情况就是当 D=0.5，并且没有斜坡补偿；当 $(M_2-M_C)/(M_1+M_C)=-1$，相位裕度为 90°，对应的情况就是斜坡补偿电流非常大，远大于电感电流。

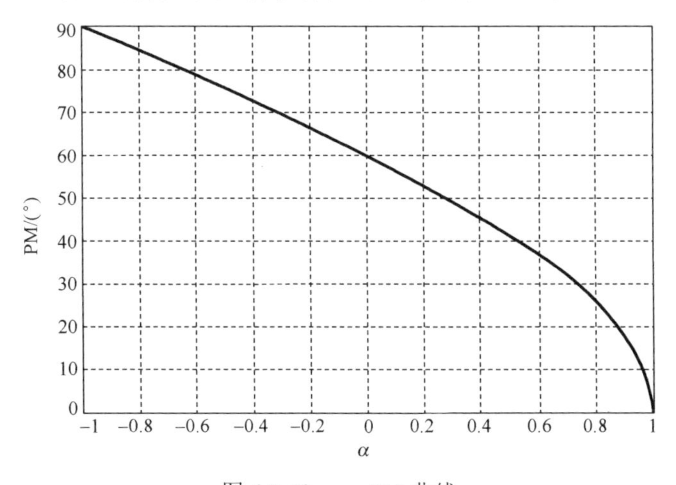

图 4.3.18　α -PM 曲线

将扰动系数 α 的定义代入式(4.3.60)，可以得到斜坡补偿的电流斜坡 M_C 与电流内环的相位裕度 PM 关系为：

$$M_C=\left(1-\frac{1}{D}+\frac{1}{2D\cdot\cos\mathrm{PM}}\right)\frac{V_O}{L}=\left(1-\frac{1}{2D}\right)\frac{V_O}{L}+\left(\frac{1}{2D\cdot\cos\mathrm{PM}}-\frac{1}{2D}\right)\frac{V_O}{L} \tag{4.3.61}$$

上式中，斜坡补偿电流包含了两部分：一部分是为了保证电流内环稳定所需要的基本补偿电流，也是大部分文献中所求出的最小斜坡电流斜率值。另一部分是用来实现指定相位裕度的补偿电流。通过对电流内环的建模，可以得到电流环路增益的表达式，以及斜坡补偿电流与相位裕度的关系。由此可以绘制出斜坡补偿斜率在不同相位裕度下随占空比变化曲线，如图 4.3.19 所示。

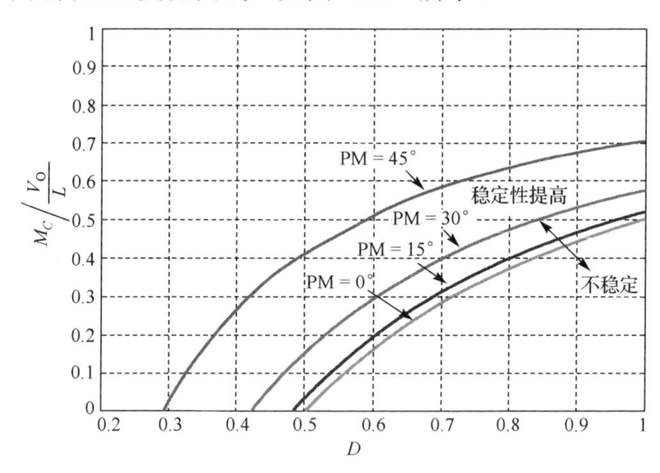

图 4.3.19　不同相位裕度下 M_C-D 曲线

由上图可以看到，在相位裕度一定时，当电路的占空比增大时，斜坡补偿的斜率需要增大。特别地，当相位裕度为零时，在 $D>0.5$ 时就必须引入斜坡补偿，否则会使电流内环不稳定，并且在 $D=1$ 时，最低补偿值为 $0.5V_O/L$，符合对斜坡补偿电路的基本要求。当需要一定的相位裕度以保证电流环更加稳定时，需要的斜坡斜率就要更大。同时可以看到，随着相位裕度的提高，斜坡补偿的开启点就会提前，这为斜坡补偿电路提供了设计依据。

将式(4.3.59)代入式(4.3.60)中，可以求得 Q_P 与相位裕度的关系为：

$$Q_P=\frac{2}{\pi}\cdot\frac{\cos\mathrm{PM}}{1-\cos\mathrm{PM}} \tag{4.3.62}$$

绘出 Q_P 随相位裕度变化的关系曲线，如图 4.3.20 所示。随着相位裕度增大，Q_P 从无穷大减小。对于一些常用的 Q_P 值，这里也可以找到与之对应的相位裕度，例如：当 $Q_P=1$，$\mathrm{PM}=52.4°$；当 $\mathrm{PM}=30°$，$Q_P=4.16$；当 $\mathrm{PM}=45°$，$Q_P=1.54$；当 $\mathrm{PM}=60°$，$Q_P=0.64$。因此，通过对电流内环相位裕度的讨论，可以帮助我们从不同的角度衡量环路的稳定性，并且通过 Q_P 和 PM 的关系，来找到合适的 Q_P 值，以及设计合适的斜坡补偿斜率。

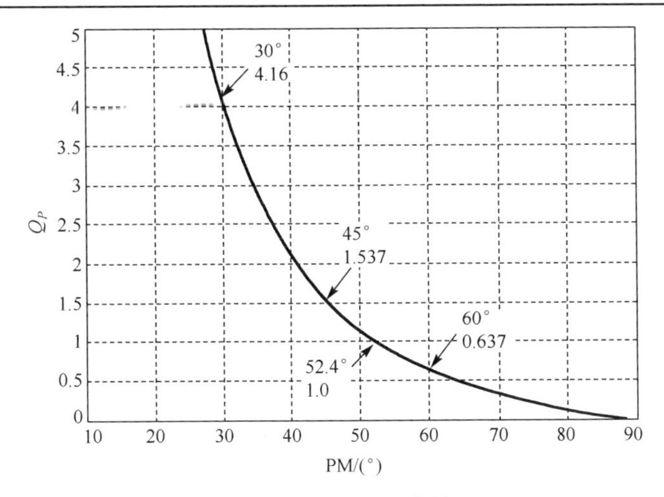

图 4.3.20　Q_P-PM 曲线

4.3.3.3　斜坡补偿策略

由环路建模部分可知，处于大占空比工作的电流模 Buck 变换器，为保证电流环路的稳定性，需要加入斜坡补偿；恒定斜坡补偿技术可以保证电流模稳定性，但是也会降低电源系统其他性能。因此，高性能电流模电源变换器中需要根据不同情况来选择合适的斜坡补偿，这样既可以满足电源系统稳定性要求，同时也可以进一步提升电源系统性能，这就是分段线性斜坡补偿技术的核心思想。

目前还没有文献对于分段线性斜坡补偿的开启点和分段点的选取进行详细的说明，特别是对于分段点的确定看起来比较"随意"，让电路的设计者比较疑惑。基于式(4.3.61)，提出了一种适用于确定分段线性斜坡补偿电路的中开启点、分段点及分段数设计思路。当环路的相位裕度大于某个值时，系统就会出现过补偿现象，从而使得电路的响应变慢；当环路的相位裕度小于某个值时，系统就会欠补偿，从而出现不稳的现象。那么设计目标就是要保证设计的相位裕度介于两个相位裕度之间。当然，这两个相位裕度值的选取由具体应用决定。我们选取这两个相位裕度 PM_{max} 和 PM_{min} 作为参变量，根据式(4.3.61)做出 M_C-D 曲线，如图 4.3.21 所示。

图 4.3.21 中的参数 PM 也可以由 Q_P 代替，两条曲线之间的区域就是补偿适中的区域。具体补偿思路如下：在很低的占空比下不用补偿，那么确定 $M_{C_1}=0$，增大占空比，直到在 D_1 处碰到 M_C-$D(PM_{min})$ 曲线，这说明占空比不能再增加了，否则相位裕度会不够。将 D_1 作为第一个分段点，也即斜坡开启点，然后进入第二段斜坡，增大 M_C，直到在 M_{C_2} 处碰到 M_C-$D(PM_{max})$ 曲线，这说明斜坡斜率不能再增大了，否则会出现过补偿。将 M_{C_2} 作为第二段补偿斜率，然后增大占空比，进入第三段斜坡。如此重复操作，直到在最后一个 M_C 时，达到系统设计的最大占空比。图中需

要三段补偿斜率，达到 D=1。如果两条曲线相距比较近，那么就需要进行更多的分段，这是因为对相位裕度有更高的要求。可以想象的是，对相位裕度的设计要求越高，那么分段数就越多，极限情况就是自适应斜坡补偿。因此，凭借 M_C-D(PM) 曲线或者 M_C-D(Q_P) 曲线，就能确定分段线性斜坡补偿电路的分段数 m、分段点 D_n 和每一段斜率值 M_{C_n}。

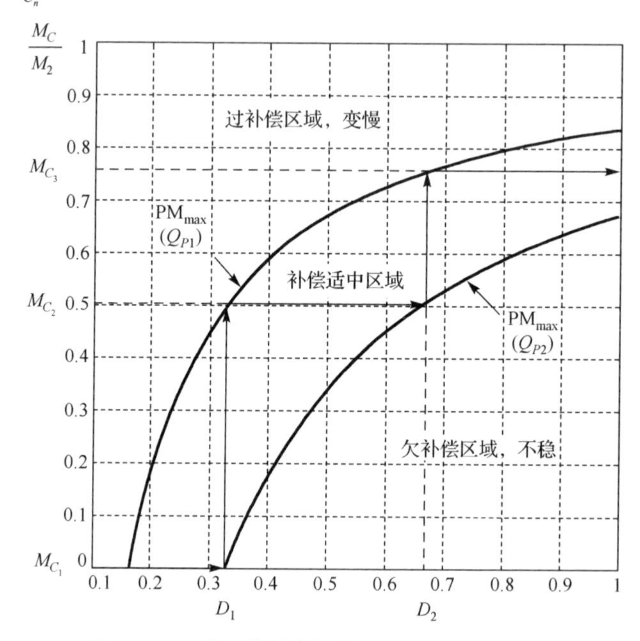

图 4.3.21　分段线性斜坡补偿参数选取示意图

如果选取最低相位裕度为 45º，令 M_C=0，可以计算得到 D_1=0.33。如果选取最高相位裕度为 55º，可以确定第二段斜坡的补偿斜率为 M_{C_2}=0.5M_2，进而确定第二分段点为 D_2=0.66，最后确定 M_{C_3}=0.75M_2。因此，当采用三段斜坡补偿时，选取开启点和分段点分别为 D=1/3 和 D=2/3；而每个分段内的斜坡量则按该段的最大占空比情况选定。

4.3.4　恒定导通时间控制策略

COT (Constant On-Time) 电流模式控制以其高带宽、无需斜坡补偿和轻载效率较高的特点在工业界得到了广泛的应用，它的控制方式如图 4.3.22 所示，误差放大器 H_v 对输出电压和基准电压进行误差放大，因为 V_c 端是一个积分器，所以 V_c 是一个相对稳定的电压，该电压用于决定电感电流的谷值，当上管开启时，T_{on} 部分开始计时，电感电流上升，当上管关闭时，电感电流下降，当电流采样信号 $i_L×R_i$ 下降到 V_c 决定的谷值时，上管再次开启。实际应用中 H_v 也可以省掉，V_c 替换为基准电压。

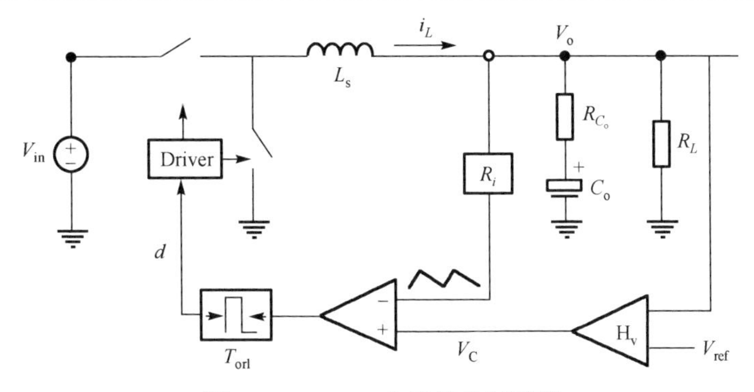

图 4.3.22 COT 电流模控制环路

图 4.3.23 为 COT 瞬态响应波形图。由图可知，当轻载跳重载时，V_O 下降，V_C 上升，上管开启固定的导通时间后经过最小关断时间再次开启，使得电感电流迅速上升。而当重载跳轻载时，V_O 的上升使得 V_C 下降，下管始终开启，电感快速下降至指定值。Buck 变换器开关频率在瞬态响应过程中实现变频控制。

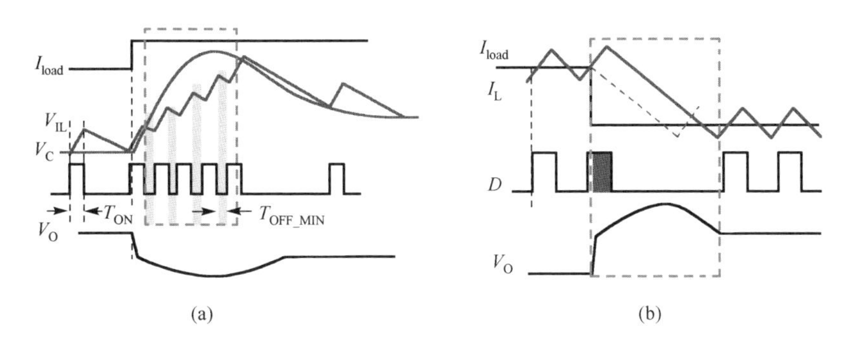

图 4.3.23 COT 瞬态响应波形图

如图 4.3.24 为峰值电流模(PCM)和 COT 电流环扰动示意图。在电感电流处加入扰动，扰动量不发生变化，因而该控制模式不存在采样保持行为，也不需要添加斜坡补偿。从环路建模的角度看，COT 电流模式控制的电流环路传输函数可以写为[22]：

$$\frac{i_L(s)}{v_c(s)}=\frac{1}{R_i\times\left(1+\frac{s}{Q_1 w_1}+\frac{s^2}{w_1^2}\right)} \tag{4.3.63}$$

其中，

$$w_1=\frac{\pi}{T_{on}},\quad Q_1=\frac{2}{\pi} \tag{4.3.64}$$

上述公式中，i_L 表示电感电流，R_i 为系统的等效采样电阻，COT 电流模的双极点系统 Q 值是一个固定值，谐振角频率也大于 1/2 开关频率，那么从建模的角度来看，这意味着电压环的带宽可以拓展得更大，从而保证环路拥有更快的响应速度。

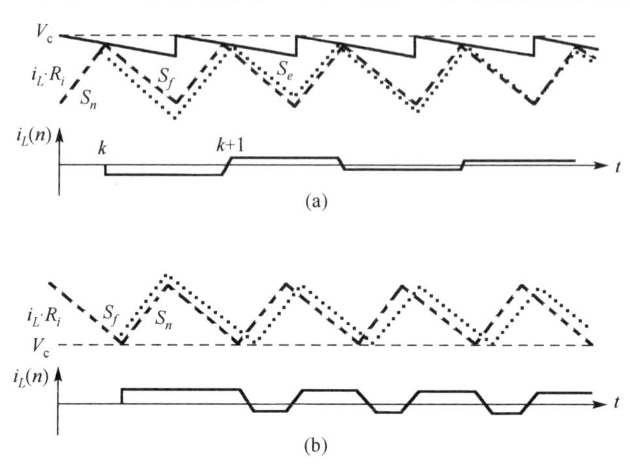

图 4.3.24　PCM(峰值电流模)和 COT 电流环扰动模型

在输入电压为 12V，输出电压 1.2V，电感 300nH, 输出电容等于 4.48μF，电感的等效串联电阻(ESR)为 0.75mΩ,开关频率是 300kHz 的情况下,峰值电流模和 COT 电流模的环路特性对比如图 4.3.25 所示，可以看到，在保证 60° 相位裕度的前提下，PCM 模式在加入合适的斜坡补偿量之后，最大带宽仅为 60kHz，而 COT 模式的环路带宽为 100kHz。因此，在高带宽环路设计中，COT 模式得到了广泛的应用[23]。

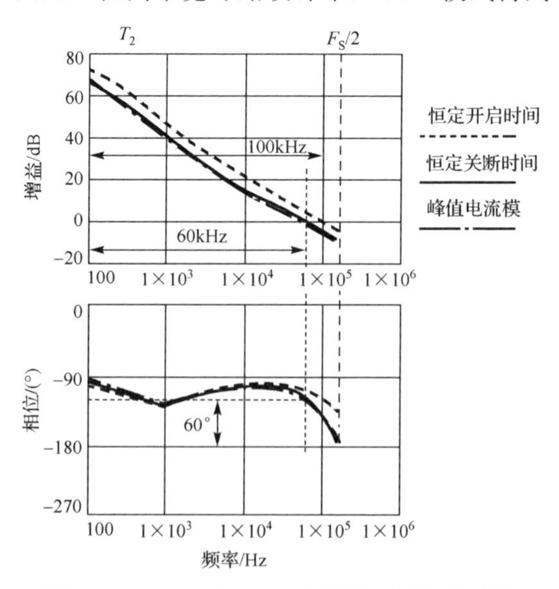

图 4.3.25　PCM 和 COT 电流模环路特性对比

COT 电流模属于变频调制模式(PFM)，如果导通时间固定，它的开关频率 f_{SW} 会随着占空比 D 产生漂移，根据占空比的定义和 Buck 电路的伏秒平衡原则，可以得知：

$$f_{SW}=\frac{D_{DUTY}}{T_{ON}}=\frac{V_O}{T_{ON}\times V_{IN}} \tag{4.3.65}$$

对于宽应用范围的 Buck 变换器而言，电路的占空比往往会有10倍以上的变化，这意味开关频率也会产生 10 倍以上变化，这给电路的功率级设计带来了很大的困难。目前工业界的做法采用 AOT(Adaptive On-Time)控制模式来解决此类问题，其原理是在导通时间中引入 V_{IN} 和 V_O 信息，使得：

$$T_{ON}\propto\frac{V_O}{V_{IN}} \tag{4.3.66}$$

它的实现方式也比较简单，如图 4.3.26 所示，左侧的运放将一股与输入电压成正比的电流镜像给电容 C 充电，当电容上的电压超过与输出电压成正比的电压 KV_O 时，导通时间计时结束。因此，导通时间的表达式可以写为：

$$T_{ON}=\frac{R_1+R_2}{R_2}\frac{R_3CV_O}{V_{IN}} \tag{4.3.67}$$

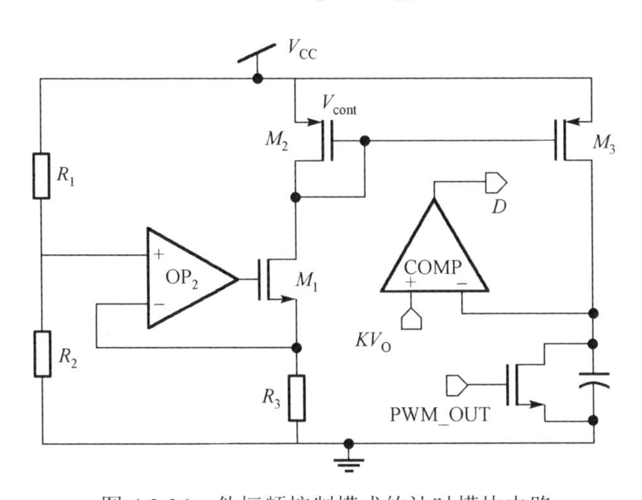

图 4.3.26 伪恒频控制模式的计时模块电路

考虑到功率级功率管的导通电阻(R_{dson})和功率电感的等效直流电阻(DCR)之后，电路的实际占空比并不仅仅与该电路的 V_O 和 V_{IN} 相关。图 4.3.27 是实际 Buck 电路的功率级电路。考虑到上述效应后，当上管开启时，电感两端的电压可以写为下式：

$$[(V_{\mathrm{IN}}-V_{\mathrm{OUT}})-(V_{\mathrm{on},P}+V_{\mathrm{DCR}})]=L_{\mathrm{ideal}}\frac{\Delta I_L}{D\times T_{\mathrm{SW}}} \tag{4.3.68}$$

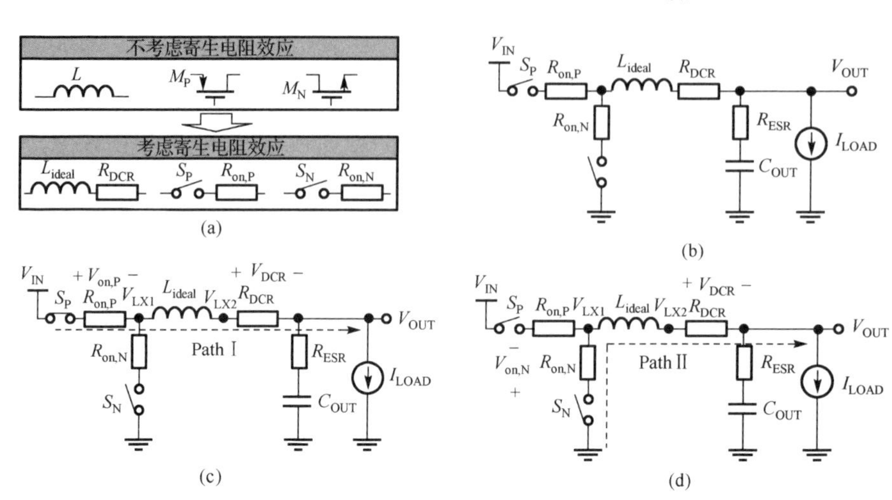

图 4.3.27　考虑到寄生参数的功率级模型

当下管开启时，电感两端的电压可以写为下式：

$$[V_{\mathrm{OUT}}+(V_{\mathrm{on,N}}+V_{\mathrm{DCR}})]=L_{\mathrm{ideal}}\frac{\Delta I_L}{(1-D)\times T_{\mathrm{SW}}} \tag{4.3.69}$$

再次利用伏秒平衡原则，可以得到考虑了功率级寄生参数后的控制信号占空比：

$$\begin{aligned}D_{\mathrm{actual}}&=\frac{V_{\mathrm{OUT}}+(R_{\mathrm{on,N}}+R_{\mathrm{DCR}})\times I_{\mathrm{LOAD}}}{V_{\mathrm{IN}}-(R_{\mathrm{on,P}}-R_{\mathrm{on,N}})\times I_{\mathrm{LOAD}}}\\&=\frac{D_{\mathrm{ideal}}+((R_{\mathrm{on,N}}+R_{\mathrm{DCR}})\times I_{\mathrm{LOAD}})/V_{\mathrm{IN}}}{1-((R_{\mathrm{on,P}}-R_{\mathrm{on,N}})\times I_{\mathrm{LOAD}})/V_{\mathrm{IN}}}\end{aligned} \tag{4.3.70}$$

此时的开关频率可以写为：

$$f_{\mathrm{SW}}=\frac{D_{\mathrm{ideal}}+((R_{\mathrm{on,N}}+R_{\mathrm{DCR}})\times I_{\mathrm{LOAD}})/V_{\mathrm{IN}}}{1-((R_{\mathrm{on,P}}-R_{\mathrm{on,N}})\times I_{\mathrm{LOAD}})/V_{\mathrm{IN}}}\frac{1}{T_{\mathrm{ON(actual)}}} \tag{4.3.71}$$

由上述公式可以看出，当负载电流变化时，控制信号的实际占空比会偏离理想占空比，如果采用简单的 AOT 控制模式，此时的开关频率仍然会随负载电流产生漂移。这样的开关频率漂移会给后续的 EMI 滤波器设计带来困难[24]。

4.3.4.1　恒定导通时间(Constant on-time，COT)控制策略

针对 AOT 方式的开关频率随负载电流变化的问题，目前学术界提出了很多解决方案，其中负载电流校正技术(LCC)、无需采样的负载电流校正技术(SLCC)和误差预测校正技术(PCT)比较有代表性，这些技术采用不同方式采集负载电流对占空比造成的影响，进而修正导通时间，从而提高开关频率的稳定性。

1．LCC 和 SLCC 技术

如果令上下功率管的导通电阻相等，COT 控制模式在连续导通模式(CCM)下的开关频率可以写成：

$$f_{\mathrm{SW(CCM)}} = \frac{1}{T_{\mathrm{SW}}} = \frac{V_{\mathrm{o}} + I_{\mathrm{load}}(R_{\mathrm{DCR}} + R_{\mathrm{on,N}})}{V_{\mathrm{in}}} \frac{1}{T_{\mathrm{on}}}, \text{ for } R_{\mathrm{on,P}} = R_{\mathrm{on,N}} \tag{4.3.72}$$

负载电流校正(LCC)技术是利用电流采样电阻采集负载电流信息，然后根据上述表达式，将负载电流信息引入计时模块对导通时间进行调整。它的实现电路如图 4.3.28 所示，电路线框左侧是普通的 AOT 模块实现电路，补偿将负载电流按比例叠加到计时电容的充电电流上，电路产生的新的导通时间为：

$$T_{\mathrm{on}} = \frac{V_{\mathrm{o}}}{V_{\mathrm{in}} f_{\mathrm{si}}} + \frac{K_1}{V_{\mathrm{in}}^2} I_{\mathrm{load}} \tag{4.3.73}$$

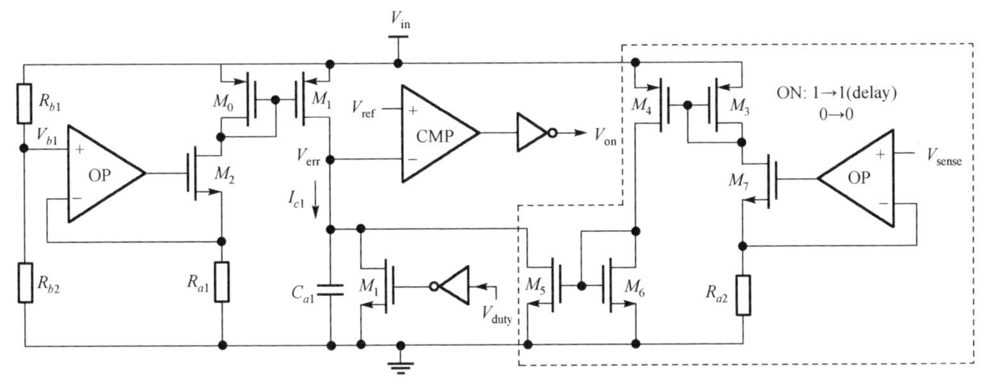

图 4.3.28　LCC 技术的计时模块实现电路

由此可以推得此时的开关频率为：

$$f_{\mathrm{SW(CCM)}} = f_{\mathrm{si}} \times \frac{V_{\mathrm{o}} + I_{\mathrm{load}}(R_{\mathrm{DCR}} + R_{\mathrm{on,N}})}{V_{\mathrm{o}} + \dfrac{K_1 I_{\mathrm{load}} f_{\mathrm{si}}}{V_{\mathrm{in}}}} \tag{4.3.74}$$

合理地设置 K_1 的数值，可以实现电路的开关频率的稳定[25]。

虽然 LCC 技术可以克服负载电流变化带来的开关频率漂移，但是该控制方式需要设计专门的电流采样电路，增加了电路设计的复杂性。SLCC 技术的基本原理与 LCC 技术一致，但是采用该方式可以在无需电流采样的情况下实现对电流信号的采样[26]。

2．PCT 技术

LCC 和 SLCC 技术都依赖于无源器件参数之间的参数匹配而定，考虑到实际大规模生产中的参数容差，最终的开关频率精度有限。误差预测校正技术(PCT)很好地克服了上述问题，它的实现电路如图 4.3.29 所示，V_{GP} 是 COT 环路的实际占空比信号，它

直接控制一个由 V_{IN} 供电的反相器的输入端，反相器输出端的信号经过一个滤波网络后产生 V_{OUT_eq}，用于控制产生实际的导通时间，该电压的表达式为：

$$V_{OUT\_eq} = V_{IN} \times D_{actual} \tag{4.3.75}$$

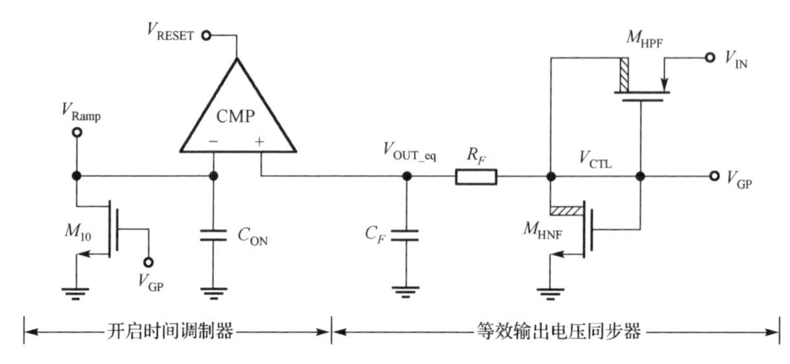

图 4.3.29　PCT 技术的实现电路

因此该方式可以产生正比于真实占空比的导通时间，此时的开关频率仅由芯片内部的无源参数决定，具备极高的稳定性。

$$T_{ON} = \frac{C_{ON} V_{OUT\_eq}}{i_{ON}} = \frac{2}{3} C_{ON} R_1 \frac{V_{IN} D_{actual}}{V_{IN}} \propto D_{actual} \tag{4.3.76}$$

上述实现方式需要对输入电压采样，而且作为滤波器输出的反相器由 V_{IN} 供电，因此在高输入电压下，该反向器需要使用厚栅氧层和 LDMOS，这限制了该电路的使用场合。

图 4.3.30 是完全采用低压器件的 PCT 方式实现电路，该方式的电路设计方案更为简单，而且可以很好地实现片内集成[27]。

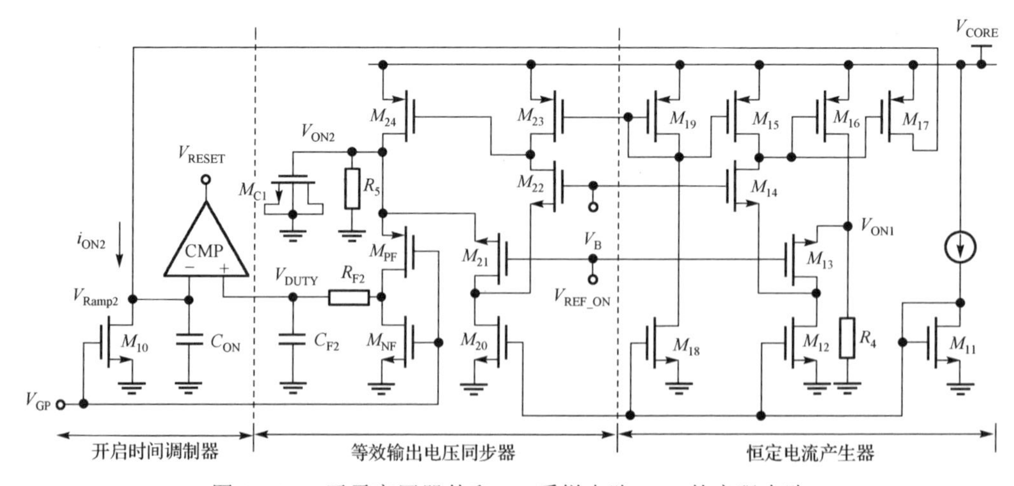

图 4.3.30　无需高压器件和 V_{IN} 采样电路 PCT 的实现电路

3．采用锁相环技术控制 COT 的开关频率

虽然上述针对 AOT 控制模式的改进电路可以实现很高的开关频率稳定性，但是这些控制方式的开关频率值还会随着实际产生中的工艺容差和温度等问题产生漂移。对于 COT 的开关频率而言，可以采用外部基准时钟和锁相环技术(PLL)对 COT 的开关频率和相位进行精确的控制，从而实现开关频率的稳定控制。

图 4.3.31 是利用锁相环技术控制 COT 电流模开关频率的系统架构，锁相环的鉴相器对系统 PWM 控制信号和基准时钟信号进行相位比较，根据比较结果控制低通滤波器(LPF)的充放电，LPF 的控制电压 V_{on} 直接作用于计时模块，则所产生的导通时间为：

$$T_{on}=\frac{C_r V_{on}}{I_r} \tag{4.3.77}$$

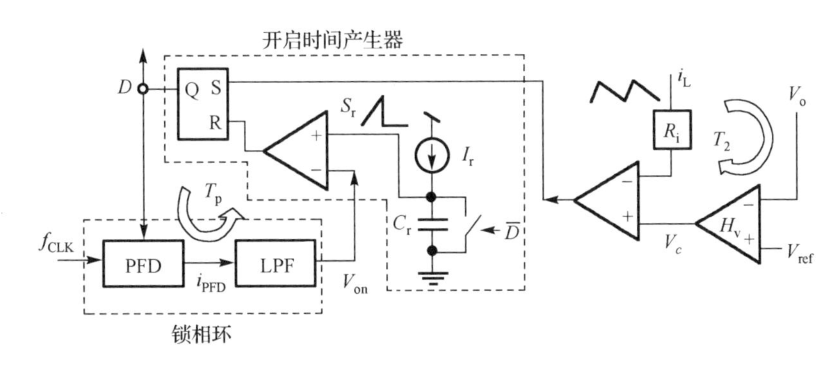

图 4.3.31　利用 PLL 控制 COT 开关频率的实现架构

计时模块的导通时间受 V_{on} 电压控制，即 COT 环路的开关频率受 V_{on} 控制，此时的 PLL 环路可以视为一个压控振荡器。

采用 PLL 控制 COT 环路的开关频率存在一个极具挑战性的问题是两个环路的稳定性设计，这涉及两个环路的带宽关系设计和 PLL 环路的稳定性建模。PLL 控制 COT 的带宽设计关系如图 4.3.32 所示。COT 环路作为内环，其单位增益带宽要高于 PLL 环路。若 PLL 环路的带宽设置得过低，会导致频率锁定时间偏慢，而且存在潜在的不稳定性问题。若 COT 环路的带宽设置得过低，两个环路会互相干扰，V_{on} 在负载跳变时会发生振荡，COT 环路的输出阻抗也存在尖峰。所以比较理想的状态是 PLL 环路带宽约为 COT 环路带宽的 1/10～1/6 处。对锁相环的环路建模可以采用描述函数法进行分析，传统方式得到的环路增益与占空比有关，在宽应用范围下，还应在环路中引入输入输出电压信息，使得环路增益在宽应用范围下保持固定。

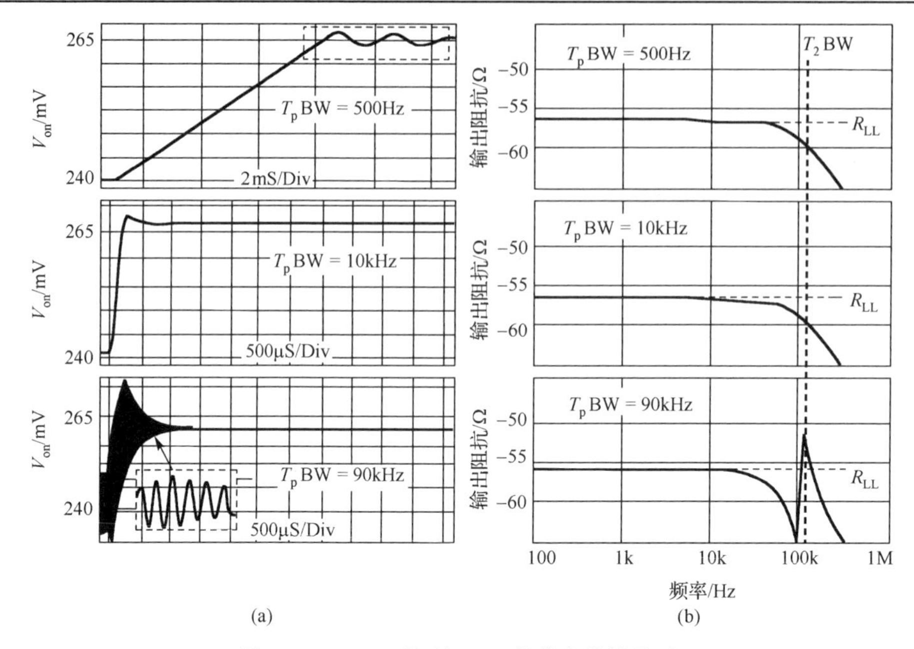

图 4.3.32　PLL 控制 COT 的带宽设计关系

利用锁相环精确的相位控制能力可以很好地实现 COT 电流模的多相控制，图 4.3.33 是一个两相输出的实现电路，两个通道的开关频率的相位分别由两个锁相环控制，二者拥有 180° 的相位偏移。与脉冲分布式(Pulse Distribution)方式相比，该技术在负载跳变时可以很好地实现不同通道开启时间的交叠。此外，由于各个通道电流采样环路相互独立，电流采样信号不存在纹波抵消问题，可以在无斜坡补偿的条件下完成不同占空比下的系统控制[28]。

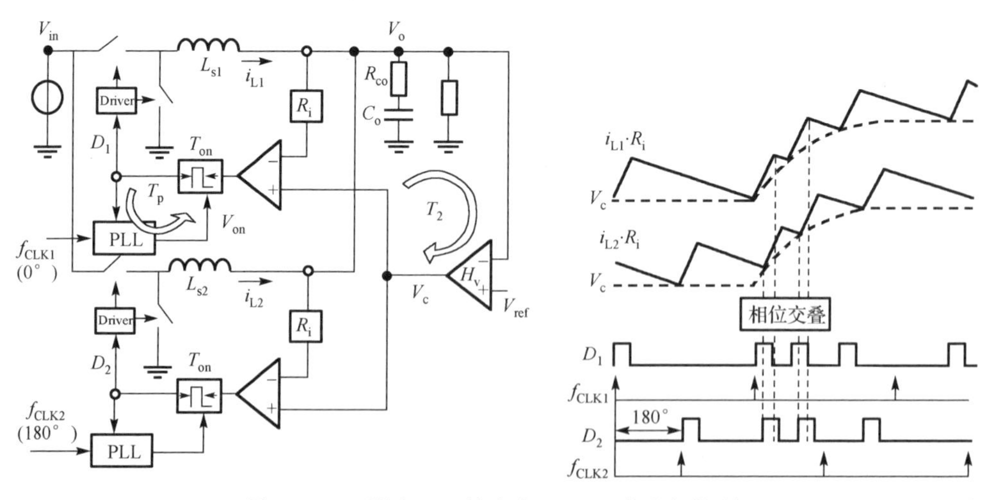

图 4.3.33　利用 PLL 技术实现 COT 的多相控制

4.3.4.2　基于纹波控制的 COT(RBCOT)控制模式

1．RBCOT 电流模的控制特点

传统的控制方式是将输出电压的信息通过误差放大器和积分器输入到控制环路中去，这意味着输出电压的变化量需要经过一定的延时才能被环路感知，导致系统响应速度有限。而纹波控制方式不需要误差放大器，直接对输出电压的变化进行比较，所以瞬态响应速度会极快。图 4.3.34 所示基于纹波控制的 COT 控制模式。

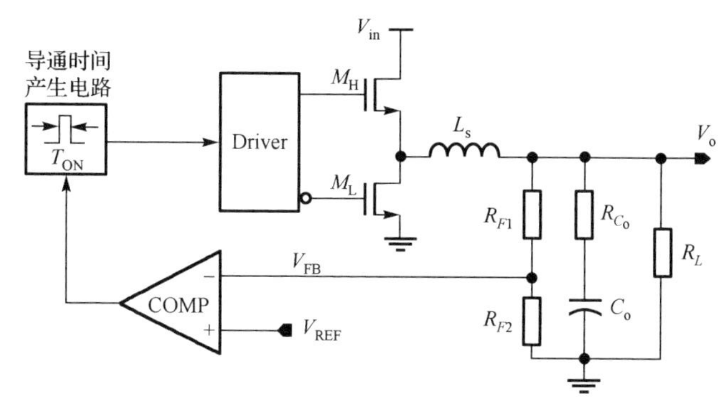

图 4.3.34　RBCOT 系统架构

由于在 RBCOT 中使用多层陶瓷电容(MLCC)，很容易产生次谐波振荡效应。主要因为输出电压的纹波中包含有输出电容和 ESR 上的压降信息，并且纹波控制本质上可以视作为一种电流模式控制，由于 MLCC 电容的 ESR 很小，因此导致输出电容的纹波在输出电压的纹波中占据较大的比例，如图 4.3.35 所示，又因为输出电容对电流有积分作用，输出电容上的电压与电感电流存在相移，导致了次谐波振荡[29]。

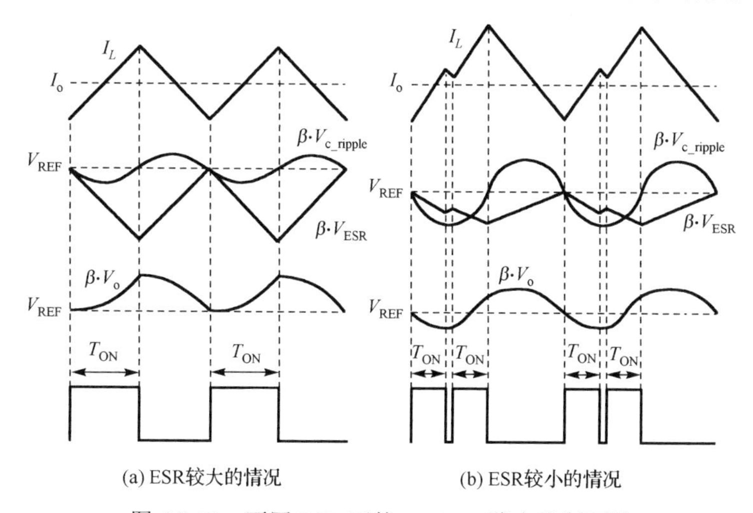

图 4.3.35　不同 ESR 下的 RBCOT 稳态控制环路

由于该控制方式可以直接对 V_{OUT} 进行控制，从环路建模的角度来看，很难将该环路的各部分传输函数断开依次分析，目前通行的做法是先对该环路的闭环增益进行直接计算得到：

$$\frac{v_o(s)}{v_c(s)}=\frac{\left(R_{C_o}C_o s+1\right)}{\left(1+\frac{s}{Q_1 w_1}+\frac{s^2}{w_1^2}\right)\left(1+\frac{s}{Q_3 w_2}+\frac{s^2}{w_2^2}\right)} \tag{4.3.78}$$

其中，$w_1=\frac{\pi}{T_{\mathrm{on}}}$，$Q_1=\frac{2}{\pi}$

$$w_1=\frac{\pi}{T_{\mathrm{SW}}},\quad Q_3=\frac{T_{\mathrm{SW}}}{\pi\left[R_{C_o}C_o-\frac{T_{\mathrm{on}}}{2}\right]} \tag{4.3.79}$$

对上式进行分析，分子中产生的零点由 ESR 导致，w_1 和 Q_1 决定的双极点系统是由电流控制环路产生，w_3 和 Q_3 决定着是否产生次谐波振荡。通常来看，ESR 零点和电流环路决定的双极点位于高频，因此真正决定响应速度在于 w_2 所处的双极点系统。如果 ESR 较小，则 Q_3 的数值小于 0，此时系统闭环中存在右半平面极点，系统环路不稳定。若在 FB 点叠加电感电流信息，等效的 ESR 表达式变成：

$$R_{\mathrm{conew}}=R_{C_o}+R_i \tag{4.3.80}$$

此时的 Q_3 表达式可以写成：

$$Q_3=\frac{T_{\mathrm{SW}}}{\pi\left[R_{C_o}C_o-\frac{T_{\mathrm{on}}}{2}\right]} \tag{4.3.81}$$

为了保证系统的稳定性，需要保证：

$$\left(R_{C_o}+R_i\right)C_o\geqslant\frac{T_{\mathrm{on}}}{2} \tag{4.3.82}$$

此时系统 Q_3 值大于 0，系统的闭环中的极点移动到左半平面，系统环路稳定。但如果 R_i 值设置得过大，双极点会分裂，传输函数中便会存在低频极点，导致系统响应变慢。

2．RBCOT 的输出精度问题

由于 RBCOT 直接对输出电压的纹波进行采样控制，所产生的输出电压的谷值等于基准电压，所以其平均电压与基准电压之间存在一定的差异。输出精度的分析需要考虑到输出电容本身的容值及其寄生参数(见图 4.3.36)，由于负载电流相对恒定，所以电感电流的变化量全部落在电容上，对上述纹波进行量化分析，ESR 上的输出电压纹波可以写为下式：

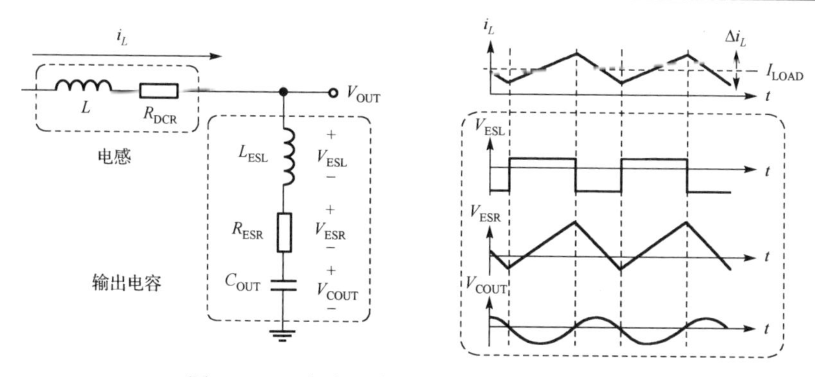

图 4.3.36　考虑到寄生参数的 RBCOT 模型

$$\begin{aligned}&\text{On-time phase}:\ v_{ESR}(t)=R_{ESR}\left(\frac{\Delta I\times t}{D\times T_{SW}}-\frac{\Delta I}{2}\right)\\&\text{Off-time phase}:\ v_{ESR}(t)=R_{ESR}\left(\frac{\Delta I}{2}-\frac{\Delta I\times t}{(1-D)\times T_{SW}}\right)\end{aligned}\tag{4.3.83}$$

ESL 上的输出电压纹波可以写为下式：

$$\begin{aligned}&\text{On-time phase}:\ v_{ESL}(t)=\frac{L_{ESL}\Delta I_L}{D\times T_{SW}}\\&\text{Off-time phase}:\ v_{ESL}(t)=\frac{L_{ESL}\Delta I_L}{(1-D)\times T_{SW}}\end{aligned}\tag{4.3.84}$$

输出电容上的纹波表示式为：

$$\begin{aligned}&\text{On-time phase}:\ v_{COUT}(t)=\frac{\Delta I_L\times t^2}{2C_{OUT}\times D\times T_{SW}}-\frac{\Delta I_L\times t}{C_{OUT}}\\&\text{Off-time phase}:\ v_{COUT}(t)=\frac{\Delta I_L\times t}{C_{OUT}}-\frac{\Delta I_L\times t^2}{2C_{OUT}\times(1-D)\times T_{SW}}\end{aligned}\tag{4.3.85}$$

由于输出电压的谷值与基准电压相同，因此输出电容、ESL 及 ESR 纹波的一半被视为输出电压的失调量。

3．RBCOT 的稳定性增强架构

恒定导通控制模式中，反馈电压 V_{FB} 通过不断触发谷值限（参考电平 V_{ref}）来触发 T_{on} 计时。反馈电压 V_{FB} 的直流电平同参考电压 V_{ref} 之间存在一定的失调电压 ΔV，这个失调量是由系统控制结构带来的。ΔV 的大小与 V_{FB} 上补偿纹波大小相关，纹波越小，失调越小。如果我们在 V_{FB} 上预先叠加一个失调电压 ΔV，再用这个叠加后的值送入 PWM 比较器同 V_{ref} 做比较，那么实际 V_{FB} 的直流电平会与 V_{ref} 重合，相当于系统失调的 ΔV 被消除掉了，采用这种方法可以提高系统输出电压的箝位精度。

整个系统的控制环路等效架构框图如图 4.3.37 所示。本节采用了一种片内补偿技术，通过对 SW 的电位信息进行滤波处理，得到包含直流信息与电感电流信息的锯齿波，提取其直流分量，然后利用减法作差提取其交流分量，即得到所需的与电感电流同向的纹波信息。然后再通过纹波叠加电路将其与回馈信号 V_{FB} 相加，从而保证相位滞后的输出电容纹波弱于补偿后的纹波，保证系统的稳定工作[30]。

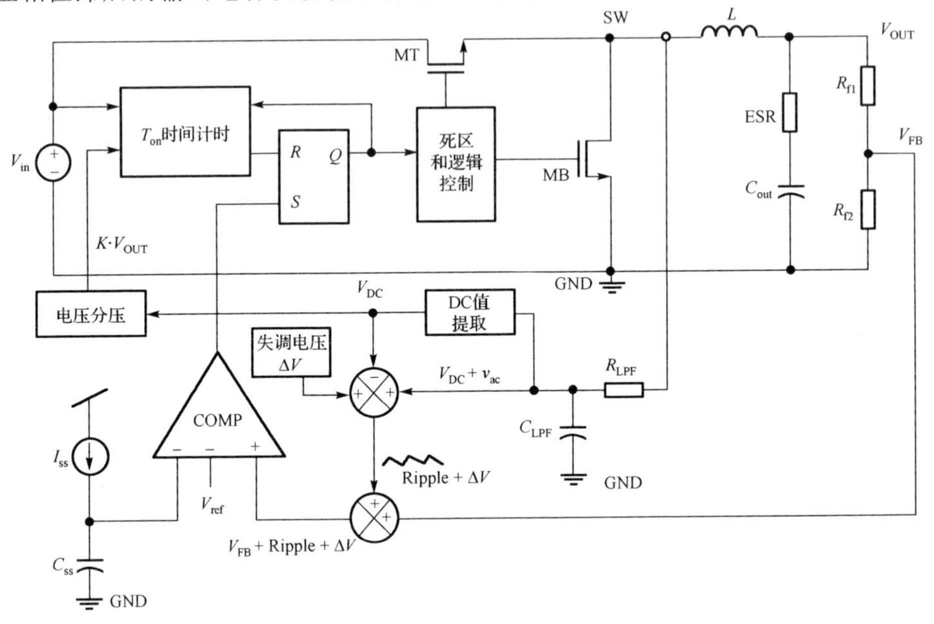

图 4.3.37　系统环路控制架构图

当输出电容的等效串联电阻很小时，纹波信息中电感电流信息太小，很容易引起次谐波振荡，此时需要引入额外的电感电流信息，如图 4.3.38 所示，是带有电流反馈的系统，R_{SEN} 代表了电感电流到电压信号的传递函数，因此 V_{SEN} 是和电感电流成比例的。然后把 V_{SEN} 加到 V_{FB} 上，得到 V_{SUM}，增强了反馈信号的纹波，进而增加了系统的稳定性。

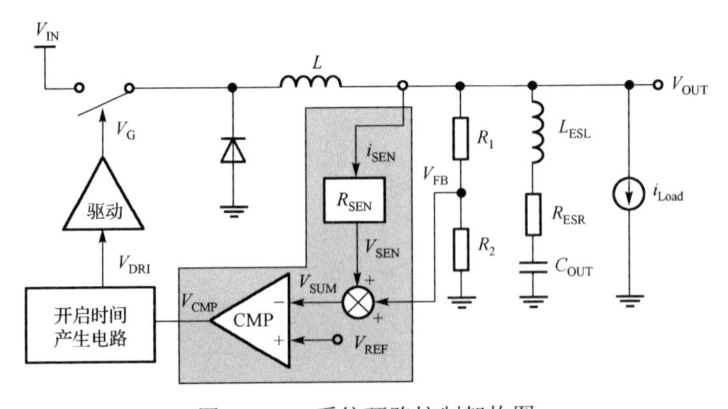

图 4.3.38　系统环路控制架构图

以下为具体实现电路：

1．加入额外的检测电阻 R_s

如图 4.3.39 所示，检测电阻直接与电感串联，检测电感电流信息，通过检测电阻 R_s，反馈信息 v_{OUT0} 被用于获得额外的电感电流信息。

$$v_{OUT0,avg} = V_{REF}\left(\frac{R_1+R_2}{R_2}\right)+\frac{1}{2}v_{OUT0,pp} \tag{4.3.86}$$

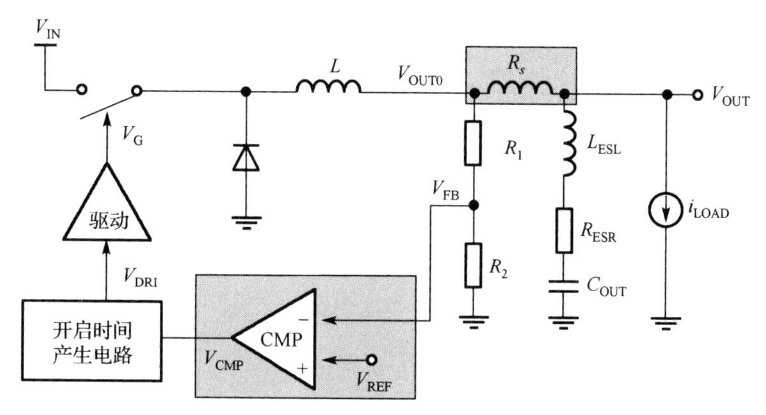

图 4.3.39　系统环路控制架构图

R_s 电压由输出电压和电感电流信息电压组成，稳定性方程为：

$$(R_{ESR}+R_s)C_{OUT} > \frac{T_{ON}}{2} \tag{4.3.87}$$

$$v_{OUT0}(t) = v_{OUT}(t)+\left[i_L(t)R_s\right] \tag{4.3.88}$$

$$\begin{aligned} v_{OUT,avg} &= v_{OUT0,avg}-\left(i_{L,avg}+\frac{1}{2}i_{L,pp}\right)R_s+\frac{1}{2}v_{OUT,pp} \\ v_{OUT,avg} &= V_{REF}\left(\frac{R_1+R_2}{R_2}\right)-\left(i_{L,avg}+\frac{1}{2}i_{L,pp}\right)R_s+\frac{1}{2}v_{OUT,pp} \end{aligned} \tag{4.3.89}$$

上式揭示了 $v_{OUT,avg}$ 和 $v_{OUT,pp}$ 决定着不同负载条件下的偏差。尽管这种方法很容易实现，但是电阻带来的损耗和压降是这个方案很严重的缺点。

2．内部集成 RC 滤波器

在图 4.3.40 中，R_{LPF} 和 C_{LPF} 形成了低通滤波器，时间常数：

$$\tau_{LPF} = R_{LPF}C_{LPF} \tag{4.3.90}$$

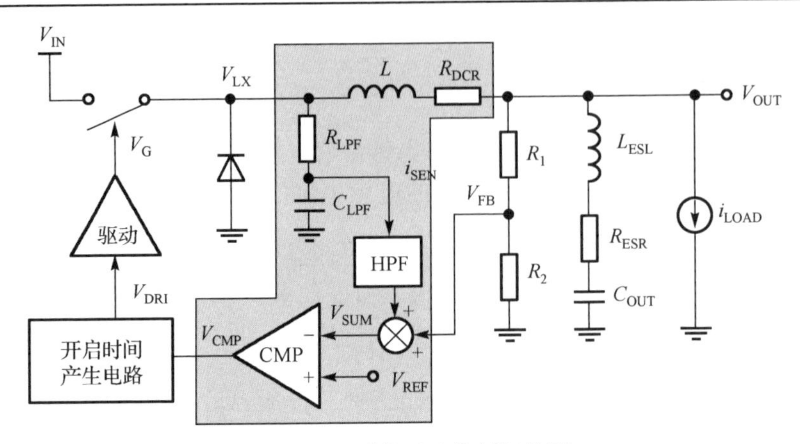

图 4.3.40 系统环路控制架构图

对 SW 点滤波，并通过一个高通滤波器，得到电感电流信息，在 V_{FB} 叠加：

$$m_{SEN,r}=\frac{v_{IN}-v_{OUT}}{\tau_{LPF}}$$

$$m_{SEN,f}=\frac{-v_{OUT}}{\tau_{LPF}} \tag{4.3.91}$$

$$v_{LX,avg}=v_{IN}D \tag{4.3.92}$$

考虑到平均模型，电感被视为短路，得到：

$$v_{SEN,avg}=v_{OUT,avg}-i_{L,avg}R_L \tag{4.3.93}$$

$v_{SEN,avg}$ 代表了电感电流信息，$v_{SEN,avg}$ 由电感电流的交流和直流信息组成。需要一个高通滤波器滤除直流信息，确保输出电压的准确性，但同时也会在输出端产生直流失调。

在图 4.3.41 这个方案里，电感的寄生电阻 R_{DCR} 被用于检测电感电流信息,有额外的功率损耗。并联的 RC 网络用于检测电阻上的电压。

$$v_{SEN}(s)=\frac{i_L(R_{DCR}+sL)}{1+sR_sC_s}=(i_LR_{DCR})\left[\frac{1+s(L/R_{DCR})}{1+sR_sC_s}\right] \tag{4.3.94}$$

让两个时间常数匹配，即：

$$\frac{L}{R_{DCR}}=R_sC_s \tag{4.3.95}$$

这样电流检测信号能与频率独立，且不受任何时间常数的影响[29]。

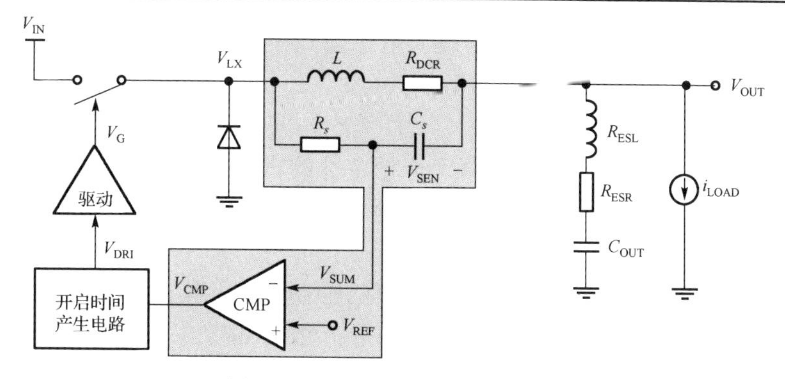

图 4.3.41　系统环路控制架构图

4.4　核心模块设计技术

高性能电源系统的实现需要核心模块的支撑，否则功率拓扑不但不能展示其优异的性能，甚至会降低电源系统性能。这些核心模块主要包括基准电路、频率补偿电路以及 LDO 等模块。几乎所有的功率拓扑都需要基准电压，因此，基准电路在一定程度上决定了输出电压的精度。同时，使用频率补偿模块在保证电源系统稳定性的前提下，可以进一步提升电源系统的性能。再者，很多电源管理芯片中可能需要不同的电源轨，尤其是在高压应用中更为普遍；如果通过芯片外部给不同电源轨电路供电，会大大增大芯片的设计成本；因此，在电源管理芯片中作为低压子模块供电以及电源系统模组中低压小负载供电电路中，使用 LDO 最为合适。另外，在电源系统中会有一些模块和元器件需要小电流能力的电源供电，通常会选择结构简单的 LDO 来为这些小负载模块供电。作为电源管理芯片的核心设计模块，以下详细描述基准电路、频率补偿电路以及 LDO 模块的设计技术。

4.4.1　基准电路设计技术

电压基准电路，是指不受输入电压、负载电流、温度、工艺偏差以及工作时间等因素影响，能够稳定产生准确的输出电压的电路结构。现代电路设计中，通常采用将具有负温度系数和正温度系数的两种不同电压相加的方式产生基准，因为所选取的两种电压温度系数的绝对值相等而符号相反，所以相加后获得的电压就具有零温度系数的特性。

1．基准源的参数指标

(1)温度系数 TC(Temperature coefficient)

衡量一个电压基准源最基本的参数指标，就是其温度系数。温度系数是反映基准输出随温度变化的参数，其单位为 ppm/℃，计算温度系数的表达式为：

$$TC=\left[\frac{V_{MAX}-V_{MIN}}{V_{norm}\times(T_{MAX}-T_{MIN})}\right]\times 10^{6} \tag{4.4.1}$$

其中，$V_{MAX}-V_{MIN}$ 为工作温度范围内最大电压与最小电压之间的差，V_{norm} 为室温下的电压值，$T_{MAX}-T_{MIN}$ 为工作的温度范围。

(2) 电源调整率

电源调整率是衡量一个基准电路工作稳定性的重要参数，一般指在规定的电源电压范围内，输出基准电压值随电源电压变化的大小，其单位一般为 ppm/V。

(3) 电源抑制比

电源抑制比反映了基准电路对电源噪声的抑制能力，指的是不同电源噪声频率下，基准输出到电源噪声的增益大小，其单位一般为 dB。

(4) 负载调整率

负载调整率，一般是指规定的负载电流变化范围内，输出基准电压随负载电流变化的大小，其单位一般为 ppm/mA。

(5) 建立时间

建立时间是指电源上电后，基准输出达到正常工作电压所需要的时间。

(6) 静态功耗

基准电路能够稳定产生输出基准电压条件下，电路所需的电流值与输入电压的乘积，就是静态功耗，其单位一般为 mW 或 nW。

2. 带隙基准的理论分析

带隙基准是一种最常用的电压基准结构，因其理论上的输出电压约为其工艺所使用半导体材料带隙电压而得名。美国国家半导体公司的 Robert Widlar 为首批提出带隙基准电压电路的科学家之一；1971 年，他提出了后被称为 Widlar 带隙电压基准电路的基准结构，这种基准结构在 1.23V 的工作电压下，即可以产生稳定的低温度系数基准电压。

带隙基准电路的基本原理图如图 4.4.1 所示，可以得到产生的基准电压表达式为：

$$V_{REF}=V_{BE}+M(\Delta V_{BE}) \tag{4.4.2}$$

其中，V_{BE} 为负温度系数电压，$M\Delta V_{BE}$ 为正温度系数电压，通过调节 M 的大小，就可以实现理想基准电压的输出。

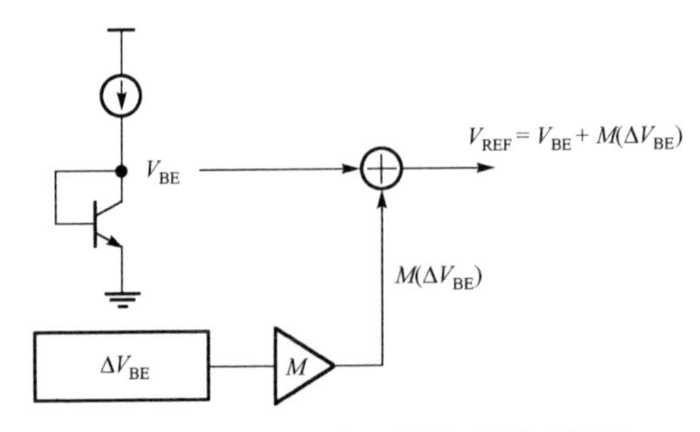

图 4.4.1　带隙基准源的基本原理框图

3．负温度系数电压

带隙基准电压的设计中，通常利用双极型晶体管基极-发射极电压的负温度特性，得到所需要的负温度系数电压。

正向偏置的双极型器件，其发射结电压的 *I-V* 特性为：

$$I_C = I_{\mathrm{SE}} \exp\left(\frac{V_{\mathrm{BE}}}{V_T}\right) \tag{4.4.3}$$

其中，$V_T = kT/q$，$I_{\mathrm{SE}} = bT^{4+m}\exp(-E_g/kT)$，$m \approx -3/2$，$b$ 是一个比例系数。

根据公式 $V_{\mathrm{BE}} = V_T \ln(I_C/I_{\mathrm{SE}})$，可以计算得到关于 V_{BE} 的温度系数。假设 I_{C} 为与温度无关，可以得到：

$$\frac{\partial V_{\mathrm{BE}}}{\partial T} = \frac{V_T}{T}\ln\frac{I_C}{I_{\mathrm{SE}}} - (4+m)\frac{V_T}{T} - \frac{E_g}{kT^2}V_T = \frac{V_{\mathrm{BE}} - (4+m)V_T - E_g/q}{T} \tag{4.4.4}$$

根据公式，可以看出 V_{BE} 温度系数表现出与其本身值大小相关的特性，即负温度系数中的高阶温度特性。

4．正温度系数电压

利用两个双极型晶体管基极-发射极电压之差(ΔV_{BE})可以得到一个正温度系数电压，为了得到这个电压，需要引入电阻，如图 4.4.2 所示：

电阻 R_1 与 Q_2 串联，I_1=I_2，Q_1 的 M 数为 1，Q_2 的 M 数为 N，如果 A 点与 B 点电压相同，电阻 R_1 上的电压为：

$$\begin{aligned}\Delta V_{\mathrm{BE}_{12}} &= V_{\mathrm{BE}_1} - V_{\mathrm{BE}_2} \\ &= V_T \ln\frac{I_1}{I_{\mathrm{SE}_1}} - V_T \ln\frac{I_2}{I_{\mathrm{SE}_2}} \\ &= V_T \ln N\end{aligned} \tag{4.4.5}$$

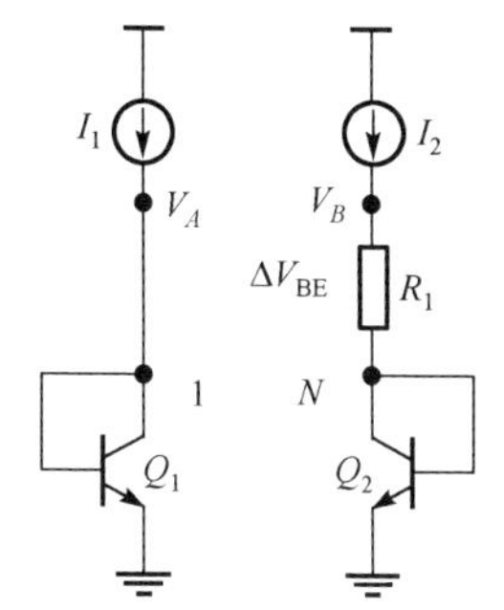

图 4.4.2　正温度系数电压产生原理图

而电阻上的电流 I_2 就等于 $\Delta V_{\mathrm{BE}_{12}}/R_1 = V_T \ln N/R_1$，这样就可以得到一个正温度系数的电流。通过电流镜将这个电流镜像出去，然后施加在另一个电阻上，就可以产生一个正温度系数的电压。这种结构的设计中，只需要通过调节两个电阻的阻值比，就可以得到所需要的正温度系数电压大小。

设计这种正温度系数电压结构的关键之一，就是镜像电流 I_1 与 I_2 的匹配问题。

如图 4.4.3 所示为最简单的电流镜结构的正温度系数产生电路，由于这种结构受到沟调效应的影响，V_A 和 V_B 的电压将会出现误差。

通过加入一个运算放大器进行箝位，就可以很好地解决上述问题，如图 4.4.4

所示。运放的正负输入端，分别接 B 点及 A 点，输出端接电流镜的栅极，通过反馈可以使得电流镜的漏极，A 点及 B 点电位相等。这样，电流镜的两个 MOS 管的漏极、栅极、源极以及体电位完全相等，从而实现了理想的电流镜。运放的增益，将直接影响漏极电位箝位以及电流镜像的准确性。

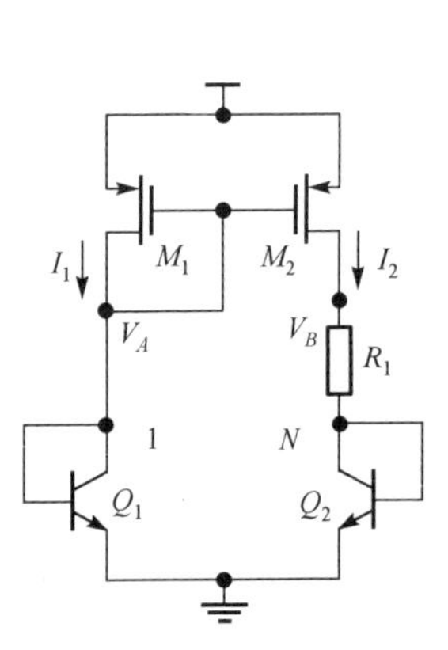

图 4.4.3　基本电流镜结构的正温度系数电压产生电路

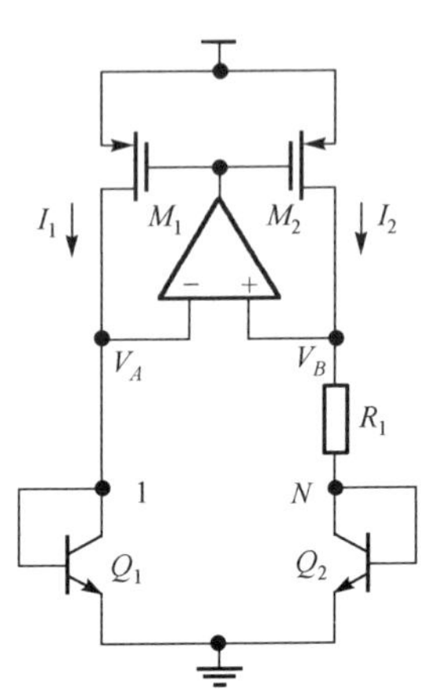

图 4.4.4　引入运放箝位的正温度系数电压产生电路

5．基准电路的修调(trimming)方法

模拟集成电路的制造过程中，工艺上的不确定因素往往会造成实际产品与设计上的偏差。基准电路的制造过程中，电阻值的精确性很难得到保证，这样会对基准值的精确性造成很大的影响。为了解决这种问题，在设计基准时通常引入修调(trimming)技术，对电阻值进行微调，大大改善了工艺误差带来的精度问题。目前主流的修调技术主要可分为熔丝修调技术、激光修调技术以及电可编程模拟器件修调技术等。

熔丝修调技术如图 4.4.5 所示，主要是指在阻值按一定规律递增的电阻串联阵列上，并联熔丝，通过烧断熔丝来调节电阻串联阵列实际阻值的技术，熔丝修调技术的主要优点是容易编程且修调速度快。

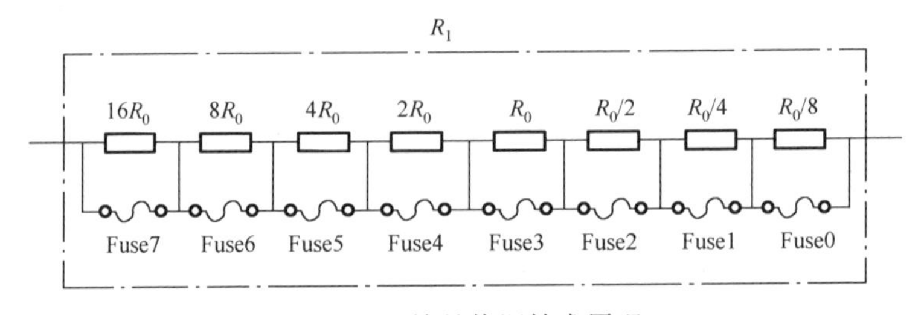

图 4.4.5　熔丝修调技术原理

为了保证熔丝的顺利熔断，一般需要在熔丝两端添加 PAD，需要熔断时将探针置于熔丝两端的 PAD 上，注入 mA 级别的电流，所以这种技术的主要缺点是芯片占用面积较大，提高了成本。

激光修调技术，主要是指通过激光束切割电阻材料，修调电阻值的一种技术，这种技术的主要优点是快速的自动化实现，精度较高。但是由于激光修调设备昂贵，存在成本较高的问题。

由 ALD(Advanced Linear Devices)公司开发的电可编程模拟器件修调技术，通过特殊的 CMOS 集成电路，利用计算机编程改变 MOS 器件阈值电压，从而改变其漏极电流，实现阻抗的调节效果。这种技术的主要缺点是对温度和静电放电都较为敏感，且编程电压撤销后，阈值电压会有轻微变化。

6．带隙基准源电路

带隙基准的完整结构如图 4.4.6 所示，整个系统可以分为运放、基准核心电路、输出电路三部分，此外还需要启动电路、偏置电路等辅助电路。启动电路的引入，是为了使得电路核心在初始上电阶段，顺利脱离初始“零”状态，进入稳定状态；偏置电路则为运放电路提供偏置，使其建立正确的工作状态。需要注意的是，启动电路在基准正确建立后，一般要退出工作，避免产生额外的功耗。

PMOS 管 M_1、M_2 及 M_3 构成电流镜，其尺寸完全相同，使得流过三个管子的电流相等。基准电路中三个 BJT 管，Q_1、Q_2、Q_3 的发射结面积比为 1∶N∶1，从而使得基准电路产生所需要的温度特性电压。这样，可以得到 AB 两点的电压分别为：

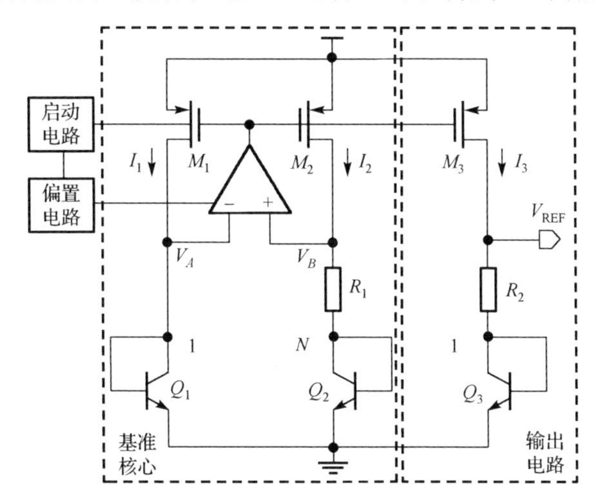

图 4.4.6　完整结构带隙基准电路

$$
\begin{aligned}
V_A &= V_{BE_1}, \\
V_B &= IR_1 + V_{BE_2}
\end{aligned} \tag{4.4.6}
$$

由于运放的箝位作用，AB 两点电位近似相等，从而可以得到：

$$\begin{aligned} V_{\mathrm{BE}_1} &= IR_1 + V_{\mathrm{BE}_2}, \\ \Delta V_{\mathrm{BE}_{12}} &= V_T \ln N = IR_1 \end{aligned} \tag{4.4.7}$$

R_1 上的电流正是所需要的正温度系数电流，其值为：

$$I = \frac{V_T \ln N}{R_1} \tag{4.4.8}$$

在通过 M_3 将电流镜像之后，得到 $I_3=I$，从而使得电阻 R_2 上的电压即为正温度系数电压，最终得到的基准电压值即为 R_2 上的电压(正温度系数电压)与 Q_3 基极-发射极电压 V_{BE_3}(负温度系数电压)的叠加值：

$$V_{\mathrm{REF}} = IR_2 + V_{\mathrm{BE}_3} = \frac{R_2 \ln N}{R_1} V_T + V_{\mathrm{BE}_3} \tag{4.4.9}$$

基本结构的带隙基准源只对温度系数的一阶特性进行温度补偿，这样得到的基准电压温度系数通常在 20～60ppm/℃之间，精度相对较低，往往不能满足系统的要求。因此，为了进一步提高基准电路的温度特性，需要引入高阶补偿技术。目前常用的高阶补偿技术主要包括二阶/三阶补偿技术、指数补偿技术、线性化 V_{BE} 补偿技术及分段线性补偿技术等。

二阶/三阶补偿技术的基本思想，是基于 V_{BE} 的高阶温度项中的二阶/三阶项，设计产生与其高阶温度特性相同的高阶正温电压，进行抵消，实现较好的补偿效果，目前常见的实现方式包括直接叠加电压和引入高阶电流两种方式。

指数补偿技术的基本思想与二阶/三阶补偿技术类似，是基于 V_{BE} 中的非线性项 $T\ln(T)$，设计产生一个与温度呈指数关系的补偿项，来对输出电压进行补偿。

线性化 V_{BE} 补偿的基本思想，是设法将非线性的负温度特性曲线线性化。考虑到对不同温度范围内的 V_{BE} 曲线分别补偿可以更好地将其线性化，这种补偿方式又被称作分段线性补偿技术。温度范围的分段通常为两到三段，更多的分段意味着更高的精度，但是也会造成成本的上升。

非线性补偿的基本思想，与指数曲线补偿技术类似，但是这种补偿方式引入了与 V_{BE} 中的非线性项 $T\ln(T)$ 温度特性近似一致的非线性曲线，从而能够完美地消除非线性的影响，而不是简单地用指数曲线补偿，所以精度上更占优势。

图 4.4.7 给出了一种带隙结构基准电压源的核心电路图，Q_1 和 Q_3 的并联数分别为 1 和 8。三极管 Q_1、Q_2、Q_3 和电阻 R_1、R_2、R_4、R_5 用于产生负温度系数电压 V_{BE} 和正温度电压系数电压 ΔV_{BE}。电阻 R_8、R_9、R_{10} 和 MOS 管 MP_2、MP_3、MP_4、MP_5 构成电压共源共栅电流镜，从而确保 Q_1 和 Q_3 的集电极电流 I_{C_1} 和 I_{C_3} 相等。MOS 管 MP_1 和电阻 R_7、R_6、R_3 构成反馈环路稳定输出，电容 C_1 对整个环路进行频率补偿。

由于电流镜的镜像作用，I_{C_1} 与 I_{C_3} 大小相等，根据三极管集电极电流与 V_{BE} 之间的关系，有：

$$\Delta V_{BE}=V_{BE_1}-V_{BE_3}=V_T\ln\frac{I_{C_1}}{I_{S_1}}-V_T\ln\frac{I_{C_3}}{I_{S_3}} \quad (4.4.10)$$

又因为此时 Q_3:Q_1= 8:1，所以 $I_{S_3}=8I_{S_1}$，有：

$$\Delta V_{BE}=V_T\ln 8 \quad (4.4.11)$$

设流过 R_5 的电流为 I，三极管 Q_1 和 Q_3 的基极电流为 I_B，则有：

$$V_{REF}=R_4(I+I_B)+IR_5+R_2(I-I_B)+V_{BE(Q_2)} \quad (4.4.12)$$

又因为 R_5 两端的压差即为 ΔV_{BE}，如选取 R_2 与 R_4 大小相等，则有：

$$V_{REF}=V_{BE(Q_2)}+\frac{V_T\ln8}{R_5}(R_2+R_4+R_5) \quad (4.4.13)$$

从式(4.4.13)可以看出，基准的最终表达式中不包含基极电流 I_B，提高了基准电压的精度。

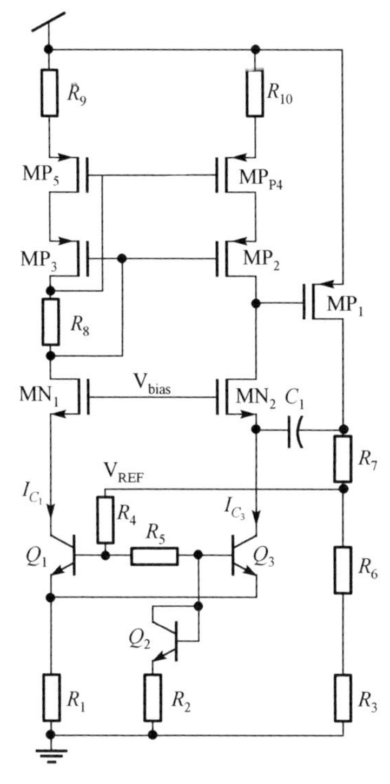

图 4.4.7　基准核心电路

当负反馈环路的相位达到 180°，使其成为正反馈且环路增益大于 1 时，输出就会振荡，所以在电路设计时要对环路进行补偿。通常采用在输入和输出直接并联 Miller 电容的方式进行补偿，见图 4.4.8，这种补偿方式可以通过小面积的补偿电容大幅降低主极点的位置。环路在低频增益和摆幅不变的情况下，幅频特性曲线会在更低的频率就开始下降，从而在环路相位达到 180°时增益却小于 1，避免了振荡。但此种补偿方式会在环路中产生一个存在于右半平面的零点，它会在快速降低相位曲线的同时提高幅频特性曲线，影响环路稳定性。

这里采用图 4.4.9 所示的一种改进的 Miller 补偿方式进行环路补偿。该方法通过阻断前馈通路的方法避免了传输函数中位于右半平面的零点的出现。

此时主极点和次极点分别为：

$$\omega_{1-}=\frac{1}{(g_{m_1}R_3C)R_1} \quad (4.4.14)$$

$$\omega_{2-}=\frac{g_{m_2}R_1g_{m_1}}{C_L} \quad (4.4.15)$$

其中，C_L 是负载电容，R_1、R_2、R_3 是电流源负载的阻抗。可以看出此时依然具有原始 Miller 效应的特性，主极点受到了抑制。同时位于输出处的次极点提高了 $g_{m2}R_1$

倍，进一步提高环路稳定性。一种直观分析次极点频率变高的方法是当频率升高时，将补偿电容 C 看成短路，信号从输出到 M_1 栅极的传输过程可以看成是共源共栅结构，其增益为 $g_{m2}R_1$，因此输出电阻降为 g_{m1} 的 $1/g_{m2}R_1$。

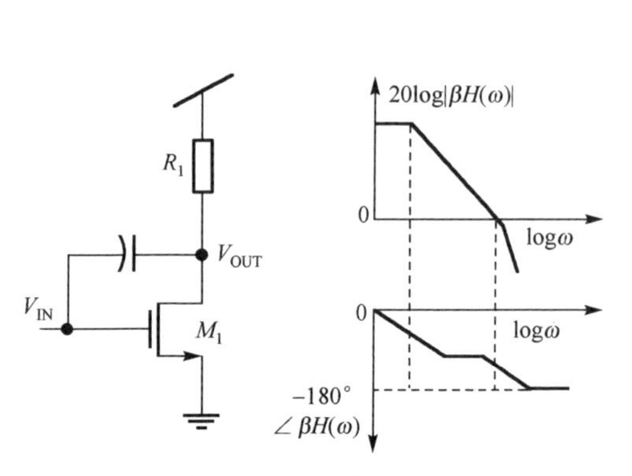

图 4.4.8　利用 Miller 电容进行补偿原理图

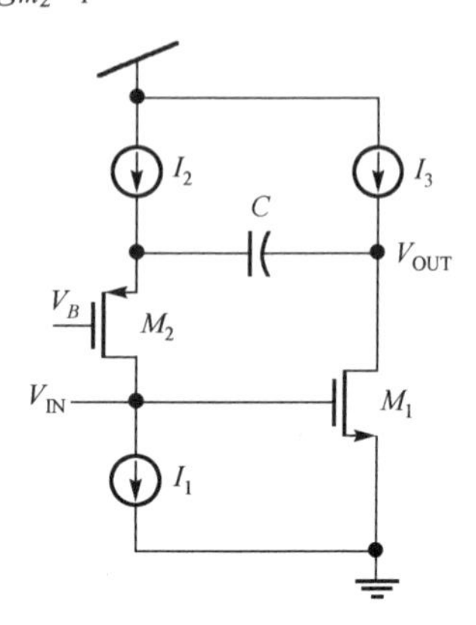

图 4.4.9　改进的 Miller 电容补偿原理图

具体到本电路时，因为 R_7、R_6、R_3 远小于 R_4、R_5、R_2，可得到主极点、次极点和零点为：

$$\omega_{p1-}=\frac{1}{(g_{mp_2}r_{omp_2}r_{omp_4})g_{mp_1}(R_7+R_6+R_3)C_1} \tag{4.4.16}$$

$$\omega_{p2-}=\frac{g_{mn_2}(g_{mp_2}r_{omp_2}r_{omp_4})g_{mp_1}}{C_L} \tag{4.4.17}$$

$$\omega_{z1+}=\frac{g_{mn_2}(g_{mp_2}r_{omp_2}r_{omp_4})g_{mp_1}}{C_1} \tag{4.4.18}$$

从图 4.4.7 中可以看出，基准存在两条反馈通路。R_4、Q_1、MN_1、R_8、MP_3、MP_5、MP_4、MP_2 组成负反馈通路。R_4、R_5、Q_3、MN_2、MP_2、MP_4 组成正反馈环路。同时当信号从 Q_1 的基极传递到 Q_3 的基极时会受到 R_5、Q_2、R_2 的分压，因此正反馈通路的增益小于负反馈通路的增益，使环路得以稳定。

在 R_4、R_5、R_2 取值较大的情况下，正负反馈增益分别由式(4.4.19)、式(4.4.20)所示：

$$\text{Gain}_-=\frac{R_5+R_2+\dfrac{1}{g_{mQ_2}}}{R_4+R_5+R_2+\dfrac{1}{g_{mQ_2}}}\frac{g_{mp_2}r_{op_2}g_{mp_4}r_{op_4}R_{10}}{\dfrac{1}{g_{mQ_2}}+R_1}g_{mp_1}\left(R_6+R_3\right) \tag{4.4.19}$$

$$\mathrm{Gain+} = \frac{R_2 + \dfrac{1}{g_{mQ_2}}}{R_4 + R_5 + R_2 + \dfrac{1}{g_{mQ_2}}} \frac{g_{mp_2} r_{op_2} g_{mp_4} r_{op_4} R_{10}}{\dfrac{1}{g_{mQ_3}} + R_1} g_{mp_1}(R_6 + R_3) \tag{4.4.20}$$

由于在推导和分析基准的工作过程中确保用于产生 V_{BE} 差值的两个三极管的偏置电流的相等是所有后续工作的前提，所以在实际电路中，基准可能会存在多种简并状态。系统上电过程中所有器件中电流有可能为零且电路无限期的保持这个状态使基准输出异常。因此要对基准模块添加启动电路以使基准在系统上电过程中能脱离异常的偏置状态。

图 4.4.10 是基准模块的整体电路图。其最右侧，通过将零温度系数的基准电压信号减去负温度系数的 V_{BE} 后，再除以具有正温度系数的扩散电阻 R_1，来产生零温电流，然后通过电流镜的镜像给其他模块供电。左边为启动电路，下面分析基准的启动过程。

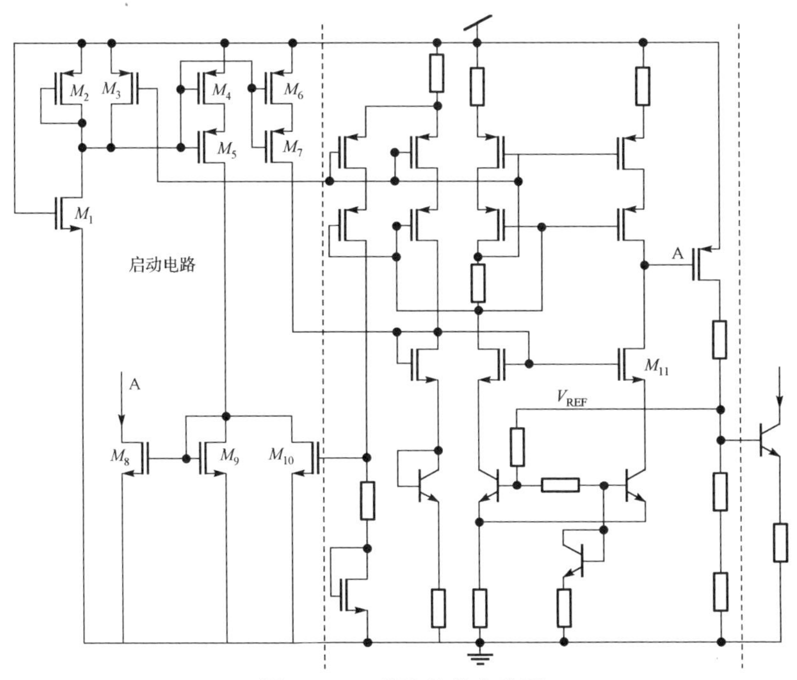

图 4.4.10　基准整体电路图

电路上电后，M_1 导通，下拉电流 I_1 使二极管连接的 M_2 导通。由 M_6 和 M_7 组成的电流镜对 M_{11} 的栅极充电，使其栅压升高后导通，基准核心部分开始工作。由 M_4 和 M_5 组成的电流镜通过 M_8 和 M_9 的镜像作用对 M_{12} 的栅极放电，使反馈环路导通。

在基准正常工作后由于 M_3 的栅极电压的降低和 M_{10} 栅极电压的升高使电流镜 M_4、M_5、M_6、M_7 和 M_8、M_9 都截止，从而启动电路停止工作，不对基准核心产生影响，电路完成启动。

7．非带隙基准源电路

由于带隙技术中双极型晶体管面积较大，限制了基准电路尺寸的小型化，而MOS管阈值电压也具有负温度特性，所以目前也发展出了一些基于MOS管阈值电压的基准技术。

如图4.4.11所示为电压基准产生电路的实际电路图，其中，MN_1、MN_2为耗尽型NMOS，串联方式连接，MN_3、MN_4和MN_5为常规增强型NMOS，R_1、R_2为分压电阻，输出为V_{ref}，下面推导该基准电压的表达式。

当电源V_{DD}正常上电后，MN_1、MN_2、MN_3和MN_4均工作在饱和区，为了便于分析，将耗尽型NMOS管MN_1、MN_2等效为MN_1，MN_3和MN_4管等效为MN_4，简化电路如图4.4.12所示，所以有：

$$I_{D,MN_1}=I_{D,MN_4} \tag{4.4.21}$$

而I_{D,MN_1}和I_{D,MN_4}分别为：

$$I_{D,MN_1}=K_1(V_{GS,MN_1}-V_{th,MN_1})^2=K_1(-V_{th,MN_1})^2 \tag{4.4.22}$$

$$I_{D,MN_4}=K_4(V_{GS,MN_4}-V_{th,MN_4})^2 \tag{4.4.23}$$

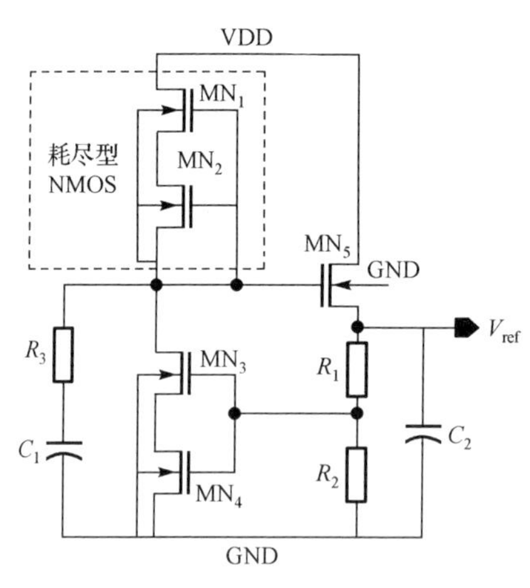

图4.4.11　电压基准电路

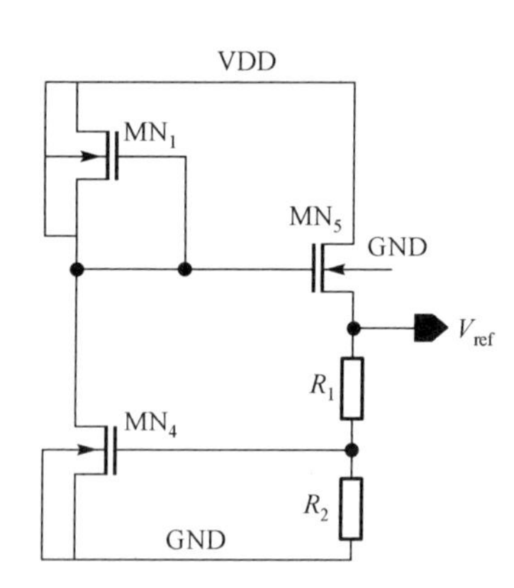

图4.4.12　电压基准电路的简化电路

联立以上三式可得：

$$K_4(V_{GS,MN_4}-V_{th,MN_4})^2=K_1(-V_{th,MN_1})^2 \tag{4.4.24}$$

即为：

$$V_{GS,MN_4}=V_{th,MN_4}+\sqrt{\frac{K_1}{K_4}}(-V_{th,MN_1}) \tag{4.4.25}$$

其中：

$$K = \frac{1}{2}\mu_n C_{\mathrm{OX}} \frac{W}{L} \tag{4.4.26}$$

由于 NMOS 管的阈值电压呈负温特性，所以 $V_{\mathrm{th,MN_4}}$ 为负温系数，而 $-V_{\mathrm{th,MN_1}}$ 为正温系数，通过适当调节 K_1 与 K_4，可最终使 $V_{\mathrm{GS,MN_4}}$ 温度系数为零，为了调节 K_1 与 K_4 的比值，在版图设计时对 MN_3 和 MN_4 的宽长比做修调处理，保持其沟道长度不变而在一定范围内改变宽度，通过金属走线选择合适的宽长比。

R_1，R_2 为分压电阻，作用是调节输出电压 V_{ref1} 的大小，其表达式可表示为：

$$V_{\mathrm{ref1}} = \frac{R_1 + R_2}{R_2} \cdot V_{\mathrm{GS,MN_4}} = \left(1 + \frac{R_1}{R_2}\right) \cdot \left(V_{\mathrm{th,MN_4}} + \sqrt{\frac{K_1}{K_4}}(-V_{\mathrm{th,MN_1}})\right) \tag{4.4.27}$$

由于上式中的 R_1 与 R_2 为同种类型电阻，因此不会对电压的温度特性有影响。

4.4.2　频率补偿设计技术

前文提到，DC-DC 转换器有很多种工作模式，包括电压模、电流模、迟滞模和 COT 等。其中，电压模和电流模需要在环路中添加环路补偿模块，以提高 DC-DC 转换器的线性调整率，负载调整率，并保证环路的稳定性。就线性调整率和负载调整率而言，频率补偿电路主要是引入一个低频极点，从而大幅度提升 DC 环路增益。这个功能主要是通过高增益误差放大器实现，而补偿模块最主要的功能是保证环路稳定性。电压模和电流模 DC-DC 转换器都存在小信号的环路，并且功率级都会引入极点，所以对其进行频率补偿是必要的。下面先对常见的三种片外补偿方式进行说明，再分别以电压模和电流模为例，说明集成片内补偿模块的设计。

1．片外补偿电路

为了补偿环路的相位裕度，有三种常见的补偿方式。Type I 型补偿电路如图 4.4.13 所示，其传输函数为：

$$H_1(s) = -\frac{1}{sC_1 R_{f_1}} \tag{4.4.28}$$

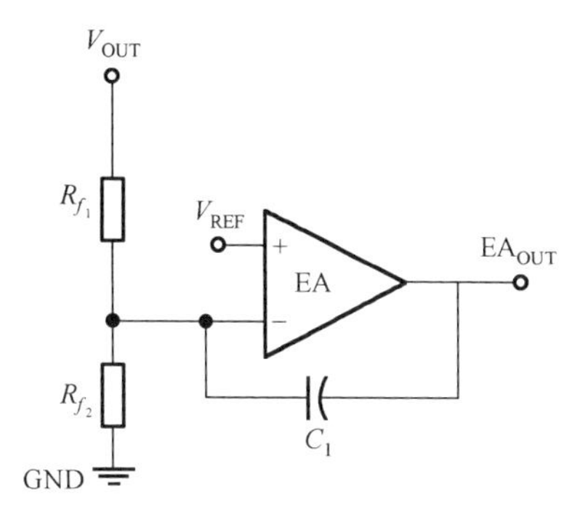

图 4.4.13　Type I 型补偿电路

此处的 EA 为一个误差放大器(电压输入电压输出放大器)，为了方便理论推导，将其视为理想放大器，即该放大器增益无穷大，且符合虚短虚断原则。这种补偿方式可以为环路添加一个处于非常低频的极点，当然其前提条件是 EA 的主极点非常低。这时候的低频增益就是 EA 的直流增益乘以电阻分压之比。这种补偿方式仅仅适用于环路带宽非常低的电路，一般不会用于 DC-DC 变换器中。

Type II 型补偿电路如图 4.4.14 所示。其传输函数为：

$$H_2(s) = -\frac{1+sC_2R_1}{s(C_1+C_2)R_{f_1}[1+s(C_1 \parallel C_2)R_1]} \tag{4.4.29}$$

Type II 型补偿电路可以为环路带来两个极点和一个零点。这种补偿方式主要用于对电流模进行补偿，这是因为电流模由于电流内环的引入，只存在一个功率级极点。Type II 型补偿电路的其中一个极点和 Type I 型补偿一样位于极低频率处，主要用于保证线性调整率和负载调整率。然后次低频的是一个零点，这是为了防止由于第一个极点的影响，环路在很低频就到达穿越极点。该零点使得环路的带宽被大大拓宽。在中频段，极低频极点和零点重合，所以在一定频段内增益不变，直到电流模功率级极点出现。这个极点的出现使得增益重新以 20dB/dec(频率变化 10 倍，增益变化 20dB)下降，很快就到达穿越频率。而 Type II 型补偿的最后一个极点会放在功率级极点之后，使得穿越频率后的增益快速下降。Type II 型补偿应用到电流模环路，需要考虑电流采样带来的双极点影响。如果最后的这个极点频率过低，与双极点带来的相位裕度衰减重合，会严重影响环路稳定性。

最后介绍 Type III 型补偿电路，如图 4.4.15 所示。其传输函数为：

$$H_3(s) = -\frac{(1+sC_2R_1)[1+sC_3(R_{f_1}+R_2)]}{s(C_1+C_2)R_{f_1}[1+s(C_1 \parallel C_2)R_1](1+sC_3R_2)} \tag{4.4.30}$$

Type III 型补偿电路可以为环路带来三个极点和两个零点。这种补偿方式主要用于对电压模进行补偿。电压模环路中，电感、负载电阻以及输出级电容构成的 LRC 网络会引入两个极点，即功率级就存在两个极点。EA 也会引入极低频极点，因此，会有 270° 相移。所以在 EA 极低频极点出现后、功率级极点出现前，需要加入两个零点，以保证功率级极点出现后，穿越频率时环路具有足够的相位裕度。而最后的两个极点应置于较高频。具体所设置的频率由 DC-DC 变换器输出负载范围决定。具体来说，由 DC-DC 转换器的最重负载(最小负载电阻)可以确定环路的最高穿越频率，最后两个极点应保证在最高穿越频率下仍然具有足够的相位裕度。

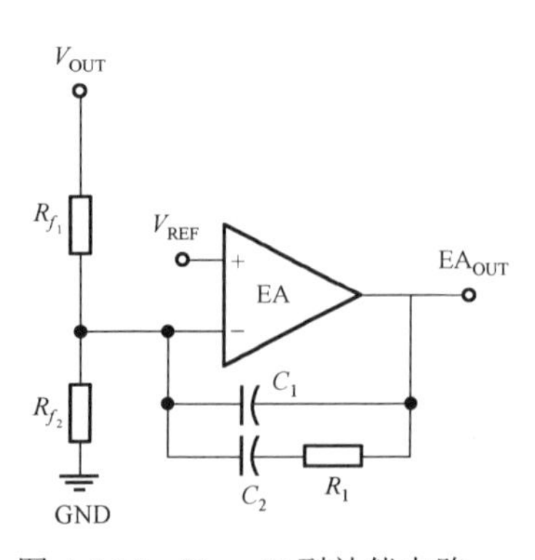

图 4.4.14　Type II 型补偿电路

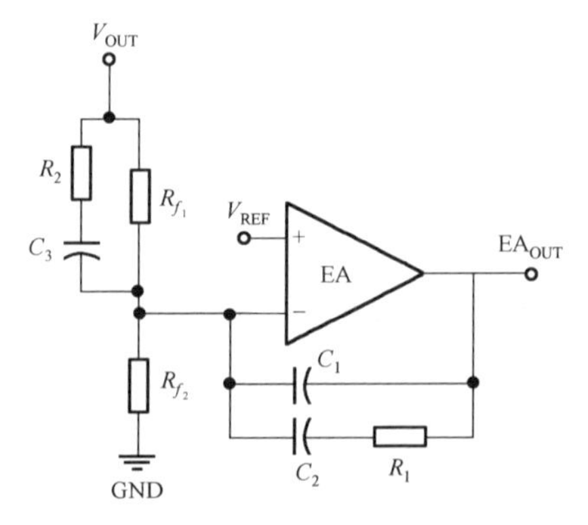

图 4.4.15　Type III 型补偿电路

2．电压模补偿电路

如图 4.4.16 为电压模 DC-DC 变换器框架图。前面已经讨论过，电压模的占空比到输出电压的传输函数 $H_{vd}(s)$ 为：

$$H_{vd}(s)=\frac{v_{OUTac}(s)}{d_{ac}(s)}=V_{IN}\frac{1}{1+s\dfrac{L}{R_L}+s^2LC_{OUT}} \tag{4.4.31}$$

判断环路是否稳定的三个常用准则为：①开环时，在单位增益带宽频率(也称为交越频率，在开关电源中通常约为开关频率的 1/5 处的相移不超过 360°；②在交越频率处，要求系统环路的幅频特性曲线仅以 20dB/dec(频率变化 10 倍，增益变化 20dB)速度衰减，从而保证当某些环节的相位变化被忽略时，相频特性曲线仍将具有足够的相位裕量，使得系统保持稳定；③保证系统环路的相位裕度超过 45°。

Buck 变换器闭环控制系统由 PWM 控制器、系统功率级和反馈补偿网络三部分组成。由于系统环路含有负反馈，相移 180°，为了满足条件①，功率级和 PWM 调节回路的相移不能超过 180°。由于功率级 LC 滤波器在谐振点处的最大相移为 180°，所以必须对环路进行频率补偿。补偿程度由条件③决定，系统环路在单位增益带宽处具有超过 45° 的相位裕度。

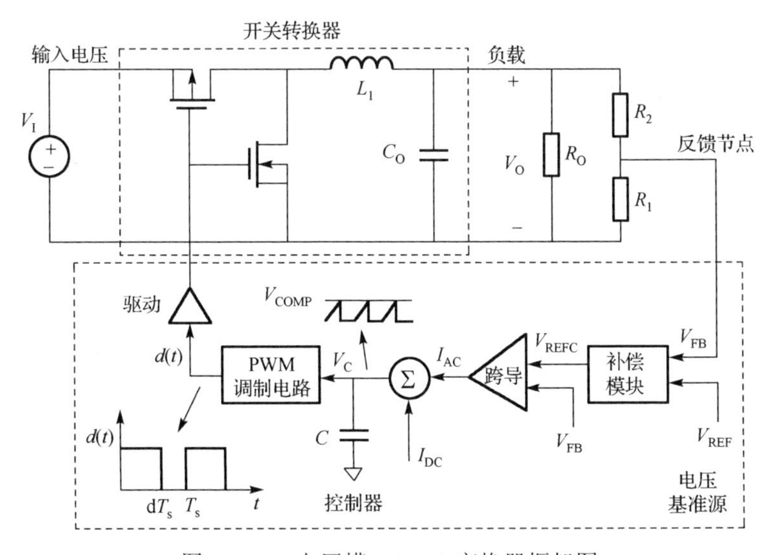

图 4.4.16　电压模 DC-DC 变换器框架图

纯粹的电压模式控制系统的环路补偿比较复杂，通常采用 Type III 型补偿结构，它可以提供两个零点、两个极点及一个初始极点。如果采用片外补偿，则直接可以使用上一小节的补偿电路。

Type III 型补偿能够显著提高相位裕度，但是它需要较大电容(几百 pF)，通常不能够将补偿结构集成到芯片内部，这会导致 PCB 面积和芯片成本增加。另一种方案是将补偿环路集成到芯片内部，利用补偿模块和跨导放大器引入一对零极点实现超前补偿，其中低频零点可以增加低频处相位，高频极点可以衰减高频增益，从而改善环路的稳定性。

为了计算环路增益，首先将图中变换器的系统控制框图中分压电阻断开，可得环路增益的表达式为：

$$T_{\text{loop}} = A_{\text{PS}} \cdot A_{\text{Sample}} \cdot A_{\text{Compensation}} \cdot A_{\text{GM}} \cdot A_{\text{Modulator}} \tag{4.4.32}$$

其中，A_{PS}、A_{Sample}、$A_{\text{Compensation}}$、A_{GM}、$A_{\text{Modulator}}$ 分别为功率级、采样网络、补偿电路、跨导放大器以及 PWM 调制电路的传输函数。

在功率级设计时，输出电容选用具有较低 ESR 的陶瓷电容，则不考虑输出电容的 ESR 零点的影响。在连续模式下，Buck 变换器的电感和电容始终相连，利用等效阻抗的表达式，可得输出电压和占空比的小信号传输函数为：

$$A_{\text{PS}} = \left.\frac{\delta v_{\text{O}}}{\delta d}\right|_{V_i=0} = V_I \cdot \frac{1}{S^2 + \frac{1}{RC}S + \frac{1}{LC}} \tag{4.4.33}$$

然后计算电容 C 的充电电流 I 与占空比 D 的关系，根据电荷守恒，得：

$$I \cdot DT = C \cdot V_{\text{COMP}} \tag{4.4.34}$$

其中，V_{COMP} 电压与输出电压相关，利用函数 $f(V_{\text{O}})$ 替换，即：

$$D = \frac{C \cdot f(V_{\text{O}}) \cdot f_S}{I} = \frac{C \cdot f(V_{\text{O}}) \cdot f_S}{I_{\text{AC}} + I_{\text{DC}}} \tag{4.4.35}$$

其中，电流 I 为 I_{AC} 和 I_{DC} 的和，小信号电流 I_{AC} 远小于直流电流 I_{DC}，可以忽略不计。对表达式求导可得，占空比与电流的关系式为：

$$A_{\text{Modulator}} = \frac{\delta d}{\delta i_{\text{ac}}} \approx -\frac{C \cdot f(V_{\text{O}}) \cdot f_S}{I_{\text{DC}}^2} \tag{4.4.36}$$

再计算补偿模块和跨导模块的小信号传输函数 $A_{\text{Compensation}} \cdot A_{\text{GM}}$，两个模块的等效结构图如图 4.4.17 所示。

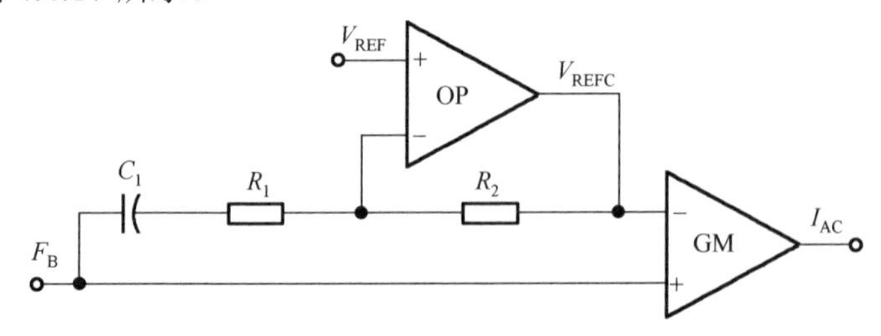

图 4.4.17　补偿模块和跨导模块的等效框图

将补偿结构中 OP 看作理想运放，可以得到以下表达式：

$$\frac{v_{\text{REFC}}}{\dfrac{1}{SC_1}+R_1}=\frac{-v_{\text{FB}}}{R_2} \tag{4.4.37}$$

可以得到：

$$\frac{\delta v_{\text{vrefc}}}{\delta v_{\text{FB}}}=-\frac{SR_2C_1}{1+SR_1C_1} \tag{4.4.38}$$

同时，$i_{\text{AC}}=\text{GM}_{(S)}\cdot(v_{\text{FB}}-v_{\text{REFC}})$，可得：

$$A_{\text{Compensation}}\times A_{\text{GM}}=\frac{\delta i_{\text{AC}}}{\delta v_{\text{FB}}}=\text{GM}(S)\frac{1+SC_1(R_1+R_2)}{1+SR_1C_1} \tag{4.4.39}$$

最后得到系统的环路增益如下：

$$\begin{aligned}\frac{\delta v_{\text{O}}}{\delta v_{\text{I}}}&=A_{\text{PS}}\times A_{\text{Sample}}\times A_{\text{Compensation}}\times A_{\text{GM}}\times A_{\text{Modulator}}\\&=-\frac{R_2}{R_1+R_2}\text{GM}(S)\frac{1+SC_1(R_1+R_2)}{1+SR_1C_1}\frac{C\cdot f\left(V_{\text{O}}\right)\cdot f_S}{I^2}\frac{V_I}{S^2+\dfrac{1}{RC}S+\dfrac{1}{LC}}\\&=-\frac{R_2}{R_1+R_2}\cdot\frac{C\cdot V_I\cdot f_S\cdot\text{GM}(S)\cdot f\left(V_{\text{O}}\right)}{I^2}\cdot\frac{1+SC_1(R_1+R_2)}{1+SR_1C_1}\cdot\frac{1}{S^2+\dfrac{1}{RC}S+\dfrac{1}{LC}}\end{aligned} \tag{4.4.40}$$

首先，分析环路增益与输入电压 V_{I} 的近似关系。其中直流电流 I_{DC} 与输入电压近似成正比，跨导模块的小信号跨导近似与输入电压的平方根成正比，其极点在较高频，对环路稳定性影响不大。最终得到环路增益与输入电压的平方根近似成反比，这一分析与电压前馈改善系统的线性调整率的理论相吻合。

从环路增益的表达式可以看到，除了 LC 滤波结构引入的两个谐振极点外，补偿结构和跨导模块也引入一对零极点，其零极点位置如公式所示：

$$\begin{cases}P=\dfrac{-1}{R_1C_1}\\[2ex]Z=\dfrac{-1}{(R_1+R_2)C_1}\end{cases} \tag{4.4.41}$$

为了满足稳定性三准则，跨导模块和补偿网络所提供的零点 Z 在较低频，可以增加低频处相位，极点 P 在较高频，可以衰减高频处增益，从而得到期望的环路相位裕度，补偿后系统的环路增益与相位的波特图如图 4.4.18 所示。

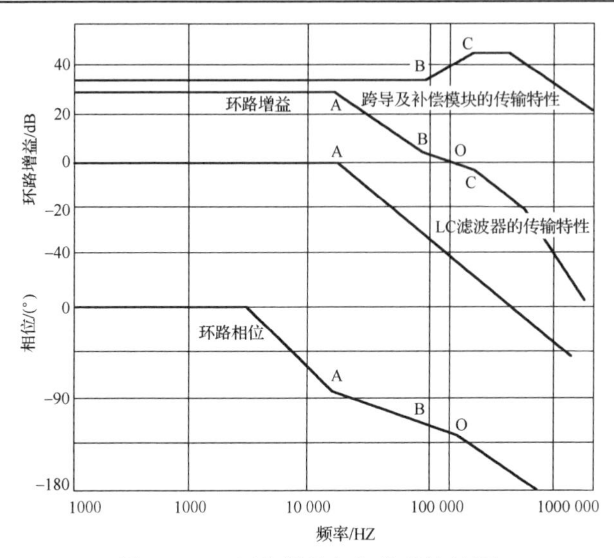

图 4.4.18　环路增益与相位的波特图

从图 4.4.18 中可以看出，LC 功率级电路在 A 点引入一谐振极点，跨导与补偿模块一起在 B 点引入一零点，增加了交越频率 O 点的相位裕度，可以改善环路的稳定性。

如上所述，采用 OP 运放箝位电路的直流工作点，并利用电阻电容产生零极点的方法实现环路补偿，而实际的电路图如图 4.4.19 所示。

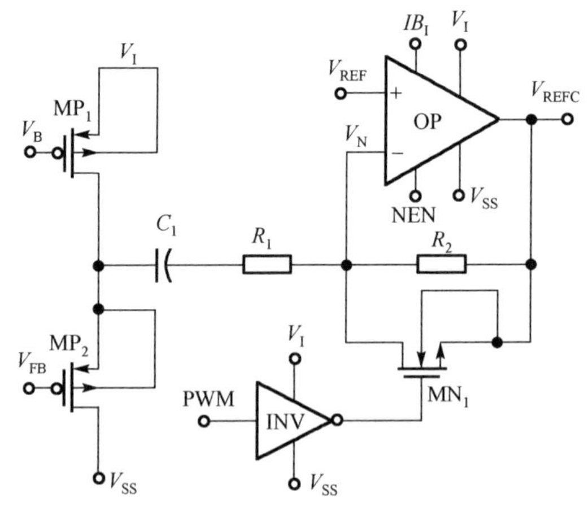

图 4.4.19　补偿模块的实际电路图

电路中 MP_1 提供偏置电流，MP_2 为源随结构，增益近似为 1。在 PWM 模式下，信号 PWM 为‘1’电平，逻辑管 MN_1 关断。运放的正端输入为基准电压 V_{REF}，电压 V_{FB} 经过 R_1、C_1 的串联网络到 OP 运放的负端，输出电压为 V_{REFC}，运放的负端

电压和输出电压 V_{REFC} 通过电阻 R_2 相连。

首先分析理想运放的情况：运放电压增益无穷大，输入电阻无穷大，输出电阻为零，输入端“虚短”。可以看出，在简化的补偿网络中，极点的位置如下所示：

$$P_1 = -\frac{1}{2\pi R_1 C_1} \tag{4.4.42}$$

将运放 OP 利用戴维南定理等效后，补偿网络的小信号电路如图 4.4.20 所示：

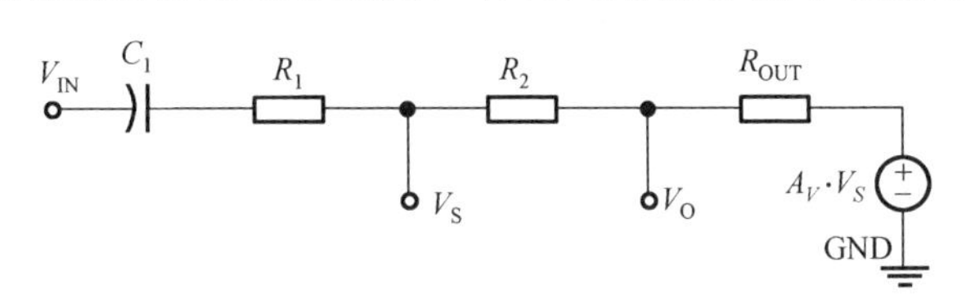

图 4.4.20　补偿模块的小信号电路图

对小信号电路进行分析后，可得：

$$\frac{V_{IN} - V_S}{\dfrac{1}{SC_1} + R_1} = \frac{V_S - V_O}{R_2} = \frac{V_O - A_V \cdot V_S}{R_{OUT}} \tag{4.4.43}$$

整理上式，可以得到：

$$V_S = \frac{R_{OUT} + R_2}{R_{OUT} + A_V \cdot R_2} \tag{4.4.44}$$

$$\frac{V_O}{V_{IN}} = \frac{SR_2C_1(R_{OUT} + A_V R_2)}{[1 + SC_1(R_2 + R_1)](R_{OUT} + R_2) - (1 + SR_1C_1) \cdot (R_{OUT} + A_V R_2)} \tag{4.4.45}$$

因为 $R_2 >> R_1$，$A_V \cdot R_2 >> R_{OUT}$，上式简化为：

$$\frac{V_O}{V_{IN}} = \frac{SR_2C_1 \cdot A_V R_2}{(1 + SR_2C_1)(R_{OUT} + R_2) - A_V R_2 \cdot (1 + SR_1C_1)} \tag{4.4.46}$$

其中，$A_V = \dfrac{A_V(0)}{1 + S / W_0}$，$W_0$ 为运放的主极点。

从而可得：

$$\frac{V_O}{V_{IN}} = \frac{SR_2C_1 \cdot A_V(0)R_2}{(1 + S / W_0)(1 + SR_2C_1)(R_{OUT} + R_2) - A_V(0)R_2 \cdot (1 + SR_1C_1)} \tag{4.4.47}$$

可以看出，补偿电路引入的主极点为 P_1，次极点为 P_2，极点的位置如下：

$$P_1 = \frac{A_V(0)}{-A_V(0) \cdot R_1C_1 + (R_{OUT} + R_2) \cdot C_1 + \dfrac{R_{OUT} + R_2}{W_0 \cdot R_2}} \tag{4.4.48}$$

$$P_2 = -\frac{\dfrac{R_{\text{OUT}} + R_2}{R_2} + (R_{\text{OUT}} + R_2) \cdot C_1 \cdot W_0 - A_V(0) \cdot W_0 \cdot R_1 C_1}{(R_{\text{OUT}} + R_2) \cdot C_1} \tag{4.4.49}$$

对上式分析可以得到，主极点与运放的增益和输出电阻相关。

由前面的分析可知，补偿模块和跨导模块连接在系统环路中引入一对零极点，可见补偿模块引入的极点，其位置主要由 R_1、C_1 决定，环路中的零点位置主要由 R_1、R_2、C_1 决定。

3. 电流模补偿电路

如图 4.4.21 为电流模框架图。电流模的控制电压到输出电压的传输函数为：

$$H_{\text{vd}}(s) = \frac{R_L}{A_{\text{cs}}} \frac{1}{1 + sR_L C_L} \frac{1}{1 + 2s\dfrac{\xi}{\omega_n} + \dfrac{s^2}{\omega_n^2}} \tag{4.4.50}$$

其中，R_L 和 C_L 是负载电阻和负载电容，A_{cs} 是电流采样系数，ξ 和 ω_n 是由电流采样引入的变量，与开关频率和占空比有关。

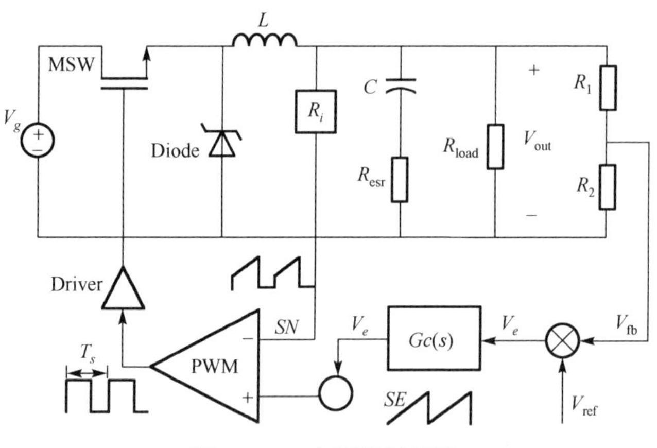

图 4.4.21　电流模框架图

由于电流内环的存在，电流模环路中功率级只有一个极点，这就方便了补偿，不需要采用最复杂的 Type III 型补偿方案，而只需要 Type II 型补偿方案即可。如果是直接采用片外补偿的方式，这里也可以直接使用第一小节里面给出的电路。

由于片外补偿需要较大的电容，往往浪费较大 PCB 面积，这里再给出一种使用有源电容片内补偿的方案。

与电压模的片内方案类似，这里使用跨导放大器作为 EA，这样可以直接在 EA 的输出端串接一个电阻和一个电容，从而得到需要的零点。在片内一般可以集成较大的电阻，所以为了实现片内集成，需要做的事情就是将电容做到片内。这里采样有源电容的方案可以有效地将大电容转换为较小的 Miller 电容。

有源电容是用运放来实现的，图 4.4.22 中 VP 为跨导放大器 GM_2 的输出。VP 端等效小信号电阻为：

$$R_{eq} = (1 + A) \times R_1 \tag{4.4.51}$$

因为运放增益 A 随频率的增加而变小，所以等效小信号电阻的频率特性类似电容。等效电容为：

$$C_{eq} = \frac{1}{(1 + A) \times R_1 \times S} = \frac{1}{A_{V(-3dB)} \times R_1 \times 2\pi \times f_{-3dB}} = \frac{1}{R_1 \times 2\pi \times f_{BW}} \tag{4.4.52}$$

因此有源电容的电容值与电阻 R_1 和运放的单位增益带宽成反比。误差放大器的等效架构图如图 4.4.23 所示。

GM_2 和负载电阻电容组成误差放大器，增益为：

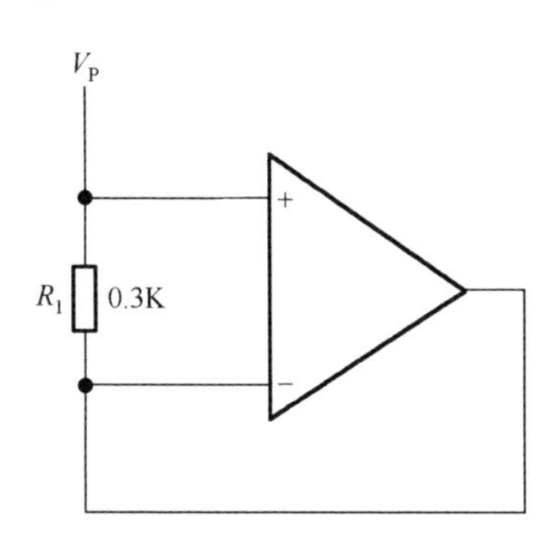

图 4.4.22　Active capacitor 模块的等效架构图

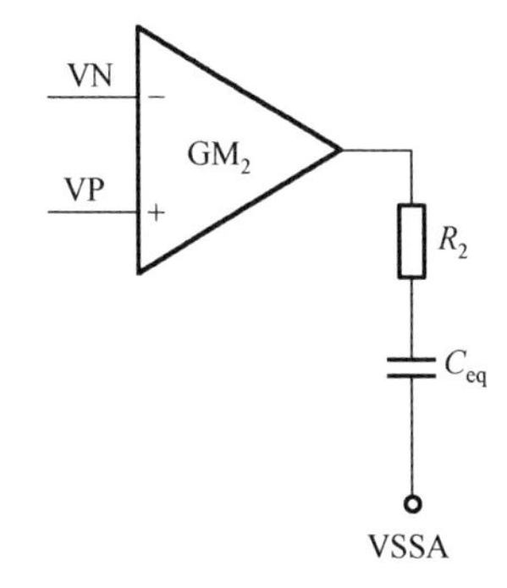

图 4.4.23　误差放大器的等效架构图

$$A_V = G_m \times \frac{1 + S \times R_2 \times C}{S \times C} \tag{4.4.53}$$

因此误差放大器有一个极点和一个零点：

$$P_0 = 0 \tag{4.4.54}$$

$$Z_0 = -\frac{1}{R_2 \times C} \tag{4.4.55}$$

代入等效电容值的表达式(4.4.52)得：

$$Z_0 = -\frac{1}{R_2 \times C} = -\frac{R_1 \times 2\pi \times f_{BW}}{R_2} \tag{4.4.56}$$

由式(4.4.56)得误差放大器的零点由运放的单位增益带宽确定。

实现有源电容的运放是有 Miller 补偿的两级运放如图 4.4.24 所示，其中 CF8 是 Miller 补偿电容。运放结构与有源电感中的运放结构相同，运放的增益为：

$$A=\frac{A_{V0}}{\left(1+\frac{S}{P_0}\right)} \tag{4.4.57}$$

$$P_1=\frac{1}{[C_C\times(1+g_{m1}\times R_{O1})]\times r_\pi} \tag{4.4.58}$$

代入可得等效电容值：

$$C_{eq}=\frac{1}{R_1\times 2\pi\times f_{BW}}=\frac{[C_C\times(1+g_{m_1}\times R_{O_1})]\times r_\pi}{R_1\times A_{V_0}} \tag{4.4.59}$$

Miller 电容的放大倍数为：

$$\frac{C_{eq}}{C_C}=\frac{(1+g_{m_1}\times R_{O_1})\times r_\pi}{R_1\times A_{V_0}} \tag{4.4.60}$$

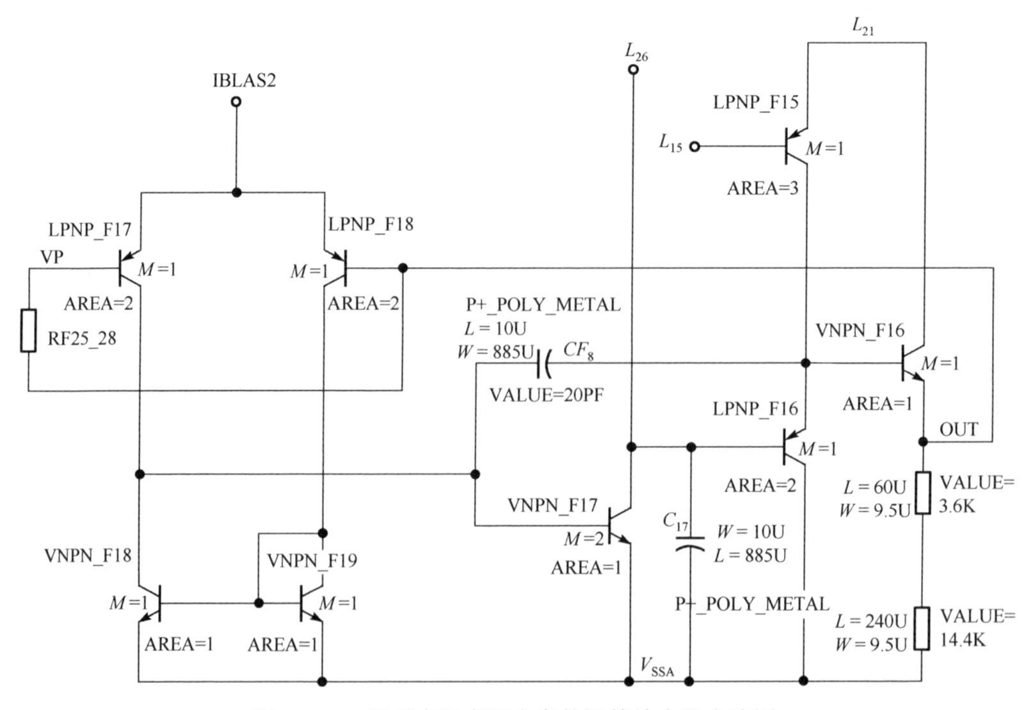

图 4.4.24　用于实现有源电容的运算放大器电路图

由式(4.4.59)的等效电容值，可以得到运放的 Miller 补偿电容值 C_C=30pf。至此，完成了有源电容的设计，替代了片外大电容，实现补偿网络的集成。

4.4.3　LDO 核心技术

正如前文提到的，尽管开关电源以其高效率的特点逐渐在大功率应用中取代低压差线性稳压器 LDO，但是其高噪声的特点也限制了其应用范围。因此，在某些特定应用条件下，如对噪声要求比较苛刻的应用，一般会采用 LDO 作为供电电源。

4.4.3.1　快速瞬态响应 LDO

1．LDO 的瞬态响应模型

瞬态响应可以用来测量 LDO 稳压器的动态特性。第一种叫作负载瞬态响应，是由负载电流变化引起的。第二种，叫作线性瞬态响应，是由线性电压变化引起的[31]。

如图 4.4.25 所示，负载瞬态响应时输出电压需要一定的时间才可以被负反馈调整过来，瞬态电压的变化分为四个部分。输出电压第一部分的变化是由输出电容上的等效串联电感（ESL）导致的，电压波动大小的表达式为 $V_1 = \text{ESL} \cdot \text{d}i / \text{d}t$，该等式也可以写成 $V_1 = \text{ESL} \cdot (I_{\text{Load(heavy)}} - I_{\text{Load(light)}}) / T_{\text{rise}}$。类似的，输出电容中的等效串联电阻（ESR）造成了第二部分电压降 V_2。当负载电流的值上升到 $I_{\text{Load(heavy)}}$ 后，ESL 造成了第三部分的上升效应。输出电压瞬态响应的第四部分是由整个 LDO 反馈环路的动态特性进行调整。

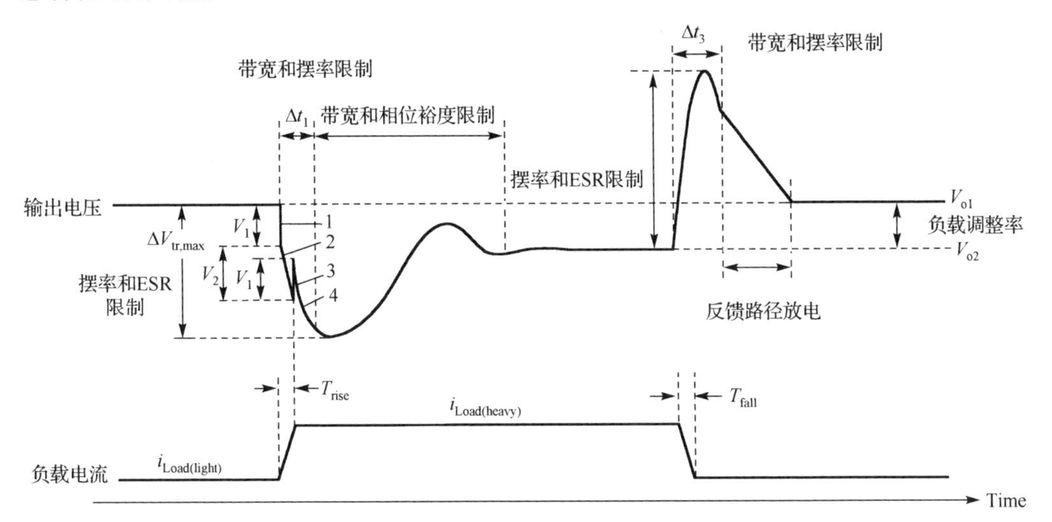

图 4.4.25　负载电流变化时的负载瞬态响应

当负载电流快速上升时，功率管不能立即提供足够的负载电流，会在输出电压产生一个电压降。电压下降的时间 Δt_1 由闭环带宽 $\Delta \text{BW}_{\text{cl}}$ 以及功率管栅极的摆率来决定。响应时间可以利用式（4.4.61）来大概估算，其中 C_{par} 表示功率管栅极的寄生电容，I_{sr} 是误差放大器（EA）的偏置电流。在这里的 BW_{cl} 是轻载的 LDO 带宽。

$$\Delta t_1 \approx \frac{1}{\text{BW}_{\text{cl}}} + t_{\text{sr}} = \frac{1}{\text{BW}_{\text{cl}}} + C_{\text{par}} \frac{\Delta V}{I_{\text{sr}}} \tag{4.4.61}$$

相似的，Δt_3 可以表示为式(4.4.62)。应当注意的是，Δt_1 和 Δt_3 的大小是不一样的，因为在轻载和重载下，LDO 带宽是变化的。式(4.4.62)中，BW_{cl} 是重载状态下的带宽。

$$\Delta t_3 \approx \frac{1}{\text{BW}_{\text{cl}}} + t_{\text{sr}} = \frac{1}{\text{BW}_{\text{cl}}} + C_{\text{par}} \frac{\Delta V}{I_{\text{sr}}} \tag{4.4.62}$$

为了简化表达，第一阶段的 ESL 的作用被忽略了。当输入电压源所提供的能量和负载所需求的能量不一致时，输出电容就像一个缓冲器，在 LDO 环路完成调整前，通过对外提供或者吸收电流来稳定输出电压，如图 4.4.26 和图 4.4.27 所示。因此，最大的输出电压变化量 $\Delta V_{\text{tr,max}}$ 可以通过式(4.4.61)和(4.4.62)来获得，并用来表示下冲电压和过充电压：

$$\Delta V_{\text{tr,max}} = \frac{I_{\text{Load(heavy)}} - I_{\text{Load(light)}}}{C_{\text{OUT}}} \cdot \Delta t_1 (\text{or } \Delta t_3) + \Delta V_{\text{ESR}} \tag{4.4.63}$$

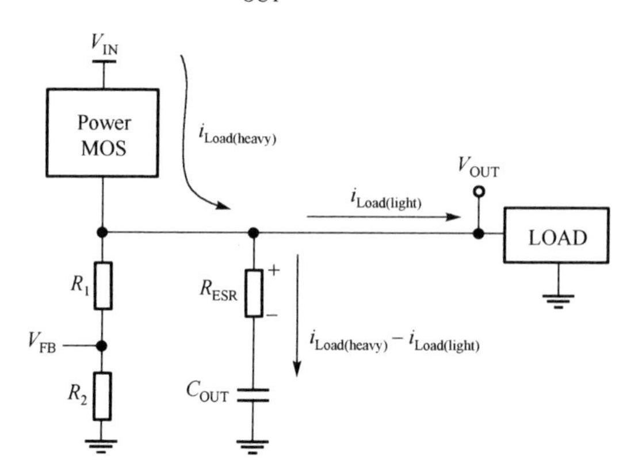

图 4.4.26　负载由重载转变为轻载时输出电压上升

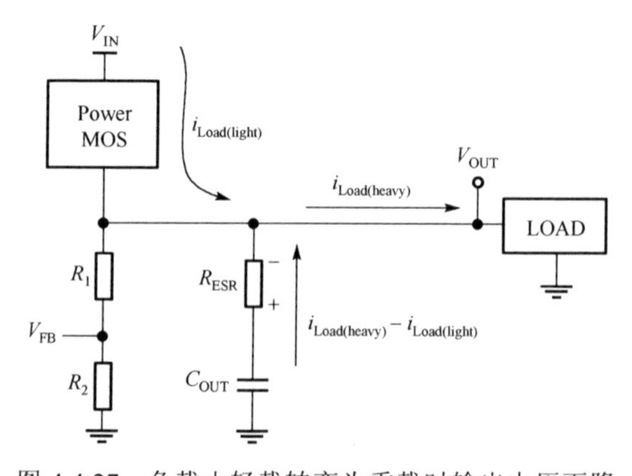

图 4.4.27　负载由轻载转变为重载时输出电压下降

式(4.4.63)中的第一项指出，输出电容 C_{OUT} 在轻载跳重载或重载跳轻载时，在功率管完成调整前充当电压缓冲器，t_1（Δt_3）表示功率管完成响应所需要的时间。在这段时间内，电流流入或者流出输出电容。式(4.4.63)中的第二项可以代表 ESR 的电压降。在负载跳变时，由 ESR 引起的电压降会导致输出电压的瞬态变化。因此，LDO 中不希望出现 ESR。在现阶段比较流行的产品中，LDO 都会选择 ESR 值相对较小的电容。例如，多层陶瓷电容(MLCC)经常用在 LDO 中来获得小的电压纹波。

图 4.4.25 中的过冲电压可由反馈的分压电阻进行泄放，在图 4.4.28 中有表示。因此，输出电压的下降斜率取决于分压电阻阻值的大小。然而，在先进的纳米工艺中，由于其低压特性，一个大的过冲电压可能会对 SOC 的下一级造成损害。因此，在传统的 LDO 中，可以在输出端连接 dummy 电阻负载来消耗多余的能量。然而这种方法也会带来更多的功耗。

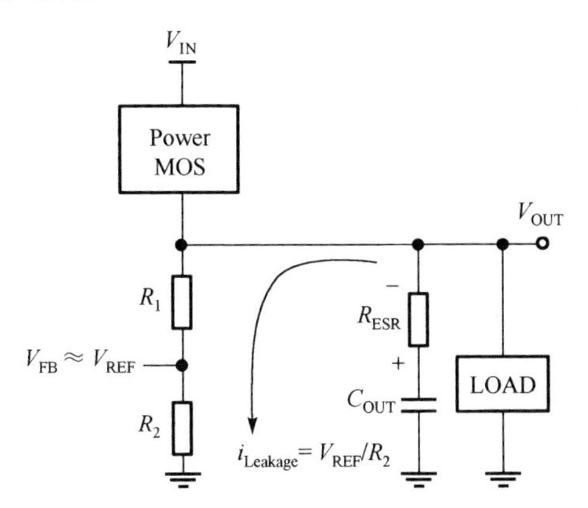

图 4.4.28　输出端的过冲电压被反馈分压

另一个动态性能是线性瞬态响应。当输入电压下降到一个较小的值时，功率管能够传输的电流也随之衰减，因此会造成输出电压的降低。这个响应与负载瞬态响应由轻载转换为重载时的特性十分相似。作为对比，当输入电压上升到一个较高的值，功率管会提供比所需输出电流更高的电流，并且因此产生一个过冲电压。这个响应与负载瞬态响应中重载转换为轻载时的特性是一致的。

2. LDO 瞬态响应性能的提升

LDO 的瞬态响应与许多设计参数有关，例如闭环稳定性、环路的带宽($\mathrm{BW_L}$)、功率管栅极处的摆率($\mathrm{SR_G}$)等。其中，闭环稳定性和 $\mathrm{BW_L}$ 是与反馈系统中的极点和零点位置有关的小信号参数，而 $\mathrm{SR_G}$ 是一个严重依赖偏置电流幅度的大信号参数。学术界近年来的研究也多是针对上述方面(尤其是 $\mathrm{SR_G}$)着手优化。以下将针对一些典型的瞬态增强结构进行详细分析。

1)用于瞬态增强的推挽结构

采用推挽结构，主要是增大了功率管栅极处的摆率，因此瞬态响应性能得到了显著提升。图 4.4.29 所示为一种典型的采用推挽结构实现瞬态增强的 LDO 架构[32]，该结构由两个共栅差分输入跨导单元 G_{mH} 和 G_{mL} 以及一个电流求和电路构成。每一个跨导单元由恒定的电流源(I_B)和一对相匹配的晶体管 M_a、M_b 所构成的电流镜组成。

如图 4.4.29 所示，共栅结构使 I_{oGm} 依赖于输入电压的差值，该差值即为基准电压(V_{REF})和 V_{OUT} 的差值。因为所有跨导单元的晶体管都处于饱和区，所以根据 MOS 晶体管的输入输出特性可知 I_{oGm} 与输入差分电压成二次方关系。即使 I_B 很低，放大器输出电流(I_{oa})和放大器摆率也不会受限。高摆率通过电流求和电路和交叉耦合连接方式实现。如图 4.4.29 所示，两个跨导单元 G_{mH} 和 G_{mL} 的输入以交叉耦合的方式相连，其输出由电流求和电路相连。无论瞬态响应期间 V_{OUT} 相较于 V_{REF} 的高低，任一跨导单元产生的大的电流 I_{oGm} 可以很快地给功率管栅电容 C_{PASS} 充放电。

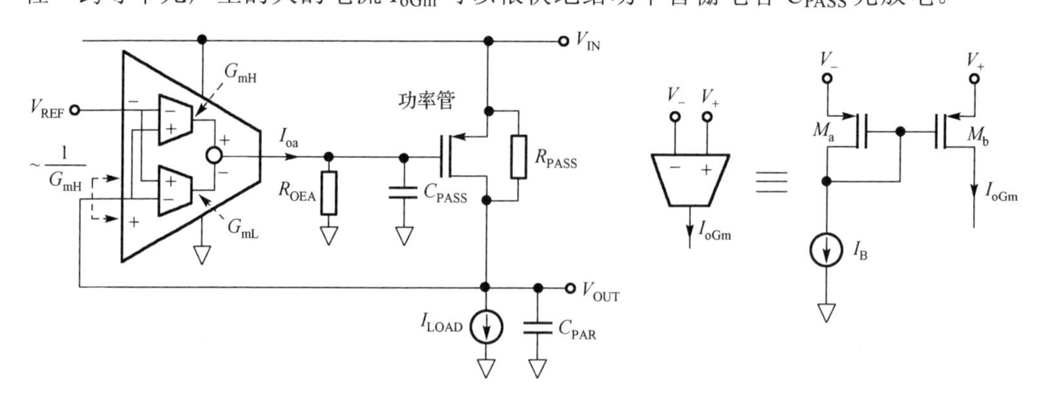

图 4.4.29　采用推挽结构实现瞬态增强的 LDO 结构

2)用于瞬态增强的电压尖峰检测结构

电压尖峰检测结构的基本思想是在负载跳变时检测输出电压变化，并且将电压的变化转变为功率管栅极电流的变化，从而达到提高摆率的目的，进而提升 LDO 的瞬态响应性能。图 4.4.30 所示为电压尖峰检测的基本原理[33]。该结构类似于一个电流镜，这里的 I_1 和 I_2 分别是电流镜的输入电流和输出电流。与普通电流镜不同，该结构加入了两个无源器件 R_1 和 C_1。

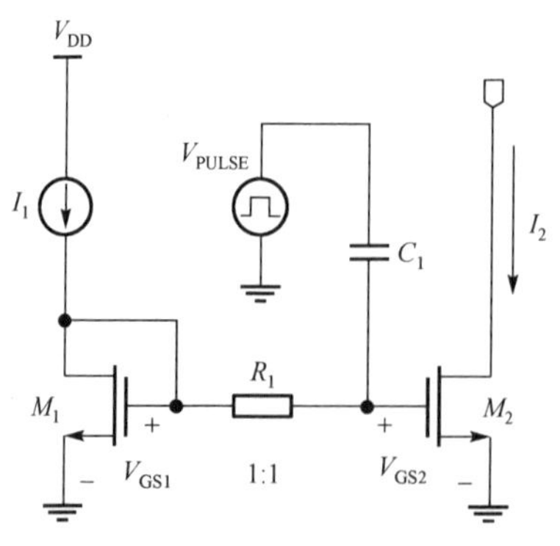

图 4.4.30　电压尖峰检测电路基本原理

电压源 V_{PULSE} 用来模拟 I_2 瞬态变化时的电压尖峰。在稳态下，V_{PULSE} 维持恒定，因此为

了保证 I_2=I_1，V_{GS2} 由 V_{GS1} 确定。当 V_{PULSE} 的幅度瞬间从低到高变化时，这股电压瞬变由于 C_1 的高通特性被直接耦合到 M_2 管的栅极。此外，为了在瞬态时对 M_1 和 M_2 的栅极进行隔离，R_1 应取较大的阻值。当 C_1 的容值远大于 C_{gs1}+C_{gs2} 时，M_2 的栅极电压主要由来自 C_1 的瞬时耦合信号决定。因此，V_{GS2} 被瞬间抬升，电流 I_2 也进而变大。变化的电流(ΔI_2)可以表示为：

$$I_2+\Delta I_2=\frac{\mu_n C_{OX}}{2}\cdot\left(\frac{W}{L}\right)_{M_2}\cdot[(V_{GS2}-V_{TH})^2+\Delta V^2+2\Delta V(V_{GS2}-V_{TH})] \tag{4.4.64}$$

从式(4.4.64)中，提取 ΔI_2，可表示为：

$$\Delta I_2\approx\mu_n C_{OX}\cdot\left(\frac{W}{L}\right)_{M_2}\cdot\left(V_{GS2}+\frac{\Delta V}{2}-V_{TH}\right)\Delta V \tag{4.4.65}$$

由式(4.4.65)知，大的电流镜尺寸比 W/L 有助于提高 ΔI_2 来产生更多的瞬态电流。相似的，当 V_{PULSE} 从高跳变为低时，瞬间的电压变化 ΔV 通过 C_1 被耦合到 M_2 的栅极，使得 V_{GS2} 降低以产生一个更小的 I_2。通过上面的分析，我们可以发现只有在电压跳变时，该电路才会产生一股变化的电流，而当电路处于稳态时，电流不会发生变化，以此达到减小功耗的目的。

3) 用于瞬态增强的推挽微分器结构

以推挽形式实现的微分器结构 OTA 如图 4.4.31 所示[34]。负载跳变时，输出的变化量通过 C_f 耦合，经 M_{Nf}/M_{Pf} 放大后作用到 M_{N18}/M_{P20} 管栅极，从而上拉或下拉功率管栅电位。由于微分器受 LDO 输出电压的变化率(而不是绝对值)调节输出电压，只要瞬态下相位裕度足够，就不会对功率管栅电位过调。

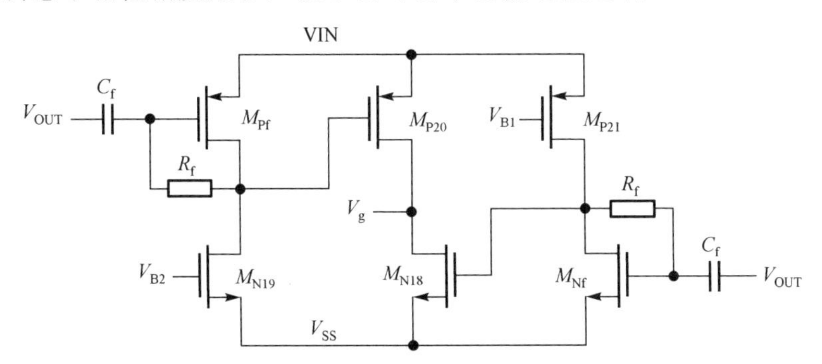

图 4.4.31　用于瞬态增强的推挽微分器结构

微分器近似为高通滤波器，小信号响应速度快，输出电压会首先通过微分器进行调整后再由 EA 进行调整。当负载瞬态下从输出电容抽走电流时，输出电压迅速下降，通过 C_f 分别耦合 ΔV_1，ΔV_2 到后级电路。微分器瞬态下拉功率管栅极的电流大小为：

$$\Delta I_1 = 2g_{\mathrm{m}}g_{\mathrm{mf}}R_{\mathrm{f}}\Delta V_1 \tag{4.4.66}$$

由上式可以看出，提升瞬态响应速度可以通过增大微分器的偏置电流及其管子尺寸，以及电阻 R_{f} 来实现。然而，增大偏置电流衰减了功率管输入阻抗，使得主极点向高频移动，增加了补偿难度；增加管子尺寸和电阻 R_{f} 会导致带通滤波器的高频极点 $\omega_{\mathrm{p2}} \approx 1/R_{\mathrm{f}}C_{\mathrm{SGP20}}$ 迅速向低频方向移动；增大耦合电容 C_{f} 同样会出现 $\omega_{\mathrm{p1}} \approx g_{\mathrm{mf}}/C_{\mathrm{f}}$ 向低频方向移动的情况，可能会造成环路不稳定，因此设计时需要进行仔细折中。

4.4.3.2 LDO 电源纹波抑制(PSR)

1. 电源抑制

电源抑制比是小信号、高频率的电源波动对输出电压的影响。图 4.4.32 显示了输入电压波动对输出电压的影响路径，包括：输入电源噪声直接通过功率管传输到输出；输入电源噪声经过误差放大器再输出到功率管栅极，最后传送到输出；输入电源噪声传送到基准电压，经由误差放大器和功率管放大后，传送到输出点。研究电源噪声的传输路径并阻断噪声传播通路可以很好地抑制电源噪声。

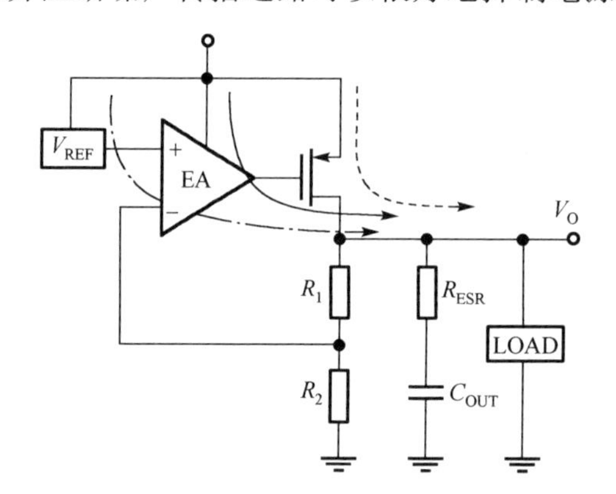

图 4.4.32　电源噪声传输路径

2. 电源滤波器

由于线性稳压器的噪声来源于其电源 V_{IN}，所以可以利用滤波器来滤除输入电源的噪声来提高线性稳压器的电源抑制能力。其中滤波器分为无源滤波器和有源滤波器。无源滤波器是由电阻和电容组成的与 V_{IN} 串联的低通滤波器，可以衰减高于线性稳压器带宽频率的电源噪声。另一种滤波电路是有源滤波线性稳压器，它的实现方式是用另一个线性稳压器的输出作为主线性稳压器的输入电源。但是前置的有源滤波线性稳压器与主线性稳压器的电源抑制能力一样受到带宽限制，都不能抑制带宽外的噪声。

3．增加输出到电源阻抗

抑制电源噪声相当于降低从输出端 V_O 到地之间的阻抗，在线性稳压器中通过并联反馈实现。提高输入电源 V_{IN} 到 V_O 之间的阻抗也能降低电源噪声。在电路中的实现方式是在输入与输出之间增加多个串联的晶体管，这样从 V_{IN} 到 V_O 之间的阻抗增加，可以起到隔离电源噪声的作用。但是增加的晶体管在功率回路上，会增加压差电压并且增加功率损耗。另一种增加输出到电源的阻抗可以采用串联电流采样反馈电路，但是因为电流环路带宽的限制，这种提高电源抑制能力的改进并没有延伸到更高的频率。

4．前馈补偿与负电容技术

在高频时，传输晶体管是限制 LDO PSR 的主要因素。如图 4.4.33(a)所示，电源噪声通过电容耦合到功率管的栅端。传输功率管产生的噪声电流出现在 LDO 输出端。该电流取决于源极和栅极之间的电压差。通过简单的电路等效，可以把电容 C_{gs} 和 C_{gd} 等效为如图 4.4.33(b)所示。栅极电压为：

$$V_{gate}=\left[\frac{sC_{gs}}{(1/R_G)+sC_G}\right]V_{dd}\cong\left(\frac{C_{gs}}{C_G}\right)V_{dd}=\left(\frac{C_{gs}}{C_P+C_{gs}+C_{gd}}\right)V_{dd} \tag{4.4.67}$$

如果耦合到功率管栅上的噪声电压与电源上的噪声电压大小相同且同相的话，源极和栅极之间的噪声电压差可以减小到零。这样，由传输功率管产生的噪声电流就可以降低，起到提高电源抑制能力。有两种策略可以使功率管栅上的噪声与电源噪声相同，一种是前馈补偿技术，另一种是负电容技术。前馈补偿技术是在功率管栅极注入一股 $sC_{gd}V_{dd}$ 的电流噪声，忽略 EA 的输出电容 C_p，可以得到式(4.4.67)中的噪声栅电压等于电源噪声。负电容技术是在功率管栅极添加一个等效负电容$-C_{gd}$，使式(4.4.67)的分母近似等于 C_{gs}，这样也能使从电源耦合下来的电源噪声等于电源噪声。

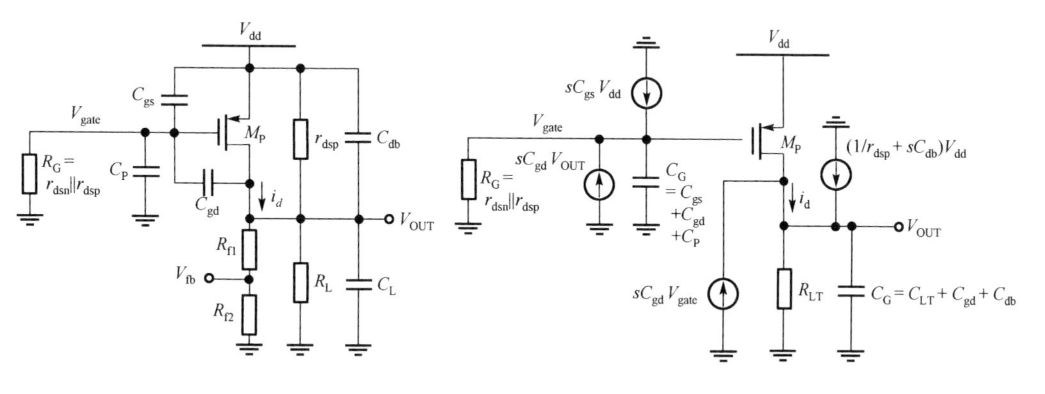

图 4.4.33　LDO 小信号电路图与等效小信号电路图

4.4.3.3　数字 LDO

随着集成电路工艺技术的发展以及未来市场的需求，LDO 要求高电源效率、极低功耗和快速瞬态响应。低功耗意味着低静态电流以及低的电源电压。在低电源电压的条件下，传统的模拟 LDO 难以满足精度和速度的要求，因为在低电源电压条件下，误差放大器无法实现高速高精度。在这种条件下，数字 LDO (D-LDO)逐渐称为研究热点。

数字 LDO (D-LDO)相较于模拟 LDO (A-LDO)的优势在于，它可以工作在超低电压的工作条件，比如 1V。并且，D-LDO 拥有更简单的补偿网络和更快速的瞬态响应。下面将先介绍 D-LDO 的基本架构，然后介绍 D-LDO 的不同分类。

传统的 D-LDO 一般由高速比较器、功率管阵列和数字控制电路组成，如图 4.4.34 所示。其中，功率管阵列由许多个小的完全相同的的功率管单元构成，通过数字控制电路的 n 位数字控制信号进行调控。输出电压与比较器比较并传递到数字控制电路，从而决定功率管阵列中功率管的开启数目。功率管的等效导通电阻可以认为是由开启的功率管单元的导通电阻并联决定。因此，对不同负载电流的驱动能力可以通过这种控制方式进行调节。比如，在重载情况下，通过打开更多的功率管单元来增加电流驱动能力，在轻载情况下通过减少开启的功率管数目来减小电流驱动能力。与 A-LDO 不同的是，D-LDO 采用高速比较器架构代替了对噪声敏感的、复杂的运算放大器，将输出电压 V_{OUT} 和基准电压 V_{REF} 进行比较，输出高电平或者低电平。

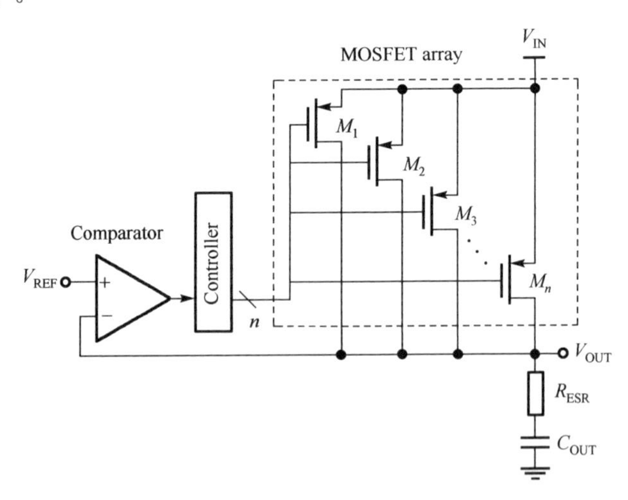

图 4.4.34　传统 D-LDO 的架构

数字控制电路可以由 1 位数字信号控制的加/减计数器或者双向移位寄存器实现。数字控制电路可以是同步的，也可以是异步的。功率管阵列的规模可以用二进制码的形式进行设置。用以双向移位寄存器实现的数字控制电路为例，如图 4.4.35 所示，其中所有的功率管阵列的单元是完全一致的。

和由模拟放大器控制的功率管的 LDO 相比，由数字控制方法来控制功率管是通过控制功率管阵列的完全导通和关闭。从数字的角度讲，完全开关一个系统意味着会有很高的抗干扰能力。在稳态时，功率管阵列的管子开关数侧面反映了负载电流状况，并且移位寄存器会在两个编码之间来回变化。当输出已经到达动态平衡时，功率管阵列单元的开关数目会在两个值之间来回变化。但是，这种来回变化会引起电源电压纹波，如图 4.4.36 所示。这种纹波和开关电源的开关动作引起的纹波相类似，这种现象又称有限周期振荡(Limit Cycle Oscillation，LCO)。

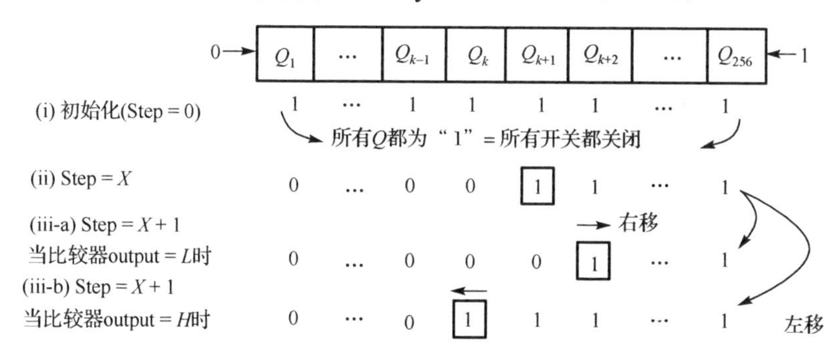

图 4.4.35 双向移位寄存器实现的数字控制电路

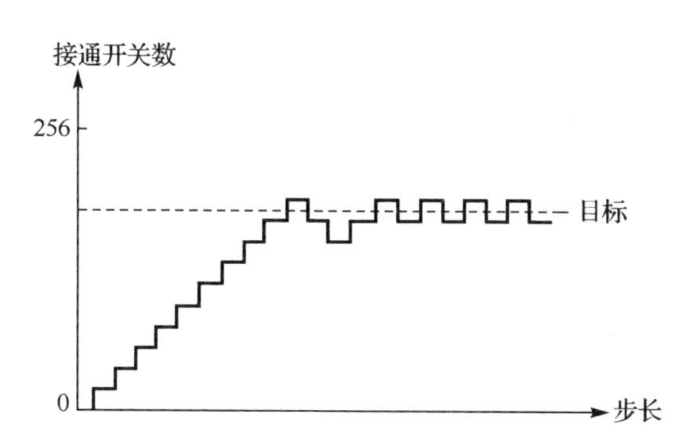

图 4.4.36 数字控制方法下动态平衡时引起电源电压纹波

这种由数字控制方法引起的不必要的纹波会抵消 LDO 的低纹波特点的优势，而这种纹波的大小取决于功率管阵列的分辨率(精确度、步长)，分辨率越高，其输出纹波越低。此外，如果是由同步时钟控制的 LDO，其瞬态响应取决于时钟频率以及功率管阵列的分辨率。时钟频率越高，其瞬态响应越快，恢复时间也越快。然而，工作频率不能无限制地提高，因为高频时钟会消耗过多的功率，影响电源电压效率(PCE)。数字控制方法控制的 D-LDO 的带宽是由时钟频率以及功率管阵列的分辨率共同决定的。

D-LDO 还有一个优势是其具有简单的补偿网络。因为在数字控制方法的情况下，电路各部分都是工作在开关状态，这意味着满摆幅的信号传输，而满摆幅的信号会将零-极点推到高频，这时系统可以简化为单极点系统(又或者是双极点系统)，缓解了负载电流范围对补偿的限制(特别是在无片外大电容的 LDO 的最轻载的情况)。

D-LDO 可以根据其控制方式分为全数字 LDO 以及模拟辅助的数字 LDO。这两种分类的数字 LDO 根据其是否需要同步时钟均可分为同步和异步两种。下面介绍几种数字 LDO 结构。

1. 全数字异步 LDO

如上文所提，异步 D-LDO 相对比同步 D-LDO 来说，不需要同步时钟，因此能够降低功耗。下面介绍基于时间驱动的时间编码结构的异步 LDO，其结构如图 4.4.37 所示[35]。其工作原理如下：

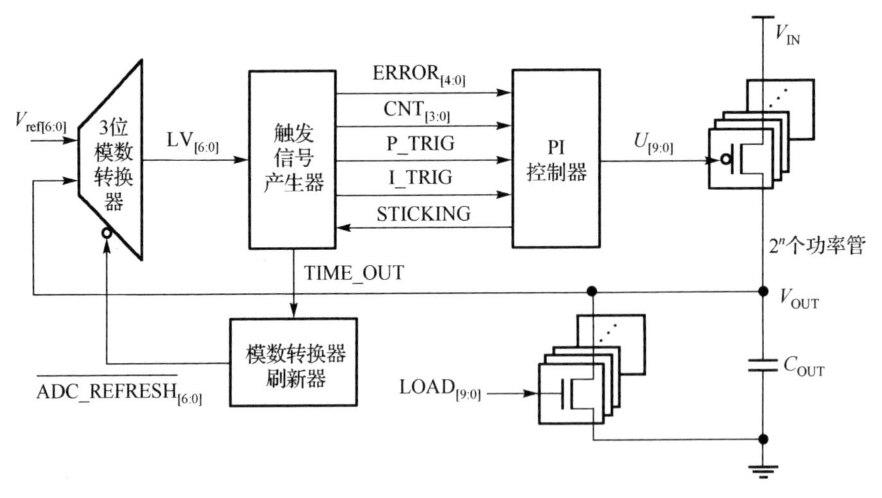

图 4.4.37　基于时间驱动的时间编码结构的异步 LDO 架构图

通过一个三位 ADC 将输出电压 VOUT 和基准电压相比较，这里的基准电压采用了 7 个不同的基准，大小差距为 10mV，这样将输出电压细分为若干个阶段，当输出电压穿越基准电压时，会使对应的比较器翻转，从而产生事件信号。这些事件信号输送到随后的触发信号产生器的结构中，将两个事件之间的时间间隔编码成对应的数字信号值。这些编码好的值将通过特定的算法产生控制方法，即当输出电压触碰到由基准序列设定的窗口后产生事件，通过特定算法来产生控制功率管阵列的信号，这种控制方式不需要同步时钟，称为异步的全数字 LDO。其具体的算法和结构这里不作详细介绍。

2．全数字同步 LDO

需要外加同步时钟的数字 LDO 称为全数字同步 LDO，其瞬态响应和带宽取决于同步时钟的频率以及功率管阵列的分辨率。功率管阵列的分辨率越高，输出电压的纹波越小，但是当输出电压偏离预定值，调整的时间也越长，即瞬态响应时间会越长。当功率管分辨率越低，其瞬态响应时间越短，但是其输出电压纹波会越大。这种现象是数字 LDO 所共有的，因此满足对瞬态响应和输出电压精度的需求是研究的一个热点。下面介绍一种具有很好的瞬态响应和输出电压精度的数字 LDO，其结构如图 4.4.38 所示[36]。

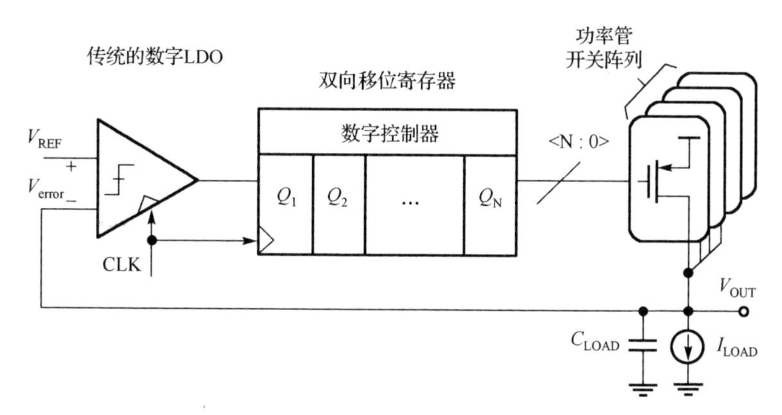

图 4.4.38　具有良好瞬态响应和电压精度的数字 LDO 架构

通过高速比较器，将输出电压和基准电压进行比较。与传统的数字 LDO 不同的是，这里会同步进行两次比较，一个是产生控制功率管开关的 1 位二进制数，二是产生模式选择信号用于模式选择。其工作模式有三种，对应于输出电压的三种状态。第一种状态是输出电压偏离预设值较大时使用的高增益 SAR。第二种状态是输出电压偏离预设值较小时使用的恒定增益 VG-ACC。第三种状态是输出电压已经达到应用端所能接受的误差范围内使用的锁定状态。这样，当输出电压偏离预定值比较大时(比如启动阶段)，采用第一种状态，这时候的高增益就意味着功率管阵列的分辨率很低(即步长很大)，达到快速接近预定值的目的。当输出电压偏离预定值较小时，此时的功率管阵列的分辨率有可能会过低从而导致较大的电源电压纹波，此时数字控制器切换到第二种状态，采用恒定的增益来进行调整，此时对应的功率管阵列的分辨率会相应地提高，达到提高输出电压精度的目的。当输出电压已经处于可以接受的误差范围内若干个周期后，可以切换到第三种状态。这种状态主要是解决数字 LDO 所固有的 LCO 现象，通过将高精度的范围窗口拉大，使得输出电压无法触碰到窗口，从而不会对功率管阵列中功率管的导通数目产生影响，即消除了 LCO。但是这种方法会引入一个小的直流失调。

3．模拟辅助的数字 LDO

若是要实现好的瞬态响应，则需要加快同步时钟频率和功率管阵列的分辨率。但是由于功耗的限制，单纯加快时钟并不可取。因此，通过模拟电路来辅助控制是很好的选择。其结构如图 4.4.39 所示[37]，在输出端和功率管栅端的缓存之间加入一个高通滤波器。当负载跳变，引起 V_{OUT} 的过冲时，会通过电容 C_c 耦合到 VSSB，再影响到功率管栅端的电压，其响应速度远超与主环路的响应速度。即在主环路检测到输出电压变化到调整功率管的这个过程之前，可以通过这个小的模拟电路达到预调整的目的。因为所增加的模拟电路由无源器件构成，所以加快了瞬态响应的同时不会消耗额外的功率。

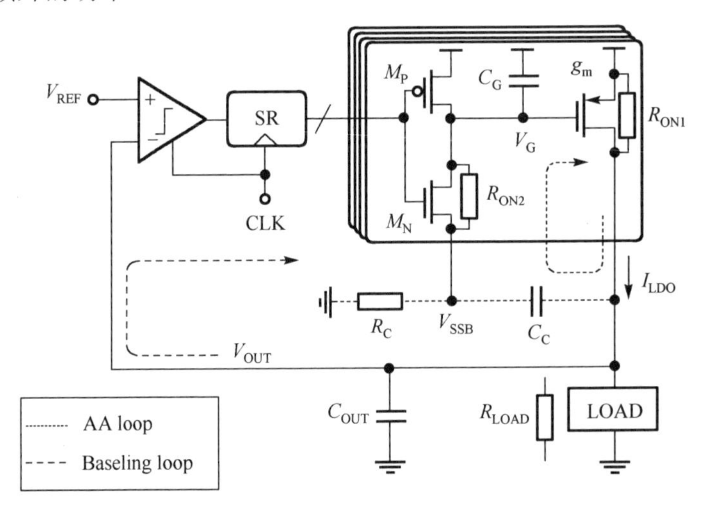

图 4.4.39　模拟辅助的数字 LDO

参 考 文 献

[1] 陈海. 现代集成 DC-DC 变换器的高效率控制技术研究. 杭州：浙江大学, 2009.

[2] Rincon-Mora G A, Allen P E. A low-voltage, low quiescent current, low drop-out regulator. IEEE Journal of Solid-State Circuits, 1998, 33(1): 36-44.

[3] Leung K N, Mok P K T. A capacitor-free cmos low-dropout regulator with damping-factor-control frequency compensation. IEEE Journal of Solid-State Circuits, 2003, 38(10): 1691-1702.

[4] Starzyk J A, Jan Y W, Qiu F. A DC-DC charge pump design based on voltage doublers. IEEE Transactions on Circuits Systems I, 2001, 48(3): 350-359.

[5] Wang C C, Wu J C. Efficiency improvement in charge pump circuits. IEEE Journal of Solid-State

Circuits, 1997, 32(6): 852-860.

[6] Kazimierczuk M E, Izadi M A, Massarini A. Feedforward control of PWM buck converter with sawtooth peak value modulation // Proceedings of the 39th Midwest Symposium on Circuits and Systems, Ames, 1996: 885-888.

[7] Kazimierczuk M K, Edstrom A J. Open-loop peak voltage feedforward control of PWM buck converter. IEEE Transactions on Circuits Systems I, 2000, 47(5): 740-746.

[8] Wester G W, Middlebrook R D. Low-frequency characterization of switched DC-DC converters. IEEE Transactions on Aerospace and Electronic Systems, 1973, (3): 376-385.

[9] Middlebrook R D, Ćuk S. A general unified approach to modelling switching-converter power stages. International Journal of Electronics Theoretical and Experimental, 1977, 42(6): 521-550.

[10] Ćuk S, Middlebrook R D. A general unified approach to modelling switching dc-to-dc converters in discontinuous conduction mode //The Power Electronics Specialists Conference, Cleveland, 1977: 36-57.

[11] Sun J, Mitchell D M, Greuel M F, et al. Averaged modeling of PWM converters operating in DCM. IEEE Transactions on Power Electronics, 2001, 16(4): 482-492.

[12] Suntio T. Unified average and small-signal modeling of direct on-time control. IEEE Transactions on Industrial Electronics, 2006, 53(1): 287-295.

[13] Roinila T, Hankaniemi M, Suntio T, et al. Dynamical profile of a switched-mode converter-reality or imagination // The 29th International Telecommunications Energy Conference, Rome, 2007: 420-427.

[14] 胡松涛. 自动控制原理. 北京：科学出版社, 2001.

[15] Tang W, Lee F C, Ridley R B. Small-signal modeling of average current-mode control. IEEE Transactions on Power Electronics, 1993, 8(2): 112-119.

[16] Betten J, Kollman R. Easy calculation yields load transient response. Power Electronics, 2005, 31: 40-48.

[17] Hankaniemi M, Karppanen M, Suntio T. Load-imposed instability and performance degradation in a regulated converter. IEE Proceedings-Electric Power Applications, 2006, 153(6): 781-786.

[18] Mitchell D M. Tricks of the trade: Understanding the right-hand-plane zero in the small-signal DC/DC converter models. IEEE Transactions on Power Electronics, Newsletter, 2001, 5-6.

[19] Suntio T. Small-signal modeling of switched-mode converters under direct-on-time control: A unified approach // The 28th Annual Conference of the Industrial Electronics Society, Sevilla, 2002: 479-484.

[20] Ferdowsi M, Nie Z, Emadi A. A new estimative current mode control technique for DC-DC converters operating in discontinuous conduction mode //The 4th International Power Electronics and Motion Control Conference, Xi'an, 2004: 497-501.

[21] Johansson B. A comparison and an improvement of two continuous-time models for current-mode control //The 24th Annual International Telecommunications Energy Conference, Montreal, 2002: 552-559.

[22] Li J, Lee F C. New modeling approach and equivalent circuit representation for current- mode control. IEEE Transactions on Power Electronics, 2010, 25(5): 1218-1230.

[23] Li J, Lee F C. Modeling of V^2 current-mode control // IEEE Applied Power Electronics Conference and Exposition, Washington D C, 2009: 298-304.

[24] Chen W C, Chen H C, Chen M W. Pseudo-constant switching frequency in on-time controlled buck converter with predicting correction techniques. IEEE Transactions on Power Electronics, 2016, 31(5): 3650-3662.

[25] Roy R V. Reducing EMI in buck converter. https://www.richtek.com/About%20Richtek/Newsletters/NewsLetterPreview?sc_lang=en&previewitemid={54240591-F338-479C-B992-5CE9A5A1A3DC}. [2016-1-1].

[26] Tsai C H, Chen B M, Li H L. Switching frequency stabilization techniques for adaptive on-time controlled buck converter with adaptive voltage positioning mechanism. IEEE Transactions on Power Electronics, 2016, 31(1): 443-451.

[27] Tsai C H, Lin S M, Huang C S. A fast-transient quasi-V^2 switching buck regulator using AOT control with a load current correction（LCC）technique. IEEE Transactions on Power Electronics, 2013, 28(8): 3949-3957.

[28] Tsai C H, Chen B M, Li H L. Switching frequency stabilization techniques for adaptive on-time controlled buck converter with adaptive voltage positioning mechanism. IEEE Transactions on Power Electronics, 2016, 31(1): 443-451.

[29] Chen K H. Power Management Techniques for Integrated Circuit Design. Singapore: John Wiley & Sons, 2016.

[30] Lin Y C, Chen C J, Chen D, et al. A ripple-based constant on-time control with virtual inductor current and offset cancellation for DC power converters. IEEE Transactions on Power Electronics, 2012, 27(10): 4301-4310.

[31] ARC International. Active power management for configurable processors. https://www.techdesignforums.com/practice/technique/active-power-management-for-configurable-processors/. [2008-5-1].

[32] Man T Y, Mok P K T, Chan M. A high slew-rate push-pull output amplifier for low-quiescent current low-dropout regulators with transient-response improvement. IEEE Transactions on Circuits Systems. II, 2007, 54(9): 755–759.

[33] Or P Y, Leung K N. An output-capacitorless low-dropout regu-lator with direct voltage-spike detection. IEEE Journal of Solid-State Circuits, 2010, 45(2): 458-466.

[34] 张家豪. 一种具有快速瞬态响应的片上 LDO. 微电子学, 2018, 48(2): 189-196.

[35] Kim D, Seok M. A fully integrated digital low-dropout regulator based on event-driven explicit time-coding architecture. IEEE Journal of Solid-State Circuits, 2017, 52(11): 3071-3080.

[36] Akram M A, Hong W, Hwang I C. Fast transient fully standard-cell-based all digital low-dropout regulator with 99.97% current efficiency. IEEE Transactions on Power Electronics, 2018, 33(9): 8011-8019.

[37] Huang M, Lu Y, Martins R P. An analog-assisted tri-loop digital low-dropout regulator. IEEE Journal of Solid-State Circuits, 2017, 53(1): 20-34.

第5章　电源管理技术

5.1　概　　述

摩尔定律在过去的几十年中，推动着集成电路片上的晶体管数量大约两年增加一倍。随着集成电路的性能与功能的不断提高，集成度与功耗同步增加。对于电池供电的设备来说，例如便携设备中的微处理器、可植入的生物医学应用、智能手机、PDA (Personal Digital Assistant) 等，需要在有限的电源下提升性能，保持待机时间，使得低功耗电路设计技术变得越来越重要。

对于传统CMOS工艺而言，数字电路功耗主要是动态功耗，随系统运行频率上升，可表示为 $P_{\text{dynamic}} = C_{\text{L}} \cdot V_{\text{DD}}^2 \cdot f_{\text{CLK}}$。其中 C_{L} 为等效负载电容，与工艺相关，V_{DD} 为供电电压，f_{CLK} 为工作频率。可见动态功耗随着工作频率的上升而上升，特征尺寸的降低可以有效降低负载电容，从而降低动态功耗。但随着工艺尺度缩小，芯片工作频率提升，功率密度越来越大。受散热制约，工作频率不能再随着特征尺寸的缩小继续提升，因此处理器的设计趋势变为多核系统，而不是追求单核心和更高的工作频率。随着工艺尺度逐渐缩小，CMOS工艺进入了纳米工艺时代。随着技术缩小到90nm和更小尺寸，泄漏电流急剧增加，恶化了静态功耗。泄漏电流包括亚阈区漏电、栅漏电(隧穿电流和热载流子注入)、PN结反向漏电流等[1,2]。在65nm乃至更小的工艺节点，漏电流造成的功耗几乎达到动态功耗同一水平。在这种情况下，器件漏电流导致的静态功耗超过了动态功耗，成为芯片功耗的主宰。因此，低功耗的设计方法采用了包括门控电源(Power Gating)、门控时钟(Clock Gating)、动态衬底偏置、多阈值工艺等方法降低功耗。

在纳米级CMOS工艺下，除数字电路自身的低功耗设计方法学外，其电源管理技术受到了越来越多的重视。复杂的SoC被划分成不同的电压域，辅以不同的供电方式和电压水平。例如对低速模块采用较低供电电压，对高速模块采用较高供电电压。供电电压也不再固定在一个电平，动态电压频率调节DVFS技术，根据任务或负荷的轻重，控制SoC中每个电压域的工作频率和供电电压。对于数字电路来说，供电电压的降低意味着门延迟的增加。较低的工作频率意味着其可以在较低的供电电压下正常工作。所以，供电电压在较低的工作频率下被降低，甚至直到保证此模块时序正确的最小电压。由于动态功耗与电源电压呈二次方关系，与频率呈一次关系，而泄漏功率仅取决于电源电压，DVFS 技术可以在保持系统性能的同时，大大降低电能的消耗，从而实现了性能与能耗的统一。

此外，随着大数据、云计算、人工智能、5G 通信等技术对计算、通信能力爆炸式的增长，电子系统的复杂度达到了前所未有的程度。以通信基站、数据中心、雷达、交通运输等应用领域为代表的电子系统中，一个典型的板卡具有十多种乃至几十种电压轨，提出了应对复杂电子系统电源管理的挑战。现今的复杂电子系统中，对高效、可靠的电源管理的需求正以比摩尔定律的发展速度快得多的速率迅猛增长。以数据中心和通信基站中的 DSP、CPU 为例，面向计算和通信应用的主要处理器件包含了数十亿个晶体管，这些器件对电源的要求更加精确和复杂。针对大数据处理和计算的领域，已经出现了采用 36～40 个电压轨的电路板。在相控阵雷达、电子对抗等需要大数据吞吐量、高处理速度的计算应用中，主板常常利用超过 20 个电压轨为各种 ASIC、存储器和处理器芯片组提供电源。在高铁、飞行器、舰船等应用领域，电源系统作为重要的二次动力源，在机电系统中显示了越来越重要的地位和作用。在高复杂度电子系统中，传统电源已经不能满足其功率密度、容量以及可靠性的要求。国内外在新研发的电子系统中，均把数字可编程电源系统研制列为关键之一。从某种程度上说，电源系统的性能直接制约着整体系统的性能。典型的系统级电源管理，需要对每个负载点(Point of Load，POL)做到远程电压调整控制、双向通信，包括上电/下电时序、各 POL 状态(包括输入电压、输入电流、输出电压、输出电流、工作温度)遥测与记录、对各 POL 负载点的开关控制。为防止拍频(Beat Frequency)干扰，还要对板卡上多 POL 负载点的工作频率进行同步。复杂度的提升要求对多种不同的参数进行精密的诊断、控制和监视，而这是模拟控制电源力所不及的。为了应对复杂电子系统的电源管理挑战，数字电源管理芯片应运而生。

如图 5.1.1 所示，目前最受青睐的一种架构方式是使用电源总线和控制总线连接 POL 电源，实现分布式供电系统。上位机为实现系统管理，通过控制总线对各个分立式电源轨 POL 变换器进行顶层管理。这种架构由于实现简单，控制策略方便易行，同时通过总线对各个分立的电源轨进行控制，外部走线少，可靠性高，抗干扰能力强，因而近年开始被广泛应用于各高性能及高集成度的系统中。

本章针对当前电源管理领域的需求与发展趋势，重点阐述了应用于 SoC 电源管理的电源管理单元(Power Management Unit，PMU)芯片设计，应用于系统电源管理的数字电源控制器芯片设计，以及面向 SoC 的低功耗电源管理技术。其中 5.2 节给出了动态电压调节系统中对 DC-DC 变换器的需求和设计方法；5.3 节进一步阐述了支持多电压域 DVS 动态电压调节能力的 PMU 芯片的设计，以及数字辅助功率集成(DAPI)设计方法；5.4 节从数字电源控制器芯片设计角度，介绍了数字电源控制器芯片的设计方法；5.5 节进一步提出了多种自适应电压调节 AVS 技术；最后 5.6 节给出了数字电源控制芯片的设计范例。

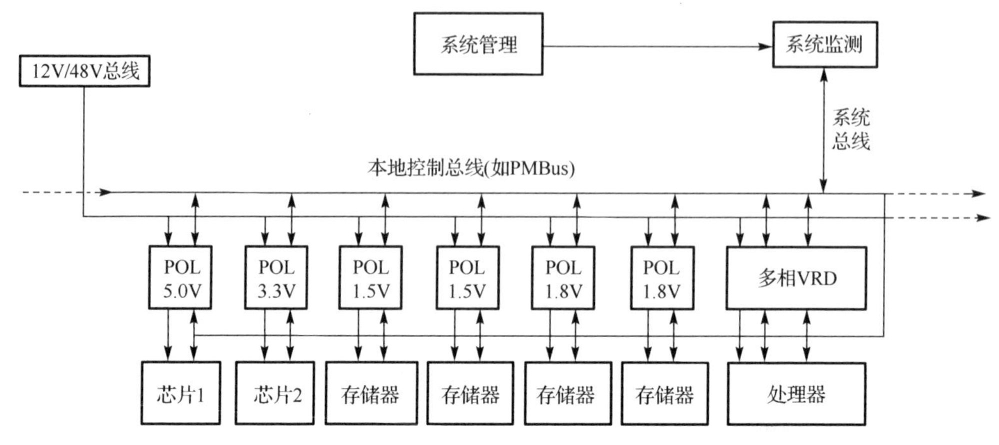

图 5.1.1　采用数字电源的分布式电源系统

5.2　动态电压调节技术

高效率的 DVFS 系统包括低功耗 SoC 和支持动态电压调节能力的 DC-DC 变换器，需要协同设计 SoC 和 PMU，在硬件和软件层次共同优化[3]。图 5.2.1 给出了典型DVFS系统功能框图。SoC的硬件核心是CPU/DSP，通过时钟源锁相环（Phase Lock Loop，PLL）提供时钟信号 CLK。在软件层次，在操作系统(Operation System，OS)支持下，动态电源管理(Dynamic Power Management，DPM)模块根据应用层的 APP 软件运行情况，判断现在的 CPU/DSP 负荷情况，并根据预置的电压-频率查找表(V-F Table)，设定 SoC 内部锁相环 PLL 的运行频率。与此同时，通过 I^2C/PMBus 等数字接口，对外部 PMU 发出调整供电电压的命令。外部 PMU 中的 DC-DC 变换器在通过 I^2C/PMBus 接口接收到电压设置命令后，通过数字模拟转换器(Digital Analog Converter，DAC)设置 PMU 的基准电压。DC-DC 变换器将处理器的供电电压稳定在 DAC 设置的基准电压上，完成了一个 DVFS 周期。在这个典型的 DVFS 系统中，带有 I^2C/PM Bus 数字接口的 PMU 是硬件部分的主要执行器，负责对处理器供电。在实际的 PMU 设计中，除了对 CPU/DSP 供电的 DC-DC 变换器外，往往还包括为 IO、存储器和音频、LED 照明等外设供电的调整器。PMU 可设计为单独的芯片，也可作为 SoC 的一部分集成于 SoC 内部。

以智能手机为代表的便携式移动终端，为了同时实现高性能与长待机时间，对电源管理技术提出了更高的要求。针对以 SoC 为代表的复杂负载，对电源管理技术的要求包括：①变固定电压供电为动态自适应供电；②变多个分立 DC-DC 变换器为 PMU(功率管集成或者外置)；③采用数字辅助功率集成技术，提升传统模拟控制变换器的性能。

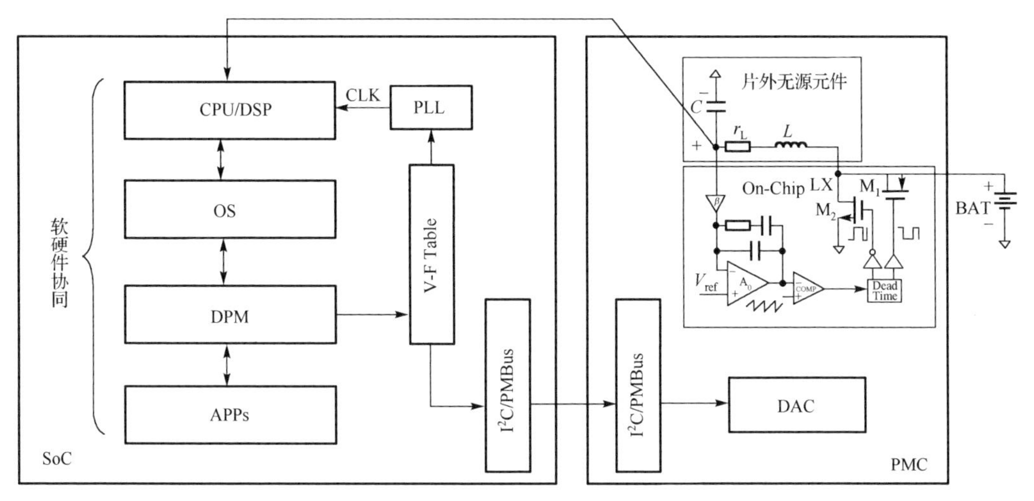

图 5.2.1　典型 DVFS 系统功能框图

在 DVFS 系统中，如图 5.2.2 所示，DVFS 技术根据任务的轻重，控制 SoC 中每个模块的工作频率，并对应调节其供电电压。由于动态功耗在很大程度上取决于电源电压和频率，而泄漏功率仅取决于电源，DVFS 可以在保持系统性能的同时，大大降低电能的消耗。目前，动态电压调节的概念已经推广到射频、高速串行接口等诸多领域的低功耗设计中。

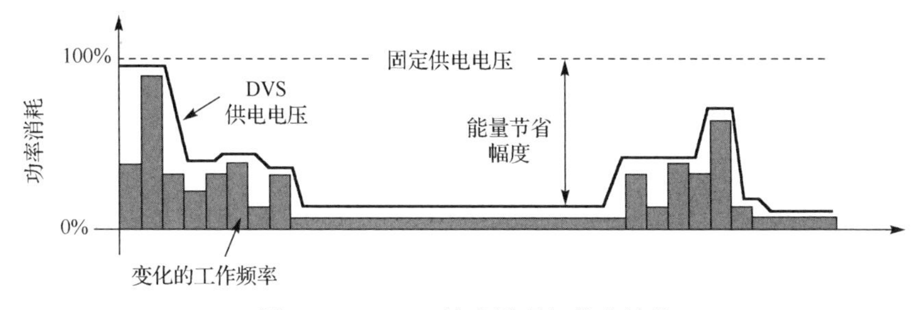

图 5.2.2　DVFS 技术原理与优化效果

在 DVFS 系统中，支持 DVS 功能的功率变换器是最重要的组成部分。随着 CMOS 工艺的进步，数字电路的供电电压逐渐降低，而出于系统中更高能量密度的考虑，在电流能力一定的情况下，供电总线电压在升高，如锂电池快充电压可高达 20V，而云计算机房中的供电电压在几年内就将推进到 48V 总线供电。因此，在负载点 POL 应用中最具代表性的 Buck 变换器，多用于数字电路供电，面临着更多的机遇和挑战。相比传统的功率转换器，DVFS 系统中的 Buck 变换器在采用第 4 章中所述控制方法的同时，应该有几个额外的要求。首先，Buck 变换器的控制电路需要支持宽输入电压范围，具有高控制环路带宽，具有较好的负载瞬态响应能力，以应对当今处理器快速动态模式切换的需求。其次，变换器还应具有较快的电压缩放速度。快速电压缩放允许变换器在不同的输出电平之间快速切换，从而可以使数字电路达到更快的频率切换和更小的能量消耗。再次，在整个负载电流和电压调节范围内，高输出电压精度可以使得输出电压调低到更低的水平，允许数字电路使用更小的设计裕量，从而进一步节省电能消耗。在 DVS 电压调节的过程中，上冲/下冲电压幅度必须得到抑制，否则也会导致数字电路负载出现时序问题。因此，具有 DVS 能力的功率变换器需要在输入电压、输出电压、输出电流宽范围大动态变化的场景下，实现精准输出、快速响应，无疑是巨大的挑战。SoC 中 CPU/DSP 需要 DVFS 功能，对应的 DC-DC 变换器需要满足快速的动态电压调节功能，因此需要实现快速、无过冲的动态电压调节。本书第 4 章介绍了 DC-DC 变换器的定频电压模式、峰值电流模式、恒定导通时间控制等控制模式，均可应用于具有 DVS 能力的功率变换器环路设计，但传统功率变换器的目的是将输出电压稳定到定值，对 DVS 速度、过冲/下冲抑制等参数缺少关注。DVS 应用中的功率变换器设计有其自有的特点，本节将着重介绍动态电压调节的控制电路实现技术。

5.2.1　动态调压 DC-DC 变换器的发展现状

国内外有众多的科研机构竞相研究开发 DC-DC 变换器的补偿理论和实现技术。我国的复旦大学、电子科技大学、东南大学、西安电子科技大学、香港科技大学、台湾交通大学，美国的得克萨斯大学达拉斯分校、亚利桑那州立大学等，都开展了动态电压缩放功率变换器的补偿理论和实现技术的研究，并取得了很大的进展。一般而言，类似运算放大器，动态电压缩放功率变换器的响应可以分为两个阶段，大信号响应阶段和小信号响应阶段。如图 5.2.3 所示，在输出电压上升阶段，首先是功率变换器对输出电容的充电，误差放大器(Error Amplifier，EA)输出饱和，占空比一般达到最大值，属于大信号响应。其后，输出电压接近基准电压，此时功率变换器的控制器开始控制占空比从最大值变小，属于小信号响应。大信号响应阶段，DVS 的速度主要受限于与负载并联的滤波电容以及 DC-DC 变换器的电流限水平。为了提高 DVS 速度，势必要减小滤波电容，而开关变换器的开关频率需随之增加。从另一方面看，开关频率的增加也可以提高功率变换器的环路带宽。在较高的开关频率下，电流采样电路的带宽也要对应提升，设计难度大大增加。考虑宽电流范围的情况下，电流采样电路还需要保证足够的动态范围。显然，快速 DVS 能力要求功率变换器具有大的电容充电电流和小的输出电容，以及大的环路带宽。对于误差放大器的补偿电路来说，由于补偿电容的存在，影响了补偿电路输出的变化速度，进而影响了变换器占空比的变化速度。较大的补偿电容降低了电路实现过程中的摆率，减慢了补偿器输出的变化速度。

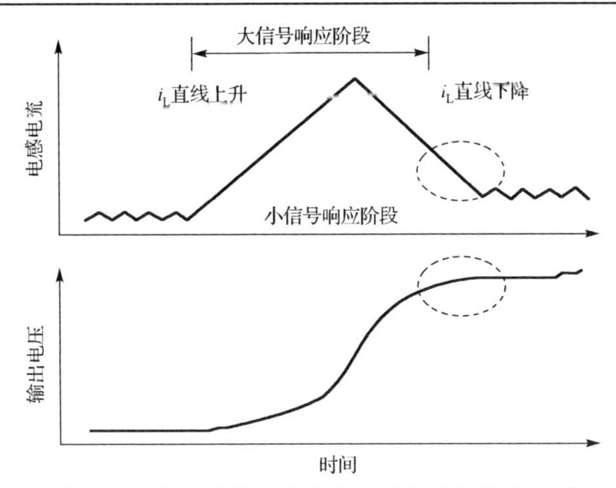

图 5.2.3　电压缩放过程中的电感电流和输出电压

终点预测(End Point Prediction，EPP)技术可以有效解决误差放大器 SR 不足的问题，加快 DVS 速度。EPP 技术的原理为，建立从基准电压 V_{REF} 到 EA 输出补偿电容的直接充电路径。因此，在输出电压动态缩放的时候，EA 输出电容可快速达到预期的值，从而免去充放电的瞬态过程。EA 的输出没有饱和，所以输出电压也就不会出现过冲和下冲。具体到动态电压缩放功率变换器设计上，香港科技大学的 Man 等人采用了主极点补偿的方式实现环路补偿[4]。由于误差放大器的单位增益带宽远低于电感、电容谐振频率，所以需要较大的补偿电容实现。为解决较大补偿电容所造成的 DVS 速度限制，采用了终点预测技术，通过前馈通路(图 5.2.4 虚线箭头所示)加速误差放大器的响应。

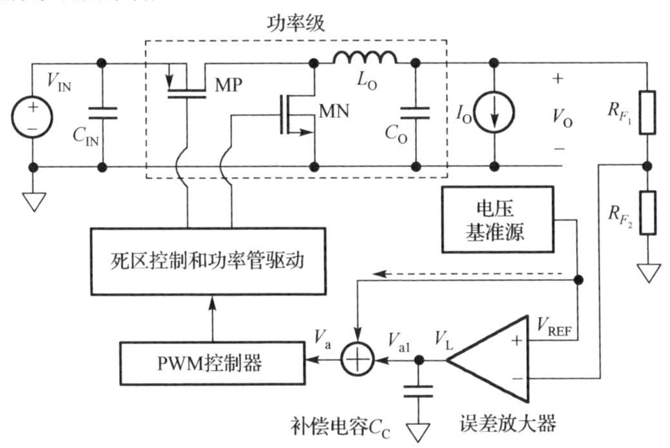

图 5.2.4　采用 EPP 技术的 DVS 功率变换器框图

EPP 技术也有其局限性，由于 DVS 需要一定的时间，尤其是输出负载电容较大时，所以当 DVS 速度小于 EA 速度时，通过 EPP 技术调整到位的 EA 输出端电压，还是有可能被相差较大的输出电压和基准电压驱动到饱和状态，从而出现较大的过冲/下冲。如图 5.2.5 所示，在 DVS 应用中，输出电压在快速动态缩放的时候，功率变换器的控制环路在绝大部分时间处于饱和工作状态。当输出电压上调压的时候，电感电流处于最大斜率上升状态，直到输出电压接近终值。此时，电感电流会达到最大的电流限。当输出电压接近终值的时候，电感电流以 V_{OUT}/L 的斜率下降，但始终对输出电容充电，所以电感电流变化的滞后，引发了输出电压的较大过冲。输出电压的过冲对系统非常有害，严重情况下甚至可以使负载过压烧毁。当输出电压下调压的时候，电感电流为零，输出电容上的电荷仅被负载泄放。开关变换器功率管关闭，直到输出电压接近终值。功率管开启后，由于电感电流从零到负载电流需要时间，输出电压此时常出现下冲。输出电压的下冲会影响系统的正常工作，导致逻辑错误或者性能的下降。需要注意的是，并不是所有的电压动态缩放过程都会出现过冲/下冲。当输出电压上调压的时候，如果电感电流限最大值接近最终电流值，电感电流下降时间短，输出电容不会被过度充电，则不会出现过冲；当输出电压下调压的时候，如果负载电流不大，电感电流从零到负载电流的时间短，则不会出现下冲。因此，根本原因在于电压调节过程中控制环路失去了对占空比的控制，功率变换器处于开环工作状态，导致 EA 输出饱和，最终引发电感电流饱和，导致输出电压调节过程中出现了过冲和下冲电压。基于电压模式的补偿方式已经被证明在 DVS 中有着很好的响应速度和适用性。西安电子科技大学的叶强等给出了一种三型补偿（Type III 补偿）的片上集成方式，通过两条信号路径产生三型补偿所需要的零极点，如图 5.2.6 所示。

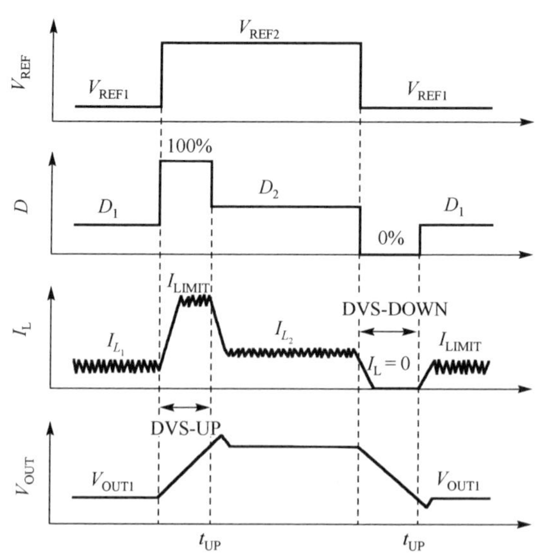

图 5.2.5　DVS 响应过程的过冲/下冲产生原因

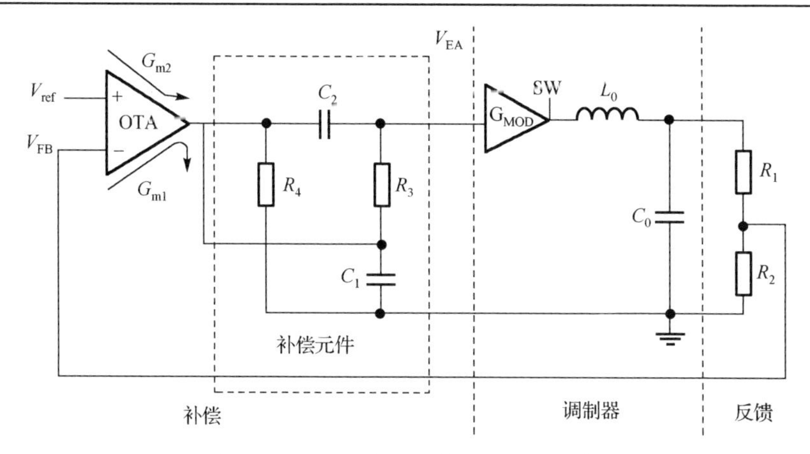

图 5.2.6　电压模式补偿器实现方式[5]

程林等人发表在 ISSCC 2014 上的论文给出了伪三型补偿和 EPP 结合的实现方式[6]，即采用运算跨导放大器的主极点、单位增益带宽实现三型补偿中的主极点和第一零点(见图 5.2.7)。但由于第一零点往往也处于较低频率，所以其给出的元件尺寸仍然较大，只有在较高的开关频率情况下才能将无源器件尺寸进一步缩小。为优化 DVS 响应，环路带宽被压低，所以在 EPP 技术辅助下，输出电压缩放速度很快且没有过冲和下冲，但是导致较慢的负载瞬态响应(10μs 恢复时间@10MHz 开关频率)。

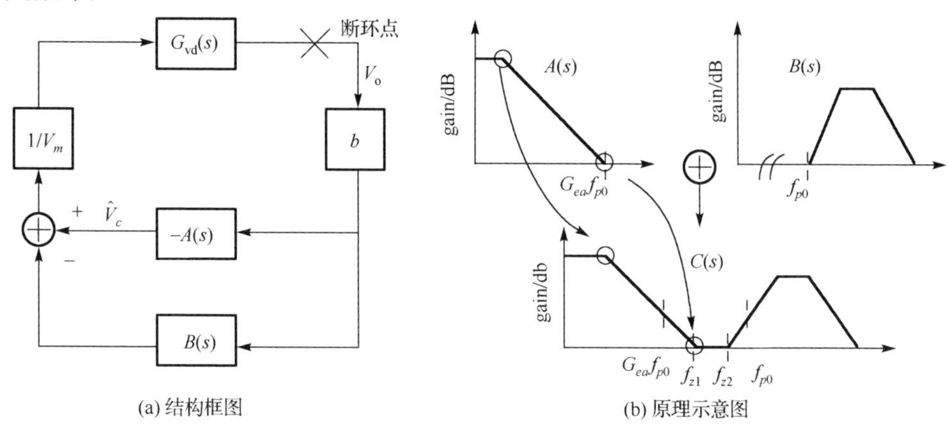

图 5.2.7　伪三型补偿器的结构框图和原理示意图[7]

在极端情况下，如电压缩放伴随负载变化的情况下，将极大影响变换器的输出精度和响应速度。东南大学的杨淼等人着重研究了峰值电流模式的功率变换器在 DVS 应用中的响应。利用反馈电阻网络实现额外的零点，从而将误差放大器简化为带有电容、电阻网络的二型补偿网络。文献[8]定量给出了电流模式变换器输出电容和电压缩放响应之间的关系。通过选择输出电容大小，可以使变换器表现为一阶响应，可得到无过冲和下冲的理想电压缩放响应，但输出电容选择范围的缩小，也将影响此种设计方法的适用范围。

恒定导通时间(Constant On Time，COT)控制模式是一种最近十余年内发展起来的基于纹波的控制方法，由于其独特的优点得到了广泛应用：①稳定性好，不需要复杂的环路补偿，可大幅提升功率变换系统的可靠性；②本质上属于变频率控制，可以在负载阶跃时提升等效开关频率，从而提升响应速度，可适应复杂的负载条件；③轻负载时转换效率高，不需要设计传统 PWM/PSM 多模控制中的模式切换电路。

由于 COT 控制模式的巨大优势，各国际半导体厂商新近推出的芯片大部分集中采用了此种控制模式。如 TI 的 DCAP(direct connection to capacitor)控制技术，已经发展到了第三代。原美国国家半导体公司的仿纹波(Emulated Ripple Modulation)控制模式[9]、AOZ 公司基于下管谷值电流采样保持的方法[10]、MPS 的提升负载调整率的斜坡叠加法[11]等。早期的 COT 控制需要用较大 ESR 的电容实现环路的稳定性，如图 5.2.8(a)所示。为了提升效率、减小负载阶跃时的下冲，目前的 COT 控制方式多采用低 ESR 的陶瓷电容，利用电流采样电路实现纹波叠加，从而实现等效 ESR 的作用，如图 5.2.8(b)所示。为了保持开关频率稳定，COT 控制模式的导通时间多设计为与输入电压 V_{IN}、输出电压 V_{OUT} 相关，此种 COT 控制模式多被称为自适应导通时间(Adaptive on Time，AOT)控制模式。AOT 的目的为稳定开关频率，因此在固定 V_{IN}、V_{OUT} 时，其特性等同于 COT 控制模式。但 AOT 为准稳频控制，受功率管导通电阻、比较器延迟、功率管驱动时间等因素影响，在不同输入电压、负载电流情况下，AOT 控制的 DC-DC 变换器工作频率会偏移理想值。

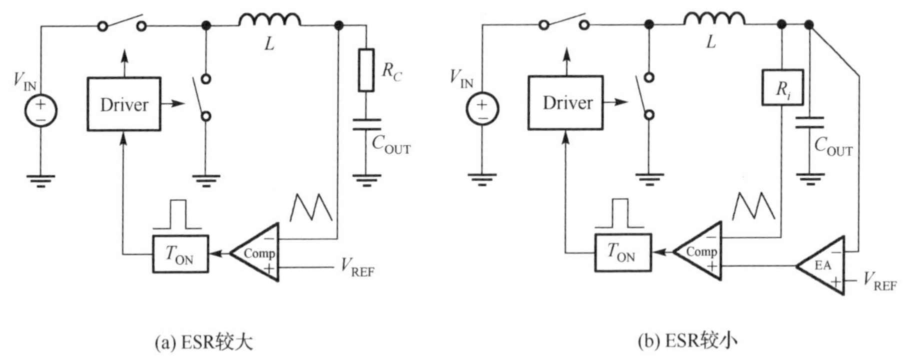

图 5.2.8　典型的谷值电流模式 COT 控制 Buck 变换器

基于输出电压纹波的控制方法也属于电压模式控制方式，具有带宽大、响应速度快的特点。但基于纹波的控制方式，在得到较大控制环路带宽的同时，输出纹波较大，限制了其进一步的应用范围。因此，研究基于小 ESR 电容的电压模式控制方式变得尤为重要。针对开关频率的漂移，文献[12]和[13]分别在 Buck 拓扑和单电感多输出拓扑中实现了动态电压缩放。文献[14]给出了一种 2MHz 开关频率，最高 100V

输入的 DC-DC 变换器，采用 AOT 控制的 V^2 控制方式，具有最低达 10%的占空比。文献[15]给出了基于迟滞控制的 Buck-Boost 拓扑，达到了 26.7μs/V 下阶跃和 93.3μs/V 的上阶跃速度。文献[16]同样基于迟滞控制，使电感电流双向流动，降低了能量消耗，而且提升了输出电压调节速度，如图 5.2.9 所示。

由于 COT 控制模式出现较晚，国内发展相对滞后，对 COT 控制模式的研究主要集中在各科研院所。如电子科技大学的刘德尚给出了一种基于 V^2 结构的 AOT 控制器的实现，适用于低 ESR 的陶瓷电容，并且引入非线性控制电路增强瞬态响应。浙江大学的张浩洲采用伪三角波的方式，人为产生纹波实现 COT 控制，省掉了电流采样电路，实现了开关频率 2.5MHz、输出电流 6A 的大电流降压型 DC-DC 变换器。在更高的开关频率研究方面，复旦大学的吕旦竹等人在欧洲固态电路会议上发表了

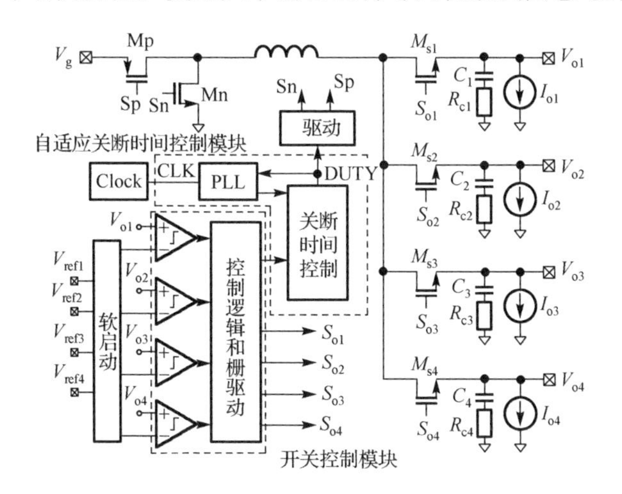

(a) SIMO结构变换器[13]

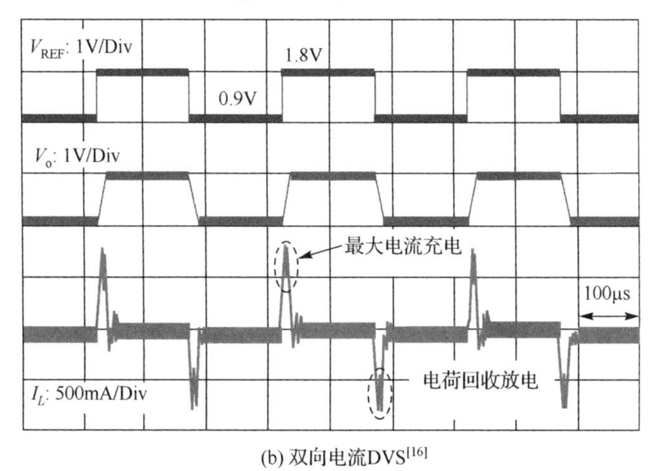

(b) 双向电流DVS[16]

图 5.2.9 基于纹波控制的动态电压缩放功率变换器

10MHz 的 COT 控制 Buck 变换器，通过双纹波补偿增强了工作稳定性，是目前报道的较高开关频率的 COT 控制变换器。文献[17]介绍了芯片级别的电路实现，其实本质上为电流模式 COT 控制，加入积分环节提升调整率，命名为 Offset Cancellation。

虽然 COT 控制被广泛应用和研究，其仍存在一些天然的瓶颈，限制了 COT 控制功率变换器在 DVFS 领域的进一步推广应用。COT 控制模式采用固定的导通时间 T_{ON} 实现，而控制电路的延迟等因素要求在控制电路中必须设计最小关断时间，即 $T_{OFF,MIN}$。如图 5.2.10(a)所示，在 DVS 上调压时，COT 控制的功率变换器的最大占空比被限制在 $T_{ON}/(T_{ON}+T_{OFF,MIN})$，成为响应速度的瓶颈。为保证稳定的工作频率，$T_{ON}$ 通常设计为与输入电压成反比。所以当输入电压较高时，COT 控制功率变换器所能够实现的最大占空比会被进一步限制。由于 $T_{OFF,MIN}$ 取决于功率管开关速度以及控制电路延迟，更高开关频率的 COT 控制功率变换器会面临更严重的占空比受限。此外，如图 5.2.10(b)所示，在负载电流阶跃降低时，如果已经产生了 T_{ON}，则电感电流会持续上升，直到 T_{ON} 结束。实际上负载电流已经跳变，因此额外的电感电流在输出引起了过冲，会引发额外的负载过压风险。COT 控制功率变换器需要增大输出电容以降低输出电压过冲，但增大的输出电容极大制约了 DVS 速度的提升。

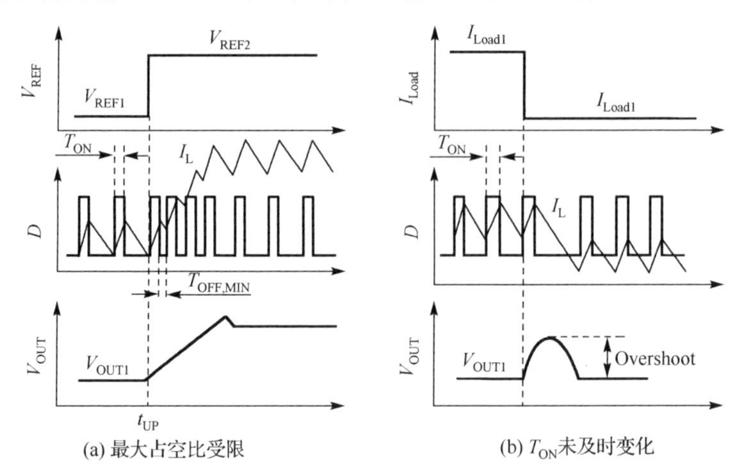

(a) 最大占空比受限　　(b) T_{ON}未及时变化

图 5.2.10　COT 控制模式在 DVS 响应时的不足

对于 COT 控制模式而言，其等效最大占空比可以表示为：$D_{Eq}=T_{ON}/(T_{ON}+T_{OFF,MIN})$，其中 T_{ON} 为导通时间，而 $T_{OFF,MIN}$ 为最小关断时间。为实现开关频率相对固定，T_{ON} 的产生电路多设计为 $T_{ON}=R_{IN}\cdot C_{TH}\cdot(V_{OUT}/V_{IN})$，从而保证 T_{ON} 与输入电压 V_{IN} 和输出电压 V_{OUT} 对应成比例。因此等效占空比公式可以改写为：$D_{Eq}=\dfrac{D}{D+T_{OFF,MIN}/R_{TH}\cdot C_{TH}}=\dfrac{D}{D+k}$，其中 $k=T_{OFF,MIN}/(R_{TH}C_{TH})$，代表了 2 个时间常数之间的比例。图 5.2.11 给出了等效最大占空比与稳态占空比之间的关系。可以看

出，由于 $T_{OFF,MIN}$ 的存在，最大占空比不可能接近 100%。更大的比例 k 会导致更小的 D_{Eq}。在高变换比系统中，例如 36V 到 1.5V 变换，D_{Eq} 将受到更大的限制。此外，最大开关频率也会受到限制。因此，为了提升瞬态响应和工作频率，$T_{OFF,MIN}$ 应尽量减小以突破占空比限制。但是，在 COT 控制逻辑中，$T_{OFF,MIN}$ 的降低面临着逻辑延迟、功率管驱动、死区时间等诸多限制。因此，变导通时间控制(Variable on Time，VOT)控制方法被提出，以提升变换器在 DVS 应用中的响应速度[18]。

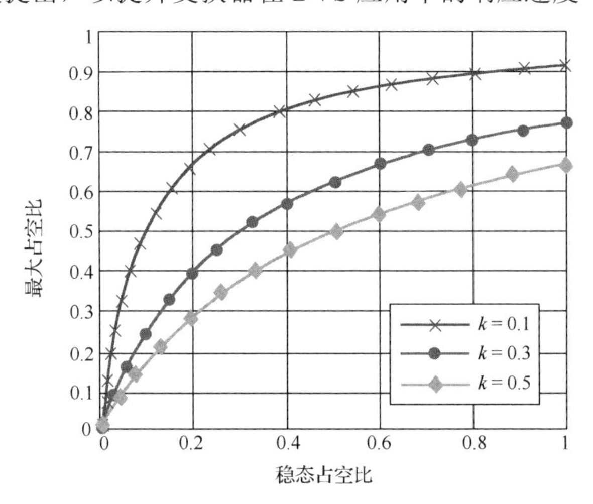

图 5.2.11　COT 控制模式的等效占空比[18]

5.2.2　动态调压 DC-DC 变换器设计技术

5.2.2.1　快速 DVS 响应控制方法

在低功耗 SoC 的 DVFS 控制中，各个电压域相应的功率变换器需要在 VF-Table 的预设下，根据不同的运行频率输出不同的供电电压。因此，在工作频率快速切换的数字电路中，需要对应快速调节输出电压，以在保证正常工作的前提下，快速调节到目标电压，以实现其动态调频情况下的低功耗运行。在已有的设计中，往往通过增加充电电流和扩展控制环路带宽提升 DVS 速度。为达到快速 DVS 的目的，在基准电压上调节过程中，充电电流应当达到允许的最大值，而基准电压的下调节过程中，放电电流也要达到所允许的最大值。所以，在上调压过程中，占空比需要达到 100%，而不是受到最大占空比限制。在此情况下，电感电流会一直上升，直到达到电流限。在下调压过程中，可以使得 Buck 变换器变为 Boost 变换器，将输出电容上的电荷以相当高的效率抽取到输入端，以回收能量。但从效率的角度出发，反向能量回收会带来一定的能量损耗，而且导致控制逻辑的复杂化。在 DVS 过程中，上调压意味着数字负载的运行频率将提升，需要快速上调压，而下调压时，数字负载的时序不会因为过低的电压导致时序错误，因此要求没有下冲电压。因此，在开关变换器的设计中，输出电容在下调压阶段仅仅由负载放电，功率器件一直处于关闭状态，直到输出电压达到正常的水平。这样的控制方式最大程度上利用了输出电容内存储的能量，避免了能量的损失。

图 5.2.12 给出了快速 DVS 控制方法的原理。在上调压阶段，当基准电压由 V_{REF1} 阶跃至 V_{REF2}，EA 输入端有了很大的差分电压，所以 EA 输出被下拉到零电平。所以 PWM 比较器的输入端在一个开关周期内不会相交，占空比因此变为 100%。电感电流 I_L 沿一定斜率上升，从初始值 I_L 一直上升到电流限 I_{LIMIT}。输出电容被充电，输出电压上升。PWM 比较器决定的占空比一直保持 100%，功率器件仅仅由电流限控制，直到输出电压 V_{OUT} 接近 V_{REF2}，PWM 控制环路接管功率管的控制。而后电感电流 I_L 线性下降到稳态电流 I_{L2}。在上调压过程中，输出电容的充电电流一直保持为 I_{LIMIT}，即功率器件所允许的最大电流。

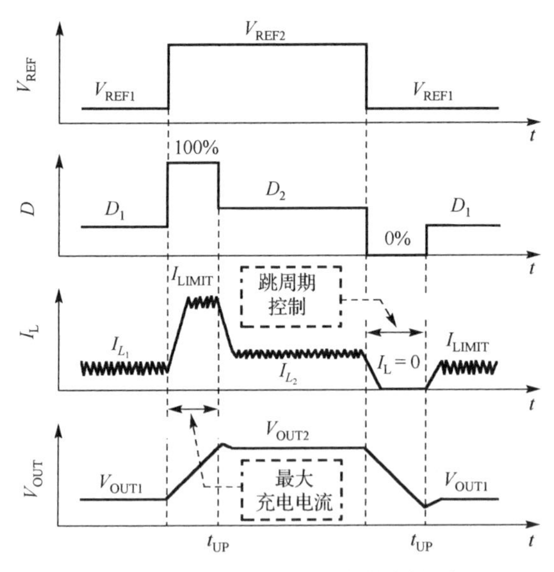

图 5.2.12　快速 DVS 响应控制方式

在下调压阶段，当基准电压从 V_{REF2} 阶跃到 V_{REF1}，EA 输入端有了很大的差分电压，EA 输出被拉到高电平，所以占空比由 D_2 变化到了零，电感电流 I_L 沿一定斜率下降直到零，输出电容仅由负载电流放电，功率器件保持关断，直到输出电压接近 V_{REF1}。在下调压过程中，开关周期被跳过，工作于 PSM 脉冲跳周期模式。

通过上调压和下调压不同的控制方式，开关变换器实现了最大充电电流(电流限)和负载相关的放电电流(PSM 模式控制)。最大的充电电流实现了最大的上调压速度，而 PSM 模式控制保持了变换器的变换效率。

5.2.2.2　采用伪三型补偿的 DVS 变换器设计

电压模式的 Buck 变换器结构如图 5.2.13 所示：

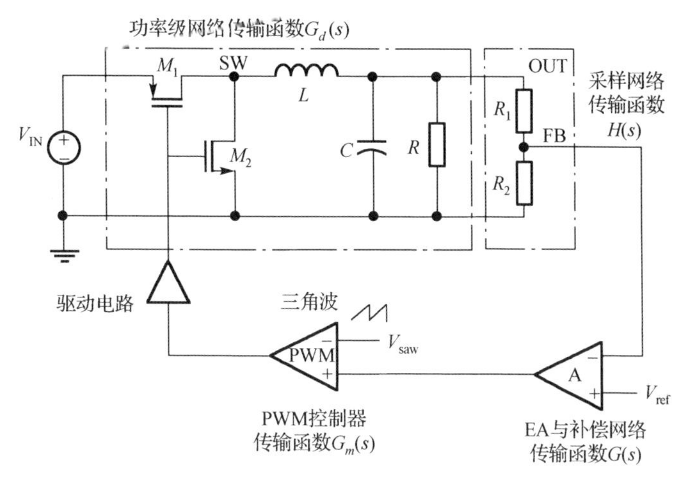

图 5.2.13　Buck 变换器结构

如图 5.2.13 所示，Buck 变换器包括功率级网络、采样网络、EA 与补偿网络、PWM 控制器与驱动电路。其中，EA 表示误差放大器。显然，此系统存在负反馈环路。图 5.2.13 中的 Buck 变换器整体传输函数可以表示为：

$$L(s)=G_d(s)\times H(s)\times G(s)\times G_m(s) \tag{5.2.1}$$

下面将对各个部分的输出函数进行分析和说明。

Buck 变换器可分为 CCM 和 DCM 两种工作模式，下面将分别进行传输函数分析。

1．CCM 模式

CCM 模式下，Buck 变换器的电感电流连续。对 Buck 变换器进行小信号建模，并利用状态空间平均法和拉普拉斯变换，可以得到其传输函数：

$$G_d(s)=\frac{V_g}{1+\dfrac{L}{R}s+LCs^2} \tag{5.2.2}$$

对于 Buck 变换器的 L、C 和 R，式(5.2.2)中的分母可以分解出两个共轭极点，而且这两个共轭极点的取值与电阻 R 无关。共轭极点 f 的大小如下：

$$f=\frac{1}{2\pi\sqrt{LC}} \tag{5.2.3}$$

共轭极点会对 Buck 变换器的稳定产生很严重的问题：一方面使得相位加快下

降，使得系统在环路单位增益下降 180° 相位；另一方面，使环路增益加快衰减，并产生尖峰。为了使得系统稳定，需要进行环路补偿。环路补偿需要产生零点，来抵消共轭极点对系统的影响。

2．DCM 模式

DCM 模式下，Buck 变换器的电感电流不连续。同样，进行系统小信号建模，并利用数学知识，可以得到 DCM 模式下的传输函数：

$$G_d(s)=\frac{G_{d_0}}{1+\dfrac{s}{\omega_p}} \tag{5.2.4}$$

从式(5.2.4)可以看出，此时的传输函数为单极点系统。由于整个系统能够稳定，所以 DCM 模式下并不需要进行环路补偿的设计。

电阻 R_1 和 R_2 组成 Buck 变换器的采样网络。R_1 和 R_2 对输出电压进行分压来得到反馈信号。采用网络的传输函数如式(5.2.5)：

$$H(s)=\frac{R_2}{R_1+R_2} \tag{5.2.5}$$

PWM 控制器是 DC-DC 变换器中很重要的部分。它的作用是：将 EA 与补偿网络输出的信号与三角波信号 V_{saw} 进行比较，其输出的方波信号决定了开关管 M_1 的导通与关闭时间，从而决定了从电源输入端流入到输出端的能量的多少。PWM 控制器的传输函数推导过程可由小信号的数学模型和拉普拉斯变换决定，具体公式如下：

$$G_m(s)=\frac{1}{V_{\mathrm{M}}} \tag{5.2.6}$$

其中，V_{M} 为图 5.2.13 中 PWM 比较器输入端的三角波峰峰值大小。

DCM 模式下，DC-DC 变换器是一个单极点系统，不需要进行环路补偿；CCM 模式下，由于 LC 网络产生了两个共轭极点，需要进行环路补偿以提高其相位裕度，才能使得 DC-DC 变换器稳定工作。故补偿网络的引入显得很重要。EA 与补偿网络是电压模式的 DC-DC 变换器的核心和难点所在。

EA 与补偿网络的设计需要满足以下条件：

(1) 单位环路增益处，系统的相位裕度在 45° 以上。

(2) 单位环路增益处，幅频特性曲线以−20dB/10 倍频下降。

(3) 自身带有一定的增益。

常见的补偿方式有以下几种：PD 补偿(比例微分补偿，也被称为相位超前补偿)、PI 补偿(比例积分补偿，也被称为相位滞后补偿)、PID 补偿(比例积分微分补偿，也被称为相位超前滞后补偿)。补偿方式不同，意味着补偿原理不一样，得到的补偿网络传输函数也就不会相同。下面将进行逐一介绍。

PD 补偿原理是：在远低于单位环路增益处设置一个零点来抬高相位裕度；同时在高频位置设置一个极点以抑制高频噪声。低频零点使系统带宽变大，进而提高了系统的瞬态响应速度。PD 补偿的传输函数可以用式(5.2.7)表示：

$$G(s)=A\frac{1+s/\omega_z}{1+s/\omega_p} \tag{5.2.7}$$

其中，A 为补偿的低频增益，ω_z 为低频零点，ω_p 为高频极点。由式(5.2.7)可得幅频、相频特性曲线如图 5.2.14 所示：

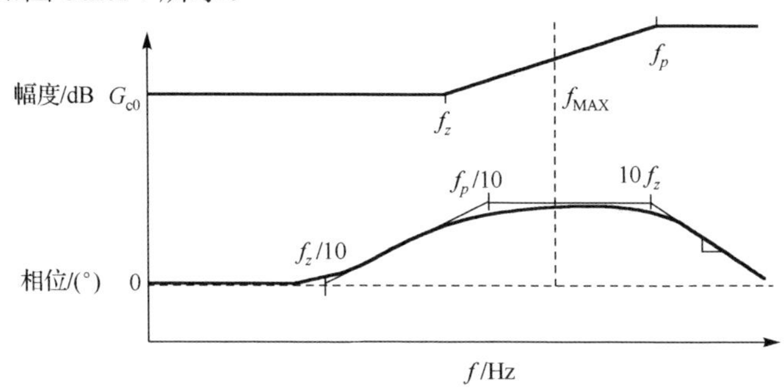

图 5.2.14　PD 补偿的幅频相频特性曲线

相移可以表示为：

$$\theta=\arctan\left(\frac{\omega}{\omega_z}\right)-\arctan\left(\frac{\omega}{\omega_p}\right) \tag{5.2.8}$$

对式(5.2.8)求导并使其为 0，可以得到当 $\omega=\sqrt{\omega_z\omega_p}$ 时，相位有最大值。相位的最大值由式(5.2.9)决定：

$$\theta_{\text{MAX}}=\arctan\left(\frac{\sqrt{\dfrac{\omega_p}{\omega_z}}-\sqrt{\dfrac{\omega_z}{\omega_p}}}{2}\right) \tag{5.2.9}$$

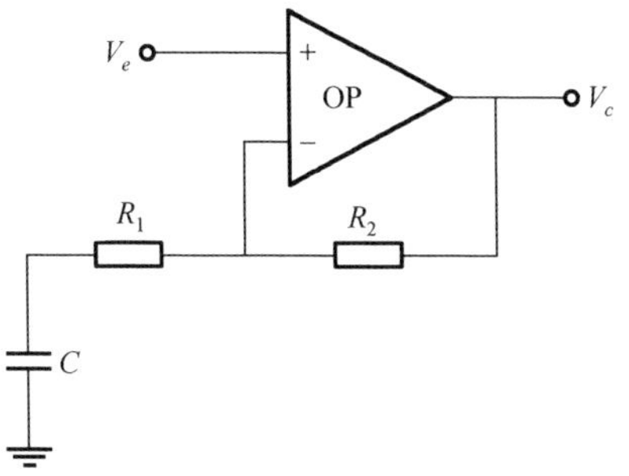

PD 补偿的具体实现电路如图 5.2.15 所示，该电路图中包括一个运放，两个电阻 R_1，R_2 和一个电容 C。

图 5.2.15　PD 补偿的实现电路

其中 $R_1 \ll R_2$，运放的低频增益为 A_0，极点为 ω_0，则运放增益传输函数为：

$$A_v(s)=\frac{A_0}{1+\frac{s}{\omega_0}} \tag{5.2.10}$$

则由图 5.2.15 可知：

$$\frac{V_c}{V_e}=\frac{A_v(s)}{1+A_v(s)\beta} \tag{5.2.11}$$

其中，β 为分压系数，$\beta=\dfrac{R_1+\frac{1}{sC}}{R_1+R_2+\frac{1}{sC}}$ 代入(5.2.11)式中，整理可得到

$$G(s)=\frac{V_c}{V_e}=\frac{A_0}{1+A_0}\frac{1+s(R_1+R_2)C}{1+s\dfrac{\left(R_1+R_2+\frac{1}{\omega_0 C}+A_0R_1\right)}{1+A_0}+s^2\dfrac{(R_1+R_2)C}{(1+A_0)\omega_0}} \tag{5.2.12}$$

由式(5.2.12)可以得到零点和极点的位置：

$$\omega_z=-\frac{1}{(R_1+R_2)C} \tag{5.2.13}$$

$$\omega_{p_1}=-\frac{1}{R_1C} \tag{5.2.14}$$

$$\omega_{p_2}=-A_0\omega_0\frac{R_1}{R_1+R_2} \tag{5.2.15}$$

由于 $A_0\omega_0$ 为增益带宽积，通常较大，设计 $\omega_{p_2}>>\omega_{p_1}$。在设计时使 $R_1<<R_2$，可得 $\omega_{p_1}>>\omega_z$。由于零点和极点由 R_1、R_2 和电容 C 决定，故可以精确得到一个低频零点和一个高频极点。低频零点可以用来抵消 LC 网络产生的共轭极点，抬升相位裕度。同时，我们需要注意到，为了产生低频零点，需要采用较大值的电容和电阻，从而占用较大的面积，不利于片上集成。

PI 补偿的原理是：为了补偿待补偿电路的极点，传输函数中引入了零点，零点的存在提升了相位裕度，保证了一定的带宽。PI 补偿的传输函数如下：

$$G(s)=\frac{A(1+s/\omega_z)}{s} \tag{5.2.16}$$

其中，A 为低频增益，ω_z 为低频零点，ω_z 远远低于环路单位增益。由式(5.2.16)可以得到 PI 补偿的幅频、相频特性曲线，如图 5.2.16 所示：

由(5.2.16)可得 PI 补偿的相移：

$$\theta = \arctan\left(\frac{\omega_z}{\omega}\right) - 90^\circ \tag{5.2.17}$$

从式(5.2.17)可以得到：频率很低时，增益提升而相移有 90° 的滞后；在大于 $10\omega_z$ 之后，增益不再发生变化而相移为 0°。可见，如果剪切频率 $\omega_{p_1} >> \omega_z$，则 PI 补偿对相位裕度影响可以忽略，而提升了环路的增益，可以降低环路的稳态误差，提高输出电压的精度。PI 补偿的具体实现电路如图 5.2.17 所示：

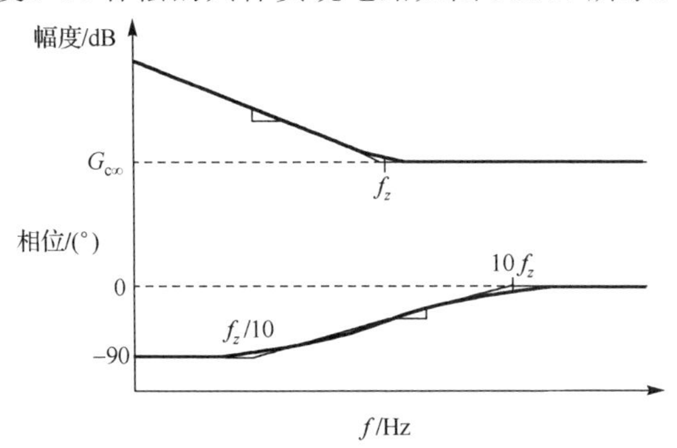

图 5.2.16　PI 补偿的幅频相频特性曲线

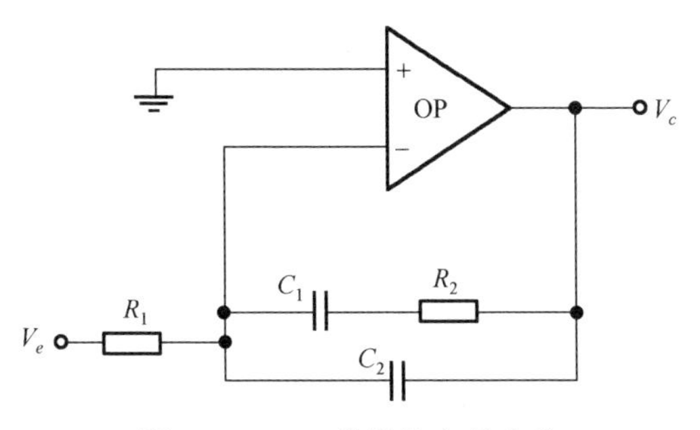

图 5.2.17　PI 补偿的实现电路

图 5.2.17 为传统的 PI 补偿电路，其中运放为理想运放，且 $C_1 >> C_2$，则传输函数可以表示为：

$$G(s) = \frac{V_c}{V_e} = -\frac{1}{R_1} \cdot \frac{1 + sR_2C_1}{s(C_1 + C_2) + s_2R_2C_1C_2} \tag{5.2.18}$$

由于 $C_1 >> C_2$，式(5.2.18)的零极点可以分别写为：

$$\omega_z = -\frac{1}{R_2C_1} \tag{5.2.19}$$

$$\omega_p = -\frac{C_1 + C_2}{R_2C_1C_2} \approx -\frac{1}{R_2C_2} \tag{5.2.20}$$

PI 补偿常用在单极点系统中。如果考虑图 5.2.13 中滤波电容上的 ESR 电阻，则可以为系统引入一个低频零点，抵消 CCM 模式下的共轭极点中的一个，就可以使得 DC-DC 变换器不会发生振荡。故 PI 补偿同样可以用在 CCM 模式下的 DC-DC 变换器中。

PID 补偿也被称为三型补偿，其原理为：在低频处引入一个极点，从而得到较大的低频环路增益，使环路的稳态误差变得很小；高频处引入一个低频零点和一个环路单位增压频率附近的零点，从而抵消掉环路产生的共轭极点，保证系统有足够的相位裕度，同时拓展了宽带，增大了系统瞬态的响应速度。可见，PID 补偿实际上是 PD 和 PI 的结合。PID 的传输函数如下：

$$G(s)=\frac{A(1+s/\omega_{z_1})(1+s/\omega_{z_2})}{s} \tag{5.2.21}$$

其中，A 为环路的低频增益，ω_{z_1}、ω_{z_2} 为低频零点，相移可以表示为：

$$\theta=\arctan\left(\frac{\omega_{z_1}}{\omega}\right)+\arctan\left(\frac{\omega_{z_2}}{\omega}\right)-90^{\circ} \tag{5.2.22}$$

PID 补偿的幅频、相频特性曲线如图 5.2.18 所示。

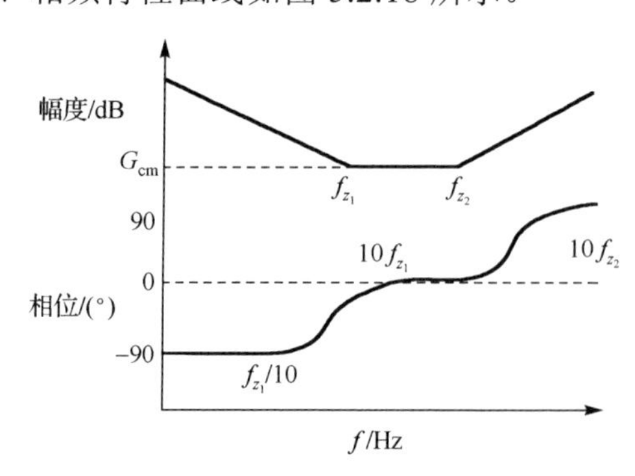

图 5.2.18　PID 补偿的幅频相频特性曲线

从图 5.2.18 中可以看出，合理设置 ω_{z_1}、ω_{z_2} 和剪切频率之间的关系就可以得到最大的相位提升。

PID 补偿的具体实现电路如图 5.2.19 所示：

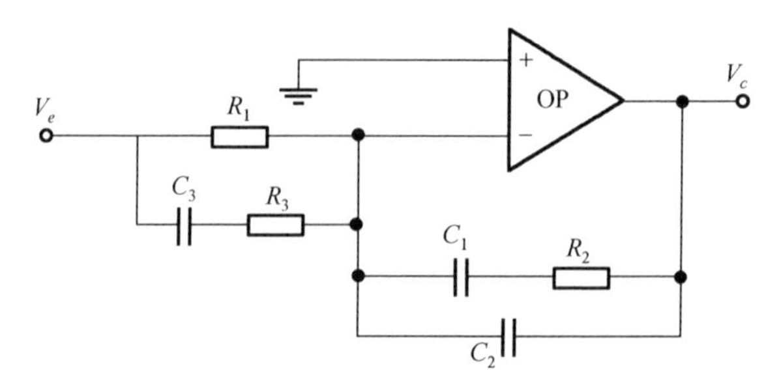

图 5.2.19　PID 补偿的电路原理图

图 5.2.19 即为传统的三型补偿电路。此电路的运放也是理想运放，则可以推导出其传递函数：

$$\frac{v_c}{v_e}=\frac{(1+sR_2C_1)[1+s(R_1+R_3)C_3]}{sR_1(C_1+C_2)(1+sR_3C_3)\left(1+sR_2\dfrac{C_1C_2}{C_1+C_2}\right)} \tag{5.2.23}$$

在图 5.2.19 中，$C_1 >> C_2$，$R_1 >> R_3$，则可以得到该传输函数的零点和极点位置：

$$\omega_{z_1}=-\frac{1}{R_2C_1} \tag{5.2.24}$$

$$\omega_{z_2}=-\frac{1}{(R_1+R_3)C_3}\approx-\frac{1}{R_1C_3} \tag{5.2.25}$$

$$\omega_{p_1}=-\frac{C_1+C_2}{R_2C_1C_2}\approx-\frac{1}{R_2C_2} \tag{5.2.26}$$

$$\omega_{p_2}=-\frac{1}{R_3C_3} \tag{5.2.27}$$

可以看到，PID 产生的低频极点能够得到较大的环路增益，使得系统具有良好的瞬态特性；两个零点则抵消了系统产生的共轭极点带来的相位影响；同时该电路产生的高频极点能够抑制环路的高频噪声。与 PD 补偿和 PI 补偿相比，PID 补偿无疑是一种理想的补偿方式。但是，图 5.2.19 需要大面积的电容和电阻才能得到低频极点和零点，不利于系统集成，这样也会提高成本。因此，具有 PID 补偿的优点，同时只需使用很小的芯片面积的伪三型补偿技术就得到了设计师们的青睐。

伪三型补偿技术的方法为：通过增益为 1 的带通滤波电路和低通滤波电路线性相加，将图 5.2.19 的低通滤波电路加入增益，就得到伪三型补偿技术的小信号框图，如图 5.2.20 所示。

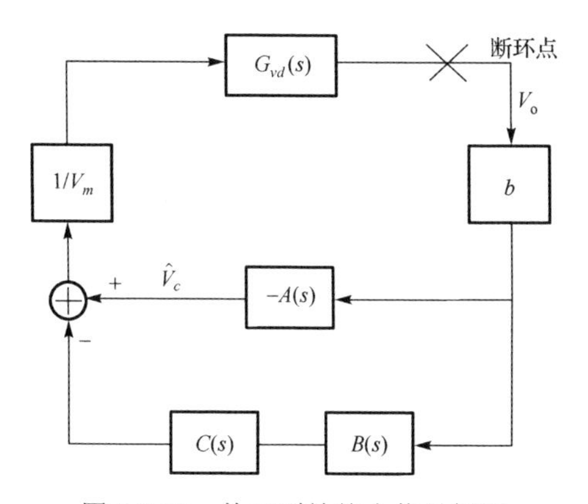

图 5.2.20　伪三型补偿小信号框图

图 5.2.20 中，$B(s)$为增益是 1 的带通滤波电路，而 $C(s)$为 $B(s)$提供增益，那么 $B(s)$与 $C(s)$就构成了带有增益的带通滤波电路，然后与低通滤波电路 $A(s)$相加，这样实现了伪三型补偿技术。加入 $C(s)$的优点是可以使得低通滤波电路 $A(s)$的带宽增大，减小其使用的电容值。具体推导过程如下。

设 $A(s)$、$B(s)$和 $C(s)$的传输函数分别为：

$$A(s) = A\frac{1}{1+\dfrac{s}{p_1}} \tag{5.2.28}$$

$$B(s) = \frac{1+\dfrac{s}{z_1}}{1+\dfrac{s}{p_2}} \tag{5.2.29}$$

$$C(s) = C \tag{5.2.30}$$

其中，$A(s)$的低频增益很低；p_1、p_2 和 p_3 均为高频极点，且 $p_1 << p_2$；z_1 为 $B(s)$的低频极点，则系统整体传输函数为：

$$T_{vo}(s) = \frac{b}{V_m}G_{vd}(s)[A(s)+B(s)\cdot C(s)] \tag{5.2.31}$$

令

$$D(s) = A(s)+B(s)\cdot C(s) \tag{5.2.32}$$

将式(5.2.28)、式(5.2.29)和式(5.2.30)代入式(5.2.32)中，整理可得：

$$D(s) = \frac{(A+C)+\left(\dfrac{A}{p_2}+\dfrac{C}{p_1}+\dfrac{C}{z_1}\right)s+\dfrac{C}{z_1 p_1}s^2}{\left(1+\dfrac{s}{p_1}\right)\left(1+\dfrac{s}{p_2}\right)} \tag{5.2.33}$$

式(5.2.33)的分子能够分解出两个实根，需要其判别式大于或等于 0。由于 $\dfrac{C}{p_1} >> \dfrac{A}{p_2}+\dfrac{C}{z_1}$，故可得：

$$\left(\frac{C}{p_1}\right)^2 - 4\cdot(A+C)\cdot\frac{C}{z_1 p_1} \geqslant 0 \tag{5.2.34}$$

假如 $A >> C$，式(5.2.34)可以进一步化简得到：

$$C\cdot z_1 \geqslant 4A\cdot p_1 \tag{5.2.35}$$

而 $A\cdot p_1$ 为低通滤波电路的带宽，故可以得出以下结论：由于增益 C 的存在，低通滤波电路的带宽可以变大 C 倍。由于带宽与电容成反比关系，故低通滤波电路使用的电容值可以缩小 C 倍，这样就节约了电路面积。图 5.2.21 为伪三型补偿实现原理和零极点分布图。

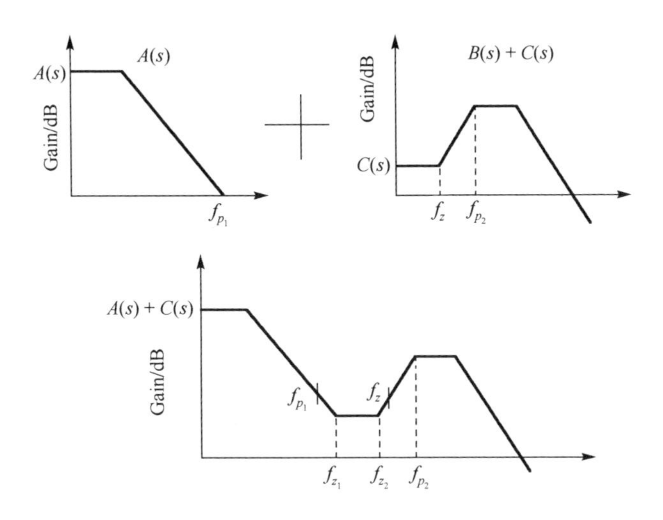

图 5.2.21　伪三型补偿实现原理

总之，伪三型补偿与常规的补偿相比，其优点为：伪三型补偿的环路增益大，能够有效地减小输出电压的稳态误差，同时提高了变换器的瞬态响应速度；并且伪三型补偿显著提高了系统的 PSRR，抑制噪声对系统的影响。

本节设计采用的电路整体拓扑如图 5.2.22 所示。

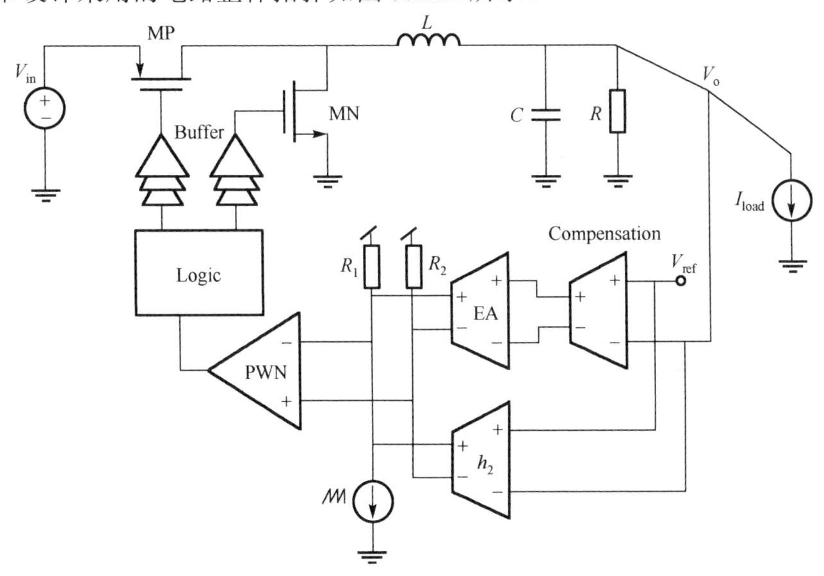

图 5.2.22　快速 DVS 响应的降压变换器整体拓扑

此降压变换器采用了全差分结构的伪三型补偿。图中 Compensation 模块和 EA 模块共同组成了相位超前模块，包含了一个低频零点和多个高频极点。图中 h_2 模块为相位滞后模块，包含了一个低频极点。EA 的主要目的是控制相位超前模块的增益。Compensation 的主要目的是为了产生一个零点。h_2 的增益较高，极点位置较低。另外在 h_2 模块中，设置了箝位电路，相当于增加了 3.3.3 节所述的饱和限制，由此来减少响应过程中的上冲和下冲电压。EA 和 h_2 的最后一级均为电流输出，最后通过电阻 R_1 和 R_2 来叠加。锯齿波电流也叠加到其中一个电阻上，形成锯齿波电压。

伪三型补偿网络由 EA 模块、Compensation 模块、h_2 模块以及电阻 R_1 和 R_2 共同构成。其中 Compensation 的电路如图 5.2.23 所示。

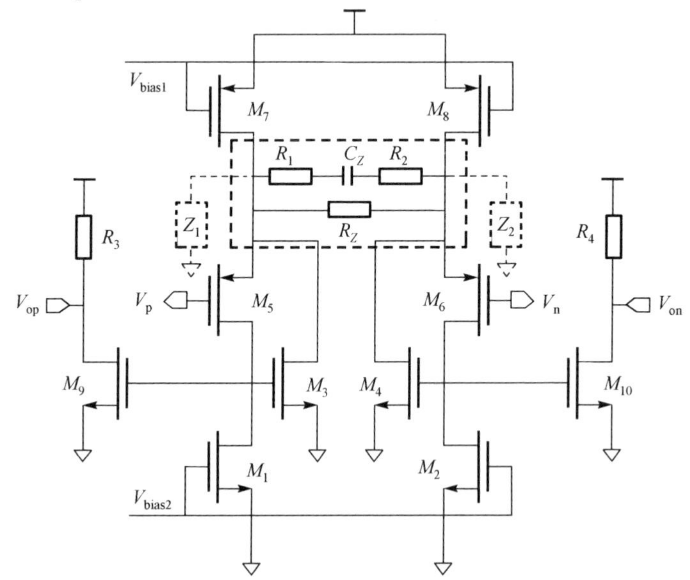

图 5.2.23 Compensation 模块电路图

设 MOS 管 M_x 的跨导为 g_{mx}，输出电阻为 r_{ox}。图中输入对管为 M_5、M_6，采用栅极输入，漏极输出。在把 M_7 和 M_8 看成理想电流源的情况下，输入对管的源端分别接有一个等效电阻 $Z_{1,2}$。其表达式为：

$$Z_{1,2}=\frac{R_Z}{2}\frac{(2R_{1,2}C_Zs+1)}{(2R_{1,2}C_Zs+R_ZC_Z)s+1}\approx\frac{R_Z}{2}\frac{2R_{1,2}C_Zs+1}{R_ZCs+1} \tag{5.2.36}$$

其中，$R_{1,2}<<R_Z$。

由于左右对称，不妨只看单边。图中左侧，M_3、M_5 构成了反馈环路，环路传输函数为：

$$A_{\text{loop}}=g_{m3}\frac{Z_1}{g_{m5}Z_1+1}g_{m5}r_{o1} \tag{5.2.37}$$

第一级前馈通路的传输函数为：

$$A_{\text{forward}} = \frac{g_{m5}r_{o1}}{g_{m5}Z_1 + 1} \tag{5.2.38}$$

由此可得第一级传输函数为：

$$A_1 = \frac{A_{\text{forward}}}{A_{\text{loop}} + 1} = \frac{g_{m5}r_{o1}}{g_{m3}z_1 g_{m5}r_{o1} + g_{m5}Z_1 + 1} \approx \frac{1}{g_{m3}Z_1} \tag{5.2.39}$$

代入 $Z_{1,2}$ 表达式可以发现，Compensation 可以产生一个极点和一个零点，它们位置分别为：

$$z_c = -\frac{1}{R_Z C} \tag{5.2.40}$$

$$p_c = -\frac{1}{2R_{1,2}C_Z} \tag{5.2.41}$$

第二级电路只起到增加增益的作用，它的增益为：

$$A_2 = g_{m8,9}\ R_{3,4} \tag{5.2.42}$$

EA 模块的电路图如图 5.2.24 所示。该结构目的是为了提高增益，为此采用 $M_{1,2}$ 和 $M_{3,4}$ 来做负载。其中 M_2 和 M_4 相当于一个负电阻。设 M_x 的跨导为 g_{mx}，输出电阻为 r_{ox}。所以第一级的增效输出电阻为：

$$Z_{1,2} = \frac{1}{g_{m1,3} - g_{m2,4}} \tag{5.2.43}$$

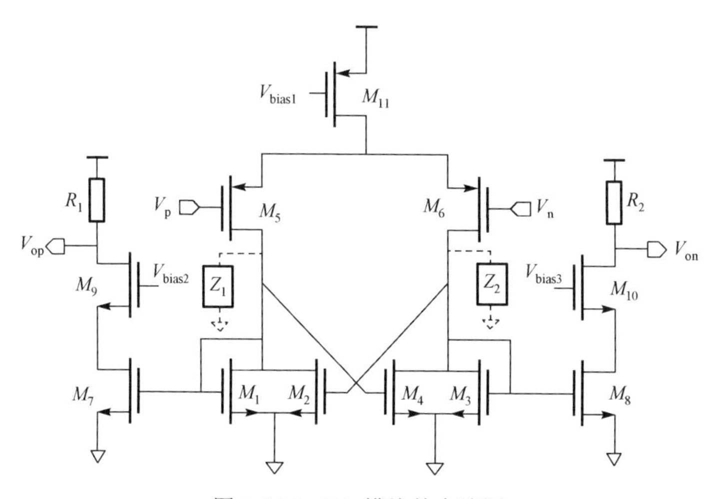

图 5.2.24　EA 模块的电路图

调节 M_1 和 M_2，M_3 和 M_4 的跨导之差就可以改变输出电阻的大小，来获得合适的增益。第二级主要为了将电压转化为电流，然后叠加到电阻 R_1 和 R_2 上。该电阻也是 h_2 模块最后一级的负载电阻。由此可得 EA 模块的增益为：

$$A_{\mathrm{EA}}=\frac{g_{m5,6}}{g_{m1,3}-g_{m2,4}}g_{m7,8}R_{1,2} \tag{5.2.44}$$

h_2 模块的结构框图如图 5.2.25 所示。M_3 和 M_4 为输入管。M_{15} 和 M_{16} 起到共模反馈的作用。大电容 C_P 挂载输入管的漏端，目的是为产生低频极点。设 M_x 的跨导为 g_{mx}，输出电阻为 r_{ox}。由此可以近似计算输出电阻为：

$$Z_{\mathrm{out}}=\frac{2r_{o1,2}}{r_{o1,2}C_p s+1} \tag{5.2.45}$$

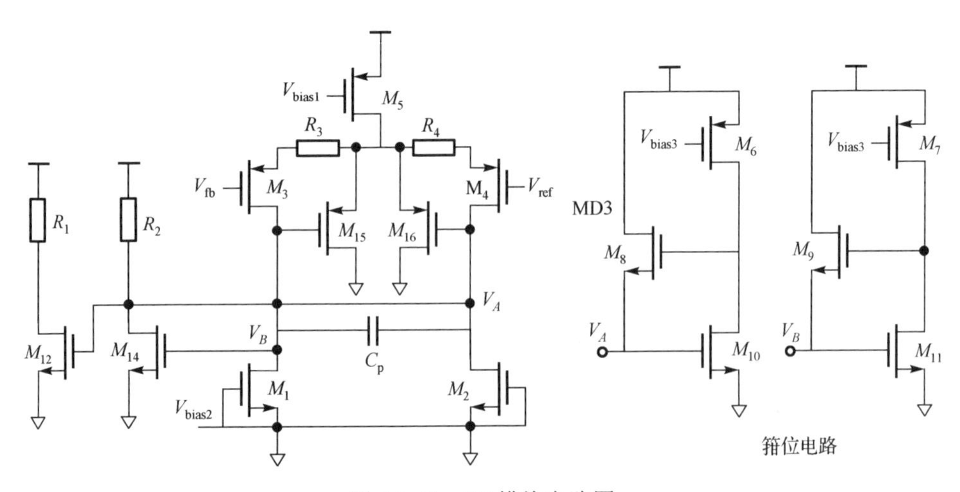

图 5.2.25　H2 模块电路图

因为源极接了退化电阻 R_3 和 R_4，所以从输入到 $V_{A,B}$ 的传输函数可以估算为：

$$A_1=\frac{Z_{\mathrm{out}}}{R_{3,4}}=\frac{r_{o1,2}}{R_{3,4}}\frac{1}{2r_{o1,2}C_p s+1} \tag{5.2.46}$$

由此可知，主极点位置为：

$$p_1=-\frac{1}{2\pi r_{o1,2}C_p} \tag{5.2.47}$$

右边的箝位电路(Clamp Circuit)在 V_A 和 V_B 处设置了饱和点。$V_{A,B}$ 点电压下降，引起 $M_{10,11}$ 的漏端上升，$M_{8,9}$ 导通又会拉高 $V_{A,B}$ 点电压。如此形成负反馈，来保证 $V_{A,B}$ 点的栅极不会下降很低，最终稳定在一个固定值，也就形成了一个饱和电压。

伪三型补偿网络整体频率特性仿真如图 5.2.26 所示。可以看到伪三型补偿网络可以在中频段产生两个零点，来补偿功率级产生的复极点对。高频端产生至少两个极点来抑制开关频率处的噪声。

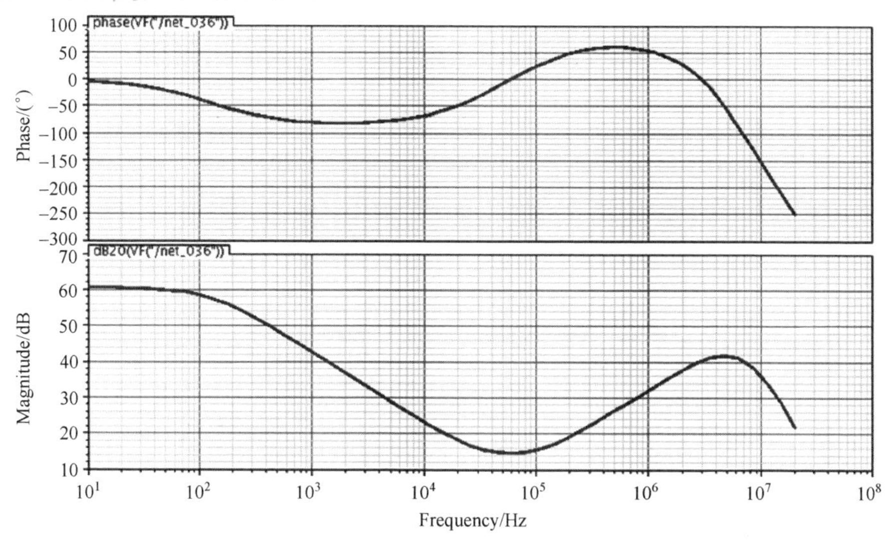

图 5.2.26　伪三型补偿网络的频率特性仿真图

补偿之后的整体环路的频率特性如图 5.2.27 所示。由图可知，环路增益有 70dB，单位增益带宽为 784kHz，相位裕度有 62°，满足稳定性要求。

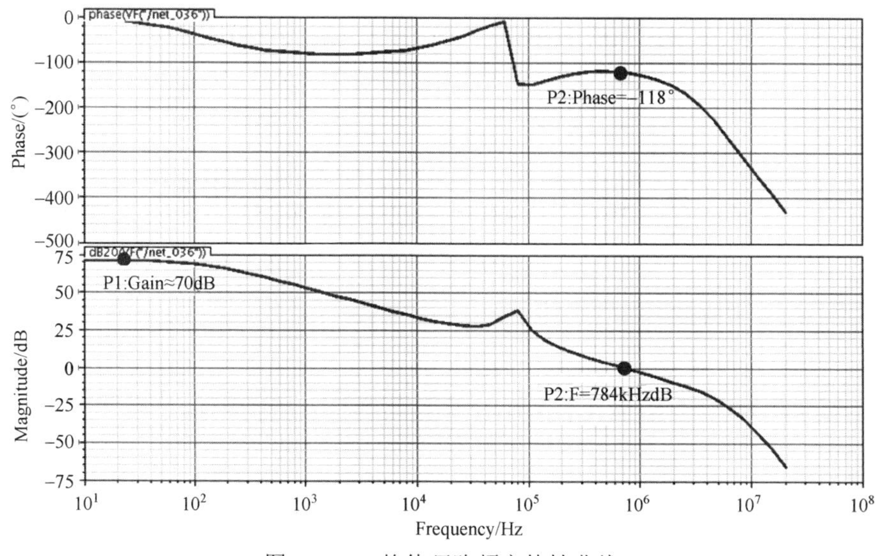

图 5.2.27　整体环路频率特性曲线

Buck 变换器 DVS 阶跃仿真结果如图 5.2.28 所示。此时输入电压为 3.3V，负载电阻为 3Ω，电感值为 1.1μH，电容值为 4.7μF。参考电压在 1.2V 和 1.8V 之间来回切换，切换速度为 10ns/V。输出电压跟随参考电压的变化而变化。上阶跃响应发生时，电感电流最大上冲至 3.3A；下阶跃响应发生时，电感电流发生断流。上阶跃响应的上冲电压为 40mV；下阶跃响应的下冲电压 50mV。

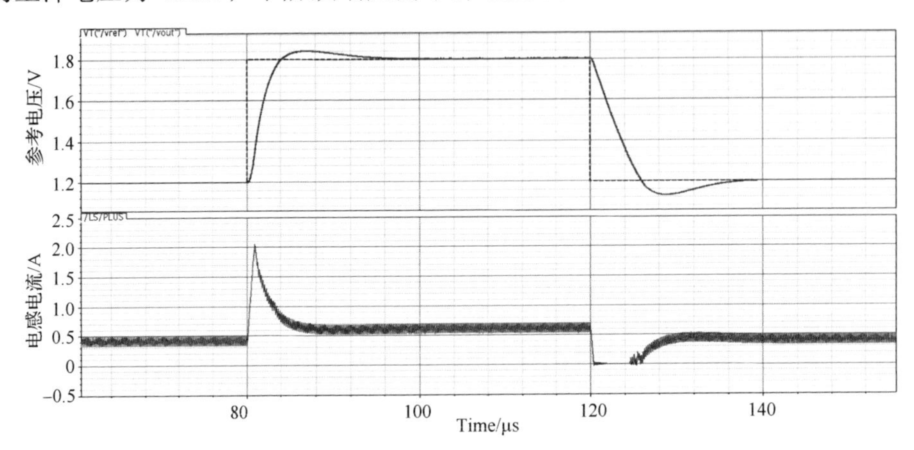

图 5.2.28　DVS 瞬态响应仿真图

Buck 负载瞬态响应仿真图如图 5.2.29 所示。此时输入电压 3.3V，输出电压 1.5V。负载电流在 200mA 和 700mA 之间来回切换，切换速度为 10ns/500mA。当负载电流由 700mA 切换 200mA 时，电感电流对输出电容充电，从而出现大约 30mV 的上冲电压，然后进过 4μs 时间恢复到稳态值。当负载电流由 200mA 切换到 700mA 时，输出电容被抽电流，从而出现大约 50mV 的下掉电压，然后进过 4μs 时间恢复到稳态值。恢复后仍然会有一个小小的上冲，但上冲幅度很小，大约只有 10mV，可以忽略不计。

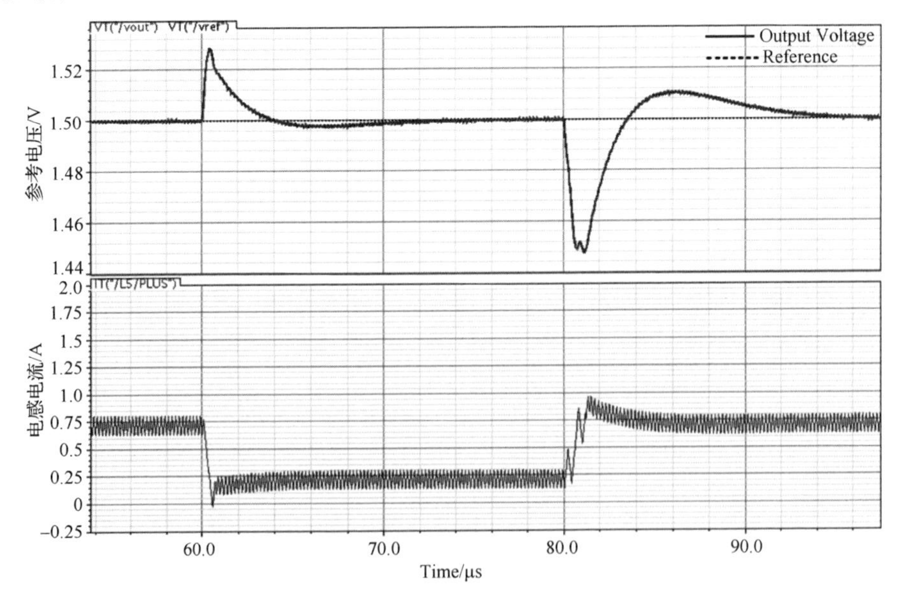

图 5.2.29　负载瞬态响应仿真图

5.3　高集成度 PMU 设计与数字辅助功率集成技术

PMU 以其高集成度在复杂供电系统中得到了广泛应用。多 DC-DC 变换器集成，需要解决小面积片上补偿、衬底噪声干扰、电流纹波降低等技术问题，并实现启动时序可控、数字接口调压等功能。DVFS 根据工作负载的轻重，控制 SoC 中各模块的工作频率，并相对应地改变其工作电压来降低模块的功耗。现代低功耗 SoC 的设计需要达到相当高的集成度，因此，片上存在着多个电压域，极大程度上增加了结构与功能的复杂性。在诸如便携式设备的功耗受限的设计中，每个电压域都需要根据工作情况，动态调节供电电压，或者在空闲的时候完全关断以最大限度减小能量消耗。

图 5.3.1(a)说明了传统的分立芯片的多电压域的供电方案，每个电压域的供电采用不同的变换器实现。与之相比，图 5.3.1(b)所示的高集成度的 PMU 解决方案达到了很高程度的集成，可以帮助简化具有多电压域的设计。此外，应用 PMU 的设计可以在顶层很方便地控制各个通道电源，例如上电、掉电时序，数字接口控制的输出电压调节，电池检测与欠压保护。以上这些功能，尤其是上电、掉电时序控制，在分立芯片的供电方案中难以实现，因此 PMU 在很多场合得到了广泛应用。

单片集成多个变换器带来了诸多挑战：首先，无源器件将消耗很大的芯片面积，在集成多个变换器的情况下过大的面积是难以接受的。因此，为了保持集成度和小的芯片面积，将外围补偿器件，尤其是开关变换器的外围补偿器件(主要是电阻、电容)，尽可能集成到芯片上变得非常重要。其次，在 CMOS 工艺条件下，由于各个变换器共享衬底，开关变换器高速开关，产生的高功率、高频开关噪声通过低阻衬底耦合，将对 PMU 的正常工作产生较大的影响。因此，噪声耦合的影响必须在电路设计的时候进行考虑。噪声耦合路径由图 5.3.2 所示。开关变换器的开关噪声主要有三个来源：开关节点、功率电源和功率地。其中开关节点本身具有很高的开关频率和电压摆率，而功率电源和功率地主要是波动的电流在寄生电感上产生了开关噪声。对控制电路而言，衬底到电源的路径需要经过衬底和 N 阱构成的 PN 结。所以衬底噪声对控制电路的地影响更大一些，因为所有的 N 型晶体管共享了 P 型的衬底。因此，负电源抑制比(Negative Power Supply Rejection，PSR^-)显得比正电源抑制比(Positive power supply rejection，PSR^+)更重要一些，尤其是具有 DVS 功能的变换器。由于 DVS 变换器主要对处理器内核供电，为达到节省能量消耗的目的，其输出电压随内核工作频率而下降。而数字门电路延迟相应增大，为保证时序逻辑的正确性，供电电压具有更小的供电裕度。因此 DVS 变换器输出相对而言具有更高的精度要求，对稳定性的要求相应也就更高一些。

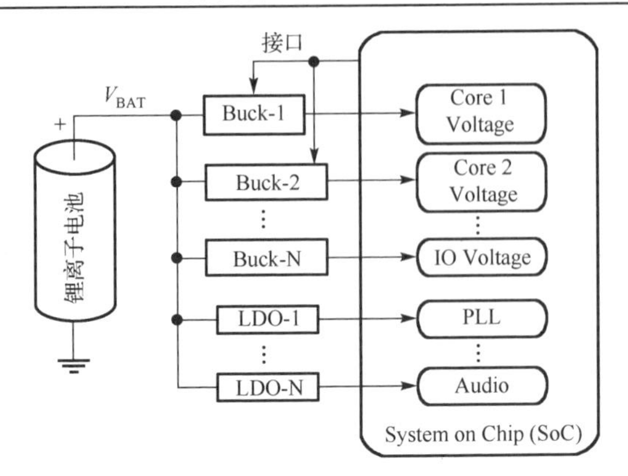

(a) 分立芯片的方案

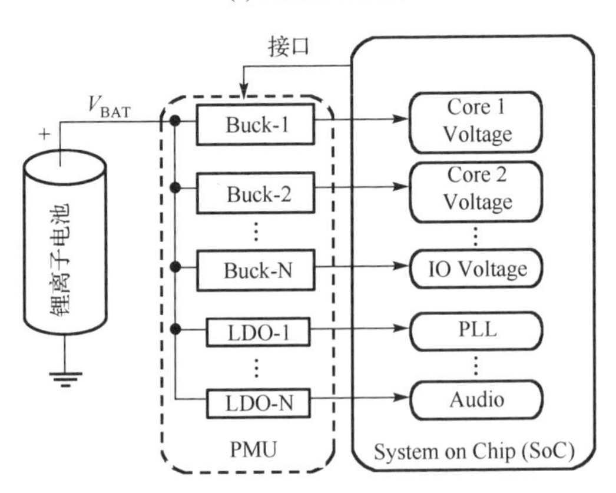

(b) 采用PMU的方案

图 5.3.1　SoC 的多电压域供电方案

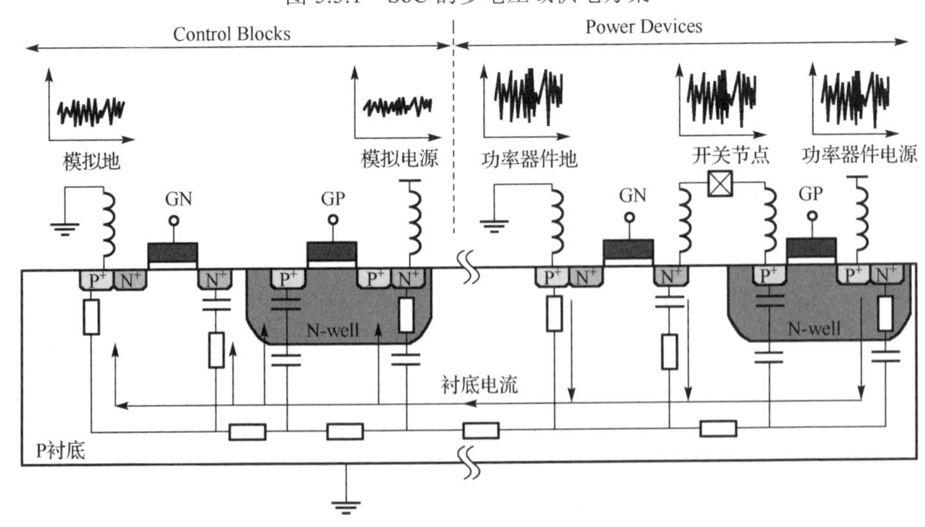

图 5.3.2　开关噪声通过 PMU 的衬底耦合路径

其次，在 PMU 集成多个变换器的过程中，需要考虑功率器件发热对整体芯片工作稳定性的影响。在版图布局上，需要考虑热阻的影响，使芯片不会过温。此外，需要均匀布局各个变换器，使温度分布均匀。在 PMU 中，噪声和热耦合的效应相比单路的开关变换器更加严重，需要仔细设计版图布局。

最后，具有 DVS 功能的变换器除了具有较好的瞬态响应能力外，还应具有快速的 DVS 响应。快速的 DVS 响应可以使电压更快速到达需要的水平，从而降低不同电压切换时的延迟和能量消耗。在高动态响应的系统中，工作频率快速变化，供电电压也需要相应调节，此特性可起到显著的节能效果。

在纳米级工艺模拟电路设计过程中面临着诸多挑战，如本征增益降低、漏电流增大、阱临近效应等。因此 PMU 的设计中，普遍采用数字辅助(Digital Assistant)手段提升功率集成性能，即数字辅助功率集成(DAPI)技术，它主要包括数字辅助精度提升技术、自适应死区时间控制技术、分段功率管驱动技术等；数字辅助功率集成技术可以看作是数字辅助模拟设计在功率集成方面的深化与应用。即采用更多数字的手段，辅助常规的模拟范畴的集成电路在更小线宽的先进工艺线上得到性能更好的电路。目前数字辅助的应用主要有：用数字预失真的方式来校正 RF 发送器功率放大器的线性度[19]，或针对模拟数字转换器(Analog Digital Converter，ADC)的器件不匹配和放大失真进行后端数字矫正，同时用数字的方法来“瘦身”模拟电路[20]。同样，采用数字辅助功率集成技术必将有着其固有的种种优点，有助于高端 SoC 芯片的设计与性能提高[21]。

现代的 SoC 多采用纳米级工艺进行加工和制造。为单片集成 PMU，PMU 也要采用纳米级工艺进行设计。但是，由于传统的电源管理芯片，包括 DC-DC 变换器和 LDO，都是采用模拟方式构建反馈回路，纳米级工艺对 PMU 集成带来了众多挑战，例如本征增益的降低、信号摆幅下降、工艺偏差增大等。与模拟电路不同的是，数字电路可以更多地享受工艺尺度缩小带来的优势，例如更快的运行速度和更低的功耗。所以，采用数字方式实现传统的以模拟方式构建的 DC-DC 变换器，成为最有吸引力的解决方案。一般来说，数字控制 DC-DC 变换器由模拟数字转换器 ADC、数字脉宽调制器(Digital Pulse Width Modulator，DPWM)和数字比例、积分、微分(Digital Proportion Integral Differential，DPID)模块组成。由于纳米尺度工艺下 ADC 的研究相对成熟，数字控制 DC-DC 变换器可以很方便地实现，随着工艺的进步，诸多在纳米尺度工艺下实现的高效功率变换被报道。

以 ADC、DPWM 和 DPID 构建的数字控制 DC-DC 变换器仍有其不足之处，例如系统的复杂程度会大大增加，再者就是 ADC 采样时会带来附加的相移，影响了环路带宽的增加，限制了响应速度。在 SoC 的功率集成中，除了数字控制 DC-DC 变换器外，还可以依据数字辅助的概念实现。数字辅助的概念最早在 ADC 的研发中提出，可以解决小尺度工艺下 ADC 的功耗和性能之间的矛盾，发展出一种全新的 ADC 架构[20]。既然小尺度工艺下模拟设计存在诸多瓶颈问题，那么就不从模拟的方式上提升性能，而是利用小尺度工艺下数字电路的较高性能，在简单的模拟电路之外，采用数字方式，对简单的模拟电路进行辅助乃至增强，最终得到一个全新架构的解决方法。具体到功率集成中，仍然可以采用数字辅助的方法，在简单的模拟环基础上，构建全新的架构，实现 SoC 中的功率集成。

除了以数字控制 DC-DC 变换器和数字辅助 DC-DC 变换器实现功率集成外，数字技术在功率集成中的应用可提升其他方面的性能，而且不局限于小尺度的纳米级工艺。例如，数字方式的死区时间优化可以自适应调节同步整流电路中的死区时间，最终实现变换效率的大大提升。此外，采用数字方式实现对负载情况的判断，通过开关方式改变电路拓扑或偏置电流，可以实现更好的响应速度[22]。所以，数字辅助功率集成技术，其出发点在于解决纳米级工艺下的功率集成难题，但其解决方法不局限在纳米级工艺，而是可以进一步“增强”变换器的各种性能。

5.3.1　PMU 顶层设计

本节所述 PMU 的功能框图如图 5.3.3 所示。此 PMU 包含了四个 Buck 变换器和两个低压差线性稳压器(Low Dropout Regulators，LDO)。四个 Buck 变换器中有两个(Buck3，Buck4)支持 DVS 功能，其输出电压可通过 I^2C 接口控制内部信号 DVS_1 和 DVS_2 步进调节。另外两个 Buck 变换器(Buck1，Buck2)的输出电压可通过外置分压电阻调节，提供了很好的灵活性。每个开关变换器带有 PG(Power Good)输出信号，指示了输出电压是否在容差范围之内，使能/启动时序(Enable/Boot Sequence)模块可通过外部信号使能 PMU 中的各个变换器。通过外部连接使能、PG 信号，从而可以灵活控制启动时序。具有双 DVS 功能的 PMU 为双电压域的应用提供了精细的节能能力，例如双核 SoC，H.264 codec 和 DSP 等。PMU 中的其他变换器可用来驱动系统中其他固定电压域，例如 IO 接口、射频收发器、PLL 或音频等。

PMU 的全局信号包括电压基准 VREF，电流基准 IREF，时钟 CLK，电池欠压保护信号 UVLO，全部由图 5.3.3 中所示的全局信号发生器(Global Signal Generator，GSG)产生。为避免共用端口带来的功率域对模拟域的影响，PMU 中的大电流路径全部分配了单独的端口，例如 PVDD_n、LX_n 和 PGND_n。模拟模块的地，例如 GSG 中的电压基准和电流基准，也分配了单独的地 RGND。与此同时，其他模拟模块，主要是各个变换器的控制模块，可共享一个模拟地 AGND。所有的电源和地在 PCB 上连接在一起。PMU 的端口排布最大程度上节省了封装所需要的引脚数量，同时保证了大功率部分和小功率部分的隔离。

VREF/IREF 为 PMU 中的各个模块提供了电压基准和偏置电流。图 5.3.4 给出了 GSG 生成的 VREF/IREF 分配到各个模块的方式。由于衬底噪声、金属线电感等因素的存在，不同的地，例如 RGND 和 AGND，可能存在一定程度的电位差。因此，在 PMU 工作过程中，为了建立正确的偏置，以电流信号的形式进行传输，而不是偏置电压的形式。如图 5.3.4(a)所示，在 GSG 产生偏置电流后，通过本地的电流镜，将偏置电流传输出去，直到各个变换器内部重新生成偏置电压。这样，由于电流镜具有很大的小信号带宽，不同地节点的电压差将不会影响偏置电流的大小。

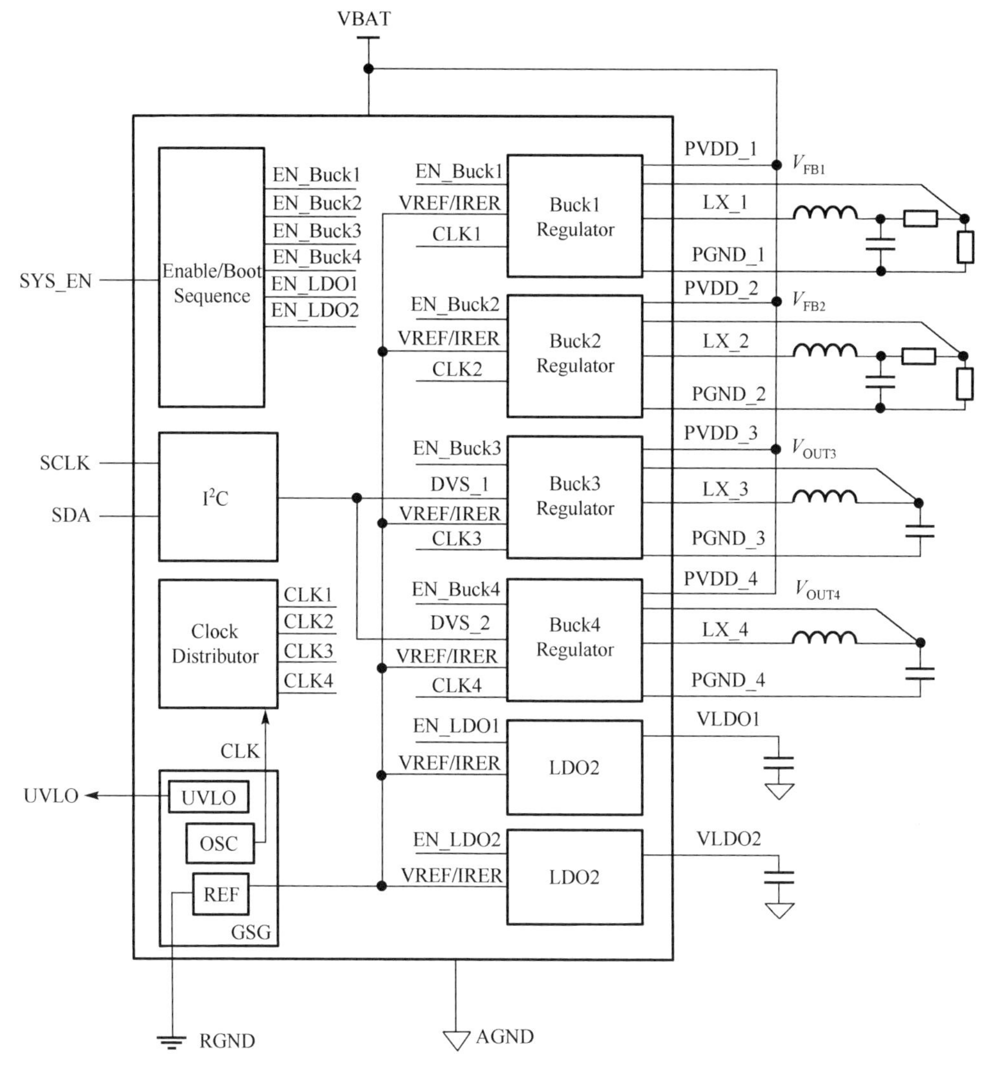

图 5.3.3　PMU 的功能框图

如图 5.3.4(b)所示，偏置电压的分配方式采用了单位增益放大器驱动长线的方式进行。单位增益放大器具有相当小的输出阻抗，限制了通过寄生电容耦合来的噪声对 VREF 信号产生的影响。此外，VREF 信号在分配到各个模块的时候，采取了屏蔽措施，进一步保护 VREF 信号免受开关变换器的干扰。

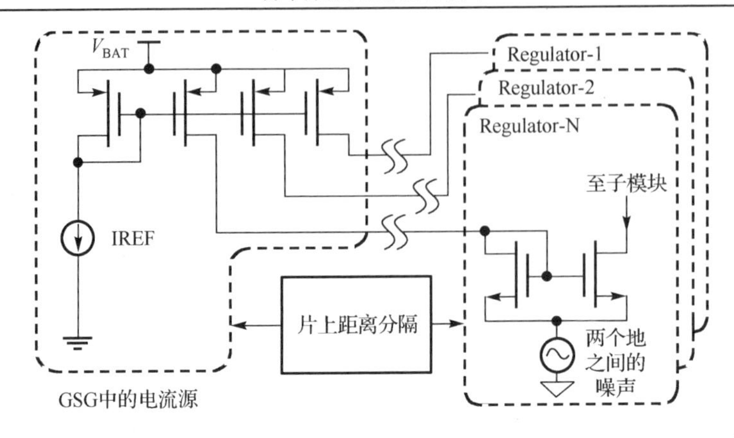

(a) 偏置电流在PMU中的分配方式

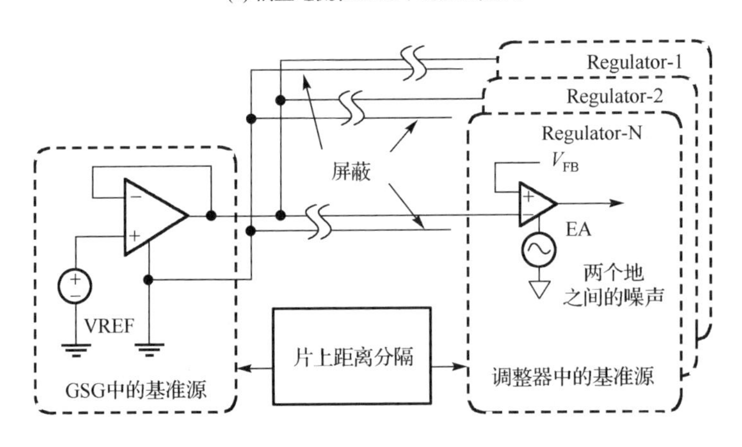

(b) 基准电压在PMU中的分配方式

图 5.3.4　电压基准和偏置电流在 PMU 中的分配方式

PMU 采用了单输入多输出(Single Input and Multiple Output, SIMO)的架构，从电池变换成多个输出。由于 Buck 变换器的输入电流为脉冲电流，PMU 的输入滤波电容需要采用低 ESR 的电容，以最大程度减小输入电源的纹波和毛刺。当 PMU 中的开关变换器同时工作时，所需要的输入滤波电容也将相应增大，这导致较高的成本和较大的 PCB 面积。此外，大的输入电流峰值在电流路径的寄生电感上会引起较大的电压尖峰，导致严重的 EMI 问题。为解决以上问题，PMU 中的开关变换器时钟采用分相交错设计。每个开关变换器的时钟相比前一个延时了 90°。时钟分配模块(Clock Distributor)根据全局时钟信号 CLK，产生开关变换器 $Buck_1$～$Buck_4$ 所需要的时钟信号 CLK_1～CLK_4，并送入各个变换器中作为本地时钟。如图 5.3.5 所示，各开关变换器在采用分相时钟后，PMU 输入电流的峰峰值得到了极大程度降低，所以输入电容也可相应减小。

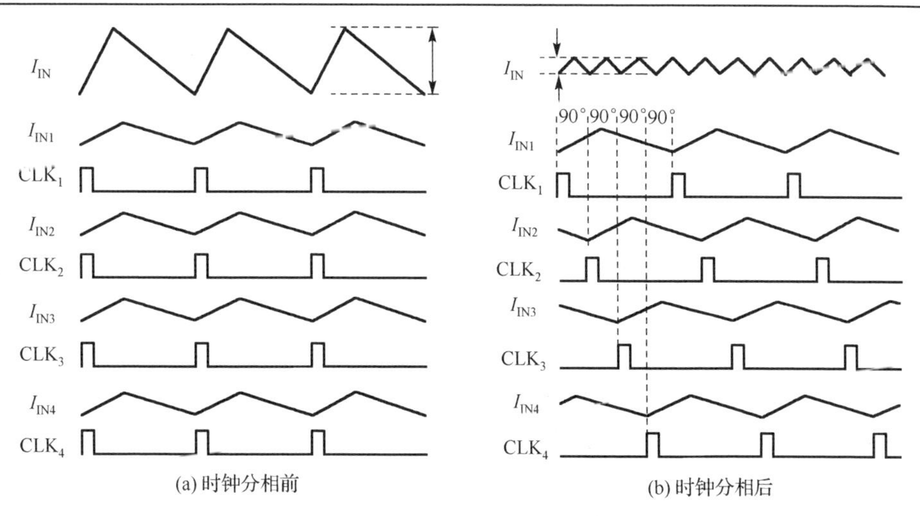

图 5.3.5　采用时钟分相前后输入电流对比

5.3.2　具体电路实施方案

5.3.2.1　相位超前补偿器

带有 DVS 功能的开关变换器 Buck_x 的功能框图如图 5.3.6 所示。带有 DVS 功能和不带有 DVS 功能的变换器唯一区别在于前者有数字控制的本地基准 VREF_DVS_x 以实现 DVS，而后者的基准为全局基准信号 VREF。大电流路径在功率器件开关时会有较大的噪声干扰，所以 PVDD_x、SW_x 和 PGND_x 都指定了单独的端口。与之相反的是，为节省端口，除了基准等敏感模块外，其他所有部分都可以共用电源 VBAT 和地 AGND。DVS_x 为 I^2C 端口输出的数字控制信号，以动态控制 VREF_DVS_x。变换器直接采样输出电压 VOUT，而后 VOUT 送入到超前相位补偿器(Phase lead Compensator，PLC)中。与图 5.2.15 所描述的超前相位补偿器不同的是，此处插入了缓冲器 Buffer。当没有 Buffer 时，C_C 的一端连接了本地的地信号。在小信号分析的过程中，高频时 C_C 短路，此时对于衬底耦合过来的噪声而言，OP、R_{C1} 和 R_{C2} 组成了比例放大器，将衬底噪声放大，直接影响 PMU 中 Buck 变换器的正常工作。

在单路 Buck 变换器的 PLC 中，仔细的版图设计可以减小衬底噪声耦合的影响，但在 PMU 设计中，由于面积受限，功率密度的增加，必须在此处插入 Buffer 以隔离衬底。Buffer 可以简单由源随器实现。需要注意的是，Buffer 的输入为基准信号 V_{REF}。由于基准是 PMU 中较为稳定的电位，所以 Buffer 的输出可以认为是小信号的地，称之为浮动地。浮动地的引入对衬底噪声形成了良好的隔离，保证了 PMU 中各变换器的稳定工作。在引入 Buffer 后，PLC 的传输函数变为：

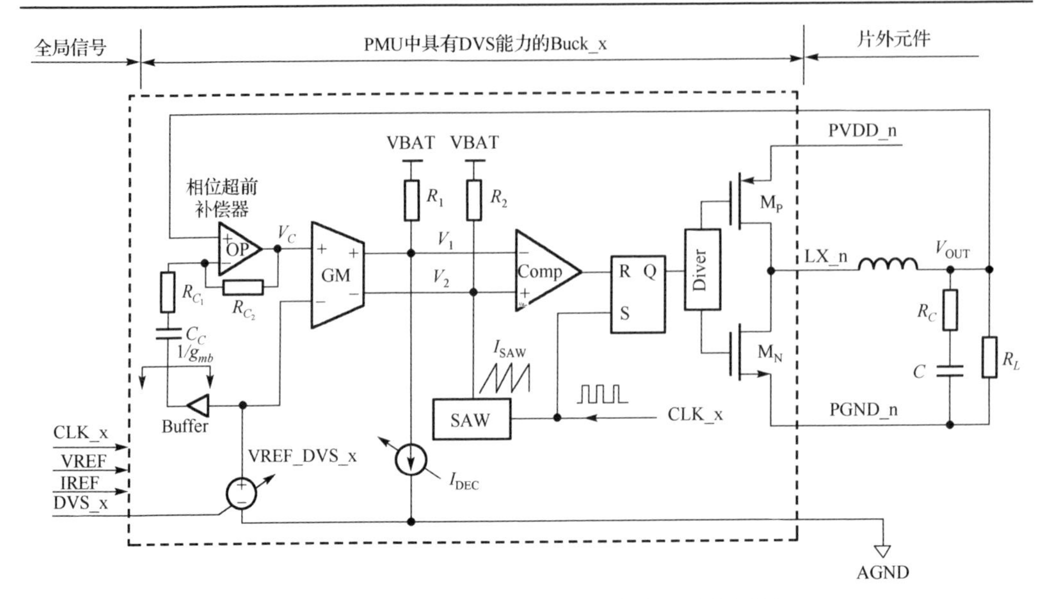

图 5.3.6　带有 DVS 功能的 Buck 变换器功能框图

$$T_{\mathrm{PLC}}(s) \approx \frac{1+s\left(\dfrac{1}{g_{mb}}+R_{C_1}+R_{C_2}\right)C_C}{1+s\left(\dfrac{1}{g_{mb}}+R_{C_1}\right)C_C+s^2\dfrac{\left(\dfrac{1}{g_{mb}}+R_{C_1}+R_{C_2}\right)C_C}{\mathrm{GBW}}} \tag{5.3.1}$$

其中，GBW 为运算放大器 OP 的单位增益带宽，$1/g_{mb}$ 为缓冲器的输出阻抗。零点为 $z_1=-1/C_C(1/g_{mb}+R_{C_1}+R_{C_2})$，极点为 $p_1=-1/(1/g_{mb}+R_{C_1})C_C$，另外的极点为 $p_2=-\mathrm{GBW}/[1+R_{C_2}/(1/g_{mb}+R_{C_1})]$。$z_1$ 远低于极点 p_1 和 p_2 以提升环路相位裕度。最低频率的零点放置在 LC 滤波器谐振频率附近，而不是三型补偿器或者二型补偿器所需要的低频率极点。在 PMU 的设计中，R_{C_1} 为 20kΩ，R_{C_2} 为 460kΩ，C_C 为 7pF。可以看出，用于产生零极点的无源器件的值可以大大缩小，即使相比伪三型补偿的 Buck 变换器也占有很大优势。因此，PMU 可以在较小的面积消耗下集成多个开关变换器。

Buck 变换器的频率响应如图 5.3.7 所示。从式(5.3.1)可以看出，由于 $1/g_{mb}$ 相对于 R_{C_1} 和 R_{C_2} 较小，因此同单路 Buck 变换器相比，频率响应基本没有变化：环路增益为 30dB，而环路带宽 f_{CO} 为约 160kHz，相位裕度约为 65°。超前相位补偿的 Buck 变换器缺点在于低环路增益导致的较差调整率和输出精度。此缺点可以由数字误差校准器克服[23]。通过数字方式的误差校准，同时保留了超前相位补偿器的诸多优点，使得数字辅助的超前相位补偿方式成为 PMU 中理想的控制方式。

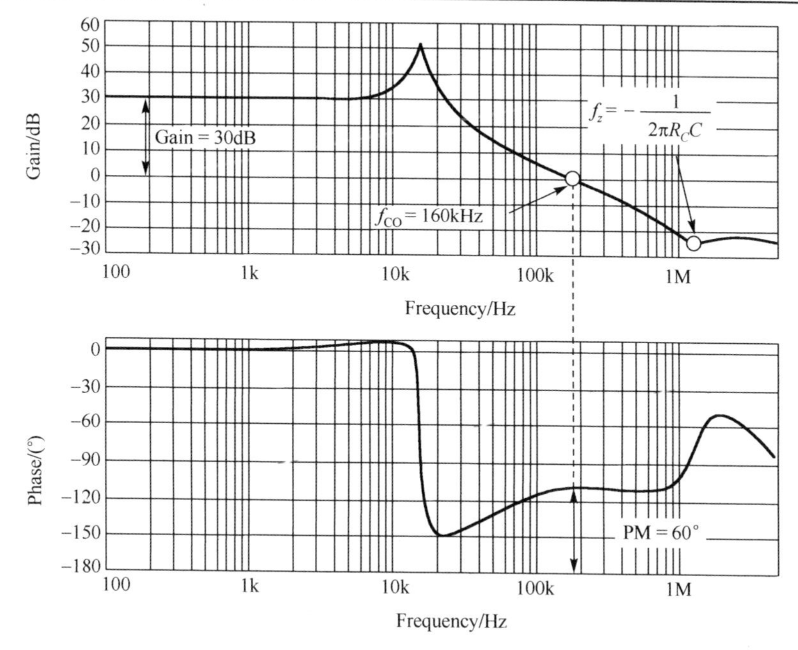

图 5.3.7　PMU 中变换器的环路频率响应

5.3.2.2　Power-Good 输出以及可编程上电时序

上电时序(Power-on-Sequence)在多电压域系统中非常重要。每个处理器或者SoC 芯片均规定了严格的上电时序。在 SoC 内部，不同的电压域之间采用类似二极管的 ESD 结构相连接。在两个电压域不同的电压作用下，二极管处于反偏状态。而在上电时，当电压较高的电压域后上电时，就可能引起二极管处在正偏状态下，触发较大的电流。虽然上电时间一般较短，但大的瞬态电流可能会引起闩锁或者金属互连线的熔断，从而降低芯片的可靠性。二极管负载也可能会被 PMU 误认为负载短路而触发保护，影响系统的正常上电。

在 PMU 的设计过程中，采用了输出状态信号和变换器的使能信号组合来控制各路输出的上电过程，如图 5.3.8 所示。以两个 Buck 变换器为例，每个变换器均有使能信号 EN_1、EN_2，以及输出状态信号 PG_1、PG_2。在上电或不使能时，PG 信号为低电平，只有当输出电压达到所需要的电压范围后，PG 信号才翻转为高电平。为了实现上电时序控制，我们将需要先上电变换器的 PG 信号连接到第二个变换器的使能端。最终，我们只需要控制第一个变换器的使能，当其输出电压达到所需要的值后，PG_1 信号翻转为高，使能第二个变换器，第二路输出电压上升，当其输出电压达到所需要的值后，PG_2 信号翻转为高，完成上电。PG_2 信号可以连接到 SoC 的控制端，用以通知主控制器上电过程已经完成，可以进行各种操作。

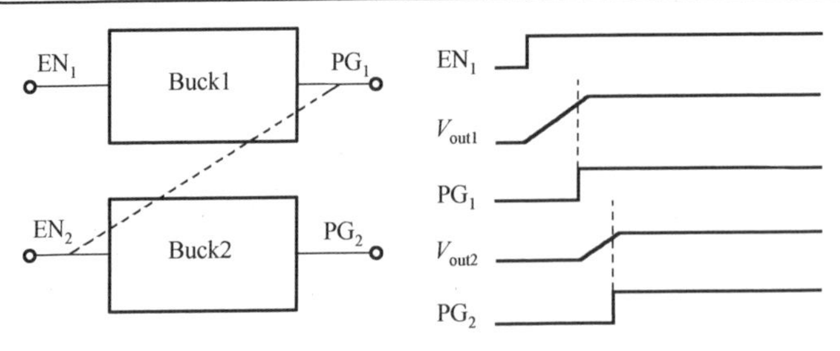

图 5.3.8　上电时序配置示意图

5.3.2.3　测试结果

本节所述 PMU 内含了四路 1A 的 Buck 变换器，其中两路为带有 DVS 功能的变换器，可由 I^2C 接口设置输出电压，另两路为通用的 Buck 变换器，由外部电阻设置输出电压；还有两路 200mA 通用的低压差线性稳压器。PMU 输入电压设计在 2.7～3.6V。带有 DVS 功能的变换器输出电压为 0.7～1.8V，以 25mV 步进。当输出电压为 1.2V 时，负载电流可达 1A。PMU 支持外部设定上电时序。芯片版图和照片如图 5.3.9 所示。芯片面积为 $5.29mm^2$(2.3mm×2.3mm)。在版图布局上，四个 Buck 变换器位于芯片的四个方向，以提供较好的隔离。在各变换器发热时，可达到较好的温度均匀性，没有热量的集中。此种布局使得系统应用时，功率电感可放置在 PMU 四周，避免功率电感之间可能会产生的电磁干扰。开关变换器工作于 2MHz 工作频率下，外部功率电感和滤波电容分别为 3.3μH 和 22μF。

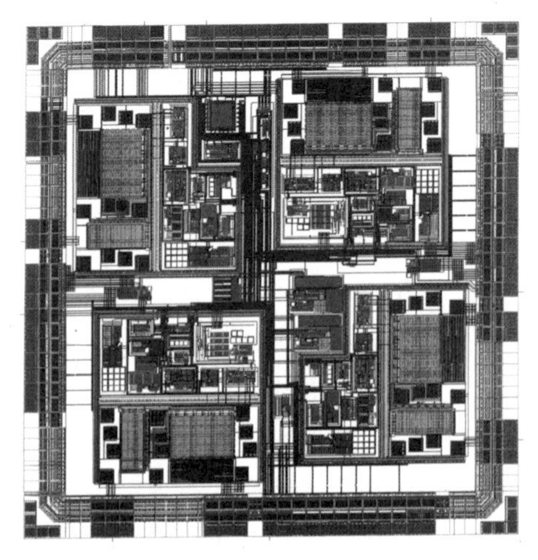

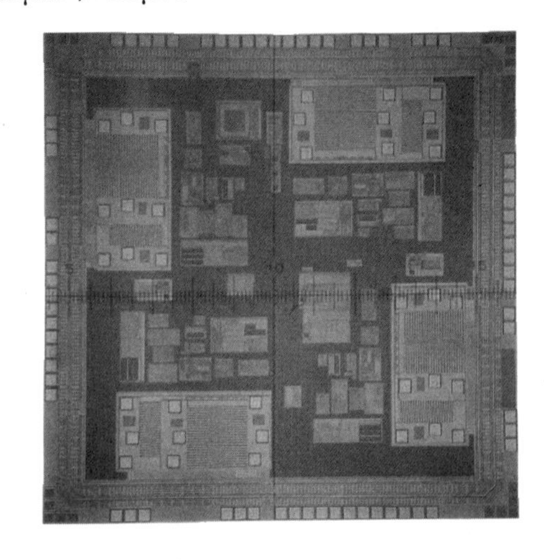

图 5.3.9　PMU 芯片版图与照片

图 5.3.10 给出了两个带有 DVS 功能变换器开关节点的稳态工作波形，分别是输出电压和开关节点。两个变换器的负载电流分别为 300mA。由于输出滤波电容采用

了陶瓷电容，输出电压纹波低于 15mV。从图 5.3.10 中还可以看出，两个变换器的时钟信号相位差为开关周期的 1/4，实现了时钟的分相功能。图 5.3.11 为四路变换器同时工作的开关节点波形，从中可以看出每两个相邻开关变换器仍然存在着四分之一开关周期的相位差，达到了设计的要求。

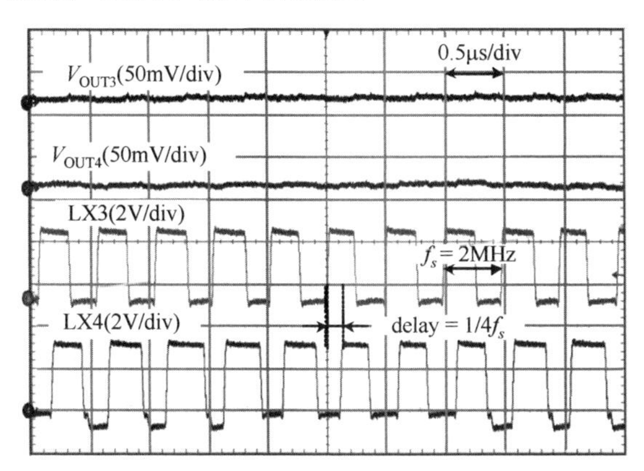

图 5.3.10　双路 DVS 变换器稳态工作波形

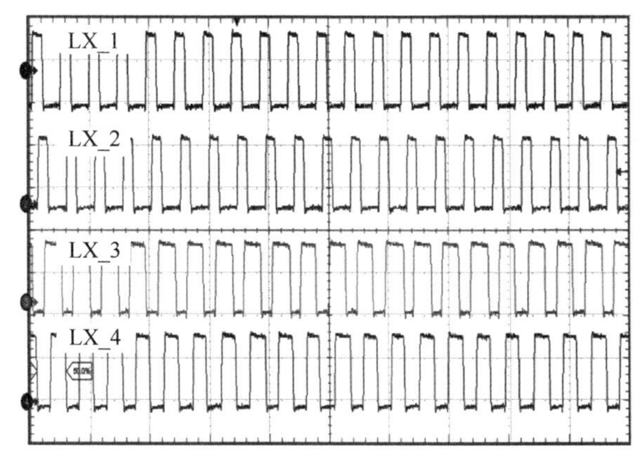

图 5.3.11　PMU 中四路变换器同时工作的开关节点波形

图 5.3.12 给出了 I^2C 控制下的 DVS 功能测试结果。在 SCL 和 SDA 信号控制下，V_{OUT3} 和 V_{OUT4} 在 1.80V 和 0.70V 之间交替变化。负载电流均为 250mA。此种情况用来模拟存在两个需要 DVS 的电压域的应用。在输出电压变化的过程中，两路 DC-DC 变换器均可正常工作，且相互间几乎没有影响。图 5.3.13 给出了放大后的输出电压调压过程。可以看出，对于 1.1V 电压差下的 DVS 功能，PMU 达到了 50μs 的上调压时间和 70μs 的下调压时间。在正常工作和 DVS 过程中，PMU 各路变换器表现出了良好的稳定性和隔离度。

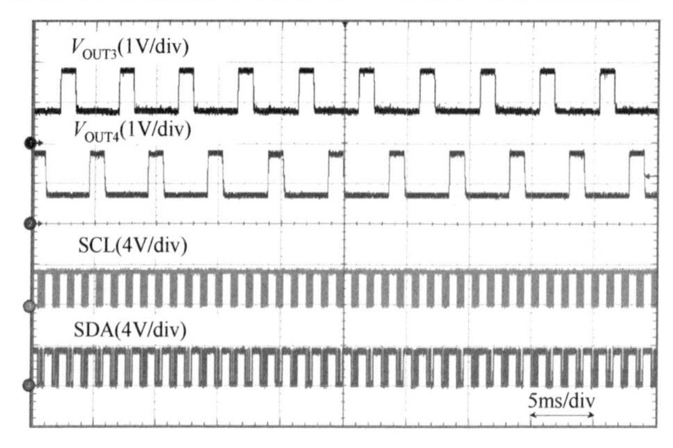

图 5.3.12　I²C 接口控制下的 DVS 响应波形

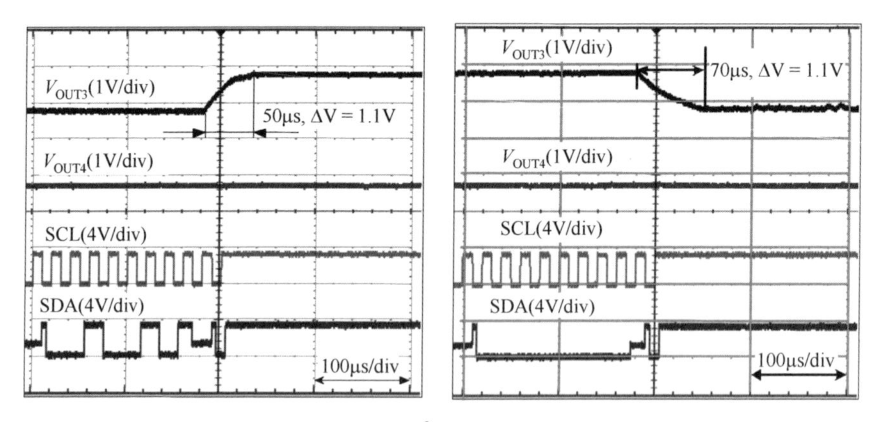

图 5.3.13　放大后的 I²C 控制下 DVS 测试结果

5.3.3　数字辅助精度提升技术

相比传统的 DC-DC 转换器，DVFS 系统中的 DC-DC 变换器应该有几个额外的要求。首先，变换器的输出必须可以通过数字接口调节，这是实现 DVFS 的首要条件。其次，在整个负载电流和电压调节范围内，输出电压精度是至关重要的要求。精确的电压水平可以使得输出电压调低到更低的水平，因此允许 DVFS 系统使用更小的设计裕量，从而进一步节省电能消耗，同时避免数字电路出现较低电压导致的时序问题。最后，除了具有较好的负载瞬态响应能力外，还应该具有较快的电压调节速度。较快的电压调节速度允许变换器在不同的输出电平之间快速切换。在高动态的数字系统中，具有快速 DVS 能力的变换器可以更快地跟踪数字电路的工作频率，以提供更大的能量节省结果。在模拟 DC-DC 变换器中，高增益的误差放大器(EA)可以提供较高的输出电压精度。在电压模式 Buck 变换器中，三型补偿通常用来补偿采用低 ESR 电容的降压转换器。三型补偿方式存在一个低频极点，起到了积分作用，低频增益很高，因此可以提供较高的电压精度和较低的调整率。除了高增益的 EA 外，还需要尽量降低电流路径上的电阻，包括功率管、电感寄生电阻以及走线电阻等。较大的寄生电阻在较高输出电流时将大大恶化输出电压精度。但是为了得到较小的寄生电阻将带来更大的芯片面积和更多的设计精力。此外，三型补偿器存在一个较低频率的极点，通常需要片外电容和电阻实现。较大的片外无源器件限制了变换器在 SoC 中的集成，乃至后续在 PMU 中的集成。虽然通过修改的伪三型补偿电路实现了较小尺寸无源器件的三型补偿传输函数，但无源器件元件仍占据着较大面积。此外，Buck 变换器也可通过比例积分形式进行主极点补偿，但瞬态响应很慢，不符合 DVS 系统的要求。与之相反，相位超前补偿方式的 Buck 转换器，只有一个较高频率零点就可以实现环路的补偿，因此可以大幅度降低对无源器件的要求，从而以较小的面积单片集成整个 Buck 变换器。然而，相位超前补偿方式的主要缺点是环路增益受到严重限制。较低的环路增益意味着较差的调整率、输出电压精度，在较大电流时情况会更加严重。因此，超前相位补偿方式在 DVFS 系统中的应用受到了很大的限制。

为了得到输出精确的相位超前补偿 Buck 转换器，本节提出了数字输出误差校正器(Digital Error Corrector，DEC)的方案。通过数字辅助的方式，增强传统模拟方式实现的相位超前补偿 Buck 变换器。DEC 通过在 EA 的输入加入数字控制的失调电压，补偿由较低的环路增益以及寄生电阻导致的输出误差。由于引入了数字方式的误差校准方法，整个负载电流和电压调节范围的输出电压的精度，可以大幅提高[23]。DEC 通过复用 EA 的输出电流，实现了对输出电压容差范围的检测，通过有限状态机(Finite State Machine，FSM)实现了对引入失调电压的步进调节。

本节所提出的带有 DEC 的降压转换器框图如图 5.3.14 所示。该转换器包括误差放大器(EA)、比较器、驱动两个功率管 MN 和 MP 的驱动电路，以及外围的电感 L、电容 C 组成的滤波电路。其中电感和电容的等效串联电阻分别为 R_L 和 R_C。R 为负载电阻，而 $R_{ON,P}$ 和 $R_{ON,N}$ 分别是 MP 和 MN 的导通电阻(在三极管区)。全局时钟信号和所述锯齿波信号由振荡器 OSC 产生。DEC 检测 V_{OUT} 和 V_{REF} 的差异程度，并产生补偿电压 $\Delta V_{Offset}\cdot A_{EA}$，在 EA 的输出端与 EA 的输出信号相加。其结果是在 EA 的输入等效加入了大小为 ΔV_{Offset} 的失调电压。通过调节，V_{OUT} 与 V_{REF} 之间的误差被缩减到最小。

通过应用状态-空间平均法，假设电容电压 $V_C(t)$ 和电感电流 $I_L(t)$ 的开关纹波相比各自的直流分量来说可以忽略。*在 MP 开启和 MN* 关断时，图 5.3.14 中的电路被简化到图 5.3.15(a)；而在 MP 关断和 MN 开启时，图 5.3.14 中的电路被简化到图 5.3.15(b)。在图 5.3.15(a)中的电感电压 $v_L(t)$ 可以表示为：

$$v_L(t) = V_{IN} - [V_C + i_C(t)\cdot R_C] - I_L(R_{ON,P} + R_L) \tag{5.3.2}$$

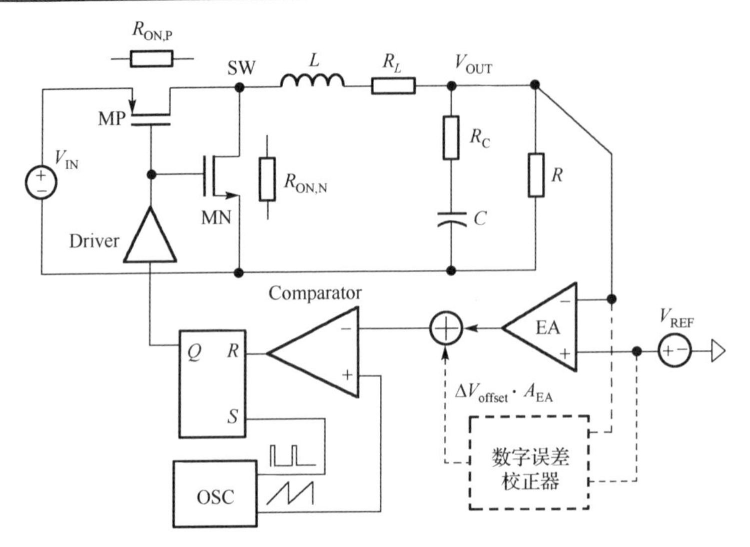

图 5.3.14　带有所提出数字误差校正器的 Buck 变换器框图

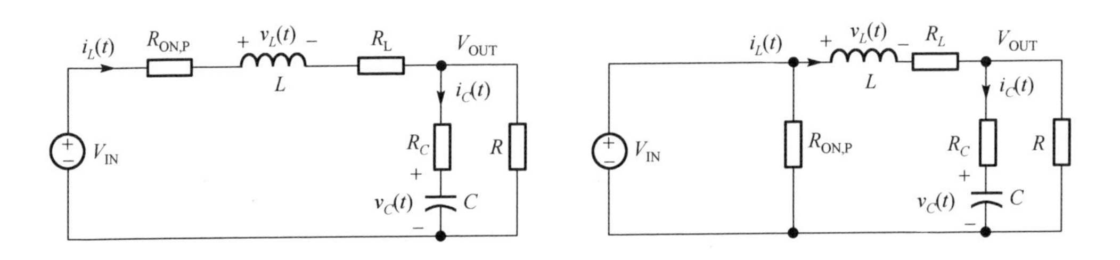

图 5.3.15　在不同开关状态下的 Buck 变换器等效电路

电容电流 $i_C(t)$ 表示为：

$$i_C(t) = I_L - \frac{V_C + i_C(t) \cdot R_C}{R} \tag{5.3.3}$$

图 5.3.15(b) 所示电感电压 $v_L(t)$ 为：

$$v_L(t) = -V_C - i_C(t) \cdot R_C - I_L(R_{ON,N} + R_L) \tag{5.3.4}$$

所以，电容电流 $i_C(t)$ 为：

$$i_C(t) = I_L - \frac{V_C + i_C(t) \cdot R_C}{R} \tag{5.3.5}$$

电感电压和电容电流的平均值为式(5.3.2)和式(5.3.3)中 $v_L(t)$ 和 $i_C(t)$ 的积分。通过小纹波近似，使其平均值为零，则变换器的直流输出电压为：

$$V_{OUT} = V_C = V_{IN} \cdot D - I_{OUT}[R_L + D \cdot R_{ON,P} + D' \cdot R_{ON,N}] \tag{5.3.6}$$

从式(5.3.6)中可以看到，R_C 对负载调整率没有影响。这是因为 R_C 的电流在不同的开关状态下方向相反，所以可以在平均模型里忽略。开关变换器的占空比 D 通过比较三角波电压和误差放大器的输出得到，即：

$$D = A_{\text{EA}} \cdot \frac{V_{\text{REF}} - V_{\text{OUT}}}{V_{\text{M}}} \tag{5.3.7}$$

其中，A_{EA} 为误差放大器的增益，V_{M} 为锯齿波电压高度。由式(5.3.6)和式(5.3.7)得到的平均输出电压为：

$$V_{\text{OUT}} = V_C = V_{\text{REF}} \cdot \frac{1 - I_{\text{OUT}} \cdot \dfrac{R_L + R_{\text{ON,N}}}{V_{\text{IN}} \cdot A_{\text{EA}} \cdot \dfrac{V_{\text{REF}}}{V_{\text{M}}}} + I_{\text{OUT}} \cdot \dfrac{R_{\text{ON,N}} - R_{\text{ON,P}}}{V_{\text{IN}}}}{1 + \dfrac{1}{V_{\text{IN}} \cdot \dfrac{A_{\text{EA}}}{V_{\text{M}}}} + I_{\text{OUT}} \cdot \dfrac{R_{\text{ON,N}} - R_{\text{ON,P}}}{V_{\text{IN}}}} \tag{5.3.8}$$

从式(5.3.8)中可以看到，有数个因素影响调整率。当 $A_{\text{EA}}=\infty$时，输出电压将会是基准电压 V_{REF}。反之，当 A_{EA} 有限时，输出电压将偏离基准值。假设 $R_{\text{ON,P}}$, $R_{\text{ON,N}}$ 以及 R_L 为零，即 MP、MN 和电感被视作理想元件。式(5.3.8)被简化为：

$$V_{\text{OUT}}\Big|_{R=0} \approx V_{\text{REF}} \cdot \frac{1}{1 + \dfrac{1}{\dfrac{V_{\text{IN}} \cdot A_{\text{EA}}}{V_{\text{M}}}}} = V_{\text{REF}} \cdot \frac{1}{1 + \dfrac{1}{\text{LG}}} \tag{5.3.9}$$

其中，$\text{LG} = V_{\text{IN}} \cdot A_{\text{EA}} / V_{\text{M}}$，为环路增益。图 5.3.16 给出了 V_{OUT}、I_{OUT} 与 V_{REF} 之间的关系。可以看到，随负载电流变化的电压精度决定于 A_{EA} 以及电流路径上的寄生电阻，包括 R_L、$R_{\text{ON,P}}$ 和 $R_{\text{ON,N}}$。足够的环路增益可以实现较小的稳态误差；电流路径上小的寄生电阻进一步保证了负载调整率，即电流较大时仍可以得到较小的稳态误差。从图 5.3.16(a)中还可以看出，较小的环路增益和较大的寄生电阻导致明显的稳态误差，而且此误差随电流增大而增大。图 5.3.16(b)进一步展示了随 V_{REF} 增加的输出偏差。而对于相位超前补偿方式的 Buck 变换器，较小的环路增益将导致较差的调整率，以及 DVS 应用中的较大输出误差，这两个缺点使相位超前补偿不适用于 DVS 应用。

DEC 在 EA 的输出端引入了一个可控失调电压 $\Delta V_{\text{Offset}} \cdot A_{\text{EA}}$，以补偿输出误差，如图 5.3.14 所示。所以 EA 的输入失调电压为 ΔV_{Offset}。假设 ΔV_{Offset} 调节步进为 V_{LSB}，输出电压容差范围为 $V_{\text{OUT,MAX}}$～$V_{\text{OUT,MIN}}$，则所需要的失调电压范围为 $\Delta V_{\text{Offset,MAX}}$～$\Delta V_{\text{Offset,MIN}}$，如图 5.3.16 所示。输出电压 V_{OUT} 与容差范围 $V_{\text{OUT,MAX}}$ 和 $V_{\text{OUT,MIN}}$ 进行比较，根据比较结果步进增加或减小所引入的失调电压。所添加的数字误差校准器

独立于模拟反馈环路，所以原始的模拟补偿效果不会受到影响。在引入 DEC 后，在较大范围的输出电流变化情况下，或者基准电压在变化的 DVS 应用中，输出电压始终和容差范围的边界进行比较，并被校准到容差范围之内。因此，负载调整率和 DVS 精度被 DEC 所增强，并且不再受到模拟环路的增益和寄生电阻的影响。在输出电压被校准到容差范围之内后，最大和最小的步进电压 V_{LSB} 数量分别定义为 N_{MAX} 和 N_{MIN}。

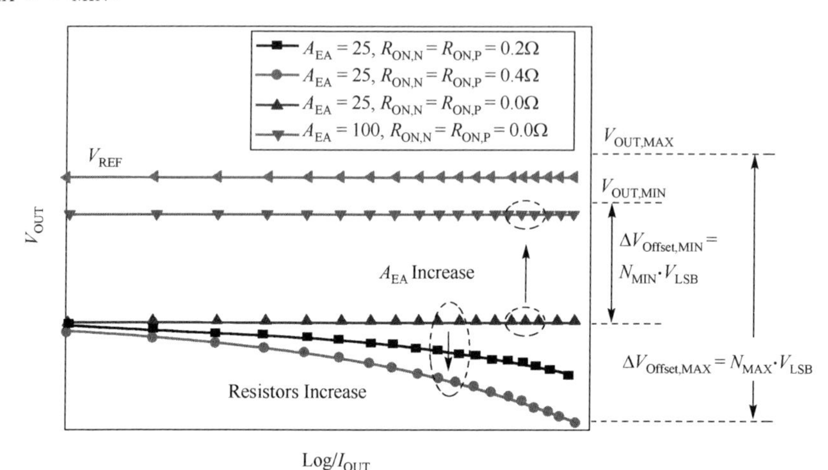

(a) 输出电压和负载电流之间的关系

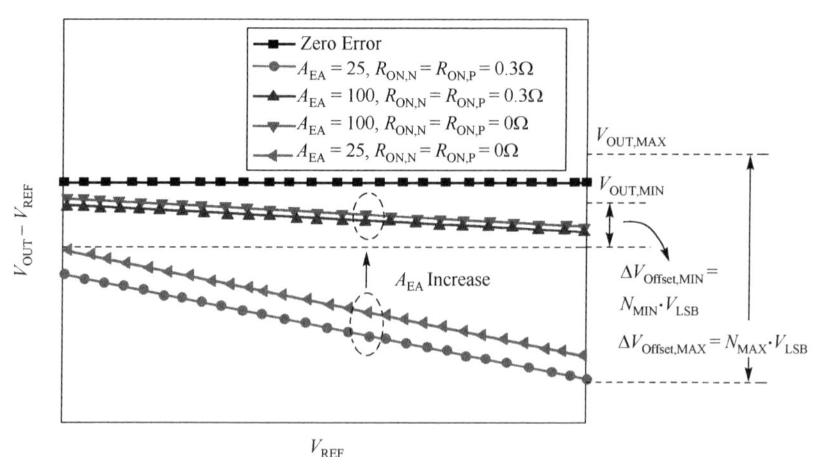

(b) 输出电压和基准电压之间的关系

图 5.3.16　输出电压、负载电流和基准电压之间的关系

在带有误差校正器的 Buck 变换器中，引入的失调电压 ΔV_{Offset} 为数个 V_{LSB} 之和。在经过时间间隔 $N_T T_S$（T_S 为变换器的开关周期）后，失调电压 ΔV_{Offset} 会被调节增加或减小一个步进电压 V_{LSB}，直到输出电压进入到容差范围之内。所以，所有的非理

想因素，包括有限环路增益，串联的寄生电阻和其他影响输出偏差的因素，都被添加的误差校正器所修正，调整率和输出精度得到了极大提高。

V_{LSB} 和时间间隔 N_TT_S 是误差校正器设计中的两个关键参数，应当仔细进行设计，在输出精度提高的同时保证系统的稳定性。对于 V_{LSB} 而言，首先，引入的误差电压范围必须能够覆盖最大的输出电压误差。其次，步进电压 V_{LSB} 和输出容差范围必须满足稳定性条件，即数字控制 DC-DC 变换器中的无极限环条件：在所有条件下，占空比的步进引起的输出电压的变化，必须能够映射到 ADC 的零误差范围之内[24]。因此在误差校准器的设计中，将两个翻转点分别为 $V_{OUT,MAX}$、$V_{OUT,MIN}$ 的比较器当作简单的 ADC，引入的 V_{LSB} 会引起占空比变化，可视作类似 DPWM 的工作模式。因此，根据无极限环条件 V_{LSB} 必须小于容差范围 $V_{OUT,MAX}-V_{OUT,MIN}$。在本节所提出的变换器中，设计 V_{LSB} 为 8.4mV，而 $\Delta V_{Offset,MAX}$ 为 7 倍 V_{LSB}，即 58.8mV。ADC 的零误差范围，即输出电压容差范围，设计为基准电压±10mV 之间，则输出电压在 1.2V 时，误差会在±0.8%。

在 2MHz 开关频率，即 0.5μs 开关周期时，N_T 设计为 8。此取值在响应时间和稳定性上进行了折中。N_TT_S 应稍长于最坏情况下的变换器负载阶跃恢复时间，否则误差校准的步进将引起输出电压的振荡，破坏了系统的稳定性。此外，为简化设计，比较器比较了 V_C 而不是 V_{OUT}，所以较长的 N_TT_S 同时避免了 V_C 和 V_{REF} 的不同。校准后的输出电压以及占空比微调过程如图 5.3.17 所示。需要注意的是，V_{LSB} 小于 $(V_{OUT,MAX}-V_{OUT,MIN})$ 以满足无极限环条件。因此，图中存在多个可能的输出电压位置。输出电压可能在负载阶跃、基准变化时进入到不同的控制信号 DC 所决定的输出电压位置。如图 5.3.17(a)虚线所示，随着箭头方向，输出电压随输出电流经历了下降、上升过程，而后在负载电流变小之后，又开始经历上升、下降过程。但无论如何，输出电压总保持在容差范围之内。

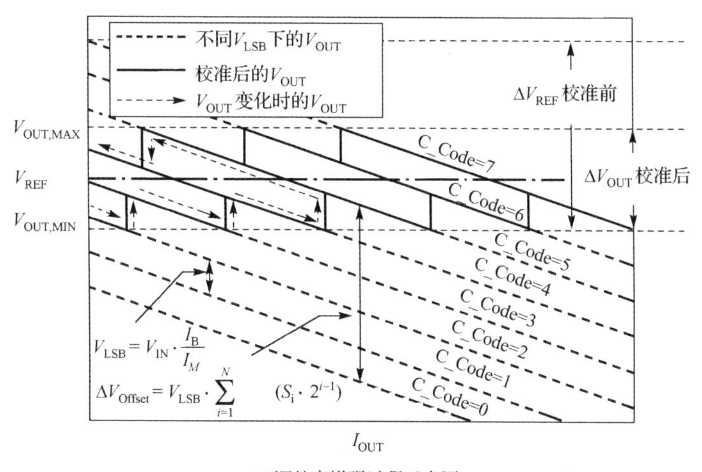

(a) 调整率增强过程示意图

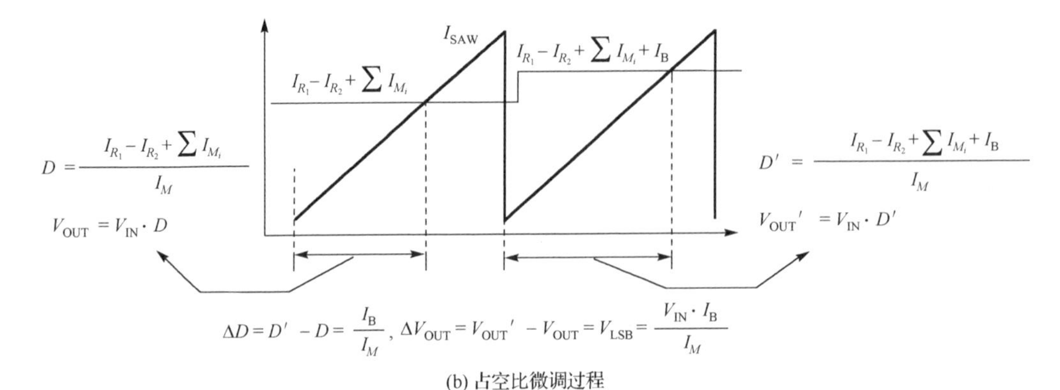

(b) 占空比微调过程

图 5.3.17　占空比微调过程示意图

图 5.3.18 展示了简化后的带有数字误差校正器(DEC)的 DC-DC 变换器框图。输出电压 V_{OUT} 反馈到超前相位补偿器 PLC 之中，而后运算跨导放大器(Operational Transconductance Amplifier，OTA) GM 将 V_{REF} 和 V_C 之间的电压差转化为 R_1 和 R_2 之间的电流差。此差分电流通过比较器 Comp 与锯齿电流 I_{SAW} 进行比较，从而产生 PWM 信号。此处设计中采用了电流信号进行比较而不是电压信号，原因在于 GM 的输出节点阻抗可以通过选取较小的 R_1、R_2 来降低，推高了次极点位置，从而扩展环路带宽。锯齿电流 I_{SAW} 以及全局时钟信号 CLK 由振荡器模块 OSC 产生。功率管 MP 和 MN 受到 RS 触发器和驱动模块控制。为提高变换效率，自适应死区时间控制和分段功率管技术应用在功率级的设计中，从而大大提高了变换器的性能。在 DVS 应用中，通过外部数字接口改变基准电压 V_{REF} 的值，从而对输出电压 V_{OUT} 完成动态调整功能。如前所述，模拟控制环路带宽稍大于数字控制环路。所以如图 5.3.18 所示，为方便电路实现，比较器 Comp 比较 V_C 和 V_{REF}，而不是 V_{OUT} 和 V_{REF}。

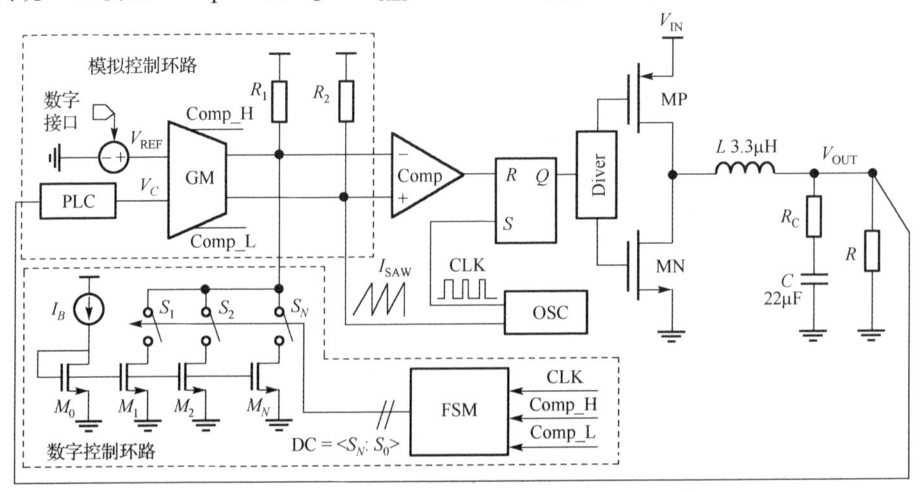

图 5.3.18　具有数字校准功能的 DC-DC 变换器框图

5.3.4　分段功率管驱动技术

传统的PWM控制变换器，在负载电流变小时会出现转换效率大大降低的现象。轻负载情况下的效率提升技术可通过脉冲跳周期调制(Pulse Skip Modulation，PSM)技术实现，而对于集成了功率管的PIC还可以采用分段功率管驱动技术，通过在不同工作模式，如连续电流模式(Continuous Current Mode，CCM)、离散电流模式(Discontinuous Current Mode，DCM)、PSM调制模式，采用不同尺寸的功率管来提升变换器在轻负载下的效率。

图5.3.19给出了带功率管等效寄生电容的降压型直流开关变换器的电路拓扑，它由PMOS功率开关管、NMOS同步整流管、电感L、输出滤波电容C_{out}和电阻负载R_{LOAD}等组成。功率开关管和同步整流管产生的损耗是Buck变换器等开关电源功率损耗的最主要部分，其又可以分为三部分[25]：一是功率MOS管在导通时由于导通电阻的存在，在流过负载电流时产生的导通损耗，该导通损耗正比于导通电阻R_{on}，与功率管有效栅面积成反比；二是功率管栅极驱动损耗，正比于栅极寄生电容大小，即正比于功率管总的有效栅面积；三是其他开关损耗，主要为功率管在开通和关闭的瞬间，由于漏极等寄生电容的存在，当节点电压变化时对其寄生电容的充放电产生的损耗，开关损耗和栅驱动损耗一样正比于功率管有效栅面积。

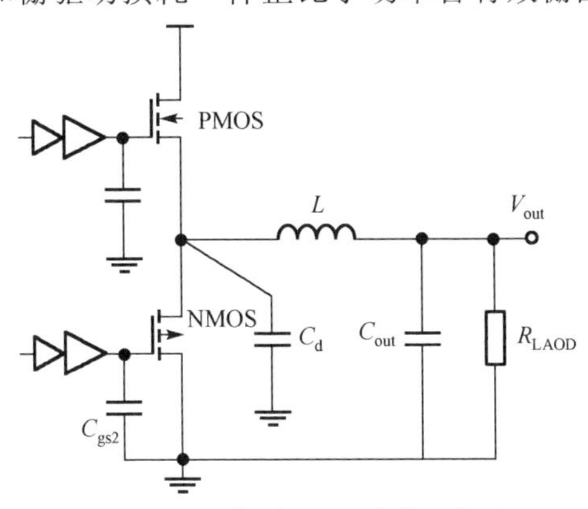

图5.3.19　典型Buck变换器拓扑

对于导通损耗[26]，考虑电感的等效串联电阻后：

$$P_{loss,conduction}=D\times I_{out}^2\times R_{on,P}+(1-D)\times I_{out}^2\times R_{on,N}+I_{out}^2\times R_L \tag{5.3.10}$$

对于开关损耗：

$$P_{loss,switch}=\frac{1}{2}f_s\times V_{DD}^2\times(C_{gs1}+C_{gs2}+C_d) \tag{5.3.11}$$

其中，R_L为系统电感的等效串联电阻，D为PWM控制信号的占空比，V_{DD}为输入端电源电压，f_s为开关频率。

功率变换系统的效率 η 由输出功率和损耗来决定。

$$\eta = \frac{P_{\text{out}}}{P_{\text{in}}} = \frac{P_{\text{out}}}{P_{\text{out}} + P_{\text{loss}}} \tag{5.3.12}$$

其中，P_{loss} 等于导通损耗、栅驱动损耗和其他开关损耗的总和。

在大功率以及开关频率较低的开关电源中，栅驱动损耗相对于功率管的导通损耗小得多，可以忽略不计。但在小功率应用场所，以及便携式设备所要求的小体积应用场所，为了减小电感等储能器件的体积而采取的高开关频率，例如 1MHz 以上，栅驱动损耗将变得不能忽视，并且在轻负载情况下成为主导因素。图 5.3.20 所示为在某同步整流 Buck 变换器中的 NMOS 和 PMOS 的导通电阻和驱动功耗随功率管数量，即总的有效栅面积的增加而变化的曲线图。可看出两部分损耗对功率管数量变化具有不同的变化趋势。为了取得最优化的效率，就需要在功率管数量设计上折中考虑。

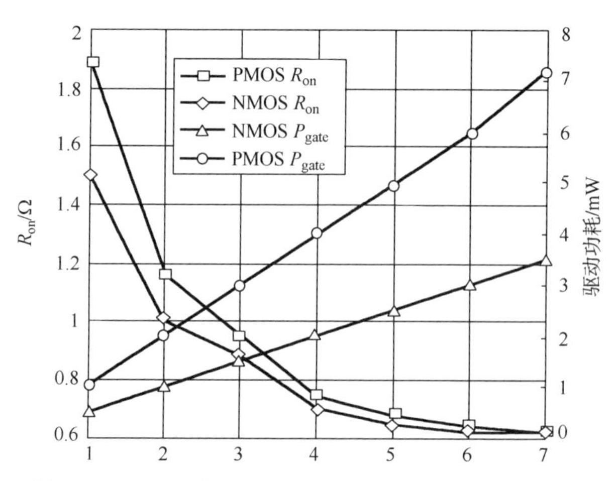

图 5.3.20　导通电阻和驱动功耗随功率管数量的变化

由于在轻负载情况下负载电流变得很小，开关管的导通损耗在系统总的损耗中占的比例大大下降，开关损耗成为主导成分。因此在轻载情况下，降低开关损耗成为提高系统效率的关键因素，为此提出了分段功率管驱动的方法[27]：并联若干段功率管，在重载模式下使用全部功率管，使导通电阻最小，降低导通损耗；在轻载模式下使用一部分功率管，虽然开启电阻增加了，但降低了功率管的寄生电容值，从而降低开关损耗。为了达到在不同的分段情况下，各部分功率管同时开通和关闭，需要将功率管设计成相同的若干段，每段功率管的尺寸和版图完全相同，并且每段功率管采用各自相同尺寸的 Buffer 缓冲单元进行驱动，以达到均匀驱动的目的。在极轻负载下还可采用 PFM 或 PSM[28-30]进一步提升开关电源的效率。

图 5.3.21 给出了以三位编码 7 段为例的分段功率控制的 Buck 电路结构框图。

分段后的功率管由3组并联的PMOS管共同作为Buck电路的开关管。每一段的功率管尺寸分别为1段、2段、4段，各组的栅驱动信号相互独立，由逻辑控制电路决定。不同的组单独开启或相互组合开启，使有效的功率管尺寸从1段到7段逐渐递增，以适应不同的系统需要。

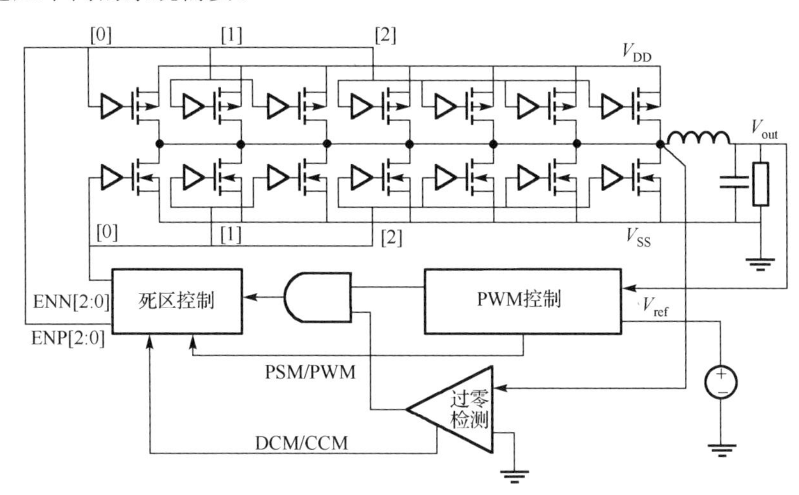

图5.3.21　三位编码7段功率控制Buck系统框图[31]

在较复杂的分段驱动控制的Buck型电路中，往往是结合使用模数转换器的数字控制回路，通过对输入和输出电压的采样，得到近似的负载电流大小的数字信息，再通过数字控制逻辑控制分段控制信号。分段控制信号由负载电流决定，其切换点由系统的效率曲线决定，此时将会得到最优化的结果。但在该系统的模拟控制回路中，考虑到使用数字输出电流采样模块控制功率管的分段开启会大大增加系统的复杂程度，可以使用一种代替输出电流数字采样的控制回路。在系统处于不同的工作模式下，将会产生DCM/CCM控制信号和PSM/PWM控制信号。在CCM模式下，负载电流最大，因此使用全部的功率管，分段控制使能信号EN[2:0]为[111]，在DCM模式下负载电流较小，使用部分功率管，比如在只使用2段功率管时，分段控制使能信号EN[2:0]为[010]。在PSM模式下使用最少的功率管，分段控制使能信号EN[2:0]为[100]，从而达到提高轻载模式时系统效率的目的。在DCM模式下的功率管使用数量需要由系统的整体仿真效率曲线综合考虑得到。

图5.3.22为具有三位(EN0-EN2)编码控制的分段功率管驱动主控模块的电路框图，其中包含了死区时间控制模块和过零检测模块。图中的死区控制模块通过判断LX和GNFB信号来控制NMOS功率管的开启时机，过零检测控制模块通过在适当的时机判断LX信号来检测系统电流是否已经过零，在DCM断续工作模式下将会在系统电流过零的时刻关断NMOS管，避免电流反向。启动电路模块工作时，在系统开机上电的瞬间，由于系统的逻辑控制模块还没有工作，此时由启动模块代替控

制逻辑控制功率管的开启，使两功率管都处于关闭的状态，当系统上电一段时间后，启动电路失效，将功率管的控制权交回系统的控制逻辑，防止在开机时可能出现的错误开关信号造成功率管同时开启，形成尖峰电流。

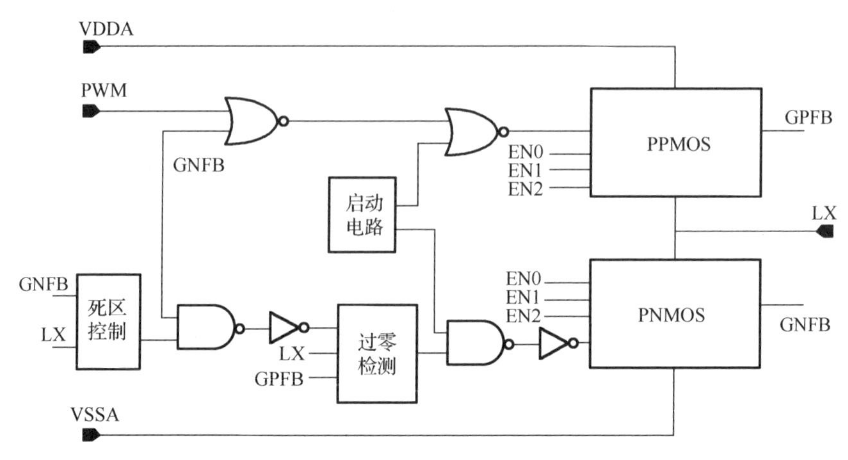

图 5.3.22　分段功率管驱动主控逻辑模块框图

PPMOS 模块为包含 Buffer 和一些逻辑控制电路的 PMOS 功率管模块，其具体的电路如图 5.3.23 所示。

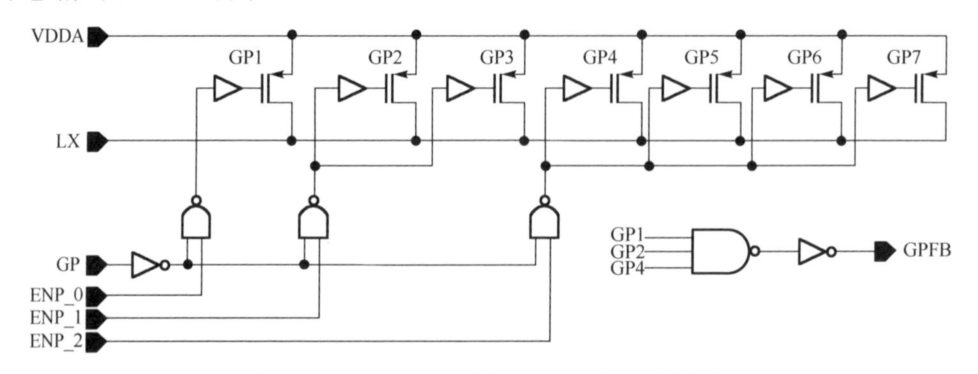

图 5.3.23　图 5.3.22 中的 PPMOS 模块电路图

在 PPMOS 模块中可以看到功率管被分成了均匀的 7 段，每一段都有独立的完全一样的 Buffer 驱动电路进行驱动，其栅驱动信号由 GP 输入，但又受到信号 ENP_0，ENP_1，ENP_2 控制。在 ENP_0 为高时，第一段功率管被使能接受 GP 信号的控制，在 ENP_1 为高时，第 2～3 段功率管被使能，接受 GP 信号的控制，在 ENP_2 为高时第 4～7 段功率管被使能，接受 GP 信号的控制。当使能信号为低时，相应的功率管就被关闭，不能接受 GP 信号的控制。其中的 Buffer 电路是由 4 级级联的反相器构成，反相器的尺寸逐级增大，以达到提高控制逻辑信号对功率管的驱动能力的作用，其每一级反相器的尺寸由相应功率管所需的驱动能力来确定，其设计目标是既要使功率管的栅开启具有较快速度，但又不能开启过快，即功率管的栅驱动信号上升沿和下降沿不能太陡。上升沿太陡会使功率管出现比较大的电流尖峰，增加了高频谐波的部分，加大了 EMI 问题的出现。普通的功率管栅驱动上升沿在100ns 左右较合适，如开关频率在 1.5MHz，则将该处 PMOS 管和 NMOS 管的栅驱动上升沿和下降沿时间设在了 15ns 左右。

图 5.3.24 是 PNMOS 模块的具体电路图，其与 PPMOS 模块不同的是由于 NMOS 管的开启逻辑信号为高时开启，其逻辑电路与 PMOS 管不一样，NMOS 功率管的尺寸和 Buffer 的尺寸也不一样。GNFB 为功率管的开启反馈信号，当有其中任意一段的功率管被开启后都会形成反馈信号，输出到其他模块作为逻辑判断信号。

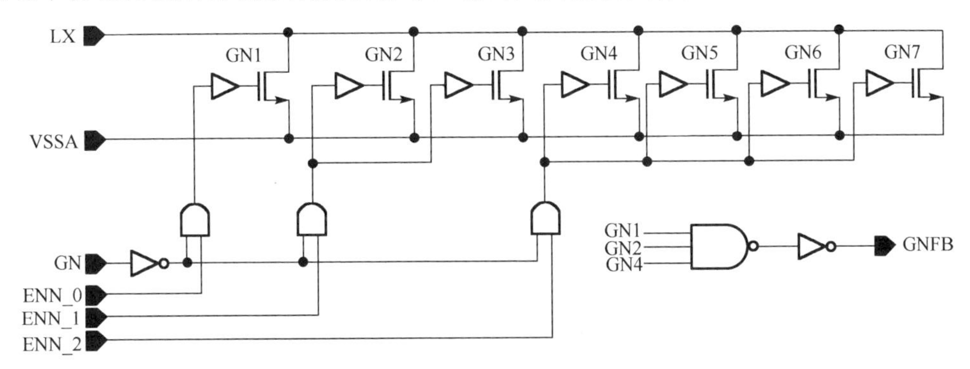

图 5.3.24　图 5.3.22 中的 PNMOS 模块电路图

采用 Hspice 软件对系统效率进行仿真。在开关频率 1.5MHz、输入 3.6V、输出1.5V 固定不变的情况下，改变负载电流和 PWM 占空比得到不同的功率管尺寸下的效率曲线，如图 5.3.25 所示。在负载电流高于 100mA 的时候，功率管 7 段全开的效率最高，并在 300mA 左右达到最高值点，接近 95%，随着负载电流的降低，效率也随之降低。其他曲线具有类似趋势但在轻载区域效率下降较慢，综合各条曲线和系统现有的控制信号，在负载电流小于 100mA 时系统进入 DCM 模式，对照此区间效率曲线，在 DCM 模式时将功率管开启数量设定为 2 段，系统效率有较好的优化。

图 5.3.26 为采用 PSM 和 PWM 功率管分段驱动的 Buck 电路的效率曲线。该变换器在中重负载下采用具有分段功率驱动的 PWM 调整模式。图中带小圆圈的点为最优分段驱动效率点。使用分段驱动前后的仿真效率曲线对比，在 DCM 断续模式下将功率管减少为 2 段后效率最高得到约 7%的提高。为了减少过多分段的复杂性及进一步提升极轻负载下的效率，极轻负载下可采用 PSM。在进入 PSM 跳周期模式后使用 1 段功率管比不使用分段驱动时效率也得到提高。

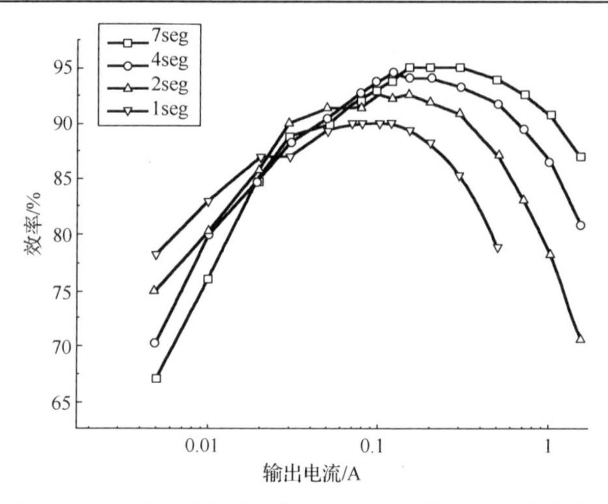

图 5.3.25　不同分段功率管在 PWM 控制下的效率曲线

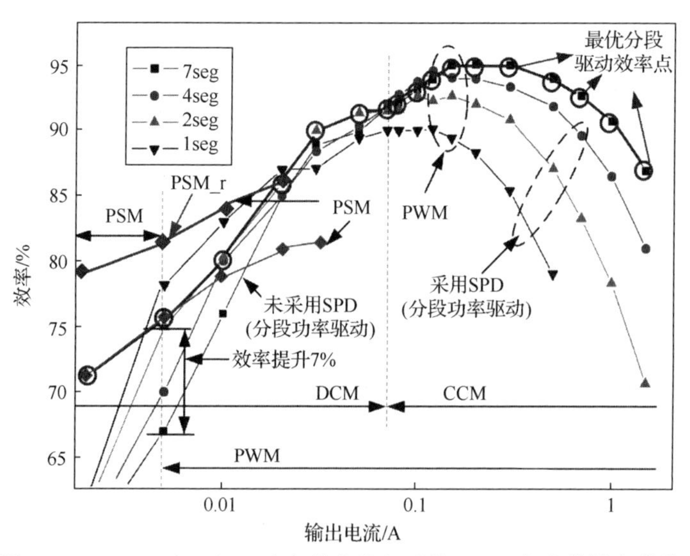

图 5.3.26　PSM 和 PWM 功率管分段驱动的 Buck 电路的效率曲线

对于使用分段后的功率管的版图，除了要考虑普通功率管可能遇到的各种问题外，还需要考虑被分为 7 段的功率管的电流的均匀性。普通功率管是由全部并联在一起的 MOS 管构成，Buffer 模块只需要一个。而分段后的功率管每个段需要独立的 Buffer 模块，为了使每段功率管的开启的时序一样，不出现先后开启的情况，同时保证功率管的电流流动均匀不造成瓶颈，需要在版图的均匀性和对称性上进行注意。

图 5.3.27 为只显示了第 5 层金属的 NMOS 管的整体版图，其左边为 NMOS 管的漏极，右边为 NMOS 管的源极，由于普通的矩形的插指结构其金属层在左右的宽

度一样，而在实际的系统中，不同位置的金属层对电流的承载能力需求是不一样的。以右边的源极为例，其最左边的金属只需要承受 1 个 cell 流过的电流，而最右边的引出处需要承受整体共 8 个 cell 流过的电流，所以电流瓶颈会产生在最右边的引出处。当把插指形状由矩形改为目前这种渐变的梯形后其右边的金属引出处的金属宽度提高了 50%左右，大大提高了电流的瓶颈处的电流承载能力。PMOS 管的版图设计同理。

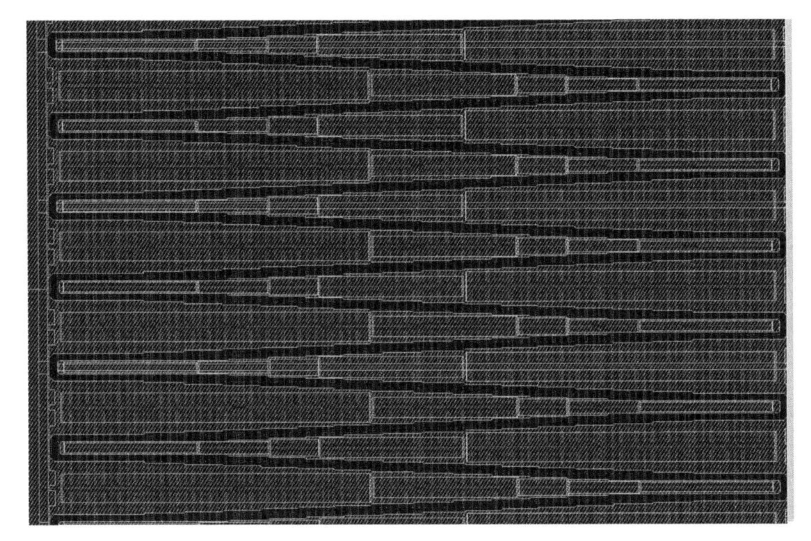

图 5.3.27　第 5 层金属的 NMOS 管的整体版图[31]

5.4　数字电源控制器设计技术

由于数字 DC/DC 电源的诸多优势，其专用的全数字 DC/DC 电源核心控制器 IC 已经成为复杂系统电源管理系统的必然选择和发展趋势。越来越多的企业加入到了对数字电源专用控制 IC 的研究阵营中。数字电源管理芯片已经成为中国电源管理芯片市场上增长最快的产品。随着高端服务器、数据通信和电信市场等需要对复杂供电系统进行管理的市场以及笔记本电脑和显卡等低端计算市场需求快速增长，未来数字电源管理芯片的市场份额还将会继续提高。

数字可编程电源技术具有良好的应用前景。相比传统模拟电源方案，可提供更紧凑的面积、更精准的输出、更灵活的控制、更透明的工作状态，为复杂应用环境的复杂负载提供电源解决方案。数字可编程电源核心控制器芯片，可成为多种类型高端开关电源变换器的核心控制器件，可以广泛应用于电源产品市场，替代国外进口的同类中高端产品，应用市场广阔。

目前而言，在行业应用的数字电源实现方案主要有软件和硬件方案。软件方案主要为基于 DSP 和 MCU 的数字电源方案，由于需要进行编程开发，具有较高的灵活性，但需要大量软件和电源复合人才，传统的电源设计工程师需要进一步学习和培训方能掌握，系统研发难度大，研发效率低，而且由于内核运算方式的限制，运算速度低，导致电源控制环路带宽受限。基于硬件方案的数字电源实现方案包括以下几种：图 5.4.1(a)所示第一类数字电源控制器基于传统的模拟电源 IC，添加数字接口，如 PMBus、I^2C 接口，进行简单的输出电压调整等功能。由于其控制方式仍为模拟实现，其使用的灵活性与传统模拟电源一致，与数字电源方案差距较大；其次为图 5.4.1(b)所示第二类数字电源控制器，基于 ASIC 的硬件架构实现 DPID 和 DPWM，运算速度快，无需编程人员，设计简便，设计方法上，通过 s 域和 z 域映射，便于传统的模拟设计人员快速掌握数字电源的设计方法，缩短开发时间，但相比软件方案，灵活性欠佳。而图 5.4.1(c)所示第三类数字电源控制器方案，除硬件架构实现 DPID 和 DPWM 外，设计嵌入式 CPU 实现可编程特性，可适用于不同的应用场景，并具有非常大的扩展潜力，相比其他方案具有更加强大的生命力，受到了一线开发人员的广泛欢迎，引领了行业的发展。

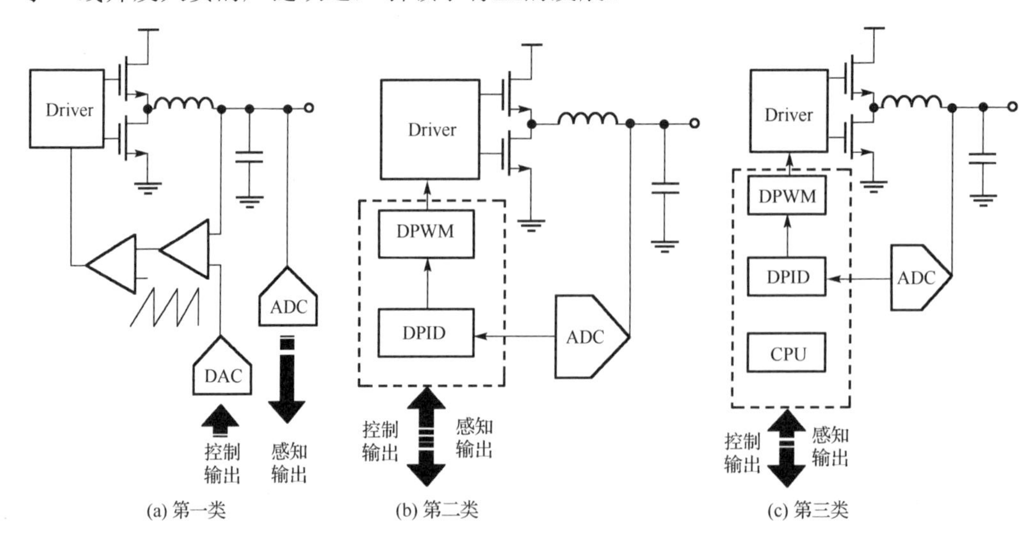

图 5.4.1　数字电源控制器结构的分类

5.4.1　国内外发展现状

数字电源是近年来电源管理研究的重点领域之一，因其灵活、智能、便于集成的优点被广泛应用在诸如服务器、通信交换机组等高端场合。数字控制电源是最近新兴的电源管理方案。图 5.4.1 给出了典型的数字控制功率变换器框图。可以看出，数字控制主要通过三个主要模块实现：模数转换器 ADC、数字补偿器(Digital Compensator)和数字脉宽调制器 DPWM。数字控制主要是通过对输出电压或电流进行采样，通过 ADC 采样，利用数字滤波器实现环路的补偿计算其占空比，利用 DPWM 生成一个一定占空比的信号，反馈驱动功率管。另外，数字系统中的功率控制技术已经成为当前电源管理技术所依赖的基础。其中，数字环路中补偿部分的可编程性以及其他相关优势，大大降低了外部环境以及电路本身对其造成的影响，而电路在工艺上的偏差也能通过数字控制器而得到改善。

相比模拟电源，数字电源有其自身的优势：

(1) 发挥数字信号处理器及微控制器的优势，使所设计的数字电源有更高精度的输出电压和更好的动态性能指标。

(2) 高度集成。将大量的分立式元器件整合到一个芯片中，便于小型化设计。

(3) 可通过 PMBus 或者 I^2C 总线拓展多个功能模块，便于构成分布式数字电源系统。能方便地实现各路输出的上电顺序、启动时间控制，提供各路输出的监控、保护以及远程控制功能和故障检测及记录等功能。

(4) 可实现与主机的通信功能。实时显示系统的运行参数，如系统的电流、电压、温度以及电池的容量及剩余运行时间等，当检测到某个功能模块出现异常情况时采取相应处理措施并通知用户。

(5) 在线调试功能。主机可以通过总线改变设备的配置参数，从而改变控制策略，实现在线调试。

从国内外的数字电源控制 IC 的产品来看，包括 TI、ADI、Renesas 等公司在内的国外半导体厂商处于垄断地位。国内半导体厂商所推出的数字电源控制 IC 产品非常之少，与世界先进水平差距较大。

TI 提供种类繁多的数字电源 IC 产品，主要面向中高端市场。从 Fusion Digital Power 系列的 UCD9000 与 UCD7000 控制器和电源驱动器到基于 DSP 的全面可编程高性能 TMS32OF28x 控制器等。2007 年，TI 宣布推出了第三代 Fusion Digital Power 控制器 UCD9240，进一步升级电源系统管理的智能化程度。UCD9240 实现了对四个独立数字控制环路和八种相位的数字化管理，同时还将轻负载条件下用电效率提高了 30%。四通道输出多相位 UCD9240 电源系统控制器采用 250ps 分辨率的数字脉宽调制(PWM)技术，并可通过图形用户接口(GUI)进行全面配置，实现对 DC/DC 负载点电源转换进行监测、控制与管理。GUI 配置功能使设计人员能够对电源电压、电流阈值与响应、软启动、容限、排序、跟踪、相位管理、环路响应、风扇控制以及其他众多参数和功能进行全面的智能管理。UCD9240 采用 Fusion Digital Power 外设，可实现全数字环路控制，并支持高达 2MHz 的开关频率。该控制器正常工作时的最小电源电流仅为 40mA，支持高达 100 条 PMBus 接口指令，可实现电源的控制、配置和管理功能。UCD3138 面向隔离电源模块市场，在新能源汽车、通信电源模块等领域有着广泛的应用。

ADI 推出集成 PMBus 接口的高级数字电源控制器 ADP1055，适合高密度隔离式 DC-DC 电源系统应用。ADP1055 采用 ADI 的高分辨率、高速模数转换器检测技术，同时具备专有的非线性传输功能，其高带宽性能和瞬变响应可以匹敌传统的模拟开关控制器。ADP1055 是一款功能多样化的数字控制器，具有 6 个 PWM（脉宽调制）逻辑输出，可采用简单易用的图形用户界面通过 PMBus 接口编程。该器件支持高能效的拓扑结构，内置全桥功能，具有精密驱动时序和副边同步整流器控制特性。控制器的 GPIO（通用 I/O）可配置为支持有源箝位副边高能效缓冲。利用自适应停滞时间补偿可进一步优化能效，从而改善负载范围内的效率。可编程轻载模式，加上器件的低功耗（<150mW）特性，可进一步降低系统待机功率损耗。

Infineon 推出 XMC1000 32 位 MCU，该器件将 ARM Cortex™-M0 内核与尖端的 65nm 制程技术结合在一起。该系列 MCU 具有 6 个 12 位 A/D 转换器通道（转换速率高达 1.88 兆采样/秒）、4 个 16 位定时器（捕获/比较单元 4（CCU4））以及宽工作电压范围（1.8～5.5V），针对电机控制和数字电源转换应用进行了优化。此外，Microchip 公司所推出的 dsPIC 系列微控制器，通过集成高速 ADC，一个零等待状态的信号处理核心，以及灵活的高分辨率 DPWM，为数字电源应用进行了优化。

就国内高校而言，主要有电子科技大学、东南大学、复旦大学在进行单片数字控制电源的研究工作。复旦大学开展数字控制电源研究较早，在芯片实现、关键子模块（ADC、DPWM）实现上进行了大量工作[32-34]。电子科技大学专注于芯片实现技术研究与系统控制分析，2011 年在半导体学报发表了《一种数字控制 PWM/PSM 双模 DC/DC 变换器》，阐述了包括 ADC、DPID 和双模式控制电路在内的关键子模块设计，并给出了流片和测试结果[35]。电子科技大学还有多篇会议论文、硕士学位论文对数字控制电源进行了系统研究，包括非线性控制算法、DPID 补偿器实现等内容[36-41]。东南大学在模糊 PID 控制、状态反馈算法等方面也有颇多建树，近年来研究方向集中在数字控制 AC-DC 变换器[42-44]。

5.4.2　数字可编程电源控制器结构

长期以来，电源行业内一直存在着模拟控制和数字控制两种技术路线。如图 5.4.2 所示，数字控制主要通过三个主要模块实现：模数转换器 ADC、数字补偿器 Digital Compensator 和数字脉宽调制器 DPWM。数字控制电源通过对输出电压或电流进行采样，通过 ADC 采样，利用数字滤波器实现环路的补偿计算其占空比，利用 DPWM 生成一个一定占空比的信号，反馈驱动功率管。

数字控制电源的优势在于：①输出精度更高，动态响应更好；②可通过 PMBus 或者 I^2C 总线拓展多个电源；③能方便地实现各路输出的上电顺序、启动时间控制，提供各路输出的监控、保护以及远程控制功能和故障检测及记录等功能；④可实现与主机的通信与在线调试功能，适应不同外围元件的容差，保证环路控制的优化和一致。

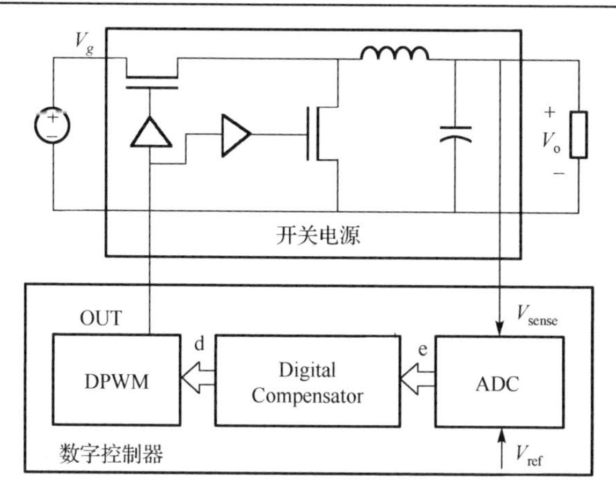

图 5.4.2　典型的数字控制功率变换器结构框图

设计通用型的数字可编程电源核心控制器结构，可以为不同应用提供最大程度的灵活性和定制性，从而满足复杂负载环境，复杂应用环境等应用需求对电源灵活配置性的要求。Digital Compensator 模块是数字可编程电源控制器的核心模块，是实现 DC-DC 变换器稳定控制的重要模块。传统意义上基于 DSP 和 CPU 的数字可编程电源采用编程方式的算法(包含多次加法、乘法等)实现数字比例、积分、微分(Digital Proportion Integral Differential，DPID)控制，通常需要多个程序执行周期，不适应越来越高的 DC-DC 变换器电源开关频率，因此采用硬件方式实现 DPID 模块具有更快的响应速度和更好的适应性。为适应不同的拓扑结构与控制方法，DPID 模块需要提供不同的传输函数，实现不同类型的补偿方法，如 I、II、III 型环路补偿结构，以得到预期的环路带宽和足够的相位裕度。此外，在负载为低压大电流型负载时，需要采用多相控制的方式，以扩展电流输出范围，提升负载瞬态响应速度。在此种应用中 DPID 还需要支持多相 DC-DC 变换器的环路控制。在数字可编程电源控制芯片的设计中，需要构建结构可配置的 DPID 模块，并且根据变换器系统需要确定零极点数量、位置等参数。

ADC 对反馈电压采样引入的零阶保持和量化效应，造成了 DC-DC 控制器环路频率响应中的额外相移，限制了数字控制 DC-DC 变换器环路带宽的提升。这是数字可编程电源和传统模拟控制电源相比之下的先天不足。因此在设计数字可编程电源控制芯片过程中，必须从数字可编程电源灵活多变、支持复杂算法等优点出发，进一步研究瞬态响应增强技术，得到媲美乃至超越传统模拟控制电源的性能，以大幅度提升数字可编程电源的竞争力。瞬态响应增强技术主要针对负载阶跃响应和输出电压动态电压调节 DVS 响应。作为复杂电子设备中核心元件，CPU、DSP 和 FPGA 对电源质量有着苛刻的要求。其从待机到满载工作往往带来 10A/ns 以上的电流阶跃，而往往要求供电电压跌落不能超过 1.5%。此外，用电负载往往要求供电电压可以进行微调，一般在轻负载下降低供电电压，而在重负载情况下提高供电电压，从而可以实现性能和功耗的折中，这项动态调压技术被称为 DVS 技术。在 DVS 过程中，要求输出电压平滑变化，不出现过冲和下冲，否则会造成负载的逻辑错误，引发功能失效或者死机。常见瞬态响应增强技术包括：①非线性增益控制技术；②非同步开关控制技术；③动态箝位与终点预测技术。其中①和②主要针对负载瞬态响应，而③针对 DVS 响应。

在针对大电流负载而采用的多相 DC-DC 变换器设计中，多个变换器的输出并联，开关频率一致，交错开关相位，可以实现更高的等效开关频率，提高环路带宽和响应速度。此外，多个变换器并联可以有效降低输出/输入电流纹波，从而降低电磁干扰(Electromagnetic Interference，EMI)，减缓对输入/输出滤波电容的需求。为均衡半导体元件的应力，多相变换器需要均衡各相输出的电流，使得各个开关器件承受的负载均衡，避免某相电流过大造成更高的温升，提升变换器工作的稳定性和可靠性。因此需要进行均流技术研究，对各相输出电流进行实时采样，并依此对各相的 PWM 波形输出进行微调，从而实现多相均流功能。此外，为实现全负载范围内高变换效率，变换器需要在不同相位工作模式下工作。如满载情况下 2 相同时工作，轻负载情况下工作于 1 相模式，此技术称为分相驱动技术。通过相位选择，可以在轻负载时有效降低驱动损耗，从而在保证满负载 95%效率的同时，提升全负载范围的效率。

在数字控制 DC-DC 变换器中，DPWM 可以看作一个固定工作频率的数字时间转换器(Digital Time Converter，DTC)，可将数字控制字转变为对应宽度的定频率脉冲。为保证数字控制 DC-DC 变换器不出现极限环振荡(Limit Cycle)，而且输出电压具有较好的调整率，DPWM 的位数需要高于 ADC，需要达到尽可能小的时间分辨率。与此同时，DPWM 还需要具有可以接受的功耗水平以及片上面积。由于 DPWM 模块在数字控制 DC-DC 变换器中是最“快”的器件，更要求在保证输出线性度、精度的情况下具有较低的功耗，因此 DPWM 模块成为高开关频率 DC-DC 变换器设计中最大的挑战。

在数字控制 DC-DC 变换器中，需要有 2 种类型的 ADC，其一为误差检测 ADC(EADC)，用以量化反馈电压和基准电压的误差，要求具有较高的分辨率和转换速度；另外一种用于参数检测，测量电流、温度、电压等参数，要求具有较宽的动态范围和较高的分辨率，对转换速度要求不高。

在数字电源控制器芯片设计中，通常可以设计嵌入式 CPU 作为数字 DC-DC 芯片中的配置和控制模块，对 DC-DC 中各个模块的工作状态进行配置，同时保证整个系统处在稳定和高效的工作模式和状态。一方面，嵌入式 CPU 作为芯片的配置模块，需要对当前工作状态进行判断，决定工作状态是否需要进行重新配置，并可计算新状态下各模块重新配置的结果；另一方面，嵌入式 CPU 作为芯片的控制模块，需要对整个 DC-DC 的工作状态进行监测，通过对电路进行故障管理、过电压/电流保护、自动冗余等功能，保证系统可靠性，同时使得数字 DC-DC 的调试和维护变得更加容易。另外，采用 CPU 支持的数字 DC-DC 芯片可以采用各种通信协议进行扩展(如支持 PMBus/I^{2}C/SPI 接口)，能够满足绝大部分数字电源管理系统的功能需求。

图 5.4.3 给出了一种典型的数字可编程电源控制器芯片框图，包含有 2 个独立的控制模块。每个核心控制模块，包含差分输入误差 ADC，基于可配置数字滤波器的 DPID 环路补偿器、支持多种拓扑结构的 DPWM 模块。因此，此核心控制器芯片，可以实现最多 2 路的独立控制和输出，片上已经包含有实现多种控制模式的全部硬件，可配置为多种变换器拓扑和控制模式中使用。

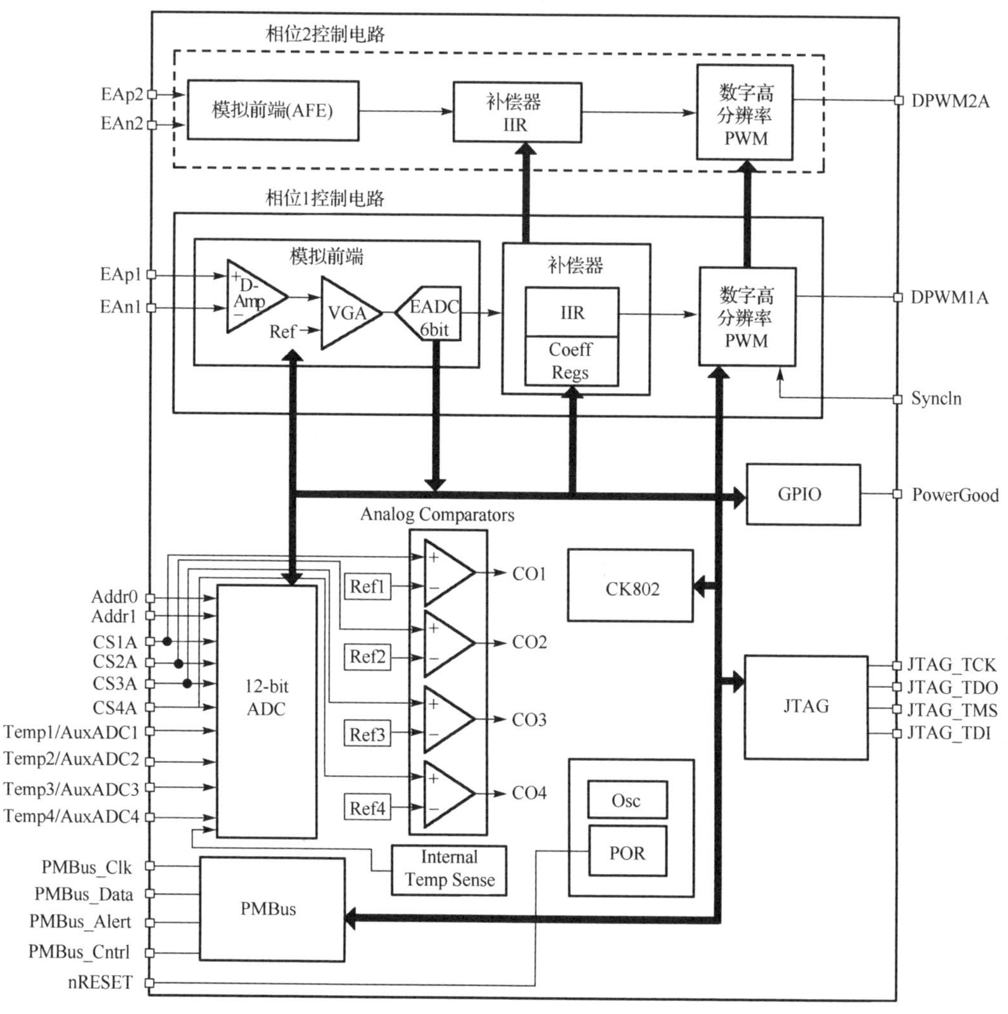

图 5.4.3　核心控制器芯片框图

反馈电压通过远程差分采样运算放大器采样到芯片内部。每个 ADC 量化反馈电压和可编程基准电压的误差，并送入到数字滤波器中，由数字滤波器产生功率管的占空比/频率控制命令，控制 DPWM 模块产生控制功率器件的方波。远端采样输入 EAP 和 EAN 输入到差分采样运放中，并产生远端的差分电压，此电压与 DAC 的输出电压(可变基准 V_{REF})求差后，经过可变增益放大器(Variable Gain Amplifier，VGA)放大，最后送入 6-bit EADC，并进行量化。DAC 还可在启动阶段实现软启动，避免启动过程中的电压过冲。DPID 环路滤波器采用无限脉冲响应(Infinite Impulse Response，IIR)滤波器实现，所实现的零极点位置均可外部配置，且根据实际需要增减零极点的数量。高精度 DPWM 支持多种功率拓扑，如单输入双输出 DC-DC 变换器、双相交错 DC-DC 变换器等。这些数字控制环路可由嵌入式 CPU 进行顶层控制，以不同方式连接成多种环路补偿器和 DPWM 的组合，从而实现数字电源核心控制器芯片在不同拓扑中的应用。

5.4.3 数字可编程电源控制器设计实现

5.4.3.1 参数可配置 DPID 结构

DPID 补偿器将 ADC 输出的信号转换成代表占空比的数值，在整个数字电源中具有至关重要的作用，直接关系到整个数字电源系统的稳定性情况。DPID 模块可以看成滤波器，为数字可编程电源提供零极点，使得功率变换器具有足够的增益、带宽和相位裕度，从而保证调整率、响应速度、过冲/下冲等指标达到要求。因此 DPID 模块的系数需要进行精确设计，否则可能导致系统不稳定。

DPID 可以通过间接设计法或者直接设计法来进行设计实现。间接设计法就是利用模拟控制电路中成熟的补偿方式，将连续域的模拟补偿器的传递函数离散化得到离散域的传递函数。与模拟电源不同的是，数字电源系统的数字控制环路需要 ADC、DPWM 模块，而且具有采样量化效应带来的影响。直接设计法是将数字电源系统的传递函数转换到离散域，采用根轨迹法直接进行数字补偿器的设计。直接设计法相对模拟设计法复杂，由于数字电源从业人员多从模拟电源领域而来，所以间接设计法应用范围更加广泛。

离散化方法就是将连续域的传递函数转换成离散域的传递函数，使得不同域间的频率特性、阶跃响应等方面近似。连续系统的离散化方法较多，如欧拉离散法、福勒离散法、零极点匹配法和双线性变换法等。不同的离散化方法，得到的离散域与连续域的传递函数接近程度不同。双线性变换基于梯形近似方法得到，精度更高，在工程上应用普遍，本书也主要采用了双线性变换方法进行设计。

对于电压模式的 Buck 变换器设计，DPID 模块设计成为具有超前滞后补偿形式的频率响应。超前滞后补偿又称为三型补偿，在低频段利用积分器提高系统的稳态误差，在高频段利用微分器改善动态特性，提高系统的相位裕度。超前滞后补偿适用于对系统稳态误差要求较高，且对响应时间、相位裕度要求较高的系统。超前滞后补偿是在低频处添加一个极点，减小系统的稳态误差；较高频处添加一个零点，再在环路单位增益频率附近添加一个零点，抵消共轭极点带来的影响，提高系统的相位裕度；在高频处添加一个极点，用来抑制高频噪声。超前滞后补偿的频率特性曲线如图 5.4.4 所示。

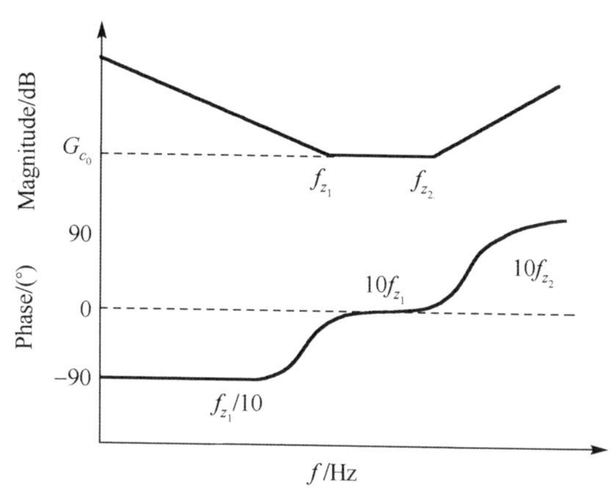

图 5.4.4　超前滞后补偿

超前滞后补偿的传递函数为：

$$G_c(s) = G_{c_0}\frac{(1+s/\omega_{z_1})(1+s/\omega_{z_2})}{(1+s/\omega_{p_1})(1+s/\omega_{p_2})} \tag{5.4.1}$$

其中，G_{c_0} 为低频增益，ω_{p_1} 为低频极点，ω_{p_2} 为高频极点，ω_{z_1}、ω_{z_2} 为补偿的两个零点，满足以下关系式：

$$\omega_{p_1} << \omega_{z_1} << \omega_{z_2} << \omega_{p_2} \tag{5.4.2}$$

由式(5.4.1)可得超前滞后补偿的相移为：

$$\theta = \arctan\left(\frac{\omega}{\omega_{z_1}}\right) + \arctan\left(\frac{\omega}{\omega_{z_2}}\right) - \arctan\left(\frac{\omega}{\omega_{p_1}}\right) - \arctan\left(\frac{\omega}{\omega_{p_2}}\right) \tag{5.4.3}$$

数字补偿器的传递函数为：

$$G_c(s) = \frac{A(1+s/\omega_{z_1})(1+s/\omega_{z_2})}{s(1+s/\omega_{p_1})(1+s/\omega_{p_2})} \tag{5.4.4}$$

其中，A 为低频增益，s 为位于原点处的极点，ω_{p_1} 为低频极点，ω_{p_2} 为高频极点，ω_{z_1} 和 ω_{z_2} 为补偿的两个零点。

采用伪三型补偿的数字补偿器的设计方法如下：

(1) 确定补偿后的整个数字电源系统的穿越频率。

系统的动态特性与穿越频率有关，穿越频率值越大，其动态特性越好。但为了抑制振荡、噪声等高频分量，穿越频率也不宜太高。通常，将系统的穿越频率设置为开关频率的 1/5 到 1/20。系统的穿越频率不能大于开关频率的 1/2，因为 DPWM 模块相当于一个开关频率的采样器。

(2) 确定数字补偿器的零极点频率值。

式(5.4.4)中的第一个零点一般设置为系统转折频率的 1/4 到 1/2，用来抵消位于原点的极点对于系统的不利影响。第二个零点设置为转折频率的 1/2 到一倍，用来抵消系统转折频率处共轭极点中其中一个极点的影响，提高整个数字电源系统的相位裕度。为了提高系统的高频抑制能力，需要将式(5.4.4)中的极点位置设置在穿越频率的 2 倍以上，因此对整个数字电源系统的相位裕度的影响比较小。高频处的极点 ω_{p_2} 是用来抵消电容 ESR 电阻产生的零点，极点位置设计为零点位置即可。

(3) 确定数字补偿器的增益。

将零极点位置按照上文分析选取合适的值，代入式(5.4.4)中，画出其频率特性曲线。假设增益为 1，可得到系统补偿后的开环回路在设置的穿越频率处增益的绝对值为 K，则必须满足：

$$20\lg A = K \tag{5.4.5}$$

解得：

$$A = 10^{\frac{K}{20}} \tag{5.4.6}$$

将式(5.4.6)代入式(5.4.4)中，可得到数字补偿器的传递函数。

对整个环路补偿时还需要考虑数字电路的延时，即一个开关周期的延时。得到连续域补偿的数字补偿器传递函数后，再利用双线性变换法变换到离散域。选取以下参数值：V_{in}=5V，V_{out}=3.3V，L=0.33μH，C=1720μF，R=1.24Ω，R_c=0.85mΩ，f_s=500kHz，T_s=2μs。ADC 模块的参数：N_{adc}=5，V_{range}=2。DPWM 模块的位数为 10 位。

经补偿后，可利用双线性变换得到离散后的数字补偿器的传递函数：

$$G_c(z) = \frac{309z^3 - 289.9z^2 - 308.8z + 290.2}{z^3 - 0.7836z^2 - 0.2932z + 0.07583} \tag{5.4.7}$$

数字补偿器连续域的频率特性曲线如图 5.4.5 所示。经补偿后的数字控制 Buck 变换器的频率特性曲线如图 5.4.6 所示，可以看到补偿后的系统稳定，低频增益较高，相位裕度也满足要求。

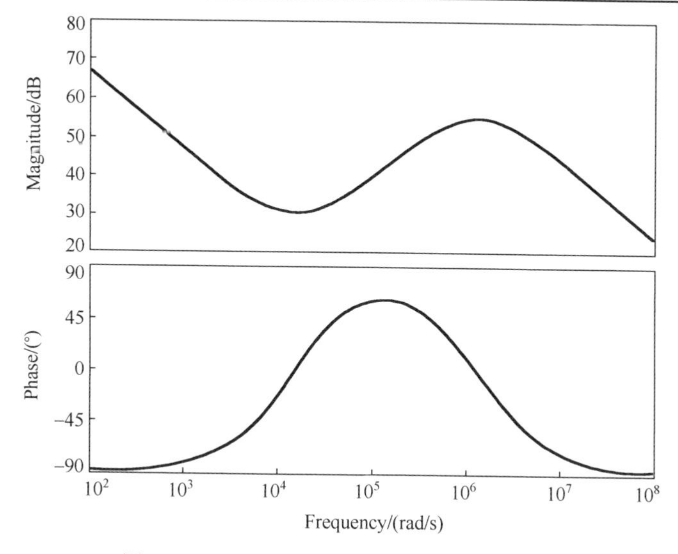

图 5.4.5　数字补偿器连续域频率特性曲线

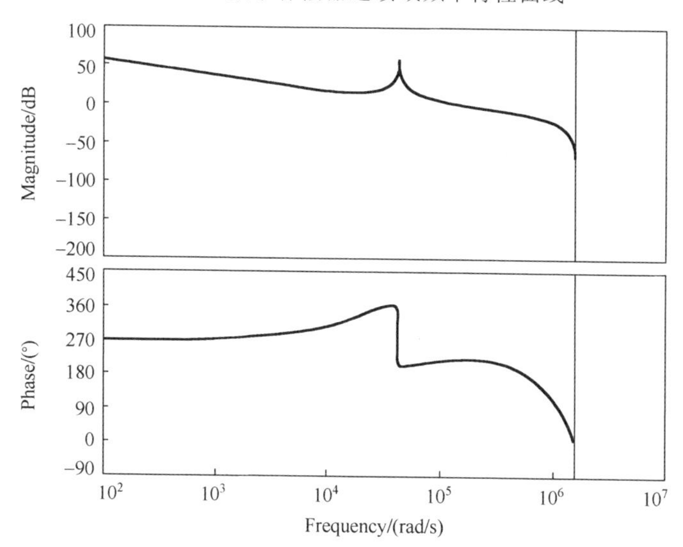

图 5.4.6　补偿后的数字控制 Buck 变换器的频率特性曲线

5.4.3.2　低功耗高精度 DPWM 设计技术

混合型的 DPWM 是现有 DPWM 结构中最先进的结构，能够很好地在高频下实现高精度的电路设计。全数字混合型 DPWM 沿用混合型 DPWM 的结构，将整个模块同样分为粗调模块和细调模块。其粗调模块采用计数器和比较器实现，而细调模块采用单条延迟链结构，且所有模块均为数字模块。全数字混合型 DPWM 的结构如图 5.4.7 所示：

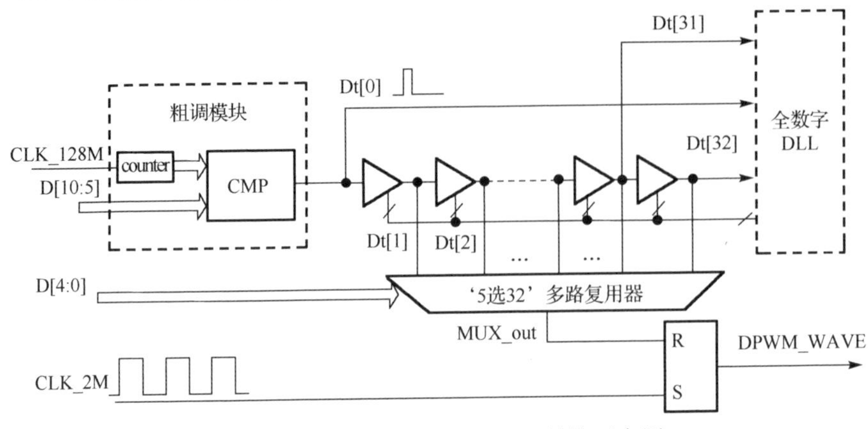

图 5.4.7　全数字混合型 DPWM 结构示意图

以下以 2MHz 开关频率，250ps 分辨率的 DPWM 为例进行设计计算。CLK_128M 为 128MHz 的系统时钟。D[10:0]为输入的 PID 码信号，分为高 6 位 D[10:5]和低 5 位 D[4:0]。CLK_2M 是 2MHz 的开关信号。粗调模块的电路中 D[10:5]控制计数器与比较器，当 2MHz 时钟的上升沿来临时，RS 锁存器输出 PWM 波为一个上升沿波形。此时，6 位计数器开始从零开始计数，当计数值恰好比 PID 的输出值的高 6 位小 1 时，比较器输出一个周期为 T=2MHz 的脉冲，传送给第一级延迟链，开始在延迟链中传输。粗调模块的输出为 Dt[0]，是一个脉冲宽度为 1/128MHz 的脉冲信号。Dt[0]接在延迟链的输入端口，这样就有一个脉宽为 1/128MHz、周期为 1/2MHz 的脉冲信号在延迟链中传输。延迟链由 32 个延迟单元构成，D[4:0]接在一个“5 选 32”多路复用器的选择端。MUX_out 作为多路复用器的输出，与 RS 触发器的 R 端相连。另外，RS 触发器的 S 端与 CLK_2M 相连。当开关周期开始的时候，CLK_2M 的上升沿到来，置位 RS 触发器，DPWM_WAVE 为高电平。计数器在 CLK_128M 作用下开始计数。当其输出与 D[10:5]相等时，比较器产生一个脉宽为 1/128MHz 的脉冲，通过 Dt[0]传输给延迟链。该脉冲经过若干延迟单元后被多路复用器选通，通过 MUX_out 复位 RS 触发器，使 DPWM_WAVE 为低电平。当 CLK_2M 的上升沿再次到来，DPWM_WAVE 翻高，这样就产生了一个一定占空比的方波。另外，全数字 DLL 通过 Dt[0]、Dt[31]和 Dt[32]这三个信号控制整条延迟链的延迟时间长度，进而控制每个延迟单元的延迟时间。

数字电路中的延迟单元与模拟电路中的延迟单元有着相当大的差别。模拟延迟单元为连续可调，通过电压的控制来调控延迟时间的连续变化；而数字延迟单元的变化时间由数字信号的特点所决定，其调制只能出现在离散值上。由于该 11bit 的 DPWM 工作在 2MHz 时钟频率下，CLK_128M 的周期为 7.8125ns，因此每个延迟单元的理想延迟时间应该为 7.8125ns/25=244ps。由于数字延迟单元的离散调制性，存在最小步长，这样就有一个较为明显的误差存在。然而两个延迟单元的延迟误差可以相互补偿，因此整条延迟链总的延迟时间不会有太大的偏差，基本上等于 7.8125ns。典型的数字可控延迟单元的设计如图 5.4.8 所示。

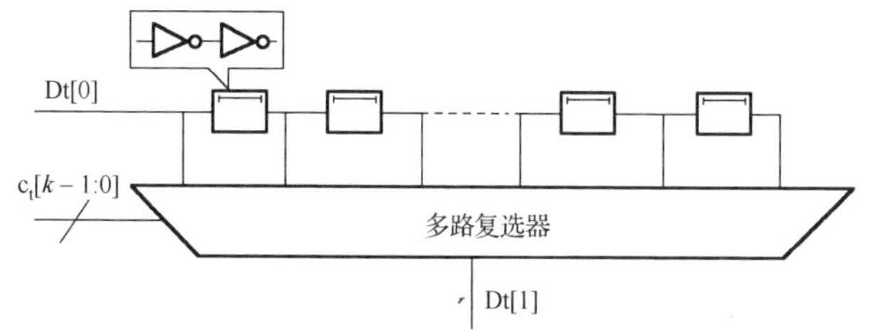

图 5.4.8　典型数字可控延迟单元结构

控制延迟单元的时间的方法为数字 DLL 控制，即图 5.4.8 中虚线框中的数字 DLL 模块。数字 DLL 主要由可调延时的延时模块、鉴相电路、计数器和查找表构成，通过一定的控制方法，可以实现时间间隔较为精确的 DLL 输出，从而得到线性度较高的 DPWM 输出结果。采用 90nm CMOS 工艺的 DPWM 芯片照片和测试结果如图 5.4.9 所示。

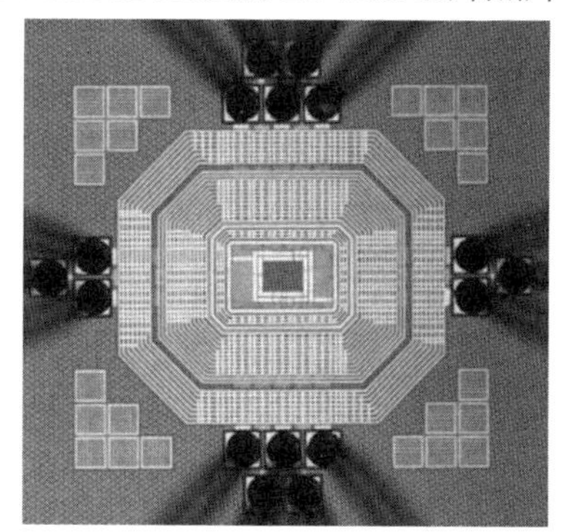

(a) DPWM芯片照片

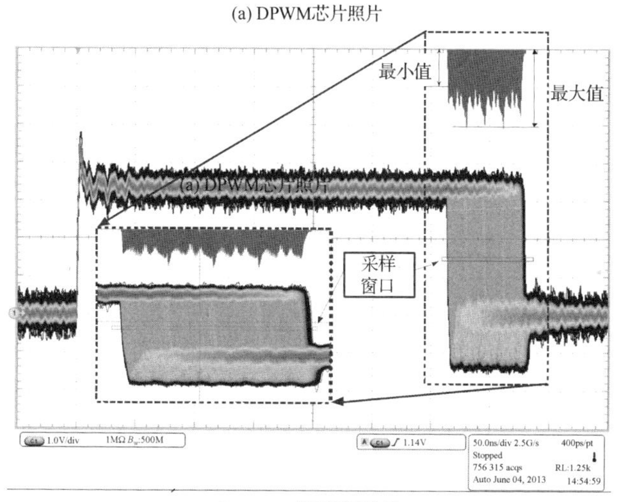

(b) DPWM芯片测试结果

图 5.4.9　DPWM 芯片以及测试结果[45]

5.4.3.3 低功耗 SAR ADC 设计

如何实现 SAR ADC 的高精度和低功耗是一项设计重点。首先我们对 SAR 的高精度技术进行阐述。影响 SAR ADC 精度的因素主要有以下几项：比较器亚稳态、CDAC 建立误差、CDAC 电容失配误差、动态比较器失调误差。CDAC 建立误差指在 ADC 转换过程中，转换的错误(如比较器亚稳态造成的比较错误)导致 CDAC 产生建立错误，最终输出错误的信号，严重影响 ADC 的动态性能。该误差可以通过二进制冗余电容技术来消除，即在 CDAC 的 2 基底电容阵列 C_i 中插入与原电容 C_i 等值的冗余电容，为该冗余电容位置之前的各电容提供冗余(CDAC 在这些位置的多个输入码字对应一个输出信号)。即使 ADC 转换过程中产生建立误差，CDAC 也能通过冗余补偿码字错误，收敛到正确的输出信号。

CDAC 电容失配误差指由于工艺制造和寄生等原因，CDAC 的电容阵列不满足二进制比例关系，从而造成的输出电压偏差。由于较小的电容受寄生和工艺影响更大，因此在 10 位以上的 SAR ADC 中电容失配成为影响精度的主要原因。一种解决方法是使用较大的单位电容，但随之带来的是功耗的增加。常见的一种数字校准方法是基于比较器亚稳态的数字校准方法，利用伪随机数决定亚稳态的输出。由于理论上处于亚稳态的比较器无论输出码字 1 还是 0，最终 ADC 的两个理想数字输出应该对应相同电压，因此这两个实际数字输出的差值就正比于电容失配误差。这种技术可以用较少的电路资源解决比较器亚稳态问题并大幅提高 12 位分辨率 ADC 的精度。

比较器失调是限制 SAR ADC 精度的一个重要因素。比较器的失调会导致 ADC 精度的下降，例如当失调超过容忍范围时，ADC 会输出错误的码字，进而产生逻辑错误。比较器失调可以运用失调校准技术解决，在 DAC 判断的逻辑电路中加入了失调电压校准电路。失调电压校准电路通过控制 DAC 的开关将比较器的输入端的失调电压转化的电荷储存在 SAR ADC 中的 DAC，利用 DAC 补偿失调电压，如图 5.4.10 所示。

SAR ADC 的低功耗技术是研究的热点领域，其中分段电容预量化技术和异步逻辑技术是非常有效的方法。分段预量化技术是指把电容阵列分为大小两部分，小电容阵列配合比较器对前几位码字进行量化，然后 SAR 逻辑根据小电容的量化码字控制大电容阵列的翻转，等大电容阵列翻转完成后再利用小电容阵列完成后几位码字的量化。这种结构的优势在于无论是量化高位或是低位的过程中，都是根据小电容阵列进行翻转。由于其电容值较小，与传统结构相比，速度更快而功耗更低。

传统 SAR ADC 采用的同步时序逻辑具有先天缺陷：非常依赖外部时钟的频率；必须按照最坏的可能来估算比较-转换周期的长度，而最坏情况(如亚稳态)比一般情况的周期长太多，这样不仅在高速设计上比较困难，而且不利于在进入转换周期后关闭比较器以节约功耗。若采用异步时序逻辑，则不需要按照最差的比较-转换周期来估算控制每个周期。异步时序逻辑通过动态比较器的输出来控制寄存器的触发信号，同时也控制动态比较器的开关关闭，如图 5.4.11 所示。这种做法的好处在于可以减小 SAR ADC 的动态比较器的功耗。

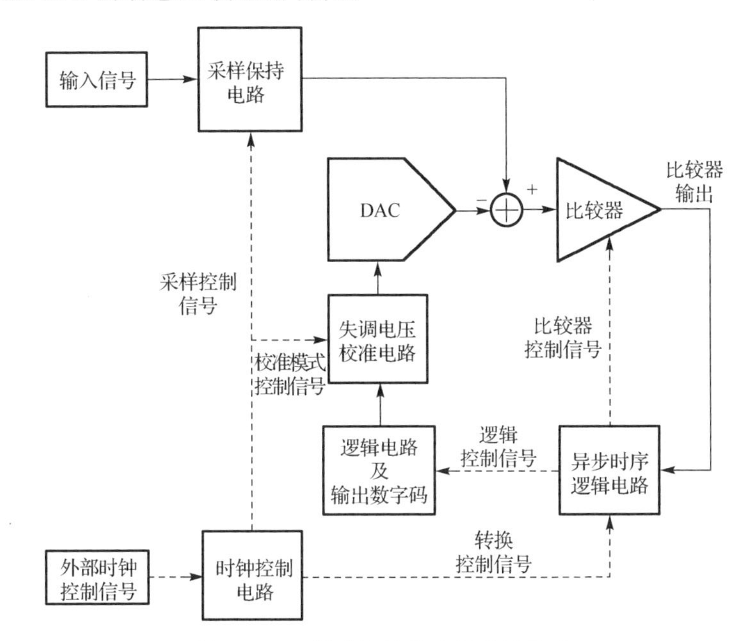

图 5.4.10　新型比较器失调校准技术

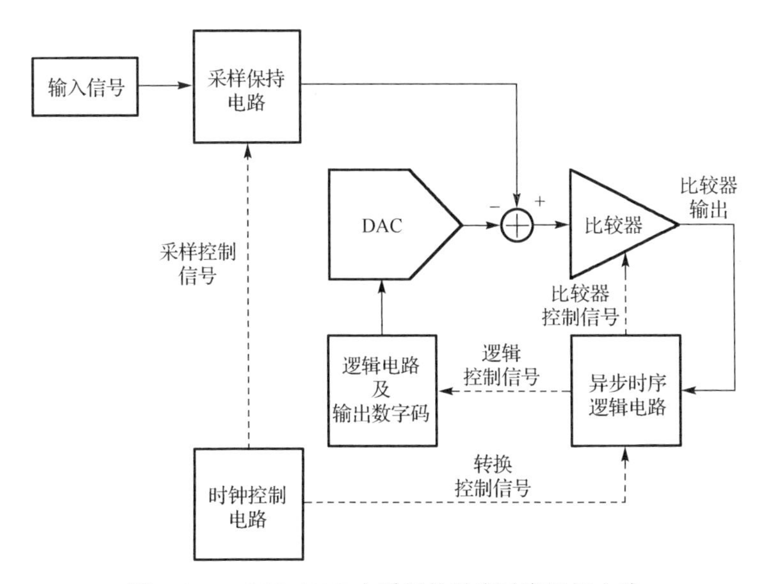

图 5.4.11　SAR ADC 中采用的异步时序逻辑电路

5.5　自适应电压调节技术

5.5.1　自适应电压调节技术的概念与基本原理

自适应电压调节(Adaptive Voltage Scaling，AVS)技术是一种新型的电源管理技术，能够有效降低可植入医疗、便携式电子产品和物联网设备等数字电路的能量消耗，具有实时、闭环控制、供电电压可连续调节[46]的特征，主要通过检测电路模块对数字电路的工作状态进行实时监测，同时将数字电路的工作状态反馈给电压调节模块，进而根据数字电路的实时工作状态对其工作电压进行自适应的调节。AVS 技术具有闭环和实时监测特性，因而大大减小了为保证数字电路在不同 PVT（Process, Voltage, Temperature，工艺角、电压、温度）下能够正常工作而预留的工作电压裕度，将数字电路的工作电压自适应地调至满足其要求的最小电压，有效降低了数字电路的能量消耗[47]。因此，AVS 技术能够深度优化数字电路的工作电压裕度，可最大限度地实现系统级的节能目的。

在数字电路的各种能量消耗中，当数字电路的工作电压高于阈值电压时，由数字电路中逻辑门开关电容的充放电引起的动态功耗被认为是数字电路能量消耗的主要成分。在每一个开关周期内数字电路的动态功耗 P_d 的表达式为：

$$P_{\mathrm{d}} = \alpha C_{\mathrm{eff}} V_{\mathrm{DD}}^2 f_{\mathrm{DCLK}} \tag{5.5.1}$$

其中，V_{DD} 是数字电路的工作电压，C_{eff} 为数字电路逻辑门的平均开关电容，α 则为活跃因子，f_{DCLK} 是数字电路工作时钟频率[48]。由式(5.5.1)知，数字电路的动态功耗与其工作电压的平方和工作频率成正比。但是，当数字电路完成某一个特定任务时，其完成该任务所需要的时钟周期个数 M 可视为恒定不变的[49]。因此，数字电路完成某特定任务所需时间 T_{OP} 为：

$$T_{\mathrm{OP}} = MT_{\mathrm{DCLK}} \tag{5.5.2}$$

其中，$T_{DCLK} = 1/f_{DCLK}$ 为数字电路的工作时钟周期。此时，如果将数字电路完成某一任务所需的时间 T_{OP} 在式(5.5.1)中考虑进去，则数字电路完成某一特定任务所消耗的动态能耗 E_d 的表达式为：

$$E_{\mathrm{d}} = \alpha C_{\mathrm{eff}} V_{\mathrm{DD}}^2 f_{\mathrm{DCLK}} \cdot MT_{\mathrm{DCLK}} = \alpha MC_{\mathrm{eff}} V_{\mathrm{DD}}^2 \tag{5.5.3}$$

由式(5.5.3)知，数字电路在完成某一任务时，其动态能量消耗和数字电路工作电压的平方成正比，且与完成任务所需时间有关，而与数字电路的工作频率没有关系。因此，在数字电路执行任务的过程中，如果保持数字电路的工作电压 V_{DD} 不变而改变工作频率 f_{DCLK} 时，其动态能耗将保持不变。这也是为什么在数字电路的低压低功耗技术中大多采用改变数字电路的工作电压 V_{DD} 来减小其能量消耗而不是改变其工作频率 f_{DCLK} 的原因。

目前主流的 AVS 技术主要分为全数字控制的 AVS 技术、Razor 结构的 AVS 技术和基于关键路径复制（Critical Path Replica，CPR）的 AVS 技术。基于负载关键路径拟合的 AVS 电路，可利用结构简单的延时电路对较复杂负载电路的关键路径延时信息进行拟合，实现对负载电路工作状态的实时追踪。该实现方式相对简单、精确度较高且额外的能量消耗较少，因此成为目前 AVS 技术研究的主要热点之一[50,51]。

设某数字电路关键路径为包含有 N 级门电路的数据链，如对其关键路径进行复制。当数字电路和复制其关键路径的 CPR 电路的工作电压都为 V_{DD} 时，数字电路的工作时钟 DCLK 同时也施加到 CPR 上，则时钟 DCLK 在 CPR 中的延迟时间 T_D 为：

$$T_D = \eta N t_d = \eta N \frac{V_{DD}}{(V_{DD} - V_{th})^2} \tag{5.5.4}$$

其中，η 是比例因子，t_d 为一级下单级数字电路的延迟时间，V_{th} 为 MOS 管阈值电压。此时，若要使 CPR 在工作电压为 V_{DD} 而工作频率为 f_{DCLK} 下能够正常工作，则应满足工作时钟 D_{CLK} 的周期 T_{DCLK} 大于等于延迟时间 T_D[52]。因此，T_{DCLK}、T_D 和 V_{DD} 之间的关系为：

$$T_D = \eta N \frac{V_{DD}}{(V_{DD} - V_{th})^2} \leqslant T_{DCLK} \tag{5.5.5}$$

对式(5.5.5)进行变换可以得到：

$$V_{DD} \geqslant \frac{2V_{th} + \eta N f_{DCLK}}{2} + \sqrt{\left(\frac{2V_{th} + \eta N f_{DCLK}}{2}\right)^2 - V_{th}^2} \tag{5.5.6}$$

因此，关键路径复制 CPR 电路的工作电压存在最小电压点 MVP(Minimum Voltage Point，MVP)，使式(5.5.6)成立。即当 CPR 的工作频率 f_{DCLK} 恒定的情况下，使 CPR 能够正常工作的供电电压 V_{DD} 存在一个最小电压点 V_{DDMVP}。同时，由式(5.5.6)知，CPR 的工作频率 f_{DCLK} 和工作电压的最小电压点 V_{DDMVP} 之间存在一对一的关系，即对于 CPR 任意的工作频率 f_{DCLK}，都存在一个最小电压点 V_{DDMVP} 与之对应。然而，在 CPR 的工作频率 f_{DCLK} 保持不变的情况下，时钟 DCLK 在 CPR 中的延迟时间 T_D 由于受到 PVT 等因素的影响而发生改变。联合式(5.5.5)和式(5.5.6)知，当延迟时间 T_D 改变时，CPR 的最小电压点 V_{DDMVP} 也将发生改变。同理，当 CPR 的工作频率 f_{DCLK} 改变时，最小电压点 V_{DDMVP} 将随着延迟时间 T_D 的变化而改变。

由于 CPR 是对数字电路关键路径的精确复制，它能够对数字电路在不同 PVT 以及频率下的实际工作状态进行实时的模拟和跟随，CPR 的实时工作状态就代表了数字电路的实时工作状态。因此，当 CPR 和数字电路的工作环境相同时，性能监测电路通过对 CPR 实时工作状态的监测和跟随便可获得数字电路的实时电路性能参数。同时，由式(5.5.3)可知，数字电路的动态能耗与工作电压 V_{DD} 的平方成正比而与工作频率 f_{DCLK} 之间没有关系，但是根据式(5.5.5)和(5.5.6)可知，数字电路的最小工作电压点 V_{DDMVP} 被工作频率 f_{DCLK} 所限制。因此，当数字电路的工作频率 f_{DCLK} 保持恒定，其在该频率下正常工作时的最小电压点 V_{DDMVP} 为：

$$\begin{cases} V_{DD} \geqslant \dfrac{2V_{th} + \eta N f_{DCLK}}{2} + \sqrt{\left(\dfrac{2V_{th} + \eta N f_{DCLK}}{2}\right)^2 - V_{th}^2} \\ V_{DDMVP} = V_{DD}(\text{minimum})\Big|_{f_{DCLK}=\text{constant}} \end{cases} \tag{5.5.7}$$

由式(5.5.3)和式(5.5.7)可知，当数字电路的工作频率保持不变时，其动态能量消耗有最小值 E_{dmin}。同时，在数字电路的工作频率保持不变时，时钟 DCLK 在数字电路关键路径中的延迟时间 T_D 由于受 PVT 等因素的影响而改变，则数字电路的 V_{DDMVP} 和 E_{dmin} 也将随之改变。同理，当数字电路的工作频率改变时，V_{DDMVP} 和 E_{dmin} 将随着延迟时间 T_D 的变化而改变。因此，数字电路动态功耗的最小值 E_{dmin} 和最小电压点 V_{DDMVP} 随时钟 DCLK 在关键路径中延迟时间 T_D 的变化而改变[53,54]。

图 5.5.1 给出了自适应电压调节技术的系统原理框图。在该系统中，数字内核表示以数字逻辑门为主的微处理器的核心部分电路。当系统正常工作时，系统利用嵌入 SoC 内部的硬件性能监控器(Hardware Performance Monitor，HPM)模块来实时监控芯片的时序性能。嵌入式自适应电源控制器(Adaptive Power Controller，APC)在接收处理器能完成任务的最小工作时钟频率的同时，综合处理器在当前工作负载条件、工艺和温度下的正常工作情况，判断此时的供电电压能否满足设备的工作需要[55]。APC 通过功率接口(Power Wire Interface，PWI)将处理器能够正常工作的电压调节信息传送给能量管理单元(Energy Management Unit，EMU)。EMU 在确保应用软件正确运行的前提下提供合适的电压，以达到处理器能够工作且以最优的工作电源电压完成任务。

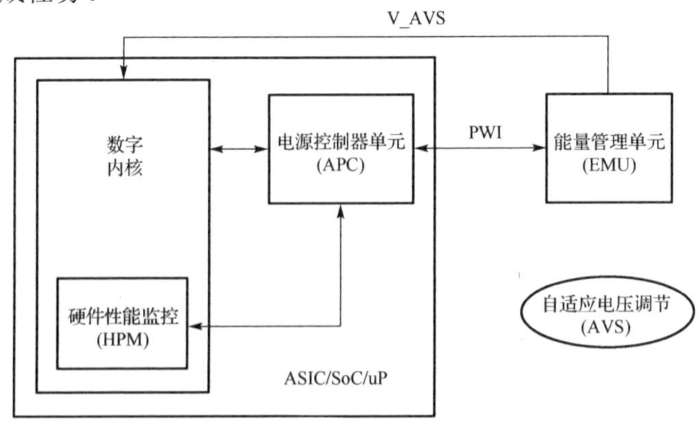

图 5.5.1　AVS 技术原理框图

因此，由数字内核、电源控制器单元、硬件性能监控模块、PWI 接口以及能量管理单元，共同构成了一个实时检测、判断、电压调节的自适应闭环电压调节系统。DVS 技术需要更多的能量消耗才能在任何情况下都正常工作，而 AVS 技术的实时闭环性则可以精确控制能量消耗，使得整个系统可以达到最大程度的节能。

近期，我们结合 PSM 和 AVS 技术，提出基于 PSM（脉冲跳周期调制）的自适应电压调节技术[56]，利用改进的 PSM[57]构建了自适应电压调节 DC-DC 变换器。

5.5.2　基于 PSM 的自适应电压调节技术

PSM 控制的 DC-DC 变换器可以有效降低变换器轻负载下的开关损耗，提高功率变换效率[58,59]。改进的 PSM 在最大占空比控制脉冲和跳周期之间插入了中间占空比脉冲，可以有效减小 PSM 控制变换器的输出电压纹波[57,59]。因此，本小节提出的基于 PSM 的自适应电压调节 DC-DC 变换器具有控制电路结构简单、响应速度快、鲁棒性强、轻负载下效率高和可全数字实现等优点。

以典型 Buck 变换器为例，图 5.5.2 给出了基于 PSM 的自适应电压调节电路的闭环系统框图[56]，该 PSM 自适应电压调节 Buck 变换器给数字负载供电。图 5.5.2 中，CLK_REF 是一个由锁相环或振荡器产生的时钟信号，CLK_LOAD 是数字负载的工作时钟，CLKG_CTRL 是数字负载用于通知 CLKG 模块改变负载频率的控制信号，TCLK 是延迟线松弛时间测试信号，RST 是延迟线复位信号，OX 和 OY 是延迟线的输出信号，V_{in} 和 V_{out} 分别是自适应电压调节 Buck 变换器的输入电压和输出电压。

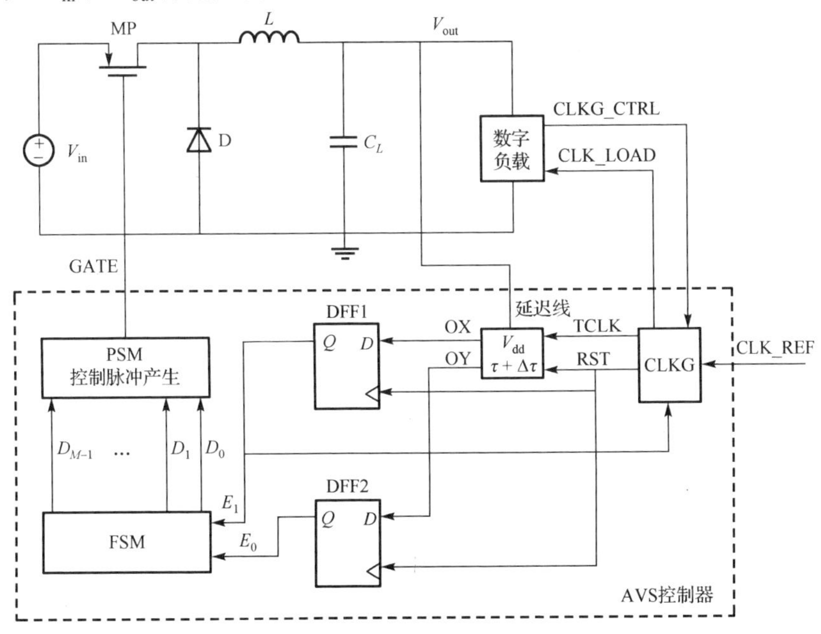

图 5.5.2　PSM 自适应电压调节 Buck 变换器

延迟线的长度由两部分构成，分别为 τ 和$\Delta\tau$，如图 5.5.3 所示。长度为 τ 的部分延迟等于数字负载关键路径的延迟。长度为$\Delta\tau$ 的部分是延迟线长度的裕度。图 5.5.2 中 CLKG 模块是一个时钟产生电路。E_1 和 E_0 分别被触发器 DFF1 和 DFF0 锁存，用来表征延迟线的松弛时间，同时作为有限状态机(Finite State Machine，FSM)的输入，与 FSM 的当前状态一起决定其下一状态。FSM 的 M 位输出信号 $D_{M-1}D_{M-2}\cdots D_1D_0$ 用来确定自适应电压调节 Buck 变换器当前开关周期控制脉冲的占空比。PSM 控制脉冲产生电路用来产生不同占空比的脉冲，产生的脉冲信号用于控制功率开关管 MP 的开启与关断。脉冲的宽度与 $D_{M-1}D_{M-2}\cdots D_1D_0$ 成正比。

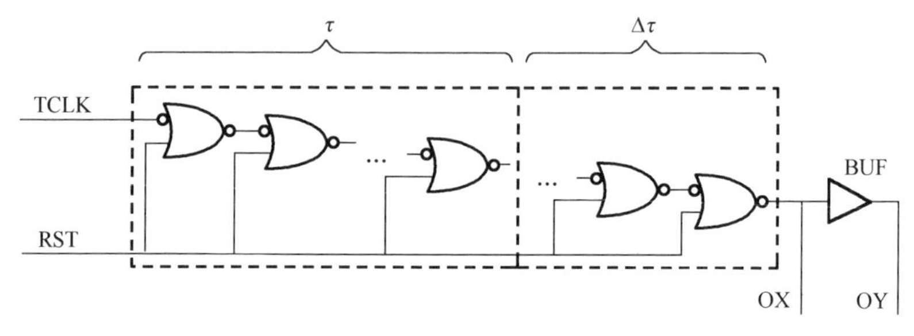

图 5.5.3 延迟线

变换器的输出电压、延迟线的延迟及 CLKG 模块的时序如图 5.5.4 所示。延迟线的延迟跟踪数字负载关键路径的延迟。数字负载通过 CLKG_CTRL 信号通知 CLKG 模块改变数字负载的工作频率。在 CLKG_CTRL 信号控制下，CLKG 模块内部产生一个时钟信号 CLK。CLK 的时钟频率 f 和最近一次数字负载请求的工作时钟频率相同，$f = 1/T_S$。RST 和 TCLK 的时钟频率都是 CLK 信号频率的 $1/N_a$ 倍。RST 和 TCLK 两个信号上升沿之间的时间间隔为 T_S。$D_{C,0}$、$D_{C,1}$、$D_{C,2}$ 分别表示功率管控制脉冲的跳周期、中间占空比和最大占空比。

当数字负载的供电电压 V_{out} 过低时，在一个时钟周期 T_S 内，测试信号 TCLK 的高电平不能通过延迟线的传输到达输出节点 OX。D 触发器 DFF1 锁存低电平，其输出 E_1 被置为低电平，同时，RST 复位延迟线。因为 OY 也是低电平，所以 D 触发器 DFF0 的输出 E_0 也是低电平。根据$\{E_1, E_0\}$的值和状态机当前的状态，FSM 从当前状态切换到下一个状态。假定 S_i $(i = 0, 1, 2)$是状态机的当前状态，$D_{C,i}$ $(i = 0, 1, 2)$是当前状态对应的变换器功率管控制脉冲的占空比。如果$\{E_1, E_0\} = 00$，且状态机当前状态为 S_i $(i = 0, 1)$，则下一状态为 S_{i+1} $(i = 0, 1)$，且变换器功率管控制脉冲的占空比为 $D_{C,i+1}$ $(i = 0, 1)$。由于控制脉冲占空比增大，变换器的输出电压将升高。如果状态机的当前状态为 S_2，则下一状态仍为 S_2，且功率管控制脉冲的占空比将保持最大值 $D_{C,2}$。$D_{C,2}$ 是 PSM 模式控制下，变换器工作在 DCM 可用的最大占空比。图 5.5.5 显示了有限状态机 FSM 的状态转换图。

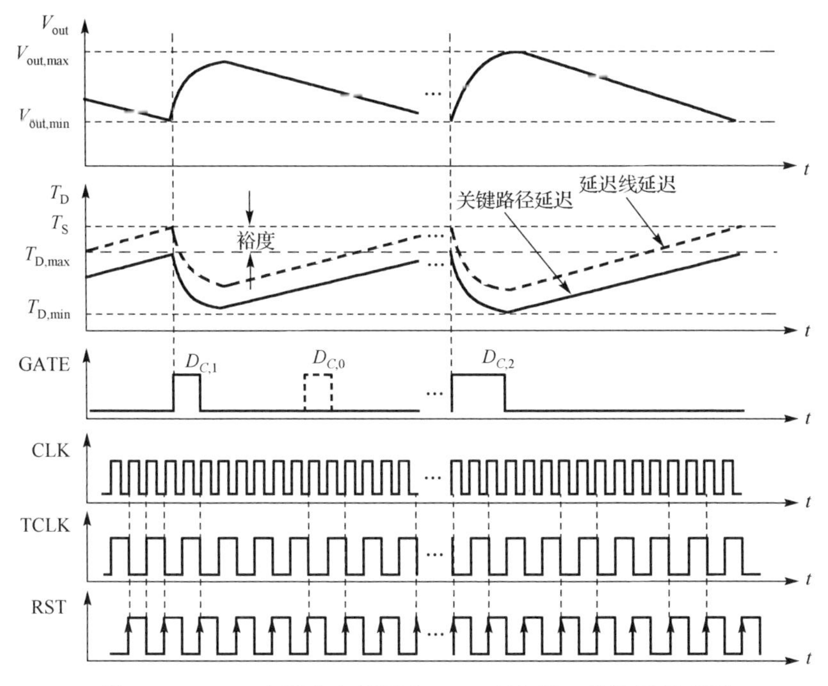

图 5.5.4 PSM 自适应电压调节 Buck 变换器工作波形示意图

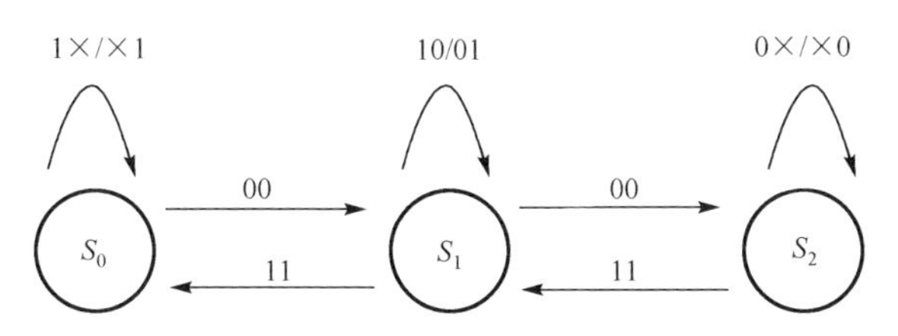

图 5.5.5 有限状态机的状态转换图

当变换器的输出电压 V_{out} 足够高时，在一个 T_S 的时钟周期内，TCLK 信号的高电平可以通过延迟线传输到达输出节点 OX。高电平被 D 触发器 DFF1 锁存，输出 E_1 被置为高电平。同时，信号 RST 复位延迟线。如果输出节点 OY 也为高电平，表明输出电压 V_{out} 过高，这将使得$\{E_1, E_0\}$=11。如果状态机的当前状态是 S_i ($i = 1, 2$)，则下一状态变为 S_{i-1} ($i = 1, 2$)，变换器功率管控制脉冲的占空比为 $D_{C,i-1}$ ($i = 1, 2$)。在有限状态机控制下，自适应电压调节 Buck 变换器的输出电压将降低。如果状态机当前状态是 S_0，并且$\{E_1, E_0\}$ =11，其下一状态将保持 S_0，功率管控制脉冲的占空比为最小值 $D_{C,0}$=0，产生跳周期。当 OX 为高电平，并且 OY 为低电平，表明变换器的输出电压达到了数字负载所需电压的临界值，状态机的下一状态保持当前状态。

在自适应电压调节控制电路作用下，Buck 变换器的输出电压 V_{out} 将根据数字负载工作时钟频率的变化自适应地调节。当数字负载工作频率需要提高或降低时，其工作电压和频率的调节顺序不同。图 5.5.6 给出了当负载工作频率改变时，CLKG 模块的工作流程图。

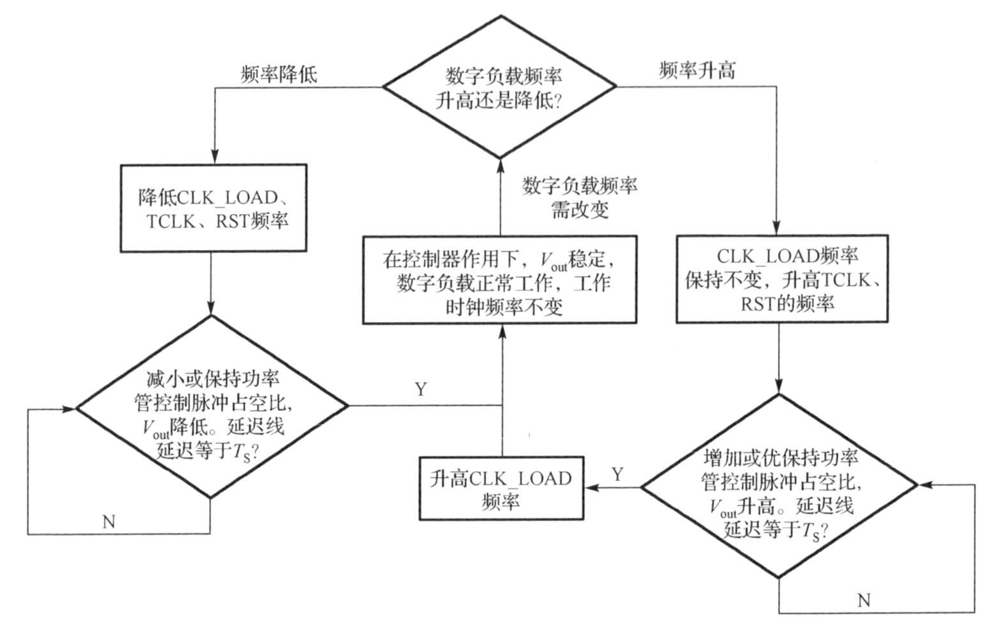

图 5.5.6　PSM 自适应电压调节技术中工作电压和频率的调节流程图

当数字负载通过 CLKG_CTRL 信号告知 CLKG 模块负载时钟频率需要降低时，因为当前负载供电电压较高，CLK_LOAD、TCLK 和 RST 的频率可以同时降低。在状态机控制下，调整功率管控制脉冲的占空比，变换器输出电压 V_{out} 降低。随着电压 V_{out} 的降低，当延迟线的延迟刚好增大到 T_S 时，输出电压达到了数字负载所需电压的临界值。之后，输出电压稳定，系统进入新的稳态。

当数字负载工作频率需要升高时，控制过程较为复杂。首先，负载通过 CLKG_CTRL 信号告知 CLKG 模块负载需要升高工作频率，假设频率需要从 f 升高到 $f+\Delta f$。因为当前负载供电电压不能满足较高工作时钟频率的需求，所以，必须先升高供电电压之后才能升高工作频率。首先，RST 和 TCLK 的频率同时从 f/N_a 升高到 $(f+\Delta f)/N_a$，RST 和 TCLK 上升沿之间的时间差减小为 $1/(f+\Delta f)$。此时，负载的工作频率仍保持为 f。在有限状态机控制下，数字负载的供电电压 V_{out} 逐渐升高。随着负载供电电压的升高，当延迟线延迟降低到 T_S 时，V_{out} 达到了新的工作频率所需的电压值。此时，负载工作频率由 f 更新为 $f+\Delta f$。由于当前电压可以满足新的工作频率 $f+\Delta f$ 对电压的需求，频率由 f 升高为 $f+\Delta f$ 后不会引起负载出现时序错误，整个系统进入新的稳定状态。之后，只要负载工作频率不变，在 AVS 控制器作用下，负载的供电电压将始终可以满足时序的需要。

数字负载通过信号 CLKG_CTRL 告知 CLKG 模块将负载工作频率由 f 更新为 $f+\Delta f$。假设在负载电压为 V_{min} 时，TCLK 的高电平在一个负载的工作时钟周期内刚好传输通过延迟长度为 τ 的延迟线；在负载电压为 $V_{min}+\Delta V_{min}$ 时，TCLK 的高电平在一个负载的工作时钟周期内刚好传输通过延迟长度为 $\tau+\Delta\tau$ 的延迟线。如果变换器的输出电压纹波小于 ΔV_{min}，电压纹波的存在将不会造成数字负载出现时序错误。其中，CLKG 模块需单独使用固定电压供电，以保证其正常工作。

表 5.5.1 给出了基于 PSM 的自适应电压调节 Buck 变换器负载工作时钟频率随时间变化的仿真结果。随着负载工作频率的变化，负载的工作电压可以自适应地变化，如图 5.5.7 所示。工作时钟 CLK_REF 频率在 25～100MHz 范围调节时，自适应电压调节 Buck 变换器的输出电压可以在 0.7～1.5V 范围自适应地变化。图 5.5.8 是图 5.5.7 的局部放大图。当负载工作频率为 25MHz 时，输出电压纹波为 24mV，如图 5.5.8(a)所示；当工作频率为 100MHz，输出电压纹波为 7mV，如图 5.5.8(b)所示。

表 5.5.1　时钟 CLK_REF 的频率变化

时间/μs	工作频率/MHz
0～949	100
950～1449	50
1450～1849	30
1850～2049	25
2050～3049	100
3050～5000	25

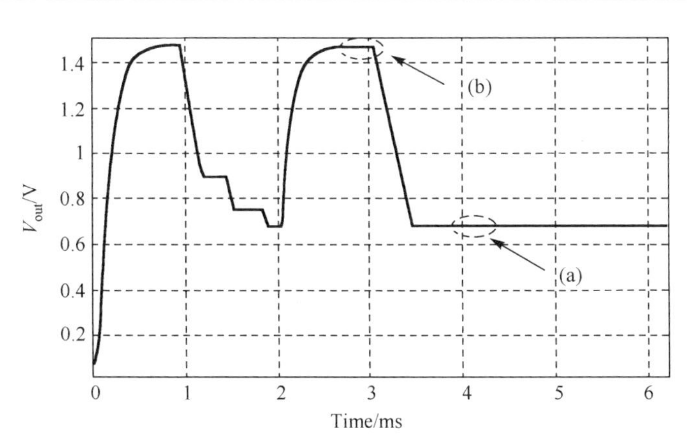

图 5.5.7　负载工作时钟 CLK_REF 频率变化时，其供电电压 V_{out} 的仿真波形

基于 PSM 的自适应电压调节技术构建了基于 PSM 调制的自适应电压调节 Buck 变换器，具有控制电路结构简单、响应速度快、轻负载下效率高、可全数字实现等优点。

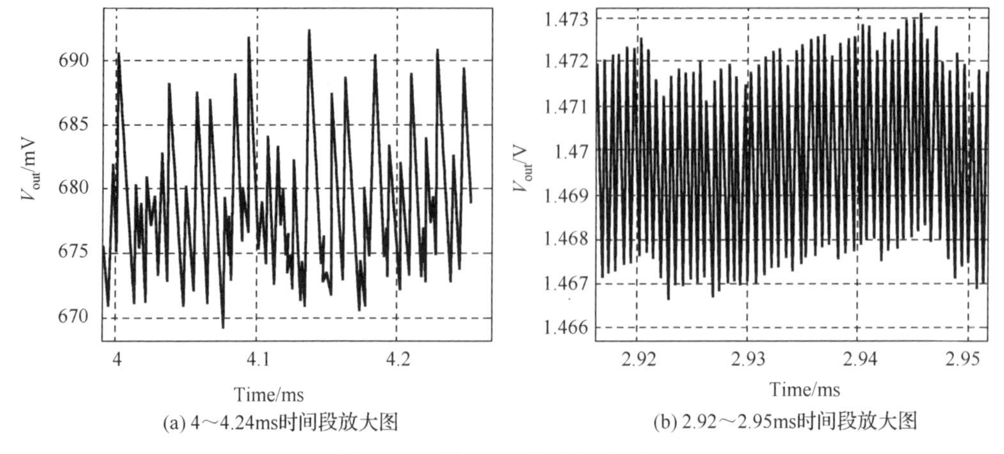

(a) 4～4.24ms时间段放大图　　(b) 2.92～2.95ms时间段放大图

图 5.5.8　图 5.5.7 的局部放大图

5.5.3　基于 ADPS 的自适应电压调节技术

功率变换器的自适应占空比跳周期(Adaptive Duty ratio with Pulse Skip，ADPS)调制技术是一种新的调制技术[56]。在一个开关周期开始时，如果变换器的输出电压不小于参考电压，控制器产生跳周期，功率管不导通；如果变换器的输出电压小于参考电压，控制器将根据电压误差 v_e 的大小选择不同占空比的脉冲控制功率管的开启与关断：电压误差 v_e 越大，控制脉冲的占空比也越大；反之，控制脉冲的占空比越小。自适应电压调节控制器通过监视负载关键路径的延迟特性，根据数字负载工作频率的变化自适应地调节 DC-DC 变换器的输出电压。当数字负载工作时钟频率发生变化时，通过对负载关键路径延迟的监控，调节 DC-DC 变换器控制脉冲的占空比，可以实现负载供电电压的自适应调节。

以 Buck 变换器为例，基于 ADPS 自适应电压调节 Buck 的变换器框图如图 5.5.9 所示[56]。自适应电压调节控制器由负载延迟监视器和 ADPS 控制电路构成。负载延迟监视器由延迟检测电路和 CPR 延迟线构成，CPR 延迟线的延迟反映了数字负载电路关键路径的延迟。V_{in} 和 V_{out} 分别是自适应电压调节 Buck 变换器的输入电压和输出电压。变换器的输出电压 V_{out} 同时作为反馈电压给 CPR 延迟线供电。TR 是负载延迟监视器的输出信号，ADPS 控制电路根据此信号产生不同占空比的脉冲控制功率管 MP 的开启与关断，从而 Buck 变换器的输出电压得到调节和控制。CLK_REF 是数字负载的时钟信号。一旦时钟 CLK_REF 的频率发生变化，在 AVS 控制器作用下通过反馈，数字负载的供电电压可以自适应地调节，以保证负载在不出现时序错误的前提下供电电压最低，达到节能的目的。CLKM 是一个恒定频率和占空比的时钟信号。

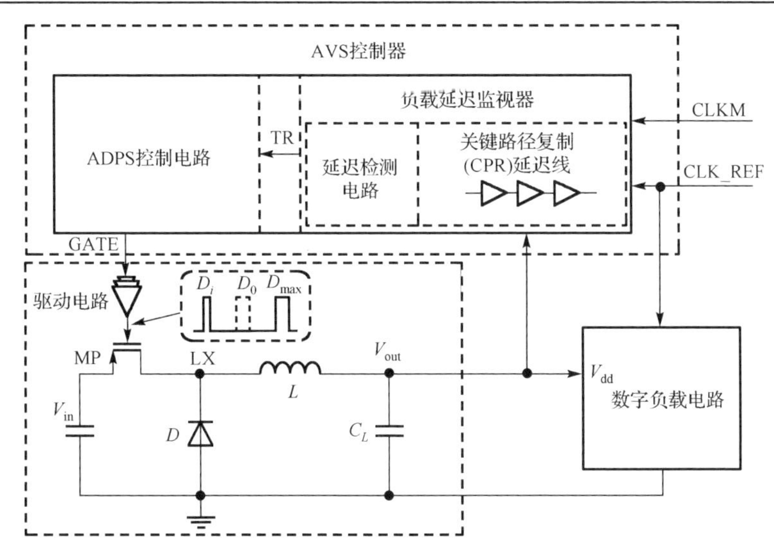

图 5.5.9　ADPS 自适应电压调节 Buck 变换器的系统框图

1．ADPS 技术调制机理

以工作在 DCM 的 Buck 变换器为例说明功率变换器 ADPS 调制的工作机理。ADPS 控制器根据最大输出功率需求确定可以使用的最大占空比 D_{max}。每个开关周期，根据输出电压与参考电压的比较结果，控制器会自适应地产生不同占空比的脉冲来控制 Buck 变换器功率管的开启与关断。其中，不同占空比的控制脉冲周期相同[60]。

ADPS 控制的 Buck 变换器结构框图如图 5.5.10 所示。ADPS 控制器由电压比较器和 ADPS 脉冲产生电路构成。ADPS 脉冲产生电路由跳周期(Pulse Skip，PS)控制电路和自适应占空比(Adaptive Duty ratio，AD)产生电路构成。电压比较器将变换器的输出电压 V_{out} 与参考电压 V_{ref} 进行比较，V_c 是比较器的输出信号。当 $V_{out}<V_{ref}$ 时，V_c 输出高电平；当 $V_{out}<V_{ref}$ 时，V_c 输出低电平。输出信号 V_c 作为 ADPS 脉冲产生电路的输入。clk 是 ADPS 脉冲产生电路的输入控制时钟，周期为 T_P，占空比为 D_{max}。ADPS 脉冲产生电路输出信号 v_g 实现对变换器的控制。一个开关周期开始时，如果 V_c 为高电平，功率管 MP 开启，变换器输出电压逐渐升高；随着输出电压的升高，一旦 V_c 由高电平变为低电平，功率管 MP 立即关断，并且在该周期剩余时间内 MP 保持关断状态。功率管导通一个由输出电压与参考电压的误差决定的占空比。在该开关周期内，随着输出电压的升高，如果 V_c 一直为高电平，则功率管导通一个最大的占空比 D_{max}。一个开关周期开始时，如果 V_c 为低电平，功率管 MP 在该周期不导通，产生跳周期。ADPS 控制可以根据每个开关周期开始时输出电压 V_{out} 与参考电压 V_{ref} 的比较结果，自适应地产生不同占空比的脉冲信号，控制功率变换器开启与关断。

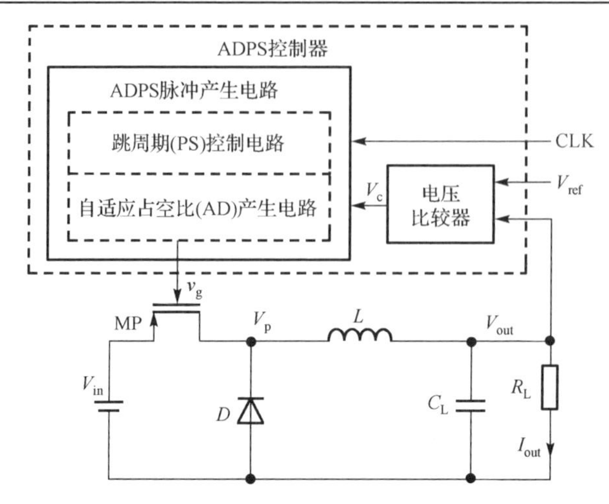

图 5.5.10　ADPS 控制的 Buck 变换器结构框图

图 5.5.11 给出了 ADPS 控制的工作于 DCM 的 Buck 变换的工作波形。时钟 clk 的每个上升沿代表一个新的开关周期的开始。功率管控制信号 v_g 的低电平仅出现在 clk 高电平期间。当功率管控制信号 v_g 的占空比 D_i 发生变化时，电感电流 i_L 的峰值也相应发生变化。

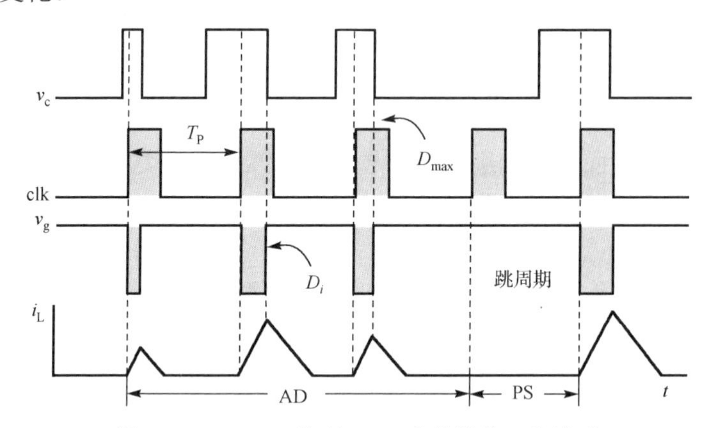

图 5.5.11　ADPS 控制 Buck 变换器的工作波形

ADPS 控制的 Buck 变换器输出电压 v_{out} 和电感电流 i_L 工作波形如图 5.5.12 所示。在 t_0 时刻，电感电流 i_L 为零。由于变换器的输出电压 v_{out} 低于参考电压 V_{ref}，功率管 MP 开启。在 t_0～t_1 阶段，电感电流线性上升，但由于电感电流小于负载电流 I_{out}，输出电压下降。在 t_1 时刻，电感电流等于负载电流。在 t_0～t_1 阶段，由于变换器的输出电压仍小于参考电压，功率管 MP 继续导通，电感电流继续升高。由于电感电流大于负载电流，输出滤波电容被充电，输出电压上升。在 t_2 时刻，变换器输出电压等于参考电压，功率管被关断。在 t_2～t_3 阶段，电感电流下降，但由于电感电流不能突变，且其电流仍大于负载电流，所以，输出滤波电容继续被充电，输出电压继续升高。在 t_3 时刻，电感电流等于负载电流。在 t_3～t_4 阶段，电感电流小于负载电流，输出滤波电容通过负载放电，变换器输出电压下降。在 t_4 时刻，电感电流下降为零。在 t_4～t_5 阶段，输出滤波电容通过负载放电，直到 t_5 时刻一个新的开关周期开始。

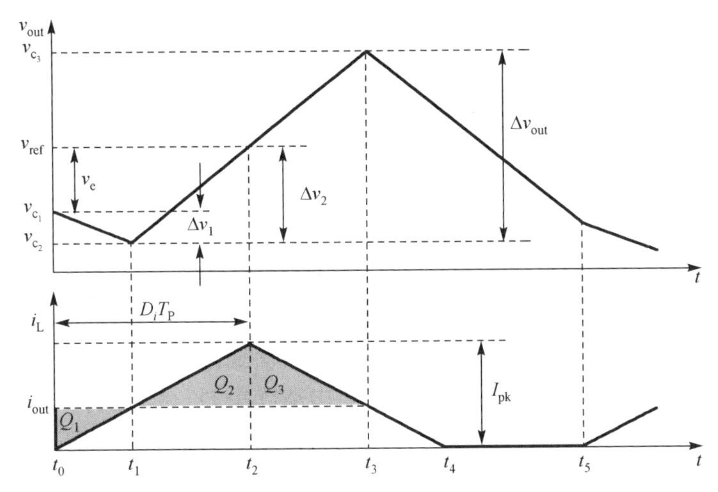

图 5.5.12　ADPS 控制的 Buck 变换器输出电压和电感电流工作波形

假定在变换器的某个开关周期内，不出现跳周期或最大占空比 D_{max} 的控制脉冲，此时功率管控制脉冲的占空比用 D_i' 表示。用 v_e 表示该开关周期起始时刻变换器参考电压 V_{ref} 与输出电压 v_{out} 之间的误差，有 $v_e=V_{ref}-v_{out}$。假定在该开关周期开始时变换器的输出电压为 v_{c_1}，则有：

$$v_e = V_{ref} - v_{c_1} = \Delta v_2 - \Delta v_1 = \frac{Q_2 - Q_1}{C_L} \tag{5.5.8}$$

其中，C_L 是 Buck 变换器的输出滤波电容。从而，可以得到：

$$v_e = \frac{D_i'T_P(D_i'T_P R_L(V_{in} - U_{out}) - 2LU_{out})}{2LR_L C_L} \tag{5.5.9}$$

其中，R_L 和 L 分别是 Buck 变换器的负载电阻和滤波电感，U_{out} 是 Buck 变换器的稳态输出电压。故有：

$$D_i' = \frac{\dfrac{LU_{out}}{R_L} + \sqrt{2LC_L(V_{in} - U_{out})v_e + \dfrac{L^2U_{out}^2}{R_L{}^2}}}{T_P(V_{in} - U_{out})} \tag{5.5.10}$$

在轻负载下，当 $2LC_L(V_{in}-U_{out})v_e > \dfrac{100L^2U_{out}^2}{R_L^{\ 2}}$ 时，将式(5.5.10)化简可以得到：

$$D_i' \approx \frac{\sqrt{2LC_L(V_{in}-U_{out})v_e}}{T_P(V_{in}-U_{out})} \tag{5.5.11}$$

从以上分析可知，对于 ADPS 控制的工作于 DCM 的 Buck 变换器，当不出现跳周期或最大占空比时，误差电压 v_e 越大，功率管的导通占空比 D_i' 越大。当外界干扰引起输出电压出现较大跌落时，较大占空比的控制脉冲可以提高变换器的瞬态响应速度。误差电压 v_e 越小，功率管的导通占空比 D_i' 越小。占空比 D_i' 受负载电阻 R_L 的控制，负载较轻时可以产生更小的占空比 D_i'。

由于外界干扰，变换器的输出电压 V_{out} 可能会出现较大跌落，从而会造成较大的误差电压 v_e。由式(5.5.10)得到的控制脉冲的占空比可能会大于 D_{max}，这种情况下 ADPS 控制器会自动使用具有最大占空比 D_{max} 的脉冲对变换器进行控制。当 $v_e \to 0$ 时，可以得到 ADPS 控制中非零占空比的最小值为：

$$D_{i\min}' = \frac{2LU_{out}}{R_L T_P(V_{in}-U_{out})} \tag{5.5.12}$$

由 Buck 变换器工作在 DCM 的条件 $I_{out} < I_{pk}/2$ 可知，当 $D_i > D_{i\min}'$ 时变换器工作在 DCM。所以，在 ADPS 控制的 Buck 变换器中，能使变换器工作在 DCM 的所有占空比均可以用于控制，即 $D_i' \in [D_{i\min}', D_{max}]$。只需在设计阶段根据变换器的最大输出功率需求确定最大占空比 D_{max}，每个开关周期 ADPS 控制器将根据电压误差 v_e 的不同自适应地产生不同大小占空比的脉冲进行控制。

在图 5.5.12 中，t_1 时刻变换器输出电压 v_{c2} 最低，t_3 时刻变换器输出电压 v_{c3} 最高。在 t_1～t_3 阶段，电感电流对输出滤波电容所充电荷量可以表示为：

$$Q_C = Q_2 + Q_3 = \frac{(I_{pk}-I_{out})(t_3-t_1)}{2} \tag{5.5.13}$$

其中，$I_{pk} = \dfrac{D_i T_P(V_{in}-U_{out})}{L}$，$I_{out} = \dfrac{U_{out}}{R_L}$，$t_3 = \dfrac{V_{in}D_iT_PR_L - LU_{out}}{R_LU_{out}}$，$t_1 = \dfrac{LI_{out}}{V_{in}-U_{out}}$。该周期 Buck 变换器的输出电压纹波为：

$$\Delta v_{out} = \frac{Q_2+Q_3}{C_L} = m(nD_i - b)^2 \tag{5.5.14}$$

其中，$m = \dfrac{V_{in}}{2LR_L^{\ 2}C_LU_{out}(V_{in}-U_{out})}$，$n = T_PR_L(V_{in}-U_{out})$，$b = LU_{out}$。

轻负载下，当 $nD_i > 10b$ 时，有 $\Delta v_{out} \propto D_i^2$ 成立。由以上分析可知，ADPS 控制的 DCM Buck 变换器中，负载越轻变换器的输出电压纹波越小。

ADPS 控制器可以根据该开关周期开始时电压误差 v_e 的大小自适应地产生不同占空比的脉冲信号，实现对 Buck 变换器的控制。在 ADPS 控制下，Buck 变换器的环路始终是稳定的。

2．AVS 控制器电路实现

给定数字负载的工作时钟频率，假设 V_{ref} 是该频率下对应的负载最低工作电压，则有：

$$\mathrm{TR}=\begin{cases}0, & (V_{out} \geqslant V_{ref}) \\ 1, & (V_{out} < V_{ref})\end{cases} \tag{5.5.15}$$

TR=1 表示自适应电压调节 Buck 变换器的输出电压 V_{out} 低于参考电压 V_{ref}，TR=0 表示变换器的输出电压 V_{out} 大于或等于参考电压 V_{ref}。根据 TR 的不同值，ADPS 控制电路产生具有不同占空比的脉冲信号控制功率管 MP 的开启与关断。

$$\text{Power switch is}\begin{cases}\text{turned on,} & \text{CLKM}=1 \text{ and TR}=1 \\ \text{turned off,} & \text{CLKM}=0 \text{ or (CLKM}=1 \text{ and TR}=0)\end{cases} \tag{5.5.16}$$

AVS 控制器由负载延迟监视器和 ADPS 控制电路构成，如图 5.5.13 所示[60]。负载延迟监视器由 D 触发器 DFF1、T 触发器 TFF2、二输入异或门 XOR1、二输入或非门 NOR1 和 CPR 延迟线构成。CPR 延迟线由或非门构成，延迟总长度用 t_d 表示。CLKT 经过 CPR 延迟线延迟时间 t_d 后得到 CLKTD。在 CLK2 的每一个上升沿，CLKT 和 CLKTD 的比较结果被触发器 DFF1 锁存，同时 TR 被更新。在 CLK2 的上升沿，如果 CLKT 和 CLKTD 电平相同，OX 信号的低电平将被触发器 DFF1 锁存，同时 TR 更新为低电平，表明自适应电压调节 Buck 变换器的输出电压(即数字负载供电电压) V_{out} 足够高，负载能正常工作，不会出现时序错误。在 CLK2 的上升沿，如果 CLKT 和 CLKTD 电平不相同，OX 信号的高电平将被 DFF1 锁存，同时 TR 更新为高电平，表明自适应电压调节 Buck 变换器的输出电压 V_{out} 不够高，供电电压 V_{out} 不足以保证负载的正常工作。在控制环路作用下，Buck 变换器的输出电压将被升高。负载延迟监视器的时序图如图 5.5.14(a)所示。

自适应电压调节 Buck 变换器使用 ADPS 调制技术产生功率管开启与关断的控制信号，ADPS 控制电路如图 5.5.13(b)所示。在信号 CLKM 为低电平期间，信号 B 和 GATE 都是高电平，功率开关管 MP 关断。在信号 CLKM 为高电平期间，如果 TR 为高电平，信号 B 将为高电平，GATE 为低电平。在信号 CLKM 为高电平期间，如果 TR 为低电平，那么，信号 B 将为低电平。同时，在当前开关周期的剩余时间内，信号 B 将保持不变。

ADPS 控制电路的时序图如图 5.5.14(b)所示。在 CLKM 的上升沿，如果 TR 为低电平，功率开关管 MP 将被关断，同时在当前开关周期内保持关断状态。在 CLKM 的上升沿，如果 TR 为高电平，功率开关管 MP 将被开启。之后，在该开关周期，一旦 TR 由高电平变为低电平，功率开关管 MP 将立即关断，并在该开关周期剩余时间内保持关断状态。

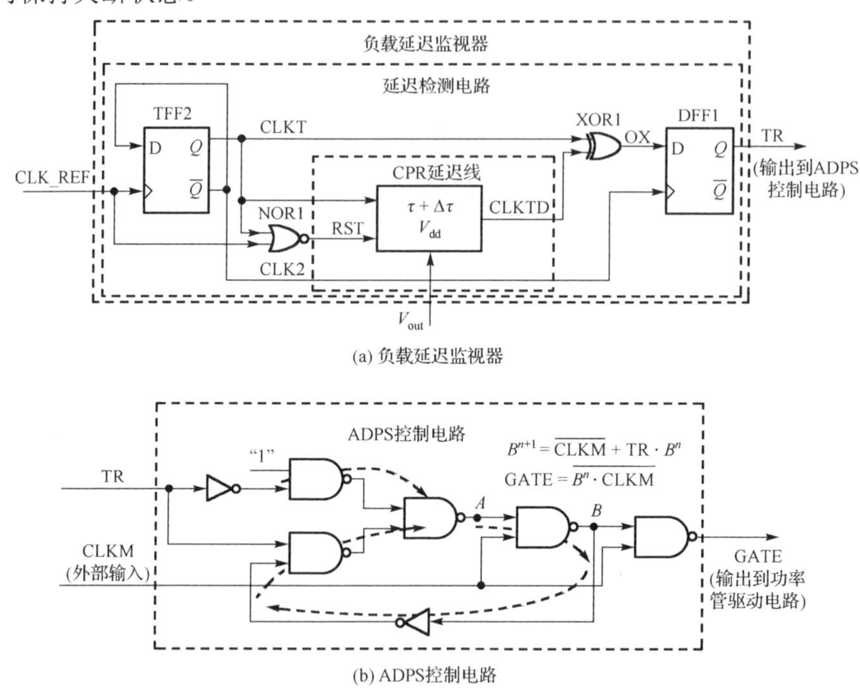

(a) 负载延迟监视器

(b) ADPS控制电路

图 5.5.13　ADPS 自适应电压调节控制器电路图

在 CLKM 为高电平期间，如果 TR 一直为高电平，功率开关管将导通一个由 CLKM 占空比决定的时间。自适应电压调节 Buck 变换器时序图如图 5.5.14 所示。

在不同 PVT 情况下，自适应电压调节 Buck 变换器工作过程中，存在一个和 CLKM 的占空比相同的最大的非零占空比 D_{max}，一个零占空比(即跳周期)和一系列中间占空比。

用 $V_{out,max}$、$V_{out,min}$、$V_{in,max}$ 和 $V_{in,min}$ 分别表示自适应电压调节 Buck 变换器的最大输出电压、最小输出电压、最大输入电压和最小输入电压。T_{clk} 表示数字负载的时钟周期。当 $t_d \leqslant T_{clk}$ 时，自适应电压调节 Buck 变换器的输出电压过高，控制脉冲将产生跳周期，输出电压逐渐降低；当 $t_d > T_{clk}$ 时，自适应电压调节 Buck 变换器的输出电压过低，变换器的功率管 MP 将导通，输出电压逐渐升高。但是，受控制时钟 CLKM 占空比的限制，功率开关 MP 的导通时间不会超过 $D_{max} \cdot T_P$。每个开关周期功率管导通后，随着变换器输出电压的升高，CPR 延迟线的延迟逐渐减小，一旦延迟 t_d 减小到 T_{clk}，在 AVS 控制器作用下，变换器的功率开关将立即关断。此时，功率管的导通占空比由式(5.5.10)决定。考虑到自适应电压调节 Buck 变换器输入电压的波动及输出电压的调节范围，为保证在整个输入和输出电压范围内自适应电压调节 Buck 变换器均工作在 DCM，功率管控制脉冲使用的最大占空比可以表示为 $D_{max}=V_{out,min}/V_{in,max}$。

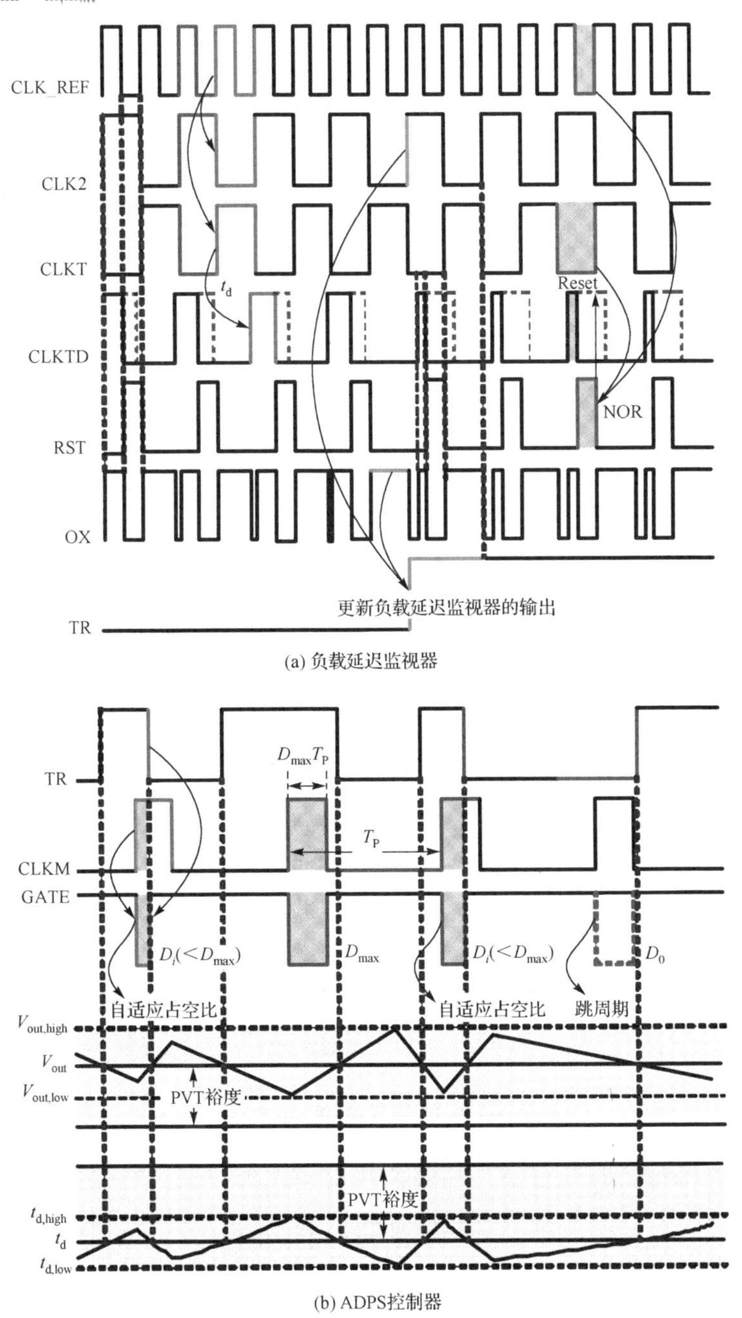

(a) 负载延迟监视器

(b) ADPS控制器

图 5.5.14　ADPS 自适应电压调节 Buck 变换器的时序图

当功率管控制脉冲的占空比为 $D_{\max}$ 时，在一个开关周期内电源通过变换器送给负载的能量最多，可以表示为：

$$\Delta E_{\text{in,max}} = \frac{V_{\text{in}}(V_{\text{in}} - V_{\text{out}})T_{\text{P}}^{2}}{2L} D_{\max}^{2} \tag{5.5.17}$$

图 5.5.15(a)显示了当时钟 CLK_REF 频率 f_{clk} 发生变化时，自适应电压调节 Buck 变换器的输出电压 V_{out} 和电感电流 i_{L} 的仿真波形[60]。仿真参数：输入电压 V_{in}=3.3V，

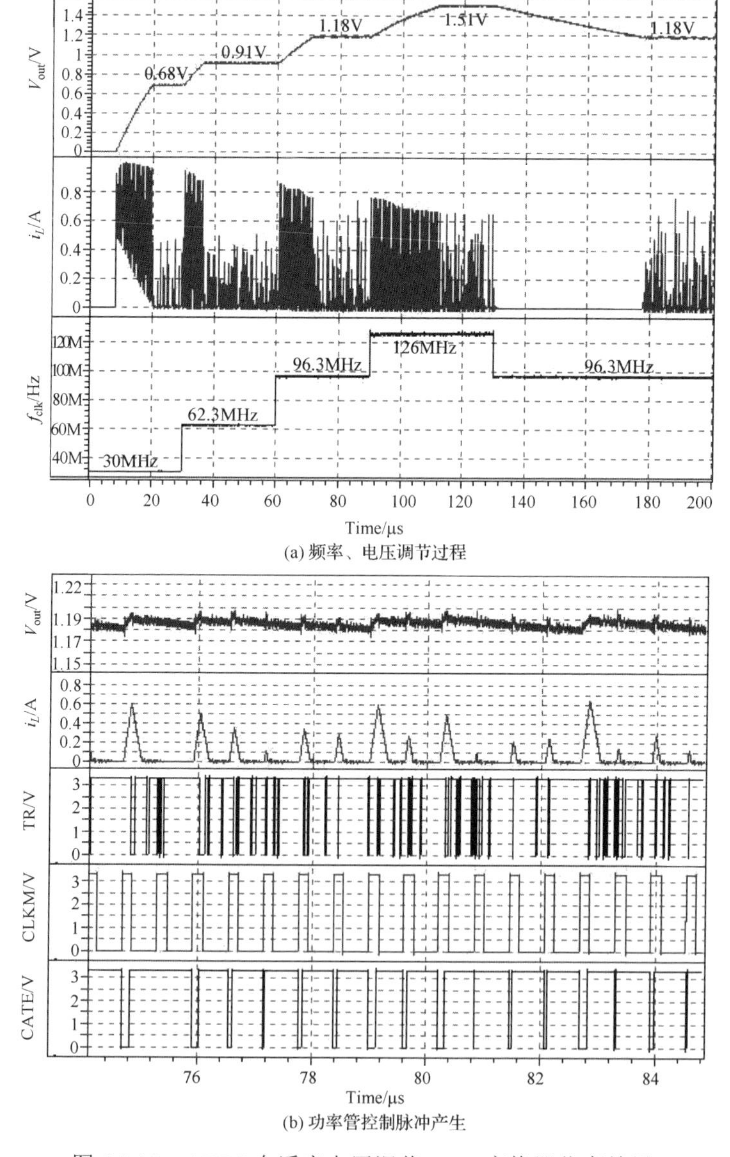

(a) 频率、电压调节过程

(b) 功率管控制脉冲产生

图 5.5.15　ADPS 自适应电压调节 Buck 变换器仿真结果

滤波电感 $L = 0.47\mu H$，滤波电容 $C_L = 10\mu F$，负载电阻 $R_L = 20\Omega$。当 CLK_REF 工作频率 f_{clk} 在 30～126MHz 范围变化时，在 AVS 控制器作用下，Buck 变换器的输出电压可以在 0.68～1.51V 范围自适应地变化。

图 5.5.15(b)给出了功率管控制脉冲 GATE 产生过程的仿真结果。在 CLKM 上升沿出现时，如果 TR 为高电平，说明变换器输出电压过低，变换器的功率管 MP 导通。在同一个开关周期，当输出电压升高到满足 CPR 延迟线的需求时，TR 由高电平变为低电平，功率管立即关断。在 CLKM 上升沿出现时，如果 TR 为低电平，说明变换器输出电压过高，功率管在该周期不导通。

ADPS 技术根据每个开关周期开始时变换器输出电压与参考电压的误差，自适应地产生不同占空比的脉冲信号控制功率变换器。在对 ADPS 的调制机理和 ADPS 控制的工作于 DCM 的 Buck 变换器的稳态特性、稳定性和瞬态特性进行研究和分析的基础上，与传统 PSM 技术相比，ADPS 控制的 DC-DC 变换器能实现更小的输出电压纹波；与传统 PWM 技术相比，由于轻负载下可以产生跳周期，ADPS 控制的 DC-DC 变换器能实现更高的功率变换效率。同时，ADPS 调制技术具有优异的快速瞬态响应特性。在 ADPS 调制技术研究的基础上实现的 ADPS 自适应电压调节 DC-DC 变换器，电路结构简单、易于实现，具有芯片面积小、功耗低、负载工作时钟频率调节范围大等优点。在多频率和电压域应用中，基于 ADPS 的 AVS 技术可以极大地节省芯片面积，降低负载能耗。实验表明最大可节省功耗 81%[60]。

5.5.4　基于自适应电压调节的最小能耗点追踪技术

1．基于 AVS 的 MEPT 思想

数字电路在完成给定的任务期间，其能量消耗主要包括动态能量消耗和静态能量消耗。动态能量消耗 E_d 是数字电路能量消耗的主要成分，其主要由数字电路在电平翻转时对逻辑门等效开关电容的充放电引起；而静态功耗则是由无论数字电路是处于工作状态还是静止状态时其电路中始终存在的漏电流引起的，其主要由占主要成分的亚阈值电流引起的漏电流和多股其他漏电流构成。因此，数字电路总的能量消耗 E_T 为：

$$E_T = E_s + E_d = KW_{eff}C_gL_{DP}V_{DD}^2e^{-(V_{DD}/nV_T)} + \alpha C_{eff}V_{DD}^2 \tag{5.5.18}$$

其中，$V_T=kT/q$、K 和 n 分别为热电压、延时调整参数和亚阈值斜坡因子，而 W_{eff} 为产生漏电流晶体管的平均有效总宽度，L_{DP} 则为典型反相器传输延时的关键路径长度，C_g 则是典型反相器的等效输出电容，V_{DD} 是数字电路的工作电压，C_{eff} 为数字电路逻辑门的平均等效开关电容，α 则为数字电路的活跃因子[61]。

根据式(5.5.18)给出的数字电路动态和静态能量消耗解析式，图 5.5.16 给出了利用 0.13μm CMOS 工艺设计的流水线型数字负载的总能耗、动态能耗和静态能耗曲线。结合图 5.5.16 和式(5.5.18)可知，数字电路的动态能量消耗与其工作电压的平方成正比，且当数字电路的工作电压较高时，动态能量消耗是数字电路能量消耗的主要成分，静态能量消耗则几乎可以忽略不计。随着数字电路工作电压的逐渐降低，动态能量消耗快速地减小，静态能量消耗几乎保持不变；但是当数字电路的工作电压进入亚阈值区且继续降低时，静态能量消耗则呈现指数级的上升，动态能耗则逐渐趋于零。因此，当数字电路工作在亚阈值区时其能量消耗的主要成分为静态能量消耗。与此同时，由于在数字电路工作电压的变化范围内，数字电路的动态能耗和静态能耗存在相反的变换趋势，因此，数字电路的总能量消耗必然存在一个最小值点，且数字电路在该能量消耗最小值点处的工作电压被定义为数字电路的最小能耗点(MEP) V_{DDMEP}。数字电路最小能耗点 V_{DDMEP} 的定义如式(5.5.19)所示：

$$\begin{cases} E_{\mathrm{T}}=KW_{\mathrm{eff}}C_{g}L_{\mathrm{DP}}V_{\mathrm{DD}}^{2}\mathrm{e}^{-(V_{\mathrm{DD}}/nV_{\mathrm{T}})}+\alpha C_{\mathrm{eff}}V_{\mathrm{DD}}^{2} \\ V_{\mathrm{DDMEP}}=V_{\mathrm{DD}}\big|_{E_{\mathrm{T}}=\mathrm{minimum}} \end{cases} \tag{5.5.19}$$

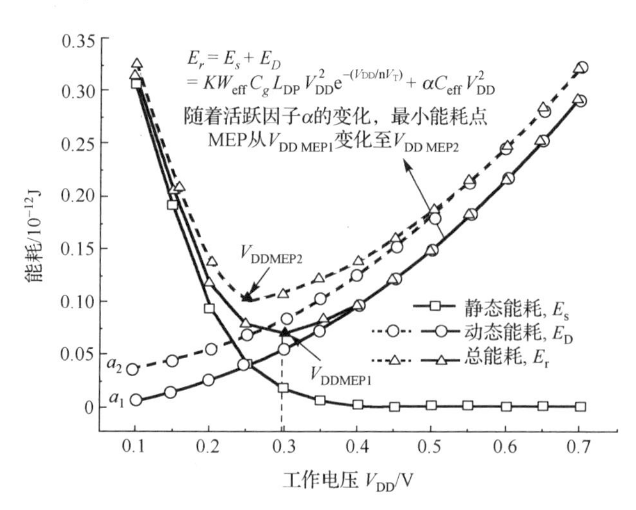

图 5.5.16　流水线型数字电路能耗曲线图[54]

当数字电路的活跃因子 α 或者数字电路工作环境 PVT 发生变化时，将会导致数字电路的动态功耗发生改变而静态功耗几乎不变，这使得构成数字电路总能量消耗的动态功耗和静态功耗之间的比例发生了改变，进而导致数字电路最小能耗点 V_{DDMEP} 发生改变。因此，为了搜索数字电路的最小能耗点 MEP 随着活跃因子 α 和 PVT 的变化关系，需要动态改变数字电路的工作电压。但是随着能量消耗的降低，数字电路最优性能也会被严重削弱。同时，当数字电路的工作频率固定时，其动态能量消耗最小时的工作电压被定义为最小电压点。最小电压点 V_{DDMVP} 的定义公式(5.5.7)重写为(5.5.20)：

$$
\begin{cases}
V_{\mathrm{DD}} \geqslant \dfrac{2V_{\mathrm{T}} + \eta N f_{\mathrm{DCLK}}}{2} + \sqrt{\left(\dfrac{2V_{\mathrm{T}} + \eta N f_{\mathrm{DCLK}}}{2}\right)^2 - V_{\mathrm{T}}^2} \\
V_{\mathrm{DDMVP}} = V_{\mathrm{DD}}(\text{minimum})\Big|_{f_{\mathrm{DCLK}}=\text{constant}}
\end{cases}
\tag{5.5.20}
$$

数字电路的最小电压点 V_{DDMVP} 与数字电路的工作频率存在一一对应的关系，其决定了数字电路的动态能量消耗的大小。但是最小电压点 V_{DDMVP} 随着数字电路工作 PVT 的改变将会有明显的变化。

总之，对于数字电路的总能量消耗存在最小能耗点 MEP，而对于数字电路的动态能量消耗存在最小电压点 MVP。但是当数字电路以恒定的工作频率正常工作时，其最小能耗点 MEP 和最小电压点 MVP 确实明显不同。图 5.5.17 给出了数字电路工作 PVT 和活跃因子 α 的变化对数字电路最小能耗点 MEP 和最小电压点 MVP 影响的仿真结果。由图可知，对于数字电路最小能耗点 MEP 和最小电压点 MVP 的同一条仿真曲线，随着数字电路工作频率的升高，其 MEP 和 MVP 都出现了明显的改变。而对于数字电路的固定工作频率，当数字电路的工作温度以及工艺角出现变化时，数字电路的最小工作电压点 MVP 则发生了明显的改变。同样地，数字电路工作在固定工作频率下，数字电路活跃因子 α 的变化使得其动态功耗在总能耗中的所占比例发生了改变，导致了其最小能耗点 MEP 的变化。在图 5.5.17 中可以明显观察到在数字电路工作的频率范围内，其最小能耗点 MEP 和最小电压点 MVP 明显不是同一点。

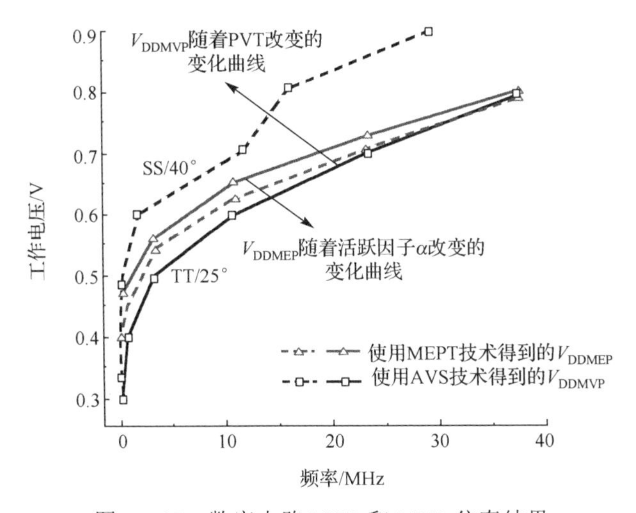

图 5.5.17　数字电路 MEP 和 MVP 仿真结果

因此，根据上文关于数字电路最小能耗点 MEP 和最小电压点 MVP 特性的分析，为了在进一步降低数字电路的能耗的同时保持其最优的电路性能，我们提出了基于自适应电压调节 AVS 的最小能耗点追踪(Minimum Energy Point Tracking, MEPT)技术[61,62]，在该技术中将AVS和MEPT技术工作原理和各自的优点进行了综合和利用，随着数字电路工作PVT和活跃因子α的变化，系统中的控制逻辑电路将自适应地搜索数字电路的供电电压V_{DD}。最终得到数字电路的工作电压V_{DD}则为：

$$V_{DD}=\begin{cases}V_{DDMVP},(V_{DDMVP}>V_{DDMEP})\\V_{DDMEP},(V_{DDMVP}\leqslant V_{DDMEP})\end{cases}\tag{5.5.21}$$

根据式(5.5.39)可知，对于工作在固定工作频率下的数字电路，基于AVS的MEPT电路根据式(5.5.38)，利用AVS技术的优点在保证数字电路性能最优的前提下自适应地将数字电路的工作电压调节为最小工作电压V_{DDMVP}，使数字电路动态能量消耗降低到最小值[61]。同时，在数字电路最小工作电压V_{DDMVP}基础上，根据数字电路工作PVT和活跃因子α的不同，利用MEPT技术启动对数字电路最小能耗点V_{DDMEP}进行自动搜索。如果数字电路的最小电压点V_{DDMVP}大于最小能耗点V_{DDMEP}，则选取最小电压点V_{DDMVP}为数字电路的工作电压V_{DD}。此时，数字电路不但具有最优的峰值性能，且动态能量消耗为最小值。但是数字电路总的能量消耗不一定为最小值。反之，如果数字电路的最小电压点V_{DDMVP}不大于最小能耗点V_{DDMEP}，则数字电路的工作电压V_{DD}取最小能耗点V_{DDMEP}。这样有利于数字电路在保证电路性能最优的同时其总能量消耗亦具有最小值。

根据最小能耗点和最小电压点的理论分析，基于自适应电压调节的最小能耗点追踪技术的系统框图如图5.5.18所示，整个电路系统主要包括AVS调压环路、MEP追踪环路、数字负载以及DC-DC变换器的功率级。其中，环路控制电路、导通时间Ton模块和DC-DC的功率级电路为AVS调压环路和MEP追踪环路的公用模块，AVS电路和MEP算法模块则分别是AVS调压环路和MEP追踪环路的核心模块电路。由于数字负载可以是便携式电子产品、可植入医疗电子以及物联网设备等，其能量消耗整体较低，使得DC-DC变换器主要工作在DCM工作模式，因而整个系统中不需要环路补偿模块，整个电路系统在很大程度上得到了简化并且更加易于实现。

2．自适应电压调节环路

图5.5.19给出了AVS电路的结构示意图，AVS电路主要包括延时检测电路和AVS使能电路。延时检测电路中的CPR模块是对数字负载关键路径的精确复制，且在电路版图中CPR模块和数字负载被放置在同一个保护环内，有利于保证CPR和数字负载的工作环境保持一致。因此，CPR模块能够精准模拟数字负载电路在实时变化PVT下的工作状态，因而CPR随着PVT变化的实时工作状态便是对数字负载的实时工作状态的精确复制和模拟。因此，延时检测电路通过对CPR工作状态的实时监测便能够获得数字负载电路实时工作电路的性能参数，同时提供数字负载工作频率f_{DCLK}和最小工作电压点V_{DDMVP}之间精确的一一对应关系。

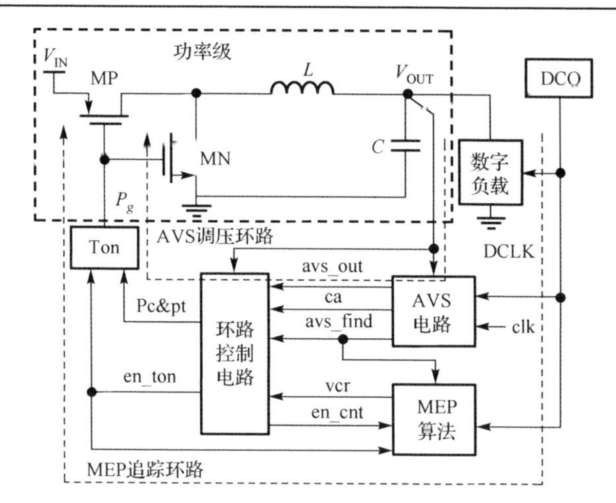

图 5.5.18　基于 AVS 的 MEPT 技术系统框图

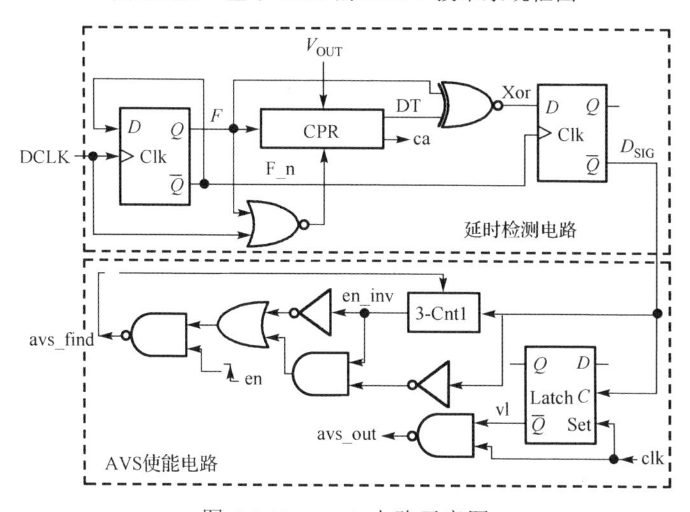

图 5.5.19　AVS 电路示意图

AVS 调压环路的电路结构如图 5.5.20 所示，主要包括 AVS 电路、导通时间 Ton 模块以及环路控制电路的一部分。图 5.5.21 给出了 AVS 调压环路工作的流程框图。

如图 5.5.21 所示，当 AVS 调压环路开始时，AVS 电路对关键路径复制 CPR 的工作状态进行实时监测。如果 CPR 能够正常工作，则延时检测电路输出的电压调节信号为高电平，预示此时数字负载的工作电压依然过高。因此，AVS 电路输出的导通时间 Ton 模块的使能信号为高电平，以关断功率管、降低 DC-DC 变换器的输出电压。与此同时，动态比较器在系统时钟每个周期上升沿的触发下分别将 DAC 输出的电压基准与输出电压进行比较。状态机则根据动态比较器输出的比较结果改变输出计数器的控制码，查找表根据可逆计数器输出的控制码改变 DAC 的控制码，使得 DAC 输出的电压基准同时减小一个电压步长，最终使数字负载的工作电压减小一个电压步长，达到调节目的。

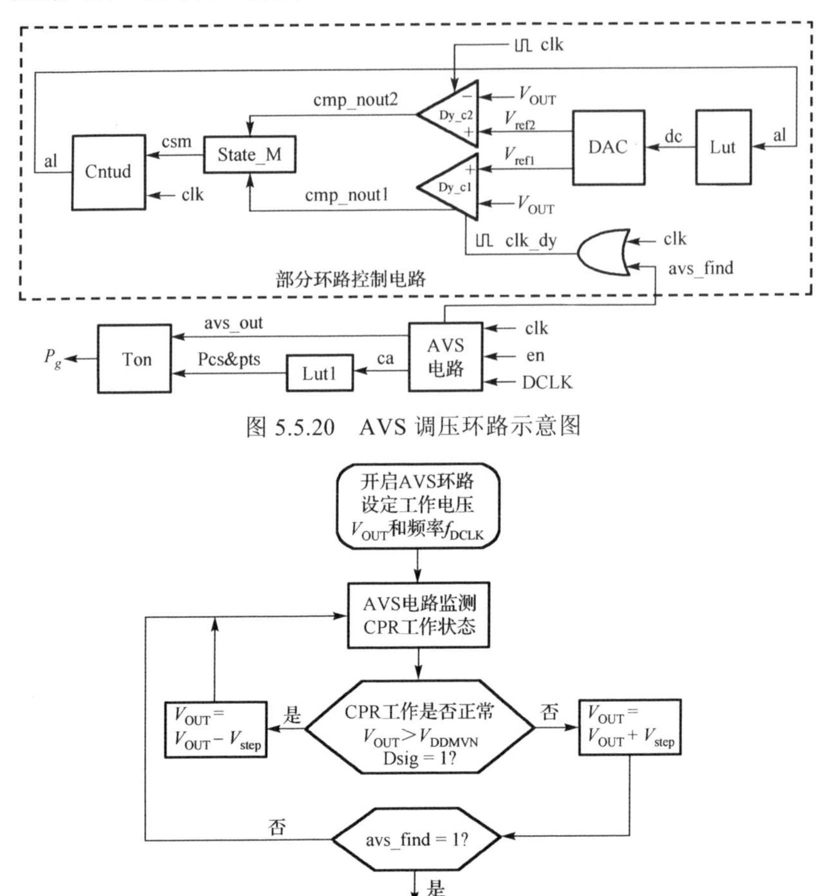

图 5.5.20　AVS 调压环路示意图

图 5.5.21　AVS 调压环路流程图

随着数字电路工作电压按电压步长逐渐降低，当 DC-DC 变换器的输出电压在某一个新的基准电压下再次稳定输出时，AVS 电路对关键路径实时工作状态进行检测后给出了低电平的电压调节信号，则预示着数字电路的工作电压 V_{OUT} 已经小于最小电压点。此时，AVS 电路则根据信号的低电平在时钟的每个开关周期输出导通时间 Ton 模块的有效使能信号，而 Ton 模块则根据控制码输出具有固定占空比的功率管控制脉冲以升高 DC-DC 的输出电压。同时，动态比较器将给出输出电压与基准电压的比较结果，进而状态机和查找表比较器给出的比较结果进行处理，最终 DAC 同时将电压基准增加一个电压步长来满足数字电路对工作电压的需求。而此时，若 AVS 电路输出的环路使能信号是低电平，则预示着数字电路的工作环境 PVT 发生了改变或者刚才搜索到的最小电压点出现了偶然性的偏差。因此，AVS 调压环路将对数字负载的工作状态再次进行监测，以便最终确定数字负载的最小电压点。与此相反，如果 AVS 电路输出的环路使能信号为高电平，则预示此时 DC-DC 的输出电压即为数字电路在该工作频率下的最小电压点，并结束 AVS 调压环路。

3．最小能耗点环路

MEP 追踪环路的电路原理图如图 5.5.22 所示，MEP 追踪环路主要包括 MEP 算法、部分环路控制电路、导通时间 Ton 模块以及 DC-DC 变换器的功率级。环路控制电路主要是和 MEP 算法进行配合，实现对数字负载工作电压的自适应调节；同时随着数字负载工作电压的改变，对功率管在每一个开关周期内的导通时间进行调节。MEP 算法模块通过预制查找表将数字负载的工作电压和功率管在每个开关周期的导通时间之间的关系进行一一对应，同时利用斜坡追踪算法实现对数字负载在不同工作电压下总能量消耗的计算和比较。因此，数字负载能量消耗的检测原理是整个 MEP 算法模块中最核心的电路原理。而环路控制电路则能够根据 MEP 算法给出的能耗比较结果改变 DC-DC 变换器的基准电压以及功率管的导通时间，最终完成对数字负载最小能耗点的追踪，实现数字负载能量消耗的进一步降低。

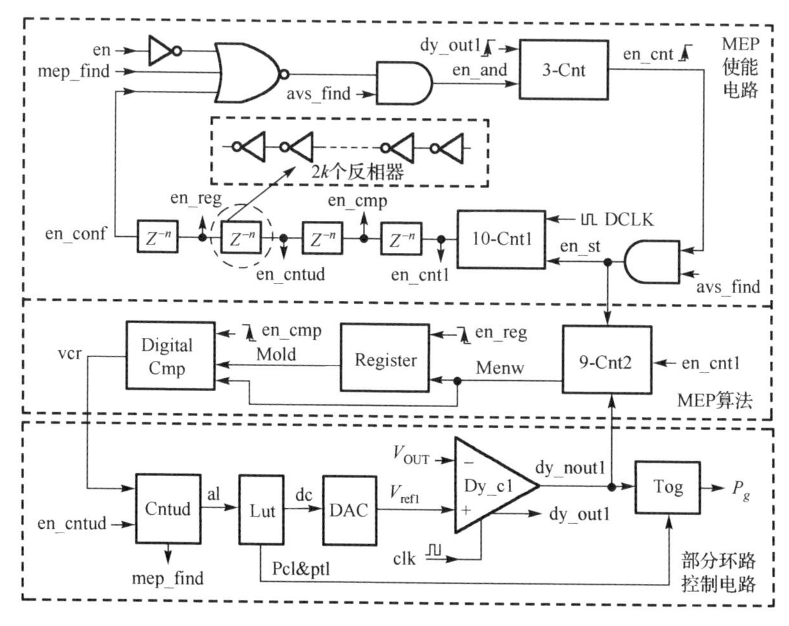

图 5.5.22　MEP 追踪环路原理图

在基于自适应电压调节的最小能耗点追踪技术中，其数字负载主要指能量消耗整体较低的便携式电子、可植入医疗电子和物联网设备等产品的数字电路，这些轻负载电路使得 DC-DC 变换器主要工作在 DCM 工作模式。

对于工作在 DCM 工作模式的 DC-DC 变换器，在每个开关周期的开始和结束时电感上的电流都为零，则滤波电感在每个开关周期内的能量变化$\Delta E_L \equiv 0$。同时，每个开关周期内滤波电容上的能量变化ΔE_C可以表示为：

$$\Delta E_C = \frac{1}{2} C \cdot \Delta V^2 \tag{5.5.22}$$

其中，ΔV 为在一个开关周期内输出电压 V_{OUT} 的纹波。当变换器稳定工作时其输出电压 V_{OUT} 几乎没有变化，因此滤波电容在每个开关周期内的能量变化ΔE_C可以忽略不计。故每一个开关周期内 DC-DC 变换器从电源电压处获得的能量ΔE_{IN}可以重新表示为[50]：

$$\Delta E_{IN} = \int_0^{t_{on}} V_{IN} i_L \mathrm{d}t = \int_0^{t_{on}} V_{IN} \frac{V_{IN} - V_{OUT}}{L} t \mathrm{d}t = \frac{V_{IN}(V_{IN} - V_{OUT})}{2L} t_{on}^2 \tag{5.5.23}$$

其中，V_{IN} 为电源电压，L 为滤波电感的电感值，i_L 为滤波电感电流。这里，数字负载在每一个开关周期内的能量消耗ΔE_R用ΔE_{load}表示，可写为：

$$\Delta E_{load} = \Delta E_{IN} = \frac{V_{IN}\left(V_{IN} - V_{OUT}\right)}{2L} t_{on}^2 \tag{5.5.24}$$

因此，根据式(5.5.24)可知，在任意的开关周期内，如果 DC-DC 变换器的输出电压 V_{OUT} 和该周期内功率管的导通时间 t_{on} 之间能够精确地一对一进行匹配，则在任意一个开关周期内变换器从电源 V_{IN} 处获取的能量ΔE_{IN}能够保持恒定不变。导通时间 Ton 模块通过控制生成的功率管控制脉冲 P_g 的占空比来控制功率管在每个开关周期内的导通时间 t_{on}，且 DC-DC 变换器的输出电压 V_{OUT} 与 DAC 输出的基准电压 V_{ref} 密切相关。同时，由图 5.5.22 可知，DAC 和导通时间 Ton 模块的输出分别被查找表 Lut 输出的控制码 dc、pcl 和 ptl 控制。因此，只要在查找表 Lut 中将 DAC 的控制码 dc 和导通时间 Ton 模块的控制码 pcl 以及 ptl 进行一对一的精确匹配，便能够保证在 DC-DC 变换器输出电压 V_{OUT} 的全变化范围内，功率管的每次开启变换器从电源电压 V_{IN} 抽取的能量ΔE_{IN}都保持不变，且变换器每个开关周期获得能量ΔE_{IN}最终都变为数字负载的能量消耗ΔE_{load}。因此，当数字负载以电压 V_{OUT} 为工作电压，在完成某个系统给定的任务期间变换器的功率管总共开启了 M 次，则数字负载在完成该任务时消耗的总能量 E_T 为：

$$E_T = M \cdot \Delta E_{load} = M \cdot \frac{V_{IN}(V_{IN} - V_{OUT})}{2L} t_{on}^2 \tag{5.5.25}$$

根据式(5.5.25)可知，当系统预先将功率管每次导通期间 DC-DC 变换器获得能量ΔE_{IN}预置为恒定值，则数字负载在不同工作电压 V_{OUT} 下总能量消耗 E_T 的比较将变得十分简单且容易实现，只需要比较不同工作电压 V_{OUT} 下功率管的导通次数 M。同时，根据图 5.5.16 数字电路总能量消耗曲线图可知，数字电路总能耗曲线具有反抛物线特性，故其一定具有能耗最小值点。因此，利用数字电路总能耗曲线的反抛物线特性，使用斜坡追踪算法将数字负载不同工作电压 V_{OUT} 下功率管的导通次数 M 进行逐一比较，最终将实现对数字负载的最小能耗点 V_{DDMEP} 的追踪。

由图 5.5 22 可知，当 AVS 调压环路完成对数字负载最小电压点的搜索时，数字负载的工作电压被升高一个电压步长，同时 AVS 电路输出的高电平使能信号在结束 AVS 调压环路的同时开启 MEP 追踪环路。计数器 3-Cnt 对周期性的时钟波形 dy_out1 进行计数。当计数器 3-Cnt 对动态比较器 Dy_c1 输出脉冲 dy_out1 的计数达到预设值时，表示变换器的输出电压已经稳定在基准电压，

图 5.5.22 中，计数器 10-Cnt1 和计数器 9-Cnt2 分别对数字负载的工作时钟和动态比较器 Dy_c1 的输出脉冲同时进行计数，由于数字负载完成系统给定的某一个工作任务时需要的时钟个数是恒定不变的，因此，当计数器 10-Cnt1 完成对时钟预设值的计数时即表示数字负载已经完成系统给定的工作任务，并输出高电平信号 en_cnt1 终止计数器 9-Cnt2 对动态比较器 Dy_c1 输出脉冲 dy_nout1 的计数。由于动态比较器 Dy_c1 的输出信号 dy_nout1 是导通时间 Ton 模块和功率管开启的使能信号，因此计数器 10-Cnt1 在完成对时钟 DCLK 的计数期间，计数器 9-Cnt2 对脉冲 dy_nout1 的计数值就是数字负载在完成系统给定的某个任务时所消耗的总能量。

在各个使能信号的作用下，MEP 追踪环路完成了一次对数字负载能量消耗检测和比较，最终高电平的使能信号将所有使能信号全部置为零，为下一个 MEP 追踪环路做准备。而当计数器 Cntud 给出的环路使能信号 mep_find 变为高电平时，则表示已经搜索到了数字负载的最小能耗点 V_{DDMEP}，并结束整个 MEP 追踪环路。

图 5.5.23 给出了 MEP 追踪环路的工作流程图。结合图 5.5.22 和图 5.5.23 可知，当 AVS 调压环路完成对数字负载最小电压点 V_{DDMVP} 的搜索时，AVS 电路输出高电平使能信号将 AVS 调压环路结束的同时开启 MEP 追踪环路。在 MEP 追踪环路启动时，环路控制电路中的数据依然为 AVS 环路结束时的数值，MEP 使能电路则处于系统预制的初始状态，可逆计数器 Cntud 输出的 MEP 追踪环路的使能信号则是低电平。同时，由于寄存器 Register 的初始值代表的是数字负载总能量消耗的最初值，为了保证 MEP 追踪环路能够正常启动，则寄存器 Register 中的各位初始值全为 1，而计数器 9-Cnt2 和数字比较器 Digital Cmp 的初始值则都为零。

MEP 追踪环路启动后，MEP 使能电路根据低电平信号 mep_find 和 en_conf 以及高电平信号 avs_find 生成开启计数器 3-Cnt 的高电平信号 en_and。当计数器 3-Cnt 输出高电平使能信号 en_cnt 时，则预示变换器的输出电压 V_{OUT} 已经稳定在基准电压 V_{ref1}，可以进行数字负载能量消耗的检测了。因此，高电平信号 en_cnt 和 avs_find 通过与门生成的使能信号 en_st 将 10 位计数器 10-Cnt1 和 9 位计数器 9-Cnt2 同时开启，并利用 10 位计数器 10-Cnt1 对数字负载工作时钟 DCLK 的计数，实现对数字负载完成一次工作任务所需时间的判定，而利用 9 位计数器 9-Cnt2 则实现了对数字负

载完成一次工作任务总消耗能量 M_{new} 的统计。同时，根据图 5.5.25 所示 MEP 追踪环路流程图可知，数字比较器 Digital Cmp 将在 MEP 使能电路输出的使能信号 en_cmp 的驱动下完成对数字负载能量消耗 M_{new} 和 M_{old} 的第一次比较。由于 M_{old} 为提前预制在寄存器 Register 中且为最大值，则一定是 $M_{new}<M_{old}$，则数字比较器 Digital Cmp 给出的比较结果一定是低电平的信号 vcr(如图 5.5.23 所示，图中虚线部分不可能出现)。可逆计数器 Cntud 在 MEP 使能电路输出的使能信号 en_cntud 的作用下根据低电平信号 vcr 改变输出到查找表 Lut 的控制码 al。同时，寄存器 Register 在 MEP 使能电路输出的使能信号 en_reg 的作用下将其寄存的 M_{old} 的数据更新为 M_{new}。查找表 Lut 则根据控制码 al 同时改变具有严格一对一匹配关系，且分别输出到 DAC 和导通时间 Ton 模块的控制码 dc、pcl 和 ptl。控制码 dc 使得 DAC 输出的基准电压 V_{ref1} 增加一个电压步长 V_{step}，而控制码 pcl 和 ptl 则通过导通时间 Ton 模块改变功率管的导通时间 t_{on}，使其与此时数字负载的工作电压 V_{OUT} 具有一一对应的关系。此时，动态比较器 Dy_c1 在时钟 clk 的作用下对变换器的输出电压 V_{OUT} 和基准电压 V_{ref1} 进行比较。但是，由于输出电压 V_{OUT} 小于基准电压 V_{ref1}，动态比较器 Dy_c1 输出导通时间 Ton 模块的使能时钟信号 dy_nout1，进而导通时间 Ton 模块根据控制码 pcl 和 ptl 使得功率管在每一个开关周期内都具有固定导通时间 t_{on}，进而慢慢地抬升变换器的输出电压 V_{OUT}。在输出电压 V_{OUT} 逐渐上升的过程中，MEP 使能电路输出的环路使能信号 en_conf 则将使能电路所有信号复位并启动 3 位计数器 3-Cnt，为统计数字负载在新工作电压下的能量消耗以及再次启动 MEP 环路做准备。

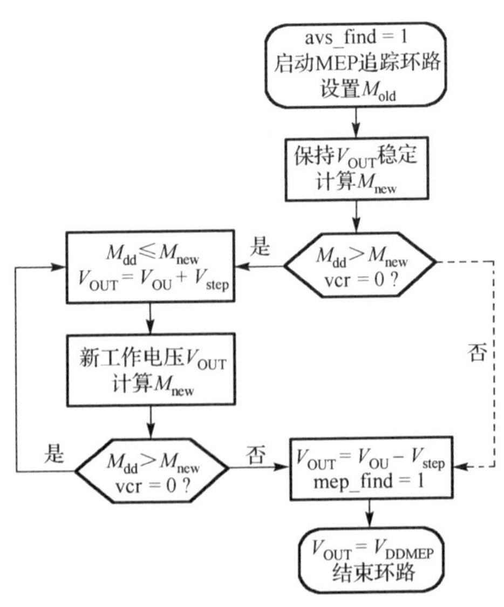

图 5.5.23　MEP 追踪环路流程图

如图 5.5.23 所示，随着数字负载工作电压 V_{OUT} 按电压步长 V_{step} 逐渐升高，在某一个数字负载新的工作电压 V_{OUT} 下总能量消耗的比较中出现了 $M_{new}> M_{old}$，则数字比较器输出的信号 vcr 为高电平。根据信号 vcr 的高电平，可逆计数器 Cntud 输出高电平的环路使能信号 mep_find 将整个 MEP 追踪环路关闭，且预示上一个数字负载的工作电压 V_{OUT} 即为数字负载的最小电压点 V_{DDMVP}。因此，可逆计数器 Cntud 和查找表 Lut 根据信号 vcr 的高电平将 DAC 输出的基准电压 V_{ref1} 降低一个电压步长 V_{step}，完成对数字负载电路最小能耗点 V_{DDMEP} 的追踪和搜索。

图 5.5.24 给出了当数字负载的工作频率 f_{DCLK} 为 1.32MHz 时，本节介绍的基于自适应电压调节的最小能耗点追踪电路对数字负载最小电压点 V_{DDMVP} 和最小能耗点 V_{DDMEP} 的自适应搜索和追踪过程。由图可知，在 AVS 调压过程中，环路控制电路根据 AVS 电路输出的调压信号将数字负载的工作电压 V_{OUT} 以 25mV 为电压步长逐步降低。根据 V_{DDMVP} 和 f_{DCLK} 之间的一一对应关系，当数字负载的工作频率 f_{DCLK} 为 1.32MHz 时，AVS 调压环路自适应搜索到的数字负载最小电压点 V_{DDMVP} 为 0.45V。此最小电压点 V_{DDMVP} 在保证了数字负载电路性能的同时使得其动态能量消耗最小。而 MEP 追踪环路对数字负载最小能耗点 V_{DDMEP} 的追踪过程中，由于最小电压点 V_{DDMVP} 为能够满足数字负载在当前 PVT 和工作频率 f_{DCLK} 下正常工作的最小电压，因此，在保证数字负载正常工作的前提下，使得对 MEP 的追踪是以电压 V_{DDMVP} 为基础向着升高电压的方向进行。因此，根据 MEP 算法输出的数字负载在不同工作电压下能量消耗的比较结果，环路控制电路将工作电压按步长 25mV 逐渐升高。最终，当环路控制电路输出高电平的环路结束使能信号 mep_find 时，数字负载的工作电压下调一个电压步长 25mV，且表示数字负载在工作频率 f_{DCLK} 为 1.32MHz 时的最小能耗点 V_{DDMEP} 为 0.5V。此时，数字负载的总能量消耗最小且电路性能也得到了保障，仿真结果表明功耗最高可节省 91%。

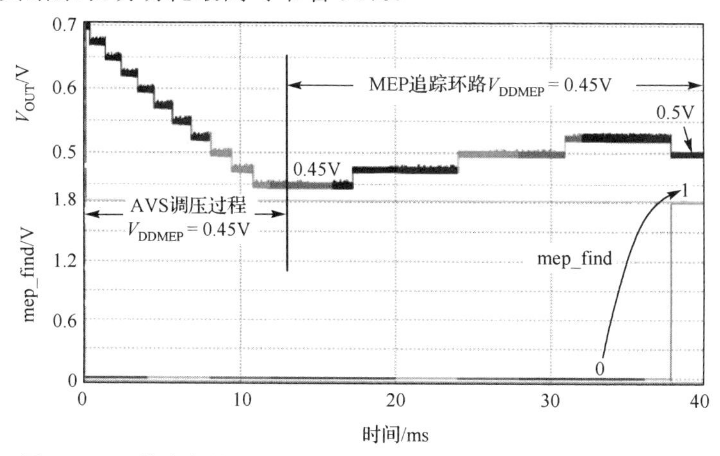

图 5.5.24　数字负载 VDDMVP 和 VDDMEP 的搜索过程仿真波形

5.6　数字控制 DC-DC 变换器设计实例

5.6.1　概述

本节将给出一款适用于 Buck 变换器的的数字电源控制器芯片的设计实例，帮助读者了解从模型仿真到电路实现的整个流程。该 Buck 变换器参数定为：输入电压 4.5～5.5V，输出电压 0.6～3.3V，开关频率 f_s 范围为 500～2MHz，占空比 D 的范围为 0.11～0.733。在 DC-DC 变换器功率级中，选择了功率电感 L、滤波电容 C 分别为 L=330nH，C=1.34mF。

5.6.2　参数可配置 DPID 设计

5.6.2.1　DPID 结构选择

根据 PID 传递函数可以直接搭建传输函数如下：

$$u(t)=K_p\left(e(t)+\frac{1}{T_I}\int_0^t e(t)\mathrm{d}t+T_D\frac{\mathrm{d}e(t)}{\mathrm{d}t}\right) \tag{5.6.1}$$

$$D(s)=K_p\left(1+\frac{1}{T_I s}+T_D s\right) \tag{5.6.2}$$

根据双线性变换 $s=\dfrac{2}{T}\dfrac{1-z^{-1}}{1+z^{-1}}$ 得：

$$\begin{aligned}D(z)&=E_{\mathrm{ADC}}\left(K_p+K_p\frac{T}{2T_I}\frac{1+Z^{-1}}{1-Z^{-1}}+K_p\frac{2T_D}{T}\frac{1-Z^{-1}}{1+Z^{-1}}\right)\\&=E_{\mathrm{ADC}}\left(K_p+K_I\frac{1+Z^{-1}}{1-Z^{-1}}+K_D\frac{1-Z^{-1}}{1+Z^{-1}}\right)\end{aligned} \tag{5.6.3}$$

式(5.6.3)即为经典的 DPID 结构传输函数。

选用图 5.6.1 所示的 DPID 结构。DPID 的三条支路的表达式分别为：

$$P:K_pX_n \qquad I:K_i\frac{1+z^{-1}}{1-z^{-1}}X_n \qquad D:K_d\frac{1-z^{-1}}{1+\alpha z^{-1}}X_n$$

DPID 分为三条信号路径，实现了双零点、双极点的传输函数，因此可以对功率变换器系统进行补偿，实现稳定、快速响应的系统。

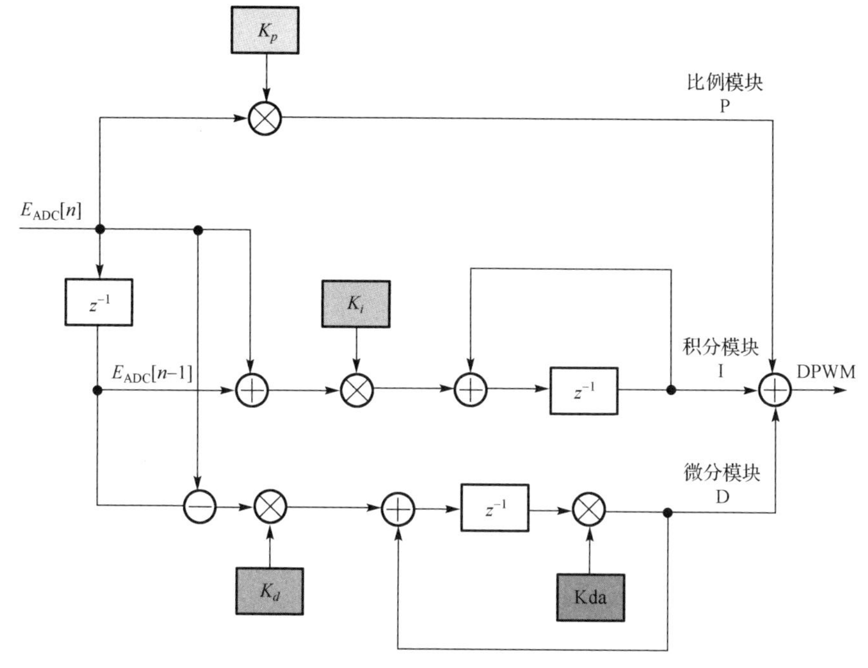

图 5.6.1　DPID 结构框图

5.6.2.2　DPID 参数整定

在 DPID 的设计工作中，K_p、K_i、K_d 三个控制参数的确定是最为关键的一环。由于这三个参数会直接影响补偿函数的增益和零极点位置，因此它们的值是影响系统稳定性和瞬态响应的重要因素。在 DPID 控制的发展历程中，为了满足不同系统的补偿需求，也出现了不同的 DPID 参数整定方法，包括 Ziegler-Nichols 法、基于系统零极点位置的参数整定方法等，本节的设计基于 MATLAB 中的 PID Tuner 工具辅助进行整定。

MATLAB 工具 PID Tuner 为 Simulink 中 PID 控制器模块提供了一种操作简单、适用范围广的 PID 整定方法，主要适用于单回路的控制系统。利用 PID Tuner 可以根据受控系统所需响应时间和响应精度调整 PID 控制器参数。这种 PID 参数的整定方法通常分为以下几步：启动 PID Tuner，之后软件根据 Simulink 搭建的闭环系统自动计算系统模型，并初始化 PID 控制器。设计人员通过手动调整设计所需的瞬态响应速度和精度，对 PID Tuner 中的控制器 PID 参数整定，使系统达到稳定状态。最后将所设计控制器的参数导回 PID 控制器模块，在 Simulink 中进行阶跃响应仿真验证控制器性能。

Simulink 库中自带离散和连续域的 PID 控制器模块，如图 5.6.2 所示。

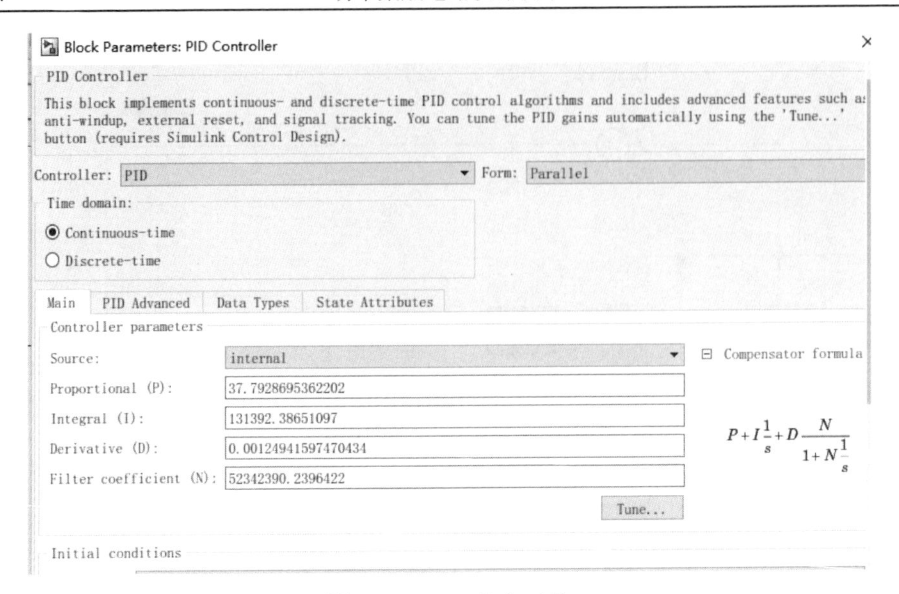

图 5.6.2　PID 整定工具

利用模块中的 Tuner 工具可以手动调整系统的响应速度和精度，以满足设计要求。

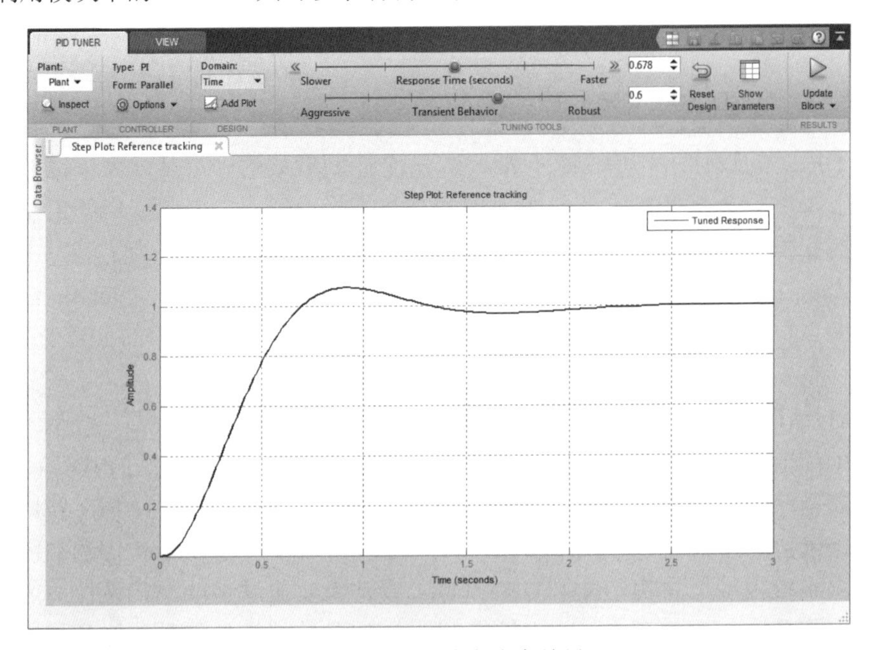

图 5.6.3　阶跃响应仿真结果

如图 5.6.3 所示，利用 PID Tuner 得到整定参数自动更新回 PID Controller 模块后，构建闭环系统进行阶跃响应仿真，得到对应的仿真结果。利用 PID Tuner 整定 PID 参数，由于需要手动选择系统的响应速度和响应精度这两个相互矛盾的参数，因此需要设计人员根据经验进行权衡。在数字电源的应用场景中，系统的响应速度和响应精度都非常重要。PID Tuner因其极强的灵活性和简易的操作，成为一种强大的PID参数整定方法，可用于DPID的设计之中。整定参数完成后，利用MATLAB绘制出补偿后的控制环路波特图，如图5.6.4所示。

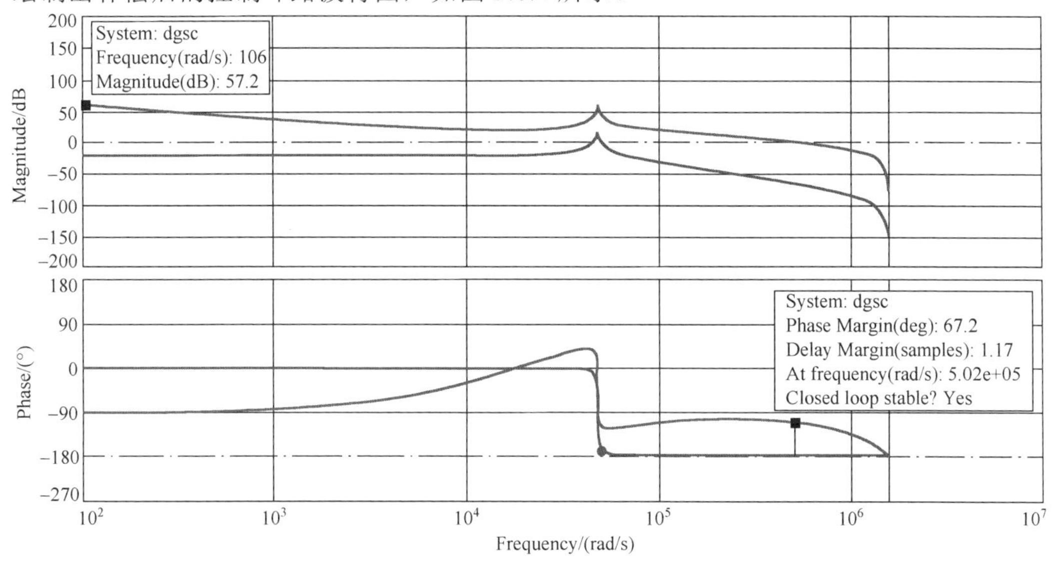

图5.6.4　补偿之后的数字控制DC-DC变换器环路频率响应

由图5.6.4可知，环路经补偿后低频增益上升到了57dB，相位裕度提升到了67.2°，带宽也提升到了500kHz，系统的瞬态特性和稳态特性都有了显著改善，再次说明了DPID在数字电源系统中不可或缺的作用。

5.6.2.3　DPID定点数设计

定点数其实就是一种数据表示法，它的特点就是有限精度。而定点数设计就是将实数用整型数据表示出来。在数字电源中，反馈回路ADC需要采集输出电压并与参考电压比较输出误差信号。而实际采到的信号是连续的模拟信号，可以近似看作实型数据，然而当误差信号被保存到ADC的寄存器之后，这些实型数据就变成了整型，这种变化看似非常自然，实际隐藏了很大的风险。在实际的数据运算过程中，编译器可能会选择浮点数运算，不同于定点数运算，浮点数运算需要的时间周期可能是定点数运算的几千倍，所需的寄存器数目也远远大于定点数运算，这是由于浮点数运算的精度一般而言是大于定点数运算的，但在实际的设计中，高精度并不意味着最佳的选择，需要结合成本、芯片面积等因素综合考量，在数字电源中，设计者只需要追求一定限度的精度就可以了，因此在控制回路中进行定点数设计是合理且必要的。

定点数设计的本质是对数据进行缩放。它由两部分组成：整数 I 和缩放因子 F。任何一个实数，都可以在一定精度范围内被表示成一个被放大了若干倍的整数。在二进制中，这种缩放可以方便地表现为左右移位，如表 5.6.1 所示。

表 5.6.1 不同进制数据表示对比

D(10 进制数据)	F(放大倍数)	I(放大后数据)	二进制表示
8.5	2	16	1111
1.25	2^{-2}	5	101

通过上表不难发现，选取不同的缩放因子，所能表示的数据进度是不一样的，因此缩放精度的选取在定点数设计中也十分重要。通过以上的定点数操作，可以将精度很大的浮点数，转化为精度固定的定点数。因此 DPID 模块中的数据可以表示为 $x=-\beta_0+\sum_{i=1}^{b}\beta_i 2^{-1}$ 。

为了避免复杂的浮点数计算，本设计范例中采用了定点数，好处是可以使用更少的寄存器占用更少的时钟周期，但缺点也很明显，那就是计算精度下降，会引入截取误差，所以每个寄存器的大小需要确定合适的位宽。不难理解，截取误差的大小与加法运算和乘法运算的次数是直接相关的，换言之，DPID 系统的结构会直接影响截取误差的大小。由上文可知，DPID 控制器的本质是 IIR 滤波器，IIR 滤波器主要有三种结构：直接型、级联型、并联型，如图 5.6.5 所示：

一般而言，并联型的结构误差被乘法运算累计的次数最少，产生的截取误差最小，但它的结构较直接型和级联型更为复杂，在实际设计中应根据实际需求确定 DPID 的结果。本设计中采用并联型 IIR 滤波器。

在利用 Simulink 模块搭建 DPID 电路进行仿真时，需要对其中的加法器和乘法器设置整数和小数的运算位长以实现定点数，需要遵循的规则如下：输入的位宽是输入数据的整数位数和小数位数之和，整数位宽需要大于等于最大输入整数所需的位宽。小数位位宽可以取稍长，以保证合适的运算精度，但最后所有的小数位会被截取掉，只保留整数位。加法器输出的位宽与输入相同(但大于两个输入进行相加时输出位宽可以设定为比输入大 1)；乘法器输出的整数位宽是输入位宽之和减 1，小数位宽是输入小数位宽之和；在位宽确定后，就可以使用 MATLAB 进行整体行为级验证仿真。

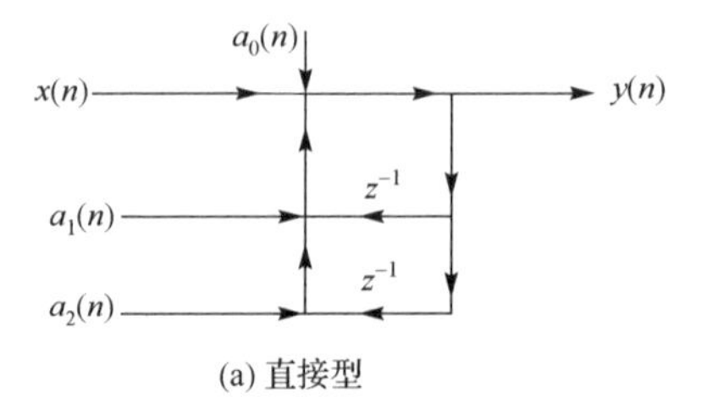

(a) 直接型

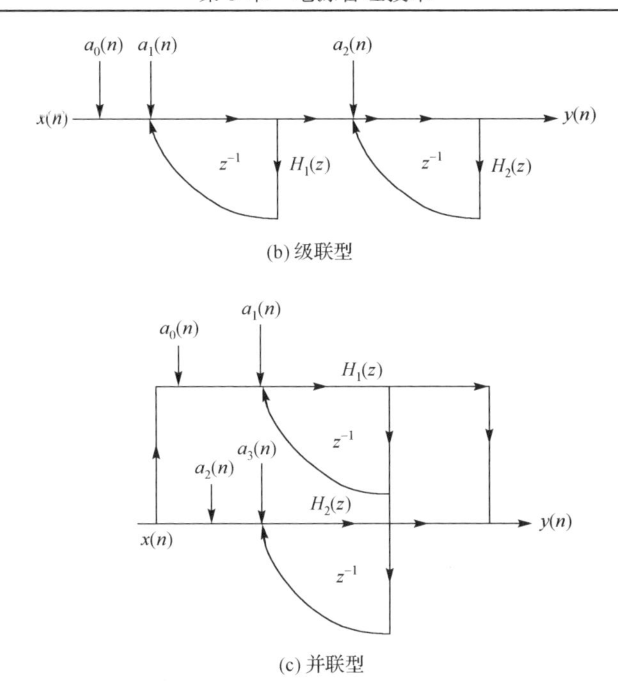

(b) 级联型

(c) 并联型

图 5.6.5　IIR 滤波器的结构

5.6.3　整体仿真验证

5.6.3.1　Simulink 建模仿真

在确定 DPID 结构及参数后，即可开始整体电路模块的 Simulink 建模及仿真。

图 5.6.6 是 Buck 变换器的 MATLAB 模型，通过 Buck 变换器中电压和电流互为积分和微分关系得出。其中输入 d 为占空比信号，它的值为 0 或者 1。V_g 即是输入电压值，在这里定为 3.3V。Load current 是负载电流，即输出负载。电感 L 设计值为 330nH，电容 C 设计值为 1.34mF。

数字电源中的数字信号是由模拟信号转换而来，A/D 转换器则充当了模拟转数字的角色，通过对模拟电压值信号的采样、保持、量化，转化成数字信号。A/D 转换器需要注意的几个值：采样频率、分辨率、转换时间。根据 Nyquist 采样定理，采样频率至少要高于开关最高频率的 2 倍，而实际情况下采样频率至少需要大于开关频率的 10 倍才能精确地呈现所采样的模拟信号。本设计采用的 A/D 转换器最小精度为 7.8mV，转换时间为 500ns。如图 5.6.7 所示，该 A/D 转换电路由一个延迟模块(ADC Delay)、一个饱和模块(ADC Saturation)、一个量化器(ADC Quantizer)、一个增益模块(ADC Gain)构成。这是一个理想的 A/D 转换器 MATLAB 模型。

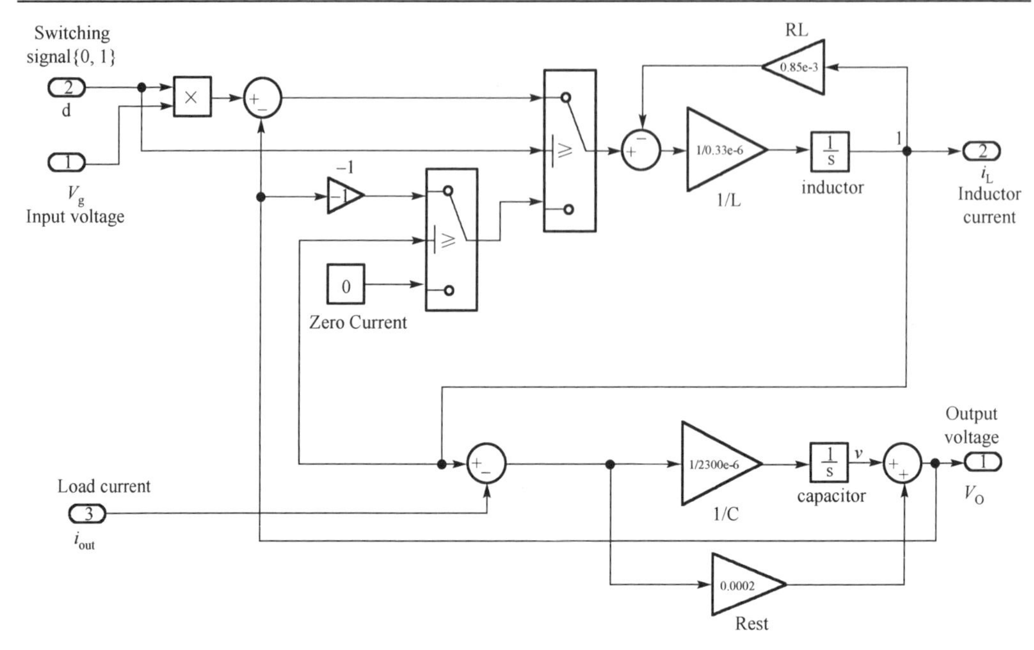

图 5.6.6　Buck 变换器行为级模型

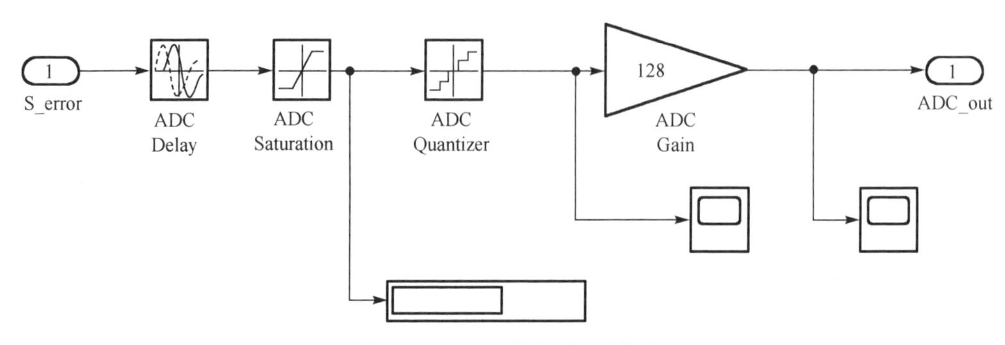

图 5.6.7　ADC 的行为级模型

数字 PWM 波形发生器 DPWM 模块是数字电源系统中的一个关键模块，承担了把补偿器计算得到的占空比信号转换成具有相应占空比的方波信号的任务。它的精度直接决定了整个系统的精度和稳定性。它的精度关系到会不会出现极限环现象，它的面积、功耗也是整个数字电源系统中需要着重考虑的问题之一。DPWM 的功能直观地来讲就是生成控制功率管开关的占空比信号，如图 5.6.8 所示，这是 MATLAB 建模中 DPWM 的理想模型。它是一个最简单的比较器 PWM 波形发生器，就是由输入端 DPWM_in 和锯齿波进行比较，大于锯齿波的部分就置 1，低于锯齿波的部分就置 0(如图 5.6.9 所示)，比较输出 PWM 波形。

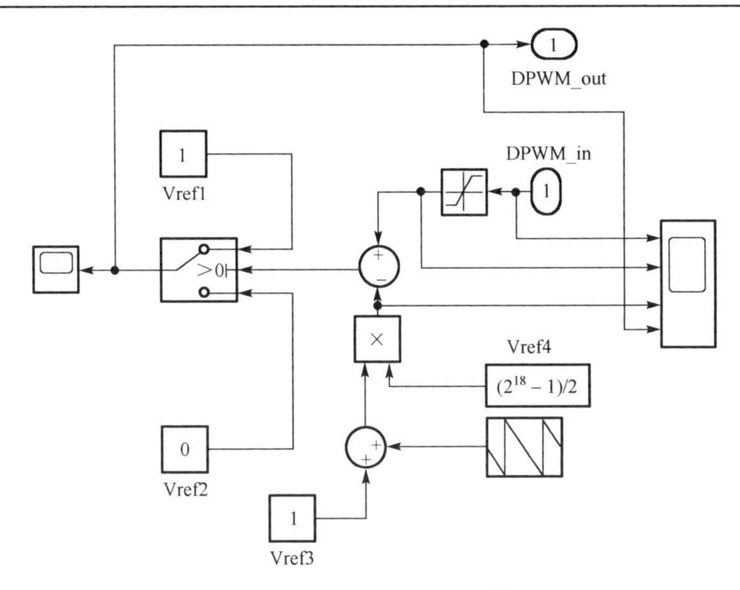

图 5.6.8　DPWM 的行为级模型

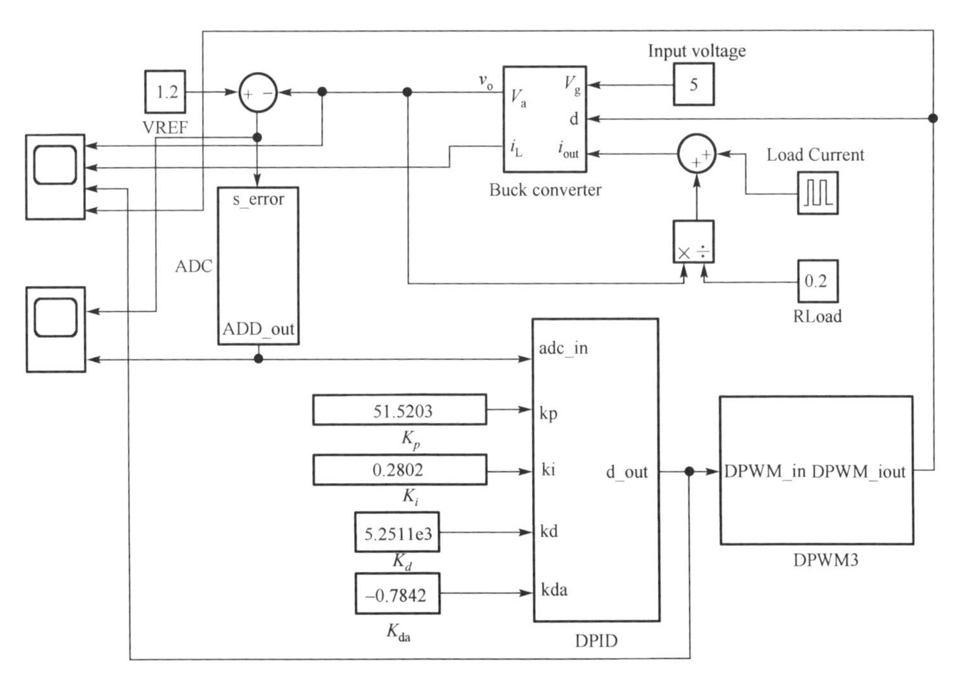

图 5.6.9　Buck 变换器整体行为级模型

搭建整体电路，可进行电压阶跃(VREF 接方波输入)、负载阶跃(Load current 接方波输入)等仿真，看实时监测 ADC、DPID 等模块输入输出情况。在 MATLAB 仿真完成，得到希望的动态响应与稳态精度后，将 DPID 模块的结构导出为 Verilog

代码，配合外围模拟模块(ADC、DPWM)，即可进行混合模式整体仿真，即同时用模拟仿真器与数字仿真器对 Spice 网表和 Verilog 代码构成的电路进行设计仿真。

5.6.3.2　电路整仿

混合仿真过程介绍如下：

(1) 导入 Verilog 文件，如图 5.6.10 所示。

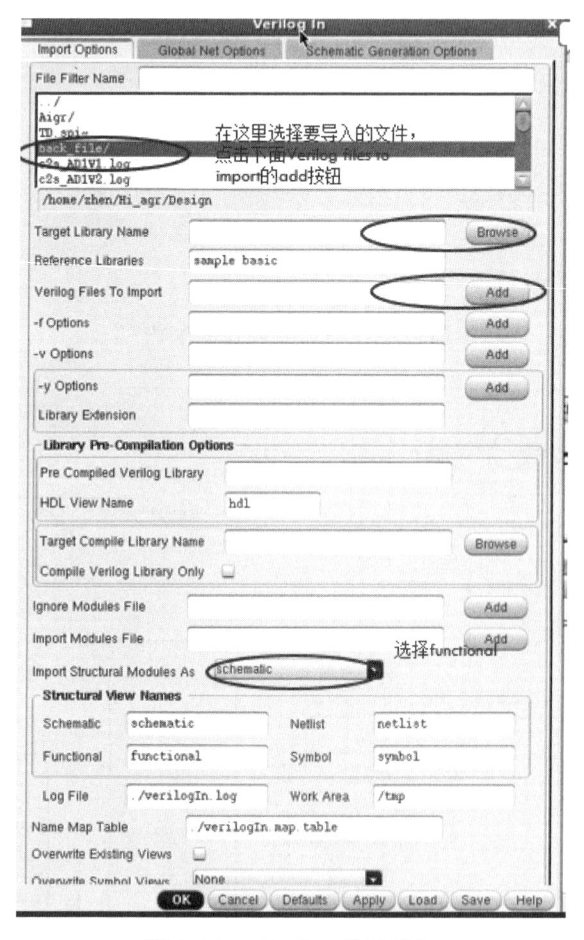

图 5.6.10　Verilog 代码导入

(2) 建立只包含引脚的设计原理图。只需要将模拟设计的顶层的引脚引出即可，主要是为了生成 symbol 与 tb 连接。

(3) 建立顶层的仿真电路。

(4) 从 DiscoveryAMS 打开 Simulation Interface，并设置项目名称和路径，如图 5.6.11 和图 5.6.12 所示。

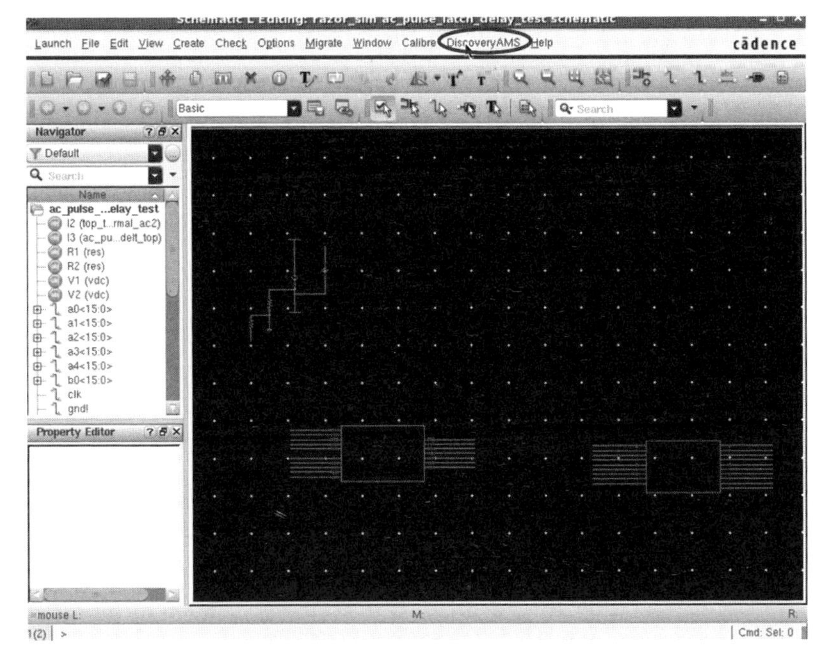

图 5.6.11 从电路图启动仿真器

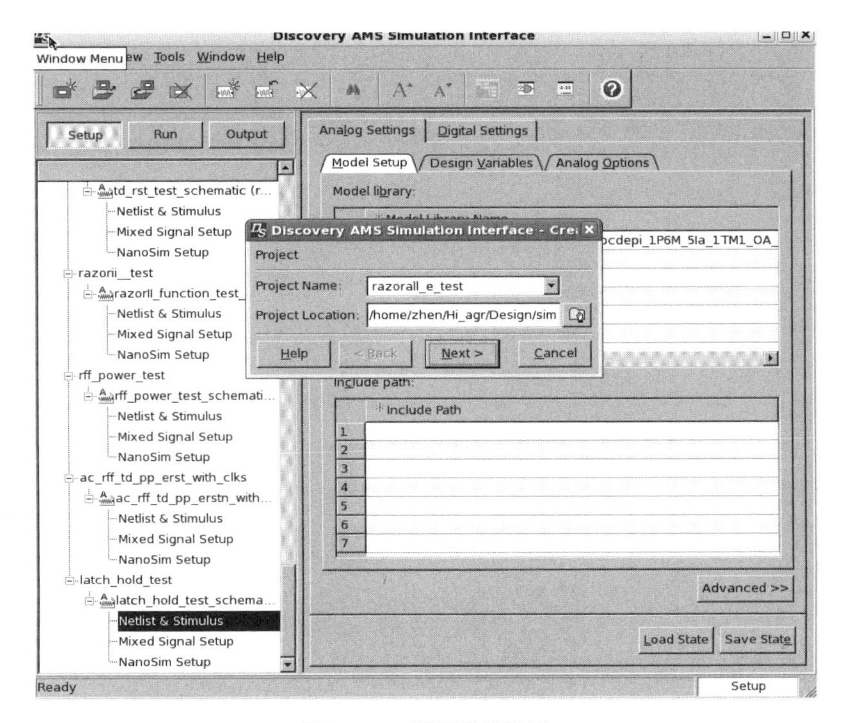

图 5.6.12 项目顶层设置

(5)填写仿真命名，填写好之后点击 Next，如图 5.6.13 所示。

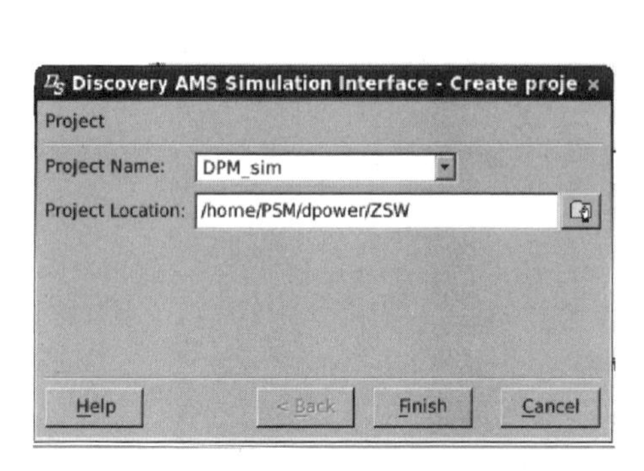

图 5.6.13　项目名称和路径设置

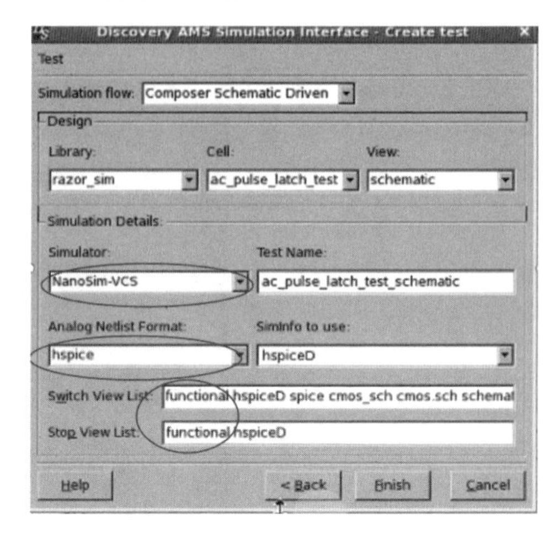

图 5.6.14

注意在 Switch View List 和 Stop View List 里面添加 functional(主要是为了识别 Verilog 数字设计)，然后点击 Finish 按钮，如图 5.6.14 所示。

(6)选择 Spice 模型文件，如图 5.6.15 所示。

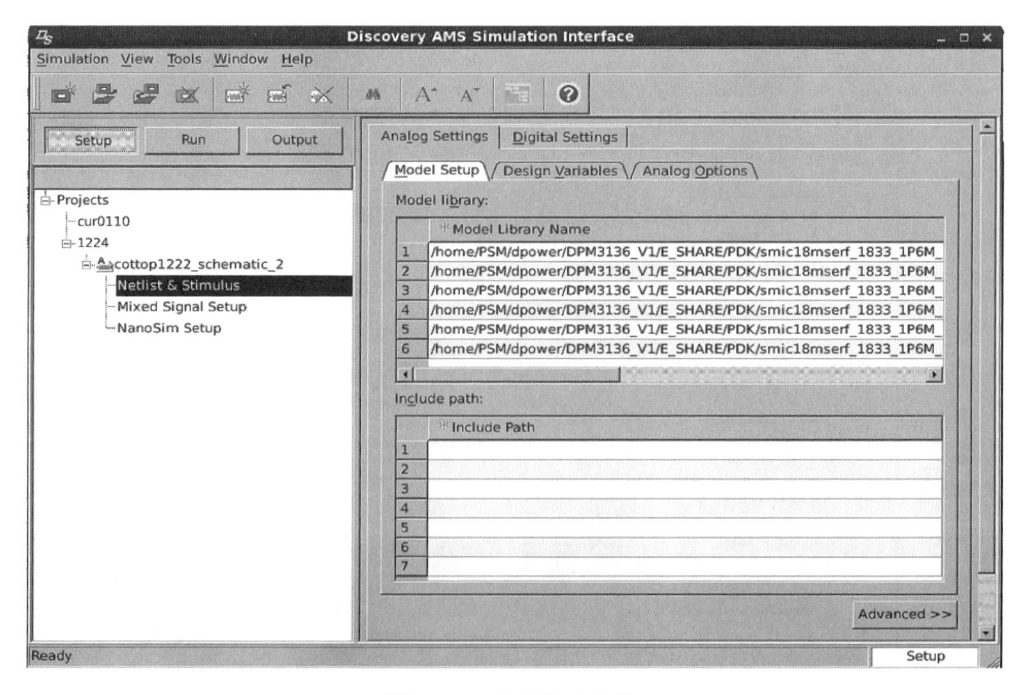

图 5.6.15　选择模型文件

(7) 数字选项，需要设置数字仿真的 Timescale，如图 5.6.16 所示。

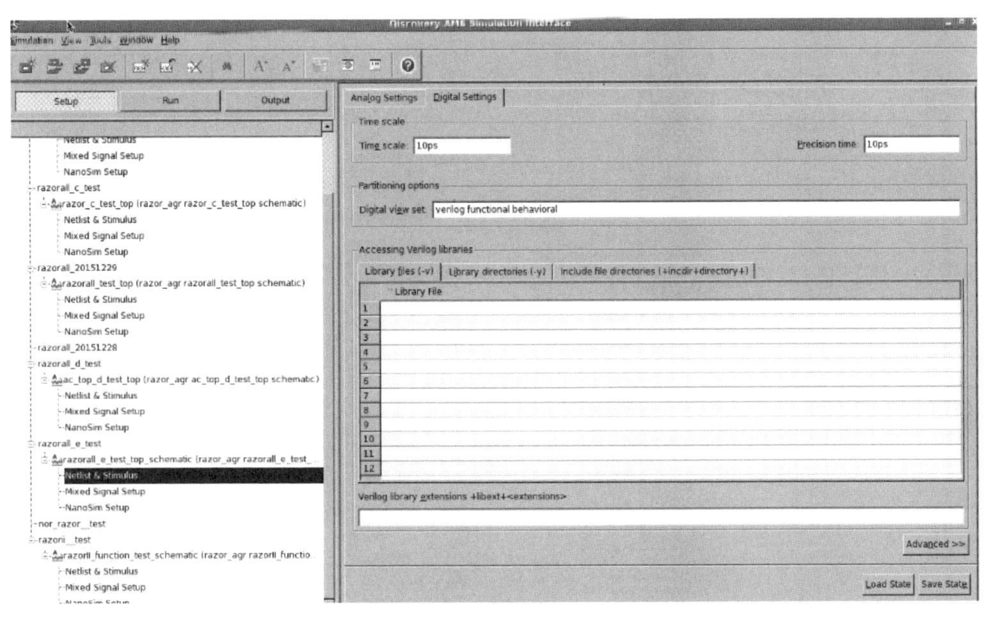

图 5.6.16 设置 Timescale 参数

(8) 混合信号设置保存波形设置，如图 5.6.17 所示。

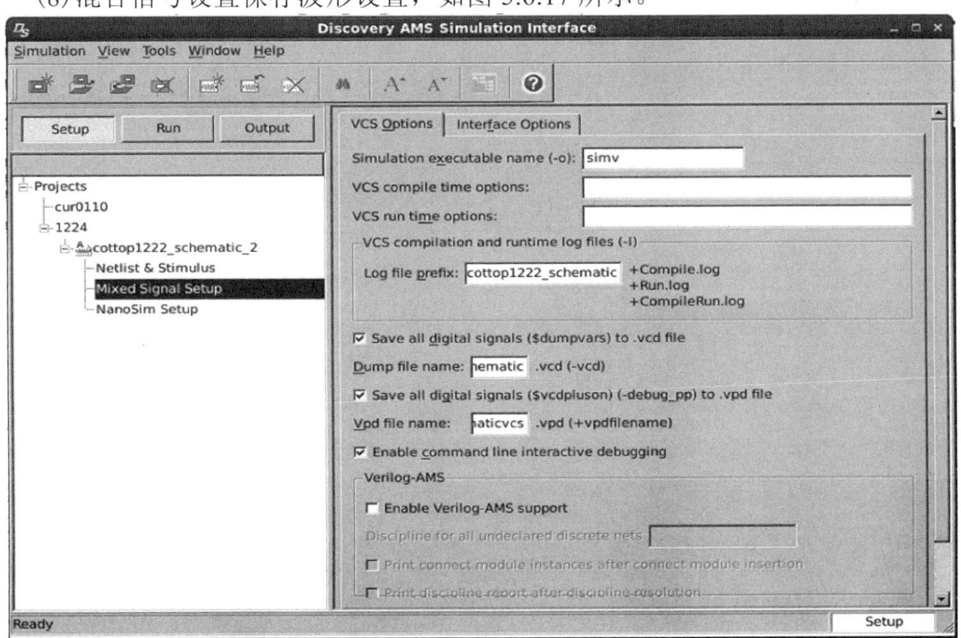

图 5.6.17 设置模拟仿真

(9) 设置仿真时间，Incremental time 设置的是仿真器步进时间，如图 5.6.18 所示。

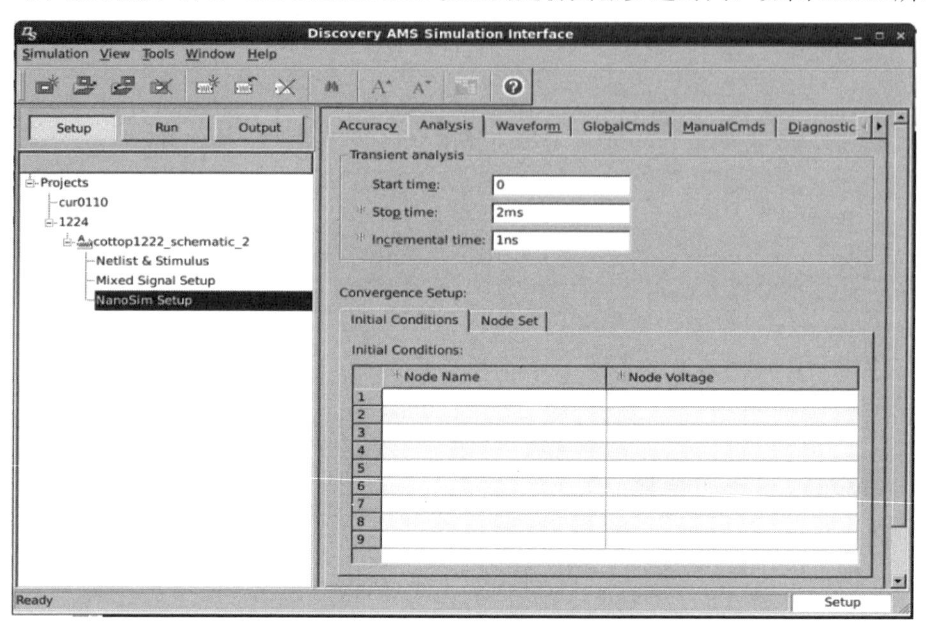

图 5.6.18 Nanosim 仿真时间配置

(10) 设置模拟保存的波形，如图 5.6.19 所示。

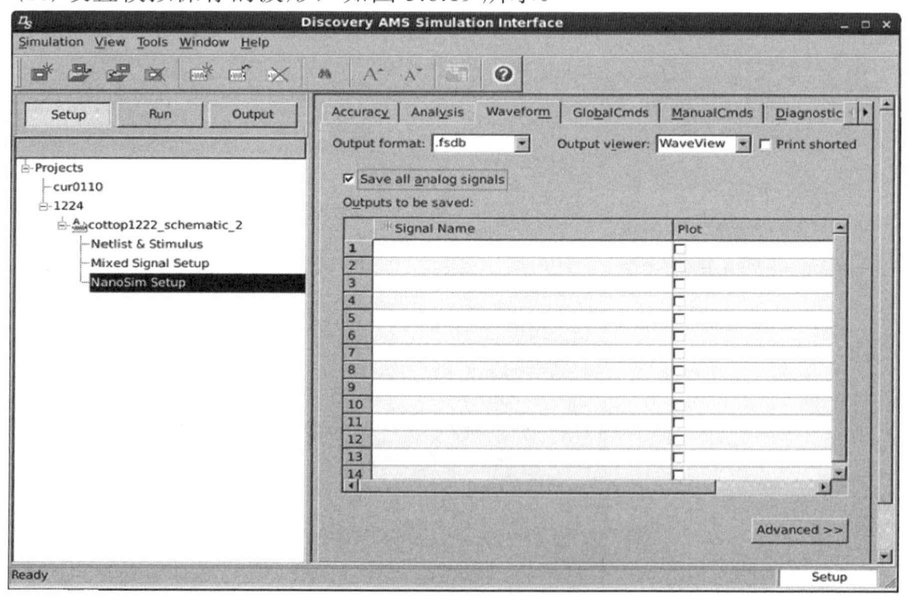

图 5.6.19 模拟输出波形配置

(11) 先用 Compile 编译一下，如图 5.6.20 所示。

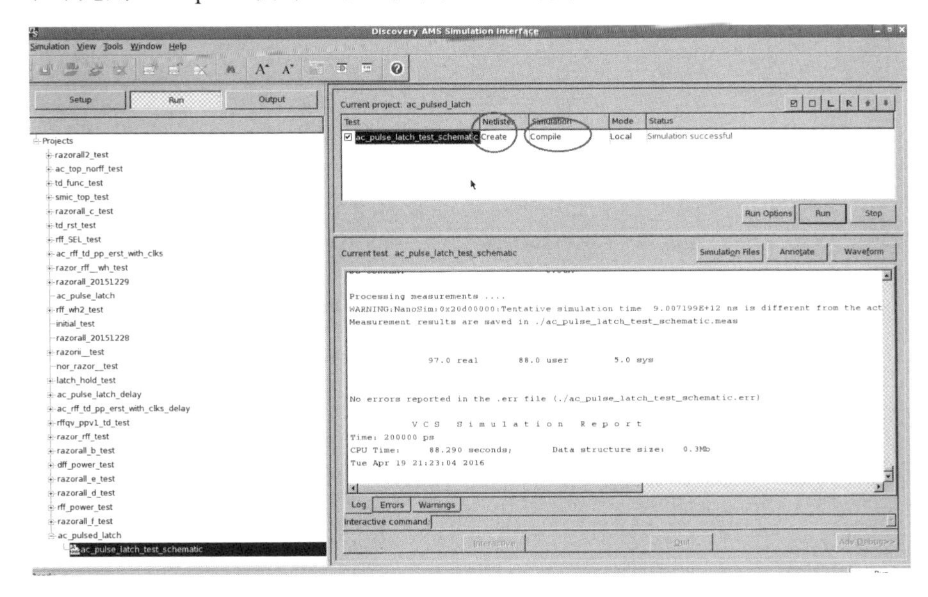

图 5.6.20 仿真编译

(12) 将仿真器设置为只是 Run，然后运行仿真，如图 5.6.21 所示。

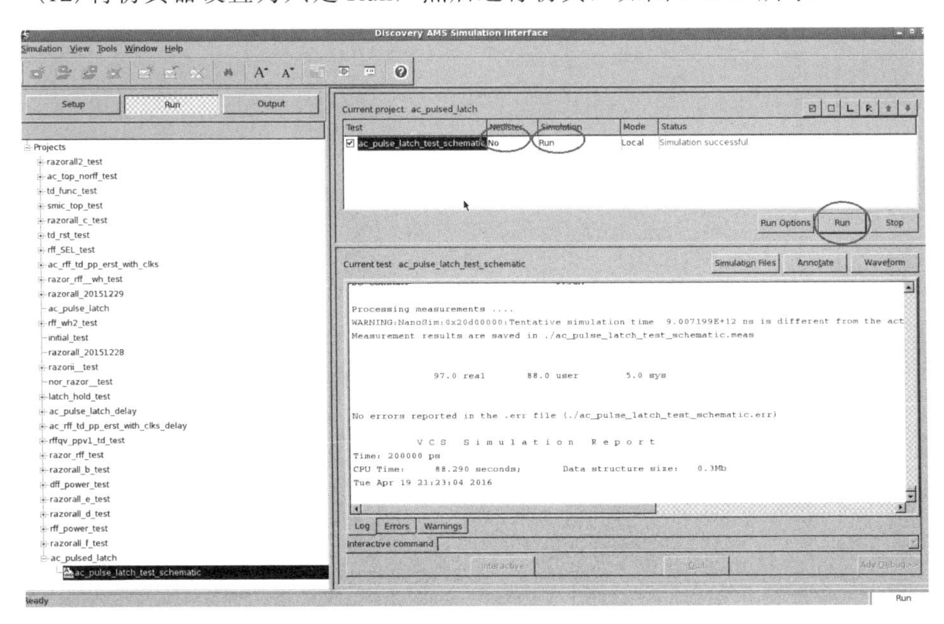

图 5.6.21 运行仿真

(13) 负载调整率仿真结果，如图 5.6.22 所示。

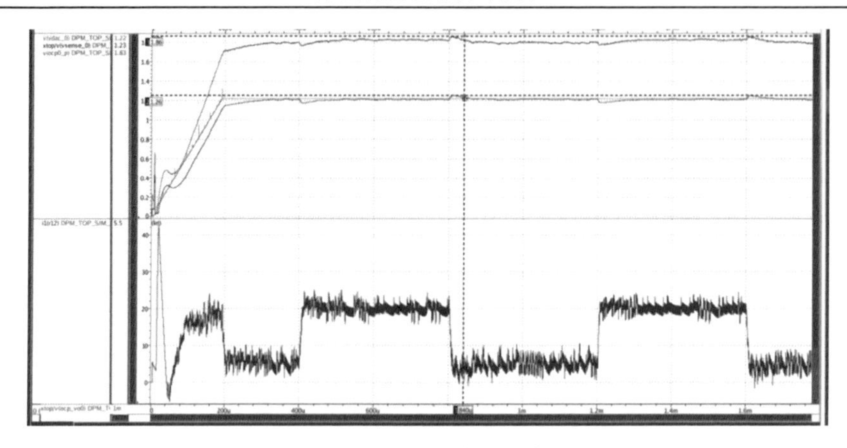

图 5.6.22 负载阶跃仿真

如图 5.6.22，在电感电流从 20A 阶跃到 5A 的过程，恢复时间大约为 40μs，输出电压上冲到 1.86V，约为 2%，无下冲。从 5A 到 20A 的过程中，恢复时间也大约 40μs，输出电压下冲到 1.78V(2%)，无过冲。稳态工作波形如图 5.6.23 所示。

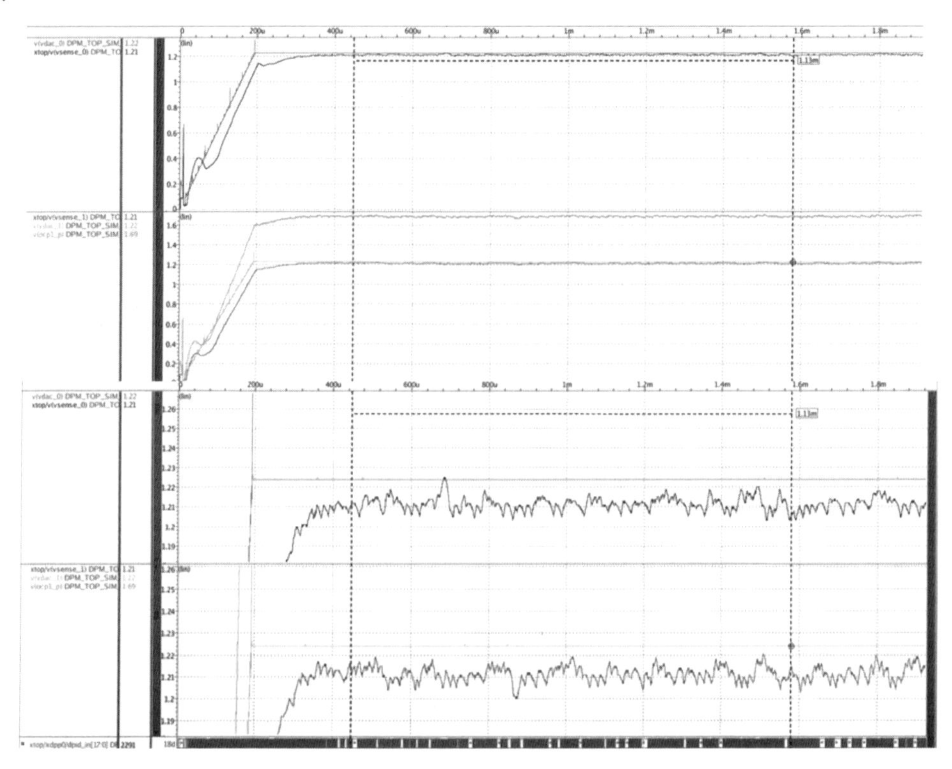

图 5.6.23 稳态工作波形

输出电压纹波在正负 10mV 以内，稳定后 ADC 在 1 个 LSB 内变化。

参考文献

[1] Sansen W. Analog design challenges in nanometer CMOS technologies // IEEE Asian Solid-State Circuits Conference, Jeju, 2007: 5-9.

[2] Dautriche P. Analog design trends and challenges in 28 and 20nm CMOS technology // IEEE European Solid-State Circuits Conference, Helsinki, 2011: 1-4.

[3] Ma D S, Bondade R. Enabling power-efficient DVFS operations on silicon. IEEE Circuits and Systems Magazine, 2010, 10(1): 14-30.

[4] Man S, Mok P K T, Leung K N. A voltage-mode PWM buck regulator with end-point prediction. IEEE Transactions on Circuits and Systems-II: Express Briefs, 2006,53(4):294-298.

[5] 叶强, 刘洁, 袁冰, 等. 基于双通路跨导运放的电压模 DC/DC 片内频率补偿电路. 半导体学报, 2012, 33(4): 1-6.

[6] Cheng L, Liu Y, Ki W H. A 10/30MHz wide-duty-cycle-range buck converter with DDA-based type-III compensator and fast reference-tracking responses for DVS applications // IEEE International Solid-State Circuits Conference, San Francisco, 2014: 84-85.

[7] Wu P Y, Tsui S Y S, Mok P K T. Area and power efficient monolithic buck converters with pseudo-type III compensation. IEEE Journal of Solid-State Circuits, 2010, 45(8): 1446-1455.

[8] Abe S, Shoyama M, Ninomiya T. Optimal design of output filter capacitor for peak current mode control converter with first-order response // IEEE 13th European Conference on Power Electronics and Applications, 2009: 1-7.

[9] LM25118-Q1. Wide voltage range buck-boost controller. http://www.ti.com.cn/cn/lit/ds/symlink/lm25118.pdf.

[10] Yu C C. Voltage/current control apparatus and method: US 8729881 B2. 2014.

[11] Yang B, Xi X. Voltage converter circuit and associated control method to improve transient Performance: US 9431906 B2. 2016.

[12] Wu P Y, Mok P K T. A monolithic buck converter with near-optimum reference tracking response using adaptive-output-feedback. IEEE Journal of Solid-State Circuits, 2007, 42(11): 2441-2450.

[13] Lu D, Qian Y, Hong Z. An 87%-peak-efficiency DVS-capable single-inductor 4-output DC-DC buck converter with ripple-based adaptive off-time control // IEEE International Solid-State Circuits Conference, San Francisco, 2014: 82-83.

[14] Xue J, Lee H. A 2MHz 12-to-100V 90%-efficiency self balancing ZVS three-level DC-DC regulator with constant-frequency AOT V^2 control and 5ns ZVS turn-on delay. IEEE International Solid-State Circuits, 2016, 51(12): 2854-2866.

[15] Zheng C, Ma D S. A 10-MHz green-mode automatic reconfigurable switching converter for DVS-enabled VLSI systems. IEEE Journal of Solid-State Circuits, 2011, 46(6): 1464-1477.

[16] Chen H, Ma D S. A fast-transient DVS-capable switching converter with ΔI_L-emulated hysteretic control // Digest of Symposium on VLSI Circuits, 2011: 282-283.

[17] Lin Y, Chen C, Chen D, et al. A ripple-based constant on-time control with virtual inductor current and offset cancellation for DC power converters. IEEE Transaction on Power Electronics, 2012, 27(10): 4301-4310.

[18] Zhen S, Zhou S, et al. Variable on time controled buck converter for DVS applications // The 43rd Annual Conference of the IEEE Industrial Electronics Society, Beijing, 2017: 1642-1648.

[19] Yi J, Ki W H, Mok P K T, et al. Energy-efficient digital predistortion with lookup table training using analog cartesian feedback. IEEE Transactions on Microwafe Theory and Techniques, 2008, 56(10): 2248-2258.

[20] Boris M. Digitally assisted analog circuits. IEEE Micro, 2006, 26(2): 38-47.

[21] 甄少伟. 基于数字辅助技术的 SoC 功率集成研究. 成都: 电子科技大学, 2013.

[22] Liu Y, Zhan C, Ki W H. A fast-transient-response hybrid buck converter with automatic and nearly-seamless loop transition for portable applications // IEEE European Solid-State Circuits Conference, Bordeaux, 2012: 165-168.

[23] Zhen S, Zhu X, Luo P, et al. Digital error corrector for phase lead-compensated buck converter in DVS applications. IEEE Transactions on Very Large Scale Integration (VLSI) Systems, 2013, 21(9): 1747-1751.

[24] Peterchev V, Sanders S R. Quantization resolution and limit cycling in digitally controlled PWM converters. IEEE Transactions on Power Electronics, 2003, 18(1): 301-308.

[25] Trescases O, Ng W T, Nishio H, et al. A digitally controlled DC-DC converter module with a segmented output stage for optimized efficiency // IEEE International Symposium on Power Semiconductor Devices and ICs, Naples, 2006: 1-4.

[26] Zhang C, Ma D, Srivastava A. Integrated adaptive DC-DC conversion with adaptive pulse-train technique for low-ripple fast-response regulation // Proceedings of IEEE Internation Symposium on Low Power Electronics and Design, 2004: 257-262.

[27] Luo P, Bai C, Zhou C, et al. A PWM DC-DC converter with optimum segmented output stage and current detector. Microelectronics Journal, 2015, 46(8): 723-730.

[28] 罗萍. 智能功率集成电路的跨周调制 PSM 及其测试技术研究. 成都: 电子科技大学, 2004.

[29] Luo P, Li Z, Zhang B. A novel improved PSM mode in DC-DC converter based on energy balance //The 37th IEEE Power Electronics Specialists Conference, Jeju, 2006: 1-4.

[30] Luo P, Luo L, Li Z, et al. Skip cycle modulation in switching DC-DC converter // IEEE International Conference on Communications Circuits and Systems and West Sino Expositions,

Chengdu, 2002: 1716-1719.

[31] 赵越. 数字辅助功率管驱动控制技术研究与设计. 成都: 电子科技大学, 2011.

[32] GU P, KONG M, LI W. Design of a high frequency multiphase digital DC/DC controller. Power Electronics, 2007, 41(7):69-71.

[33] Shen Z, Chang X, Wang W, et al. Predictive digital current control of single-inductor multiple-output converters in CCM with low cross regulation. IEEE Transactions on Power Electronics, 2012, 27(4): 1917-1925.

[34] Yan W, Li W, Liu R. A noise-shaped buck DC-DC converter with improved light-load efficiency and fast transient response. IEEE Transactions on Power Electronics, 2011, 26(12): 3908-3924.

[35] Shaowei Z, Bo Z, Ping L, et al. A digitally controlled PWM/PSM dual-mode DC/DC converter. Journal of Semiconductors, 2011, 32(11): 115007.

[36] Ma X, Luo P, Chen X, et al. A dual-mode digitally controlled converter for synchronous buck converters operating over wide ranges of load currents// 2012 IEEE 11th International Conference on Solid-State and Integrated Circuit Technology, 2012: 1-3.

[37] Sijian H, Xiao M, Shaowei Z, et al. A monolithic high frequency digitally controlled Buck converter in 0.13 μm CMOS process//2010 10th IEEE International Conference on Solid-State and Integrated Circuit Technology, 2010: 421-423.

[38] Lai L, Luo P, Hua Q. A new PWM approach for digital boost power factor correction controller. IEICE Electronics Express, 2015, 12(11): 1-6.

[39] Lai L, Luo P. An FPGA-based fully digital controller for boost PFC converter. Journal of Power Electronics, 2015, 15(3): 644-651.

[40] Lai L, Luo P. A novel control strategy for power factor correction rectifier//2014 IEEE International Conference on Electron Devices and Solid-State Circuits, 2014: 1-2.

[41] Wang J, Zhen S, He Y, et al. Digital PID Based on Pseudo Type-III Compensation for DC-DC Converter// 2018 IEEE Asia Pacific Conference on Circuits and Systems (APCCAS), 2018: 94-97.

[42] Wang C, Xu S, Fan X, et al. Novel digital control method for improving dynamic responses of multimode primary-side regulation flyback converter. IEEE Transactions on Power Electronics, 2017, 32(2): 1457-1468.

[43] Xu S, Cheng S, Wang C, et al. Digital regulation scheme for multimode primary-side controlled flyback converter. IET Power Electronics, 2016, 9(4): 782-788.

[44] Xu S, Zhang X, Wang C, et al. High precision constant voltage digital control scheme for primary-side controlled flyback converter. IET Power Electronics, 2016, 9(13): 2522-2533.

[45] Zhen S, Hou S, Gan W, et al. Design of low-power hybrid digital pulse width modulator with piecewise calibration scheme. International Journal of Electronics, 2015, 102(12): 2127-2141.

[46] De Vos J, Flandre D, Bol D. Pushing adaptive voltage scaling fully on chip. Journal of Low

Power Electronics, 2012, 8(1):95-112.

[47] Li H, Zhang B, Luo P, et al. An adaptive voltage scaling buck converter based on improved pulse skip modulation //International Conference on Communications Circuits and Systems, Chengdu, 2010: 556-560.

[48] Wei G Y, Horowitz M. A fully digital, energy-efficiency, adaptive power-supply regulation. IEEE Journal of Solid-State Circuits, 1999, 34(4): 520-528.

[49] Elgebaly M, Sachdev M. Variation-aware adaptive voltage scaling system. IEEE Journal of Very Large Scale Integration (VLSI) Systems, 2007, 15(5): 560-571.

[50] 王东俊. 基于自适应电压调节的最小能量点追踪技术的研究. 成都: 电子科技大学, 2018.

[51] Ikenaga Y, Nomura M, Suenaga S, et al. A 27% active-power-reduced 40-nm CMOS multimedia SoC with adaptive voltage scaling using distributed universal delay lines. IEEE Journal of Solid-State Circuits, 2012, 47(4): 832-840.

[52] Luo P, Wang D, Mo Y, et al. A minimum energy point tracking converter based on constant energy pulse //IEEE 12th International Conference on Solid-State and Integrated Circuit Technology, Guilin, 2014:1-3.

[53] Wang D, Luo P, Zhen S, et al. An adaptive voltage scaling DC-DC converter based on embedded pulse skipping modulation. Analog Integrated Circuits and Signal Processing, 2015, 84(3): 445-453.

[54] 王东俊, 罗萍, 彭宣霖, 等. 基于脉冲跨周期调制的 DC-DC 变换器自适应电压调节技术. 电子与信息学报, 2017, 39(1): 213-220.

[55] 胡海波, 张正苏. 电压调节技术用于 SoC 低功耗设计. 信息技术, 2005, 29(6): 41-42.

[56] Li H, Zhang B, Luo P, et al. An adaptive voltage scaling buck converter based on improved pulse skip modulation //IEEE International Conference on Communications, Circuits and Systems, Chengdu, 2010:556-560.

[57] Luo P, Li Z, Zhang B. A novel improved PSM mode in DC-DC converter based on energy balance //The 37th IEEE Power Electronics Specialists Conference, Jeju, 2006: 1-4.

[58] Luo P, Luo L, Li Z, et al. Skip cycle modulation in switching DC-DC converter //IEEE International Conference on Communications, Circuits and Systems and West Sino Expositions, Chengdu, 2002, 1716-1719.

[59] 罗萍. 智能功率集成电路的跨周调制 PSM 及其测试技术研究. 成都: 电子科技大学, 2004, 24-27.

[60] 李航标. 基于数字负载最小能耗的自适应电压调节技术研究. 成都: 电子科技大学, 2014.

[61] Wang D J, Luo P, Bao Y, et al. Minimum energy point tracking based on adaptive voltage scaling circuit. Analog Integrated Circuits and Signal Processing, 2017, 92(2), 281-291.

[62] Wang D J, Luo P, Chen J, et al. An adaptive voltage scaling DC-DC converter with embedded minimum energy point tracking // IEEE 12th International Conference on Solid-State and Integrated Circuit Technology (ICSICT), Guilin, 2014: 1-3.

第 6 章　栅驱动电路

高压栅驱动集成电路是一种高压集成电路，用于对高侧(High Side)和低侧(Low Side)功率 MOSFET 或 IGBT 提供栅极驱动。通过混合集成方式，高压栅驱动集成电路与功率器件也可构成 IPM。本章主要讲述功率器件栅驱动电路技术，结合各种功率器件的自身特点，介绍不同种类的栅驱动技术及工作原理。6.1 节给出高压栅驱动电路的基本要求，6.2 节介绍硅基栅驱动器所涉及的技术，6.3～6.5 节主要针对宽禁带半导体器件特殊的物理特性和应用条件，介绍高频、高功率密度栅驱动电路的核心设计方法。

6.1　概　　述

高压栅驱动集成电路将对 MOS 型功率器件提供正确的栅驱动。对于低侧功率管而言，主要提供一定幅值的电压和电流的驱动；对于高侧功率管而言，需要提供浮动的栅信号。这是高压栅驱动电路所要完成的主要任务。为减少导通损耗，通常情况下无论是高侧还是低侧开关都趋向采用 N 型功率 MOSFET 或 IGBT。为保证高侧功率 MOSFET 和 IGBT 正确地开关，必须提供相对于高侧功率 MOS 源极电位 V_s 的正确栅源压差 V_{gs}，使得功率器件开启或关断。由于在功率开关开启和关断的过程中，V_s 电位是变动的，即 V_s 电位在高侧功率管关断时接近于 0，在导通时接近于 V_H。故而，高侧功率器件栅上的驱动信号相对于“地”是浮动的。高压栅驱动电路的主要功能就是实现对高侧功率管栅的浮动驱动。

此外，在高压大电流的工作情况下，高压部分极易对低压控制电路造成影响，所以也要求高压栅驱动集成电路必须提供相应的电学隔离功能，以防止功率开关上的大电流、高压向低压部分馈通所导致的系统损坏。

目前，常见的高压栅驱动集成电路分为：光耦隔离栅驱动、单片式高压栅驱动、磁隔离高压栅驱动三大类。

6.1.1　光耦隔离栅驱动集成电路

光耦隔离栅驱动的特点是：控制信号通过光电耦合器，转换成可浮动的高侧及低侧栅控制信号，经过电路的处理后提供特定栅驱动电压和电流。典型的电路如早期的 EXB841 等，如图 6.1.1 所示。该电路采用双极器件和光电耦合器件实现。因光电耦合器难以与双极器件或 CMOS 器件实现单片集成，故而 EXB 系列采用厚膜集成的方式。类似的采用 CMOS 和光耦的 IGBT 栅驱动器还有原 Agilent 公司的 HCPL-326。它是另外一种典型的光耦隔离驱动器，其内部集成集电极、发射极电压欠饱和检测电路及故障反馈电路，为驱动电路的安全工作提供了保障。其特性为：兼容 CMOS、TTL 电平；采用光耦隔离；宽工作电压范围(15～30V)；开关时间最大 500ns；可实现软 IGBT 关断；具有欠饱和检测及欠压锁定保护、过流保护、故障状态反馈等功能。它是一种较为可靠的 IGBT 栅驱动电路。其原理如图 6.1.2 所示。

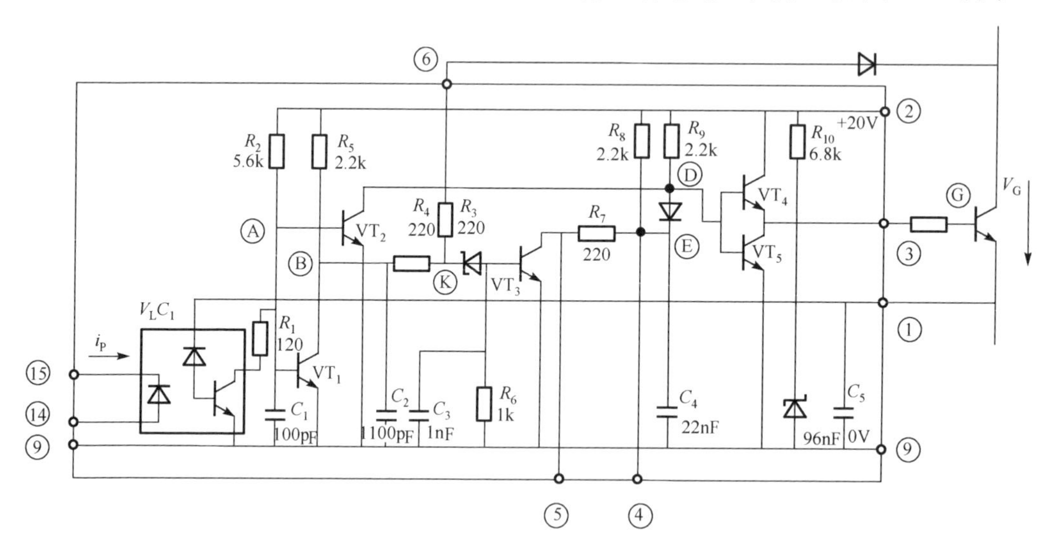

图 6.1.1　光耦隔离栅驱动电路 EXB841

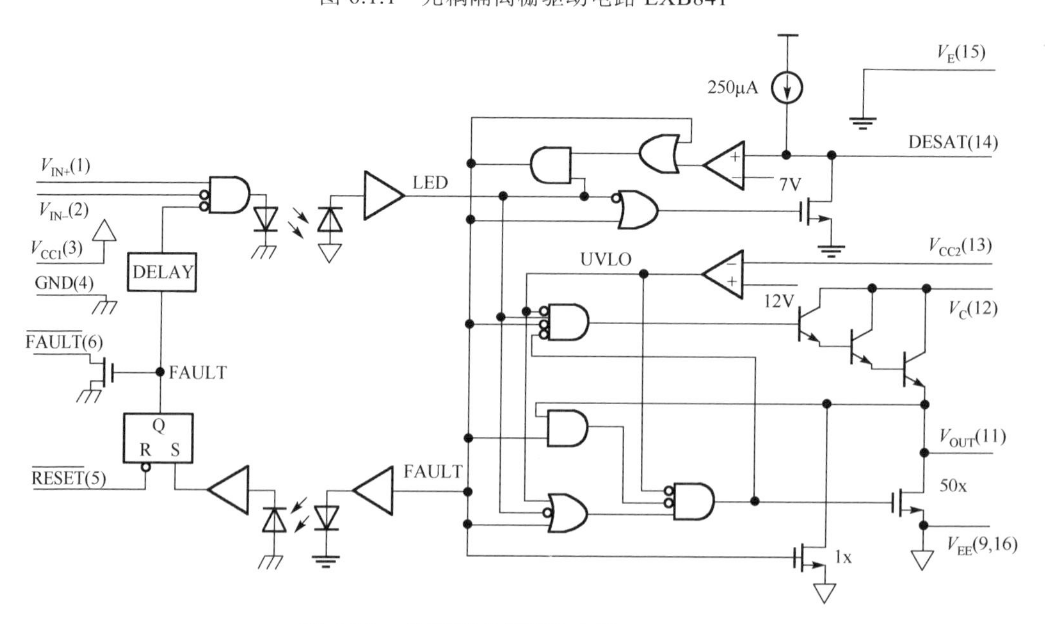

图 6.1.2　光耦隔离栅驱动电路 HCPL-326

光耦隔离栅驱动集成电路具有隔离耐压高、对高频噪声抑制好等优点，同时也有工艺兼容差，单片集成困难，光耦器件对辐射敏感、对温度敏感等缺点。在民用领域光耦隔离栅驱动集成电路是最早被广泛应用的栅驱动集成电路。

6.1.2　单片式高压栅驱动集成电路

单片式高压栅驱动集成电路常常采用结隔离技术实现电学隔离，其采用高压 LDMOS 完成高压电平位移的电路如图 6.1.3 所示。对高侧功率管的驱动，采用自举栅驱动技术。

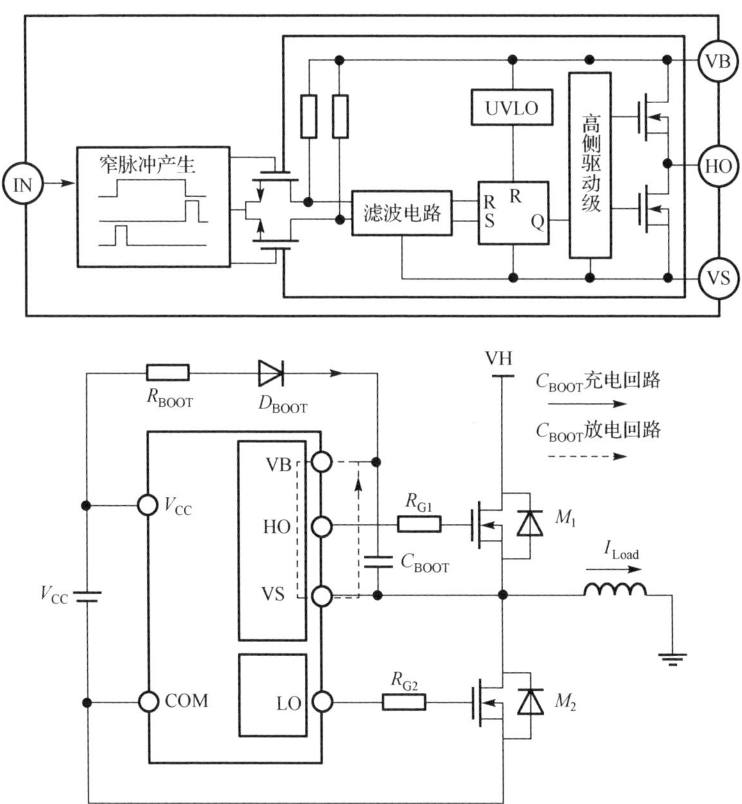

图 6.1.3　高侧驱动集成电路原理图和其中的自举供电原理图

其中自举供电工作原理如下：当 V_S 下拉至地时(低侧开关导通，高侧开关关断)，电源 V_{CC} 通过自举电阻 R_{BOOT} 和自举二极管 D_{BOOT} 对自举电容 C_{BOOT} 进行充电。当 V_S 被高侧开关上拉到一个较高电压时(低侧开关关断、高侧开关导通)，此时 V_{BS} 电源浮动，自举二极管处于反向偏置，轨电压和 IC 电源电压 V_{CC} 被隔离开。这种电路是一种使用最为广泛的电路，具有结构简单、低成本、可实现单片集成等优点。国外各大集成电路生产厂商均有类似的电路产品推出。

但该电路存在以下问题：①高压侧和低压侧通道电路构架完全不同，需要驱动器额外提供延迟补偿来实现通道间的延时匹配。②该电路采用的是结隔离，隔离电压有限。通常该类单片集成电路的隔离电压最高在 1200V 级别。③高压栅极驱动器并无特别的电流隔离，而是依赖结隔离来分离同一 IC 中的高压侧驱动电压和低压侧驱动电压。在低压侧开关事件中，电路中的寄生电感可能导致输出电压 V_S 降至地电压以下。发生这种情况时，高压侧驱动器可能发生闩锁，并永久性损坏。上述问题是该类电路设计所需要特别考虑并加以解决的。

6.1.3　磁隔离高压栅驱动集成电路

磁隔离高压栅驱动集成电路采用变压器实现电学隔离和电平位移。根据变压器的不同，可细分为脉冲变压器型和普通变压器型。因这里使用的变压器只需传输控制信号，而无功率传输任务，因此利于进行小型化处理。

脉冲变压器是一种隔离变压器，其工作速度可以达到半桥栅极驱动器应用通常所需的水平(大于 1 MHz)，可提供 MOSFET 栅极充电所需的电流。图 6.1.4 中的栅极驱动器以差分方式驱动脉冲变压器的原边，该变压器副边有两个绕组，用于驱动半桥的各个栅极。使用脉冲变压器的一个优势是，它不需要用隔离电源来驱动副边 MOSFET。当感应线圈中有较大的瞬态栅极驱动电流流过时，会导致振铃效应。这在应用中极易出现问题。振铃效应可能使栅极不能正常地开启和关闭，从而损坏 MOSFET。脉冲变压器的另一个局限在于，它们在信号占空比高于 50%的应用中可能表现不佳，这是由于变压器需要退磁，即铁芯磁通量必须每半个周期复位一次以维持伏秒平衡，故而限制了其在极低频率下的应用。此外，脉冲变压器的磁芯和隔离式绕组需要相对尺寸较大的封装，再加上驱动器 IC 和其他分立式元件的尺寸，最终建立的解决方案可能尺寸过大，无法适应许多高密度应用。

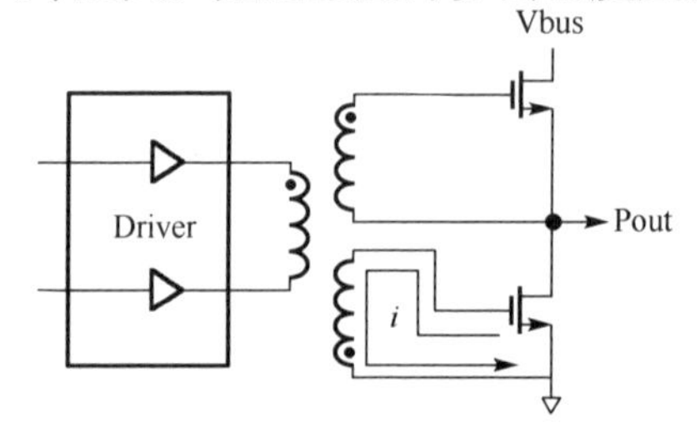

图 6.1.4　脉冲变压器半桥栅极驱动器

数字隔离器可实现隔离式半桥栅极驱动。在图 6.1.5 中，数字隔离器使用标准 CMOS 集成电路工艺制作，用多层金属层制作变压器线圈，以聚酰亚胺绝缘材料进行耦合线圈间的隔离。目前，这种方案可以实现 1 分钟额定值 5 kV 以上的隔离能力，可用于增强型隔离电源和逆变器。

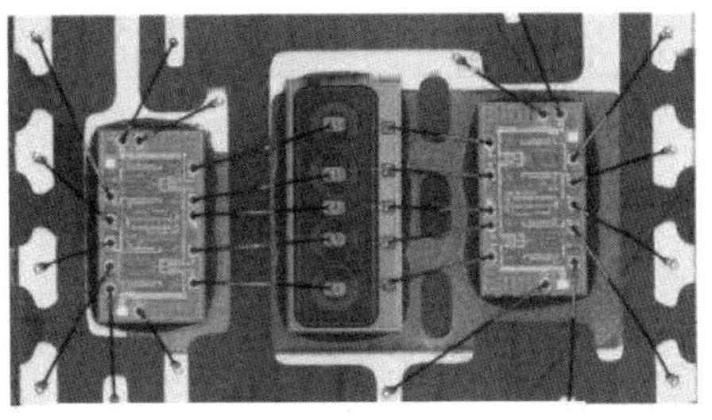

图 6.1.5　采用变压器隔离的数字隔离器

如图 6.1.6 中电路所示，数字隔离器避免了使用光耦合器带来的相关问题，而且功耗更低、可靠性更高。该类电路在输入与输出、输出与输出之间提供了电流隔离，以消除高压侧-低压侧的交互作用。输出驱动器通过低输出阻抗降低导通损耗，同时通过快速开关降低开关损耗。与单片式高压栅驱动器不同，数字隔离器的高压侧和低压侧通道采用相同的电路构架，具有更佳的通道匹配性和更高的效率。而高压栅极驱动集成电路存在电平转换电路过程的附加传输延迟，因而不能像数字隔离器一样实现通道间时序特性的精确匹配。数字隔离栅极驱动器也可使解决方案的尺寸降至单封装级，从而大幅度减小解决方案的总体尺寸。

除了上述的几类栅驱动电路外，还有通过电容隔离耦合方式的栅极驱动电路。目前可产品化的电路主要用于高速隔离信号传输。

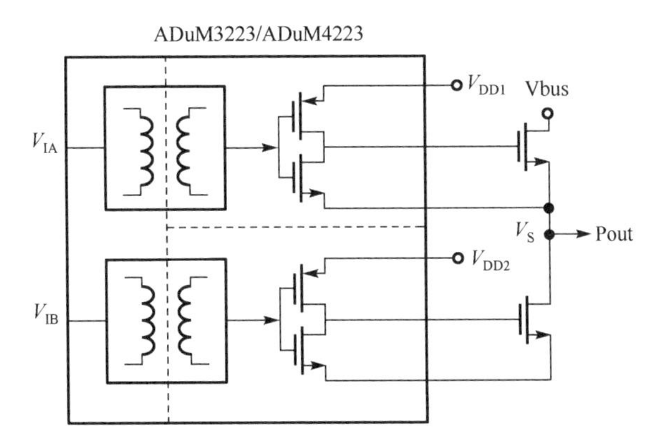

图 6.1.6　数字隔离器 4A 栅极驱动器

6.1.4　几种高侧栅驱动方式的比较

前文介绍的栅驱动电路各具特点，在目前的技术水平下，其优劣不能一概而论。在实际应用中，通常根据其各自的特点，结合实际系统需求加以选用。典型的高侧栅驱动电路的对比见表 6.1.1 所示。

表 6.1.1　各种常见的高侧栅驱动电路

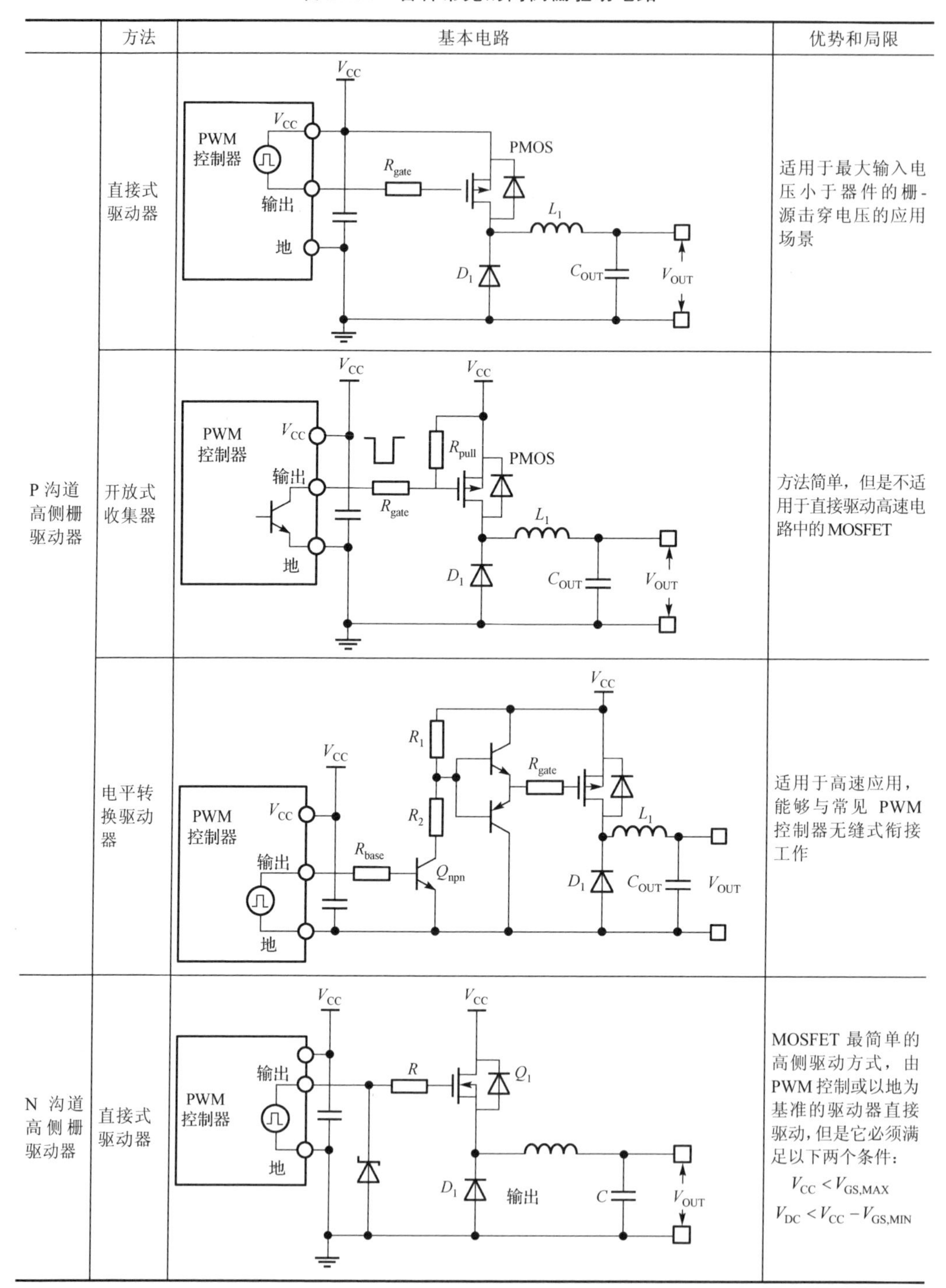

	方法	基本电路	优势和局限
P 沟道高侧栅驱动器	直接式驱动器		适用于最大输入电压小于器件的栅-源击穿电压的应用场景
	开放式收集器		方法简单，但是不适用于直接驱动高速电路中的MOSFET
	电平转换驱动器		适用于高速应用，能够与常见 PWM 控制器无缝式衔接工作
N 沟道高侧栅驱动器	直接式驱动器		MOSFET 最简单的高侧驱动方式，由PWM控制或以地为基准的驱动器直接驱动，但是它必须满足以下两个条件： $V_{CC} < V_{GS,MAX}$ $V_{DC} < V_{CC} - V_{GS,MIN}$

续表

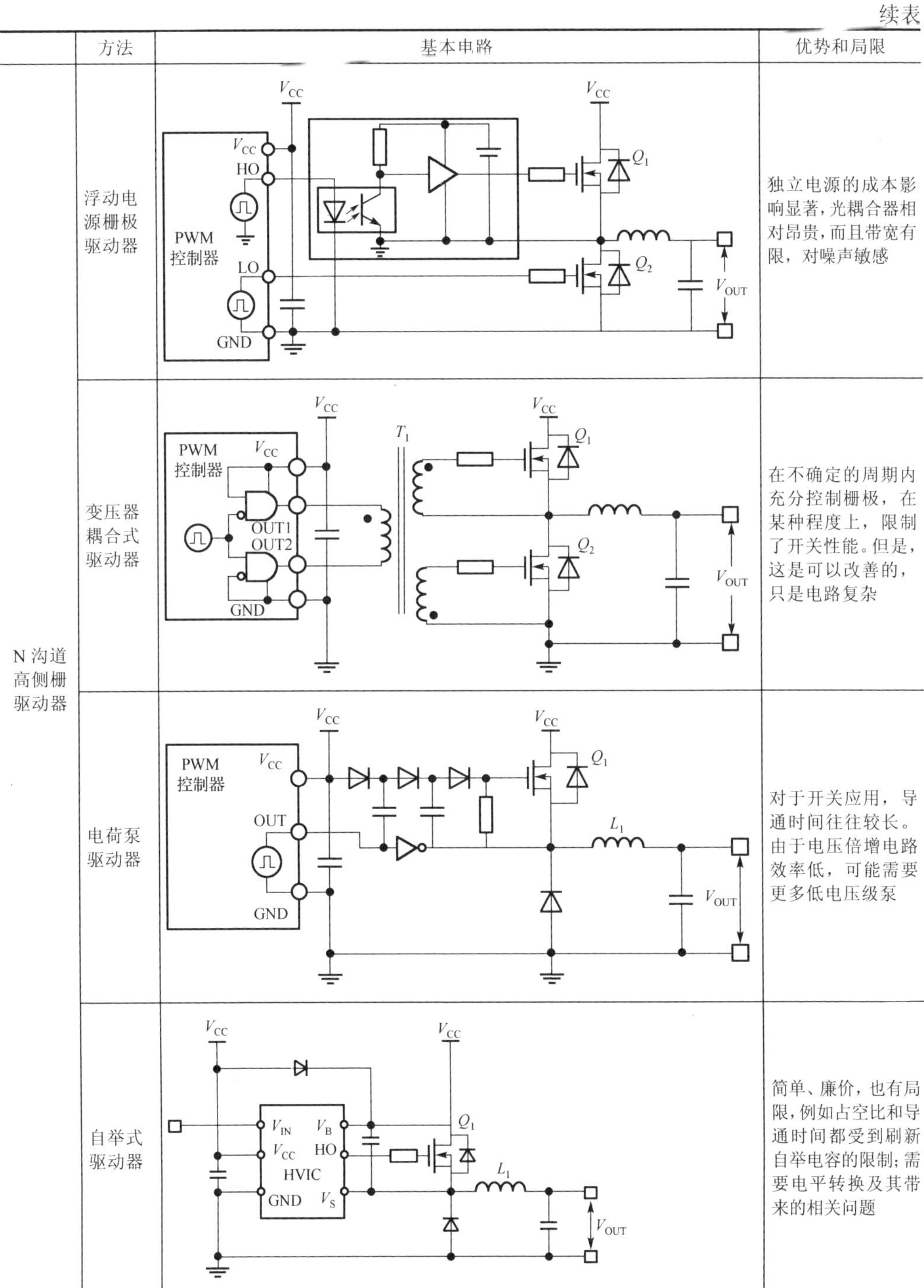

	方法	基本电路	优势和局限
N 沟道高侧栅驱动器	浮动电源栅极驱动器		独立电源的成本影响显著，光耦合器相对昂贵，而且带宽有限，对噪声敏感
	变压器耦合式驱动器		在不确定的周期内充分控制栅极，在某种程度上，限制了开关性能。但是，这是可以改善的，只是电路复杂
	电荷泵驱动器		对于开关应用，导通时间往往较长。由于电压倍增电路效率低，可能需要更多低电压级泵
	自举式驱动器		简单、廉价，也有局限，例如占空比和导通时间都受到刷新自举电容的限制；需要电平转换及其带来的相关问题

6.2　Si 基功率器件高压栅驱动技术

目前较为成熟和应用较为广泛的是单片式高压栅驱动集成电路。它常常是采用结隔离技术实现电学隔离，采用窄脉冲驱动高压 LDMOS 完成高压电平位移，同时采用自举电路实现高压侧驱动供电的电路。

6.2.1　单片高压栅驱动电路工作原理

图 6.2.1 为 600V 功率 MOSFET 栅驱动与保护集成电路的功能结构框架图。如图所示，按照工作电压不同，各子电路模块可以分成如下两个部分：低压电路部分与高压电路部分。

(1) 低压电路部分：高侧输入接口电路 (H-INPUT)、低侧输入接口电路 (L-INPUT)、高低侧死区信号产生电路 (DEADTIME)、脉冲产生电路 (PULSE)、低侧驱动信号延迟电路 (L-DELAY)、低侧驱动信号输出电路 (DRIVER)、低侧欠压保护电路 (LS-UV)、电流采样检测电路 (COMPARE)、错误逻辑控制电路 (FAULT) 及清零信号产生电路 (CLEAR)。

(2) 高压电路部分：LDMOS 电平位移电路（SHIFTER)、脉冲滤波电路 (FILTER)、RS 触发器电路 (RS-GATE)、高侧驱动信号输出电路 (DRIVER) 及高侧欠压保护电路 (HS-UV)。

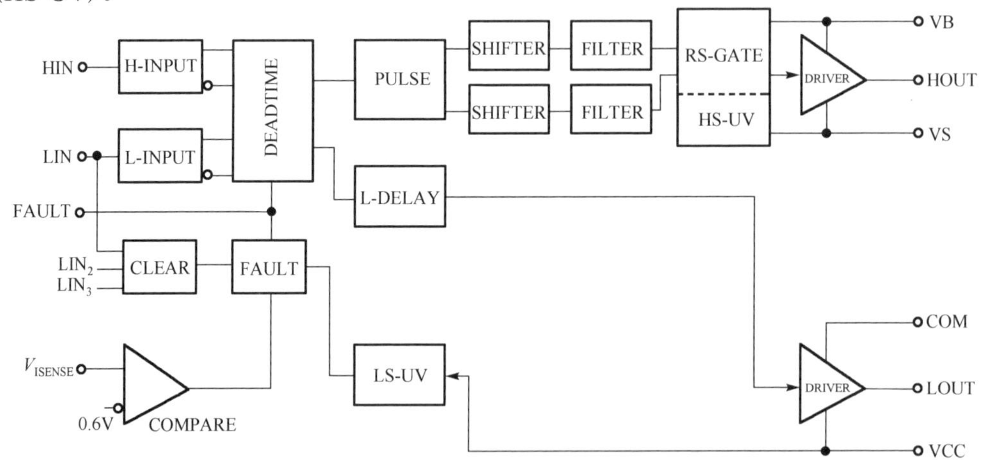

图 6.2.1　600V 功率 MOSFET 栅驱动与保护集成电路的功能结构框架图

根据 Baliga 等对栅驱动电路系统的阐述，按照功能类型，各子电路模块可以划分成如下三个单元：输入接口电路单元、功率控制电路单元及保护电路单元。

(1) 输入接口电路单元：高侧输入接口电路及低侧输入接口电路。

(2) 功率控制电路单元：高低侧死区信号产生电路、脉冲产生电路、LDMOS 电平位移电路、脉冲滤波电路、RS 触发器电路、低侧驱动信号延迟电路、高侧驱动信号输出电路及低侧驱动信号输出电路。

(3) 保护电路单元：高侧欠压保护电路、低侧欠压保护电路、电流采样检测电路、错误逻辑控制电路及清零信号产生电路。

栅驱动电路的工作原理具体如下：

(1) 当栅驱动电路正常工作时，接口电路单元及功率控制电路单元工作。首先将电压幅值为 5V 的 TTL 信号同时输入到能将 5V 驱动信号转换为 15V 驱动信号的高侧输入接口电路及低侧输入接口电路模块。随即进入高低侧死区信号产生电路模块，目的是在高侧与低侧驱动信号之间产生一定死区时间，以防止高低侧两个被驱动的功率 MOSFET 器件同时导通。接着高侧驱动信号进入高侧驱动信号电平位移电路模块，最终转变成相对于高侧浮动地 V_S 为高电平的高侧驱动信号；而低侧驱动信号进入低侧驱动信号延迟电路模块，从而在延迟时间上与高侧驱动信号匹配。最后高侧/低侧驱动信号经过各自的驱动信号输出电路模块的处理，变成满足设计指标的高侧驱动信号和低侧驱动信号。

(2) 当栅驱动电路工作出现异常时，保护电路单元开始工作。当被驱动的功率 MOSFET 器件出现过流时，电流采样检测电路模块将产生过流信号 LSUV=1 传送到错误逻辑控制电路中，错误逻辑控制电路发出出错信号 FAULT=1 并封锁整个栅驱动电路，即使电路的故障被解除，错误逻辑控制电路依旧保持出错状态。如需重新工作，则需要输入低电平到低侧输入端 LIN=0，使清零信号产生电路输出清零信号 CLEAR=0 传送到错误逻辑控制电路，解除保护状态。当电源电压发生欠压时，欠压保护电路模块也产生欠压信号 COMP=1 输送到错误逻辑控制电路，错误逻辑控制电路也产生出错信号 FAULT=1，栅驱动电路随即不工作。与过流情况不同的是，一旦电源电压恢复正常，栅驱动电路会自动解除封锁，恢复正常工作状态。

6.2.2　高侧电平位移电路及技术

高侧驱动信号电平位移电路是整个电路的核心模块，其正常工作与否将直接决定整个电路的设计成败。该电路的功能是在高侧单元中将对地 COM 的栅驱动信号转换成对高侧浮动地 V_S 的栅驱动信号，使其满足驱动高侧单元功率 MOSFET 器件的条件。

图 6.2.2 所示为高侧驱动信号电平位移电路的结构框架图。该电平位移电路采用双窄脉冲触发代替传统的方波触发，其好处在于：其一，可以避免该栅驱动电路中 LDMOS 管在高压大电流下工作时间过长，从而引发器件热击穿；其二，可以降低整个电路芯片的功耗。同时考虑 LDMOS 电平位移电路的需求和功耗限制，高侧驱动信号电平位移电路的普遍设计指标为：上升沿脉冲及下降沿脉冲的宽度为 200ns 左右，滤波宽度为 50ns 左右。

整个电平位移电路由以下几个部分组成：脉冲产生电路、上升沿及下降沿LDMOS电平位移电路、脉冲滤波电路及RS触发器电路。

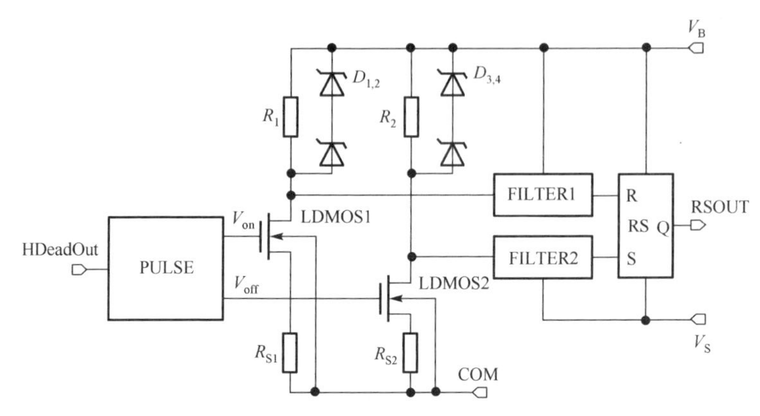

图 6.2.2　高侧驱动信号电平位移电路的结构框架图

具体工作原理如下所述：当前一级高低侧死区信号产生电路的输出信号 V_{in} 从低电平 V_{in}=0 跳变成高电平 V_{in}=1 或者从高电平 V_{in}=1 跳变成低电平 V_{in}=0 时，脉冲产生电路采集 V_{in} 的上升、下降沿，并形成上升沿脉冲信号和下降沿脉冲信号。随即分别控制LDMOS1管和 LDMOS2管短暂开启，产生一组相对于高侧电源电压 V_B 为低电平 V_{on1} 和 V_{on2} 的负脉冲。考虑到可能出现的 dv/dt 干扰，V_{on1} 和 V_{on2} 将进入滤波电路进行滤波，以滤除误动作脉冲。滤波后的 V_{on1} 和 V_{on2} 进入RS触发器电路，将两路窄脉冲信号还原成对高侧浮动地 V_S 的方波信号。

6.2.3　片内抗 dv/dt 电路技术

在功率系统工作时，会产生很强烈的 di/dt 和 dv/dt 问题。实验表明多数的栅驱动电路失效和损坏是由 di/dt 和 dv/dt 问题所导致。

其中，高的 dv/dt 不仅会在功率开关上产生误控制信号(Miller电容效应)从而导致功率管误开启；而且高的 dv/dt 对于栅驱动电路内部也会导致误脉冲信号。因高压栅驱动电路结构上的特殊性，这些误脉冲信号会引发驱动电路输出伪开启信号，导致功率管误开启。采用脉冲滤波技术和具有共模抑制能力的三 LDMOS 电平位移技术可以一定程度上抑制上述现象的发生。但是，带来的不利因素是驱动电路功耗增加、传输延迟时间受限。因此，滤波时间和窄脉冲时间的选择需要综合实际应用需求加以考虑。

抗 dv/dt 关键技术包括芯片内部和芯片外部不同的技术。其中芯片外部抗 dv/dt 手段主要包括：驱动电流的 Slope 控制、功率开关的栅漏 Miller 电容的减小(采用Split栅)、采用快恢复二极管续流、电压箝位、阻容感吸收等，将在6.3节具体介绍。这里只介绍芯片内部的抗 dv/dt 技术。

高侧栅驱动电路中，通常采用高压LDMOS进行电平位移，并且高压部分电路放置于高压隔离岛中。高侧电路的浮动地 V_S 和浮动电源 V_B 随高侧电路的开通、关断在高低压间摆动，必然产生瞬态的 dv/dt。dv/dt 的大小由外电路的开关速度和电路杂散电感等决定。dv/dt 会在 LDMOS 漏极产生瞬时位移电流，从而必然会在取样电阻上形成压降，产生误脉冲信号。因此电平位移电路中需加入滤波电路，将误脉冲信号滤除。

尽管脉冲产生电路产生的上升沿开启脉冲和下降沿关断脉冲的宽度越窄，LDMOS 处于高压大电流状态的时间越短，电路的功耗也越低。但是，为保证电路的正常工作，脉冲产生电路产生的上升沿开启脉冲和下降沿关断脉冲的脉冲宽度必须大于滤波电路所能滤掉的脉冲宽度（即误脉冲信号最大脉宽）。可定义最小滤波时间 ΔT 为可使下级倒相器翻转的误脉冲信号的最大宽度。ΔT 主要由 LDMOS 的器件结构参数、取样电阻 R_D、dv/dt 和下级倒相器的转换电平 V^*决定(相对于 V_S)。

LDMOS 的漂移区越长，P^-衬底/N^-外延层结和 P^-降场层/N^-外延层结的结面积越大，相同条件下的漏极瞬态位移电流也越大。但分析表明，ΔT 由 LDMOS 漂移区夹断后 N^+漏区下方 P^-衬底/N^-外延层结上的位移电流决定，与漂移区长度的关系不大。另外，V^*越低，越不易引起误触发，ΔT 也越小，但 V_S=0V，V_B=15V 时相应的低侧向高侧的信号传输也越不容易。因此，在实际电路中，通过调整 CMOS 器件的沟道宽长比，我们将下一级倒相器的转换电平 V^*控制在 4.5V 左右(相对于 V_S)。以下论述均针对某一优化的 600V LDMOS，在 V^*=4.5V 条件下讨论ΔT。

图 6.2.3 为 LDMOS 的 N^+漏区长度 L_{n^+}分别为 10μm、30μm 和 50μm，而其余条件相同的情况下，V_S 在 60ns 内从 0V 上升到 600V，dv/dt 为 10V/ns 时漏极瞬态位移电流和漏极电位 V_D～V_S 的二维模拟结果，ΔT 分别为 18.7ns、28.2ns 和 54.5ns。显然，随着 L_{n^+}的增大，ΔT 明显增大。因此，LDMOS 的漏区面积应尽可能小，以减小ΔT。图 6.2.4 为 V_S 在从 0V 上升到 600V，ΔT 与 dv/dt 和 R_D 的关系。显然，在 dv/dt 为 3～7V/ns 范围内，ΔT 有一峰值，且 R_D 越大该值越大。为降低电路功耗。必须在保证 V_S=0V，V_B=15V 时低侧正常向高侧传输信号的同时，R_D 尽可能小。模拟实验表明，当 LDMOS 沟道宽度为 750μm 时，对 600V 电路，R_D=2.2kΩ较为优化。

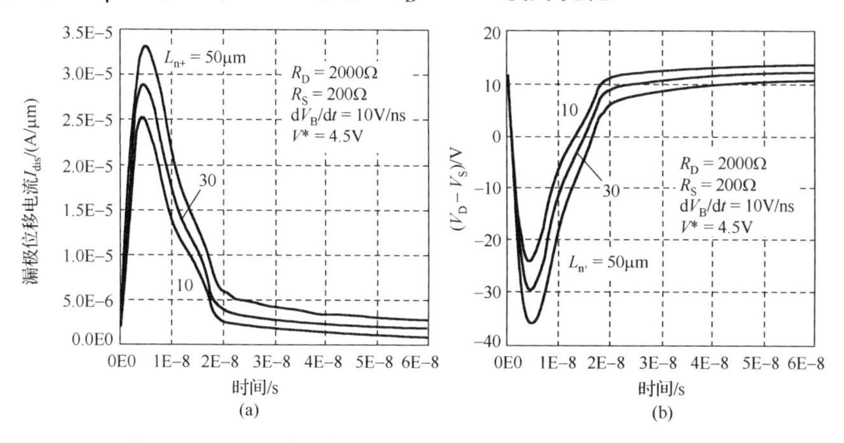

图 6.2.3　(a)漏极瞬态位移电流 I_{dis} 和(b)漏极电位 V_D-V_S

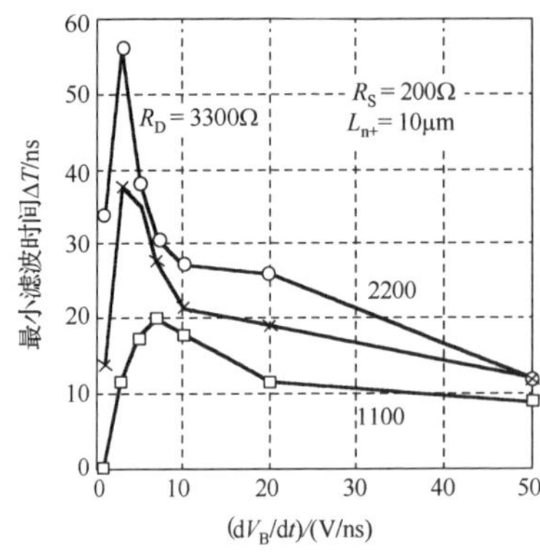

图 6.2.4　ΔT 与 dv/dt 和 R_D 的关系

以上二维模拟中 LDMOS 为一条形单元，若采用圆形结构，漏区被源区包围，在相同沟道宽度下，可明显减小 P^-衬底/N^-外延层结和 P^-降场层/N^-外延层结的结面积和漏区面积，ΔT 也相应减小。根据模拟分析，考虑到结隔离寄生电容的影响，脉冲发生电路产生的触发脉冲的宽度选择在 80～100ns 较为合适。但考虑到实际工艺中 P 阱电阻、转换电压 V^*和电容的制造误差，我们将触发脉冲的宽度初步定在 100～150ns 范围内。

6.2.4　抗 di/dt 技术

di/dt 问题主要带来 V_s 出现负电压的情形，导致高压栅驱动电路闩锁，从而导致高压栅驱动电路烧毁。通常需要在工艺和器件层面、乃至版图层面加以考虑。在集成电路中恰当引入泄流路径和进行电压箝位能一定程度抑制上述现象的发生。另外，功率开关回路和自举回路的恰当设计也是必需的。

图 6.2.5 给出产生负压的过程。栅极下降低于阈值电压，使得 MOSFET 截止。在此过程中，随着节点①的电压下降，由于栅电容和 R_{GATE} 的存在，节点②的电压不会立即下降。在此阶段，MOSFET 仍然流过一定的电流，直至源极③电压下降到零及零以下。此时 MOSFET 电流是逐渐减小的，存在一个负的 di/dt。考虑到负载电感及分布电感的存在，源极电压下降到零以后，仍能继续下降到一个负电压。通常续流二极管可以将此电压限制在−0.7V，但是在高速开关的情况下，续流二极管的反向恢复过程导致在瞬态下源极 V_s 的电压会下降到比−0.7V 更低的值。过低的 V_s 将使得单片集成电路的隔离结构完全失效，导致驱动芯片的烧毁，进而整个系统出现损坏。

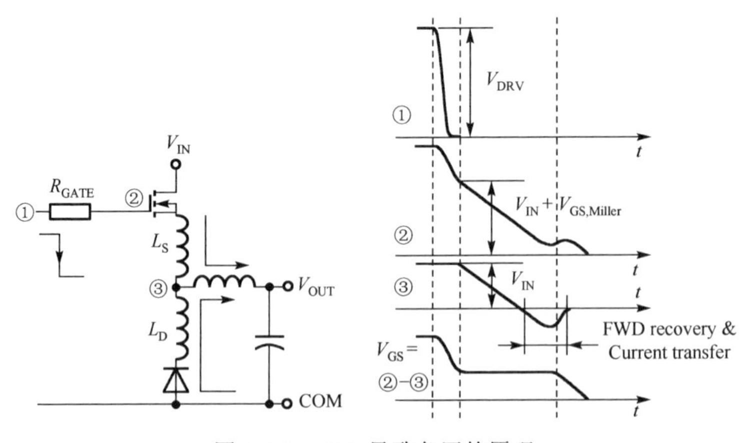

图 6.2.5　di/dt 导致负压的原理

在系统中选择采用反向恢复时间小的高压快恢复二极管可以一定程度上减弱上述效应的影响。驱动芯片内部驱动级的双向隔离结构和利用输出端的 ESD 结构构成的片内电流泄放通道都是可采用的技术。前者方案可以限制更高的负压存在。后者可使得在负压存在的时候，电流通过 ESD 结构旁路流走，而不通过较为脆弱的低压器件及电路，以达到抗 di/dt 的能力的提升。

6.2.5 驱动电流和功率管匹配技术

在功率系统的应用中，栅驱动电流不是越大越好，而需要和所驱动的功率开关进行匹配。过高的驱动电流会导致功率开关速度过快，从而产生更高的 di/dt 和 dv/dt。此外，过大的驱动电流也会导致功率管上过大的电流/电压过冲，给功率管带来更大的电应力，使得长期可靠性受到影响。不幸的是各个厂家生产的功率器件，即便是同一电压电流等级的功率 MOS，其特性均有不同。这些不同导致驱动电流和功率匹配的问题必须站在功率系统的层面加以考虑，而不单单只是高压栅驱动设计所考虑的。

很显然在功率开关确定的情况下，驱动电流越大，功率开关的开关速度越能在器件特性许可范围内得到提升。但是基于前面分析，开关速度和抑制 dv/dt、di/dt 效应存在矛盾；开关速度与功耗存在矛盾；栅驱动需要的上拉电流和下拉电流不一样；上拉电流和下拉电流在开关瞬态各细分阶段的需求也不一样，因此有必要具体加以优化。

针对栅驱动上拉电流和下拉电流的需求不一样问题，通常采用图 6.2.6 给出的驱动方式。值得注意的是采用栅串联电阻 R_{GATE} 的限流方式和直接设定片内驱动电流的方式，在实际的工作中是有差异的。已有的实验表明，后者更优。但是采用后者将导致栅驱动芯片的通用性严重下降。

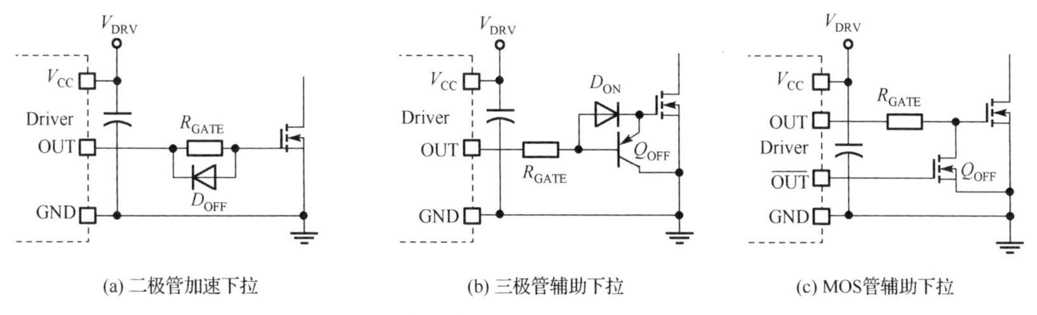

图 6.2.6　非对称上拉和下拉电流驱动方式

考虑高低压侧的 dv/dt、di/dt 效应限制，要较完美实现功率开关的驱动，采用开关时序上的分段驱动可能是一种有效的解决方案。尽管开关时序上的分段驱动的方式会带来电路的复杂度增加，但是在大功率的应用环境下是值得采用的驱动方案。

6.2.6 单片高压栅驱动电路及设计实例

电路核心模块为：高侧驱动信号电平位移电路、驱动信号输出电路、低侧驱动信号延迟电路、保护电路等，下面分别予以介绍。

1．接口电路

接口电路的功能是进行输入信号的电压幅值转换。由于输入信号通常是电压幅值为 5V 的 TTL 信号，而根据栅驱动电路设计指标中工作电压幅值为 15V，因此需要通过接口电路将输入信号的电压幅值从 5V 转换成 15V。

接口电路的设计指标：基准电压为 3V，迟滞比较器两个门限电压值分别约为 3.16V 及 2.52V，滞回值 0.64V。

接口电路包括高侧信号输入接口电路及低侧信号输入接口电路，但是两个电路的结构是相同的。图 6.2.7 所示为接口电路的结构框架图。比较器有两个输入端，其中一个输入端由基准源电路提供一个 3V 的基准电压，另一个输入端则是电压幅值为 5V 的输入信号 IN。具体工作原理如下：当输入驱动信号 IN 高于基准电压 3V 时，比较器输出高电平；当输入驱动信号 IN 低于基准电压 3V 时，比较器输出低电平。电阻 R_1 及电容 C_1 组成一个典型 RC 滤波电路，其目的是消除输入信号中可能存在的噪声信号。电路的两个输出信号，即同相输出信号 OUT1 及反相输出信号 OUT2。对应高侧输入信号，该电路的输出 OUT1 和 OUT2 被重新命名为 H1 和 H2；对应低侧输入信号，该电路的输出 OUT1 和 OUT2 被重新命名为 L1 和 L2。最终这些信号将同时被传送到高低侧死区信号产生电路中。

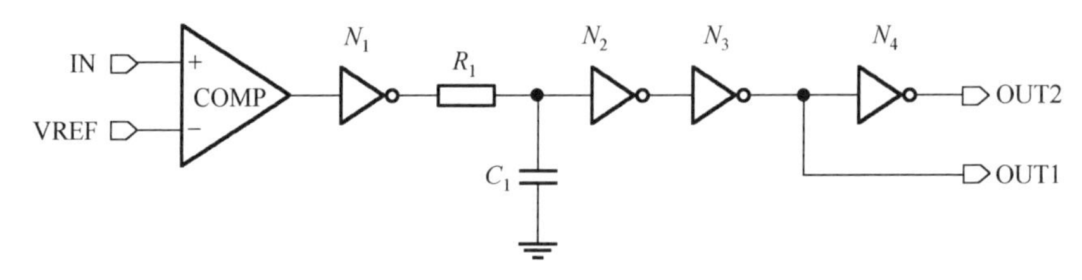

图 6.2.7　接口电路的框图

2．高低侧死区信号产生电路

在半桥式拓扑应用中，如果两个开关器件的导通状态重叠，两个输出信号之间将会存在一条直流通道，称为交叉导通(Cross Conduction)。设计的 600V 高压功率 MOS 栅驱动集成电路需要同时驱动高/低侧两个功率 MOSFET 器件，如果发生交叉导通将会产生大的破坏性电流，极易将功率 MOSFET 器件损坏。为避免这一情况，在栅驱动电路中增加了高低侧死区信号产生电路。

高低侧死区信号产生电路的功能是在高侧与低侧两个交替导通的驱动信号之间提供一个死区时间(Dead Time)，此时两个功率 MOSFET 器件都关断。这个死区时间必须要有足够大的宽度，以确保两个功率 MOSFET 器件在导通时间内在任何情况下都不会重叠。死区时间需要根据所驱动的器件类型确定。对于开关速度较快的 DMOS，死区时间设定为 100~300ns；对于开关速度较慢的 IGBT，死区时间为 1μs 左右。尽管较长的死区时间会带来一定安全性提升，但是死区时间的引入也会带来占空比误差，导致控制精度等的下降，故需要折中考虑。

图 6.2.8 所示为高低侧死区信号产生电路的结构框架图。该电路有五个输入信号和两个输出信号，输入信号包括 H1、H2、L1、L2 及 FAULT，输出信号包括 HDeadOut 及 LDeadOut。输入信号如下所示：H1 及 H2 都来自高侧输入接口电路， H1 与高侧输入信号 HIN 同相，H2 与高侧输入信号 HIN 反相；L1 及 L2 都来自低侧输入接口电路，L1 与低侧输入信号 LIN 同相，L2 与低侧输入信号 LIN 反相；FAULT 来自错误逻辑控制电路，正常时为低电平 FAULT=0，出错时为高电平 FAULT=1。输出信号如下所示：HDeadOut 为高侧死区时间输出信号，输入到高侧驱动信号电平位移电路；LDeadOut 为低侧死区时间输出信号，输入到低侧延迟电路。

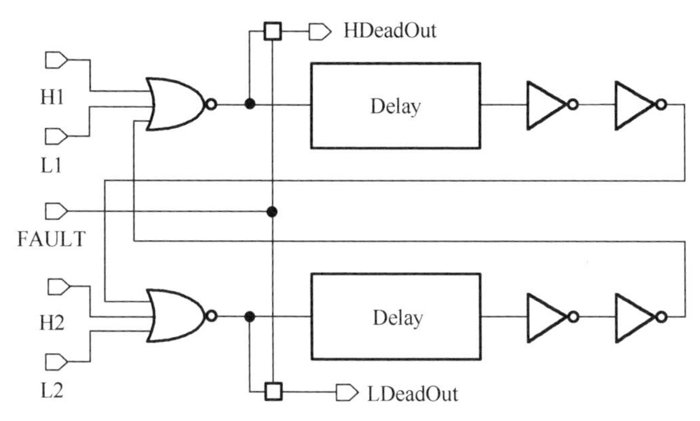

图 6.2.8　高低侧死区信号产生电路

3．高侧驱动信号电平位移电路

高侧驱动信号电平位移电路是整个电路的核心模块，见图 6.2.2。其正常工作与否将直接决定整个电路设计成败。该电路的功能是在高侧单元中将对地 COM 的 15V 驱动信号转换成对高侧浮动地 V_S 的 15V 驱动信号，使其满足驱动高侧功率 MOSFET 器件的条件。

整个电平位移电路由以下几个部分组成：脉冲产生电路、上升沿和下降沿 LDMOS 电平位移电路、脉冲滤波电路及 RS 触发器电路。高侧驱动信号电平位移电路的设计指标：上升沿脉冲及下降沿脉冲的宽度为 200ns 左右，滤波宽度为 50ns 左右。其输入为 HDeadOut，输出为 RSOUT。具体工作原理参见 6.2.2 节。

4．低侧驱动信号延迟电路

低侧驱动信号延迟电路的功能是将高/低侧两路输出信号进行匹配处理。在600V 高压功率 MOS 栅驱动集成电路中，高/低侧两路驱动电路各自经过的模块有所不同，因此造成了高/低侧两路驱动电路的输出信号在时间上不完全匹配，导致之前调试的死区时间变得又不确定。为了解决这个问题，在低侧电路单元增加一个低侧驱动信号延迟电路模块。

图 6.2.9 所示为低侧驱动信号延迟电路的结构框架图。其输入信号为 LDeadOut，输出为 LDOUT。该电路首先采用交叉耦合结构对高低侧死区信号产生电路的低侧输出信号进行波形整形，随后采用典型 RC 延迟电路实现低侧驱动信号的延迟，使高/低侧两路驱动信号相互匹配。

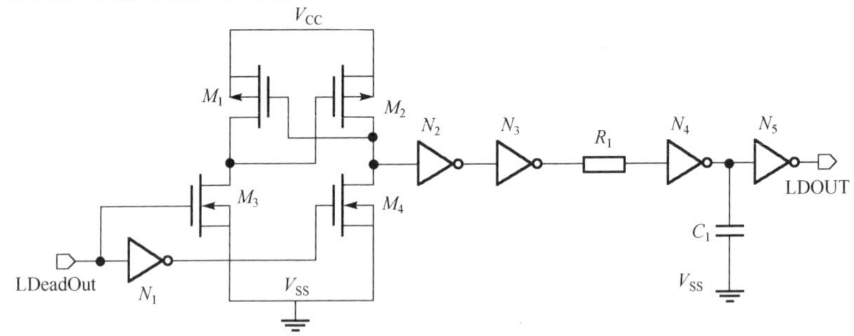

图 6.2.9　低侧驱动信号延迟电路框图

5．驱动信号输出电路

驱动信号输出电路的功能是进一步调整高/低侧两路驱动信号使其最终达到驱动功率 MOSFET 器件的要求。由前级高侧电路单元中 RS 触发器电路输出的高侧驱动信号 RSOUT，以及低侧单元中由延迟电路输出的低侧驱动信号 LDOUT，在驱动能力上（即输出的峰值电流）并不能直接驱动功率 MOSFET 器件，因此需要分别在高侧与低侧增加一个驱动信号输出电路，来增强最终输出信号的驱动能力。

驱动信号输出电路的设计指标：输出电流最大峰值为 1A 左右，其死区时间为 66ns 左右。

驱动信号输出电路包括高侧驱动信号输出电路及低侧驱动信号输出电路，两个电路的结构相同。图 6.2.10 所示为驱动信号输出电路的结构框架图，其中 IN 为 RSOUT 信号或 LDOUT 信号，OUT 为电路最终输出 HOUT 或 LOUT。在驱动信号输出电路中，为防止发生驱动级 NMOS 晶体管与驱动级 PMOS 晶体管出现同时导通，造成电路芯片的动态开关功耗过大，这里另外设定了死

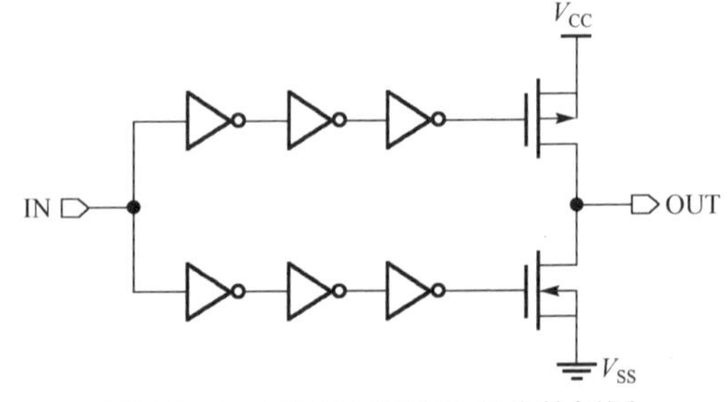

图 6.2.10　驱动信号输出电路的框图

区时间。与高、低侧通道死区信号产生电路不同的是：该电路中是利用前三级反相器 N_1、N_2 及 N_3 的翻转电平不同来增加一段较小的死区时间。而最后一级输出管 NMOS 管和 PMOS 管决定整个驱动信号输出电路的输出阻抗及输出电流峰值大小。

基于 NMOS 管的饱和漏电流公式，可根据所需的驱动上拉和下拉电流能力设计输出 MOS 管的宽长比：

$$\left(\frac{W}{L}\right)_{\mathrm{n}}=\frac{2I_{D,\mathrm{NMOS}}T_{\mathrm{ox}}}{\mu_{\mathrm{n}}\varepsilon_0\varepsilon_{\mathrm{ox}}(V_{\mathrm{GS}}-V_T)^2} \tag{6.2.1}$$

$$\left(\frac{W}{L}\right)_{\mathrm{p}}=\frac{2I_{D,\mathrm{PMOS}}T_{\mathrm{ox}}}{\mu_{\mathrm{p}}\varepsilon_0\varepsilon_{\mathrm{ox}}(V_{\mathrm{GS}}-V_T)^2} \tag{6.2.2}$$

其中，W 为沟道宽度，L 为沟道长度，$C_{\mathrm{ox}}=\frac{\varepsilon_0\varepsilon_{\mathrm{ox}}}{T_{\mathrm{ox}}}$ 为栅氧化层电容。

6．保护电路

保护电路单元是整个栅驱动电路的重要组成部分，其功能是用来保证栅驱动电路及被驱动的功率 MOSFET 器件工作在安全区。通常的栅驱动电路中集成的保护功能有过压、欠压、过流、过温及空负载检测与保护等功能。该实例中，保护电路主要由欠压保护电路、错误逻辑控制电路及过流保护电路三个部分组成。

下面依次对这三个子电路进行详细介绍。

1) 欠压保护电路

电源电压出现欠压主要由电路中过大的瞬变电流需求及供电突然停止引起。只有电源电压正常，才能保证电路输出得到良好的性能指标。欠压保护电路的功能是检测栅驱动电路中电源电压，包括高侧浮动电源电压（V_{B} 到 V_{S}）、低侧电源电压（V_{CC} 到 GND）的值，以确保栅驱动电路的输出信号能驱动功率 MOSFET 开关器件。欠压保护电路包括高侧及低侧欠压保护电路，两个电路也采用相同电路结构。欠压保护电路的框架如图 6.2.11 所示，其中欠压输出为 HUVout 和 LUVout，它们互为反相，用以表征是否出现欠压。

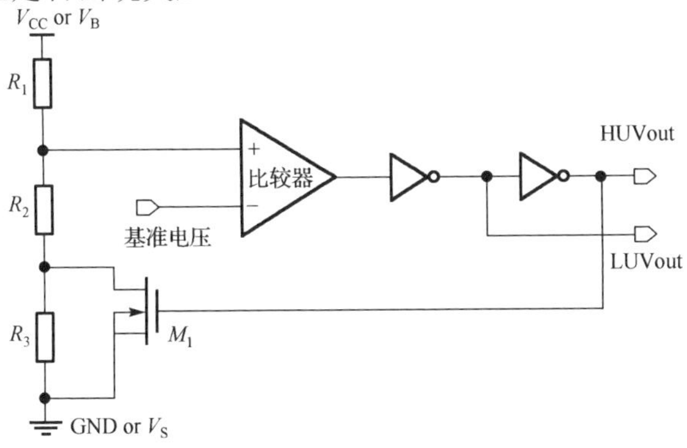

图 6.2.11　欠压保护电路的框图

2)过流保护电路

过流保护电路的设计思路是对流过被驱动功率 MOSFET 上的电流进行采样，再通过比较器将采样结果与设置的基准值进行比较。实现电流采样的方式有采样电阻、传感晶体管等。这里采用比较简单的采样方式，即使用采样电阻将电流转换成电压，从而实现对电流的采样，该电路的基本结构如图 6.2.12 所示，其输出为 OC，用以表征是否过流。

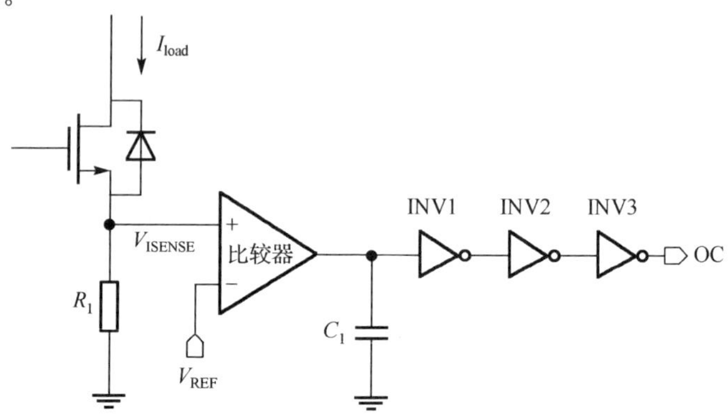

图 6.2.12　过流保护电路的框图

3)错误逻辑控制电路

基于欠压封锁电路和过流保护电路的输出信号，设计了一个逻辑处理电路，用以实现对保护电路的输出信号的最佳控制。该电路需要实现的控制过程如下：当电路发生过流或者电源电压欠压时，错误逻辑电路输出高电平信号，指示电路发生异常，封锁两路输出；当电源恢复正常工作电压时，错误逻辑电路立即输出低电平信号，指示电路工作正常。对于过流保护功能的设计，由于过流的现象对系统的危害相当大，因此，当解除过流警报后，必须要等到电路输入端口发出低电平指令，才可以恢复电路的工作。否则，一旦进入过流保护，即使电路不再过流，错误逻辑电路依旧维持高电平，封锁输出信号。换句话说，过流保护的功能无法自动恢复，需要额外的控制。

基于以上设计可以实现 600V 高压栅驱动集成电路。其中，驱动电流可达 1A，上升时间下降时间为 100ns，延迟时间可达 150ns，高低侧通道延迟匹配小于 10ns。

6.3　GaN 驱动电路设计

如图 6.3.1 所示，GaN 晶体是六边形结构，有很强的化学稳定性，能够承受较强的机械应力和高温。通过在 GaN 晶体上生长 AlGaN 层，在界面处引入二维电子气，当电场施加在晶体管两端时，二维电子气传导电流。由于二维电子气内的高浓度电子被限制在界面处狭小区域内，电子迁移率可以增加到 1500～2000cm^2/（V·s）。

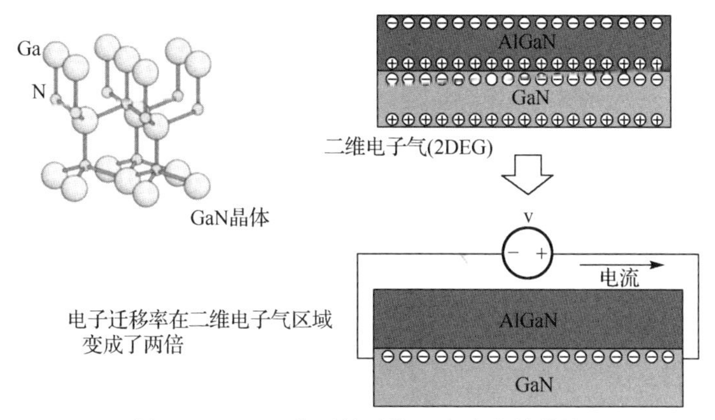

图 6.3.1　GaN 的晶体结构及电流传输特性

增强型 GaN 器件和硅器件的对比分析如图 6.3.2 所示：GaN 器件具有更宽的带隙电压和更高的临界电场强度、更强的沟道导电能力、更小的寄生电容(C_{iss}和 C_{oss})以及缺少体二极管特性，不会引入反向恢复电流。基于以上特性，GaN 器件可以实现更高的转换效率、更高的开关频率、更高的工作电压和开关速度等，特别适合未来电源模块的小型化发展趋势。

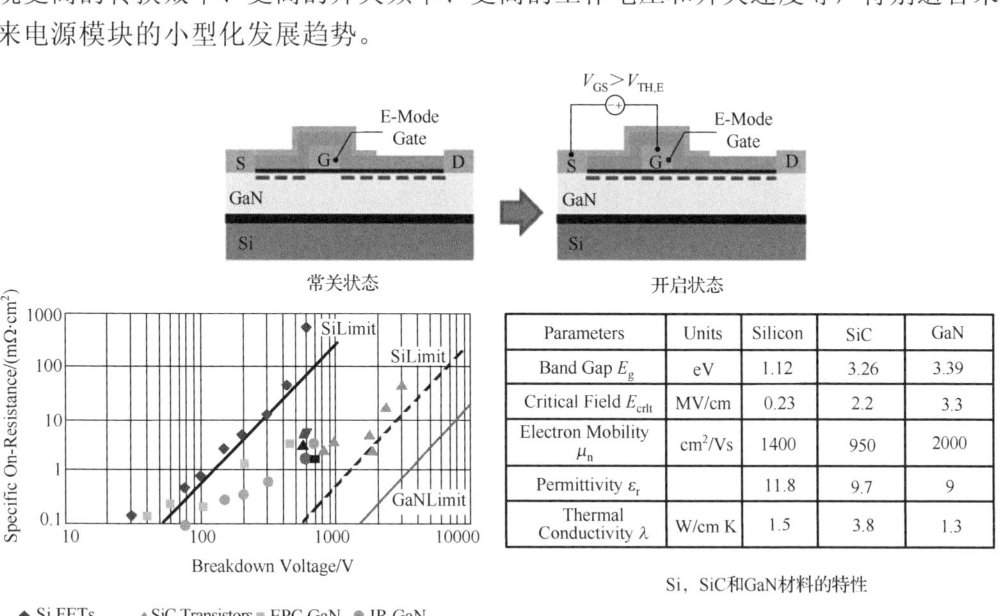

Parameters	Units	Silicon	SiC	GaN
Band Gap E_g	eV	1.12	3.26	3.39
Critical Field E_{crit}	MV/cm	0.23	2.2	3.3
Electron Mobility μ_n	cm²/Vs	1400	950	2000
Permittivity ε_r		11.8	9.7	9
Thermal Conductivity λ	W/cm K	1.5	3.8	1.3

图 6.3.2　GaN 器件和不同功率器件对比分析

GaN 高速开关器件能否发挥高频高功率密度下的能量转换优势依赖于设计人员对 GaN 器件特殊物理特性的深入理解和相关驱动电路的定制化设计，这和硅功率器件驱动电路有很大差异。目前业界重点攻克 GaN 在高速开关工作下的可靠性问题，下面结合器件物理机理进行分析。

以 EPC 公司发布的信息为例，表 6.3.1 给出了 GaN 器件和硅功率器件特性的重要差别，对驱动电路的特殊考虑包含以下几方面。

表 6.3.1 EPC 增强型 GaN 器件和硅功率器件对比分析

FET 种类	典型的 100V 硅基	100V 的增强型 GaN
最大栅源电压	±20V	+6V/–5V
反向体二极管电压	～1V	～1.5～2.5V
阈值电压	2V～4V	0.7V～2.5V
dV/dt 电容（Miller）比例 Q_{GD}(50V)/$Q_{GS(VTH)}$	0.5～0.8	0.8
内部栅极电阻	>10Ω	<0.6Ω
$R_{DS(ON)}$从 25℃到 100℃的变化	>+50%	<+40%
V_{TH} 从 25℃到 100℃的变化	–20%	+3%
栅极至源极漏电流	few nA	few mA
体二极管反向恢复电荷	high	none
雪崩能力	Yes	not rated

6.3.1 R_{dson} 受驱动电压非线性调制和最大栅压有限的矛盾

增强型 GaN 器件或是 Cascode 器件在驱动应用上有最大栅压的限制。例如 Cascode 器件(如 TPH3006PD)，最大栅压限制为±18V。对于低压增强型 GaN 器件(如 EPC 公司的 EPC2001)，最大电压限制为+6V/–5V，超过这些电压限制会损坏器件；另一方面，为了获得器件最优导通电阻 R_{dson}，栅驱动电压推荐值是 5～5.5V，保证栅压和绝对栅压的最大值之间有足够的阈度。

此外，由于低压增强型 GaN 器件，如 GaN HEMT 器件的阈值电压很低，最低值 0.7V 上下，典型值 1～1.4V 左右，很容易因为噪声和扰动发生误开启。

实际上，引起栅驱动电压高于限制电压的情况有两种：一种是封装带来的寄生电感引起振铃现象导致栅压超过最大栅压限制，一般而言这属于对栅下介质层的瞬态冲击，可以通过优化封装、采用分离充放电路径等方式来解决；另一种是由 GaN 功率器件可反向导通造成的自举电容过冲现象，这对栅下介质层将是长期的高压应力，必须通过增加芯片保护来解决。

6.3.1.1 分离充放电路径技术

在非常快的开关速度下工作时，必须注意避免可能导致栅信号在无意中超过最大栅压限制的过冲。开启过程中栅驱动电路、GaN 晶体管和栅驱动旁路电容 C_{VDD}

以及它们之间的互连电感 L_G，会形成如图 6.3.3(a)所示的 LCR 谐振腔。环路内等效阻抗包含栅极电阻(R_G)、栅驱动上拉电阻(R_{Source})、元器件间的高频互连电阻以及栅驱动电源电容的等效串联电阻(Equivalent Series Resistance，ESR)[1]。

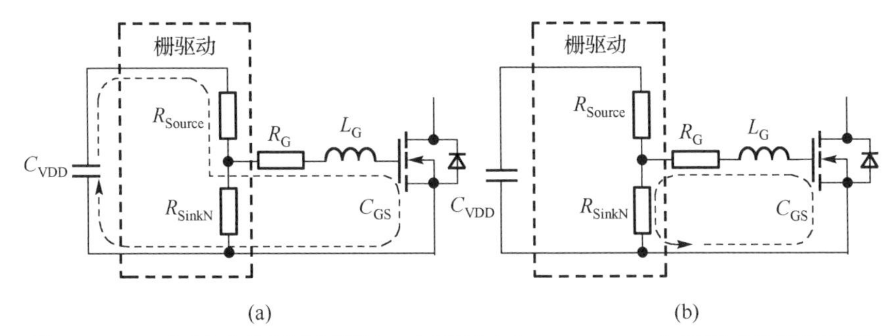

图 6.3.3　开启(a)和关断(b)期间，在栅驱动和 eGaN FET 之间形成的谐振环路

为了严格控制开启回路的阻尼系数，栅极环路电阻 $R_{G(eq)}$($R_{G(eq)}=R_G+R_{Source}$)必须满足下述公式给出的条件：

$$R_{G(eq)} \geqslant \sqrt{\frac{4L_G}{C_{GS}}} \tag{6.3.1}$$

可以通过最小化栅极回路电感(L_G)和调整栅端级联电阻限制栅极过冲电压。

对于栅驱动电压下降沿，–5V 最小电压对驱动不存在任何限制。同时，如图 6.3.3(b)所示，关断环路不包含栅驱动旁路电容，因此具有更小的环路寄生电感。电路允许更快的关断速度和负的振铃现象。然而，应当避免随后的栅极正电压振铃超出阈值电压，引起器件再次误开启。

基于上述分析，由于开启和关断过程对于环路阻尼系数的需求不同，所以针对充放电不同的驱动能力，可以通过分离驱动输出栅极上拉和下拉电阻而得到很好的解决，工业界代表产品是 TI 的 LM5113。

6.3.1.2　自举电压有源嵌位

在如 Buck Converter 中的半桥驱动应用，死区时间内，电感电流的续流将导致下管处于反向续流的状态。在 Si MOSFET 应用中，电感电流的续流将流经其体二极管，使得功率开关节点电压 V_{SW} 到达–0.7V 左右的电压。但在 GaN HEMT 应用中，由于 GaN 功率器件没有体二极管，当电感电流续流时，其栅下二维电子气将逐渐建立，使得 GaN 功率器件发生源漏互换，工作在饱和区的状态。此时 V_{SW} 电压（负值）可以很大（绝对值），负载电流从 0A 变化到 30A 的工作范围下，V_{SW} 可从 0V 变化到–3V，在封装寄生电感的影响下可变化至–5V[2-4]。

如图 6.3.4 所示，在 Dual-NMOS 驱动级应用中的自举电路设计时，自举电容下极板参考电压为 V_{SW}，上极板参考电压为芯片内部 5V 电源过一个自举二极管的电压(自举电容充电时可近似看作内部 5V 电源 V_{DD})，因此，若在死区时间内自举充电通路被放开，则自举电容压差 HB−HS 将发生过冲，而该压差在上功率管开启时，将作为其开启电压 V_{GS} 施加在 GaN HEMT 的栅极和源极。

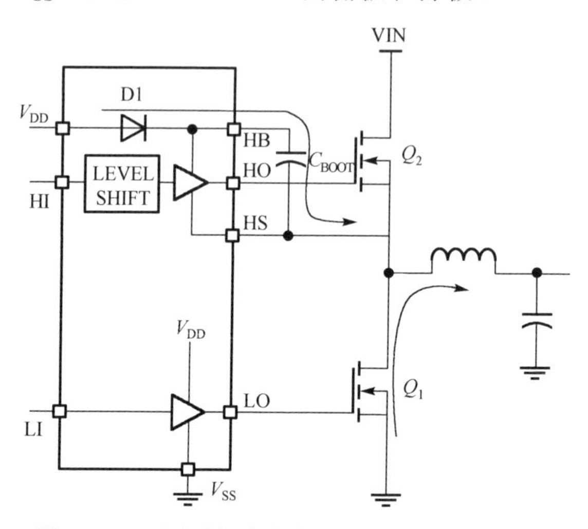

图 6.3.4　死区时间内自举电容压差过冲示意图

此过程中自举电容压差 V_{BOOT} 将被过冲至：

$$V_{BOOT} = V_{DD} + |V_{SW}| \tag{6.3.2}$$

因此，必须在自举通路上添加 V_{BOOT} 电压箝位模块 Voltage Clamp，当自举电容发生过冲时，及时断开自举充电通路，如图 6.3.5 所示。

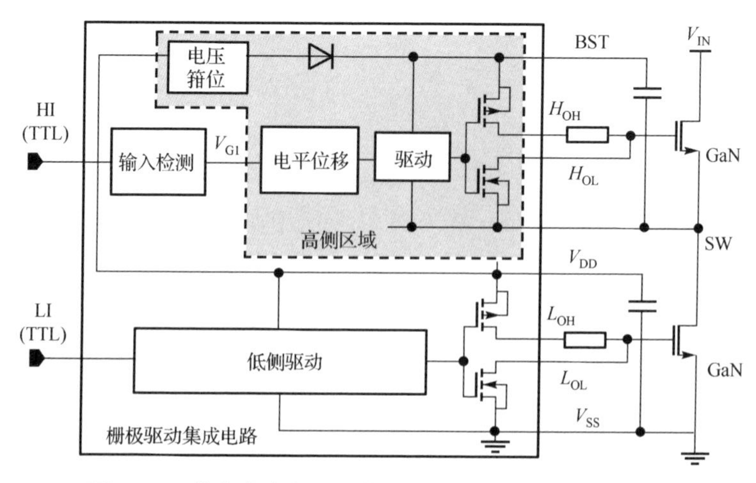

图 6.3.5　带自举电容电压箝位保护的栅驱动芯片拓扑图

6.3.2 浮动栅驱动技术和 Bootstrap 技术

Bootstrap 技术主要应用于功率级开关管为 N 型功率管的栅极驱动电路中，如图 6.3.6 所示。高侧功率管栅极驱动电路的电源轨为浮动电源轨，电源轨参考电压为高侧功率管源端即开关节点的电压，在高低侧功率管开关转换的过程中，开关节点的电压在接近 V_{IN} 到 GND 之间转变，则高侧功率管栅极驱动电路的电源电压应该不低于 $V_{SW}+V_{DRV}$（V_{SW} 为开关节点电压，V_{DRV} 为驱动高侧功率管正常开启状态的栅源电压 V_{GSH}），因此需要设计相应电路以满足驱动电路的电源轨要求。几种已知的方案包括：①浮动供电栅极驱动电路(Floating Supply Gate Drive)；②变压器耦合式栅极驱动电路(Transformer Coupled Drive)；③电荷泵式栅极驱动电路(Charge Pump Drive)；④自举栅极驱动电路(Bootstrap Drive)[5]。

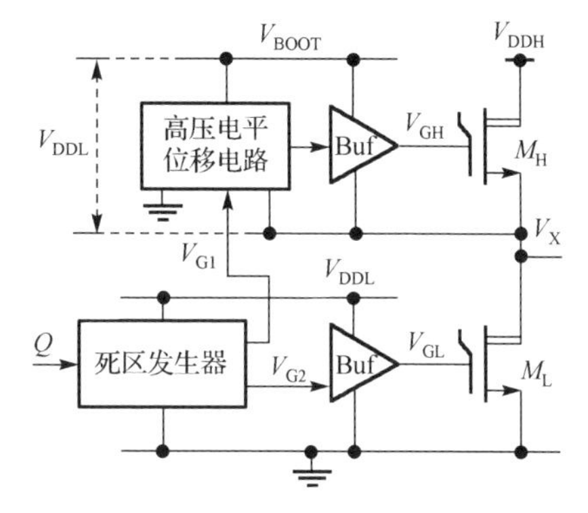

图 6.3.6　应用于双 N 型半桥结构的栅极驱动电路

自举栅极驱动电路方案相对简单，成本较低，也是上面几种方案中应用最广泛的。但是该方案也有很多限制和设计考虑的细节，例如占空比和上管导通时间都受自举电容的周期性刷新的限制，同时电路需要设计相应的电平位移电路(Level Shift)，由此带来电路设计的一些问题，下文将进行详细介绍。

对于半桥应用，电路中低侧整流二极管被功率管代替，相应栅驱动电路中自举电容充放电路径如图 6.3.7 所示，当 V_S 低于 IC 供电电压 V_{DD} 或者被下拉到地(低侧功率管开启，高侧功率管关闭)时，充电电流由电源 V_{DD} 经过自举充电电阻 R_{BOOT}，自举二极管 D_{BOOT} 为自举电容 C_{BOOT} 充电。当 V_S 电压被上拉到高电压，接近输入电压(DC Supply)(高侧功率管开启，低侧功率管关闭)时，自举电容上电压不能突变，因此 V_B 电压被抬升到 V_S+V_{CBOOT}，V_B 构成浮动电源轨为高侧驱动电路供电，此时自举二极管 D_{BOOT} 反偏来隔断 V_{DD} 电源轨。

自举电路具有电路简单和电路成本较低的优势，但是电路本身也存在着一些应用受限的地方。首先因为自举电容需要重新充电的过程，所以高侧功率管开关控制信号的占空比(Duty-cycle)和打开时间(On Time)会受限制。而电路存在最大的问题是在死区时间内，即高侧功率管突然关断而低侧功率管还未正常打开时，续流电流流经低侧续流管从而导致高侧功率管源端变为负压，如图 6.3.8 所示。开关节点的负压会直接影响到驱动芯片的 V_S 端或者 PWM 控制芯片，并可能将芯片内部电路拉到低于地的电压。另外 V_S 点的负压在没有保护电路的情况下会使自举电容两端电压出现过冲。

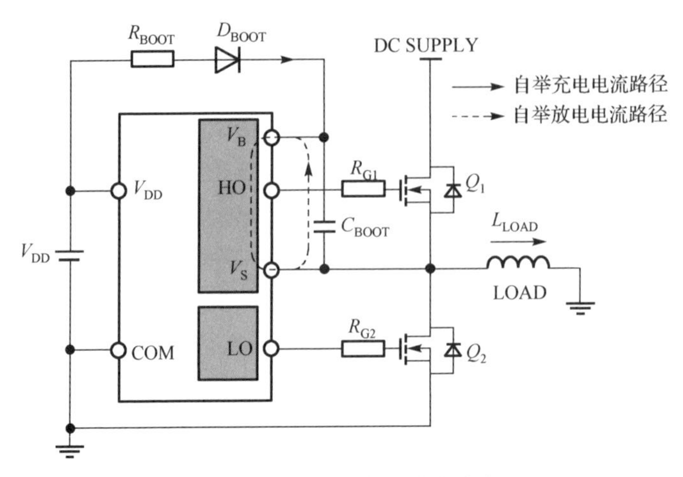

图 6.3.7　自举电容充放电路径

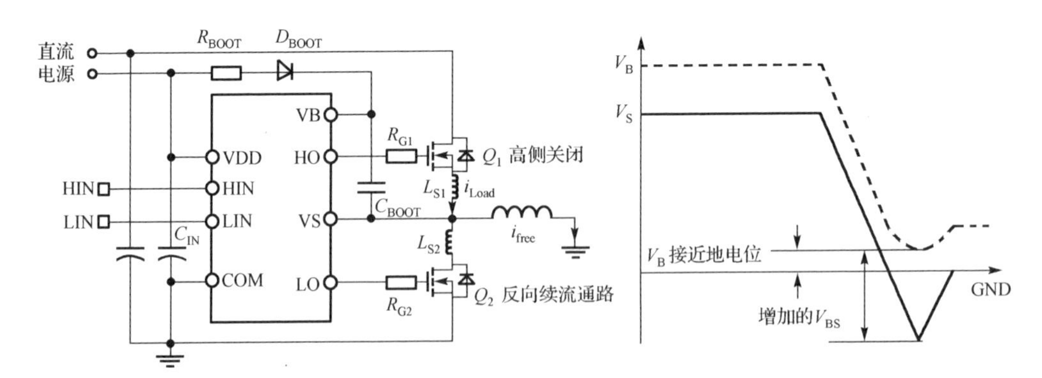

图 6.3.8　V_S 点负压的产生及其带来的 V_{BS} 过冲示意

对于自举电路中自举电容的设计，自举电容 C_{BOOT} 的大小与每周期 C_{BOOT} 需向外提供的能量、C_{BOOT} 上允许的电压波动大小有关。稳态下，自举电容 C_{BOOT} 上的压差 BST-SW 允许的波动一般设置在 100mV 以内。

6.3.3　di/dt 和 dV/dt 效应及其抗干扰设计

6.3.3.1　di/dt 效应对功率级的影响

di/dt 效应是在功率管开启时，栅极电流 I_G 流经功率管源极寄生电感引起的功率管开启关断过程非理想的寄生效应[6]。

1) di/dt 效应对功率级的影响

如图 6.3.9 所示，对于 BUCK 驱动级的下管而言，I_D(即 I_L) 由地流向 SW，下管关断期间，由于下管电流迅速减小，di/dt 很大，会在 L_S 上面产生 $L_S\dfrac{\mathrm{d}i}{\mathrm{d}t}$ 的压降(电流向上，di/dt 为负，因此电压上正下负)，使得

$$V_{\text{GS-eqv}}=0-L_S\frac{\mathrm{d}i}{\mathrm{d}t}<0 \tag{6.3.3}$$

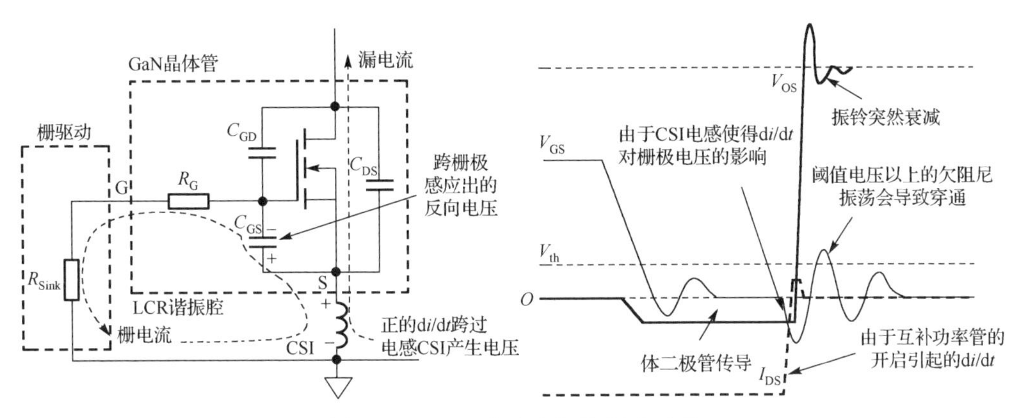

图 6.3.9　di/dt 在功率级的影响示意

V_{GS} 被驱动到负值，RLC 振荡回路得到初始态开始振铃，R_G 过小时，振铃引起关断情况下的功率管误开启或上下管穿通。

对于上下功率管的开启阶段(阶段 2)：

PWM 上升沿，功率管充电的第二阶段，di/dt 也会对 L_D 产生影响，导致 V_{DS_OFF} 变得很小，开启缓冲时间很长，但 V_{DS_OFF} 的减小能使得开启时交叠损耗降低。

$$P_{SW}=\frac{t_2+t_3}{T}\cdot\frac{V_{DS\_OFF}\cdot I_L}{2} \tag{6.3.4}$$

对于上下功率管的关断阶段(阶段 3)：

PWM 下降沿，功率管放电的第三阶段，由于下降沿的 di/dt 很大，I_D 迅速减小，会在 L_D 上面产生 $-L_D\dfrac{\mathrm{d}i}{\mathrm{d}t}$ 的压降，使得：

$$V_{\text{DS-eqv}}=V_{in}+L_D\frac{\mathrm{d}i}{\mathrm{d}t}+L_S\frac{\mathrm{d}i}{\mathrm{d}t}>V_{in} \tag{6.3.5}$$

V_{DS} 被驱动到比 V_{in} 更高的电位，引起 V_{DS} 的过冲，增大关断过程的开关损耗。

2) 栅电阻 R_G 的最优值

开启过程，I_G 快速增加，I_G 必然会流经 L_S，导致 I_G 增加减缓，所以对 MOSFET 输入电容充放电的时间增大。另外，对于上下功率管，均有：在 PWM 上升沿，I_G 同时给 $C_{GS}+C_{GD}=C_{ISS}$ 充电，充电通路流过功率管的源级寄生电感 L_S，则 C_{ISS} 和 L_S 构成 LC 振荡回路，因此开上管时会产生振铃。

R_G 可以增大阻尼，减小栅电压的过冲。但 R_G 越大，I_G 越小，开关损耗越大。对于 R_G 选择的最优值可以计算为：

$$R_{\text{GATE,OPT}} = 2 \cdot \sqrt{\frac{L_S}{C_{\text{ISS}}}} - (R_{\text{DRV}} + R_{G,I}) \tag{6.3.6}$$

3) 源极电感负反馈

漏极电流迅速变化时，由于源极电感的存在，会形成负反馈。

PWM 上升沿，功率管充电的第二阶段，由于上升沿的 di/dt 很大，会在 L_S 上面产生 $L_S\frac{\mathrm{d}i}{\mathrm{d}t}$ 的压降，使得 $V_{\text{GS-eqv}} = V_{\text{GS}} - L_S\frac{\mathrm{d}i}{\mathrm{d}t}$，导致功率管的开启变慢。

负反馈过程：I_D 增大越快，源极电感上的电压越大，相当于减小了 V_{GS} 的电压，则会减小 V_G 的变化，导致 I_D 的 di/dt 变小，di/dt 变小使得源极电感两端电压减小。

6.3.3.2　dV/dt 效应

在高速栅驱动电路中，功率开关节点 V_{SW} 的快速上拉及下拉会对功率级、芯片内部电路尤其是 Level Shift、甚至对芯片前级控制信号都会有很强的串扰，这类问题也被归结为共模噪声电流(Common Mode Noise Current)，或是 dV/dt 效应。此外，快速的 dV/dt 跳变还会引起 EMI 问题的恶化。

1) dV/dt 效应对功率级的影响

在硬开关与软开关应用中，处于关断状态的功率器件漏极会产生高的电压摆率(dV/dt)，其特征是对该器件的寄生电容快速充电，如图 6.3.10 所示。在这个 dV/dt 情况下，漏源电容(C_{DS})被充电。同时，栅漏电容(C_{GD})和栅源电容(C_{GS})也被充电。如果未解决这一问题，当流过 C_{GD} 的充电电流流过 C_{GS} 对其进行充电且超过 V_{TH} 时，器件被打开。上述行为也称为 Miller 开启[7,8]，如图 6.3.11 所示。

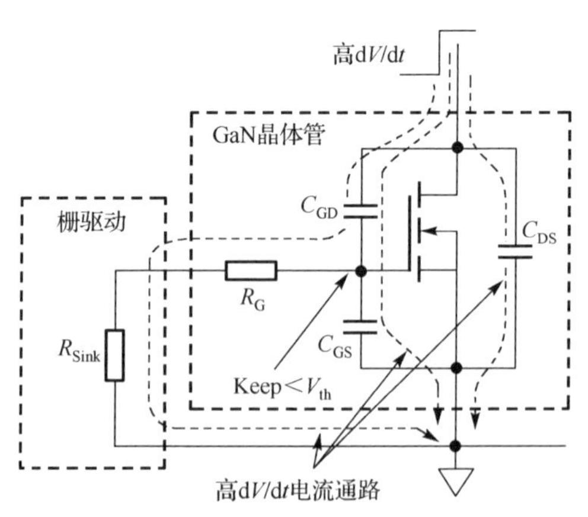

图 6.3.10　dV/dt 在功率级的影响示意

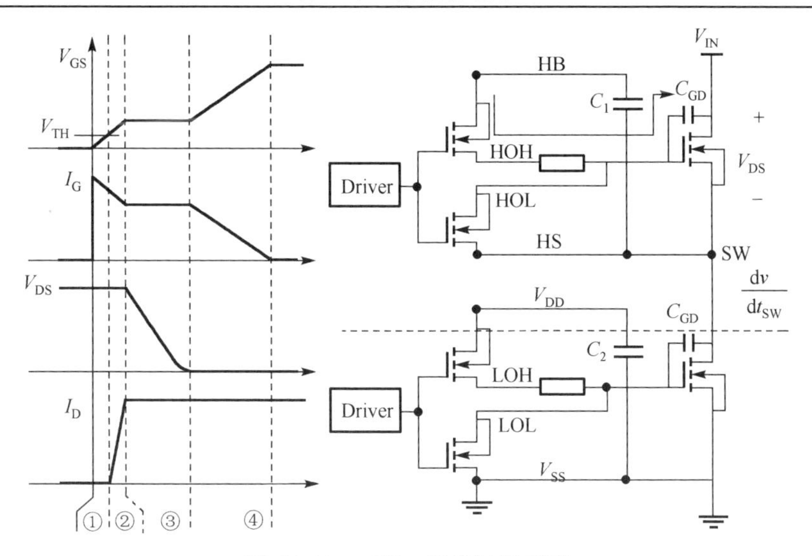

图 6.3.11　Miller 开启过程示意

误开启现象可以通过在 C_{GS} 旁提供一条并联的低阻通路来避免[9]。基于栅驱动电路，使流过 C_{GD} 的一部分电流流向栅极串联电阻(R_G)和栅驱动下拉电阻(R_{sink})。如果保持 R_{sink} 足够小，就能提高电路对 dV/dt 的抗干扰能力，避免误开启。

当上管开启下管关断时，上管 Miller 开启时，V_{DS} 快速跳低，使得 SW 点电位迅速跳高，关断器件漏端高的正电压转换速率 dV/dt(如电源轨突然跳高)，会从 Miller 电容产生向下灌的电流：

$$I_{SW} = C_{GD} \cdot \frac{dv}{dt} \tag{6.3.7}$$

若 R_{sink} 过大，则流过 C_{GS} 的电流更大，若将 C_{GS} 充电到使 V_{GS} 大于 V_{TH}，则器件会在关断情况下误开启，引起穿通现象发生。为了避免下管误开启，应尽量减小 R_{sink}，使得下功率管不会在 dV/dt 串扰下发生误开启。

2) dV/dt 效应对 Level-Shift 的影响

作为桥接浮动电源轨与芯片内部低压电路的部分，Level-Shift 对功率开关节点的 dV/dt 的抗噪能力决定了低压控制信号传输至栅极进行控制的可靠性[10-12]。

可用的方式可参考图 6.3.12 中的方案[13,14]，当输出已经稳定建立后，输出处连接的 latch 将通过正反馈稳定输出，输出为高时，必有稳定开启的 P 管提供低阻通路到 V_{DDH}，输出为低时，必有稳定开启的 N 管提供低阻通路到 V_{SSH}，因此该电路抗 dV/dt 能力很强，但由于其带正反馈，因此在电路输出翻转时会因为要打破正反馈而使电路响应速度较慢。

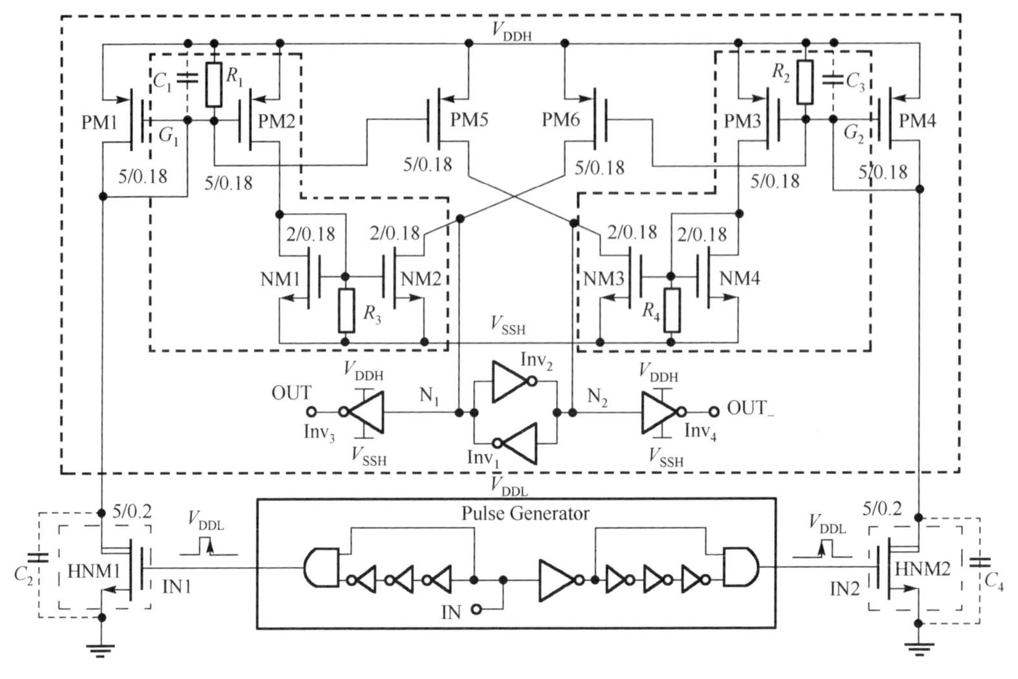

图 6.3.12　一种可参考的高 CMTI 的 Level-Shift 实现方式

3) dV/dt 效应对前级控制信号的影响

在 MHz 开关频率应用中，Level-Shift 还是存在一些问题。LDMOS 漏端接高电压，使得其长时间流过大的电流，产生较大功耗；而且其漏端大的寄生电容 C_{par} 一方面会导致 Level-Shift 的传输延迟过大，在高速电路的应用中有一定的困难。另一方面如果将输入电压推向 400V 以上的高压，Level-Shift 的这种弊端将更加明显。

对于使用 GaN 功率管的高频高压应用，输入电压可以高达 600V，输入信号频率可以高达 20MHz。在这种应用下 SW 端产生的 dV/dt 可以达到 150V/ns。低压应用下的 Level-Shift 将不再适用于此类电路应用。此外，考虑到实际电路寄生参数的影响，前级控制电路的 GND 和浮动电源轨 SW 之间可以等效一个总的寄生电容 C_{IO}。在上管开启、下管关断时，SW 端产生正的 dV/dt 共模噪声会通过 C_{IO} 串扰到前级控制电路的 GND，由下式可知：

$$i = C_{IO}\frac{dv}{dt} \tag{6.3.8}$$

共模电流信号将顺着如图 6.3.13 所示的路径流动，会在 PWM 的输入端产生地弹，可能造成 PWM 产生错误的输出信号，引起功率管的误开启，从而形成上下管电流穿通。同样，当上管关断、下管开启时，SW 端产生负的 dV/dt 共模噪声，产生的共模电流将以顺时针方向流动，影响 PWM 信号逻辑。

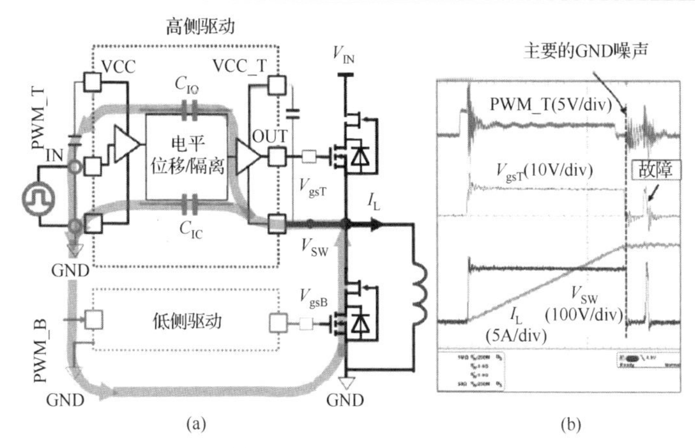

图 6.3.13　共模噪声串扰路径和信号脉冲工作波形

对于高频高压的栅驱动电路，一个重要的参数指标为 CMTI（Common-Mode Transient Immunity）。如图 6.3.14 所示，一般半桥电路的高侧电路和低侧电路有不同的参考地（GND1 和 GND2），在相对地为 GND1 的信号发生较大扰动（如开关切换过程）时，理想情况下希望保持相对地为 GND2 的信号不受其干扰。CMTI 是衡量驱动级电路和前级控制电路中间的 Level-Shift 或 Isolator 的抗共模噪声能力，一般单位为 kV/μs 或 V/ns。

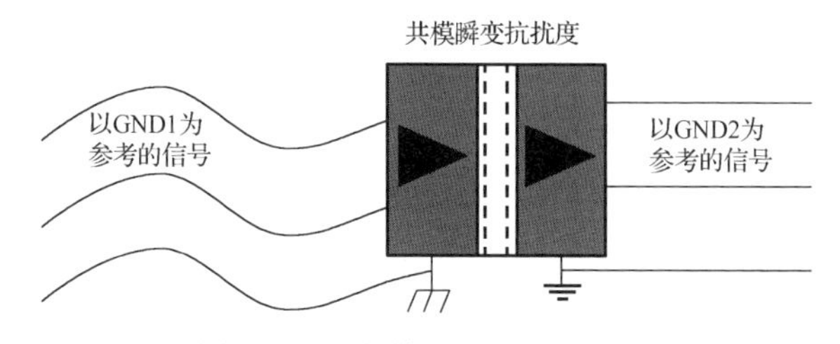

图 6.3.14　共模瞬态干扰原理图

为了更好地在高频高压下驱动 GaN 功率管，需要使用一个隔离器来隔离 SW 端产生的 dV/dt 对前级控制电路的影响，如图 6.3.15 所示。常见的隔离器有由变压器实现的隔离器、光耦隔离器和数字隔离器。如今主流的数字隔离器使用 SiO_2 基，利用高压电容来作为隔离元件，因此可以实现片上全集成。

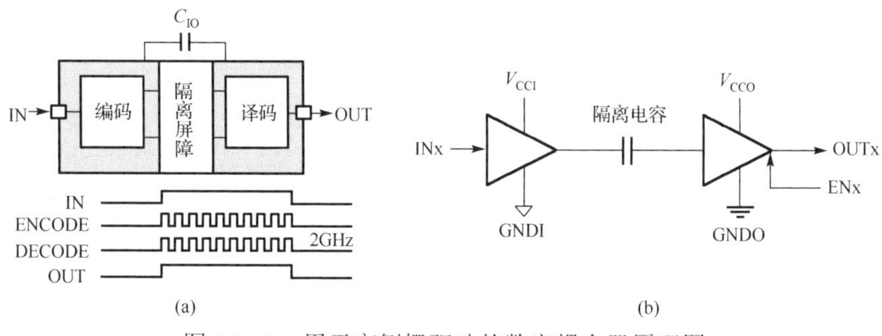

图 6.3.15　用于高侧栅驱动的数字耦合器原理图

此外，在 PCB 板级设计时(见图 6.3.16)，SW 端的 d*V*/d*t* 共模噪声会通过重叠部分形成的低阻通路串扰到 GND，严重恶化数字隔离器的抗 d*V*/d*t* 能力。所以在 PCB 设计中，需要尽可能最小化重叠面积，避免在数字隔离器下放置信号平面、走线、焊盘和过孔，减少寄生的耦合效应。

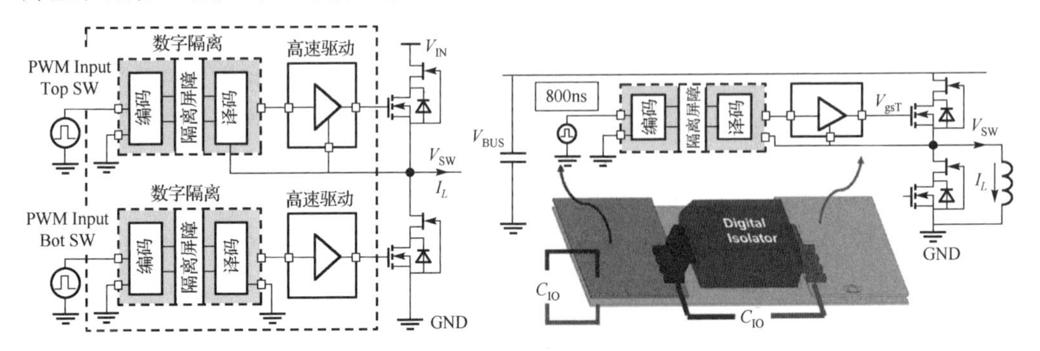

图 6.3.16　用于 GaN 的数字隔离器的驱动器架构及其 PCB 分地设计

6.3.4　自适应死区时间控制

由 MOSFET 和 e-GaN FET 的反向传输特性可以看出，GaN FET 的“体二极管”正向电压高于其 MOSFET 对应值，并且体二极管是死区时间内的重要损耗元件。单独的体二极管正向导通损耗不能弥补所有与死区时间有关的损耗。二极管反向恢复和输出电容损耗也很重要。所以在 GaN 的应用中，死区时间的要求更高。

以硬开关模式下自适应死区时间的控制方案为例[15,16]：

采样 V_{IN}/I_O 的信息，依据采样的信息每周期逐次压小死区时间，直至死区时间达到最优值。原理图如图 6.3.17 所示。

驱动系统包含功率级及自举电路部分、高侧带瞬态增强的 Level-Shift 部分、驱动级缓存和死区时间调整模块。其工作过程大致为：前级电路产生的驱动信号 V_{LSON} 及 V_{HSON}，与死区时间调整模块产生的控制信号作为 RS 触发器的输入端，产生具有最优死区时间的栅极控制信号；该信号经过 Level-Shift(高侧)及驱动级缓存输送至功率管的 M_H 和 M_L 的栅端，控制功率管的开启和关断。前级电路产生的驱动信号 V_{LSON} 及 V_{HSON} 只是逻辑反相的关系，并不存在固定的死区时间，死区时间仅由死区时间调整模块产生。

死区时间调整模块包含：V_{IN} 采样模块、I_O 采样模块、死区时间采样模块及死区时间调整模块，前级驱动信号控制死区时间调整模块的输出，以达到每周期逐次调整的目的。其工作过程可概述为：

(1) 采集功率管 M_H 和 M_L 的栅极控制信号，利用 D 触发器产生上下功率管开启的实际死区时间 t_{dead}，输出脉冲宽度为 t_{dead} 的脉冲信号。

(2) 由 VZCS 模块控制输出电流 I_O 的采样，得到与 I_O 成比例关系的电流 I_{OSNS}。

(3) V_{IN} 采样模块内，V_{IN} 经过采样电阻 R_{SNS} 转为电流 I_{dchg}。

(4) 包含 t_{dead} 信息的脉冲信号控制 I_{OSNS} 电流的输出，使电流 I_{OSNS} 对电容 C_c 充电，I_{dchg} 对电容 C_C 放电，稳定状况下，C_C 处的电压 $V_C = \frac{t_{dead}}{T} \cdot \frac{I_O}{V_{IN}}$（$T$ 为开关周期），电压 V_C 产生电流接 N 管的栅端，转换为携带 I_O/V_{IN} 信息的电流对电容 C_d 充电，该电流的大小决定了后面逻辑门的翻转时间，即 I_O/V_{IN} 的大小决定了死区时间调整模块输出的逻辑信号有效值的宽度。

(5) 死区时间调整模块输出的逻辑电平携带 V_{IN}/I_O，其与前级电路产生的驱动信号作 RS 触发器的输入端，自适应地调整上下功率管开启的死区时间，产生具有最优死区时间的栅极控制信号。

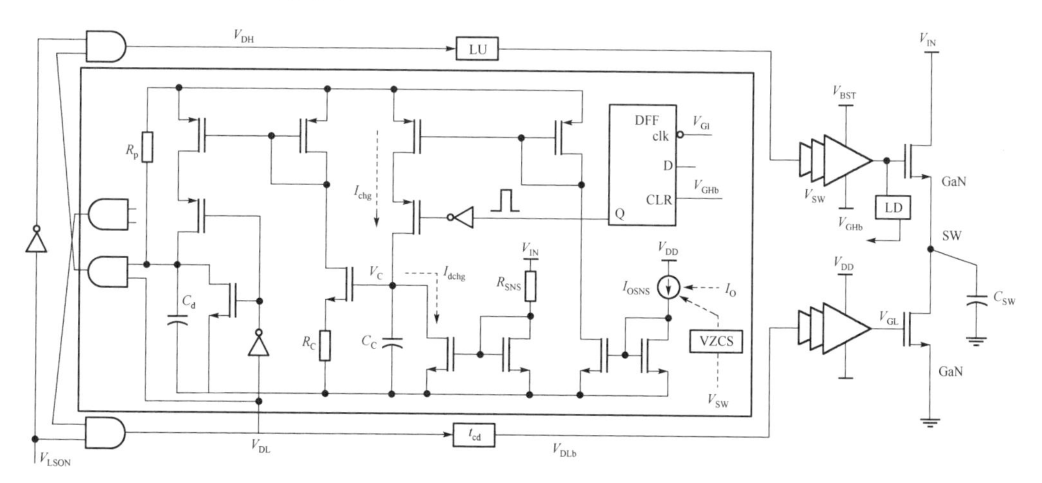

图 6.3.17　硬开关下自适应死区时间方案

在系统上电时，电压 V_C 为低电平，使死区时间调整模块产生无限长的死区时间关断上管，以保证芯片的正常上电。

上下功率管均有死区时间调整模块，从而双向地调整上管关断到下管开启、上管开启到下管关断的死区时间。

在轻载强制 CCM 模式下，由于输出电流 I_O 很低，电压 V_C 会变得很低，可将死区时间展宽，以达到上管开启的最佳状态，提高轻载模式的功率管开启效率。

6.3.5　栅驱动斜率控制(slope Control)

6.3.5.1　Slope Control 简介

同样的条件下，GaN 场效应晶体管相对而言具有更好的性能指标，其导通电阻

R_{dson} 更小，与硅基场效应管相比具有更高的导电率；栅极电荷 Q_g 小，更小的尺寸带来更小的寄生电容，能够在更高的开关频率下工作，实现高效转换；且 GaN 没有寄生体二极管，没有反向恢复过程与反向恢复电流。更低的栅电荷 Q_g 使得 GaN 场效应管可以实现更短的开关转换时间，其主要包括开关过程的 di/dt 和 dV/dt 两个区。因此，就开关损耗而言，GaN 场效应管在本质上远远优于其对应的硅器件，允许在更高的开关频率 f_{SW} 下进行更高效率的功率转换。

但是，GaN 场效应管的这些特点，同样带来了一些使用上的难点。在使用 GaN 的应用之前，有几个问题需要解决。高的开关频率会导致较大的 di/dt 和 dV/dt，从而将高频电磁干扰(EMI)噪声引入。这会在关键的安全系统中产生不必要的噪声甚至故障。输入滤波器可以降低 EMI，但滤波器的尺寸很大，这会大大增大电路面积和增加芯片成本。学术界有许多技术用来减轻 EMI。例如使用离散频率进行跳频，但是这种方案不能均匀地扩频以有效地降低峰值噪声。此外，通常在 GaN 场效应晶体管的栅极加入一个串联电阻来减缓转换速度，但是这样会使得开关损耗显著增加。

为了解决这些问题，研究者还提出了可自适应调节驱动强度的驱动电路，但是其存在的问题是，采样和驱动延迟会限制其在低频开关节点上升时间为几十或几百 ns 条件下的应用。同时，高频工作的另一个问题是，高 f_{SW} 操作引起高侧 GaN FET MH 的开关节点电压(V_{SW})和漏极电流(I_{DH})的高速转变。在 MH 的导通切换期间，V_{SW} 在几纳秒内上升。瞬时电流 I_{spike} 远高于电感电流 I_L，从 V_{IN} 吸收，向 V_{SW} 充电并增加 EMI 噪声。这些寄生效应所产生的电流和电压尖峰，可能会导致 GaN 器件损坏或者导致相关的低压逻辑电路损坏。因此，EMI 噪声抑制和 GaN FET 的高可靠性工作仍然是实现汽车应用高 f_{SW} 高功率转换器的主要挑战。

此外，无源金属栅极电阻可能会在驱动电流很大的情况下导致热点或散热问题，或者在 SW 电压 dV/dt 过大时导致低侧功率管误导通问题，引起电源开关中的直通电流。其次，随着 f_{SW} 进一步上升，达到数十兆赫兹，基频 f_0 及其谐波频率 $N \cdot f_0$ 处的寄生开关噪声不再能够通过无源 LC 网络或有源杂散滤波器有效处理。交互式转换器有减少尖峰和消除谐波的效果，但是涉及多个电感和复杂的时钟/相位的控制。同时，也有相关的跳频技术，然而，与瞬时 f_{SW} 变化相关的不可避免的 V_{OUT} 瞬态变化缩小了跳频范围并降低了其有效性。

6.3.5.2　Slope Control 系统控制策略

在 GaN FET 开启过程中，在 GaN FET 开始导通至 Miller 平台期结束 GaN FET

完全导通这段时间内，Buck 电路存在 EMI 性能和效率的折中。为了获得 EMI 和效率的最佳折中，通常使 GaN FET 漏电流上升过程中具有较小的 di/dt，并且在 Miller 平台期 GaN FET 漏源电压下降时具有较大的 dV/dt。这样，在高侧 GaN FET 导通过程中，可以获得最小的 EMI 噪声和中等的功率损耗。当 GaN 退出 Miller 平台期后，GaN FET 的 V_{GS} 在上升过程中较小的 dV/dt 会增大 Buck 电路的功率损耗，降低效率，因此，通常在 V_{GS} 上升过程中使其上升曲线具有较大的 dV/dt。

图 6.3.18 为功率管的典型开启和关断的转换过程。开启过程大致可分为四个连续阶段：开启延迟阶段(t_1～t_2)，电流上升阶段(t_2～t_3)，电压下降阶段(t_3～t_4)和振荡阶段(t_4～t_5)。交叠损耗大致与电流上升时间和电压下降时间的持续时间成正比。通常若是想要减小开关损耗，这两个时间间隔内需要强大的上拉充电能力，以在短时间内完成开关动作，减小开关损耗。然而，在电流上升阶段，快速变化的电流可能由于器件的寄生效应而产生振铃。而在电压下降阶段，过快的充电强度会增加流经两个器件的位移电流，从而加剧最终的振荡阶段的开关节点处的电压过冲。过快的充电能力也可能导致栅极电压过冲。对功率管开启过程的分析说明采用固定充电强度的驱动电路所带来的局限性。相比之下，自适应可控的栅极驱动电路能够在不同阶段选择最佳的驱动强度，让综合考虑电路性能优化与减小电路损耗成为可能。因此，栅极驱动电路设计的一个重点就是驱动策略的选择，这个策略包括驱动强度划分阶段、不同阶段的驱动充电强度。

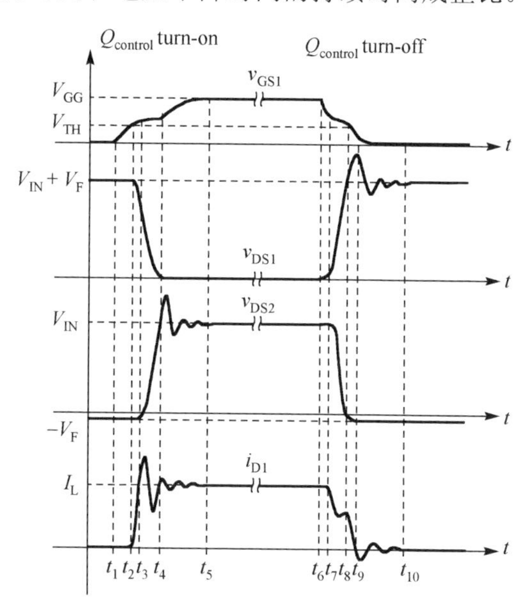

图 6.3.18　功率管典型的开启关断状态转换

为了进一步考虑驱动策略的选择，需要对功率管的开启关断过程的每一个阶段进行细致分析：

开启延迟阶段(t_1～t_2)：功率管栅极电压低于阈值电压，保持关闭状态。栅极驱动强度主要影响此阶段的持续时间，因此应用强大的上拉充电能力来减少延迟时间。

电流上升阶段(t_2～t_3)：栅极电压控制由同步管续流转换为主功率管续流，主功率管电流增大的阶段。由于功率管漏极电流转换速率 SR 影响到之后两个阶段处的电流过冲和开关节点电压振荡，因此过高的上拉充电强度会导致电流过冲和电压振荡更严重，此阶段需要将驱动充电强度稍微降低，以减缓电流变化率，同时需要留意的是保持较低的交叠损耗。短时间地偏离这个平均强度可以用来抵消振铃。

电压下降阶段(t_3～t_4)：该阶段主要影响开关节点电压的转换速率，主要影响功率管电压变化过程中转换位移电流的快慢，过大的转换速率会增加流经两个器件的位移电流，从而加剧最终的振荡阶段的开关节点处的电压过冲。同时开关节点处的 dV/dt 过大，可能由串扰导致功率管误开启，降低系统的可靠性，但这一问题同样可以通过增大驱动的下拉能力来避免。此阶段需要保持较低的驱动上拉强度，以降低电压转换速率和此过程中的位移电流。但是同样需要考虑这样所产生的交叠损耗。

振荡阶段(t_4～t_5)：在漏源电压 V_{ds} 达到稳定状态后，栅极驱动强度不会影响电压和电流的振荡和过冲问题。如果需要，也可以在前期将驱动上拉强度短暂地降低以防止栅极过冲，然后增加驱动上拉强度以保证器件快速导通，减小功率管的 R_{dson} 以减小系统的导通损耗。

类似地，对关断过程有着同样的分析。

关断延迟阶段(t_6～t_7)：栅极电压仍然高于主功率管离开欧姆区的值，栅极驱动强度主要影响此阶段的持续时间。应用大的驱动下拉强度来减少延迟时间。

电压上升阶段(t_7～t_8)：器件退出欧姆区域，在沟道保持导通的过程中，驱动栅极电压控制漏源电压的电压转换速率。大的驱动下拉强度会使沟道快速关闭，电压转换速率由开关节点的负载电流和非线性寄生电容决定。负载电流流入同步管以给输出电容放电，从而减少交叠损耗。因此寻求足够强大的驱动力以减少损失，但是不关闭通道而导致无法对转换过程进行控制。如果发生这种情况，可以通过减弱下拉或暂时拉起来恢复控制。

电流下降阶段(t_8～t_9)：在该阶段开始时采用较弱的驱动下拉能力，以降低电流转换速率和电压过冲。同时需要考虑这样所增加的交叠损耗，可以根据 V_{ds} 的值而采用不同的栅极驱动强度。

振荡阶段(t_9～t_{10})：在 V_{gs} 降至阈值电压 V_{TH} 以下后，栅极驱动强度不会影响电压和电流的振荡和过冲。同样可以将驱动下拉强度短暂降低，以防止栅极电压下冲，然后利用强的驱动下拉强度关闭设备。

实际应用中采用模拟的方法进行分段驱动控制时，由于控制方法的限制以及高频下开关速度快导致控制难度大，主要是对功率管的开启过程进行考虑。同时对每一个阶段都进行分段控制从而采用最佳的充电强度是难以实现的，因此需要针对上述开启过程中各种寄生效应和损耗进行分析，将其划分为 2～3 个阶段进行分段控制，同时选择适宜的驱动充电强度。

6.3.6　高频封装和 PCB 设计考虑

GaN 功率管相比 Si 功率管可以实现更高的开关频率，但是较高的开关频率使寄生电感对电路性能的影响也随之放大。因此，在板级电路中最小化寄生电感对实现 GaN 功率管的最佳性能至关重要。本节以半桥电路为例阐述 GaN 功率管应用电路板级布局布线的设计考虑。在半桥电路中需要考虑的回路主要有两个：如图 6.3.19 所示的回路①，高频功率回路(high-frequency power loop)，由上下功率管与输入旁路电容构成该回路；以及回路②③，功率管栅极驱动回路，由栅极驱动电路、功率管和栅驱动旁路电容构成。在 PCB 板级布局布线时主要针对上述回路进行设计优化[17-20]。

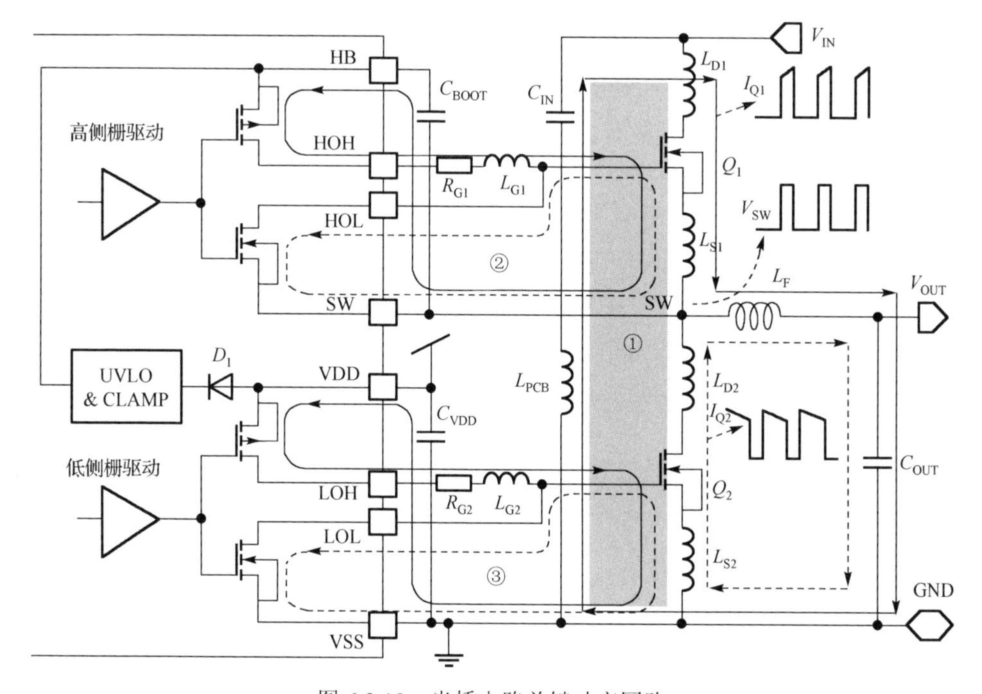

图 6.3.19　半桥电路关键功率回路

6.3.6.1　最小化寄生电感

高频功率器件在布局布线时需要最小化寄生电感的影响，其中对电路性能影响较大的包括共源极电感、功率回路寄生电感以及栅极驱动回路寄生电感。栅极驱动回路与高频功率回路交叠部分的寄生电感即为共源极电感(Common Source Inductance)，如上图中 L_{S1} 和 L_{S2}。高频功率回路中的寄生电感(包括功率器件漏源与源端的寄生电感)会造成在高开关频率时由高 dV/dt、高 di/dt 引起的电压或者电流的振铃，产生电路的可靠性与 EMI 相关的问题。在器件开启或者关断的过程中，栅驱动回路寄生电感会造成器件栅极电压的上冲或者下冲。共源极电感会减慢器件的开关速度，同时共源极电感与栅极驱动回路中的其他 RC 参数构成 LCR 谐振腔，会造成栅极电压的振荡，引起栅驱动可靠性的问题，如图 6.3.20 所示。由此可见，电路中的寄生电感显著影响器件可靠性与电路的效率与性能，需要最小化电路中的寄生电感。

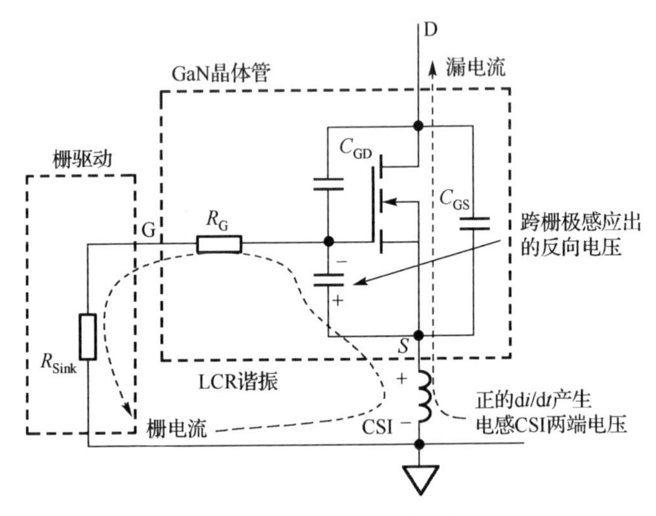

图 6.3.20　共源极电感(CSI)对栅极驱动的影响

电路中的寄生电感包括功率器件本身的寄生电感和板级 PCB 走线上的寄生电感。首先考虑的是功率器件的封装电感，上述寄生电感的来源即包括器件封装电感，因此优化器件本身的寄生电感非常重要。

6.3.6.2　传统功率回路设计

高频功率回路的寄生电感影响器件的开关速度，造成器件漏源电压的尖峰，同时会显著影响电路的功率损耗。功率器件源极寄生电感和高频功率回路寄生电感对电路功率损耗的影响如图 6.3.21 所示，因此优化功率回路的寄生电感至关重要。

在阐述功率回路的最优化布局方法之前，展示两种传统的功率回路布局方法以作对比。

首先是“横向”的功率回路器件布局方式，如图 6.3.22 所示。在横向布局中，输入电容和功率器件在 PCB 的相同一侧，器件紧凑地放置以最小化功率回路的面积。在这种布局中，高频功率回路在单层 PCB 上横向流动。

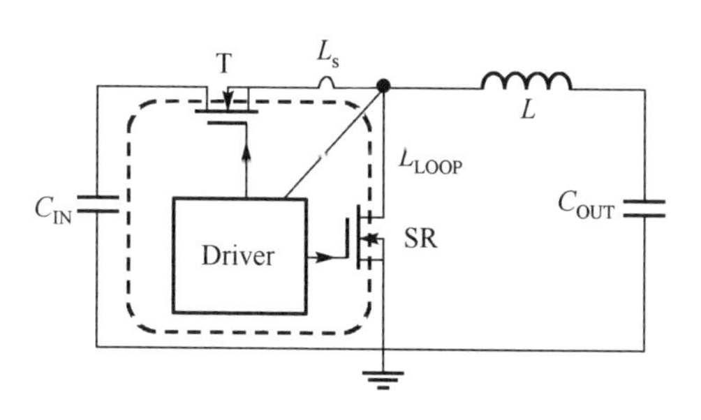

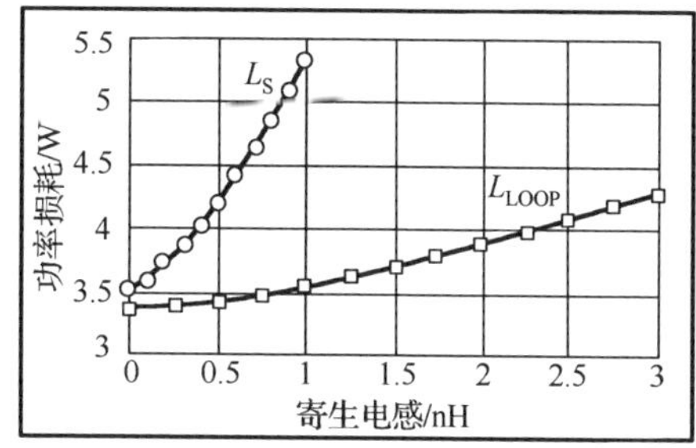

图 6.3.21　寄生电感对功率损耗的影响

(V_{IN}=12V，V_{OUT}=1.2V，I_{OUT}=20A，f_S=1MHz，L=150nH，T：EPC2015 SR：EPC2015)

(a) 顶视图

(b) 侧视图

图 6.3.22　应用 eGaN 功率管的传统横向功率回路

优化回路的物理尺寸对减小回路的寄生电感是至关重要的，而 PCB 内层(Inner Layer)的设计也同样需要设计者去关注。在横向功率回路设计中，PCB 的第一内层用作“屏蔽层”。该层对屏蔽高频功率回路对其他电路的影响起到了关键的作用。功率回路产生的磁场会在屏蔽层中产生与功率回路相反方向的感应电流，从而实现磁场的消除进而减小功率回路的寄生电感。然而横向功率回路的设计非常依赖于功率回路到第一内层所含屏蔽层的距离。

第二种传统的布局方式即为垂直方向的功率回路设计，如图 6.3.23 所示。输入电容和功率器件分别在 PCB 的对侧，电容位于功率器件的正下方，从而实现了物理回路尺寸的最小化。两层间通过过孔连接，形成了纵向的功率回路。在这种布局方式中由于是纵向结构因此没有屏蔽层的使用。纵向功率回路中相对的两侧电流以相反方向流动，从而利用磁场自消除技术减小回路电感。PCB 板厚度相比顶层与底层上的横向走线的长度要小很多(如图 6.3.24 所示)，当 PCB 板厚度减小时，相比于横向功率回路，纵向功率回路的回路面积显著收缩，底层和顶层走线上的相反方向电流开始产生磁场自消除效应。为使纵向功率回路更加有效地产生磁场自消除效应，PCB 板的厚度应该最小化。

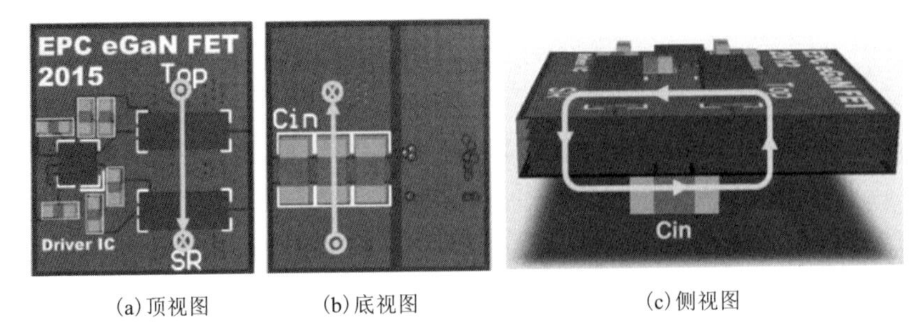

(a) 顶视图　(b) 底视图　(c) 侧视图

图 6.3.23　应用 eGaN 功率管的传统垂直方向功率回路

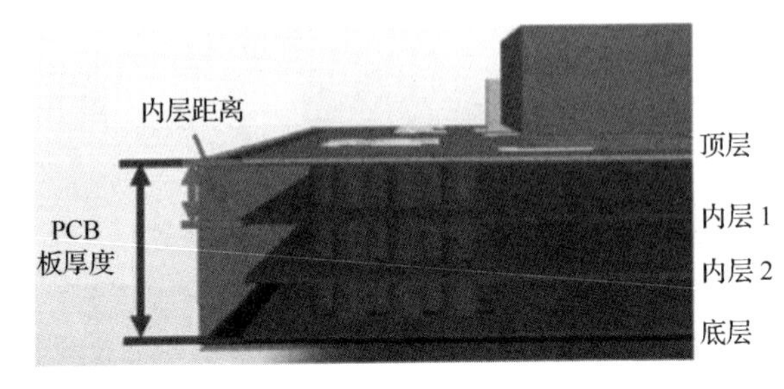

图 6.3.24　PCB 纵向图示

6.3.6.3　优化功率回路

对两种传统功率回路进行优化利用，进而产生混合方式(Hybrid)的功率回路实现方案，如图 6.3.25 所示。

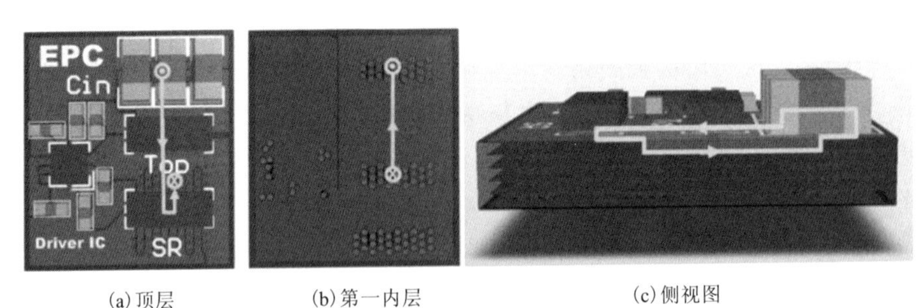

(a) 顶层　(b) 第一内层　(c) 侧视图

图 6.3.25　Hybrid 功率回路实现方案

这种实现方式具有最优回路物理尺寸，利用了磁场自消除技术，回路电感、PCB 板厚无关，实现功率回路器件单面布局，以及多层 PCB 结构高效利用的优点。这种方案利用第一内层形成功率回路，第一内层作为功率回路的返回路径紧挨着顶层的功率回路，从而实现了最小功率回路面积与磁场自消除技术的结合。从侧视图中可以看出该方案极小的功率回路截面积。由第一内层图可以看出在两个 eGaN 功率管底部有一系列的交叉通孔和接地过孔，这些过孔为高频功率回路提供了更短的电气连接路径，从而减少走线上的寄生电感；过孔上电流方向相反，从而减少了涡流(Eddy)和邻近效应(Proximity Effects)，减少交流传导损耗。

6.4　GaN 栅驱动设计实例介绍

在 100V 以下直接驱动 GaN Gate Driver 中(不带 Isolater 进行隔离的方案)，Level-Shift 是 IC 内部非常重要的一个模块，在高压应用下，其承载着系统除功率级以外对 CMIT 的要求，同时也是决定电路传输延迟和可靠性的重要模块。

如图 6.4.1 所示，对于一个传统的 Level-Shift 电路而言，由于功率开关节点 SW 的 d*V*/d*t* 很高，因此内部电路自举电压 BST 由于自举电容的耦合作用，也会有同等的 d*V*/d*t*。内部电路必须在该 d*V*/d*t* 发生时依然正常工作，这将导致内部电路应满足具有一定的抗 d*V*/d*t* 能力的设计，尤其是在 GaN Driver 的应用中，整个系统应当至少满足 CMTI≥50V/ns 的指标(即 Common-Mode Transient Immunity，表征电路对浮动电源轨的抗 d*V*/d*t* 能力)。

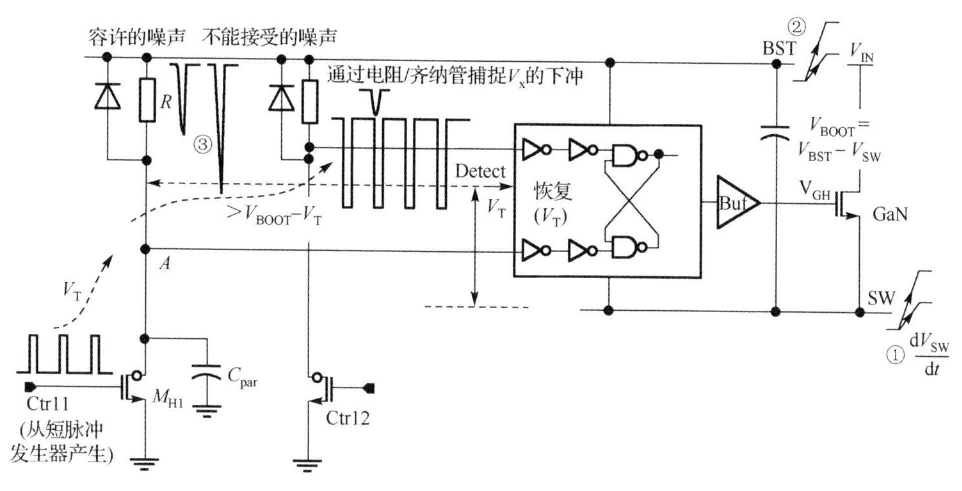

图 6.4.1　传统 Level-Shift 电路在 d*V*/d*t* 串扰下的可靠性问题

图 6.4.1 中，Level-Shift 的输入信号为短脉冲控制，脉冲有效时，LDMOS 开启，设后级逻辑电路的阈值电平 $V_T=\alpha\cdot(\mathrm{BST}-\mathrm{SW})$，$I_{D\_LDMOS}\cdot R$ 若大于 $(1-\alpha)\cdot(V_{BST}-V_{SW})$，则能够被后级逻辑电路识别；短脉冲结束后，*A* 点恢复为高阻态，短脉冲被后级 RS-latch 恢复成为正常的 PWM 控制信号传输至功率管栅端。但需特别关注的是，当短脉冲结束，*A* 点恢复为高阻节点后，将特别容易受到 d*V*/d*t* 串扰的影响，由于 d*V*/d*t* 串扰后的共模噪声可能触碰到 Level-Shift 后级电路的阈值电压，因此，d*V*/d*t* 可能会导致整个电路误响应。

一般而言，提高电路抗 dV/dt 能力可采取的措施为：尽量消除电路中可能工作在高阻态的节点，必须在易受串扰的节点处添加低阻通路。

一种可行的方案如图 6.4.2 所示[21]。

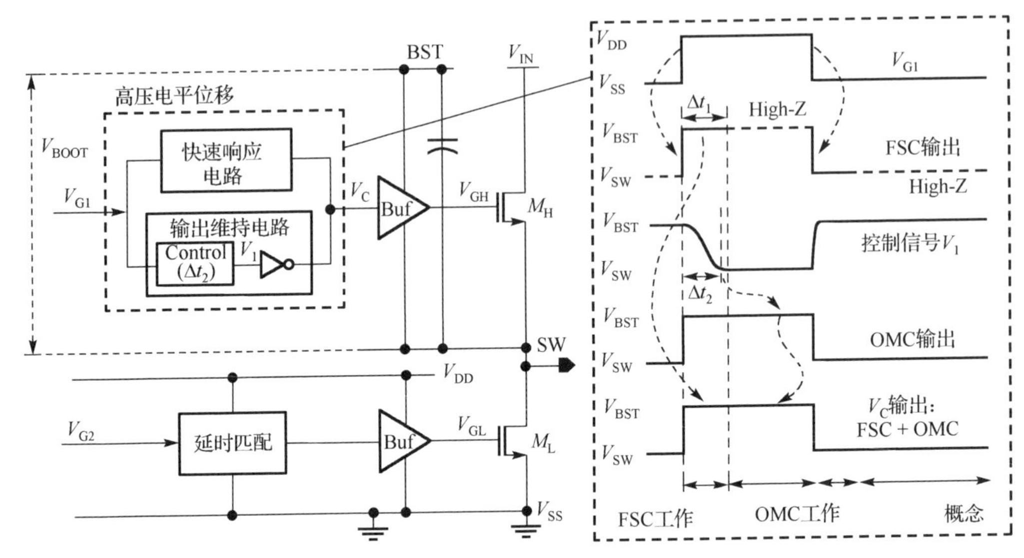

图 6.4.2　一种可行的高 CMTI 的 Level-Shift 控制原理

快速响应电路(Fast Slewing Circuit, FSC)，迅速响应低压电源轨控制信号 V_{G1}，由于速度要求很高，因此该模块功耗很大，用短脉冲进行控制；短脉冲结束后，该模块的输出恢复为高阻态；此时电路中的输出维持电路(Output Maintain Circuit, OMC)起作用，恒定输出稳定的输出信号，因为一直有静态电流稳定输出节点电压，所以输出节点相当于通过 OMC 电路有了一条低阻通路到相应的电源轨处。由于 OMC 电路只需要在短脉冲时间结束后建立好状态，速度要求不高，因此功耗可以压低。

电路的具体实现结构如图 6.4.3 所示。

输出节点为 $A(A')$ 和 $B(B')$ 快速响应电路中，Ctrl1/2 信号控制 MH1/2 短脉冲开启，开启过冲产生的电流经电流镜镜像至 M_4、M_{10} 给输出节点的寄生电容充电，从而拉高 A'/B'点。短脉冲结束后，OMC 电路建立好状态，A/B 点稳定建立，则 A/B 点看向电源轨的低阻由 $M_{40/43/45/46}$ 镜像电流的大小决定。

由于该设计实例中，信号的传输速度直接由 FSC 决定，其信号通路上不存在任何正反馈，因此该电路传输延迟很小；由于信号通路中不采用如 6.3.4.2 节中所述的正反馈 Latch 结构提供低阻通路以达到系统 CMIT 要求，因此 OMC 电路为输出节点 A/B 提供不带正反馈的静态电流，以达到高 dV/dt 免疫力的效果。

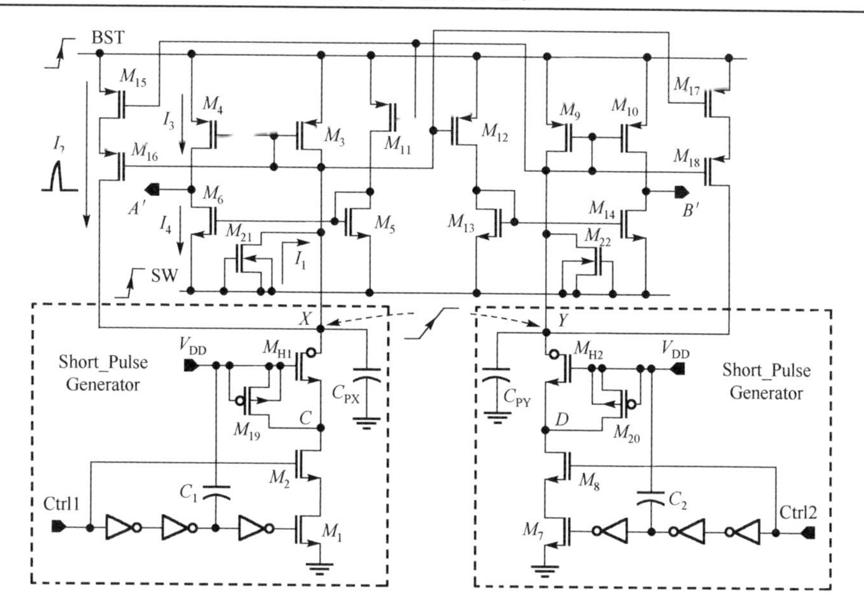

(a) FSC电路具体结构

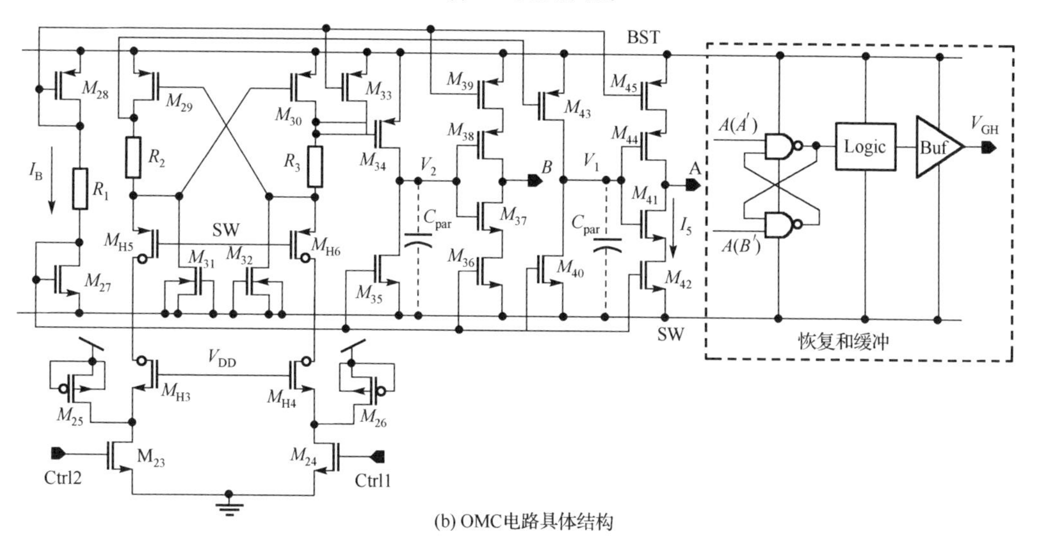

(b) OMC电路具体结构

图 6.4.3　电路实现结构

6.5　SiC 驱动技术

在过去的几十年中，硅功率器件已经有了显著的改进，但是这些器件正在接近硅的材料特性所决定的性能极限，因此只有通过研究新的半导体材料才能取得进一步的进展。作为宽禁带半导体材料，碳化硅具有优异的物理和电学特性，可用来制造高压低损耗功率电子器件。碳化硅(SiC)器件具有普通硅器件所没有的优异特性。下面从碳化硅(SiC)的物理特性来说明其所具有的优异性能；之后着重介绍 SiC 功率器件的驱动电路设计技术，以充分发挥 SiC 器件的优越特性，进而提升电源系统的性能。

6.5.1 SiC 物理特性

SiC 带隙为 2.3～3.3eV(取决于晶体结构)。它具有 10 倍于硅的击穿电场强度和 3 倍的导热率，使其特别适用于高功率和高温器件制造。在给定的阻断电压下，SiC 功率器件的导通电阻远低于硅器件的导通电阻，使其电功率转换的效率提高了许多。同时宽禁带的高热稳定性使得某些类型的 SiC 器件可以在 300℃或更高的结温下，其电学特性仍可以在长时间工作下不会发生显著的退化。此外，SiC 是唯一可以通过氧化生长 SiO_2 的化合物半导体材料，这使得可以在 SiC 中制造整个 MOS 型(金属-氧化物-半导体)电子器件。由于这些特性，SiC 是一种很有前景的高功率和高温电子半导体。

然而，SiC 的物理和化学稳定性使得 SiC 的晶体生长极其困难，严重阻碍了 SiC 半导体器件及其电子应用的发展。具有不同堆叠序列(也称为多型)的各种 SiC 结构的存在也阻碍了原子级 SiC 晶体的生长。常见的 SiC 多型有 3C-SiC、4H-SiC 和 6H-SiC 等。硅和碳化硅的物理特性对比如表 6.5.1 所示。

表 6.5.1 硅(Silicon)和碳化硅(4H-SiC)的物理特性对比

电学参数	禁带宽度 /eV	电子迁移率 /[cm^2/(V·s)]	击穿电场 /(MV/cm)	饱和漂移速度 /(cm/s)	热导率 /[W/(cm·K)]
Si	1.1	1300	0.3	1×10^7	1.5
4H-SiC	3.26	900	3	2×10^7	3.7
4H-SiC/Si	2.96	0.69	10	2	2.46

由于高临界场强和高电子迁移率，4H-SiC 显示出比其他 SiC 多型体更高的 BFOM(Baliga 优值)，这是 4H-SiC 几乎专门用于功率器件应用的主要原因。4H-SiC 的另一个优点是，与其他 SiC 多型体相比，它具有较小的杂质电离能。商用 4H-SiC 功率器件(肖特基势垒二极管和场效应晶体管)的特性已经超过了 3C-SiC 和 6H-SiC 单极器件的理论极限。

6.5.2 SiC MOSFET 驱动关键设计技术

相比于传统高电压(>600V)硅基 IGBT 和 MOSFET 等开关器件，SiC MOSFET 产品具有诸多优点，例如在 1200V 级开关中最低的门级电荷、寄生电容和低损耗等。同时，SiC 器件具有较大的 dV/dt，容易引起误开启，因此对于驱动电路有诸多要求，下面以具体电路架构来说明 SiC MOSFET 驱动设计的关键技术。

6.5.2.1　SiC MOSFET 隔离驱动技术

由于 SiC 器件的工作频率及工作电压相对较高，容易被串扰信号干扰，为了保证电路的可靠性，通常需要采用隔离技术将主电路与控制电路进行电气隔离，避免功率级信号对控制信号的干扰作用。目前最为常见的隔离驱动技术包括磁耦隔离技术、光耦隔离技术以及数字隔离技术等，下面对这些技术作简要介绍。

图 6.5.1 是一种典型的磁耦隔离栅极驱动结构，这种驱动通常称为直流恢复性栅极驱动。变压器不能传输直流信号，确定尺寸的变压器能够通过隔离边界传输有限的电压。输入端的 PWM_H 信号通过一个电容 C_1 耦合，变成一个直流偏置信号。次级侧的二极管和电容 C_2 用来恢复栅极驱动的直流电压。信号传输延迟很小，典型值 T_{delay}<10ns。然而，这种电路需要更多的器件，而且变压器体积大，不易集成。

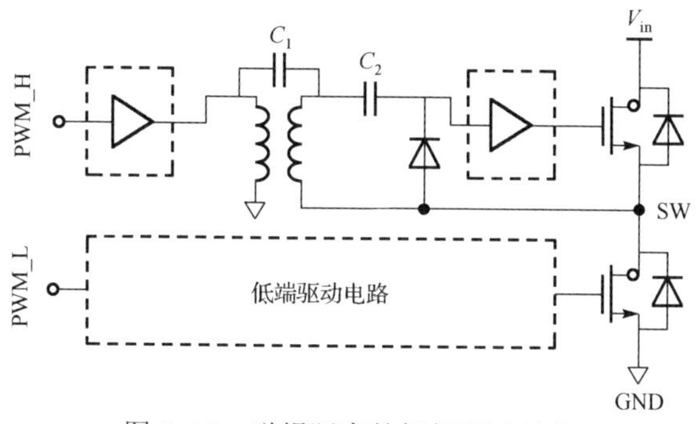

图 6.5.1　磁耦隔离的栅极驱动结构

光耦合技术是利用在透明绝缘隔离层(如空气间隙)上的光传输，以达到隔离目的。光耦隔离驱动由光电二极管和光电检测器来提供隔离。光耦合器是以光为媒介传输电信号的一种电-光-电转换器件。具体地，光电二极管把输入端的电信号转换为光信号，由光电检测器耦合到输出端转换为电信号。由于光耦合器输入输出之间互相隔离，电信号传输具有单向性的特点，因此具有较好的电绝缘能力和抗噪声干扰能力，可以起到很好的隔离作用。光电耦合器驱动电路的耦合电容为 1pF 左右，传输延迟一般低于 80ns，典型应用下最大抗 dV/dt 为 40V/ns，而且光电二极管电路成本较高。对于大于 400V 的高压应用仍存在一些难度。

另外一种常见的隔离器驱动为数字隔离器，在数字隔离器中隔离共模噪声作用的结构，称为隔离带(Isolated Barrier)。如今主流的数字隔离器使用 SiO_2 基，利用高压电容来构成隔离带，可以较好地兼容 CMOS 工艺，因此可以实现片上全集成。数字隔离器的工作原理如下：前级的编码器将输入端的 PWM 信号编码成一个 GHz 的高频信号，高频信号通过隔离带耦合到次级的译码器，译码器将 GHz 高频信号译码，恢复之前的 PWM 信号。高侧电路的数字隔离器可以用自举二极管来供电。输入端的负偏置电路和 RC 滤波网络可以进一步提升抗 dV/dt 性能。数字隔离器的寄生电容可以达到低于 0.1pF，传输延迟为 10～20ns，其抗 dV/dt 能力可以超过 50V/ns。

6.5.2.2　SiC MOSFET 高驱动能力设计技术

SiC MOSFET 的应用中，为了实现较快的开关转换，以达到较高频率的应用需求，其驱动电路通常需要较强的电流驱动能力。但是，对于寄生效应较小的 SiC MOSFET 而言，驱动电路的电流驱动能力较强容易产生很强的 dV/dt 以及 di/dt 等噪声。所以，对于应用于 SiC MOSFET 的栅驱动电路，不仅应具有高驱动能力，同时也需要兼顾对高驱动能力采取合适的控制。由于 SiC MOSFET 和基于 Si 材料的 IGBT（以下简称 IGBT）均为高压高功率器件，两者应用场合相似。所以，SiC 也可以参考 IGBT 的驱动电路中关键设计技术。由此，下面介绍一种可以应用于 SiC MOSFET 的高驱动能力电路的设计技术，即基于 IGBT 控制栅极电流的动态栅极驱动[20]。其主要工作原理是通过在开关瞬变期间，检测寄生电感 L_{Ee} 上的电压，从而反馈控制栅极电流。该栅极驱动可在开启时增大流入栅极的电流，关断时增大流出栅极的电流。在保持较高驱动电流能力的同时，又可以降低导通和关断瞬态期间的开关损耗和 Miller 平台持续时间。以下管控制为例，下面分别介绍导通和关断控制的电路实现。

功率管导通的控制电路如图 6.5.2 所示。E_2 端通过开尔文连接，将其电位稳定在接地电位。二极管 D_x 限制电流流向，防止关断瞬态期间栅极电流流入导通控制部分。寄生电感 L_{Ee} 两端的电压作为 AND 逻辑电路的输入。

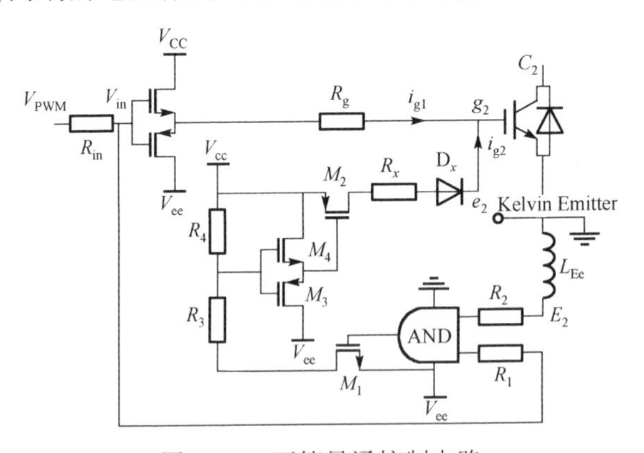

图 6.5.2　下管导通控制电路

当 $V_{\mathrm{ge}}<V_{\mathrm{th}}$ 或 V_{ge} 进入 Miller 平台后，i_{c} 为常数，所以 L_{Ee} 两端电压为 0。由于此时 V_{PWM} 信号为高，所以 AND 逻辑电路输出高电平，激活 M_1，拉低电阻 R_3 上的电压，经过 M_3 和 M_4 组成的缓冲级后传递到 M_2 的栅极，使 M_2 导通，输入电容由传统的栅极电流 i_{g1} 与电流源 i_{g2} 一起充电，加速导通过程。

当 $V_{\mathrm{ge}}>V_{\mathrm{th}}$ 且未处于 Miller 平台时，i_{c} 上升，L_{Ee} 上有上正下负的电压降，AND 逻辑电路输出变为低电平，M_1 关断，使电源电压 V_{CC} 传递到 M_2 栅极，M_2 也关断，输入电容仅由传统的栅极电流 i_{g1} 充电。这意味着 di/dt，峰值反向恢复电流和相应的 EMI 噪声电平保持与传统栅极驱动电路相同，当前上升阶段的能量损失也没有改变。

关断控制的电路实现如图 6.5.3 所示。其工作原理和导通控制相似，不同之处在于开启逻辑电路由电源 V_{ee} 供电，而关断逻辑电路由正电压调节器(R_z、C_z、S_z 和 D_z)供电，因为在导通和关断瞬态期间，L_{Ee} 上的 di/dt 感应电压的极性相反；且二极管 D_y 与导通控制中的 D_x 反向，防止导通瞬态期间栅极电流流入关断控制部分。

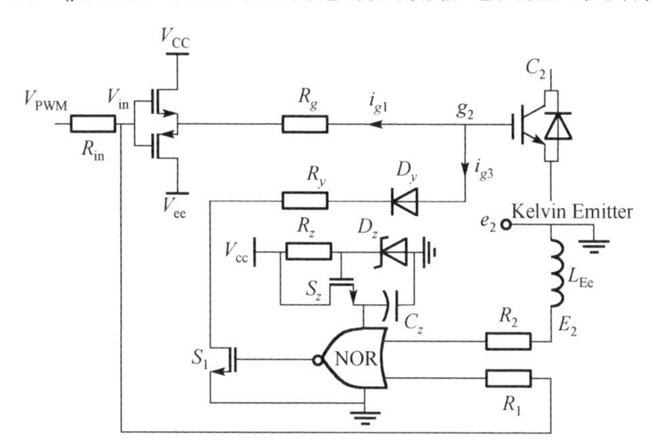

图 6.5.3　下管关断控制电路

对于 SiC MOSFET 而言，完全可以采用上述设计方法。通过检测源级寄生电感信息，控制驱动电路；根据 SiC MOSFET 工作情况，选择合适的驱动电流。因此，该设计技术非常适合 SiC MOSFET 的应用，在降低 EMI 噪声的同时，也可以实现高频率的应用。

6.5.2.3　SiC MOSFET 驱动串扰设计技术

1．驱动电路串扰机理

桥臂电路是常用的 SiC MOSFET 功率级电路，含有两个串联的互补导通的开关器件，其主要应用拓扑包括双向 DC-DC 变换器、半桥变换器和全桥变换器等。在桥臂电路中，需要抑制上下管之间的相互干扰(简称为串扰)，使 SiC MOSFET 充分发挥性能优势，且保证变换器的可靠性。

以下管为主控管为例，当下管处于开启瞬态时，上管会感应出正的栅极串扰电压，当上管的正栅极串扰电压大于其导通阈值电压时，会使上管误开启，上下管之间将流过直通电流，增加开关损耗，严重时使器件失效。当下管处于关断瞬态时，上管会感应出负的栅极串扰电压，负电压不会导致误开启，但如果其幅值超过了栅极允许的最大负偏压，会导致器件击穿与失效。在上管开关瞬态期间，也会对下管产生相同的串扰问题。因此串扰问题严重限制了碳化硅器件性能优势的发挥。

桥臂电路由上下两个开关管及其驱动电路构成。上下管串扰小信号模型分别有栅极驱动电阻 $R_{g\_H/L}$、栅极寄生电阻 $R_{gin\_H/L}$、栅源电容 $C_{gs\_H/L}$、栅漏电容 $C_{gd\_H/L}$、源漏电容 $C_{ds\_H/L}$ 以及源漏间的等效体二极管 $D_{\_H/L}$。下管开关过程中，上管等效电路如图 6.5.4 所示。

在下管开通瞬态过程中，上管漏源极电压开始上升，此电压变化率会在 Miller 电容 C_{gd_H} 上形成 Miller 电流，方向如图 6.5.4 中箭头所示，Miller 电流大小为：

$$i_{gd\_H} = C_{gd\_H}\frac{dV_{gd\_H}}{dt} \tag{6.5.1}$$

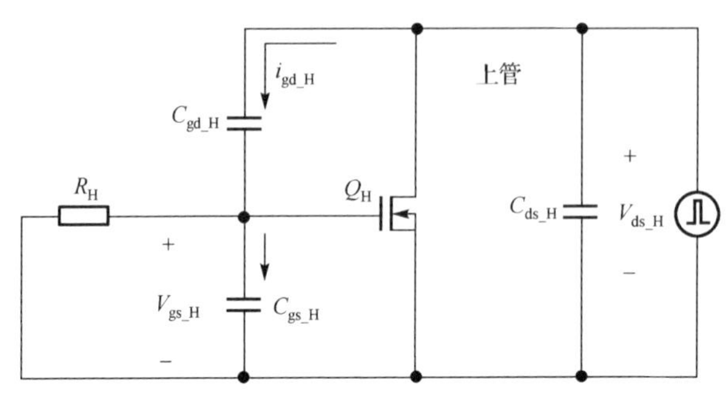

图 6.5.4　上管串扰电压的等效分析电路图

栅极电阻 R_H(驱动电阻 R_{g_H} 和内部寄生电阻 R_{gin_H} 之和）与栅源极寄生电容 C_{gs} 组成并联回路，Miller 电流对该回路充电，根据基尔霍夫定律可得：

$$i_{gd\_H} = \frac{V_{gs\_H}}{R_H} + C_{gs\_H}\frac{dV_{gs\_H}}{dt} \tag{6.5.2}$$

因此开关管栅源极串扰电压大小为：

$$V_{gs\_H}(t) = aR_H C_{gd\_H}\left(1 - e^{\left(-\frac{t}{R_H C_{iss\_H}}\right)}\right) \tag{6.5.3}$$

其中，a 为开关管的漏源极电压转换速率 dV_{ds_H}/dt。由式(6.5.3)可得，栅源极串扰电压的大小与 a 成正比，且与 t 成正相关，t 取最大值为开关管漏源极电压变化过程结束时刻。

在开关过程中，开关管的漏源极电压近似线性变化，dV_{ds}/dt 近似是恒定值，因而栅源极串扰电压的最大值为：

$$V_{gs\_H(max)} = aR_H C_{gd\_H}\left(1 - e^{\left(-\frac{V_{DC}}{aR_H C_{iss\_H}}\right)}\right) \tag{6.5.4}$$

为充分考虑极限情况下栅极串扰电压的影响因素，假设漏源极电压变化率 dV_{ds}/dt 趋近于无穷大，则栅极串扰电压的极限值为：

$$V_{gs\_H} = \frac{C_{gd\_H}V_{DC}}{C_{gs\_H} + C_{gd\_H}} = \frac{V_{DC}}{1 + C_{gs\_H}/C_{gd\_H}} \tag{6.5.5}$$

2. 串扰抑制方法

通过以上对于驱动电路串扰机理的分析，可知通过适当的电路进行抑制功率管栅极串扰电压。串扰抑制方法可以分为无源抑制和有源抑制两种方法。

1) 无源抑制

无源抑制方法可以从两个方向着手，即减小栅极电阻和增加功率管栅极与源极之前的电容。这两种方式都有其固有缺陷。由于板级寄生电感、电容等寄生效应的影响，减小栅极电阻会增加功率管栅极的振铃现象，较大的振铃可能会引起较大干扰。栅极和源极增加电容，可以大大减小串扰，但是该方法会增加功率管的开关损耗，降低整个系统的效率。

2) 有源 Miller 箝位

有源 Miller 箝位方法主要包括提供合适的栅极偏置，为感应电流提供低阻抗路径等。图 6.5.5 为一种有源 Miller 箝位电路[23]。在下管导通瞬态期间，上管选择负栅极电压，减轻正向串扰电压。在下管关断瞬态，上管选择 0V 的栅极电压，且为感应电流提供低阻抗路径，从而降低负向串扰电压。

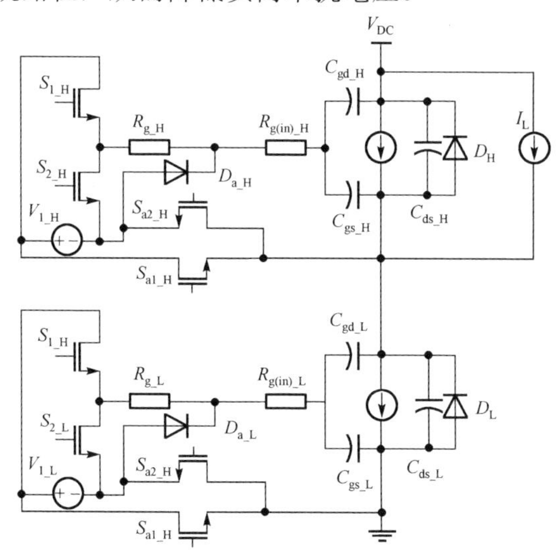

图 6.5.5　有源 Miller 箝位电路

该有源 Miller 箝位电路包含 2 个辅助 MOS 管 S_{a1} 和 S_{a2}，1 个辅助二极管 D_a。以下管控制为例，分析该驱动电路的工作原理与开关过程，其示意图如图 6.5.6 所示。

图 6.5.6(a)所示为上管的栅源电容预充电。S_{1_H} 和辅助晶体管 S_{a2_H} 关断；S_{2_H} 和辅助晶体管 S_{a1_H} 导通。通过 S_{2_H}，S_{a1_H} 和 R_{g_H} 形成的环路，V_{1_H} 将上管的栅源电压预充电到所需的负电压，以便在 t_2 结束时进行串扰消除。t_2 结束时，下管开始导通。

图 6.5.6(b)所示为下管的导通瞬态。同时，辅助晶体管 S_{a1_H} 关断，S_{a2_H} 保持开启。预先存储在 C_{gs_H} 中的负电荷被充分利用以抵消从上管的 Miller 电容 C_{gd_H} 传输的正电荷。如果预先存储的负栅源电荷(即负栅极电压)足够，就可以消除在下部开关的导通瞬态期间的串扰。在 t_3 结束时，下管的导通瞬态结束。

图 6.5.6(c)所示为下管的导通稳态。辅助晶体管 S_{a2_H} 导通，C_{gs_H} 两端的剩余负电压返回到 0，以便在即将到来的下管关断瞬态期间减轻负向串扰。在 t_4 结束时，下管开始关断。

图 6.5.6(d)所示为下管的关断瞬态。所有辅助晶体管的开关状态与子区间 3 中的开关状态相同。辅助晶体管 S_{a2_H} 和二极管 D_{a_H} 提供低阻抗路径，上管的栅极环路阻抗大大减小。因此，负栅极串扰电压被最小化。在 t_5 结束时，下管的关断瞬态结束。

由以上分析可知，可通过额外支路来降低功率管之间的串扰。

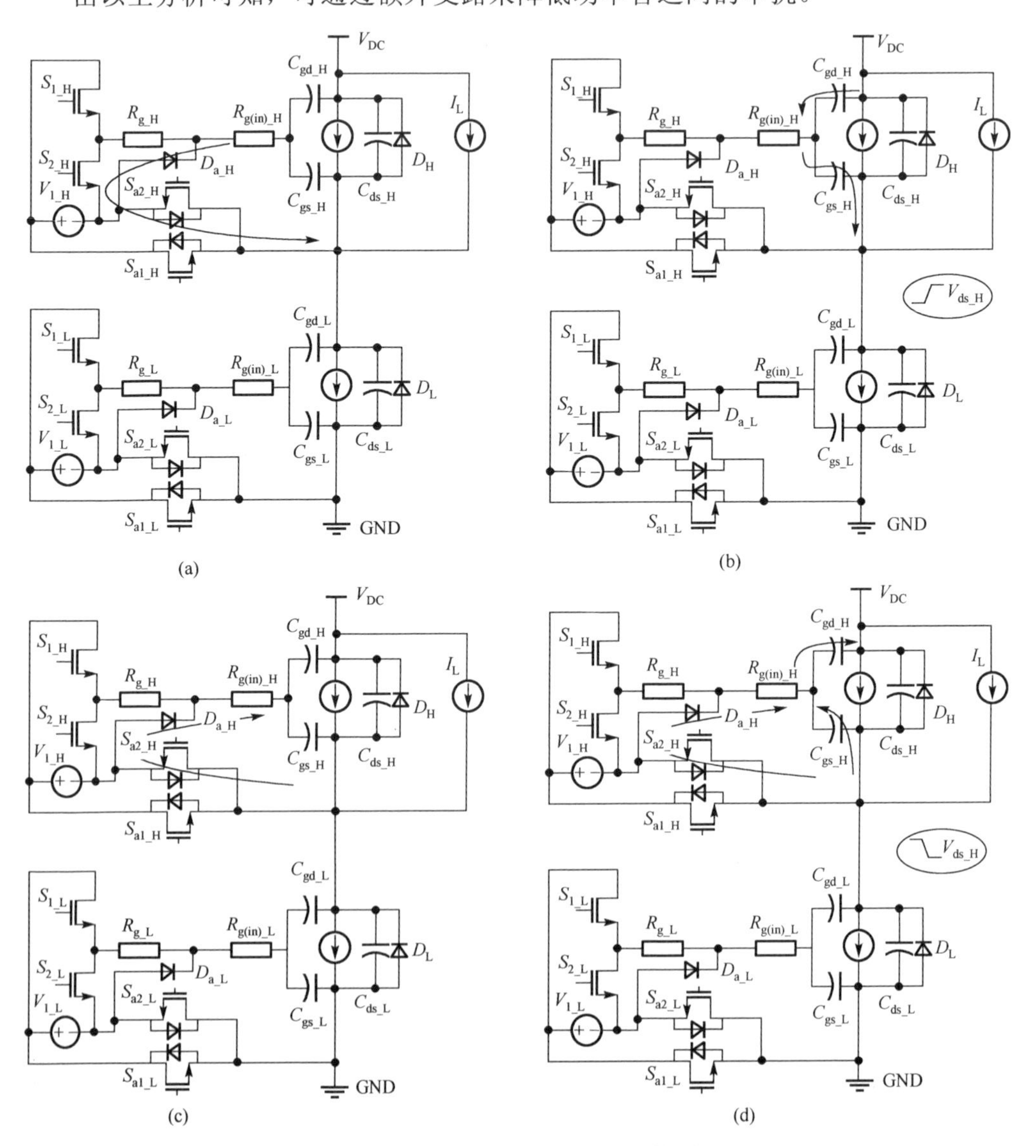

图 6.5.6　有源 Miller 箝位电路工作原理

6.5.2.4 SiC MOSFET 多电平控制驱动设计技术

通过在开关瞬态期间分别选择栅极所能承受的尽量大的正负电压，能降低开关瞬态期间的开关时间。电压值越大，开关时间越短，但开关应力也越大。目前常见策略有三电平、四电平控制，但需增加辅助电路与较复杂的时序逻辑。

一种四电平控制电路如图 6.5.7 所示[23]。该电路与传统栅极驱动电路相比，增加了 2 个辅助二极管 D_{off} 和 D_a，2 个辅助 MOS 管 S_{a1} 和 S_{a2}。D_{off} 和 D_a 用于控制栅极阻抗，S_{a1} 和 S_{a2} 用于控制两管的源极电压。

以下管控制为例，介绍图 6.5.7 所示栅极驱动的工作原理。在导通瞬态期间，S_{1_L} 和 S_{a2_L} 导通，下管栅源电压选择为用于快速导通的最大可允许正栅源电压 $V_{gs\_max}(+)$，即图 6.5.7 中的 V_{1_L}；在导通稳态期间，S_{1_L} 和 S_{a1_L} 导通，将下管栅源电压控制为正常导通状态栅极电压 $V_{gs\text{-}on}$，即图 6.5.6 中的 $V_{1\_L}–V_{2\_L}$，以避免在导通稳态期间功率器件的栅源端过载。在关断瞬态期间，S_{2_L} 和 S_{a1_L} 导通，下管栅源电压选择用于快速关断的最大可允许负栅极电压 $V_{gs\_max}(–)$，即图 6.5.7 中的 $–V_{2\_L}$；在关断稳态期间，S_{2_L} 和 S_{a2_L} 导通，下管栅源电压为 0V，以降低栅源电压应力，并改善对即将到来的导通信号的响应速度。

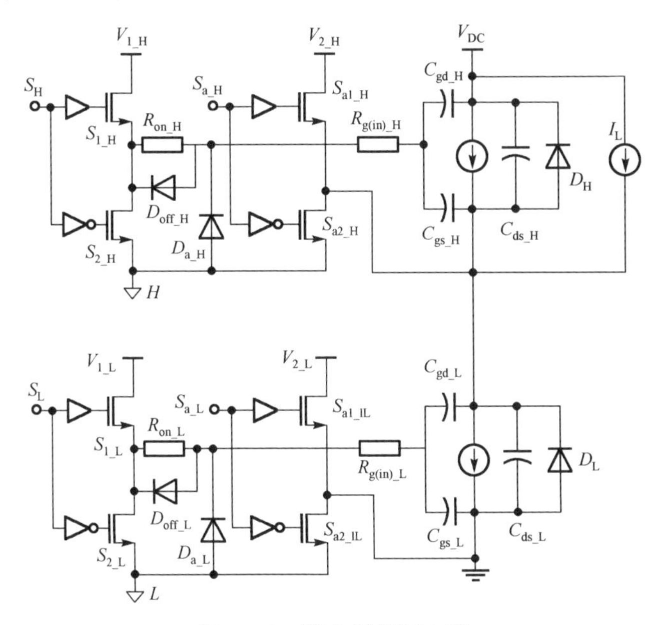

图 6.5.7 四电平控制电路

6.5.2.5 SiC MOSFET 短路保护设计技术

与传统 Si MOSFET 不同，SiC MOSFET 一般具有微秒量级的短路耐受能力，通常在设计芯片时，需要加入高速检测、响应电路，实现芯片的短路保护。图 6.5.8

为一种基于检测 SiC MOSFET 源极连接的寄生电感上出现的电压尖峰的过流保护方案[24]。

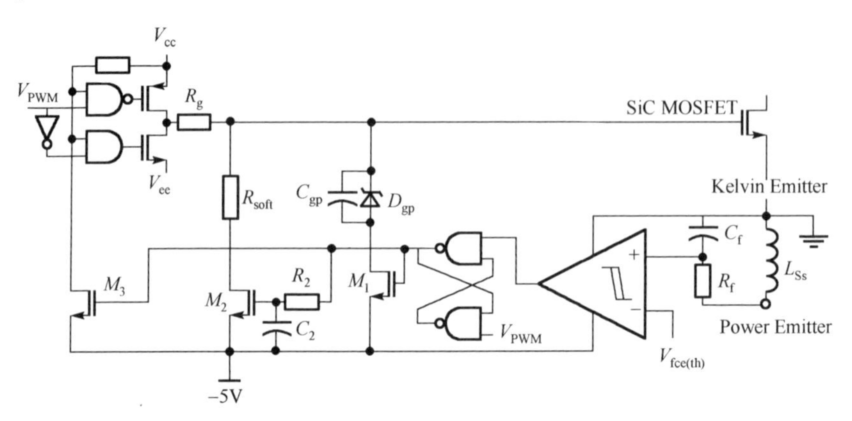

图 6.5.8　SiC MOSFET 过流保护电路

一旦漏源电流发生变化，寄生电感 L_{Ss} 上将产生感应电压。当 RC 滤波器与开尔文源和器件电源之间的寄生电感 L_{Ss} 并联时，可以通过以下方式动态评估短路瞬态期间的陡峭故障电流：

$$i_d(s) = V_o(s) \cdot \frac{R_f C_f + 1/s}{L_{Ss}} \approx V_o(s) \cdot \frac{R_f C_f}{L_{Ss}} \tag{6.5.6}$$

其中，R_f、C_f和 $V_o(s)$是 RC 滤波器的电阻、电容和输出电压。由式(6.5.6)可以看出，$V_o(s)$与漏源电流变化率成正比。

当 $V_o(s)>V_{fce(th)}$时，比较器输出高电平，锁存器输出保持不变；当 $V_o(s)<V_{fce(th)}$时，比较器输出低电平，锁存器输出高电平，激活 M_1，齐纳二极管 D_{gp} 和放电电容器 C_{gp} 接入电路，D_{gp} 箝位栅极电压，C_{gp} 充电到 D_{gp} 两端电压，从而有效地使栅极电容放电并抑制栅极电压尖峰。同时激活 M_3，关闭驱动。随后经过 RC 滤波器的延迟激活 M_2，栅极通过 R_{soft} 放电进行软关断，对器件进行保护。

参 考 文 献

[1] Reusch D, Gilham D, Su Y, et al. Gallium nitride based 3D integrated non-isolated point of load module//Twenty-Seventh Annual IEEE Applied Power Electronics Conference and Exposition (APEC), Orlando, 2012: 38-45.

[2] Lidow A, Strydom J, Rooij M D, et al. GaN transistors for efficient power conversion. San Francisco：Wiley & Sons Inc, 2014.

[3] EPC Corporation. EPC2001-Enhancement-mode Power Transistor datasheet. http://epc-co.com/epc/

documents/datasheets/EPC2001_datasheet.pdf [2011-3-15].

[4] EPC Corporation. eGaN FET Electrical Characteristics datasheet. http://epc-co.com/epc/documents/papers/eGaN%20FET%20Electrical%20Characteristics.pdf [2012-9-5].

[5] Fairchhild Corporation. Design and application guide of bootstrap circuit for high-voltage gate-drive IC Application Note. http://download.eeworld.com.cn/detail/sharley/94017 [2014-10-20].

[6] Strdom J, Reusch D, Colino S, et al. Using enhancement mode GaN-on-Silicon power FETs (eGaN FETs). http://epc-co.com/epc/documents/product-training/using_Gan_r4.pdf [2014-12-23].

[7] Balogh L. Design and application guide for high speed MOSFET gate drive circuits. http://www.radio-sensors.se/download/gate-driver2.pdf [2014-11-3].

[8] Wu T. CdV/dt induced turn-on in synchronous buck regulators. http://www.docin.com/p-1170056010.html [2016-8-20].

[9] Texas Instruments. LM5113 5 A, 100 V Half-Bridge Gate Driver for Enhancement Mode GaN FETs datasheet. http://www.ti.com/product/LM5113 [2011-6-10].

[10] Liu Z, Cong L, Lee H. Design of on-chip gate drivers with power-efficient high-speed level shifting and dynamic timing control for high-voltage synchronous switching power converters. IEEE Journal of Solid-State Circuits, 2015, 50(6): 1463-1477.

[11] Zhang Y, Zhu J, Sun W, et al. A capacitive-loaded level shift circuit for improving the noise immunity of high voltage gate drive IC // IEEE International Symposium on Power Semiconductor Devices & ICs(ISPSD), Hongkong, 2015: 173-176.

[12] Ke X, Sankman J, Chen Y, et al. A Tri-slope gate driving GaN DC-DC converter with spurious noise compression and ringing suppression for automotive applications. IEEE Journal of Solid-State Circuits, 2018, 53 (1): 247-260.

[13] King P. Ground bounce basics and best practices. http://www.home.agilent.com/upload/cmc_upload/All/Ground_Bounce.pdf [2016-10-12].

[14] Liu D, Hollis S J, Dymond H C P, et al. Design of 370-ps delay floating-voltage level shifters with 30-V/ns power supply slew tolerance. IEEE Transactions on Circuits & Systems II Express Briefs, 2016, 63(7): 688-692.

[15] Reiter T, Polenov D, Probstle H, et al. PWM dead time optimization method for automotive multiphase DC/DC-converters. IEEE Transactions on Power Electronics, 2010, 25(6): 1604-1614.

[16] Johan S. Dead-time optimization for maximum efficiency. https://epc-co.com/epc/Portals/0/epc/documents/papers/DeadTime%20Optimization%20for%20Maximum%20Efficiency.pdf [2014-6-7].

[17] Roberts J, Klowak G. GaN transistors–drive control, thermal management, and isolation. http://powerelectronics.com/gan-transistors/gan-transistorsdrive-control-thermal-management-and-isolation[2016-10-12].

[18] Hoffmann L, Gautier C, Lefebvre S, et al. Optimization of the driver of GaN power transistors

through measurement of their thermal behavior. IEEE Transactions on Power Electronics, 2014, 29(5): 2359-2366.

[19] Reusch D, Strydom J. Understanding the effect of PCB layout on circuit performance in a high-frequency gallium-nitride-based point of load converter. IEEE Transactions on Power Electronics, 2014, 29(4): 2008-2015.

[20] Wang Z Q, Shi X J, Tolbert L M, et al. A di/dt feedback-based active gate driver for smart switching and fast overcurrent protection of IGBT modules. IEEE Transactions on Power Electronics, 2014, 29(7): 3720-3732.

[21] Ming X, Zhang X, Zhang Z W, et al. A high-voltage half-bridge gate drive circuit for GaN device with high-speed low-power and high-noise-immunity level shifter // IEEE International Symposium on Power Semiconductor Devices and ICs（ISPSD）, Chicago，2018: 127-130.

[22] Zhang Z Y, Wang F, Tolbert L M, et al. A gate assist circuit for cross talk suppression of SiC devices in a phase-leg configuration// IEEE 2013 Energy Conversion Congress and Exposition（ECCE）, Denver, 2013: 2536-2543.

[23] Zhang Z, Dix J, Wang F, et al. Intelligent gate drive for fast switching and crosstalk suppression of SiC devices. IEEE Transactions on Power Electronics, 2017, 32(12): 9319-9332.

[24] Wang Z, Shi X, Xue Y, et al. Design and performance evaluation of overcurrent protection schemes for silicon carbide（SiC）power MOSFETs. IEEE Transactions on Industrial Electronics, 2014, 61(10): 5570-5581.

第 7 章　展　　望

伴随着半导体工艺特征尺寸越来越小，制造成本呈指数上升，而且随着线宽接近纳米尺度，量子效应越来越明显，同时芯片的泄漏电流也越来越大，导致微电子从“摩尔定律”时代逐渐向“后摩尔”时代迁移。“后摩尔”时代中的 More than Moore 概念，使得功率集成电路在微电子中所扮演的角色越来越重要。

此外，随着电子应用多元化与多样性的发展，要求电子系统的“重要”组成部分——功率集成电路具有更高的性能，这一要求正促使相关微电子技术快速发展。另一方面，微电子工艺的进步、功率器件特性的改良以及新型器件的出现，又推进了功率集成电路技术的进步。

因此，未来功率集成电路将会对工艺、器件、核心芯片、系统拓扑及 EDA 软件等方面提出越来越高的要求。

实际的应用需求是功率集成电路技术进步的原动力。如何进一步提高功率集成电路的功率容量(提高耐压、电流)、提高工作频率、降低损耗、提高可靠性以及完善功能等指标，始终是功率集成电路发展的目标。近几十年来，新原理、新技术、新材料的不断提出和使用，使得功率集成电路技术有了长足的发展。目前，功率集成电路的工作电压等级已从几十伏提高到上千伏；电流能力从毫安级或安培级，提高到几百安培；由功率集成电路构成的功率变换系统的效率最高已达到 98%以上；同时越来越多功率集成电路开始支持数字接口和协议。可以预见未来功率集成电路技术仍将有巨大的发展前景，高功率密度、高速、更加智能化的功率集成电路将层出不穷。

7.1　功率集成电路工艺与器件技术展望

随着电子系统应用需求的发展，要求集成更多的低压逻辑电路和存储，实现复杂的智能控制；作为强弱电之间桥梁的功率集成电路还必须实现低功耗和高效率；恶劣的应用环境要求其具有良好的性能和可靠性。因此，功率集成电路工艺技术需要在有限的芯片面积上实现高低压兼容、高性能、高效率以及高可靠性。

可集成的功率高压器件是功率集成技术的核心技术之一。功率集成电路中的高压功率器件按其功能需求可以分为高压器件(只承受高电压)和功率器件(既承受高电压，同时也承受大电流)。图 7.1.1 给出了 BCD 功率集成技术的发展路线图。BCD

功率集成技术发展呈现出向高压、高功率密度两大方向发展的趋势。

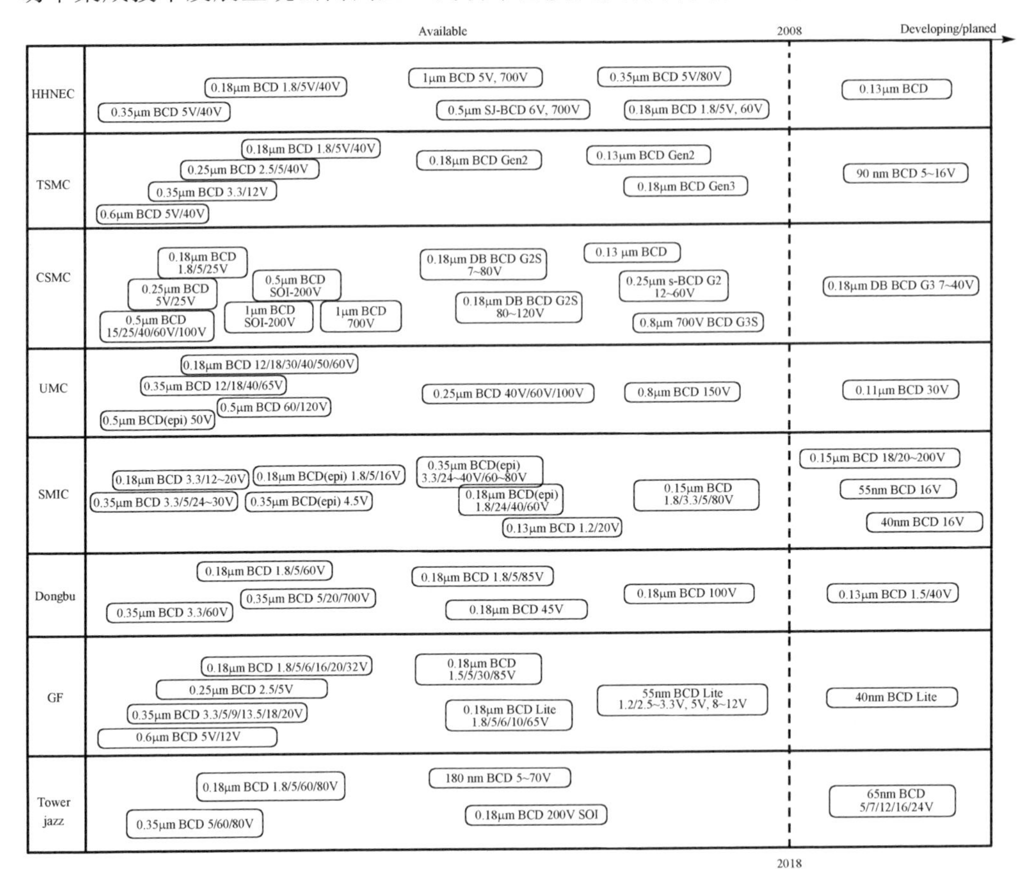

图 7.1.1　BCD 功率集成技术的发展路线图

7.1.1　集成高压 MOS 器件

高压集成电路主要用于浮动高压栅驱动、显示阵列驱动、微波 PIN 驱动等需要高电压而电流相对较小的场合。对于浮动高压栅驱动电路常见的电压为 600V 以上，而用于 IGBT 驱动的电压需求为 600V、1200V、4500V 等。目前浮动高压栅驱动仅能满足 600V 和 1200V 级 IGBT 驱动的需求。

对于高压器件，高耐压是其设计的主要目标；同时，为了缩小芯片面积，以降低成本和比导通电阻，需要其在最短的漂移区长度下实现所需的耐压。在高压集成电路中最主要的高压器件是 LDMOS，通常采用 RESURF 技术，并结合场板和浮空场板，进一步改善表面电场分布。此外还有传统的横向变掺杂 LVD 技术、场限环技术等，这是目前高压集成器件的主流工艺技术。

单纯从减小漂移区长度的角度考虑，有人提出了U形漂移区结构，该结构在漂移区中引入一个或若干个U形介质槽，通过折叠漂移区而缩小表面积和比导通电阻。不幸的是，介质槽占用导电通路，使得导通电阻的改善受到抑制。所以该结构器件只能适用于高压小电流场合。该结构器件的另一个缺点是工艺难度大大增加，目前未被主流的高压 BCD 工艺所接受。如果该结构仅用于实现如制造高压浮动栅驱动电路的高压集成工艺中，不失为一种可能的选择。比如：700V 耐压 LDMOS 传统漂移区长度在 60～80μm，采用上述结构可以降低到 40μm 以下。

Super Junction/ 3D RESURF 结构往往被用来改善耐压和导通电阻。但是从某种层面而言，该结构也可使得在相同耐压下，器件的漂移区长度缩短。常规的 RESURF LDMOS 漂移区的耐压水平约为 10～12V/μm；而采用 Super Junction 结构耐压水平可以达到 15V/μm 以上。目前众多学者开展了这方面的研究，已经获得了众多成果。衍生出了 3D RESURF、部分 SJ 结构、Multi-RESURF 结构等。

对于可集成高压器件而言，另一重要问题是工艺兼容性问题。为使得高压器件与低压 CMOS 工艺兼容，同时也降低工艺难度和成本，薄外延或浅结推阱也是高压集成工艺所追求的目标。薄外延或浅结推阱使得漂移区的厚度减小，这样对纵向耐压极为不利。我们提出的 REBULF(reduced bulk field)技术和纵向引入 SJ 的薄外延耐压层技术(美国发明专利)已经被国内 700V BCD 工艺平台采用，使得该 BCD 工艺和标准的低压 CMOS 工艺有较好的兼容性。

目前在高压集成电路中，Si 基集成高压器件的耐压最高为 1200V 级。进一步提高耐压会受到衬底材料的电阻率限制。对于 1200V 级高压功率集成工艺，按传统技术设计其衬底材料电阻率须采用 150～260Ω·cm 的材料，只能使用区熔单晶。若进一步提高耐压其电阻率需求会更高，这成为制约 1200V 以上级的高压器件集成的主要原因之一。对于大于 1200V 耐压的 Si 基高压器件可能会被摒弃，代之以磁隔离技术。

在高压栅驱动电路中高压器件实际上早就采用 Split Gate 技术，IR 公司在 1993 年左右推出的 IR21XX 系列中的 LDMOS 结构中，靠近源端的第二个场版接源电位，(第一个场版与栅极连接)。众所周知，Split Gate 技术对改善 C_{gd} 带来极大好处，进而减小 Miller 电容，提高了器件的抗 dv/dt 能力。不幸的是，尽管在部分中压 BCD 平台采用了该技术，但目前国内的高压 BCD 工艺平台尚未意识到该技术的重要性，而未被广泛采用。在不久的将来，相信该技术终究会被采用。

7.1.2　集成功率 MOS 器件

在功率集成电路中的功率器件最具有技术挑战性。由于结构及工艺的原因，通常情况下耐压低于 100V 的可以采用纵向器件进行集成，而耐压高于 100V 的功率集成电路多数采用横向器件进行集成，但 ST、XFAB 也有 350V 和 650V 集成 VDMOS 工艺，因此作者认为，纵向结构功率器件的集成将是今后功率集成电路的重要发展方向。对于 100V 以下的功率集成电路，有部分学者认为采用横向功率器件不一定比采用纵向功率器件的比导通电阻高。随着 SJ 结构等的广泛应用，我们认为上述论断是有可能的。

对于 100V 以上的单片功率集成电路多数采用横向器件，如 LDMOS、LIGBT 等。对于 LDMOS 而言，横向的超结、3D RESURF、部分耗尽超结结构、多导电层结构等都可以改善导通电阻和耐压的关系。但是，不幸的是与纵向器件相比，如 CoolMOS，乃至于普通的 DMOS，横向 LDMOS 的导通电阻在同等耐压下仍然较大。

在中高功率应用领域，与 LDMOS 相比，IGBT 是改善耐压和比导通电阻的一种较好的选择。围绕 IGBT 出现的槽栅、Field Stop、阳极注入控制等技术，以及结合 Super Junction 结构和 Split Gate 结构，进一步改善了 IGBT 的综合性能。LIGBT 是功率集成电路中常用的器件，纵向 IGBT 的主要技术几乎都可以用在 LIGBT 中以提高电流能力和减小导通压降。对于体硅 LIGBT 而言，仍然存在一些待解决的问题，如易出现闭锁、在大电流下的电流集中等问题，目前，采用体硅 LIGBT 作为功率器件的功率集成电路工艺还不普及，但在采用 SOI 材料功率集成电路中，LIGBT 已经较为普及，如 NXP、TOSHIBA、HATACHI 等的成熟产品。

7.1.3　集成高压/功率二极管

相比于高压功率 MOS 型器件，集成高压功率二极管的研究显得较为滞后。在高压功率集成电路中因其应用场合不同二极管被分为若干种。其中，难度最大的为高压快恢复集成二极管。其难点主要为以下几个方面：①高压快恢复二极管在功率集成电路中一般以横向形式出现，除了和其他元件的隔离问题之外，其电流能力的提升也是一个必须考虑的问题。这一点和横向功率器件所面临的问题一致。②对于高耐压二极管，快恢复时间的实现也是一个重要问题。分立的高压快恢复二极管的结构和技术最可能被直接借用到集成的横向高压快恢复二极管中。对于 Si 基功率集成电路而言，要想将反向恢复时间降到 10ns 以内，难度相当大。但如采用一些新材料实现之，从目前的研究基础来看是可能的。

7.1.4　新材料集成功率器件及功率集成工艺

提高功率密度和降低损耗始终是功率半导体器件发展的方向。大功率、高频、高压、高温及抗辐照等应用需求的增长，催生宽禁带器件、光电器件等新型器件的出现。这为“More than Moore”的实现，提供了无限的想象空间。

1．SOI 材料功率器件及集成工艺

SOI 材料可以实现全介质隔离，由此带来的优点包括无闩锁效应、寄生电容小、漏电低等，不但在高速电路中得到广泛应用，而且在高压功率集成电路中也得到广泛应用。特别地，采用 SOI 可以避免体硅上 LIGBT 可能出现的问题，从而使得在功率集成电路中实现 LIGBT 成为可能。SOI 上通常只能制备横向功率器件，针对 SOI 横向功率器件有大量的新器件报道，如类似于 SJ 结构 LDMOS，多槽栅多沟道 LIGBT 等。对于 SOI 纵向耐压提升也有局域电荷槽结构、SON 结构、部分 SOI 结构等。尽管世界各地的学者已提出大量改善 SOI 功率器件特性的结构，但是真正为工业界所采用的技术和结构并不多。随着 SOI 制备成本的不断下降和工艺技术的不断提升，SOI 基功率集成技术仍然有巨大的发展空间。

2．GaN、SiC 功率器件及集成工艺

传统的硅功率器件的效率、开关速度以及最高工作温度已逼近其极限，而宽禁带半导体(如 GaN、SiC)成为应用于功率管理的理想替代材料。相对于传统硅技术，GaN 电子器件具有更高的开关速度、更低的导通损耗以及更高的工作温度。目前，对 GaN、SiC 高压功率器件研究集中在分离元件上，但是 GaN 等材料的功率集成技术已被证明是可行的并有产品推出。高度集成化的 GaN 功率管理系统将实现传统硅功率芯片难以达到的工作安全性、工作速度及高温承受能力，它是未来先进功率集成技术发展的最有可能的方向。GaN 功率集成主要工艺如图 7.1.2 所示。

有文献报道了一种 GaN 功率集成电路技术，该技术采用 F 等离子注入技术实现常关型导电沟道，单片集成了增强型高压功率开关器件、高压功率整流器、低压耗尽型和增强型 AlGaN/GaN HEMT，SBD 二极管和横向场控二极管(L-FET)等器件，从而能够集成智能功率集成电路的各种功率模块和各种控制单元模块。单片集成 Boost 转换器测试结果如图 7.1.3 所示。

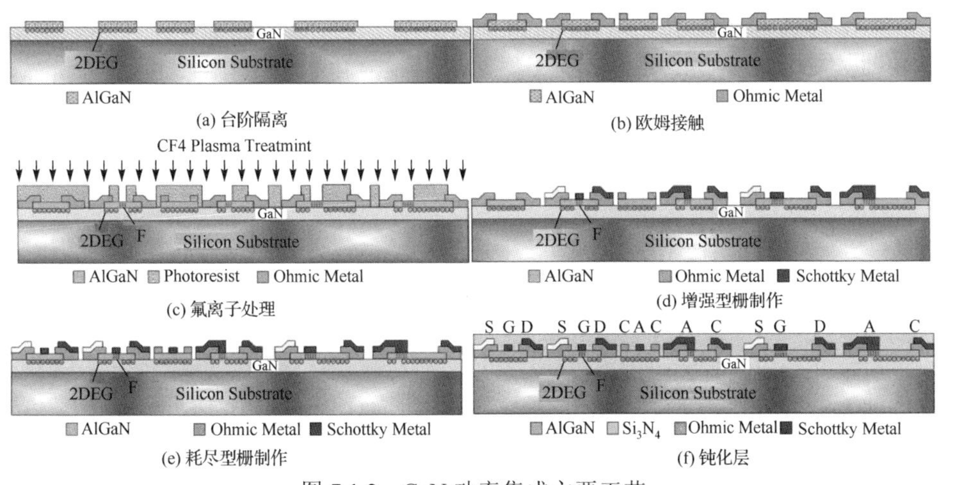

图 7.1.2 GaN 功率集成主要工艺

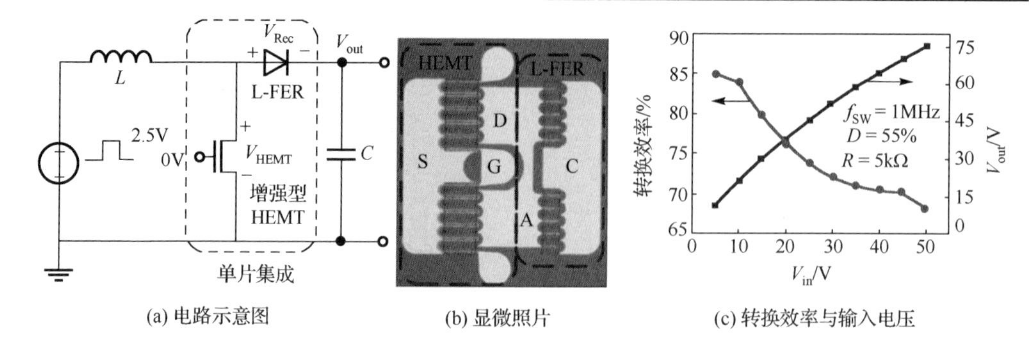

(a) 电路示意图　　(b) 显微照片　　(c) 转换效率与输入电压

图 7.1.3　单片集成 Boost 转换器测试结果

7.1.5　混合集成技术

由于成本、制造难度等因素，将所有元器件均集成在一个芯片中是难以现实的，也是不经济的。基于混合集成技术的 IPM 模块是一种很好的选择，并且得到了业界的广泛认可，具有广阔的前景。

IPM 模块不只是简单地将元器件封装在一起，而是要考虑和解决诸多重要的问题：

(1)封装及热阻问题。该问题对于单片集成的功率集成电路同样存在。现代研究表明，功率器件、单片功率集成电路、IPM 的电学性能越来越多地受封装形式和方法的限制。例如，对于 IGBT 而言绑定及框架带来的电阻将占整个器件相当的比重。不同的绑定线的打线位置对电流均匀性的影响极大，也影响器件的可靠性。此外，功率集成电路的自身功耗和应用环境的负载功耗均会带来散热的困难，恰当的设计热沉的热阻极为重要。

(2)电磁兼容性设计。IPM、功率集成电路都是工作在高压大电流的环境中，功率开关的开关会产生强烈的电磁干扰。因此，电磁兼容性设计是 IPM、功率集成电路设计所必需的。对于基于混合集成的 IPM 而言，进行电磁干扰设计已经开始普及。不幸的是，电磁干扰设计强烈依靠于元器件的布局和布线。目前，对电磁兼容问题建模仅能一对一地针对特定的布局和布线，尚欠缺统一的准则。有些问题还需要依靠技术人员的经验。对于 IPM，乃至于单片功率集成电路电磁兼容问题的研究仍然是值得开展的重要课题。

7.2　功率集成电路系统拓扑与核心芯片技术展望

当今世界，电子设备在人们的生活中无处不在。功率集成电路在电子设备系统中担负着对电能的变换、分配、检测及其他电能管理的职责。功率集成电路是电子系统不可或缺的部分，整机的性能很大程度上取决于其性能的优劣。

功率集成电路囊括的范围较广，既包括单独的电能变换、电能分配和检测，也包括电能变换和电能管理相结合的系统。在功率集成电路中，电源管理集成电路占据主导地位。电源管理集成电路的发展优劣直接决定了功率集成电路的发展水平。电源管理集成电路也包含很多种类，如电压调整器、开关电源。而开关电源在各种电子产品电源系统中应用最为广泛，其技术发展速度也最为迅速。新型的开关电源模块应用于现代社会的各种高科技领域，包括智能手机、智能家居、智能机器人、汽车电子以及无人驾驶等。开关电源主要由系统拓扑和核心芯片(如控制器芯片、驱动芯片以及检测芯片等)两部分组成。开关电源性能直接由这两部分决定。因此，拓扑和核心芯片技术的发展对于功率集成电路的发展具有非常重大的意义。

7.2.1 基于功率集成电路的开关电源拓扑发展趋势

所有电子设备都有电源，但是不同的系统对电源的要求不同。因此，针对不用应用场合，需要选择合适的电源系统拓扑，由此才能发挥电源系统的最佳性能。为了提升开关电源的电学性能，在系统拓扑设计方面，已经有电压模、电流模、V^2以及 COT 等控制模式，各种拓扑都具有其独特优势。伴随着计算机技术和算法思想的迅速提高，如数字 PID 控制、模糊控制等新型控制模式也已经成为人们的研究方向。

在已有的系统拓扑上开发新的技术也是开关电源的发展方向，其具体技术要点如下所述。

1．定频工作与 PLL 技术

开关电源的定频工作对于定制化有较大需求。同时定频工作在一定程度上简化了后续 EMI 滤波器的设计，在不降低 EMI 功率的基础上改善 EMI 特性[1]。最原始的定频工作的开关电源采用内部振荡器产生时钟信号，从而确定工作频率，功率控制方面采用 PWM 方式，但是内部振荡器的频率调节范围非常有限，难以满足宽范围的频率应用需求。ACOT 控制方式的产生将定频工作的变换器推向新的研究方向，结合变换器功率 TOP 自身的特性，通过调节导通时间使工作频率稳定，该结构简单且同时具有较快的瞬态响应，现阶段比较热门，但是由于其为了效率在轻载下采用 PFM 模式控制，ACOT 也只能算是伪定频工作。在定频方面 PLL 的效果较好[2-5]，通过 PLL 可将开关电源工作频率与外部时钟同步，凌特公司有很多该类产品。

2．低 EMI 设计与 ACOT 扩频技术

定频工作并没有将变换器的 EMI 特性改善，只是把 EMI 的功率集中在某一频率点上，需要利用后级滤波器进行处理。真正能够改善 EMI 特性的正是 ACOT 扩频技术，如图 7.2.1 是一种 ACOT 扩频的技术实现方案。将所得的 ACOT 模块与输入成反比充电电流进行不同权值的镜像，以 0.94I 为中心，可实现(1±6%)I 的充电电流实现对频率的扩展，控制电流大小的开关由计数器不同级的输出经过译码器产生的伪随机序列控制。伪随机序列扩频技术相对较为简单，易于实现。

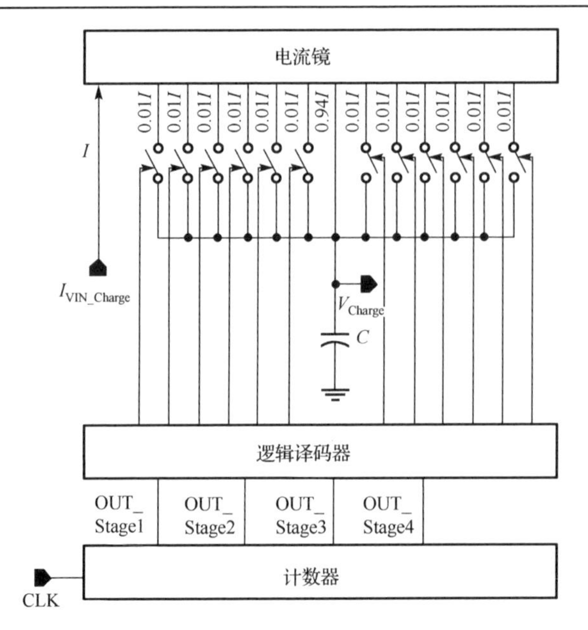

图 7.2.1　ACOT 伪随机扩频技术实现方案

3．快速瞬态响应与电流反馈技术

开关电源的瞬态响应本质上是对负载电流跳变的响应，在响应速度方面直接检测电流的变化比检测由负载电流变化引起的输出电压的变化有天然的优势，所以在快速瞬态响应方面，增加电流反馈环能够有效提升响应速度[6]。

文献[7]在原有电流内环的基础上通过增加检测输出电压瞬态变化的辅助支路，该支路的检测结果对传统电流环的电流采样和斜坡补偿进行调制后送至 PWM 比较器，该结构的增益效果在于瞬态下通过辅助支路的加入拓宽系统带宽，实现快速响应。

另一方面的改善方案在于优化传统电流模的误差放大器方面，这是由于传统的电流模误差放大器通常会采用大电容进行补偿，降低了系统带宽。针对误差放大器的改进，文献[8]提出动态补偿电容的误差放大器，在不同的情形下改变补偿电容的大小有效优化上述问题，但是由于电容的容值调节能力有限，对速度的改进也非常有限；文献[9]则采用瞬态增强型的误差放大器，其通过在瞬态下改变误差放大器的 Sink 和 Source 电流能力从而改变响应速度，但是该设计存在功耗与速度的折中[10]。

7.2.2　基于功率集成电路的开关电源性能提升趋势

在广泛的应用前提下，对开关电源的研究无论是在功率拓扑上还是核心芯片控制电路的优化上都日臻成熟，但是日益增长的需求促使学者们继续对其进行更深入的研究。更高的效率、更高的集成度、更轻量小型、更低的功耗、更高的灵活性和可靠性以及更低的电磁干扰将会是开关电源性能的发展趋势[11-16]：

(1) 更高的效率。开关电源采用功率器件开关的形式替代了LDO中常开式功率管，在效率上得到了较大的提升。但是由于开关管的非理想性，寄生电容产生的开关损耗以及导通电阻产生的导通损耗，构成了开关变换器的主要损耗来源。优化损耗的方案可以从功率拓扑级和内部控制电路级两方面进行，在功率级方面采用同步整流技术降低导通损耗，以及采用软开关技术降低开关损耗；在内部控制电路级方面则有多样化的实现形式，如轻载PFM调制模式、轻载PSM调制模式、低功耗睡眠模式等。

(2) 更高的集成度。这是摩尔定律发展的必然趋势，也是电子行业经济效益的要求，在更小的晶圆面积上实现更多的功能，则意味着更强的竞争力。

整体模块上，从早期的控制芯片、功率传输管在PCB上互连到控制芯片、功率传输管分片集成Bonding互连，到现阶段为止的控制芯片、功率传输管单片集成技术已经非常成熟。而下一步将会朝两个方向发展，首先是单片集成的电源芯片通过改善集成功率管的性能以及优化芯片的散热问题，提升最大供负载能力；其次是电源芯片以及外围电感电容的全集成策略，将会成为电源管理的新面貌。

控制芯片上，高的集成度有利于实现更加复杂的控制以及更多的功能模块，从控制上进行优化，提升系统性能，这也必是电路设计的热点。

(3) 更轻量小型。这一趋势是更高集成度的衍生产物，更多的集成则意味着更少的外围原件，更高的频率意味着更小的电感、电容值，这都使得转换系统更轻量小型。单电感多输出的拓扑近年来也层出不穷，即单一DC-DC变换器就能实现多路输出，极大地减小了需要多电源的体积。

(4) 更低的功耗。便携式设备深入进化，植入型设备逐渐进入人们的视野，植入型设备由于天然的原因不能被经常补给，较低的功耗能够实现长的续航时间，迎合需求的变化。

(5) 更高的灵活性和可靠性。灵活性和可靠性的同时提升，只能从内部电路方面优化。由于模拟元件的噪声裕度等方面与数字系统相比具有先天的劣势，数字化的变换器能够有效提升可靠性；另一方面类似FPGA的设计，灵活的在线编程赋予变换器新的实现方法。随着人工智能技术的日臻成熟，电源的智能化转换也必然会成为未来的趋势之一。

(6) 更低的电磁干扰。DC-DC变换器的开关特性带来好处的同时也引入了EMI的问题，目前比较热门的研究向两个方向进行：一是通过确定EMI的频率后，采用滤波器进行处理；二是通过相应的技术对EMI的功率进行衰减。

7.2.3 数字化开关电源趋势

苏联学者卡尔达舍夫认为，对能源的使用规模和利用效率直接决定了一个文明的发展等级。功率集成电路的数字化是一个重要的趋势。

一方面，越来越多的信息处理是依靠数字电路来完成，数字电路(MCU、DSP)的输出如何方便有效地直接传送给功率集成电路是一个待完善的技术问题，所以越来越多的功率集成电路支持 I^2C 等通信协议，其目的就是为了提供数字化的接口。另一方面，功率集成电路仅仅有数字化的接口显然是不够的，更需要数字化的控制。所以全数字化控制方式下工作的功率集成电路已经开始出现，如数字音频功放电路。数字化控制在提升开关电源的灵活性和可靠性方面有着巨大的优势，文献[17]中提出的数字化双环控制结构如图 7.2.2 所示，将模拟控制量进行数字量化之后输入数字系统进行处理以实现高的工作频率和快的响应速度。进一步将补偿方案进行了数字化处理，真正实现了无需电流模的误差放大器外部补偿。

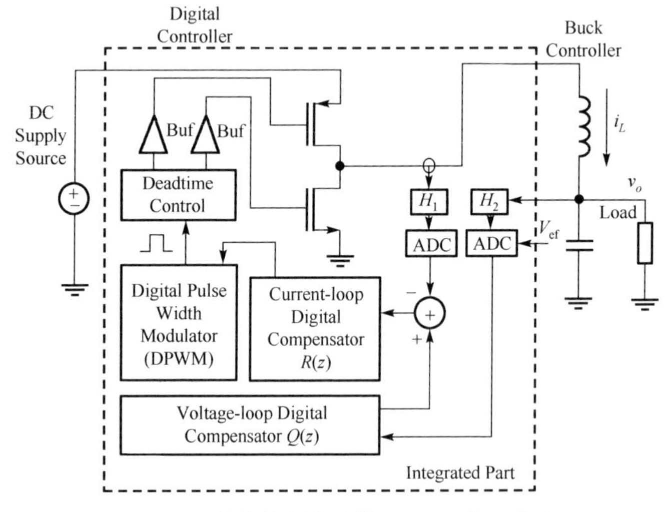

图 7.2.2　数字控制电流模 Buck 变换器方案

数字化功率集成电路产品已经零星地被研发和应用，比如英特尔已经在其 CPU 中集成了 DC-DC 变换器，功率管片上集成，采用数字控制方法实现[18]。而高通在 7nm 工艺下实现了高响应速度的全数字的 Buck 变换器[19]。尽管数字化功率集成电路刚刚起步，但已经显示出显著的优点。

首先，数字化的功率集成电路具有更高的灵活性与通用性。数字可编程电源的最大优势在于其灵活性。类似软件无线电(Software Defined Radio，SDR)的发展历程，基于通用的数字电源控制器芯片，通过不同的软件，可以实现不同拓扑、不同应用的开关电源。因此，大大降低了产品研发周期，也更方便电源实现与外界的交互功能，如自适应调光、手机端 APP 远程控制等功能。

其次，数字化功率集成电路拥有更加先进的算法，使之具有更高的智能程度。显然，不同应用场合、不同工况下，功率集成电路的最优控制策略和参数是不同的。而采用基于 AI 技术和神经网络技术的有效的算法进行控制，可以使得数字化的功率集成电路能智能地适应不同工况，在各种情况下都能高效、可靠地运行。具体而言：传统电源变换器的补偿参数一般设计阶段就已固定，难以面对大规模量产时的外围无源元件参数偏移。此外，电源模块在运行过程中需要实时感知器件参数老化，以提前预测电源的失效和故障，满足通信基站、云计算中心、数据中心、飞行器、高铁、船舶等高可靠、高实时性场景的要求。目前，已经有产品内置了校准算法以纠正无源元件参数随温度、工艺的偏差[20]。自适应参数整定策略被广泛应用，以实时调整补偿参数(k_p、k_i、k_d 等)，保证数字控制电源变换器工作于最佳状态[20]。未来的开关电源控制方法，将在数字化的道路上继续深入。神经网络控制策略，例如神经网络 PID[21-23]、ANN[24,25]等，由于其自适应、自学习的特点，使得开关电源这一典型的非线性时变系统具有良好的控制效果，可实现多变量情况下的动态控制最优化，故神经网络控制策略定将被更加广泛应用。未来的数字可编程电源控制芯片，除实现控制的 DPID、CPU 外，很有可能进一步集成神经网络处理器(Neural Processing Unit，NPU)，实现更高的智能化程度和更广泛的适应性。

此外，数字化功率集成电路更加适用于面向工业 4.0、通信、大数据、交通运输等领域的复杂电子系统的电源管理，通过 PMBus 总线将各个 POL 连接，可以在顶层对复杂电子系统的工作状态进行全面的感知，从而实现精准、高效的系统级电源管理。

功率集成电路数字化的道路才刚刚开始，仍然存在着较多的未知和较大的机遇，在后续的研究中会取得较大的进展。目前面临和可预估的难点有：

(1) BCD 工艺的兼容性。目前 CMOS 工艺进步到 10nm 以下的工艺节点，而 BCD 工艺最高水平还在 40nm 以上，如 40nm/18V BCD，0.18μm/200V, 700V。国内的 BCD 工艺水平，特别是 600V 以上的 BCD 工艺水平还在 0.35μm、0.25μm 左右。整合数字电路工艺和高压功率集成器件工艺，进而开发先进的 BCD 工艺是数字化功率集成技术的核心和瓶颈。

(2) 控制算法优化问题。数字化控制下的功率集成电路及变换器系统，尽管具有巨大的优点，但是不可回避的是，它和模拟控制方式相比，因其控制信号是离散的，故而在有些情况下，数字化控制的功率变换系统目前还达不到模拟的精度。显然，提高时钟频率是解决问题的方式之一，但是也会带来一定的负面作用。故而，采用先进的控制算法以提高精度被认为是最为有效的。在 1bit 数字功放领域所采用的过采样和 Delta-Segma 技术用以降低噪声是一个很好的启示。对于数字化功率集成电路控制算法的研究天地广阔。

(3) 标准固件的定义问题。数字化功率集成电路是软硬结合的设计，目前，硬件部分的定义(即标准固件)尚未能统一。标准固件的定义需根据电压电流等级、应用领域分别加以定义。我们希望未来绝大部分功率变换系统都将以标准固件+软件得以实现。

7.3　小　结

高压功率集成电路技术的总发展趋势是工作频率更高、功率更大、功耗更低和功能更全。目前高压功率集成电路的主要研究方向主要集中在器件和工艺层面、电路层面、系统层面。其技术涵盖了微电子技术、电力电子技术、控制理论及算法等诸多方面，已发展成为一个跨学科的热点研究领域。

新的可集成功率器件、新的功率变换器拓扑结构、新的控制模式及控制算法，以及提升或改善开关变换集成系统的各种具体电路技术都极大地发展了功率集成电路技术，使得当前的高压功率集成电路更加集成化、更加智能化、更加可靠。

以软硬结合为基础的数字功率变换器技术，将给现有的高压功率集成技术带来变革。未来的功率集成电路将是一系列依据电压、电流能力等级的相对固化的硬件，在应用中可以通过软件的方式实现各种功率变换功能，这将使得未来的功率集成电路具有更高的灵活性、更高的效率、更高的可靠性。

相信在不久的将来，全新概念的新一代功率集成电路将得以面世，颠覆目前大家对功率集成电路的认识和理解，不但使得功率集成电路和目前的数字处理电路更好地融合和通信，而且也会向更高的电压、功率领域拓展。

参考文献

[1] Tso C H, Wu J C. A ripple control buck regulator with fixed output frequency. IEEE Power Electronics Letters, 2003, 1(3): 61-63.

[2] Lee K, Yoa K, Zhang X, et al. A novel control method for multiphase voltage regulators // Eighteenth Annual IEEE Applied Power Electronics Conference and Exposition, Florida, 2003:738-743.

[3] Kim S J, Khan Q. High frequency buck converter design using time-based control techniques. IEEE J. Solid-State Circuits, 2007, (50) 4: 825-829.

[4] Lin H C, Fung B C, Chang T Y. A current mode adaptive on-time control scheme for fast transient DC-DC converters // IEEE International Symposium on Circuits and Systems, Washington, 2008：2602-2605.

[5] Zheng Y, Chen H, Leung K N. A fast-response pseudo-PWM buck converter with PLL-based hysteresis control. IEEE Transactions on Very Large Scale Integration（VLSI）Systems, 2012, 20(7): 1167-1174.

[6] Ming X, Chen Z, Zhou Z K, et al. An advanced spread spectrum architecture using pseudorandom

modulation to improve EMI in class D amplifier. IEEE Transactions on Power Electronics, 2011, 26(2): 638-646.

[7] Wong C, Wu H, Shih M, et al. Design of a fast-transient current-mode buck DC-DC converter // 2013 1st International Future Energy Electronics Conference (IFEEC), Tainan, 2013:767-771.

[8] Chen K H, Chang C J, Liu T H. Bidirectional current-mode capacitor multipliers for on-chip compensation. IEEE Transactions on Power Electronics, 2008, 23(1): 180-188.

[9] Chen K H, Huang H W, Kuo S Y. Fast-transient dc-dc converter with on-chip compensated error amplifier. IEEE Transactions on Circuits and Systems. II, 2007, 54(12): 1150-1154.

[10] Ma D, Ki W H. Fast-transient PCCM switching converter with freewheel switching control. IEEE Transactions on Circuits and Systems. II, 2007, 54(9): 825-82.

[11] Sanjaya Maniktala. Switching Power Supplies A to Z. USA:B ritish Library Cataloguing-in-Publication Data, 2006.

[12] Ni C, Tetsuo T. Adaptive constant on-time (D-CAP™) control study in notebook applications. http://www.ti.com/lit/an/slva281b/slva281b.pdf[2007-12-1].

[13] Lee Y H, Lai W W, Pai W Y. Reduction of equivalent series inductor effect in constant on-time control DC-DC converter without ESR compensation // IEEE International Symposium of Circuits & Systems, Rio de Janeiro, 2011： 753-756.

[14] Chen C, Huang C, Tseng S. A fast transient response voltage mode buck converter with an adaptive ramp generator // International Conference on Information Science, Electronics and Electrical Engineering (ISEEE), Hokkaido, 2014： 1705-1708.

[15] Tu L S H, Yeh H W. A PWM controller with table look-up for DC-DC class E Buck/Boost conversion // IEEE International Conference of Electron Devices and Solid-State Circuits, Hong Kong, 2013： 1-2.

[16] Wang J, Xu J, Bao B. Analysis of pulse bursting phenomenon in constant-on-time-controlled buck converter. IEEE Transactions on Industrial Electronics, 2011, 58(12): 5406-5410.

[17] Chan, Mok P M, et al. Design and implementation of fully integrated digitally controlled current-mode buck converter. IEEE Transactions on Circuits and Systems I: Regular Papers, 2011, 58(8):1980-1991.

[18] Kurd N, Chowdhury M, Burton F, et al. 5.9 Haswell: A family of IA 22nm processors // IEEE International Solid-State Circuits Conference- (ISSCC), San Francisco, 2014: 112-113.

[19] Atallah F, Bowman K, Nguyen H, et al. A 7nm all-digital unified voltage and frequency regulator based on a high-bandwidth 2-Phase buck converter with package inductors // 2019 IEEE International Solid-State Circuits Conference- (ISSCC), San Francisco, 2019: 316-318.

[20] Single phase step-down DC/DC controller with digital power system management. https://www.analog.com/media/en/technical-documentation/data-sheets/LTC3883.pdf

[21] Kurokawa F, Maruta H, Ueno K, et al. A new digital control dc-dc converter with neural network predictor // IEEE Energy Conversion Congress and Exposition, Atlanta, 2010: 522-526.

[22] Maruta H, Taniguchi H, Furukawa Y, et al. Improved transient response for wide input range of DC-DC converter with neural network based digital controller //The 19th European Conference on Power Electronics and Applications（EPE'17 ECCE Europe）, Warsaw, 2017: 1- 8.

[23] Maruta H, Taniguchi H, Kurokawa F. A study on effects of different control period of neural network based reference modified PID control for DC-DC converters //The 15th IEEE International Conference on Machine Learning and Applications（ICMLA）, Los Angeles, 2016: 460-465.

[24] Zeng X, Li Z, Gao W, et al. A novel virtual sensing with artificial neural network and k-means clustering for IGBT current Measuring. IEEE Transactions on Industrial Electronics, 2018, 65（9）: 7343-7352.

[25] Zeng X, Li Z H, Wan J, et al. Embedded hardware artificial neural network control for global and real-time imbalance current suppression of parallel connected IGBTs. IEEE Transactions on Industrial Electronics, 2019.